机器学习中的统计思维
（Python实现）

董 平 ◎ 编著

清華大學出版社
北 京

内 容 简 介

机器学习是人工智能的核心，而统计思维则是机器学习方法的核心：从随机性中寻找规律性。例如，利用损失最小化思想制定学习策略，采用概率最大化思想估计模型参数，利用方差对不确定性的捕捉构造 k 维树，采用贝叶斯公式构建分类决策模型，等等。只有树立正确的统计思维，才能准确高效地运用机器学习方法开展数据处理与分析。本书以统计思维的视角，揭示监督学习中回归和分类模型的核心思想，帮助读者构建理论体系。具体模型包括线性回归模型、K 近邻模型、贝叶斯推断、逻辑回归模型、最大熵模型、决策树模型、感知机模型、支持向量机、EM 算法和提升方法。

本书共 12 章，绪论介绍贯穿本书的两大思维模式，以及关于全书的阅读指南；第 1 章介绍一些基本术语，并给出监督学习的流程；第 2 章介绍关于回归问题的机器学习方法；第 3～9 章介绍关于分类问题的机器学习方法；第 10 章介绍可应用于具有隐变量模型的参数学习算法——EM 算法；第 11 章简单介绍集成学习，并重点阐述其中的提升（Boosting）方法。为满足个性化学习需求的不同需求，本书从核心思想、方法流程及实际案例应用等不同角度，详细描述各种方法的原理和实用价值，非常适合数据科学、机器学习专业的本科生和研究生学习，也可供相关从业者参考。

图书在版编目(CIP)数据

机器学习中的统计思维：Python 实现/董平编著. —北京：清华大学出版社，2023.9
ISBN 978-7-302-63401-0

Ⅰ. ①机… Ⅱ. ①董… Ⅲ. ①机器学习 ②软件工具-程序设计 Ⅳ. ①TP181 ②TP311.561

中国国家版本馆 CIP 数据核字(2023)第 069979 号

责任编辑：杨迪娜
封面设计：杨玉兰
责任校对：李建庄
责任印制：刘海龙

出版发行：清华大学出版社
网　　址：http://www.tup.com.cn, http://www.wqbook.com
地　　址：北京清华大学学研大厦 A 座　　**邮　　编**：100084
社 总 机：010-83470000　　**邮　　购**：010-62786544
投稿与读者服务：010-62776969, c-service@tup.tsinghua.edu.cn
质 量 反 馈：010-62772015, zhiliang@tup.tsinghua.edu.cn
课 件 下 载：http://www.tup.com.cn,010-83470236
印 装 者：涿州汇美亿浓印刷有限公司
经　　销：全国新华书店
开　　本：203mm×260mm（附小册子）　　**印　　张**：22.75　　**字　　数**：576 千字
版　　次：2023 年 9 月第 1 版　　**印　　次**：2023 年 9 月第 1 次印刷
定　　价：99.00 元

产品编号：094751-01

前　　言

2018 年，一位计算机专业的朋友自学机器学习内容，期间遇到诸多困难，尤其是关于概率与统计学方面的内容，这一现象让我开始关注统计学与机器学习这两个领域。李航老师的《统计学习方法》可以说是一本与统计学接轨最多的书籍，也让我萌生了与大家分享统计学与机器学习的想法。虽然机器学习的发展有其独特的发展历程，但是很多模型和算法的理论基础仍然来自于统计学。因此，我们需要从统计学的角度来理解机器学习模型的本质。

在朋友们的鼓励下，我决定以《统计学习方法》为蓝本，制作知识型视频。入驻 B 站后，从最初寥寥的几十名粉丝，到几百名粉丝，再到现在的将近三万名粉丝。这些人中有一部分是学生，如刚毕业的高中生、本科生、硕士生和博士生；还有一部分是从业者，如高校教师、企业或公司的在职人员。大家志同道合、汇聚于此。与各位的互动交流让我加深了理解，开阔了视野，拓宽了思路。真诚地感谢各位小伙伴们长期以来的支持！是你们的支持让我有勇气继续录制视频并贯彻始终。

自古以来，学者们便一直在探寻万物本源，寻找真理。如今，人工智能已经成为科技领域的一大热点，机器学习更是其中最为核心的研究方向之一。在机器学习领域，很多人关注算法的实现和结果，却忽略了算法背后的理论基础。而在这一领域，概率和统计学是不可或缺的。希望本书的出版为展示机器学习背后的统计学原理提供绵薄之力。

为满足不同年龄和不同专业读者的需求，我们为大家贴心地准备了主体书与小册子。主体书以机器学习模型为主，每一章都清晰透彻地解析了模型原理，书中的每一页都设计了留白，方便读者批注；小册子用于查阅碎片化的知识点，便于读者随时复习需要的数学概念。书中不仅有机器学习的理论知识，还有故事和案例，希望各位读者在阅读本书的过程中能够感受到机器学习中统计思维的魅力，获得科学思维方法的启迪并具有独立的创新思辨能力。

最后，我要感谢清华大学出版社的杨迪娜编辑，是她让我有了写书的想法，将我积累多年的机器学习中的统计思维知识分享给读者，更感谢她为本书立项、编校与出版所付出的辛勤劳动，同时感谢清华大学出版社对本书的支持。感谢所有哔哩哔哩、公众号和知乎上的粉丝对我的关注、留言、提问与批评。感谢来自天津大学的马晓慧帮助整理视频讲义。感谢家人带给我的灵感、快乐与温暖。

限于本人水平，书中的缺点和不足之处在所难免，热忱欢迎各位读者批评指正。

董 平

2023 年 9 月

符号说明

$\mathcal{X}$	输入空间（大写花体字母）
X	输入变量（大写斜体字母）
$\boldsymbol{x}$	实例向量（小写黑斜体字母）
$\boldsymbol{X}$	设计矩阵（大写黑斜体字母）
$\mathcal{Y}$	输出空间（大写花体字母）
Y	输出变量（大写斜体字母）
y	标注信息（标量，小写斜体字母）
$\boldsymbol{y}$	输出向量（小写黑斜体字母）
ϵ	噪声变量（斜体希腊字母）
$\boldsymbol{\epsilon}$	噪声向量（黑斜体希腊字母）
$\mathcal{H}$	假设空间（大写花体字母）
$\mathbb{R}$	实数域（大写空心体字母）
$\mathbb{R}^{n\times p}$	$n\times p$ 维欧式空间
Θ	参数空间
T	训练集或决策树（根据上下文含义确定）
T'	测试集或决策树（根据上下文含义确定）
$\boldsymbol{A}^{\mathrm{T}}$	矩阵 $\boldsymbol{A}$ 的转置
$\boldsymbol{A}^{-1}$	矩阵 $\boldsymbol{A}$ 的逆
$\lVert\cdot\rVert_p$	L_p 范数
$\arg\min\limits_{x\in\mathbb{D}} Q(x)$	在集合 $\mathbb{D}$ 中使 $Q(x)$ 达到最小的 x
$\arg\max\limits_{x\in\mathbb{D}} Q(x)$	在集合 $\mathbb{D}$ 中使 $Q(x)$ 达到最大的 x
sup	上确界
inf	下确界
$\#A$ 或 $\lvert A\rvert$	集合 A 中元素的个数
$[x]$	不大于 x 的最大整数

目　　录

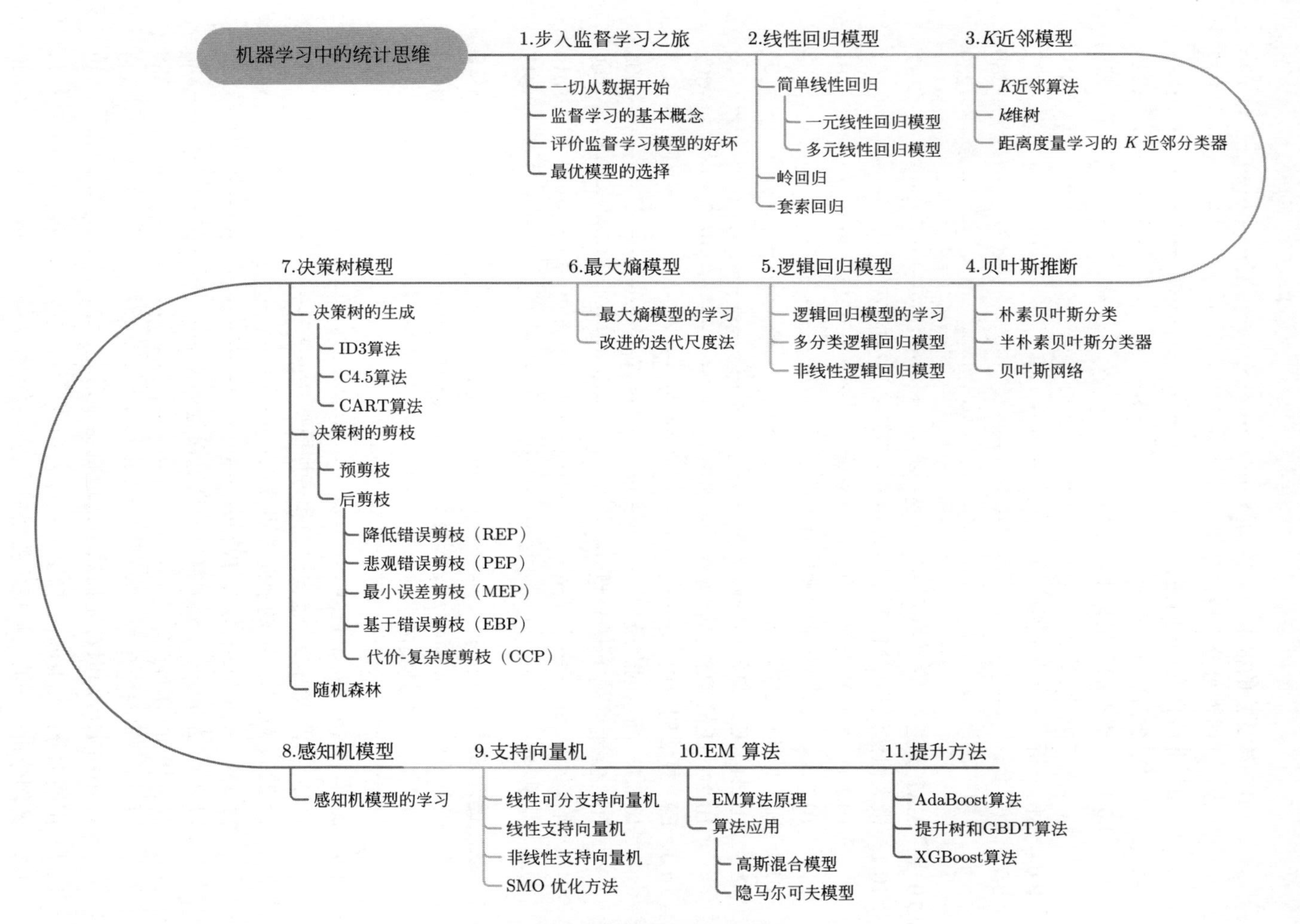

机器学习中的统计思维（全书）导图

绪　论

我不能创造的东西，我就没有理解。

——理查德·费曼

写书的整个过程，犹如用原石打磨一颗宝石，一遍又一遍，才能使其散发光彩。本书中的每个模型、每个数据集都不是冷冰冰的公式和数字，它们都是有生命的。

0.1 本书讲什么，初衷是什么

这是一本介绍机器学习的书。那么，机器学习是什么？我们先来看一下机器学习一词是怎么产生的。1952 年，阿瑟·萨缪尔（Arthur Samuel）研制出一个西洋跳棋的程序，如同人类阅读棋谱提高棋艺，这个程序也可以通过对大量棋局的分析提高棋艺水平，辨识当前棋局的好坏，并很快赢了发明者本人。1956 年，萨缪尔在人工智能诞生的特茅斯会议上提出了“机器学习”一词，该词指的就是类似于这种跳棋程序的研究。如今，机器学习已成为一门学科。

关于机器学习的概念，维基百科是这么说的。

机器学习有下面几种定义：

- 机器学习是一门人工智能的科学，该领域的主要研究对象是人工智能，特别是如何在经验学习中改善具体算法的性能。
- 机器学习是对能通过经验自动改进的计算机算法的研究。
- 机器学习是用数据或以往的经验，以此优化计算机程序的性能标准。

很深奥，不明觉厉，但看完仍然不知道机器学习是什么。是人工智能的一个分支？研究对象到底是人工智能，还是算法？感觉都不是。李航老师在《统计学习方法》中给出一个更明确的定义：统计学习（Statistical Learning）是关于计算机基于数据构建概率统计模型并运用模型对数据进行预测与分析的一门学科。统计学习也称为统计机器学习（Statistical Machine Learning）。

这是一门以数据为驱动，以统计模型为中心，结合多领域的知识，通过计算机及网络实现的学科。通俗来讲，机器学习就是来创造各种各样的机器的，当然，此机器非彼机器。机器学习中的机器通常指的是数据机器，其功能就是把想探究的数据吞进去，把想得到的结果吐出来，借助计算机实现。人们平常所说的机器是一种通俗意义上的机器——只是为了实现某些特殊功能而创造出来的东西，或许是可以吃的食物，或许是用来穿的衣服，或许是可以摸得到的硬件，或许是由一串串代码构成的软件。但是，这不妨碍我们通过常说的机器来理解机器学习中数据机器的含义。

举个最简单的例子，以实现目的为导向，可以量身定制各种机器，比如酸奶机吞进去牛奶，吐出来酸奶；果汁机吞进去水果，吐出来果汁；面包机吞进去面粉、酵母、水，吐出来面包。因此，在制造机器之前，最先明确的，就是投进输入管的是什么，希望从输出管产出的是什么，如图 0.1 所示。小明[①]就仿照着制造了几个小机器。第一个小机器很无聊，是小明的初次尝试。这个小机器吞进去的是一个数字，吐出来的还是相同的数字。小明觉得可以尝试更复杂一点的，比如制造一台名为正弦的机器，顾名思义，就是吞进去一个数字，吐出来的是原来数字的正弦值。后来，小明的经验越来越丰富，开始尝试分类机器，将家中不同饼干所含的单位含脂量输进去，分为低脂饼干、普通饼干和高脂饼干。这样一来，小明就根据分类结果，平时吃普通饼干，减肥的时候就吃低脂饼干，心情不好的时候就吃味道好的高脂饼干。我们发现，小明制造机器时，最关键的就是明确希望通过输入的数据，得到一个什么样的结果。

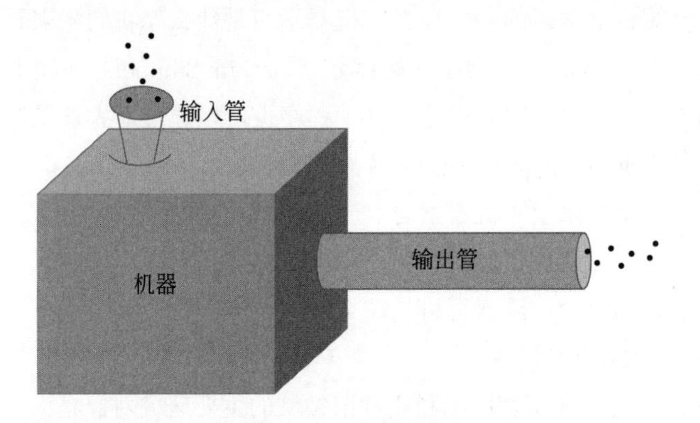

图 0.1　数据机器

本书讨论的是数据机器，因此需要深入了解多种类型数据机器的工作原理，而工作原理的根基就是统计思维。毕达哥拉斯说“万物皆数”，而当前就是一个瞬息万变的数字化时代。伽利略说“数学就是上帝用来书写这个世界的语言”。的确，越来越多的人发出感慨——“科学的尽头是数学”，无怪乎在《第一推动》系列丛书中集中了宇宙、物理、生物等多门学科的名人佳作，唯独缺了数学。数学的世界是独特而奇妙的，称其为天书也不为过。幸运的是，我们还能拥有食尽人间烟火的统计学。不得不惊叹，从数学延伸而出的统计学因为多了不确定性的噪声，成为了解释这个真实世界的语言。华为创始人任正非在接受央视《面对面》栏目的采访时说道：“大数据时代

① 本书中的一个虚拟人物。他将贯穿全书地陪伴大家的学习。

做啥？就是统计。”说明人们已经意识到统计学在人工智能中的作用。希望读者通过阅读本书，可以理解机器学习设计中最核心的统计学思维，应时代之需求，以不变应万变。

> **荀子·儒效**
>
> 与时迁徙，与世偃仰，千举万变，其道一也。

关于写作风格，虽然技术类图书要求具有严谨性，但严谨并不意味着刻板，我希望各位读者可以在生动有趣的故事中有所收获——不仅仅是知识。相传，一日张良浪迹到下邳，遇到一位老人。这位老人故意将鞋子抛到桥下，张良为他捡鞋子并帮他穿上。老人感慨“孺子可教矣”，遂将一卷书传与张良，并嘱托“读此书则为王者师矣”。据说这本书就是汉代黄石公所写的《素书》，书中 1360 字，字字珠玑，句句箴言，启迪世人以智慧。然而，当世阅此书者数人，成王师者仅张良一人而已。可谓，千万个读者心中有千万个哈姆雷特，不同人即使读同一本书，感悟也千差万别。本书万不及《素书》，但望予读者以启迪，或严谨的数学推导，或有趣的背景故事，或创造模型的心路历程，或 Python 案例的实践，有所得则足矣。

0.2 贯穿本书的两大思维模式

很多人都知道，幼儿的学习速度较之成人更快。之所以如此，是因为幼儿眼中的世界更纯净，一切都是未知的，他们在摸索着前进，并且不怕出错。这其中就关系到幼儿常用的两大思维方式，十分值得学习者借鉴。

0.2.1 提问的思维方式

幼儿认知世界的方式就是不停地问为什么。当幼儿产生了意识，不免对未知的世界感到好奇，在探索的时候，幼儿就会提出疑问，如图 0.2 所示。但是在传统教育方式下，我们最熟悉的学习方式就是填鸭式——教科书里怎么写的我们就怎么记，老师怎么教的我们就怎么学，却忘记了人之初最本能的这种提问精神。有的人可能是因为没有问题，有的人可能是没有提问的勇气，但是要知道，科学正是在提问与质疑中发展起来的。

- 为什么鸟儿可以飞？于是有了飞机！
- 为什么鱼儿可以在水里游？于是有了潜艇！
- 为什么蝙蝠可以在夜晚飞行？于是有了雷达！

因此，在学习的过程中，我们同样可以质疑“这个模型是怎么想出来的?”“书里写的公式就是对的吗?”“为什么会有这个公式?”“换个其他的公式或模型可不可以?”等等。不怕傻问题，就怕没问题。青年时代的毛泽东就是一个十足的“问题”青

图 0.2　幼儿的“十万个为什么”

年，年仅 26 岁的他在《问题研究会章程》中提出了 144 个问题。提出问题、研究问题、解决问题才是学习的最大动力。

0.2.2　发散的思维方式

幼儿的大脑从一片空白到充满各种知识的过程是漫长的，词汇量逐渐增多，逻辑思维逐步形成。以语言学习为例，假如现在幼儿已掌握了少量有限个词语。那么，当幼儿获知一个新的词语时，他就会在脑中快速搜索类似的，可能是相似含义的，可能是相似发音的，也可能是相似具象的，等等，如图 0.3 所示。这就是发散思维的体

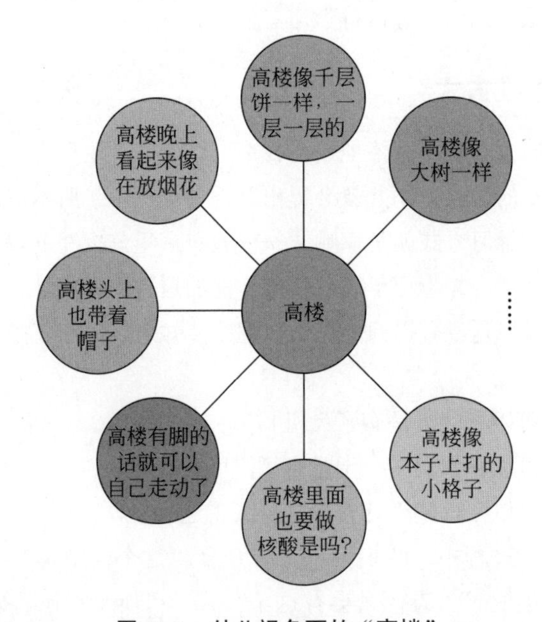

图 0.3　幼儿视角下的“高楼”

现。也就是说，大脑在思考问题时呈现的一种多维发散状态的思维模式，跳出了原本空间的限制，从而开展立体式的思考活动。不同于幼儿，成人可能因为大脑中词汇过多，或许只能联想到包含相同字符的词语，这就很容易造成思维的局限性，不利于创新。

0.3 这本书决定它还想要这样

建模的艺术就是去除实在中与问题无关的部分，建模者和使用者都面临一定的风险。建模者有可能会遗漏至关重要的因素；使用者则有可能无视模型只是概略性的，意在解释某种可能性，却太过生硬地理解和使用实验或计算的具体结果样本。

——菲利普·安德森（Phillip Anderson），1977 年诺贝尔物理学奖得主

在日常生活中，人们有很多模糊的概念或想法，而科学家的本事就在于可以将其抽象为公式、方法或者模型。没有哪一种模型是完全正确的或者完全错误的，这取决于模型使用的场景。固化的模型是不可取的，根据目的需求自行定制模型才是上策。所以，我希望读者在阅读本书之后，可以参悟两大基本原理：第一性原理和奥卡姆剃刀原理。

0.3.1 第一性原理

虽说第一性原理既是一个哲学名词，也是一个物理概念，但是让这一词语进入大众的视野，要归功于埃隆·马斯克（Elon Musk）。马斯克也被称为现实生活中的钢铁侠，他不仅创立了全球通用的在线支付——PayPal，推出新能源汽车——特斯拉，还追逐着探索火星的梦想——SpaceX。在 2022 年 2 月 10 日凌晨，马斯克还当选为美国工程院院士。据马斯克推测，这可能是因为他在火箭的可重复利用和新能源系统设计制造等方面实现了突破，而帮助马斯克实现这一突破的恰好就是第一性原理。

埃隆·马斯克

请不要随波逐流，你可能听说过一个物理词语——第一性原理。
这个原理远胜于类推思维，我们需要自己去挖掘事物的本质，
就如同煮一锅清水，直到把水烧干，才能看到里面到底有什么。
以此作为基础，就可以延伸出更多的东西。

第一性原理，是一个物理学中的名词。为什么它敢称第一？因为这来自于牛顿提出的第一推动力。牛顿第一定律讲的是：物质在不受到外力的作用下，它会保持静止

或者匀速直线运动。于是，就出现了这样一个问题：宇宙之初，万物都是静止的，后来怎么运动起来了？因为当时还无法做出科学解释，于是牛顿推脱到上帝身上，他表示这是由于上帝推了一把，所以有了整个宇宙。也就是说，牛顿将这些说不清道明的原因，归结为第一推动力，而在这些第一推动力之前，冥冥之中还有个最本质的原理支撑，也就是宇宙的第一性原理。

在物理学中，第一性原理指在某一特定原理下，根据逻辑和数学公式可以推理出整个物理系统。也就是说，我们可以通过这个原理追溯到它最本质的原理，然后推理出整个物理系统的运作方式。近几年，我国掀起一股学习量子科技的热潮。量子力学就被称作第一性原理计算。因为它从根本上计算出了分子的结构和物质的性质。也就是说，它从根本上解锁了宇宙中物质的本质，然后从这里出发去解释某些现象并且推动科技的发展。

早在 2300 多年前，亚里士多德（Aristotle，公元前 384—前 322）就提出第一性原理这个词语，如图 0.4所示。

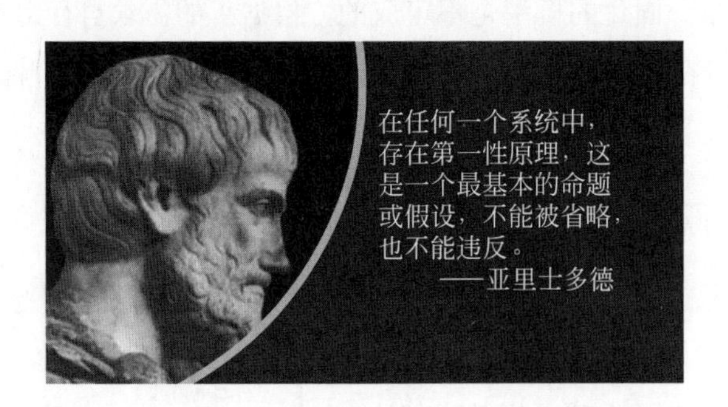

图 0.4　亚里士多德在哲学中提出的第一性原理

人类总是在追寻真理，探寻生命的起源，追溯宇宙的诞生。当人们竭尽所能地将知识剖析到最小单位的时候，意味着即将获得第一性原理。我国《道德经》中，老子也有一个宇宙观，他认为“不可名状之道”就是生成万物的第一性原理，“道”与“生成”是宇宙的必备要素。这些都与哲学思维暗暗相合，在哲学中，有一个最底层、最根基的算法公式，如图 0.5 所示。

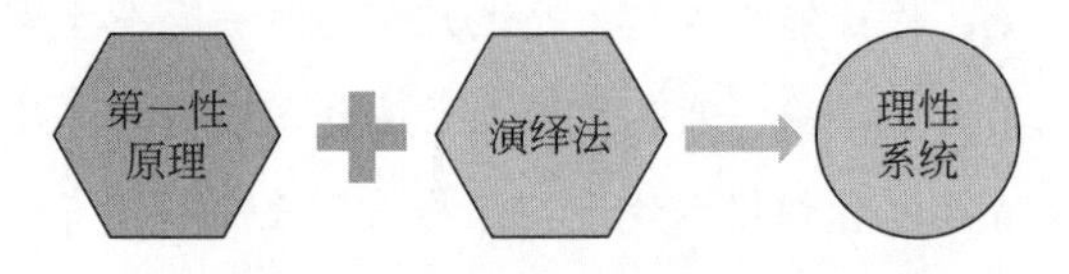

图 0.5　哲学思维的根基算法

假如，我们已经将问题拆分到拆无可拆，接着就可以利用第一性原理重建，通过演绎法思考如何解决问题。从哲学到物理学，又从物理学到哲学，两者的交融，发展出第一性原理，不只浮于表面，而是深入内里。任何事物的存在，任何现象的发生，都不是无缘无故的，那么背后是否存在某一个本质原理呢？这驱使着我们探寻“Why”的真相。我们的学习也不应只停滞于方法模型的表面，而是要探索模型的本质，从本质出发，所得到的就不只是这某一特定的方法或模型，而是可以延伸出一系列可能已有的或者尚未提出的方法或模型。

0.3.2 奥卡姆剃刀原理

- 公元前 500 多年，老子说：“大道至简”。
- 公元前 300 多年，亚里士多德说：“自然界选择最短的路径”。
- 17 世纪，牛顿说：“如果某一原因既真实又足以解释自然事物的特性，则我们不应当接受比这更多的原因”。
- 20 世纪初，爱因斯坦说：“任何事情都应该越简单越好”。

在人类历史中，总是会有人提出至简原理。可是，仍然有很多人前赴后继地追求复杂的解释，显得自己非常有学问的样子。14 世纪的英国就是这个样子，一大批学者整日无休止地争论“共相”与“本质”之类的问题。奥卡姆的一位哲学家威廉（William）就著书立说，在《箴言书注》中表示：如无必要，勿增实体。后人称之为奥卡姆剃刀原理，即极简原则。这一原则主张选择与经验观察一致的最简单的假设。

Occam's Razor（拉丁原文）：

Numquam ponenda est pluralitas sine necessitate. （避重趋轻）

Pluralitas non est ponenda sine necessitate.（避繁逐简）

Frustra fit per plura quod potest fieri per pauciora.（以简御繁）

Entia non sunt multiplicanda praeter necessitatem.（避虚就实）

举个例子，曾有一家跨国公司生产香皂，但是在交货时遇到了一个难题——生产出的成品有很多是空盒。为此，公司特意聘请了一名专业工程师，成立科研小组。小组中的科研人员采用机械、X 射线和自动化等技术，耗资数十万元，终于研发出 X 射线监视器。该设备能够检测每个成品是否为空盒。巧合的是，有一家小工厂也遇到了同样的问题。不过，这家小工厂只是在生产线旁边放置了一个马力十足的风扇就搞定了。因为空的香皂盒很容易被强风吹跑。如果仅仅是为了简单有效地解决问题，遵循奥卡姆剃刀原理，我们完全可以采用小工厂的方案检测空的香皂盒，没必要如同跨国公司那样搞研发。

其实，当我们学习了很多知识之后经常会陷入这样的误区，不由自主地用自己所认为的科学去解释或解决问题，还沾沾自喜。假如在一个夜晚我们看到地面上有个地方很亮，或许就会想这是月光照到小坑中光滑的水面上，反射出来的光线进入眼睛，就会感觉那个地方很亮。但是，如果你把同样的问题问一个无知的孩童，他（她）可能就会简单地告诉你“因为地面上有水啊”。安徒生童话里有一则故事是“皇帝的新装”，正是因为小孩没有成人那么多弯弯绕绕的想法，才能一语道破“他什么也没穿啊！”

在机器学习中，我们也是以某一目标为导向前进的。直白地说，我们都希望干净利落地达成目标，能简则简，不要被繁多的影响因素所迷惑。因此，如何在掌握了众多模型方法之后，仍然可以本着奥卡姆剃刀原理，在实际应用的时候选出最优的模型是非常重要的。直觉固然可以，但是机器的直觉是模式化的。因此，如何让奥卡姆剃刀原理以机器程序的形式嵌入其中，并且进行模型选择，就是需要我们思考的问题了。

0.4 如何使用本书

我想发表的是什么？伦纳德·萨维奇（L.J.Savage, 1962 年）用这个问题表达了他的困惑。无论他选择讨论什么主题，也无论他选择哪种写作风格，他都肯定会被批评没有选择另一种。就这一点来说他并不孤独。我们只能祈求读者对我们的个人差异能多一点容忍。

——杰恩斯（E.T. Jaynes，《概率论沉思录》）

这是我的第一本书，但不是最后一本书。写作让我打开了一个新的领域，使得我将所有的创作想法毫无保留地对读者开放。每当想到有人愿意打开书页认真阅读本书时，我都心甚喜之，愿读者可以与我产生共鸣。

本书重点介绍机器学习中监督学习所涉及的方法与模型，分为主体书与一本小册子。主体书将从根本思想出发，以与读者共同探索的形式呈现，配合算法、例题和 Python 代码多方位理解模型的构成原理；小册子重点介绍辅助模型所需的数字概念与方法。我将在主体书中的必要位置标注相应知识内容在小册子中的页码，以便于读者查阅。若读者有着扎实的数学和统计学基础，小册子可略去不读。另外，尽管我已尽力保证本书中符号的一致性，但由于书中数学符号繁多，仍有可能出现过载情形，因此，每个符号的含义请以各章节中的具体解释为准。因模型之间存在关联，为使读者对每个模型方法的理解更加深刻，建议读者先略过公式通读本书，细读时再推导公式。

主体书一共包含 11 章，书中所介绍的 K 近邻算法、朴素贝叶斯算法、C4.5 算法、CART 算法、支持向量机算法、EM 算法、AdaBoost 算法入选至“数据挖掘十大算法”。监督学习算法导图如下页所示。本着求知的精神，本书中每章都将围绕着一系列的问号展开。另外，每章都将给出思维导图，以方便读者学习及复习使用。

第 1 章　监督学习算法导图

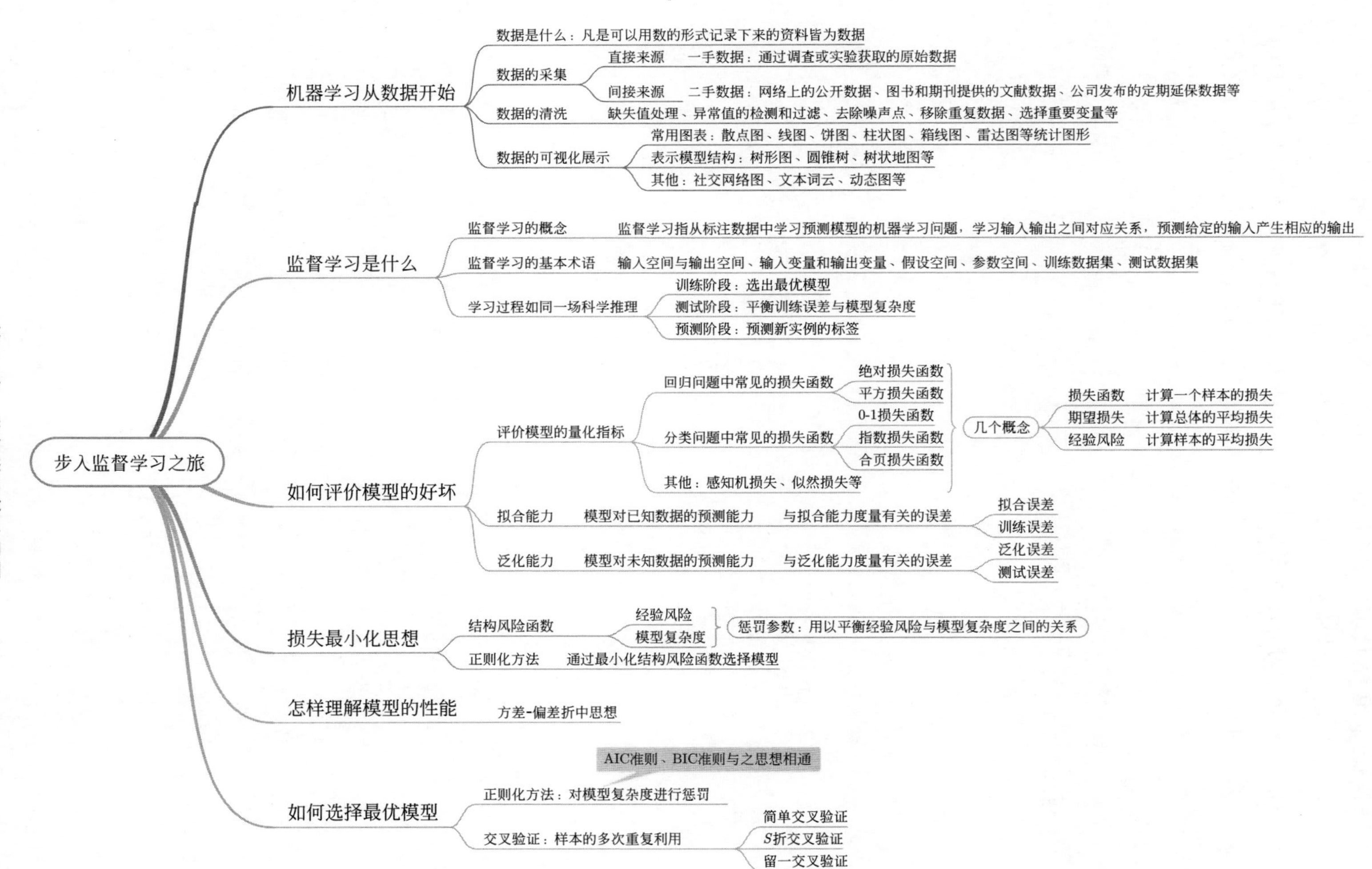

第1章　监督学习算法导图

第1章　步入监督学习之旅

如果将机器学习之旅比作烹饪美食的过程，需要根据食用者的偏好，挑选并准备食材，清洗干净后，根据菜单烹制，最后装盘食用，如图 1.1 所示。

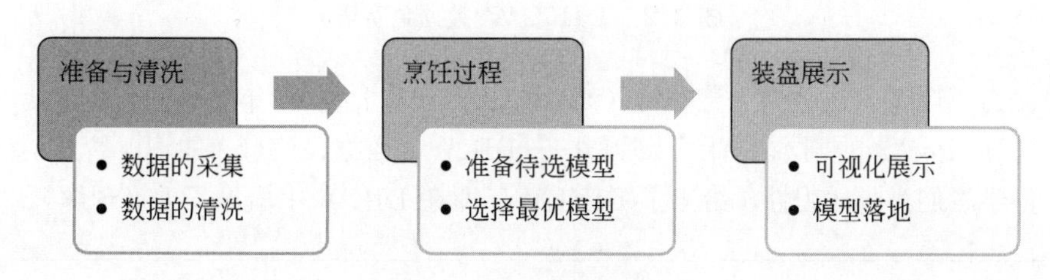

图 1.1　机器学习之旅

举个例子，有一年元旦，小明和朋友们被滞留在外地无法回家，大家商量着大显身手一番，共同做一桌大餐欢度新年。因为小明喜欢小排，大家选购食材时就添加了小排。回到住处，小伙伴们一起择菜、清洗食材，对应于机器学习之旅就是数据采集与清洗过程。然后，大家根据各自的偏好，以及食材情况，找出来许多菜谱。比如，小明偏好酸甜口味的小排，就找出糖醋小排的菜谱，然后烹饪。对应于机器学习之旅，就是准备待选模型并选择最优模型的过程。一个个机器学习的模型就如同一份份菜谱，每个系列的模型就如同各大菜系。最后，小伙伴们装盘展示并且共享美食。对应于机器学习之旅，就是可视化展示以及落地的过程。

1.1　机器学习从数据开始

在机器学习中，食材就是数据。我们先来了解一下什么是数据。先看一个鼎鼎有名的金字塔——DIKUW 数据金字塔（图 1.2）。这是从数据到智慧的一个过程，每个字母代表一个单词。

D（Data，数据）：指基础数据，或者说原始数据（Original Data）。

I（Information，信息）：指信息整理，经过简易处理读取表层内容。

K（Knowledge，知识）：指知识归纳，根据习惯思维归纳总结模型。

U（Understand，理解）：指理解分析，理解并分析模型或模式内涵。

W（Wisdom，智慧）：指智慧决策，利用演绎性思维进行决策。

诗对世界就像一个人的自语，可能是无韵无律的，但必须来自心底。这座数据金

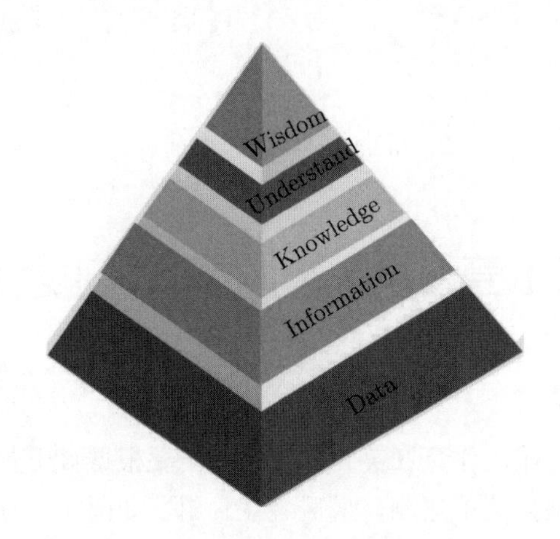

图 1.2 DIKUW 数据金字塔

字塔来自英国诗人托马斯·艾略特（Thomas Eliot）于 1934 年所写的一个名为《岩石》（*The Rock*）的剧本中的一个片段——DIKW（数据、信息、知识、智慧）金字塔。但学者们为了适用性，给出了 DIKUW，即在 DIKW 中增加了 U（理解）。

The Rock

Where is the life we have lost in living?
Where is the wisdom we have lost in knowledge?
Where is the knowledge we have lost in information?

从数据到智慧的过程，自古就有。古有神话传说——神农尝百草。神农通过对药草的逐一观察和品尝收集大量数据，获取药草信息，然后归纳总结出不同的药草类别，进而给出不同药草的药性，并演绎出药物的调配之理用于疾病的医治，由此神农登上金字塔之顶，成为药王神。

数据是什么？数据就是数字吗？非也。拆词解意，它可以分为两个字："数"和"据"。"数"就是数字，"据"就是记录下来。

耳听不一定为真，眼见不一定为实。许多时候，我们虽然看到的不是直接的数，但它可以用数的形式储存，如一段音乐、一支舞蹈、一幅画作、一篇文章等。音乐中有旋律，高低急缓，声波可以用函数的形式表达，这样就可以用数字的形式记录下来。舞蹈中包含节奏、步伐、跳跃等，通过位置的变换也可以将其记录，转换为数字。画作中的笔触、色彩、明暗，可以通过把图片栅格化后，以每个小格子在图片中的位置和色彩深浅度表示，同样能够用数字的形式储存。至于文章中的文字，既然我们可以在计算机中录入，自然可以用二进制的数字表示。于是我们发现，但凡可以用数的形式记录下来的，都可以称为数据，这也验证了毕达哥拉斯所说的"万物皆数"。当今这个时代的数据，大多指的是储存在电子设备中的记录。每个时代有每个时代的特征，关键在于怎么把握。

要注意的是，在构建数据机器之始，首先要明确需求，就像各位小伙伴为了准备

元旦大餐，根据各自的需求选购食材似的。但实际上很多人会忽视这一点，拿到数据就直接构建模型，目的都不明确。举个例子，小明读了一本机器学习的书之后十分自信，就想小试牛刀。碰巧，小明有个亲戚在开淘宝店，小明主动提出帮他分析客户消费数据。分析后，亲戚看到小明给他看的酷炫的可视化结果，称赞小明真厉害。然而，在小明分析之前，亲戚每月的收入是 1 万元，在小明分析之后，亲戚每月的收入还是那些。于是，亲戚暗自觉得小明的分析“华而不实”。如果在小明分析之后，亲戚每月的收入显著提高，比如直接翻倍了，那才能体现出小明分析数据的价值。因为亲戚的目的不是看结果有多漂亮，而是实实在在地提高收入。所以，确定数据建模的目的十分重要。

确定目的后，就可以进入食材的准备与清洗阶段。从数据初始来源看，数据采集一般分为直接来源和间接来源。

直接来源就是根据目标确定变量然后爬取数据，如通过数据资源丰富的电商、短视频、直播等获取数据；也有通过调查或实验获取数据的，如企业或科研工作者为实现某一目的而通过一系列调查或实验得到数据；等等。但采用直接来源的方式获取数据不易，如注重隐私的医疗行业的数据获取。这时候只能通过间接来源的方式分析问题，如汇总数据的分析，就是根据目的分析不同研究者对同一问题的研究结果数据。

间接来源，通常是原始数据已经存在，使用者需要根据目的对原数据重新加工整理，使之成为可以使用的数据。当前网络上的公开数据、图书期刊提供的文献数据、公司发布的定期研报数据等，都属于间接来源数据。通俗来讲，间接数据就是二手资料，这些数据的采集比较容易，成本低，而且用途很广泛；除了用于分析将要研究的问题，还能提供研究问题的背景，帮助使用者定义问题并寻找研究思路。本书中所涉及的数据集，比如共享单车数据集、鸢尾花数据集、泰坦尼克号数据集、企鹅数据集等，都是已公开的二手数据，仅供读者练习模型所用，读者可以轻松获取到。需要注意的是，二手数据有很大的局限性，使用者需要保持谨慎态度。因为二手数据不一定符合使用者研究的目的，可能问题相关性不够，口径可能不同，数据也可能不准确，还有可能有失时效性等。

采集到数据之后，就是数据清洗步骤。如果是间接来源数据，如一些公开数据集或者比赛提供的数据集，通常要做的只是数据筛选，因为这些数据大多已经被处理过。如果是直接来源数据，比如工厂传感器直接采集到的数据，医生对病人的检测数据等，都需要使用者花费大量时间对数据进行清洗。有时，数据清洗过程将占据整个研究过程 70% 以上的时间。数据清洗的手段包括处理缺失值、检测和过滤异常值，去除噪声点，移除重复数据、选择重要变量等。

在烹饪阶段，我们将根据数据特点准备待选模型并选择最优模型。本书之后的章节将详细介绍监督学习这一大菜系中的各种菜单模型。为方便大家开发新菜谱，将介绍模型的集成结构，并给出多个模型联合的示例。

最后的装盘展示阶段，包括模型结果的可视化展示和模型落地。可视化阶段可以展示模型效果，并对结果做出解释，供决策者作参考。图表展示，包括散点图、直方图、线图、饼图、柱状图、箱线图、雷达图等常用的统计图形，还有表示模型层次结构的树型、圆锥树、树状地图等，以及社交网络、文本词云等。模型落地则是将模型部署到生产环境中，从而产生实用价值的过程。

本节主要介绍机器学习之旅的整个过程，之后的小节详细介绍监督学习的全过程。后续章节除了提供各大模型菜谱，还贴心地准备了实例，以方便读者练手。

1.2 监督学习是什么

在机器学习中，通常可根据是否包含数据标注信息而被分为监督学习和无监督学习，有时也会包括半监督学习、主动学习和强化学习。监督（Supervise）一词意味着为保证任务符合规定而采取的监管行为。在英国大学中，"supervisor"指的就是"导师"的含义。因此，当数据样本不仅仅有着属性特征变量，还有着相应的类别或数值标签时，就表明通过学习过程，这些属性特征变量预测出的标注信息是受真实观测到的标注信息监管的，这就是将其称之为监督学习的原因。

定义 1.1 (监督学习) *监督学习（Supervised Learning）是指从标注数据中学习预测模型的机器学习问题，学习输入输出之间的对应关系，预测给定的输入产生相应的输出。*

机器学习的目的，就是希望制作一台数据机器，从输入管投入原材料，从输出管产出想要的结果。对于监督学习而言，产出的结果逃不出输出空间。也就是说，输出空间是所有可能输出结果的集合。根据输出空间的不同，还可以将监督学习分为回归（Regression）问题和分类（Classification）问题，如果输出空间是由连续数值构成的，一般为回归问题，如果输出空间是由离散数值构成的，一般为分类问题。无论是回归问题还是分类问题，都是经典统计学研究的对象，所以说，监督学习的本质是学习从输入到输出的映射的统计规律。监督学习的数据机器示意图见图 1.3。

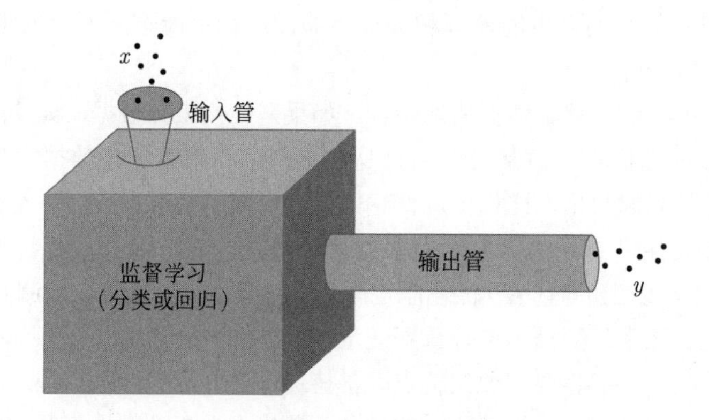

图 1.3 监督学习的数据机器示意图

举个例子，小明喜欢玩积木，现在有若干块三角形碎片积木。小明将这些积木按照位置坐标摆放，以颜色作为标注信息，分为黄色、蓝色、红色三类，绘制在图 1.4 中。这是一张来自彩色世界的图片，根据颜色标注就能轻松地将其分离。小明又做了些工

作，应用监督学习中的线性判别方法在图 1.4 中标出两条黑色决策直线，这样三个类别的区域就确定下来了。

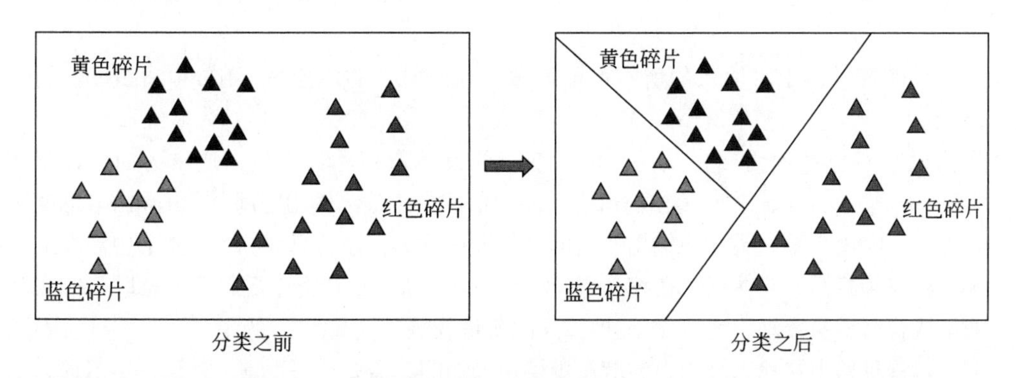

图 1.4　分类问题

与监督学习相对的，则是不存在标注信息的学习过程，也就是无监督学习。无监督学习希望通过算法得到隐含在内部结构中的信息，输出结果更具有多样性。比如，小明还有一组碎片积木，形状、大小及个数完全相同，不过这些积木没有上色。换言之，这些积木都没有颜色类别的标注信息，每块积木只有对应的位置坐标信息，如图 1.5 所示。小明发现，这就如同回到了 20 世纪 50 年代，只能看到黑白电视的样子。这次，小明用无监督学习中的聚类方法，根据每块积木的位置，将这些积木划分为多个簇。结果出现了多种情况，比如分为 2 个簇，也有分为 3 个簇、4 个簇的时候，甚至更多个簇。

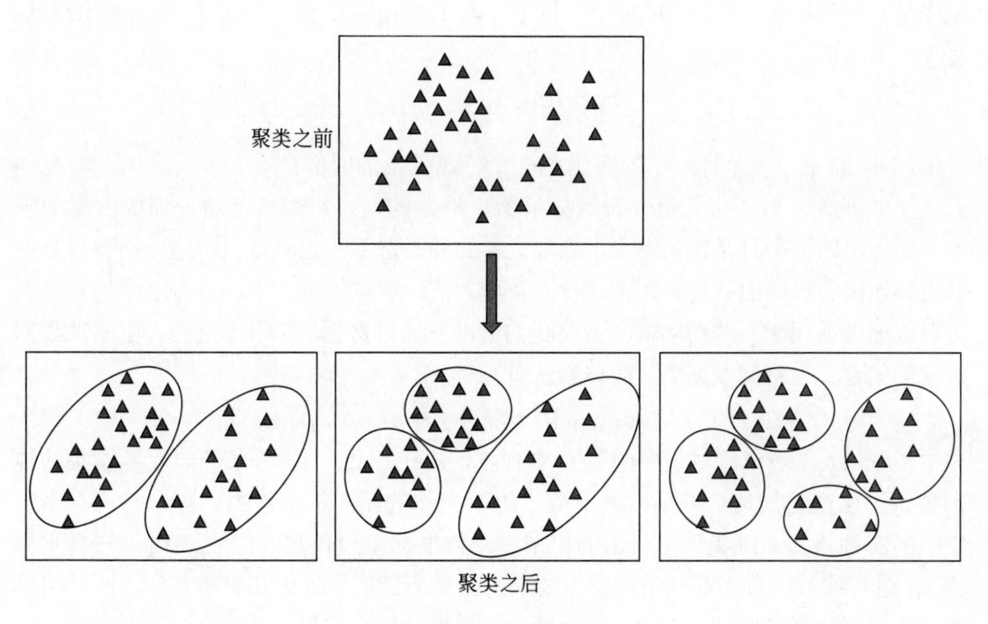

图 1.5　聚类问题

1.2.1 基本术语

虽然本书以探索精神为主，但是书中不乏一些公式。为便于学习，需要约定一些术语。

在机器学习中，输入的所有可能取值的集合称为**输入空间**（Input Space），记为 $\mathcal{X}$。输入变量记为 $\boldsymbol{X}=(X_1,X_2,\cdots,X_p)^{\mathrm{T}}$，表示输入变量包含 p 维属性，因此输入空间也被称为属性空间。输入变量的具体取值称为实例，通常为向量，记为 $\boldsymbol{x}=(x_1,x_2,\cdots,x_p)^{\mathrm{T}}$。输出的所有可能取值的集合称为**输出空间**（Output Space），记为 $\mathcal{Y}$。输出变量记为 Y，输出变量的具体取值称为标注信息或标签，本书中涉及的实例标签为标量，记为 y。在统计书籍中，输入变量 $\boldsymbol{X}$ 还有个更经典的称呼，叫自变量或解释变量，输出变量 Y 还被称为因变量或响应变量。

数据机器中从输入到输出的潜在规律是未知的，需要学习得到。为通过学习逼近数据中存在的潜在规律，首先假设由所有这些潜在规律组成的集合，这一集合称为**假设空间**（Hypothesis Space），记作 $\mathcal{F}$，这意味着确定了计划学习的所有候选模型。特别地，如果候选模型是由参数决定的，则称参数所有可能取值的结合为**参数空间**（Parameter Space），记作 Θ。之后，将希望学习的目标模型记作 $f\in\mathcal{F}$，进行学习。学习过程分为训练和测试两个阶段。

训练过程中使用的数据称为**训练数据**（Training Data）。由训练数据组成的集合称为训练数据集（简称训练集），通常表示为

$$T=\{(\boldsymbol{x}_1,y_1),(\boldsymbol{x}_2,y_2),\cdots,(\boldsymbol{x}_N,y_N)\}$$

式中，$(\boldsymbol{x}_i,y_i)$ 表示训练集中的第 i 个样本，$i=1,2,\cdots,N$，N 表示训练数据集的样本容量。在监督学习中，训练集中的每个样本（Sample），都是以输入-输出对出现的。每个样本实例

$$\boldsymbol{x}_i=(x_{i1},x_{i2},\cdots,x_{ij})^{\mathrm{T}}$$

式中，x_{ij} 表示第 i 个样本中的实例在第 j 个属性上的取值。

完成训练之后，将获得一台数据机器，机器的运行机制就是通过训练所得的模型。训练出的模型只是在训练集上表现优异的种子选手。也就是说，这一模型只是能够很好地拟合已知的数据。在正式投入使用之前，要试运行一下，看看这个机器是否可以很好地适用于一些新实例，为此我们会准备**测试数据**（Test Data）。由测试数据组成的集合称为测试数据集（简称测试集），记作

$$T'=\{(\boldsymbol{x}_{1'},y_{1'}),(\boldsymbol{x}_{2'},y_{2'}),\cdots,(\boldsymbol{x}_{N'},y_{N'})\}$$

式中，$(\boldsymbol{x}_{i'},y_{i'})$ 表示测试集中的第 i' 个样本，$i'=1',2',\cdots,N'$，N' 表示测试集的样本容量。通过测试集，可以检测模型适用于未知的新实例的能力。测试时，将测试集中的实例输入训练集训练而出的模型中，将根据模型预测的标注 $f(\boldsymbol{x}_{i'})$ 与真实标注 $y_{i'}$ 进行比较。对于那些未曾发生的事，人类所做的预测无从分辨真假。所以用以测试的这组数据仍然是既有输入又有输出。根据试运行结果，我们会对之前训练出的模型做一些微调，从而平衡对已知数据的拟合能力和对未知数据的泛化能力。关于拟合能力和泛化能力，1.3 节将给出详细讲解。

一切准备就绪之后，就可以将数据机器投入使用了，也就是预测过程。每给定一个实例，就可以预测出一个结果。监督学习的全过程如图 1.6 所示。

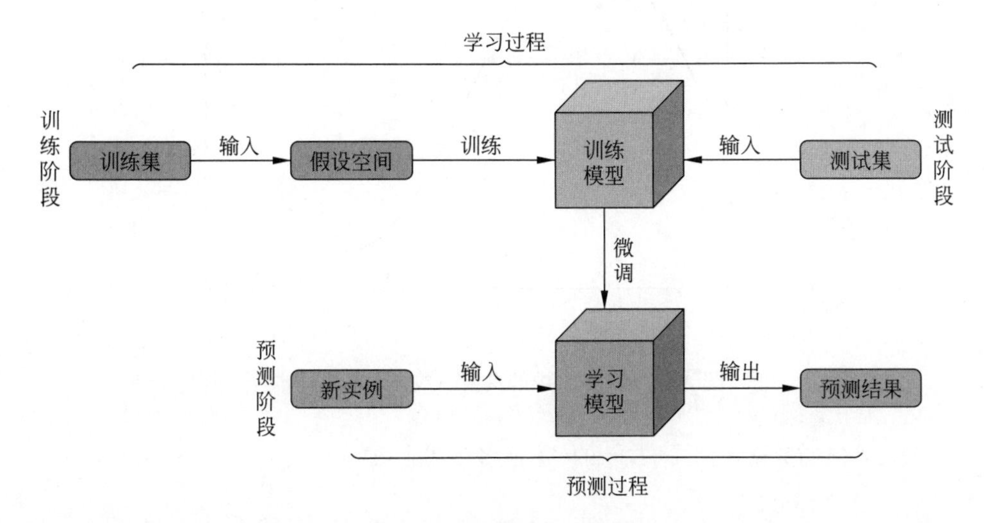

图 1.6　监督学习全过程

1.2.2　学习过程如同一场科学推理

在科学推理中，有两大逻辑思维，一个是归纳法，一个是演绎法。在科学理论的发展中多采用归纳法，即根据大量的已知信息，概括总结出一般性的科学原理。在刑侦推理中多采用演绎法，即以一定的客观规律为依据，通过事物的已知信息，推理得到事物的未知部分。本书在介绍学习过程时，所用的就是归纳法，这是一个在观察和总结中认识世界的过程，通过观察大量的样本，归纳总结出一个合适的模型；在介绍预测过程时，所用的则是演绎法，即根据已知信息构建的模型做出决策，从而预测未知样本的结果。这里的未知样本指的是只有属性没有标注的样本，即待预测实例。

先从一个多项式拟合的例子出发，说明监督学习过程三部曲：训练阶段、测试阶段和预测阶段。

例 1.1　假设已知真实函数 $y=\sin(2\pi x)$，因现实中误差的影响，需要在函数中添加噪声项 $\varepsilon\sim N(0,0.2)$，即 ε 来自于均值为 0，方差为 0.2 的正态分布。样本根据 $y_i=\sin(2\pi x_i)+\varepsilon_i\ (i=1,2,\cdots,N)$ 生成，x_i 为区间 $[0,1]$ 上等距离分布的点。训练集记作

$$T=\{(x_1,y_1),(x_2,y_2),\cdots,(x_{10},y_{10})\}$$

样本容量 $N=10$。假设通过蒙特卡罗模拟生成的训练集为

$$T=\{(0.00,0.13),(0.11,0.52),(0.22,1.29),(0.33,1.08),(0.44,0.42),(0.56,-0.49),\\(0.67,-1.01),(0.78,-0.75),(0.89,-0.39),(1,-0.13)\}$$

图 1.7 中，曲线是真实函数的曲线，点是训练集中的样本。请通过 M 次多项式对训练集进行拟合，选出最优的 M 次多项式，并对新的实例 $x=0.5$ 进行预测。

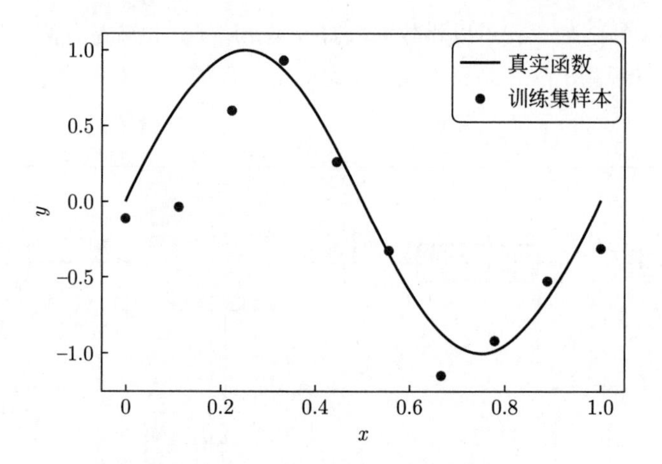

图 1.7　例 1.1 中的真实函数与训练集样本

假设给定的数据是由式 (1.1) 的 M 次多项式生成的：

$$f_M(x,\boldsymbol{\beta})=\beta_0+\beta_1 x+\beta_2 x^2+\cdots+\beta_M x^M=\sum_{m=0}^{M}\beta_m x^m \tag{1.1}$$

式中，M 代表多项式函数 $f_M(x,\boldsymbol{\beta})$ 中的最高次幂；x 是输入实例，在式 (1.1) 中为标量；$\boldsymbol{\beta}=(\beta_0,\beta_1,\cdots,\beta_M)^{\mathrm{T}}$ 是参数向量，参数空间的维数为 $M+1$。

1. 训练阶段：如何选出最优模型

训练过程，就是根据训练集从假设空间中选出最优模型，这里检测的是对已知数据的拟合能力。现在以观察值或实验值（训练集中的标签）与预测值（通过模型预测的标签）之间的差异作为损失，量化拟合能力。

考虑 $M=0,1,2,\cdots,9$ 共十种情况，通过经典的回归估计方法——最小二乘法估计参数，拟合曲线如图 1.8 所示。最小二乘法的具体原理参见第 2 章。

当 $M=0$ 时，多项式退化为一个常数函数，拟合的曲线就是平行于 x 轴的一条直线，这时候它与真实曲线之间的差异是非常大的；当 $M=1$ 时，多项式为一次函数，拟合曲线是一条直线，相较于 $M=0$ 时，稍微接近于真实曲线；$M=2$ 时，对应的是一条二次曲线，更加接近于真实曲线；$M=3$ 时，拟合得到一条三次曲线，和真实的曲线非常接近；类似地，$M=4,M=5,\cdots,M=9$ 时，统统可以得到拟合曲线。观察发现，$M=9$ 时，拟合曲线恰好穿过所有样本。这是必然的，因为 $M=9$ 时参数向量包含 10 个元素，而训练集中的样本也有 10 个，相当于求解了一个十元一次方程组。如果从是否完美地穿过所有样本来看，那么最优模型应该就是 $M=9$ 时的拟合曲线。

以上相当于通过肉眼观察评估模型的性能，比较样本标注与预测之间的差异。如果定量分析，则需要定义损失函数 $L(y,f_M(x,\boldsymbol{\beta}))$。在回归问题中，常用的损失是平方损失，

$$L(y,f_M(x,\boldsymbol{\beta}))=(y-f_M(x,\boldsymbol{\beta}))^2$$

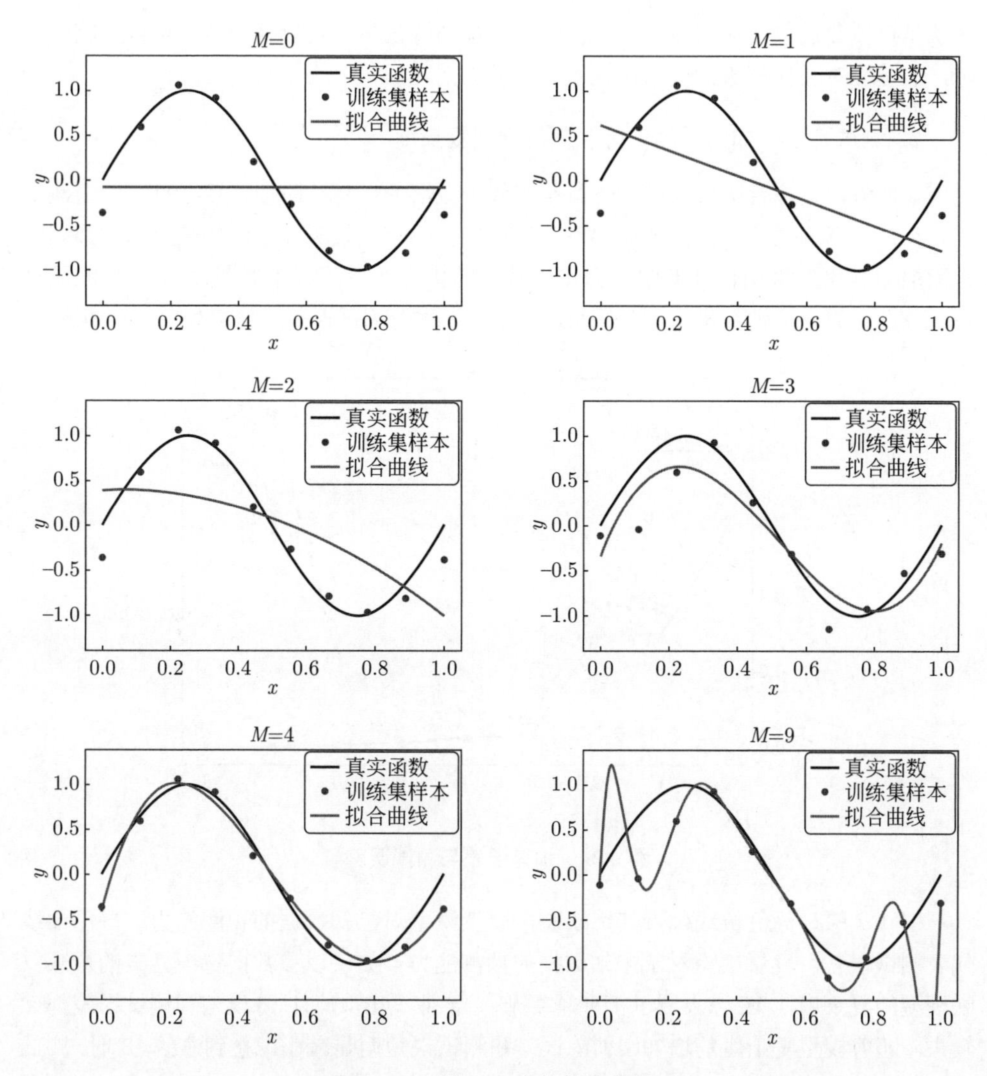

图 1.8　例 1.1 中的拟合曲线

每个样本的损失记为 $L(y_i, f_M(x_i, \boldsymbol{\beta}))$，训练集上的平均损失称为**训练误差**。对于回归问题而言，则是均方误差的经验结果，

$$R_{\text{emp}}(\boldsymbol{\beta}) = \sum_{i=1}^{N}\left(\sum_{m=0}^{M}\beta_m x_i^m - y_i\right)^2$$

训练误差最小为 0，发生在 $M = 9$ 时。可以认为，从训练过程而言，最优模型为 9 次多项式。

但是，从图 1.8 中也发现，与真实曲线最接近的拟合曲线当属 $M = 3$ 或 $M = 4$ 时。难道上面通过最小化训练误差选择最优模型的策略是错误的？错误出在何处？

这是因为上面的训练过分地依赖于训练集，只希望尽可能地拟合训练集中的样本，却忽略训练集外的。如果参数过多，甚至超出训练集中样本的个数，模型结构将会十分复杂，虽然对已知数据有一个很好的预测效果，但对未知数据预测效果很差，这就是**过拟合现象**。如同习武之人，经过一番训练之后，可以轻松应对已知来临的攻击，但是应对突如其来的袭击可能就会惊慌失措。

2. 测试阶段：如何平衡训练误差与模型复杂度

如何解决过拟合呢？一种尝试就是类似于机器的试运行阶段，现在准备一组测试集。类似于训练误差，定义测试误差为测试集上的平均损失，检测的是对未知数据的预测能力。仍然采用例 1.1 中的真实函数，随机生成一组样本容量 $N' = 10$ 的测试集，分别计算之前训练出来的不同 M 情况下模型的测试误差，结果如图 1.9 所示。

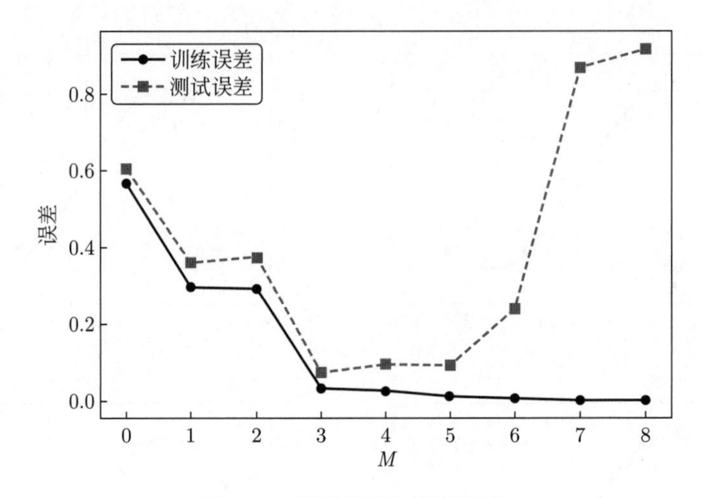

图 1.9　训练误差与测试误差

图 1.9 中，蓝色折线代表训练误差，度量模型对已知数据的预测能力；橙色虚线代表测试误差，度量模型对于未知数据的预测能力。如果以参数向量中元素的个数反映模型的复杂度，M 越大表示模型越复杂。当 $M = 0$ 时，训练误差和测试误差都比较大。随着模型复杂度的增加，训练误差和测试误差明显减小。直到 $M = 3$ 时, 测试误差达到最小，此时训练误差也到达一个较小的值。接着，随着 M 的增大，训练误差继续减小，但是测试误差却会增大。这说明，在 $M > 3$ 时，模型将对于已知数据预测能力越来越好，但是对于未知数据的预测能力会越来越差。我们希望在测试误差和训练误差中找到一个平衡点，也就是 $M = 3$ 时。这说明，通过微调阶段，选出来的最优模型是三次多项式。

整个学习过程十分符合奥卡姆剃刀原理，希望模型既能很好地解释已知数据，而且结构又十分简单。

3. 预测阶段：如何预测新实例的标签

通过训练和测试阶段，已经完成了模型的选择，确定了三次多项式。根据训练集估计所得模型如式 (1.2) 所示，

$$f^*(x) = 17.31x - 25.19x + 7.66x + 0.21 \tag{1.2}$$

式中，f^* 表示估计的最终模型函数，估计所得参数 $\hat{\boldsymbol{\beta}} = (17.31, -25.19, 7.66, 0.21)^{\mathrm{T}}$。

预测阶段，就是将新实例 $x = 0.5$ 代入式 (1.2) 即可，$f_3^*(0.5) = -0.0987$，见图 1.10 中橙色曲线上的绿色点。

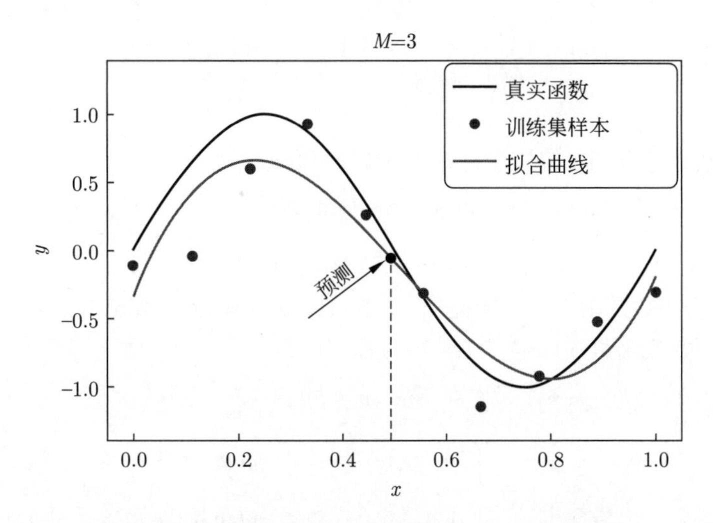

图 1.10 根据三次多项式对实例 $x = 0.5$ 的预测

1.3 如何评价模型的好坏

通过 1.2 节的介绍，已初步熟悉了监督学习过程中的三部曲。学习过程分为训练阶段和测试阶段，一般采用训练集和测试集完成这个过程。训练集通常只是样本空间的一个小型采样，而训练不仅希望学习模型适应这些已知标签的数据，还希望可以适用于未在训练集中出现的样本。因此，亟需评价模型好坏的指标，如果以损失来量化比较，损失越小越好，如例 1.1 中所用的平方损失。

1.3.1 评价模型的量化指标

在监督学习中，主要分为分类问题和回归问题。假如现在从假设空间 $\mathcal{F}$ 中选取模型 f 作为目标，实例 $\boldsymbol{x}$ 的标签为 y，通过模型 f 得到的预测结果为 $f(\boldsymbol{x})$。损失函数就是比较输入变量取值为 $\boldsymbol{x}$ 时，$f(\boldsymbol{x})$ 与真实标注 y 之间的差异。记损失函数为 $L(y, f(\boldsymbol{x}))$。以下介绍不同问题中常见的损失函数。

1. 回归问题中常见的损失函数

(1) 绝对损失函数（Absolute Loss Function）

$$L(y, f(\boldsymbol{x})) = |y - f(\boldsymbol{x})|$$

(2) 平方损失函数（Quadratic Loss Function）

$$L(y, f(\boldsymbol{x})) = (y - f(\boldsymbol{x}))^2$$

在线性回归模型中，最小二乘参数估计就是基于平方损失实现的。在套索回归中，为实现变量选择，采用绝对损失函数作为正则项。具体内容详见第 2 章。

2. 分类问题中常见的损失函数

(1) 0-1 损失函数（0-1 Loss Function）

$$L(y, f(\boldsymbol{x})) = \begin{cases} 1, & y \neq f(\boldsymbol{x}) \\ 0, & y = f(\boldsymbol{x}) \end{cases}$$

0-1 损失函数常用于最近邻分类[①]、朴素贝叶斯分类[②]。

(2) 指数损失函数（Exponential Loss Function）

$$L(y, f(\boldsymbol{x})) = \exp(-yf(\boldsymbol{x}))$$

指数损失函数常用于自适应提升（Adaptive Boosting，AdaBoost）提升方法[③]。

(3) 合页损失函数（Hinge Loss Function）

$$\begin{aligned} L(y, f(\boldsymbol{x})) &= [1 - y(\boldsymbol{w} \cdot \boldsymbol{x} + b)]_+ \\ &= \begin{cases} 1 - y(\boldsymbol{w} \cdot \boldsymbol{x} + b) & y(\boldsymbol{w} \cdot \boldsymbol{x} + b) \leqslant 1 \\ 0 & y(\boldsymbol{w} \cdot \boldsymbol{x} + b) > 1 \end{cases} \end{aligned}$$

式中，$f(\boldsymbol{x}) = \mathrm{sign}(\boldsymbol{w} \cdot \boldsymbol{x} + b)$，$\boldsymbol{w}$ 表示分离超平面的权重向量，b 表示分离超平面的偏置项。合页损失函数常用于支持向量机[④]。

除以上几种损失函数外，还有为感知机模型特别定制的感知机损失、由似然函数变化而得的似然损失等。可见，损失函数是以目的为导向，根据模型特点给出的。

对模型而言，一个样本点预测的好坏可以通过损失函数计算。一个或几个样本的损失，只是一个小局部的损失情况，如果想知道模型在全局上的损失，度量模型在数据总体（即包含所研究的全部个体的集合，是一个统计学中的基本概念）的损失，则可以从总体上的平均损失来看。因为样本不同取值下的概率可能不同，那么不同样本所带来的损失也可能不一样，风险函数就相当于样本空间中所有样本取值所带来的加权平均损失。在监督学习中，每个样本都具有输入和输出，记输入变量 $\boldsymbol{X}$ 和输出变量 Y 组成的所有可能取值的集合为样本空间 $\mathcal{X} \times \mathcal{Y}$，记输入变量和输出变量在样本空间上的联合分布为 $P(\boldsymbol{X}, Y)$。损失函数的期望称作风险损失（Risk Loss）或期望损失（Expected Loss）。关于期望的含义在小册子中给出解释。

$$\begin{aligned} R_{\exp}(f) &= E[L(Y, f(\boldsymbol{X}))] \qquad (1.3) \\ &= \begin{cases} \displaystyle\int_{(\boldsymbol{x},y)\in\mathcal{X}\times\mathcal{Y}} L(y, f(\boldsymbol{x}))P(\boldsymbol{x}, y)\mathrm{d}\boldsymbol{x}\mathrm{d}y, & P(\boldsymbol{X}, Y) \text{ 是连续分布} \\ \displaystyle\sum_{(\boldsymbol{x},y)\in\mathcal{X}\times\mathcal{Y}} L(y, f(\boldsymbol{x}))P(\boldsymbol{x}, y), & P(\boldsymbol{X}, Y) \text{ 是离散分布} \end{cases} \end{aligned}$$

---

① 详细内容见本书第 3 章。

② 详细内容见本书第 4 章。

③ 详细内容见本书第 11 章。

④ 详细内容见本书第 9 章。

表示理论上模型 f 在样本空间上的平均损失，或者说是总体的平均损失。一般以 $\boldsymbol{X}$ 为条件，对 Y 预测，所以式 (1.3) 可以写成

$$R_{\exp}(f) = E_{\boldsymbol{X}} E_{Y|\boldsymbol{X}}[L(Y, f(\boldsymbol{X}))|\boldsymbol{X}]$$

此时，通过逐点最小化 $R_{\exp}(f)$ 即可得到学习模型 f^*，

$$f^* = \arg\min_f E_{Y|\boldsymbol{X}}[L(Y, f(\boldsymbol{X}))|\boldsymbol{X} = \boldsymbol{x}]$$

另外，如果目标是选择中位数损失最小的模型，可以将期望损失改为中位数损失（Median Loss），即

$$R_{\text{med}}(f) = \text{Med}[L(Y, f(\boldsymbol{X}))]$$

其中，Med 表示中位数函数。与期望相比，中位数不受异常值的影响，更加稳健（Robust）。但是在数学计算的便捷性上，中位数不如期望，致使其发展受阻。即使如此，在计算机技术的辅助下，相信在不久的将来这些难关都将被攻克。

但是，用以计算期望损失的概率分布很难获悉，这是因为人们不知道上帝创造这个世界到底用的是什么模型，从人类视角来看，可以借助统计思想：根据样本推断总体。如果已知的样本集为

$$T = \{(\boldsymbol{x}_1, y_1), (\boldsymbol{x}_2, y_2), \cdots, (\boldsymbol{x}_N, y_N)\}$$

则模型 f 在已知数据集上的平均损失称为经验风险（Empirical Risk）或经验损失（Empirical Loss），记作 $R_{\text{emp}}(f)$，

$$R_{\text{emp}}(f) = \frac{1}{N}\sum_{i=1}^{N} L(y_i, f(\boldsymbol{x}_i))$$

可以说，期望损失就相当于一个总体平均损失的理论值，经验风险就是样本平均损失，作为期望损失的经验值而出现的。

损失函数、期望损失和经验风险都是一般性的概念，并不是对应于某一特定模型的，因此可以用以制定学习方法的策略，进而在学习系统中训练模型和测试模型，其具体区别如图 1.11 所示。

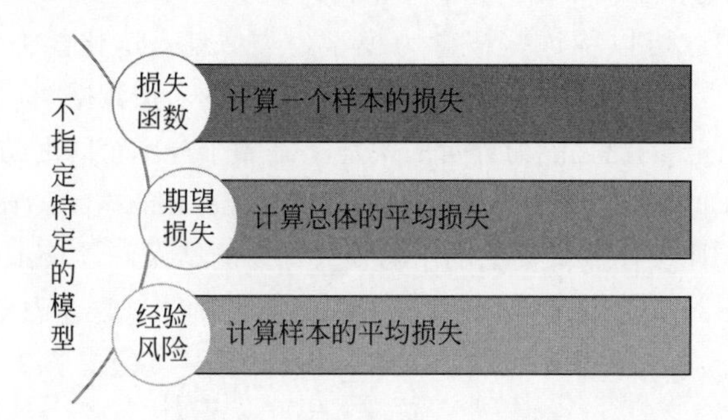

图 1.11　损失函数、期望损失、经验风险之间的区别

下面分别从拟合能力和泛化能力来解释例 1.1 中提到的训练误差、测试误差等，这些都是对应于训练出来的某一特定模型而言的。

1.3.2 拟合能力

拟合能力（Fitting Ability），指的是以训练出来的某模型对已知数据的预测能力。可以用拟合误差来度量，即已知数据的平均损失。如果拥有总体数据，根据总体或许就能揭晓上帝创造世界的秘密了。这时候构建模型，自然是拟合得越接近越好，越接近就越靠近真相。用以度量接近程度的，理论上用的是期望损失，实际操作则用的是经验风险。可以将经验风险理解为通过训练集中的样本对期望损失的估计。假设已经学习到的模型记为 $\hat{f}$，称 $\hat{f}$ 对所有已知数据的平均损失为拟合误差（Fitting Error），是度量拟合能力的理论值；称 $\hat{f}$ 在训练集上的平均损失为训练误差（Training Error）。假如给定训练集 $T=\{(\boldsymbol{x}_1,y_1),(\boldsymbol{x}_2,y_2),\cdots,(\boldsymbol{x}_N,y_N)\}$，训练误差表示为

$$R_{\text{train}}(\hat{f})=\frac{1}{N}\sum_{i=1}^{N}L(y_i,\hat{f}(\boldsymbol{x}_i))$$

作为度量拟合能力的经验值。

经验风险越小越好。如果总体是已知的，也就无所谓过拟合了，因为不存在未知数据——已经知道所有的取值。但是，这毕竟是一种极端情况，如果获取到总体，也没有必要学习模型用以预测。因此，可以得到的一般是样本。假如此时将训练集作为已知数据看待，平均损失的经验值就是训练误差。

1.3.3 泛化能力

泛化（Generalization）一词来自于心理学，单从字面来理解就是普适能力。如果情况类似，人类在当前学习下就会参考过去学习的概念（Concept），可以理解为根据过去经验与新经验之间的相似性关联适应世界。举个例子，小明第一次吃阿根廷大红虾，结果出现浑身发痒、呼吸不畅的情况，这让小明强烈地感到身体不适。于是，小明认为自己对海鲜过敏。从而学习到一个概念“对海鲜过敏”。尽管这个概念在某些情况下是正确的，但并不完全正确。假如小明只对虾类过敏，对鱼类不过敏，而学习到的概念使得他即使在美食街闻到了香喷喷的烤鱼味儿，也不敢进去。那么，他过去学习到的概念就使他在生活中错过了所有的海鲜美食。

在机器学习中，可以称这些概念为模型。类似地，**泛化能力**（Generalization Ability），指的是通过某一学习方法训练所得模型，对未知数据的预测能力。假如训练所得模型记为 $\hat{f}$，$\hat{f}$ 的泛化能力评价的就是 $\hat{f}$ 在整个样本空间上的性能。模型 $\hat{f}$ 在所有未知数据上的平均损失称为 $\hat{f}$ 的泛化误差（Generalization Error）。如果以测试集作为未知数据，则 $\hat{f}$ 在测试集上的平均损失称为测试误差（Testing Error）。假如测试集为 $T'=\{(\boldsymbol{x}_{1'},y_{1'}),(\boldsymbol{x}_{2'},y_{2'}),\cdots,(\boldsymbol{x}_{N'},y_{N'})\}$，则测试误差表示为

$$R_{\text{test}}(\hat{f})=\frac{1}{N}\sum_{i=1'}^{N'}L(y_i,\hat{f}(\boldsymbol{x}_i))$$

作为度量泛化误差的经验值。

假如现在总体数据都是未知数据，那么对于整个样本空间计算的平均损失，就是泛化误差。这反映模型对总体数据的广泛适应能力，往往模型越简单越容易适应全部

数据，这时候也无所谓欠拟合问题了，因为不存在已知数据。俗话说的以不变应万变就是这个道理。

从极端情况回到实际中，一般把收集到的样本分一部分出来作为测试集，将其视作未知数据，计算平均损失，得到测试误差。通常，由于测试数据集包含的样本有限，仅仅通过测试数据集去评价泛化能力并不可靠，此时需要从理论出发，对模型的泛化能力进行评价。

如果通过训练得到两个模型，两个模型对已知数据的预测能力相近，该如何选择模型呢？通过泛化误差比较两者的泛化能力。哪一个模型的泛化误差小，哪一个模型的泛化能力就更强，也就是对未知数据的预测能力更强。这类似于统计学中的参数估计，当两个估计值都是无偏估计时，倾向于选择方差更小的那个。

泛化误差上界对应的是泛化误差的概率上界。在理论上比较两种学习方法所得模型的优劣时，可通过比较两者的泛化误差上界进行。泛化误差上界具有以下两个特点。

- **样本容量的函数**：随着训练集样本容量的增大，泛化误差上界趋于 0。因为此时相当于用总体训练模型，所得模型自然适用于整个总体。
- **假设空间容量的函数**：假设空间容量越大，待选模型越复杂，模型就越难训练，泛化误差上界就越大。这可以通过均值-方差这种思想来理解。待选模型越复杂，模型方差越大，训练所得模型的普适性越差，泛化误差越大。

评价训练所得模型的拟合能力与泛化能力中所涉及的概念比较如图 1.12 所示。

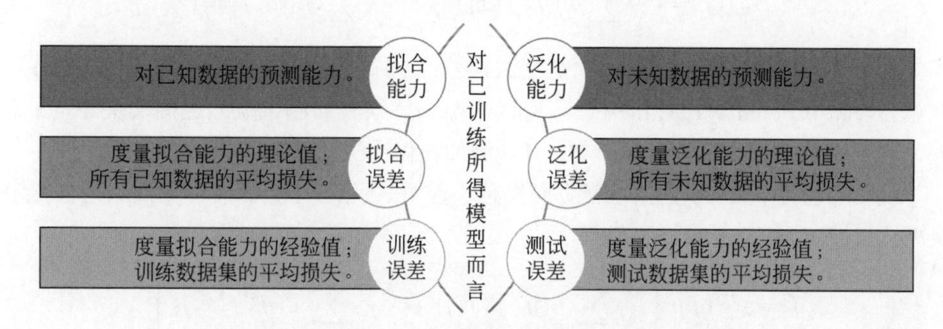

图 1.12　拟合能力与泛化能力相关概念之间的比较

需要注意的是，拟合能力和泛化能力不能分开来看，因为模型既需要对已知数据有一个好的拟合效果，也需要具有对未知数据有较强的适应能力，两者都很重要，需要找到一个平衡点。

1.4　损失最小化思想

既然模型好坏可以用损失大小来比较，人们就希望损失越小越好，这就是损失最小化的思想。无论是日常生活还是政府决策，都少不了这种思想的辅助。举个例子，小明有一大乐趣就是买鞋子。在一次大促销活动中，小明看到商场的满减活动，忍不住凑单买了 3 双鞋子，消费了 1000 元。可是，这 3 双鞋子中只有一双是最舒适合脚的，于是另外两双鞋子穿都没穿就被塞进柜子中。又有一次，小明的一双跑步鞋开裂了，就近来到一家鞋店，店中的鞋子都不便宜，小明千挑万选，挑中一双 1000 元的。小明对这双鞋子十分钟爱，使用率很高。如果从损失来看，第一种情形，虽然鞋子单价便宜，但是总体使用率低，可以认为未穿的两双鞋子的消费金额就是损失，而第二种情形，虽然鞋子单价贵一些，但使用率高，可以认为损失很小。按照损失最小化思想来看，当然应该选第二种。

再比如，2020 年初武汉爆发新冠肺炎疫情，一方有难八方支援，即使有众多志愿者的无偿劳动，但据中国国务院新闻办公室发布的《抗击新冠肺炎疫情的中国行动》白皮书显示，我国确诊患者人均医疗费用约 2.3 万元，不提所需费用，仅是患者经受的病痛，人们产生的恐慌，大量的停工带来的经济损失，对我国来说损失是巨大的。2021 年初全国开始大规模的接种新冠疫苗，与其他国家不同，我国接种新冠疫苗全部免费，虽然会增加政府的支出，但从长远来看，可以减小疫情带来的更大损失，这明显是我国政府根据损失最小化的思想做出的决策。

在机器学习中，到底应该最小化什么损失呢？模型是根据训练集训练出来的，希望模型具有良好的拟合能力。同时，模型归根结底是要拿来用的，要对未来决策有帮助才行，因此也希望模型具有良好的泛化能力。如何才可以两全其美，让模型既具有良好的拟合能力又具有良好的泛化能力呢？如果以训练误差度量拟合能力，以测试误差度量泛化能力，那么可以定义最小化的目标函数为总损失，

$$R_{\text{tot}}(f) = \frac{1}{N}\sum_{i=1}^{N} L(y_i, f(\boldsymbol{x}_i)) + \lambda \frac{1}{N'}\sum_{i=1'}^{N'} L(y_i, f(\boldsymbol{x}_i)) \tag{1.4}$$

式中，第一项是训练误差；第二项是测试误差；λ 称为调整参数（Tuning Parameter）或惩罚参数（Penalty Parameter），用以平衡训练误差和测试误差之间的关系，λ 越大，表示越重视测试误差，一般 $\lambda = 1$，例如在做交叉验证时。

我们希望学习到的模型对应的损失越小越好，因此可基于最小化损失思想选择模型

$$\hat{f} = \arg\min_{f\in\mathcal{F}} \left(\frac{1}{N}\sum_{i=1}^{N} L(y_i, f(\boldsymbol{x}_i)) + \lambda \frac{1}{N'}\sum_{i=1'}^{N'} L(y_i, f(\boldsymbol{x}_i)) \right)$$

除了总损失，还可以用结构风险平衡拟合能力和泛化能力。模型 f 的结构风险函数（Structural Risk Function）定义为

$$R_{\text{str}} = \frac{1}{N}\sum_{i=1}^{N} L(y_i, f(\boldsymbol{x}_i)) + \lambda J(f) \tag{1.5}$$

式中，第一项是经验风险；$J(f)$ 表示模型结构的复杂度，用以度量模型对未知数据的泛化能力，也称为正则化项；类似于式 (1.4)，惩罚参数 λ 用以平衡经验风险与模型复杂度之间的关系。我们希望学习到的模型结构风险越小越好，因此可基于损失最小化思想选择模型

$$\hat{f} = \arg\min_{f\in\mathcal{F}} \left(\frac{1}{N}\sum_{i=1}^{N} L(y_i, f(\boldsymbol{x}_i)) + \lambda J(f) \right)$$

这称为正则化方法。

1.5 怎样理解模型的性能：方差-偏差折中思想

为什么要评价一个模型的性能？如果模型太简单，可能对待预测的数据不起到任何作用，但是如果模型太复杂，又可能带来过拟合现象。到底该如何理解呢？这里可以借助于方差-偏差折中（Variance-Bias Tradeoff）思想。

在解释这个折中思想之前，首先定义几个符号。假如对于上帝而言，创世时所用的模型假如记作 $y = f(\boldsymbol{x})$，比如例 1.1 中的正弦函数 $y = \sin x$；而对于真实的世界而言，存在着不完美带来的不确定性，这是由噪声项 ϵ 带来的，所以现实模型可以记为 $y = f(\boldsymbol{x}) + \epsilon$，这里可对应于例 1.1 中的 $y = \sin(2\pi x) + \epsilon$。一般而言，我们认为这些噪声从平均意义上来说是 0，即假设 ϵ 的均值为零，记为 $E(\epsilon) = 0$，方差为 $\text{Var}(\epsilon) = \sigma_\epsilon^2$。对于试图探索世界真相的人类而言，所接触到的自然是具有不确定性的模型，为了找到最接近于真实模型的那个，人类做了一系列的尝试，得到了一类待选模型 $\{g_1, g_2, \cdots\}$，比如例 1.1 中的一系列多项式 f_M。将这些待选模型看作一个随机变量 g，因为已经观察到现实模型所得数据，所以可以通过 g 与现实模型中的 y 之间的差距度量 g 的性能，即模型 g 的均方误差

$$
\begin{aligned}
\text{MSE} &= E\left[g(\boldsymbol{x}) - y\right]^2 \\
&= E\left\{g(\boldsymbol{x}) - E[g(\boldsymbol{x})] + E[g(\boldsymbol{x})] - f(\boldsymbol{x}) + f(\boldsymbol{x}) - y\right\}^2 \\
&= E\left\{g(\boldsymbol{x}) - E[g(\boldsymbol{x})]\right\}^2 + E\left\{E[g(\boldsymbol{x})] - f(\boldsymbol{x})\right\}^2 + E\left\{f(\boldsymbol{x}) - y\right\}^2 \\
&= E\left\{g(\boldsymbol{x}) - E[g(\boldsymbol{x})]\right\}^2 + \left\{f(\boldsymbol{x}) - E[g(\boldsymbol{x})]\right\}^2 + E\left\{f(\boldsymbol{x}) - y\right\}^2 \\
&= \text{Var} + \text{Bias}^2 + \sigma_\epsilon^2
\end{aligned} \tag{1.6}
$$

式中，第一项 $\text{Var} = E\left\{g(\boldsymbol{x}) - E[g(\boldsymbol{x})]\right\}^2$ 为方差项，表示用来近似真实模型的待选模型之间的方差，这往往是由抽样所带来的，也就是不同的训练集（样本容量相同的训练集）会导致学习模型性能的变化，刻画数据扰动带来的干扰；第二项 $\text{Bias}^2 = \left\{f(\boldsymbol{x}) - E[g(\boldsymbol{x})]\right\}^2$ 为偏差项的平方，即真实均值与估计值的期望之间的平方差，这主要是由对模型的不同选择所带来的，刻画某类模型本身的拟合能力；第三项 $\sigma_\epsilon^2 = E\left\{f(\boldsymbol{x}) - y\right\}^2$ 为不可约误差，这是由现实世界的随机性所带来的，超出人力所控的范围，如同地下室在漏水，虽然它能够被容忍，却一直存在。

如果用打靶游戏来说明模型的方差与偏差情况（见图 1.13），红心就相当于真实模型，弹孔离红心越远，就代表偏差（Bias）越大，反之越小；弹孔越分散，就代表方差（Var）越大，越集中则方差越小。一般而言，偏差与方差总是存在着冲突。如图 1.13 中左上角低偏差-低方差的理想情况是很难实现的。通常，随着模型复杂度的增加，方差项趋向于增加，而偏差项趋于减小；反之，当模型复杂度降低时，出现相反的情形。要实现低方差和低偏差，操作起来非常困难。然而，困兽犹斗，何况我们呢？所以，不妨采取儒家的中庸思想，只要将方差与偏差控制在一个较小可接受的范围内即可。

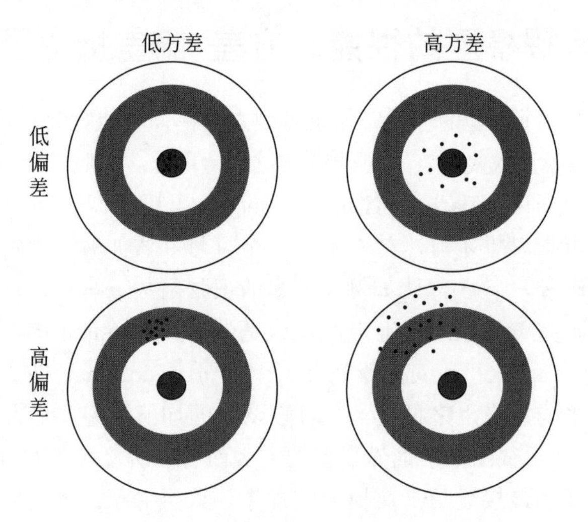

图 1.13 打靶游戏中的偏差与方差

1.6 如何选择最优模型

模型选择就是基于奥卡姆剃刀原理实现的，希望得到一个可以在整个样本空间上运行效果都很好，模型结构又不复杂的模型。在之前的学习过程中，我们分为训练与测试两个阶段，通过这两个阶段就可以选出最优模型。比如小明正在玩一个电子游戏，若要实现升级，需要通过完成每一级的任务达成目的。幸运的是，小明触发了某一特殊任务，完成之后连升了多级。在机器学习中也有类似于触发任务的方法，比如正则化、交叉验证就是模型选择的两种常用方法。这些方法将训练与测试两个阶段合二为一，一旦完成就能得到学习模型。本节将详细介绍正则化与交叉验证的思想。

1.6.1 正则化：对模型复杂程度加以惩罚

对模型进行评估时，主要是从模型对已知数据和未知数据的预测能力来评价，所以选择模型时要平衡两者。当训练误差低、测试误差高时，就暗示着模型只能精准应对已知数据，缺乏对未知数据足够准确的判断能力，这就是过拟合（Overfitting）现象。与之相对的就是欠拟合（Underfitting）现象，无论测试误差是高是低，训练误差总是很高的，暗示着学到的模型甚至都无法很好地应对已知数据。追溯到模型结构上，过拟合往往由于模型结构太过复杂而导致，欠拟合则是由于模型结构太简单。

举个例子，暑假，小明到北京游玩。同学小红带着小明白天参观了天坛公园和雍和宫，晚上就来到了满街都是红灯笼的簋街。麻辣小龙虾那诱人的香味儿哟，直往小明鼻子里钻。为了说服自己可以吃小龙虾，他甚至已经默默将学到的概念“对海鲜过敏”替换为“仅对阿根廷大红虾过敏”了。但糟糕的是，小明在大快朵颐之后，再次过敏。也就是说，如果小明将阿根廷大红虾本身的特性当作他所有过敏源的特性，只是避开阿根廷大红虾，之后很大可能会再次出现难受的过敏反应，这就是“过拟合”。簋街的经历让小明心有余悸，再也不敢尝试海鲜美食。之后的某天，小明废寝忘食地读书，甚至忘记了晚饭。等意识到的时候，才觉得饥肠辘辘。好心的室友分享给小明半个披萨。小明一阵狼吞虎咽，吃完都不晓得什么味道。事后问室友，室友随口告诉他是金枪鱼披萨。不过这次小明并没有过敏。也就是说，金枪鱼不具有过敏原的特性，因此"对海鲜过敏"的概念是"欠拟合"的。可见，当概念太具有针对性时，往往就是过拟合的；当概念是泛泛之谈时，会带来欠拟合。

为了平衡模型对已知数据和未知数据的预测能力，我们在经验风险的基础上对模型的复杂度施加惩罚，称度量模型复杂度的项为正则项（Regularizer），记作 $J(f)$。对于参数模型而言，模型参数越多，模型越复杂，$J(f)$ 越大。对于非参数模型而言，模型结构越复杂，$J(f)$ 越大。经验风险与正则化项一起构成结构风险函数，

$$R_{\mathrm{str}}(f)=\frac{1}{N}\sum_{i=1}^{N}L(y_i,f(\boldsymbol{x}_i))+\lambda J(f)$$

通过结构风险最小化策略选择模型，就是正则化方法，

$$\hat{f}=\arg\min_{f\in\mathcal{F}}\left(\frac{1}{N}\sum_{i=1}^{N}L(y_i,f(\boldsymbol{x}_i))+\lambda J(f)\right)$$

通常 $\lambda\geqslant 0$，λ 越大，在模型选择时越重视泛化能力，选出来的最优模型中包含的参数越少；与之相对地，λ 越小，越重视拟合能力，选出来的最优模型可能会出现过拟合。这是因为，如果 λ 很大，$J(f)$ 的微小变化都能引发结构风险的一个很大的变化，那么，通过正则化就会压缩模型复杂度，则会避免过拟合的现象出现。但是，如果 λ 非常小，$J(f)$ 的巨大变化才能引发结构风险的一个很小的变化，此时通过正则化就无法降低模型复杂度了。因此，调整参数 λ 的每个取值都对应一个不同的模型。为了学习到最优模型，λ 的选择是个关键。

正则化项有很多种形式。例如在回归问题中，待学习的模型结构为

$$f(\boldsymbol{X},\boldsymbol{\beta})=\beta_0+\beta_1X_1+\beta_2X_2+\cdots+\beta_pX_p$$

式中，$\boldsymbol{\beta}=(\beta_0,\beta_1,\cdots,\beta_p)^{\mathrm{T}}$。

在套索回归中，为选择稀疏模型，正则化项采用参数的绝对值和，即

$$J(f)=\|\boldsymbol{\beta}\|_1=|\beta_0|+|\beta_1|+\cdots+|\beta_p|$$

式中，$|\beta_i|$ 表示参数 β_i 的绝对值。$\|\boldsymbol{\beta}\|_1$ 表示参数向量 $\boldsymbol{\beta}$ 的 L_1 范数。

在岭回归中，正则化项采用参数的平方和，即

$$J(f)=\|\boldsymbol{\beta}\|_2^2=\beta_0^2+\beta_1^2+\cdots+\beta_p^2$$

式中，$\|\boldsymbol{\beta}\|_2$ 表示参数向量 $\boldsymbol{\beta}$ 的 L_2 范数。

在分类问题中，例如决策树模型中，正则化项采用树的叶子节点个数，

$$J(f)=\mathrm{card}(T)$$

式中，T 表示决策树；$\mathrm{card}(T)$ 表示树 T 的叶子节点个数。

除此，如果考虑由似然函数引申而得的似然损失，也可以通过正则化思想来理解 AIC 准则和 BIC 准则。

如果记参数向量为 $\boldsymbol{\theta}$，参数个数为 p，似然函数为 $L(\boldsymbol{\theta})$，对数似然损失为 $-\ln L(\boldsymbol{\theta})$，则 AIC 准则可以写作

$$\text{AIC} = -2\ln L(\boldsymbol{\theta}) + 2p = 2(-\ln L(\boldsymbol{\theta}) + p)$$

在 AIC 准则中以参数的个数度量模型的复杂度 $J(f) = p$，并且取调整因子 $\lambda = 1$。

BIC 准则可以写作

$$\text{BIC} = -2\ln L(\boldsymbol{\theta}) + p\ln(N) = 2(-\ln L(\boldsymbol{\theta}) + \frac{1}{2}p\ln(N))$$

式中，N 表示训练集中的样本个数。除了参数个数，模型复杂度中还包括训练集样本容量，定义为 $J(f) = p\ln(N)$，在这样在维度大且训练量相对较少的情况下，就可以在一定程度上避免维度灾难（Curse of Dimensionality）现象。

1.6.2 交叉验证：样本的多次重复利用

当获取到足够多的样本时，可以慢悠悠地一步一步完成学习过程，每个样本只用一次，要么出现在训练集，要么出现在测试集。但是，现实情况中，样本数据通常是不充足的。本着样本资源不要浪费的原则，可以采用交叉验证（Cross Validation）的方法。交叉验证的基本思想就是，重复使用数据，以解决数据不足这种问题。这里我们介绍 3 种交叉验证法：简单交叉验证、S 折交叉验证和留一交叉验证。

1. 简单交叉验证

简单交叉验证（Simple Cross Validation）是将数据集随机地分为两部分：一部分作为训练集；另一部分作为测试集。举个例子，假如将样本的 70% 作为训练集，30% 作为测试集，示意图见 1.14。那么，在不同的假设情况下，可以通过训练集训练不同的模型，将训练得到的不同模型放到测试集上计算测试误差，测试误差最小的模型则是最优模型。

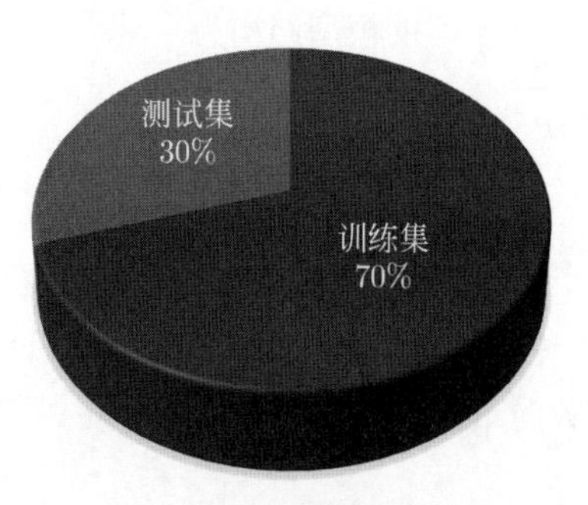

图 1.14 简单交叉验证

2. S 折交叉验证

S 折交叉验证（S-fold Cross Validation），随机将数据分为 S 个互不相交、大小相同的子集。每次以其中 $S-1$ 个子集作为训练集，余下的子集作为测试集。下面通过一个例子来说明。假如 $S = 10$，可以将数据集均匀地分为 $T_1, T_2, \cdots, T_{10}$ 共 10 个子集。可以将其中 9 个子集的并集作为训练集，剩余的那个子集作为测试集。例如，将 $T_1, T_2, \cdots, T_9$ 的并集作为训练集，用于训练模型，所得模型记做 $\hat{f}_1$。通过类似的方法，还可以得到模型 $\hat{f}_2, \hat{f}_3, \cdots, \hat{f}_{10}$。分别在每个模型相应的测试集中计算测试误差，并进行比较，测试误差最小的模型，就是最优模型 f^*。图 1.15 为 10 折交叉验证示意图。

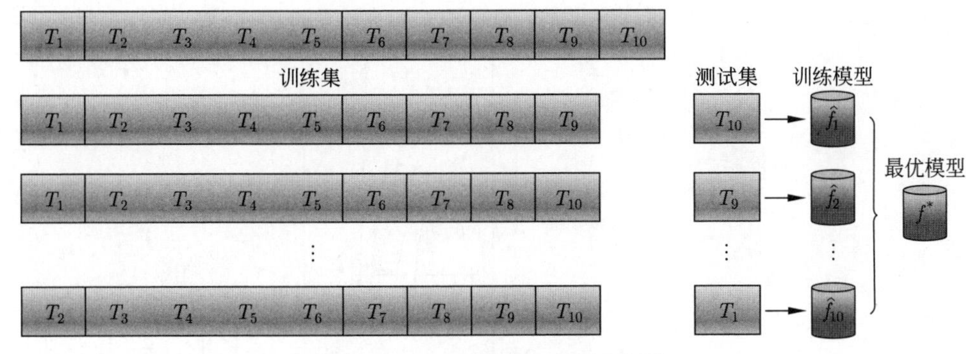

图 1.15 10 折交叉验证示意图

3. 留一交叉验证

留一交叉验证（Leave One Out Cross Validation，LOOCV），可以认为是 S 折交叉验证的特殊情况，即 $S=N$ 的情况，这里的 N 指的是数据集的样本容量。留一交叉验证，也就是每次用 $N-1$ 个样本训练模型，余下的那个样本测试模型。这是在数据非常缺乏的情况下才使用的方法。

1.7 本章小结

1. 广义的数据指用数字的形式记录下来的资料。当今时代，数据大多指储存在电子设备中的记录。

2. 在机器学习中，可根据是否包含数据标签而被分为监督学习和无监督学习，有时也会包括半监督学习、主动学习和强化学习。

3. 监督学习是指从标注数据中学习预测模型的机器学习问题，学习输入输出之间的对应关系，预测给定的输入产生相应的输出。监督学习过程包含三部曲：训练阶段、测试阶段和预测阶段。训练阶段和测试阶段组成学习过程，两个阶段有时可以合二为一。

4. 在监督学习中通过平均损失量化评价学习模型的好坏，度量模型对新鲜样本的适应能力。根据模型结构的不同，可以选择相应的损失函数，比较学习模型的拟合能力和预测能力。

5. 模型选择基于奥卡姆剃刀原理实现，常用的方法有正则化与交叉验证。

1.8 习题

1.1 请列举常用的监督学习模型和无监督学习模型。

1.2 给定训练集

$$
\begin{aligned}
T=\{&(0.00,-0.25),(0.11,0.14),(0.22,-0.66),(0.33,0.08),(0.44,1.41),(0.56,-1.12),\\
&(0.67,-1.05),(0.78,0.70),(0.89,-0.18),(1,-0.59)\}
\end{aligned}
$$

以平方损失作为损失函数，多项式模型的阶数作为模型复杂度，通过正则化方法学习最优的多项式模型，并应用学习到的最优多项式模型预测实例 $x=0.5$。

第 2 章　线性回归模型思维导图

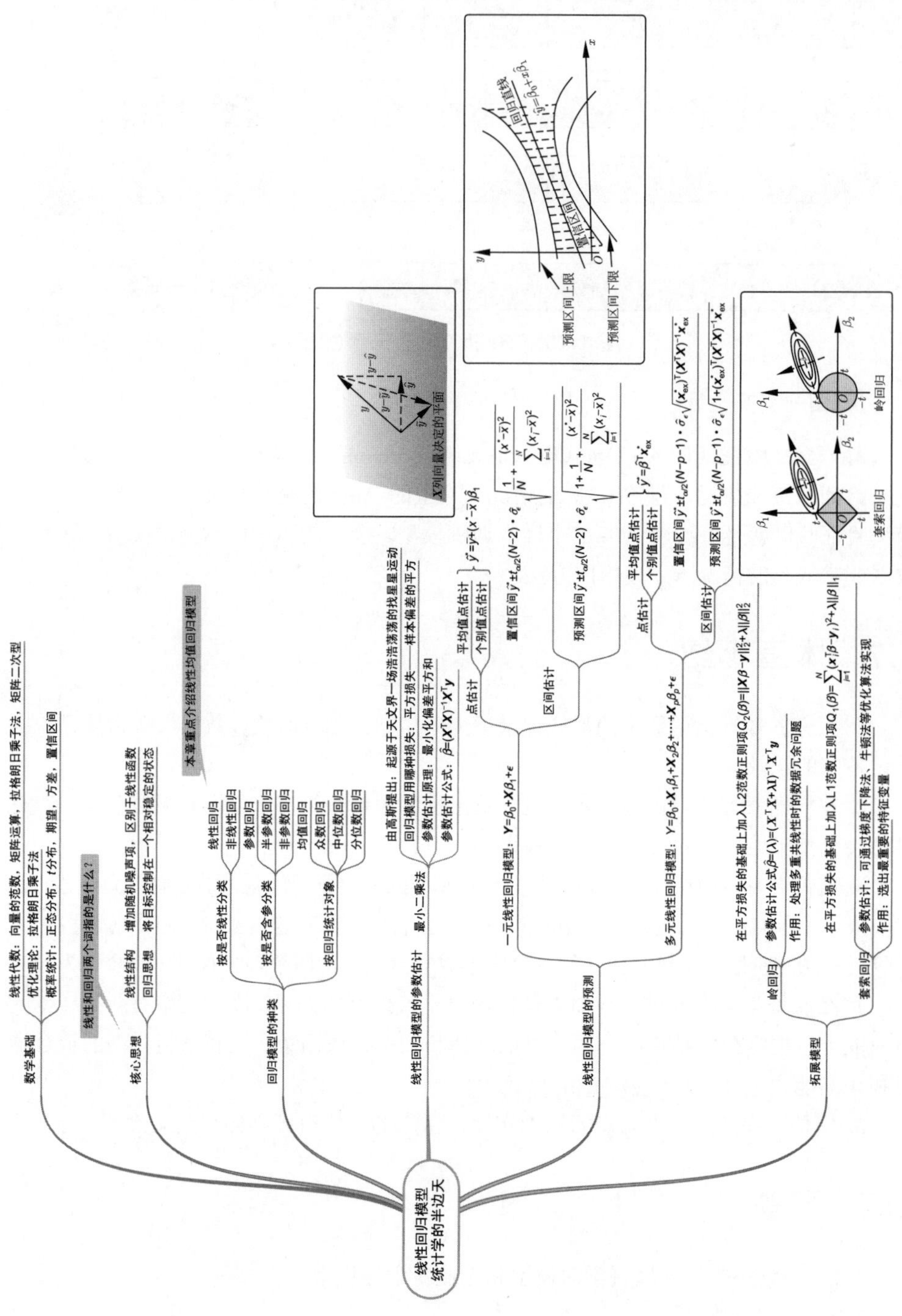

第 2 章　线性回归模型

如果大自然的运作遵循线性系统，我们对世界就会很容易理解，但也会变得很无趣。

——丘成桐《大宇之形》

在回归模型中，最主流的是均值回归。自 19 世纪以来，由于统计学家费希尔的大力推广，均值回归已成为主导经济学、医学研究和绝大多数工程学的模型。现如今，回归模型已被机器学习、人工智能等领域纳入学习模型中。如果根据因变量与自变量之间是否存在线性关系，回归模型可以分为线性回归模型和非线性回归模型；如果根据因变量所包含的特征变量个数，可以分为一元回归模型和多元回归模型；根据回归模型是否具有参数结构，又可以分为参数回归模型、非参数回归模型和半参回归模型。说起来，回归模型可是一个占了统计学或者机器学习半边天的模型，真是聊个一年半载都聊不完的话题。本章主要介绍具有线性回归模型、最小二乘法、线性回归模型的预测，最后拓展至岭（Ridge）回归和套索（LASSO）回归。

2.1　探寻线性回归模型

线性回归模型的核心思想在于线性结构与回归思想，这类线性回归的概念不只可以单独建模应用，而且还经常嵌套在其他机器学习模型中，例如 K 近邻、支持向量机、神经网络等。

2.1.1　诺贝尔奖中的线性回归模型

作为科学界的最高奖项，历届的诺贝尔经济学奖都备受瞩目。先让我们聚焦到

图 2.1　诺贝尔奖

1990 年，威廉·夏普（William F. Sharpe）因提出资本资产定价模型（Capital Asset Pricing Model，CAPM）而荣获诺贝尔经济学奖。这个模型的真容为

$$E(r_i) = r_\mathrm{f} + \beta_{i\mathrm{m}}[E(r_\mathrm{m}) - r_\mathrm{f}]$$

式中，r_i 指第 i 个资产的收益率；r_f 指无风险利率（Risk-free Interest Rate）；r_m 指市场收益率（Market Return）；β_{im} 指第 i 个资产和市场收益率之间的关系系数。如果无风险利率 r_f 已知，这其实就是 $E(r_i)$ 关于 $E(r_\mathrm{m})$ 的线性函数。

再来到 2013 年的颁奖现场，尤金·法玛（Eugene F.Fama）因提出 Fama-French 三因子模型（Fama-French Three Factor Model）而获诺贝尔经济学奖，模型结构为

$$E(r_i) = r_\mathrm{f} + \beta_{i\mathrm{m}}[E(r_\mathrm{m}) - r_\mathrm{f}] + s_i\mathrm{SMB} + h_i\mathrm{HML}$$

式中，SMB 指市值因子；s_i 指第 i 个资产和市值因子之间的系数；HML 指账面市值比因子；h_i 指第 i 个资产和账面市值比因子之间的系数。同样地，如果无风险利率 r_f 已知，这个模型就是 $E(r_i)$ 关于 $E(r_\mathrm{m})$、SMB 和 HML 的线性函数。

仔细观察，无论是 CAPM，还是 Fama-French 三因子模型，都具有线性结构，而且模型等式左边的期望代表它们是均值回归模型。简简单单的两个式子，却带给了提出者经济学的最高奖项——诺贝尔经济学奖。那么，线性回归模型的真谛到底是什么？这避不开统计学中回归模型的诞生。

2.1.2 回归模型的诞生

我不相信任何缺乏“真实测量和三分律”的事情。

——查尔斯·达尔文

19 世纪出现一位推动生物学发展的伟大科学家——查尔斯·达尔文（Charles Darwin）。他在观察大量的动植物和地质结构之后，出版了《物种起源》一书，并提出生物进化论学说。达尔文是一位坚信真实测量和三分律的科学家。

的确，在我们生存的世界上，真实测量就是分析问题的原材料。那么，三分律是什么呢？这是古希腊数学家欧几里得在《几何原本》中提到的，假如 $a/b = c/d$，那么 a、b、c、d 中的任意 3 个都足以决定第 4 个。但是，一旦遇到环境变动和测量噪声时，三分律就会给出错误答案。

举个例子，小明到大西北观光，汽车行驶在望不到边际的黄土高原上。突然，小明看到前方一株株如哨兵般的树木，原来那就是白杨树！小明想起来曾经学过的一篇课文。

> 矛盾的《白杨礼赞》：
>
> 白杨树实在不是平凡的，我赞美白杨树！
>
> 这是虽在北方的风雪的压迫下却保持着倔强挺立的一种树！
>
> 哪怕只有碗来粗细罢，它却努力向上发展，高到丈许，二丈，
>
> 参天耸立，不折不挠，对抗着西北风。

到旅馆已是傍晚时分，小明出门溜达，打白杨树边走过，高挺的树干拉出一条长长的影子。作为一名理科生的小明，很好奇白杨树的高度，该怎么办？

他想到一个好主意，跑到旅馆借了一把卷尺，来到一棵白杨树下。他就做了这样的尝试：标记白杨树的位置 P，以及白杨树影子顶点的位置 Q，然后在白杨树的影子里找一个位置 P_1 站直，使得他自己头顶的影子恰好落在 Q 点，最后测量 P 与 Q 的距离 s 和 P_1 与 Q 的距离 s_1，如图 2.2 所示。然后，小明利用自己的身高 h_1 得到

$$\tan\alpha = \frac{h_1}{s_1} = \frac{h}{s}$$

利用三分律可以计算出

$$h = \frac{h_1}{s_1}s$$

这时候，与小明同行的伙伴也想凑个热闹，他的身高是 h_2，站在 P_2 处时，头顶的影子恰好落在 Q 点，测量 P_2 与 Q 的距离 s_2，也能得到白杨树的高度

$$h = \frac{h_2}{s_2}s$$

不过，令人感到糟糕的是，计算出来的两个高度竟然不相等，于是小明拉来一个过路人测量，发现又出现第三个结果。

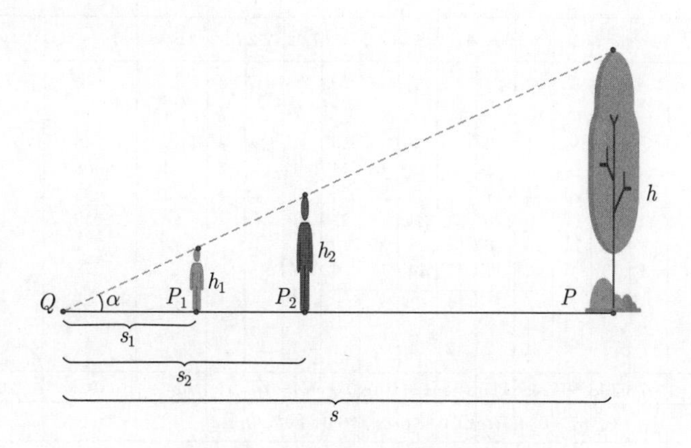

图 2.2　白杨树高度的计算测量

很容易想到，导致这一现象的原因可能是真实测量所带来的误差。这时小明想起来一个常用的统计量——平均数。小明猜测“用平均数可以避免误差”。于是，小明做了更多的测量，采集到 20 个人的身高并计算平均数 m_h，还计算出这 20 个人影长的平均数 m_s，得到

$$h^{(1)} = \frac{m_h}{m_s}s^{(1)}$$

式中，m 表示平均数，h 表示身高，s 表示距离。

这里的 $s^{(1)}$ 就是小明第一天测量出的白杨树的影长，$h^{(1)}$ 是第一天估计出的白杨树的高度。接着，小明回到旅店放心地睡了一觉。第二天外出观光回来，又是傍晚。

他看到那些白杨树，忍不住想验证前一天的结果。于是，小明来到同一棵白杨树下进行测量。可没想到，采用平均数的方法，第二天估计出的高度 $h^{(2)}$ 竟然与第一天不同，小明觉得崩溃极了，难道就得不到一个准确的值了吗？

平时，小明用来缓解焦虑的最好办法就是读书。晚上，小明开始阅读《统计学的七支柱》。原来当年英国著名科学家弗朗西斯·高尔顿，就是达尔文的表弟，也遇到了类似的问题。不同的是，高尔顿用来做实验的是考古学家发现的人类遗骸，以大腿骨的长度来推算身高。高尔顿发现，他表哥信奉的三分律，在这里完全不适用，于是对此做了更多的研究。在此，简单介绍高尔顿的研究历程。

广为人知的是高尔顿研究的关于父母与子女身高的研究，这项研究极大地推动了人类遗传学和统计学的发展。高尔顿收集了 928 位成年子女的身高以及相应的 205 组父母。为考虑父母双方对子女身高的影响，高尔顿对数据做了预处理，以父亲身高与 1.08 倍母亲身高的平均值作为“中亲”（Mid-parent）身高，子女中男性身高不做处理，女性的身高都乘以 1.08，然后将“中亲”身高分为 10 组，统计每组中子女身高的情况，如图 2.3 所示。

“中亲”的身高/inch	成年子女的身高/inch														总个数		中位数
	Below	62·2	63·2	64·2	65·2	66·2	67·2	68·2	69·2	70·2	71·2	72·2	73·2	Above	成年子女	“中亲”	
Above ..	..	..	..	..	..	..	..	..	..	..	..	1	3	..	4	5	..
72·5	..	..	..	..	..	..	..	1	2	1	2	7	2	4	19	6	72·2
71·5	..	..	..	..	1	3	4	3	5	10	4	9	2	2	43	11	69·9
70·5	1	..	1	..	1	1	3	12	18	14	7	4	3	3	68	22	69·5
69·5	..	..	1	16	4	17	27	20	33	25	20	11	4	5	183	41	68·9
68·5	1	..	7	11	16	25	31	34	48	21	18	4	3	..	219	49	68·2
67·5	..	3	5	14	15	36	38	28	38	19	11	4	..	..	211	33	67·6
66·5	..	3	3	5	2	17	17	14	13	4	..	..	..	..	78	20	67·2
65·5	1	..	9	5	7	11	11	7	7	5	2	1	..	..	66	12	66·7
64·5	1	1	4	4	1	5	5	..	2	..	..	..	..	..	23	5	65·8
Below ..	1	..	2	4	1	2	2	1	1	..	..	..	..	..	14	1	..
总个数 ..	5	7	32	59	48	117	138	120	167	99	64	41	17	14	928	205	..
中位数 ..	..	..	66.3	67.8	67.9	67.7	67.9	68.3	68.5	69·0	69·0	70·0	..	..	..	..	..

图 2.3　高尔顿分组统计的家庭身高数据

类似于计算白杨树高度时采用的平均数，高尔顿为了消除每组误差的影响，取每组子女身高的中位数，如图 2.3 中最右一列的显示。利用前九组数据的最左一列的“中亲”身高和最右一列的子女身高绘制散点图，如图 2.4所示。

可见，子女与中亲身高近似线性关系，即父母身高较高的，子女的身高就相对高一些；父母的身高较矮的，子女的身高也会相对矮一些。另外，高尔顿通过计算得到，子女的身高约为中亲身高的 2/3，他专门为这 9 组数据绘制线图，即图 2.5。

高尔顿注意到，子女身高（线 CD）比“中亲”身高（线 AB）更接近于平庸的中间身高（线 MN）。也就是说，并不是高个子的父母生育的子女会更高，矮个子的

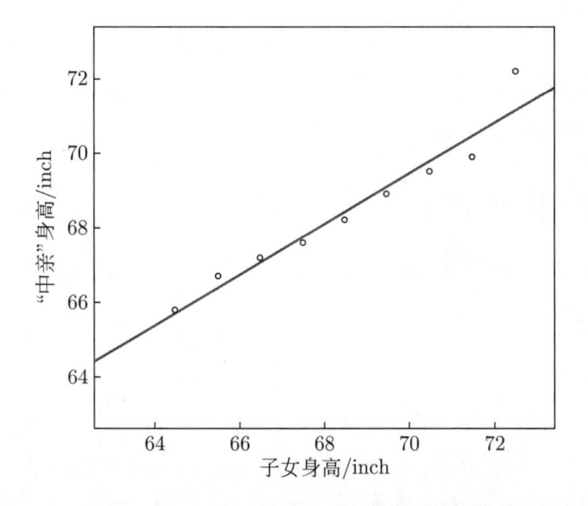

图 2.4　"中亲"身高与子女身高的散点图

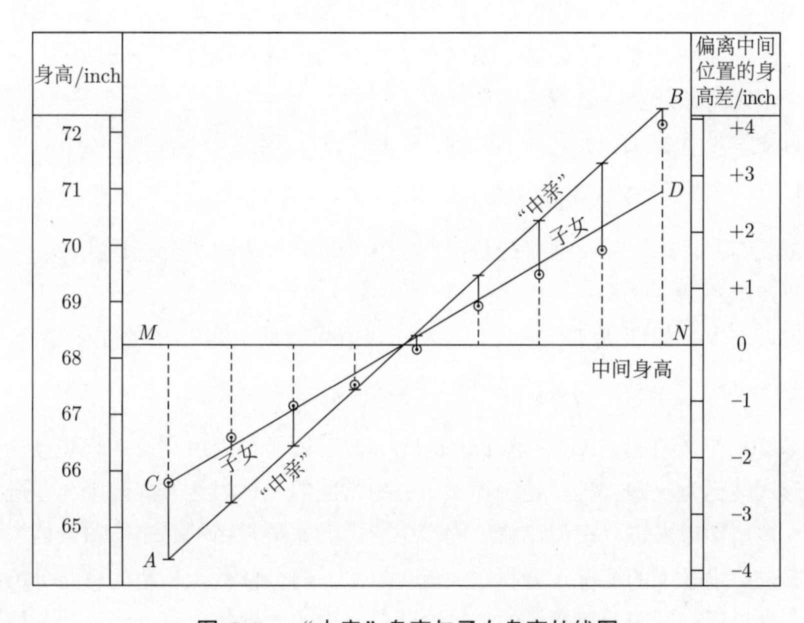

图 2.5　"中亲"身高与子女身高的线图

父母生育的子女会更矮。如果这样，那么人类的身高就会分化出高矮两个极端了。一般的情况是，人类的身高基本维持稳定，并且存在更多的只有普通身高但可以生育出超常身高子女的父母。后来，高尔顿又陆续用苹果、豌豆等做类似的实验，都出现类似于身高的现象，他称这种现象为"回归"现象。

从回归现象来看，大自然中仿佛存在一只无形的手，将人类的身高控制在一个相对稳定的状态，以防止出现两极分化的情况。日常生活中类似的场景比比皆是。例如，连续多日艳阳高照，那么接下来可能就会迎来一场大雨；再例如，倘若一个人不小心划破了手指，自身就会做出凝血反应，止住血液的流失，慢慢修复，直到伤口恢复正常。但是，即使回归也存在一定的限度，如果超出承受范围，就很难回到本源。

例如，全球变暖造成的冰川融化、珠峰长草等异常现象。如同受重伤的病人，如果失血过多，身体将无法自我修复完好，只能借助外力——输血。同样的道理，当超出一定的范围，大自然也很难自我修复，回到本源，毕竟修复大自然的外力很难找到。

2.1.3 线性回归模型结构

如果用一个模型来描述高尔顿所研究的父母与子女的身高关系，可以得到最简单的线性回归模型——一元线性回归

$$Y = \beta_0 + X\beta_1 + \epsilon$$

式中，X 就是“中亲”身高，称为自变量（或解释变量）；Y 为子女身高，称为因变量（或响应变量）；ϵ 为噪声项；β_1 为回归系数；β_0 为截距项。

之所以回归模型在线性函数的基础上添加了一个噪声项，就是因为测量或者观测带来的误差。换言之，高尔顿通过研究发现，子女身高不只是受父母身高的影响，还有其他因素，如环境等，这导致了亲代与子代之间出现不完美相关的结果，即所有的观测结果不完全在同一条直线上，如图 2.4 所示。

若自变量是 p 维的，则可以推广至多元线性回归模型

$$Y = \beta_0 + X_1\beta_1 + X_2\beta_2 + \cdots + X_p\beta_p + \epsilon \tag{2.1}$$

式中，$X_1, X_2, \cdots, X_p$ 为 p 维自变量；Y 为因变量；ϵ 为噪声变量；$\beta_1, \beta_2, \cdots, \beta_p$ 为回归系数；β_0 为截距项。

假设误差项 ϵ 的期望 $E(\epsilon) = 0$，模型可以表示为期望回归方程的形式：

$$E(Y) = \beta_0 + X_1\beta_1 + X_2\beta_2 + \cdots + X_p\beta_p \tag{2.2}$$

这就是本章之初介绍的 CAPM 和 Fama-French 三因子模型所具有的模型结构。这里的期望形式被称为回归方程，是统计学研究中常用的一种表达方式，因为在进行建模的时候大多用期望来解释模型，就如同在生活中大家最常用的是平均值一样。如果考虑不同分位数水平下的情况，方程左边就可以改写为分位数，构建的就是分位数回归模型了。如果遇到如图 2.6 所示的这种像蘑菇云似的数据集，可以尝试用分位数线性回归模型建模。

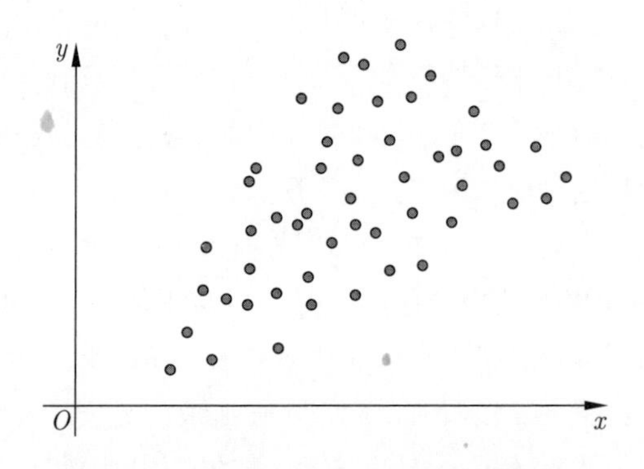

图 2.6　分位数线性回归模型的数据示例

这里提到分位数线性回归模型，只是为了给大家提供一种思路，表明数据特点不同，研究的问题不同，那么建模的目的就不同，需要使用的模型也不同。本章的重点仍然是期望线性回归模型。

与众多复杂非线性模型相比，线性模型的结构最简单，而且容易理解。因为在线性模型中，当自变量发生变化时，因变量的变化永远接近于比例变化，而不可能造成出乎意料的巨变。非线性模型则不然，它的模型结构并不确定，天生难以预测，即使自变量只发生了微小改变，也有可能造成结果的极大差异，就如同混沌理论中的蝴蝶效应：某个地方一只蝴蝶拍打翅膀所产生的气流，甚至有可能造成地球上另一个地方的龙卷风。

尽管线性模型有各种优势，并且具有较强的可解释性。但是，由回归引发的一系列错误判断却屡见不鲜。比如，起源于遗传学的线性回归模型，在遗传学研究中的应用十分广泛。在孟德尔随机化研究中，常采用线性回归模型研究遗传变异位点与其暴露变量或结局变量之间的关系。实际上，暴露不是一个单一的实体，它包含了具有不同因果效应的多种成分，遗传变异位点与其暴露变量或结局变量之间很可能存在非线性关系。如果此时仍采用线性回归模型，将不符合模型的线性假设，会导致错误判断。

再例如，1933 年美国西北大学的经济学家贺拉斯・赛奎斯特（Horace Secrist）在其著作《平庸商业中的伟大胜利》中提到这样一个案例，如果根据 1920 年的数据在按照利润率从高到低排序的百货公司排行榜中，选出排名的前 25% 来，那么这些公司的业绩会在 1930 年的时候趋于平庸。他表明，可以根据这类逐渐趋于平庸的结论做出商业决策。可实际上，贺拉斯并未察觉到，如果根据 1930 年的数据选择排名前 25% 的百货公司，这些公司的业绩在 1920—1930 期间会逐渐地远离平庸。如果仍然根据他坚信的平庸法则做商业决策，可能会导致大量的亏损。

因为许多复杂的商业现象不只是与单一的，或者某些特定的众多因素有关系，还存在很多人们已知却尚未纳入模型中或者根本未察觉到的因素。一般来说，如果构建回归模型，人们默认将这些因素都归入到噪声项里，如果误差项不符合统计模型的假设，以此所做的判断将会出错。

所以说，应用线性回归模型时，一定要注意期望的模型结构是否符合实际情况，因变量和自变量之间是否存在线性关系，噪声项是否符合模型假设。

2.2 最小二乘法

18 世纪末，欧洲的天文学界掀起一股观测热潮，大批欧洲天文学家与天文爱好者架起望远镜寻找小行星。1801 年 1 月 1 日，意大利天文学家朱塞佩・皮亚齐（Giuseppe Piazzi）发现了“谷神星”，并对其进行了 41 天追踪观测，直到这颗小行星消失在太阳耀眼的光芒中。这个发现震动了整个科学界，并且给天文学界留了一个难题：如何根据少量的观测结果预测小行星的位置？

因为观测结果太少，众多天文学家难以做出预测，导致喋喋不休的争论。1801 年 10 月，高斯在一份杂志上偶然看到这篇报道，对其产生兴趣。仅用了几个星期的计算，高斯就预测出谷神星的运动轨道。果然，1801 年底，谷神星出现在高斯预测的位置，这使得初涉天文学界的高斯一举成名。高斯甚至表明，如果用他的方法，“只要有 3 次观测数据，就可以计算出小行星的运动轨道”。这里用来预测轨道的方法就是最小二乘法，是高斯 17 岁时发现的。但出于科学的严谨性，高斯直到 1809 年才在他的著作《天体运动论》中正式提出，并提供了完整的理论体系。有学者甚至称之为 19 世纪统计学的“中心主题”，可见其对统计学发展的影响。下面介绍这一重要的参数估计方法——最小二乘法（Least Squares Method）。

2.2.1 回归模型用哪种损失：平方损失

假设训练集为 $T=\{(\boldsymbol{x}_1,y_1),(\boldsymbol{x}_2,y_2),\cdots,(\boldsymbol{x}_N,y_N)\}$，$\boldsymbol{x}_i=(x_{i1},x_{i2},\cdots,x_{ip})^{\mathrm{T}}\in\mathbb{R}^p$，$y_i\in\mathbb{R}$，$i=1,2,\cdots,N$。模型函数为 $f(\boldsymbol{x})$，则实例点 $\boldsymbol{x}_i$ 根据模型函数所得预测值 $f(\boldsymbol{x}_i)$ 与真实值 y_i 之间的平方差称为**平方损失**，

$$L(y_i,f(\boldsymbol{x}_i))=(y_i-f(\boldsymbol{x}_i))^2$$

模型 $f(\boldsymbol{x})$ 关于整个训练数据集的平方损失和称为**偏差平方和**，

$$Q(f)=\sum_{i=1}^{N}(y_i-f(\boldsymbol{x}_i))^2 \tag{2.3}$$

以二元线性回归模型为例

$$Y=\beta_0+X_1\beta_1+X_2\beta_2+\epsilon$$

训练集为 $T=\{(\boldsymbol{x}_1,y_1),(\boldsymbol{x}_2,y_2),\cdots,(\boldsymbol{x}_N,y_N)\}$，$\boldsymbol{x}_i=(x_{i1},x_{i2})^{\mathrm{T}}\in\mathbb{R}^2$，$y_i\in\mathbb{R}$，$i=1,2,\cdots,N$。每个样本的偏差 $y_i-f(\boldsymbol{x}_i)$ 如图 2.7所示。

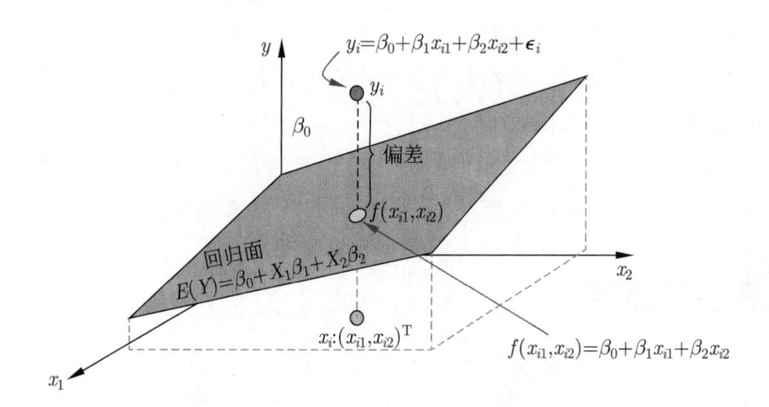

图 2.7　二元线性回归模型中的样本偏差

之所以在回归模型中采用平方损失，是因为如果直接以预测值与真实值之间的偏差 $y_i-f(\boldsymbol{x}_i)$ 度量损失，这个损失可能出现正值或负值，所有实例点的损

失和 $\sum_{i=1}^{N}(y_i - f(\boldsymbol{x}_i))$ 会出现正负抵消的现象，使得所得总损失接近于 0，但实际上仍然存在很大的风险，无法对总损失进行一个合理的度量；如果采用绝对损失 $|y_i - f(\boldsymbol{x}_i)|$ 来度量，因绝对值函数具有不可微的特性，会导致复杂的计算；因此可以考虑 $y_i - f(\boldsymbol{x}_i)$ 的偶数次幂，最小的偶数次方是平方，平方函数既可以度量损失和，又具有良好的数学性质，根据本书提倡的奥卡姆剃刀原理，无须采用更高的偶数次幂。除此，平方差也是一种常用的距离定义，表示相对的偏移程度。

2.2.2　如何估计模型参数：最小二乘法

对于回归模型而言，以平方项作为损失函数是最佳选择。在线性回归模型中，通过最小化偏差平方和求得模型参数的方法称作最小二乘法。

若给定训练数据集，

$$T = \{(\boldsymbol{x}_1, y_1), (\boldsymbol{x}_2, y_2), \cdots, (\boldsymbol{x}_N, y_N)\}$$

式中，$\boldsymbol{x}_i = (x_{i1}, x_{i2}, \cdots, x_{ip})^{\mathrm{T}}$。多元线性回归模型的样本形式为

$$y_i = \beta_0 + x_{i1}\beta_1 + x_{i2}\beta_2 + \cdots + x_{ip}\beta_p + \epsilon_i,\quad i = 1, 2, \cdots, N \tag{2.4}$$

式中，噪声项 ϵ_i 满足 Gauss-Markov 假设：零均值（$E(\epsilon_i)=0$）、等方差 ($\mathrm{Var}(\epsilon_i)=\sigma_\epsilon^2$)、不相关（$\mathrm{Cov}(\epsilon_i, \epsilon_j) = 0,\ \ i \neq j$）。可以采用矩阵的形式表示模型 (2.4)，

$$\boldsymbol{y} = \boldsymbol{X}\boldsymbol{\beta} + \boldsymbol{\epsilon} \tag{2.5}$$

式中，$\boldsymbol{X}$ 为 $N \times (p+1)$ 维的承载训练集实例信息的设计矩阵；$\boldsymbol{y}$ 为 $N \times 1$ 维的承载训练集标签的观测向量；$\boldsymbol{\beta}$ 为 $(p+1)$ 维的参数向量；$\boldsymbol{\epsilon}$ 为随机噪声向量。

$$\boldsymbol{y} = \begin{pmatrix} y_1 \\ y_2 \\ \vdots \\ y_N \end{pmatrix},\quad \boldsymbol{X} = \begin{pmatrix} 1 & x_{11} & x_{12} & \cdots & x_{1p} \\ 1 & x_{21} & x_{22} & \cdots & x_{2p} \\ \vdots & \vdots & \vdots & \ddots & \vdots \\ 1 & x_{N1} & x_{N2} & \cdots & x_{Np} \end{pmatrix},\quad \boldsymbol{\beta} = \begin{pmatrix} \beta_0 \\ \beta_1 \\ \vdots \\ \beta_p \end{pmatrix},\quad \boldsymbol{\epsilon} = \begin{pmatrix} \epsilon_1 \\ \epsilon_2 \\ \vdots \\ \epsilon_N \end{pmatrix}$$

在线性回归模型中，式 (2.5) 中的偏差平方和为

$$Q(\boldsymbol{\beta}) = \|\boldsymbol{y} - \boldsymbol{X}\boldsymbol{\beta}\|_2^2 \tag{2.6}$$

式中，$\|\cdot\|_2$ 表示 L_2 范数。

若要获得未知参数 $\boldsymbol{\beta}$ 的估计，需要使偏差平方和达到最小，

$$\widehat{\boldsymbol{\beta}} = \arg\min_{\boldsymbol{\beta}} \|\boldsymbol{y} - \boldsymbol{X}\boldsymbol{\beta}\|_2^2$$

这就是最小二乘法的原理。

最小二乘法也可以从最小化经验风险的角度来理解，

$$
\begin{aligned}
\widehat{\boldsymbol{\beta}} &= \arg\min_{\boldsymbol{\beta}} \frac{1}{N} \sum_{i=1}^{N} (y_i - \boldsymbol{\beta}^{\mathrm{T}} \boldsymbol{x}_i)^2 \\
&= \arg\min_{\boldsymbol{\beta}} \frac{1}{N} \|\boldsymbol{y} - \boldsymbol{X}\boldsymbol{\beta}\|_2^2
\end{aligned}
$$

经验风险与偏差平方和的差异在于，经验风险是偏差平方和的平均值。不过，最小化经验风险和最小化偏差平方和所得参数估计值完全相同。这是因为在训练模型时，无论是计算经验风险还是偏差平方和，用的都是同一个训练集。对这组样本而言，$1/N$ 始终为常数，是否添加在目标函数并不影响估计结果。本着简约表达的原则，人们仍习惯于使用最小偏差平方和来估计参数。

接下来，借助费马原理[①]推导最小二乘估计值的解析表达式。

将式 (2.6) 中的 $Q(\boldsymbol{\beta})$ 展开，

$$
Q(\boldsymbol{\beta}) = \boldsymbol{y}^{\mathrm{T}}\boldsymbol{y} - 2\boldsymbol{y}^{\mathrm{T}}\boldsymbol{X}\boldsymbol{\beta} + \boldsymbol{\beta}^{\mathrm{T}}\boldsymbol{X}^{\mathrm{T}}\boldsymbol{X}\boldsymbol{\beta} \tag{2.7}
$$

根据费马原理，可以对参数求偏导，令其为零：

$$
\frac{\partial Q(\boldsymbol{\beta})}{\partial \boldsymbol{\beta}} = -2\boldsymbol{X}^{\mathrm{T}}\boldsymbol{y} + 2\boldsymbol{X}^{\mathrm{T}}\boldsymbol{X}\boldsymbol{\beta} = 0
$$

得到方程

$$
\boldsymbol{X}^{\mathrm{T}}\boldsymbol{X}\boldsymbol{\beta} = \boldsymbol{X}^{\mathrm{T}}\boldsymbol{y} \tag{2.8}
$$

式 (2.8) 被称为正则方程。

当 $\boldsymbol{X}^{\mathrm{T}}\boldsymbol{X}$ 可逆时，方程有唯一解，此时

$$
\widehat{\boldsymbol{\beta}} = (\boldsymbol{X}^{\mathrm{T}}\boldsymbol{X})^{-1}\boldsymbol{X}^{\mathrm{T}}\boldsymbol{y} \tag{2.9}
$$

$\boldsymbol{y}$ 的估计值为

$$
\widehat{\boldsymbol{y}} = \boldsymbol{X}(\boldsymbol{X}^{\mathrm{T}}\boldsymbol{X})^{-1}\boldsymbol{X}^{\mathrm{T}}\boldsymbol{y}
$$

为更加直观地理解最小二乘法，以二维平面为例进行说明，如图 2.8 所示。

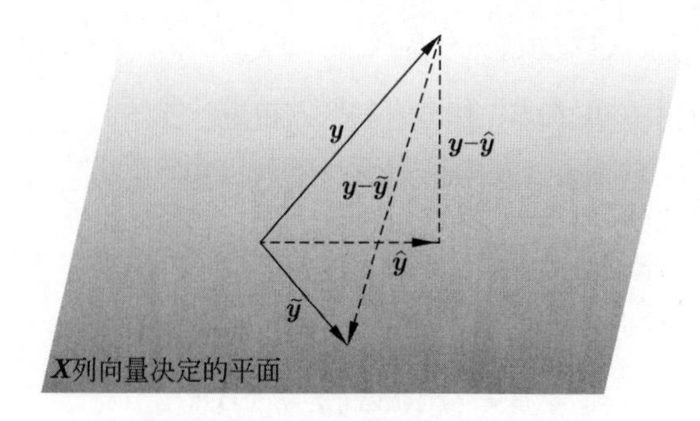

图 2.8　最小二乘法的几何解释

① 详情参见小册子 1.5 节。

图 2.8 中，平面由 $\boldsymbol{X}$ 所包含的两个列向量决定，$\boldsymbol{y}$ 位于二维平面之外。在这个平面的所有点中，若想获得最小的欧氏距离，只有 $\boldsymbol{y}$ 在平面上的正交投影 $\widehat{\boldsymbol{y}}$。从几何意义上，$\boldsymbol{y}$ 与平面上任何其他的点 $\widetilde{\boldsymbol{y}}$ 的欧式距离都大于 $\boldsymbol{y}$ 与 $\widehat{\boldsymbol{y}}$ 的欧氏距离，这可以根据勾股定理说明。因 $\boldsymbol{y}-\widehat{\boldsymbol{y}}$ 与平面垂直，所以它肯定垂直于平面上的 $\widehat{\boldsymbol{y}}-\widetilde{\boldsymbol{y}}$。于是

$$\begin{aligned}\|\boldsymbol{y}-\widetilde{\boldsymbol{y}}\|^2&=\|\boldsymbol{y}-\widehat{\boldsymbol{y}}+\widehat{\boldsymbol{y}}-\widetilde{\boldsymbol{y}}\|^2\\&=\|\boldsymbol{y}-\widehat{\boldsymbol{y}}\|^2+\|\widehat{\boldsymbol{y}}-\widetilde{\boldsymbol{y}}\|^2\\&\geqslant\|\boldsymbol{y}-\widehat{\boldsymbol{y}}\|^2\end{aligned}$$

这说明，对 $\boldsymbol{y}$ 正交投影对应的参数与通过最小二乘法估计的参数是同一个。

例 2.1 对于一元线性回归模型

$$Y=\beta_0+X\beta_1+\epsilon$$

式中，X 为自变量；Y 为因变量；β_0 和 β_1 为模型参数；ϵ 为噪声项。已知训练集 $T=\{(x_1,y_1),(x_2,y_2),\cdots,(x_N,y_N)\}$，请通过最小二乘法估计模型参数。

解 目标函数偏差平方和为

$$Q(\beta_0,\beta_1)=\sum_{i=1}^N(y_i-\beta_0-x_i\beta_1)^2$$

通过最小二乘法估计参数

$$\arg\min_{\beta_0,\beta_1}\sum_{i=1}^N(y_i-\beta_0-x_i\beta_1)^2$$

应用费马原理，对目标函数求偏导，令其导函数为 0，

$$\begin{cases}\dfrac{\partial Q}{\partial\beta_0}=-2\displaystyle\sum_{i=1}^N(y_i-\beta_0-x_i\beta_1)=0\\[2ex]\dfrac{\partial Q}{\partial\beta_1}=-2\displaystyle\sum_{i=1}^N x_i(y_i-\beta_0-x_i\beta_1)=0\end{cases}$$

将解方程组的结果记为 $\hat{\beta}_0$ 和 $\hat{\beta}_1$，即为估计所得参数：

$$\begin{cases}\hat{\beta}_1=\dfrac{N\displaystyle\sum_{i=1}^N x_iy_i-\sum_{i=1}^N x_i\sum_{i=1}^N y_i}{N\displaystyle\sum_{i=1}^N(x_i-\overline{x})^2}\\[2ex]\hat{\beta}_0=\overline{y}-\hat{\beta}_1\overline{x}\end{cases}$$

式中，$\overline{x}=\sum\limits_{i=1}^N x_i/N$，$\overline{y}=\sum\limits_{i=1}^N y_i/N$。 ■

2.3 线性回归模型的预测

完成学习过程之后，就是预测阶段。一般而言，科学的认知就是从简单到复杂的探索。预测也就是一种估计，包括点估计和区间估计。

举个例子，炎热的夏天吃个西瓜最爽口，这不小明就在手机 App（Application，应用程序）上点了一个麒麟西瓜。不一会儿，外卖小哥就把西瓜送来了。抱着西瓜，小明笑开了花，可是怎么觉得分量有点不对呢？于是小明就用电子秤称了一下，本来点了个 5 千克的大西瓜，结果称出来是 4.8 千克。小明抓起电话就投诉过去，客服人员很耐心，对小明解释说，除了商品名称上标了重量“麒麟西瓜 1 个 5 千克”，商品详情中还说明了“每个西瓜重 $9\sim11$ 斤，所以 4.8 千克完全符合商品说明。这里的“ 5 千克”就相当于店家对西瓜给出的点估计，“ $9\sim11$ 斤”就相当于店家对西瓜给出的区间估计。如果小明买西瓜的时候仔细点，就不会陷入这种尴尬境地了。

本小节将先介绍简单一元线性回归的点预测和区间预测，然后引出多元线性回归的预测。

2.3.1 一元线性回归模型的预测

一元线性回归模型为

$$Y=\beta_0+X\beta_1+\epsilon$$

若训练集为 $T=\{(x_1,y_1),(x_2,y_2),\cdots,(x_N,y_N)\}$，可表示为样本回归形式

$$y_i=\beta_0+\beta_1x_i+\epsilon_i$$

接下来要介绍的就是预测的点估计和区间估计。如果拍一下脑袋，直接一想“点估计应该很简单吧，将实例直接代入训练所得模型中计算一个数值不就可以了？”其实不然，由于含义不同，这里的点估计分为两种：平均值点估计和个别值点估计。相应的区间估计就包括置信区间和预测区间。若要进行区间估计，少不了涉及概率分布。因此，在预测时，噪声项 ϵ 除满足 Gauss-Markov 假设之外，还被假设服从正态分布。

假如 ϵ 是一个服从 $N(0,\sigma_\epsilon^2)$ 的随机变量，则

$$y_i\sim N(\beta_0+\beta_1x_i,\sigma_\epsilon^2)$$

这说明，每给定一个 $X=x_i$，y_i 都服从期望为 $\beta_0+\beta_1x_i$、方差为 σ_ϵ^2 的正态分布，如图 2.9 所示。也就是说，输出变量在每一个实例点处分布的形状相同，但是中心点不同。在区间预测时就用到了这里的分布。

在例 2.1 中，已经计算出一元线性回归模型的参数估计值 $\hat\beta_1$ 和 $\hat\beta_0$。

$$\hat\beta_1=\frac{\sum\limits_{i=1}^N(x_i-\overline{x})(y_i-\overline{y})}{\sum\limits_{i=1}^N(x_i-\overline{x})^2}$$

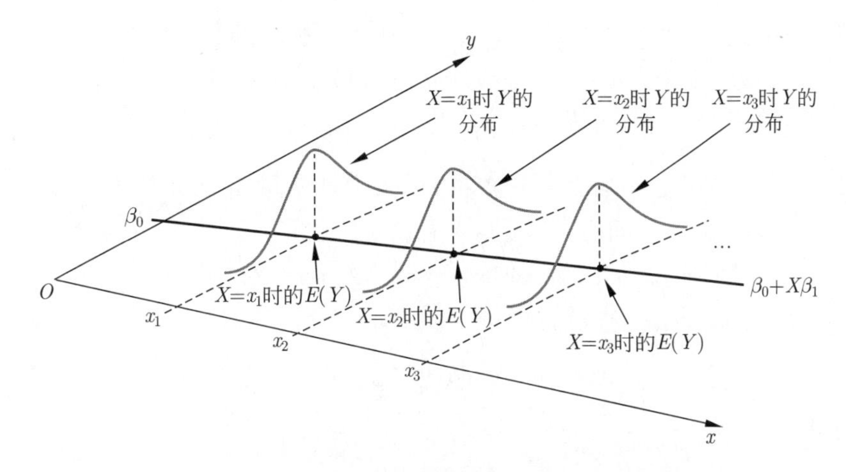

图 2.9　一元线性回归中不同实例点处输出变量的分布

根据噪声项的正态性假设和正态分布的性质“正态随机变量的线性函数仍然服从正态分布”，易得，$\hat{\beta}_1$ 的分布为

$$\hat{\beta}_1 \sim N\left(\beta_1, \frac{\sigma_\epsilon^2}{\sum\limits_{i=1}^{n}(x_i-\overline{x})^2}\right)$$

无论是模型的检验，还是回归预测，一般只关注于自变量前的模型参数，不需要 $\hat{\beta}_0$ 的分布，所以这里并未列出。

接下来，将分别介绍两种点估计以及相应的区间估计。只要两种点估计理解了，置信区间和预测区间不费吹灰之力就能搞懂。

1. 平均值点估计和置信区间

从期望方程出发，

$$E(Y) = \beta_0 + X\beta_1$$

对于某个特定的 $X = x^*$，输出标签 y^* 的期望为

$$E(y^*) = \beta_0 + x^*\beta_1$$

将估计所得参数代入，可以得到 $E(y^*)$ 的估计值

$$\hat{y}^* = \hat{\beta}_0 + x^*\hat{\beta}_1 \tag{2.10}$$

其中，$E(y^*)$ 表示 $X = x^*$ 对应的输出变量的期望，即 y^* 分布的中心点的估计值，这就是**平均值点估计**。但是，若要度量这个预测结果的可信程度，仅仅一个点的估计是不行的，还是得需要区间估计。

置信区间就是从平均值点估计出发的区间估计。要做区间估计，首先得找到 $\hat{y}^*$ 的抽样分布。为方便计算，先把 $\hat{y}^*$ 分解为两个不相关的随机变量。

$$\hat{y}^* = \overline{y} + (x^* - \overline{x})\hat{\beta}_1 \tag{2.11}$$

由式 (2.11) 可以看出，平均值估计 $\hat{y}^*$ 的分布是通过 $\overline{y}$ 和 $\hat{\beta}_1$ 的分布来决定的。

为什么不考虑 $\overline{x}$ 分布呢？这是因为在给定回归模型的时候，通常假设输入变量 X 是非随机的，因此 $\overline{x}$ 不是一个随机变量，又何谈分布。

当噪声项服从 $N(0, \sigma_\epsilon^2)$ 分布时，

$$y_i \sim N(\beta_0 + \beta_1 x_i, \sigma_\epsilon^2)$$

可以得到

$$\overline{y} \sim N(\beta_0 + \beta_1 \overline{x}, \frac{\sigma_\epsilon^2}{N})$$

可见，$\overline{y}$ 和 $\hat{\beta}_1$ 的分布都为正态分布，两个正态分布变量线性组合之后所得的 $\hat{y}^*$ 也应该服从正态分布。正态分布由期望和方差决定，因此接下来只要求出 $\hat{y}^*$ 的期望和方差即可。

$\hat{y}^*$ 的期望为

$$\begin{aligned}
E(\hat{y}^*) &= E(\overline{y}) + E[(x^* - \overline{x})\hat{\beta}_1] \\
&= \beta_0 + \overline{x} + (x^* - \overline{x})\beta_1 \\
&= \beta_0 + x^*\beta_1
\end{aligned}$$

$\hat{y}^*$ 的方差为

$$\begin{aligned}
\mathrm{Var}(\hat{y}^*) &= \mathrm{Var}(\overline{y}) + \mathrm{Var}[\hat{\beta}_1(x^* - \overline{x})] \\
&= \mathrm{Var}(\overline{y}) + (x^* - \overline{x})^2\mathrm{Var}(\hat{\beta}_1) \\
&= \left\{ \frac{1}{N} + \frac{(x^* - \overline{x})^2}{\sum\limits_{i=1}^{N}(x_i - \overline{x})^2} \right\} \sigma_\epsilon^2
\end{aligned}$$

由此可知，$\hat{y}^*$ 的分布为

$$N\left(\beta_0 + x^*\beta_1, \left\{ \frac{1}{N} + \frac{(x^* - \overline{x})^2}{\sum\limits_{i=1}^{N}(x_i - \overline{x})^2} \right\} \sigma_\epsilon^2\right)$$

一般情况下，噪声项无法观测，只能通过残差估计 σ_ϵ^2 的值，

$$\hat{\sigma}_\epsilon^2 = \frac{\sum\limits_{i=1}^{N}(y_i - \hat{y}_i)^2}{N-2}$$

式中，$\hat{y}_i$ 是实例 x_i 的回归拟合值 $\hat{y}_i = \hat{\beta}_0 + x_i\hat{\beta}_1$。因此

$$\frac{(N-2)\hat{\sigma}_\epsilon^2}{\sigma_\epsilon^2} \sim \mathcal{X}^2(N-2)$$

式中，$\mathcal{X}^2(\nu)$ 表示自由度为 ν 的卡方分布①。从而

$$\frac{\hat{y}^* - (\beta_0 + \beta_1 x^*)}{\hat{\sigma}_\epsilon \sqrt{\frac{1}{N} + \frac{(x^*-\overline{x})^2}{\sum_{i=1}^{N}(x_i - \overline{x})^2}}} \sim t(N-2)$$

式中，$t(\nu)$ 表示自由度为 ν 的 t 分布②。给定 $1-\alpha$ 的置信水平，$E(y^*)$ 的区间估计就是

$$\hat{y}^* \pm t_{\alpha/2}(N-2) \cdot \hat{\sigma}_\epsilon \sqrt{\frac{1}{N} + \frac{(x^*-\overline{x})^2}{\sum_{i=1}^{N}(x_i - \overline{x})^2}}$$

这就是给定 $X = x^*$ 的情况下，$E(y^*)$ 在 $1-\alpha$ 置信水平下的**置信区间**。

2. 个别值点估计和预测区间

从样本回归模型出发，

$$y_i = \beta_0 + \beta_1 x_i + \epsilon_i$$

对于特定的实例 x^*，根据估计所得的参数，可以计算个别值的点估计，

$$\hat{y}^* = \hat{\beta}_0 + x^*\hat{\beta}_1 + \epsilon^* \tag{2.12}$$

其中，$\hat{y}^*$ 表示**个别值的点估计值**。因为 y^* 包含一个随机噪声项，所以 $\hat{y}^*$ 实际上应该是包含噪声项的估计值 ϵ^*。只是，在计算 $\hat{y}^*$ 时，默认取均值 $\epsilon^* = 0$。

对比式 (2.10) 和式 (2.12)，可以发现，式 (2.12) 等号右边多了一个噪声项，而这个噪声项是一个随机变量。也就是说，因为看问题的视角不同，一个是从平均值角度，一个是从个别值角度，所以两个公式左边的 $\hat{y}^*$ 含义不同，对应的分布也不同。

下面从个别值估计的视角，计算 $\hat{y}^*$ 的期望和方差。

$\hat{y}^*$ 的期望为

$$\begin{aligned} E(\hat{y}^*) &= E(\overline{y}) + E[(x^* - \overline{x})\hat{\beta}_1] + E(\epsilon^*) \\ &= \beta_0 + \overline{x} + (x^* - \overline{x})\beta_1 + 0 \\ &= \beta_0 + x^*\beta_1 \end{aligned}$$

① 详情参见小册子 3.4.3 节。

② 详情参见小册子 3.4.3 节。

$\hat{y}^*$ 的方差为

$$\begin{aligned}\mathrm{Var}(\hat{y}^*) &= \mathrm{Var}(\overline{y}) + \mathrm{Var}[\hat{\beta}_1(x^* - \overline{x})] + \mathrm{Var}(\epsilon^*) \\ &= \mathrm{Var}(\overline{y}) + (x^* - \overline{x})^2\mathrm{Var}(\hat{\beta}_1) + \sigma_\epsilon^2 \\ &= \left\{1 + \frac{1}{N} + \frac{(x^* - \overline{x})^2}{\sum\limits_{i=1}^{N}(x_i - \overline{x})^2}\right\}\sigma_\epsilon^2\end{aligned}$$

当用估计值 $\hat{\sigma}_\epsilon^2$ 替代 σ_ϵ^2 时，

$$\frac{\hat{y}^* - (\beta_0 + \beta_1 x^*)}{\hat{\sigma}_\epsilon\sqrt{1 + \frac{1}{N} + \frac{(x^* - \overline{x})^2}{\sum\limits_{i=1}^{N}(x_i - \overline{x})^2}}} \sim t(N-2)$$

给定 $1-\alpha$ 的置信水平，y^* 的区间估计就是

$$\hat{y}^* \pm t_{\alpha/2}(N-2) \cdot \hat{\sigma}_\epsilon\sqrt{1 + \frac{1}{N} + \frac{(x^* - \overline{x})^2}{\sum\limits_{i=1}^{N}(x_i - \overline{x})^2}}$$

这就是给定 $X = x^*$ 的情况下，个别值 y^* 在 $1-\alpha$ 置信水平下的**预测区间**。

总的来说，在做预测的时候，如果是从平均意义的角度出发，平均值只和参数有关，所以平均值的区间估计是置信区间；如果是从个别样本角度出发，个别值除了与参数有关，还和噪声项有关，所以个别值的区间估计是预测区间。预测区间比置信区间宽一些，如图 2.10 所示。图中阴影部分为置信区间，上下边界中的区域为预测区间。

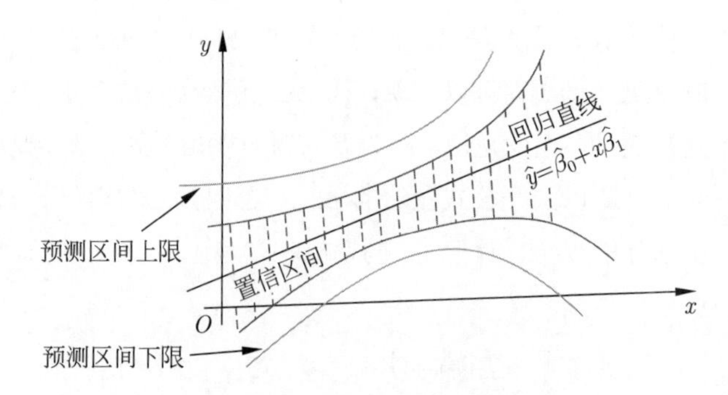

图 2.10　预测区间与置信区间

2.3.2　多元线性回归模型的预测

多元线性回归模型为

$$Y = \beta_0 + X_1\beta_1 + X_2\beta_2 + \cdots + X_p\beta_p + \epsilon \tag{2.13}$$

若训练集为 $T=\{(\boldsymbol{x}_1,y_1),(\boldsymbol{x}_2,y_2),\cdots,(\boldsymbol{x}_N,y_N)\}$，$\boldsymbol{x}_i=(x_{i1},x_{i2},\cdots,x_{ip})^{\mathrm{T}}$，可表示为样本回归形式

$$y_i=\beta_0+x_{i1}\beta_1+x_{i2}\beta_2+\cdots+x_{ip}\beta_p+\epsilon_i,\quad i=1,2,\cdots,N$$

假如 ϵ 是一个服从 $N(0,\sigma_\epsilon^2)$ 的随机变量，则

$$y_i\sim N(\beta_0+x_{i1}\beta_1+x_{i2}\beta_2+\cdots+x_{ip}\beta_p,\sigma_\epsilon^2)$$

给定 $\boldsymbol{x}^*=(x_{*1},x_{*2},\cdots,x_{*p})^{\mathrm{T}}$，扩充之后的 $\boldsymbol{x}^*$ 记作 $\boldsymbol{x}_{\mathrm{ex}}^*=(1,x_{*1},x_{*2},\cdots,x_{*p})^{\mathrm{T}}$。假如回归参数的最小二乘估计为 $\widehat{\boldsymbol{\beta}}$，则平均值与个别值的估计值具有相同的表达式

$$\hat{y}^*=\widehat{\boldsymbol{\beta}}^{\mathrm{T}}\boldsymbol{x}_{\mathrm{ex}}^*$$

与一元线性回归的预测类似，区间预测也包括置信区间和预测区间。

从平均值角度求解置信区间：

$$\frac{\hat{y}^*-E(y^*)}{\hat{\sigma}_\epsilon\sqrt{(\boldsymbol{x}_{\mathrm{ex}}^*)^{\mathrm{T}}(\boldsymbol{X}^{\mathrm{T}}\boldsymbol{X})^{-1}\boldsymbol{x}_{\mathrm{ex}}^*}}\sim t(N-p-1)$$

给定 $1-\alpha$ 的置信水平，$E(y^*)$ 的区间估计就是

$$\hat{y}^*\pm t_{\alpha/2}(N-p-1)\cdot\hat{\sigma}_\epsilon\sqrt{(\boldsymbol{x}_{\mathrm{ex}}^*)^{\mathrm{T}}(\boldsymbol{X}^{\mathrm{T}}\boldsymbol{X})^{-1}\boldsymbol{x}_{\mathrm{ex}}^*}$$

这就是给定 $\boldsymbol{X}=\boldsymbol{x}^*$ 的情况下，$E(y^*)$ 在 $1-\alpha$ 置信水平下的**置信区间**。

从个别值角度求解预测区间：

$$\frac{\hat{y}^*-y^*}{\hat{\sigma}_\epsilon\sqrt{1+(\boldsymbol{x}_{\mathrm{ex}}^*)^{\mathrm{T}}(\boldsymbol{X}^{\mathrm{T}}\boldsymbol{X})^{-1}\boldsymbol{x}_{\mathrm{ex}}^*}}\sim t(N-p-1)$$

给定 $1-\alpha$ 的置信水平，$E(y^*)$ 的区间估计就是

$$\hat{y}^*\pm t_{\alpha/2}(N-p-1)\cdot\hat{\sigma}_\epsilon\sqrt{1+(\boldsymbol{x}_{\mathrm{ex}}^*)^{\mathrm{T}}(\boldsymbol{X}^{\mathrm{T}}\boldsymbol{X})^{-1}\boldsymbol{x}_{\mathrm{ex}}^*}$$

这就是给定实例 $\boldsymbol{x}^*$ 的情况下，y^* 在 $1-\alpha$ 置信水平下的**预测区间**。

类似于一元线性回归模型的预测，多元线性回归模型的预测区间也比置信区间宽一些。

2.4 拓展部分：岭回归与套索回归

最小二乘法的计算过程清晰明了，可以轻松得到线性回归模型的解析解，但是其也有一定的局限性——即使自变量与因变量符合模型的线性假设，可是当自变量之间存在近似线性关系，或者自变量维度 p 远远大于样本量 N 时，就会导致最小二乘估计中的 $\boldsymbol{X}^{\mathrm{T}}\boldsymbol{X}$ 不可逆，无法求解。此时需要新的估计方法，其中最有影响且得到广泛应用的就是岭估计，也称为岭回归方法。随之，为应对高维数据中的维数灾难问题，需要选出线性回归模型中的重要特征，套索回归应运而生。

2.4.1 岭回归

在无法直接求得 $\boldsymbol{X}^{\mathrm{T}}\boldsymbol{X}$ 的逆矩阵时，最简单的想法就是采用广义逆矩阵。1962 年，美国特拉华大学的统计学家亚瑟·霍尔（Auther E. Hoerl）提出岭回归（Ridge Regression）方法。

从广义逆出发，若 $|\boldsymbol{X}^{\mathrm{T}}\boldsymbol{X}| \approx 0$ 或 $|\boldsymbol{X}^{\mathrm{T}}\boldsymbol{X}| = 0$，可以考虑在矩阵的基础上添加一个常数矩阵，改变其不可逆性（或奇异性）。于是回归参数向量 $\boldsymbol{\beta}$ 的估计值就变为

$$\widehat{\boldsymbol{\beta}}(\lambda) = (\boldsymbol{X}^{\mathrm{T}}\boldsymbol{X} + \lambda\boldsymbol{I})^{-1}\boldsymbol{X}^{\mathrm{T}}\boldsymbol{y} \tag{2.14}$$

其中，$\boldsymbol{I}$ 是 $(p+1)\times(p+1)$ 阶单位阵；λ 是调整参数。不同的 λ 值对应不同的估计结果，因此 $\widehat{\boldsymbol{\beta}}(\lambda)$ 表示一个估计类。特别地，当 $\lambda = 0$ 时，$\widehat{\boldsymbol{\beta}}(0) = (\boldsymbol{X}^{\mathrm{T}}\boldsymbol{X})^{-1}\boldsymbol{X}^{\mathrm{T}}\boldsymbol{y}$ 表示最小二乘估计。不过，一般情况下，当提到岭回归时，不包括最小二乘估计。接下来，将以第 1 章介绍的正则化思想来理解岭回归。

在回归问题中，一般采用平方损失作为损失函数，因为线性回归模型由参数向量 $\boldsymbol{\beta}$ 决定，记此时的结构风险函数为 $L(\boldsymbol{\beta})$。当正则化项是参数向量的 L_2 范数时，相应的结构风险函数为

$$L(\boldsymbol{\beta}) = \frac{1}{N}\sum_{i=1}^{N}(\boldsymbol{x}_i^{\mathrm{T}}\boldsymbol{\beta} - y_i)^2 + \lambda\|\boldsymbol{\beta}\|_2^2 \tag{2.15}$$

式中，$\|\boldsymbol{\beta}\|_2 = \sqrt{\beta_0^2 + \beta_1^2 + \cdots + \beta_p^2}$。

当样本量 N 固定时，最小化式 (2.15) 就等价于最小化

$$Q_2(\boldsymbol{\beta}) = \sum_{i=1}^{N}(\boldsymbol{x}_i^{\mathrm{T}}\boldsymbol{\beta} - y_i)^2 + N\lambda\|\boldsymbol{\beta}\|_2^2 \tag{2.16}$$

为简单起见，下文记式 (2.16) 中的惩罚参数 $N\lambda$ 为 λ，以矩阵的形式表达得到

$$Q_2(\boldsymbol{\beta}) = \|\boldsymbol{X}\boldsymbol{\beta} - \boldsymbol{y}\|_2^2 + \lambda\|\boldsymbol{\beta}\|_2^2 \tag{2.17}$$

根据费马原理，可以对 $Q_2(\boldsymbol{\beta})$ 中的参数 $\boldsymbol{\beta}$ 求偏导，令其为零，

$$\frac{\partial Q_2(\boldsymbol{\beta})}{\partial \boldsymbol{\beta}} = -2\boldsymbol{X}^{\mathrm{T}}\boldsymbol{y} + 2\boldsymbol{X}^{\mathrm{T}}\boldsymbol{X}\boldsymbol{\beta} + 2\lambda\boldsymbol{\beta} = 0$$

求得极小值解

$$\widehat{\boldsymbol{\beta}}(\lambda) = (\boldsymbol{X}^{\mathrm{T}}\boldsymbol{X} + \lambda\boldsymbol{I})^{-1}\boldsymbol{X}^{\mathrm{T}}\boldsymbol{y}$$

与式 (2.14) 中的结果相同。

由于 L_2 范数中平方的形式具有优良的数学性质，可以得到回归参数的解析解。但是岭回归中结构风险函数的正则项是 L_2 范数，使得岭回归无法将不重要的特征变量的系数压缩为零，虽然从一定程度上可避免过拟合，但无法起到特征筛选的作用。

2.4.2 套索回归

高维数据，一般指变量的维度 p 远大于样本量 N 的数据。在高维情况下，正则方程 (2.8) 中的参数有无穷多个解，这时候就造成维数灾难（Dimensional Curse）。为此，有必要选择出最重要的特征变量。

我们认为，在回归模型中，回归系数 $\beta_1=0$ 时对应的特征变量 X_1 于模型无益。虽然绝对值函数是不光滑的，很难直接得到解析解，但是随着计算机技术的发展，使得数值解很容易获得。1996 年，统计学四大顶级期刊之一的英国《皇家统计学会期刊》（*Journal of the Royal Statistical Society*）刊登了美国统计学家 Robert Tibshirani 提出的套索（Least Absolute Shrinkage and Selection Operator，LASSO）回归。

当正则化项是参数向量的 L_1 范数时，相应的结构风险函数为

$$L_{\mathrm{f}}(\boldsymbol{\beta})=\frac{1}{N}\sum_{i=1}^{N}(f(\boldsymbol{x}_i;\boldsymbol{\beta})-y_i)^2+\lambda\|\boldsymbol{\beta}\|_1 \tag{2.18}$$

式中，$\|\boldsymbol{\beta}\|_1=|\beta_0|+|\beta_1|+\cdots+|\beta_p|$。采用 L_1 范数可以将不重要的特征变量的回归系数压缩为零，保留回归系数显著不为零的那些特征，以实现特征筛选的目的。

类似地，当样本量 N 固定时，最小化式 (2.18) 就等价于最小化

$$Q_1(\boldsymbol{\beta})=\sum_{i=1}^{N}(\boldsymbol{x}_i^{\mathrm{T}}\boldsymbol{\beta}-y_i)^2+\lambda\|\boldsymbol{\beta}\|_1 \tag{2.19}$$

式 (2.19) 可以矩阵的形式重写为

$$Q_1(\boldsymbol{\beta})=\|\boldsymbol{X\beta}-\boldsymbol{y}\|_2^2+\lambda\|\boldsymbol{\beta}\|_1 \tag{2.20}$$

为求得 $Q_1(\boldsymbol{\beta})$ 的极小值点，可通过梯度下降法、牛顿法等优化算法实现。

与岭回归不同，套索回归的解通常是稀疏的，即大部分回归系数的估计值为零。为更加直观地理解，下面将通过一个 $p=2$ 的例子来比较不同范数的正则化项对线性回归有何影响。不失一般性，考虑数据中心化之后的无截距项线性回归模型

$$\boldsymbol{y}=\boldsymbol{X\beta}+\boldsymbol{\epsilon}$$

式中，

$$\boldsymbol{y}=\begin{pmatrix}y_1\\y_2\\\vdots\\y_N\end{pmatrix},\quad \boldsymbol{X}=\begin{pmatrix}x_{11}&x_{12}\\x_{21}&x_{22}\\\vdots&\vdots\\x_{N1}&x_{N2}\end{pmatrix},\quad \boldsymbol{\beta}=\begin{pmatrix}\beta_1\\\beta_2\end{pmatrix},\quad \boldsymbol{\epsilon}=\begin{pmatrix}\epsilon_1\\\epsilon_2\\\vdots\\\epsilon_N\end{pmatrix}$$

以条件优化问题的形式表示之前的最小化结构风险问题。

套索回归：

$$\begin{cases} \arg\min\limits_{\boldsymbol{\beta}} \|\boldsymbol{X}\boldsymbol{\beta}-\boldsymbol{y}\|_2^2 \\ \text{s.t. } |\beta_1|+|\beta_2| \leqslant t \end{cases}$$

岭回归：

$$\begin{cases} \arg\min\limits_{\boldsymbol{\beta}} \|\boldsymbol{X}\boldsymbol{\beta}-\boldsymbol{y}\|_2^2 \\ \text{s.t. } \beta_1^2+\beta_2^2 \leqslant t \end{cases}$$

可见，结构风险函数中的 λ 与条件优化问题中的 t 是成反比的。λ 越大，t 越小，$\boldsymbol{\beta}$ 收缩得越厉害 (Shrunk to Zero)；λ 越小，t 越大，$\boldsymbol{\beta}$ 收缩得越轻微。

假设存在参数 β_1 和 β_2 的最小二乘估计 $\hat{\beta}_1$ 和 $\hat{\beta}_2$，可以记 $\hat{\boldsymbol{\beta}}=(\hat{\beta}_1,\hat{\beta}_2)^{\mathrm{T}}$。$\hat{\boldsymbol{\beta}}$ 是通过最小化训练误差得到的，为提高模型的泛化能力，分别采用 L_1 和 L_2 正则化项对这个估计值进行修正。

最小化的目标函数重写为

$$\|\boldsymbol{X}\boldsymbol{\beta}-\boldsymbol{y}\|_2^2=(\boldsymbol{\beta}-\hat{\boldsymbol{\beta}})^{\mathrm{T}}\boldsymbol{X}^{\mathrm{T}}\boldsymbol{X}(\boldsymbol{\beta}-\hat{\boldsymbol{\beta}})$$

这显然是一个二次型，根据椭圆的知识可知 $(\boldsymbol{\beta}-\hat{\boldsymbol{\beta}})^{\mathrm{T}}\boldsymbol{X}^{\mathrm{T}}\boldsymbol{X}(\boldsymbol{\beta}-\hat{\boldsymbol{\beta}})=d^2$ 表示以 β_1 和 β_2 构成的二维坐标系中的椭圆。$(\hat{\beta}_1,\hat{\beta}_2)$ 是椭圆的中心点，椭圆形状和方向由 $\boldsymbol{X}^{\mathrm{T}}\boldsymbol{X}$ 决定。由于训练集已确定，椭圆的长短轴方向和比例也是确定的，如图 2.11 所示。

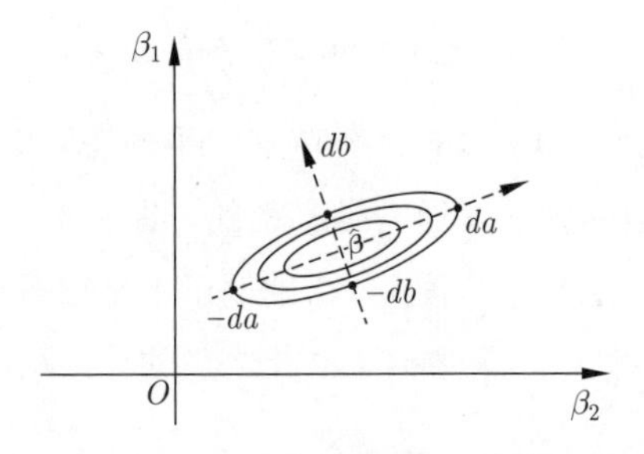

图 2.11　d 取不同值时对应的一系列椭圆

假设矩阵 $\boldsymbol{X}^{\mathrm{T}}\boldsymbol{X}$ 分解之后的形式为

$$\boldsymbol{X}^{\mathrm{T}}\boldsymbol{X}=\boldsymbol{Q}\boldsymbol{D}\boldsymbol{Q}^{\mathrm{T}}$$

式中，矩阵 $\boldsymbol{Q}$ 是由 $\boldsymbol{X}^{\mathrm{T}}\boldsymbol{X}$ 的特征向量组成的正交矩阵，矩阵 $\boldsymbol{D}$ 是 $\boldsymbol{X}^{\mathrm{T}}\boldsymbol{X}$ 的特征根矩阵，特征根按照从小到大排列，$\lambda_1<\lambda_2$，

$$\boldsymbol{D}=\begin{pmatrix} \lambda_1 & 0 \\ 0 & \lambda_2 \end{pmatrix}$$

记 $a=\sqrt{1/\lambda_1}$，$b=\sqrt{1/\lambda_2}$，那么椭圆长短轴的长度分别为 $2da$ 和 $2db$，方向由矩阵 $\boldsymbol{Q}$ 决定。

在要解决的条件优化问题中，我们希望找到满足约束条件并且使 d 最小的椭圆。对于某个固定的 t，约束条件的边界如图 2.12 中的红线所示，黄色区域即满足约束条件的参数点。求解优化问题，就是找到与约束条件边界相交的最小椭圆。

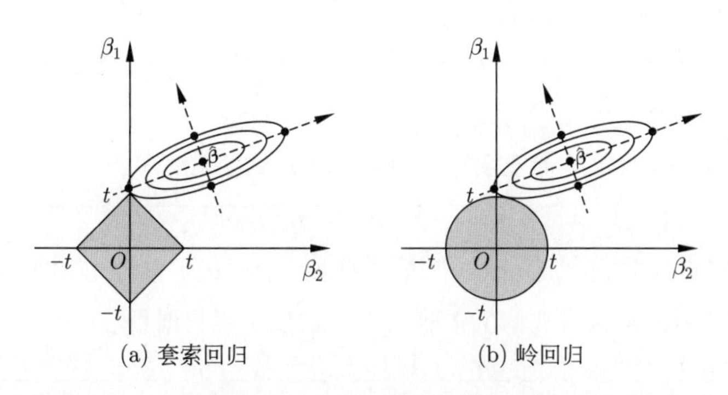

图 2.12　套索回归与岭回归

从图 2.12 中可以看出，套索回归采用 L_1 范数作为正则项，约束条件为一个菱形，可以得到与坐标轴相交的最优解，即可以将参数压缩为零，起到特征筛选的作用。岭回归采用 L_2 范数作为正则项，可以得到与坐标轴相近的最优解，即可以将参数压缩地接近于零，但是由于约束条件的图形为一个圆，所以参数无法直接等于零，只能避免过拟合。

2.5　案例分析——共享单车数据集

现如今，共享单车已成为很常见的公共交通工具。2016 年，我国迎来了共享单车的高速发展期。不过，共享单车的概念却由来已久，诞生于郁金香王国——荷兰，但是被称作公共自行车。1965 年，荷兰的阿姆斯特丹市政府提出“白色计划”，在市区各处散放“小白车”，希望可以帮助市民绿色出行。可惜，这一公共自行车系统采用完全免费且无人监管的状态，无法解决自行车偷盗损毁问题，没几天就被骨感的现实打败了，不幸夭折。之后，公共自行车再次出现就是 30 年后的丹麦。到 20 世纪 90 年代末，计算机科技的发展带动公共自行车系统进入数字化阶段。

曾经有一个 Web 应用（https://amunateguibike.azurewebsites.net，现在已无法打开该链接）通过采集到的共享单车数据训练模型，预测不同季节、时间、温度、是否工作日等变量下的自行车租赁需求，这一应用的核心就是回归模型。

本节分析的案例是共享单车数据集，包含了华盛顿特区“首都自行车共享计划”中自行车租赁需求的数据。该数据集曾多次被研究者选中，并且也是 Kaggle 平台中的一个案例。具体的数据集可在 https://archive.ics.uci.edu/ml/datasets/bike+sharing+dataset 下载。

> **波多大学 LIAAD 实验室的 Hadi Fanaee-T 教授曾这样介绍共享单车数据集：**
>
> 与公共汽车或地铁等其他交通服务不同，共享单车系统中明确记录了用户的骑行时长、出发和到达的位置。
>
> 这一功能使得共享单车系统变成了虚拟传感器网络，利用这个网络，可以感知到城市的移动性。
>
> 因此，城市中的大多数重要事件都可能通过这些数据来探测到。

此处，选择文件名为“hour.csv”的数据集。数据集中包含 17 379 条记录，17 个变量，先通过 Python 查看数据集中前 5 行，初步了解数据集。

```
1  # 导入相关模块
2  import pandas as pd
3
4  # 读取共享单车集
5  bikes_hour = pd.read_csv("hour.csv")
6  # 显示的最大列数设置为20列
7  pd.set_option("display.max_columns",20)
8  bikes_hour.head()
```

数据集前 5 行的具体信息如图 2.13 所示。

	instant	dteday	season	yr	mnth	hr	holiday	weekday	workingday	weathersit	temp	atemp	hum	windspeed	casual	registered	cnt
0	1	2011-01-01	1	0	1	0	0	6	0	1	0.24	0.2879	0.81	0.0	3	13	16
1	2	2011-01-01	1	0	1	1	0	6	0	1	0.22	0.2727	0.80	0.0	8	32	40
2	3	2011-01-01	1	0	1	2	0	6	0	1	0.22	0.2727	0.80	0.0	5	27	32
3	4	2011-01-01	1	0	1	3	0	6	0	1	0.24	0.2879	0.75	0.0	3	10	13
4	5	2011-01-01	1	0	1	4	0	6	0	1	0.24	0.2879	0.75	0.0	0	1	1

图 2.13　数据集前 5 行的具体内容

作为示例，以 season、workingday、temp、hr 为自变量，cnt 为因变量，变量细节描述如下：

- season：季节（1：春　2：夏　3：秋　4：冬）。
- hr：小时（0 ∼ 23）。
- workingday：如果既不是周末也不是假期，则值为 1，否则为 0。
- temp：标准化温度（摄氏度）计算公式：$(t - t_{\min})/(t_{\max} - t_{\min}), t_{\min} = -8$, $t_{\max} = +39$（仅在小时范围内）。
- cnt：租赁自行车总数，包括临时用户和注册用户。

所有变量都不存在缺失值，并且已转换为数值型。接下来导入数据集，构建四元

线性回归模型，预测在秋季、23 时、工作日、25℃ 情况下的自行车租赁需求，并展示预测结果，如图 2.14 所示。

```
# 导入相关模块
import numpy as np
import random
from sklearn import linear_model
from sklearn.model_selection import train_test_split
# 设置随机数种子
random.seed(2022)

# 提取自变量与因变量
X = bikes_hour[["season","hr","workingday","temp"]]
y = bikes_hour[["cnt"]]

# 划分训练集与测试集，集合容量比例为 9:1
X_train, X_test, y_train, y_test = train_test_split(X, y, train_size = 0.9)
# 创建线性回归模型
lm_model = linear_model.LinearRegression()
# 训练模型
lm_model.fit(X_train, y_train)

# 预测秋季、23 时、工作日、25℃ 情况下的自行车租赁需求
x_star = pd.DataFrame([[3, 23, 1, (25 + 8) / (39 + 8)]], columns = ["season", "hr",
    "workingday", "temp"])
y_star_pre = lm_model.predict(x_star)
print("The Predictor of cnt:  %.2f" % y_star_pre)
```

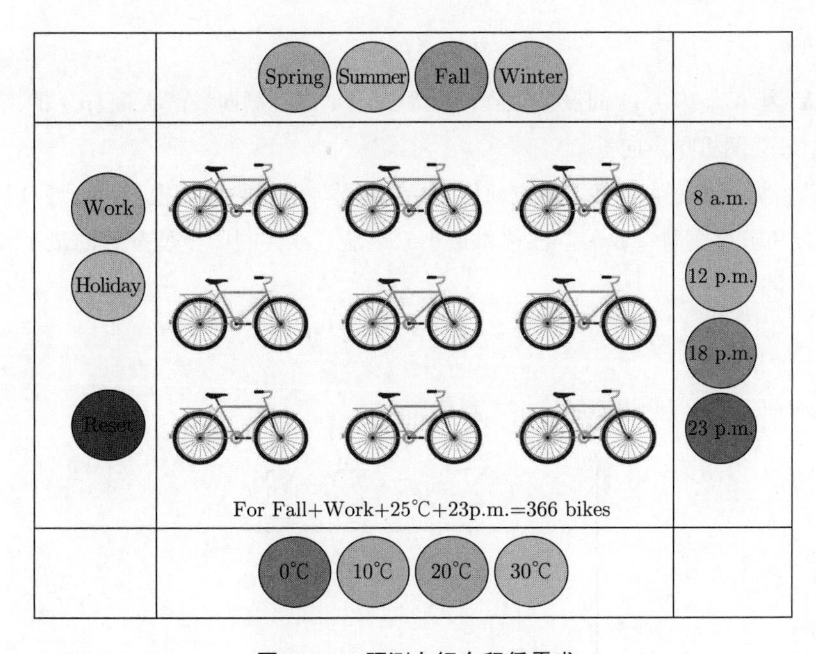

图 2.14　预测自行车租赁需求

2.6 本章小结

1. 回归模型的分类。根据因变量与自变量之间是否存在线性关系，回归模型可以分为线性回归模型和非线性回归模型；根据因变量所包含的特征变量个数，回归模型可以分为一元回归模型和多元回归模型；根据模型是否具有参数结构，回归模型可以分为参数回归模型、非参数回归模型和半参数回归模型。

2. 线性回归模型。

一元线性回归模型为

$$Y = \beta_0 + X\beta_1 + \epsilon$$

式中，X 为自变量（或解释变量）；Y 为因变量（或响应变量）；ϵ 为噪声项；β_1 为回归系数；β_0 为截距项。

多元线性回归模型为

$$Y = \beta_0 + X_1\beta_1 + X_2\beta_2 + \cdots + X_p\beta_p + \epsilon$$

式中，$X_1, X_2, \cdots, X_p$ 为 p 维自变量；Y 为因变量；ϵ 为噪声项； $\beta_1, \beta_2, \cdots, \beta_p$ 为回归系数；β_0 为截距项。

线性回归模型与线性函数之间的区别在于，回归模型比函数多了一个噪声项，表示现实中的不确定性。

3. 线性回归模型的样本矩阵。

线性回归模型的样本矩阵形式为

$$\boldsymbol{y} = \boldsymbol{X}\boldsymbol{\beta} + \boldsymbol{\epsilon}$$

式中，$\boldsymbol{X}$ 为 $N \times (p+1)$ 的设计矩阵；$\boldsymbol{y}$ 为 $N \times 1$ 的观测向量；$\boldsymbol{\beta}$ 为 $(p+1)$ 维的参数向量；$\boldsymbol{\epsilon}$ 为随机噪声向量。

对于回归模型而言，常以平方项作为损失函数。在线性回归模型中，通过最小化偏差平方和求得模型参数的方法称作最小二乘法。线性回归模型参数的最小二乘估计为

$$\widehat{\boldsymbol{\beta}} = (\boldsymbol{X}^{\mathrm{T}}\boldsymbol{X})^{-1}\boldsymbol{X}^{\mathrm{T}}\boldsymbol{y}$$

特别地，一元线性回归模型的最小二乘估计为

$$\begin{cases} \hat{\beta}_1 = \dfrac{N\displaystyle\sum_{i=1}^{N} x_i y_i - \sum_{i=1}^{N} x_i \sum_{i=1}^{N} y_i}{N\displaystyle\sum_{i=1}^{N}(x_i - \overline{x})^2} \\ \hat{\beta}_0 = \overline{y} - \hat{\beta}_1\overline{x} \end{cases}$$

式中，$\overline{x} = \sum_{i=1}^{N} x_i/N$，$\overline{y} = \sum_{i=1}^{N} y_i/N$。

4. 线性回归模型的预测。

(1) 一元线性回归模型。

① 点预测：

$$\hat{y}^* = \hat{\beta}_0 + x^*\hat{\beta}_1$$

② 区间预测：分为置信区间和预测区间。

置信区间：

$$\hat{y}^* \pm t_{\alpha/2}(N-2) \cdot \hat{\sigma}_\epsilon \sqrt{\frac{1}{N} + \frac{(x^* - \overline{x})^2}{\sum_{i=1}^{N}(x_i - \overline{x})^2}}$$

预测区间：

$$\hat{y}^* \pm t_{\alpha/2}(N-2) \cdot \hat{\sigma}_\epsilon \sqrt{1 + \frac{1}{N} + \frac{(x^* - \overline{x})^2}{\sum_{i=1}^{N}(x_i - \overline{x})^2}}$$

(2) 多元线性回归模型。

① 点预测：

$$\hat{y}^* = \widehat{\boldsymbol{\beta}}^{\mathrm{T}} \boldsymbol{x}_{\mathrm{ex}}^*$$

② 区间预测：分为置信区间和预测区间。

置信区间：

$$\hat{y}^* \pm t_{\alpha/2}(N-p-1) \cdot \hat{\sigma}_\epsilon \sqrt{(\boldsymbol{x}_{\mathrm{ex}}^*)^{\mathrm{T}}(\boldsymbol{X}^{\mathrm{T}}\boldsymbol{X})^{-1}\boldsymbol{x}_{\mathrm{ex}}^*}$$

预测区间：

$$\hat{y}^* \pm t_{\alpha/2}(N-p-1) \cdot \hat{\sigma}_\epsilon \sqrt{1 + (\boldsymbol{x}_{\mathrm{ex}}^*)^{\mathrm{T}}(\boldsymbol{X}^{\mathrm{T}}\boldsymbol{X})^{-1}\boldsymbol{x}_{\mathrm{ex}}^*}$$

5. 岭回归与套索回归的不同之处在于正则项的不同。套索回归采用 L_1 范数作为正则项，可以将参数压缩为零，起到特征筛选的作用。岭回归采用 L_2 范数作为正则项，可以将参数压缩地接近于零，但参数无法直接等于零，只能避免过拟合。

2.7　习题

2.1　当线性回归模型中的噪声项服从均值为零，方差为 σ_ϵ^2 的正态分布时，请推导回归系数的极大似然估计，证明最小二乘法与极大似然法的等价性。

2.2　试分析自变量与因变量之间的线性关系与因果关系。

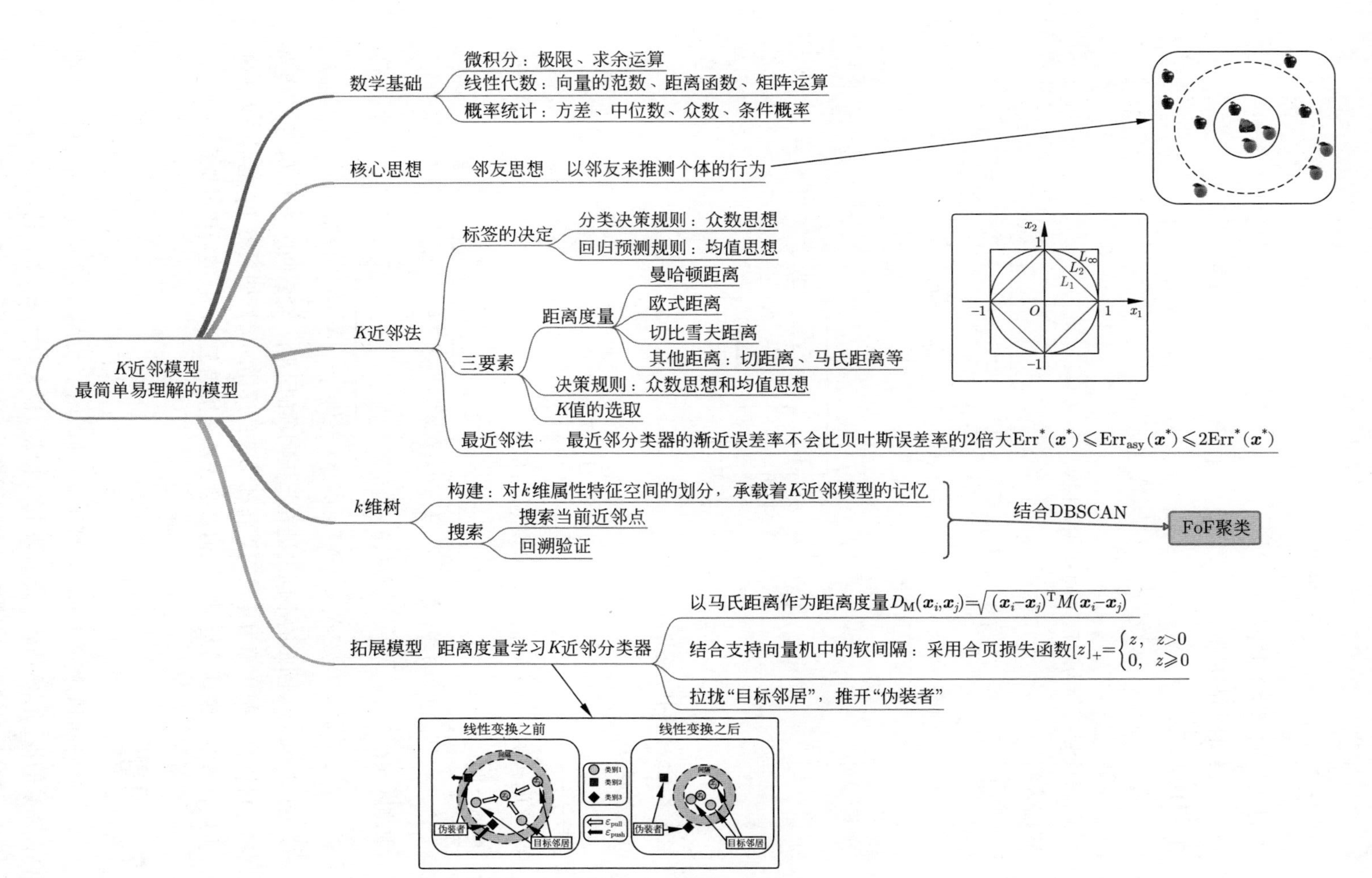

第3章　K近邻模型思维导图

第3章　K 近邻模型

邻居是自己的镜子。

——来自民谚

K 近邻（K-Nearest Neighbor, K-NN）算法是 Cover 和 Hart 在 1968 年提出的，可以说是机器学习中最容易理解的一种分类回归方法，甚至简单到连一个显性的模型结构表达都没有，所以也被称作懒惰学习（Lazy Learning）方法。本章主要介绍邻友思想，K 近邻算法以及 k 维树，最后拓展至基于距离度量的 K 近邻分类器。

3.1　邻友思想

昔孟母，择邻处；子不学，断机杼。

——来自《三字经》

图 3.1　孟母三迁

物以类聚，人以群分。孟母为让孟轲好好学习，三迁其所，直到搬家到一个学校附近。于是孟轲勤奋读书，才有了圣人——孟子。可见，邻居的重要性。人们常说“想要了解一个人，就去看看他的朋友。你和什么样的人在一起，就会拥有什么样的人生。”邻友对一个人来说影响很大，人们有时甚至通过邻友来推测某个人的行为。

举个例子，小明在上大学的时候暗恋着小芳，为了刷存在感，小明想制造一场偶遇，目标地点初步定在食堂。可是大学食堂那么多，中午到底去哪里吃午饭才能增加偶遇的可能性呢？幸好，小明知道小芳有几位相交的好友，常常成群结伴。时刻关注着这群人的小明，有一天听到小芳的几位好友在吆喝着去第一食堂吃麻辣香锅，一下子找到灵感了：看来今天中午偶遇的机会很大可能就在麻辣香锅的窗口。果不其然，小明算好时间与地点，成功“偶遇”小芳。这个例子中，小明虽然不知道小芳去哪个食堂吃午饭，但是根据“近邻”也就是小芳好友们的午饭选择，就能做出推测，用的就是邻友思想。

除日常生活，邻友思想在机器学习中也十分常见，比如在数据清洗过程中用于补缺失值，在非参核密度估计方法中用核函数量化样本“亲友”的远近程度等。本章重点介绍的 K 近邻法，则更加直观地体现了邻友思想。

3.2 K 近邻算法

K 近邻，顾名思义，指的就是 K 个最近的邻居。也就是说，如果我们对某一个新的实例感兴趣，却不知道它将会输出什么，就可以考虑根据它最近的 K 个邻居来判断。正是因为 K 近邻算法的简单性，使得 K 近邻算法缺乏显性的模型表达式。不过，K 近邻算法具有记忆性（Memory-based），通过对训练集的记忆功能，快速适应新数据，以实现分类或回归。对于本章要研究的 K 近邻模型而言，模型复杂度由选取的邻居个数 K 决定，在我们了解算法之后会给出详细说明。

假如给定一个训练集 $T=\{(\boldsymbol{x}_1,y_1),(\boldsymbol{x}_2,y_2),\cdots,(\boldsymbol{x}_N,y_N)\}$，其中 $\boldsymbol{x}_i\in\mathbb{R}^p$，$y_i\in\mathbb{R}$。当给定一个新的实例 $\boldsymbol{x}^*$ 时，可以在训练数据集 T 中寻找与 $\boldsymbol{x}^*$ 最近的 K 个样本点，然后根据这 K 个实例的标签推测新实例的标签。

3.2.1 聚合思想

如何根据 K 个近邻进行推测呢？这里用到的是统计学中的聚合思想。这一思想不仅古老而且也很激进。19 世纪的时候，这一思想被称作“观测的组合”。简单来说，就是把数据集中的个体值进行统计汇总，通过一个概括值（如平均值、众数、中位数等）来反映整个数据集，希望实现管中窥豹可见一斑。之所以说它激进，是因为以一个值来代表数据集中的所有个体，会让个体失去其个性。这种方法有利有弊，虽忽略了个体的特点，但忘却细节与差异就可以使观察者站在更高的视角来增强抽象认知。

博尔赫斯的《博闻强识的富内斯》

富内斯的彻底觉醒是他从马背上摔下来之后开始的，
那是怎样一个纤毫毕露的陌生世界啊，
他就能够“记起”所有他想知道的事。
思维是忘却差异，是归纳，是抽象化。
而富内斯的拥塞世界中仅仅充斥着触手可及的细节。

1. 分类决策规则：众数思想

在分类问题上，常采用**多数投票原则**对该实例分类，即在 K 个邻居中找寻到所占比例最大的那个类别，以这一类别作为对新实例 $\boldsymbol{x}^*$ 类别的预测。多数投票原则也被称作“举手表决法”。人们日常生活中所说的随大流，少数服从多数就是这个含义。如果从统计学的角度出发，就是聚合中的众数思想。

众数，指的就是一组数据中出现次数最多的那个值。历史长河中，人们为了攻城略地，抢夺资源，经常出现战争。据修昔底德在文献中的记载，公元前 428 年，为攻占对方城池，攻打的一方需要建造攻城梯。因当时简陋的建筑工艺所致，城墙面上的砖瓦数量清晰可见。为推算攻城梯的长度，首先就要计算对方城墙的高度。有些将领善于思考，就会派多人同时数砖瓦的层数，虽然有些人会数错，有些数对，但是大多数人数出来的是对的。大多人数出来的这个数就是众数，然后根据砖瓦厚度，就能推算出城墙高度，进而估计攻城梯的长度。除了战场，经商也是需要众数思想来预测商情的。比如，经商之人会将交易记录载于会计账簿之中，若要统计当季畅销产品，可通过众数思想来判断。大多数人倾向于购买的产品就是销量最好的。

2. 回归预测规则：均值思想

用在回归问题上，不妨取这 K 个邻居的标签，计算一下平均值，用以预测新实例 $\boldsymbol{x}^*$ 所对应的 y 值。这是最简易的一种非参数回归方法，用局部平均值代替估计值。复杂情况中，还可以用加权平均值来预测。

相较于聚合中的众数，平均值显然出现的更早。平均值中蕴含着自然中原始的平等思想。作为四大文明古国之一，我国的文献资料记载翔实。古籍《书·皋陶谟》中曾记载，早在公元前 2000 多年前，大禹治水时为解决民生问题而采取这样的措施：“暨稷播，奏庶艰食鲜食，懋迁有无化居。”句中“居”通假“均”字，表示平均之意。原始社会情况下，生产力水平低下，只有群居生活才能存活的更加长久，此时平均分配才能够保证种群的延续，均值思想就在这个时候诞生了。远远早于毕达哥拉斯学派在公元前 280 年提出的平均值。这是从自然发展规律启发而出的古老观念。因其与民本思想相同，故带有一些国家政治属性。孔子曰“丘也闻有国有家者，不患寡而患不均，不患贫而患不安。盖均无贫，和无寡，安无倾。”说的就是这个道理。

3.2.2　K 近邻模型的具体算法

在 K 近邻算法中，无论是分类还是回归都离不开 K 个邻居。下面以 K 近邻分类器为例说明算法流程。

例 3.1　假如苹果和橙子共有 12 个，每个水果都装在纸袋中，现在通过重量和软硬程度两个特征区分水果种类。目前已拆开 11 个水果，包括 6 个苹果和 5 个橙子。以重量为横轴，软硬程度为纵轴绘图，越往上代表越重，越往右代表越软，如图 3.2 所示。请问：中间这个未拆开的水果是苹果还是橙子？

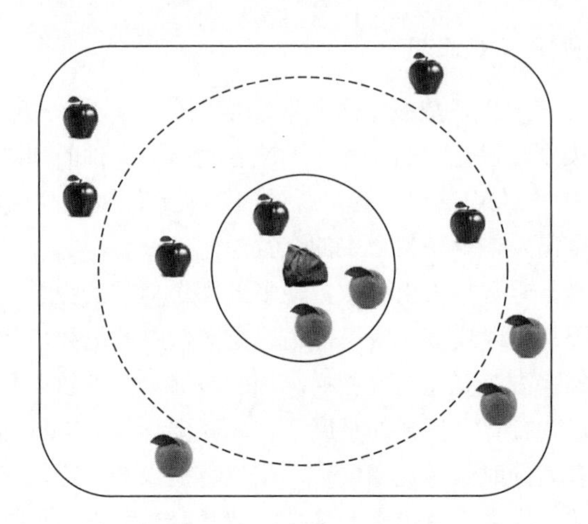

图 3.2 苹果还是橙子

解 如果 $K=3$，与纸袋最近的 3 个邻居，为实线圆中的 2 个橙子和 1 个苹果，其中橙子所占的比例为 2/3，明显大于苹果所占的比例 1/3。根据多数投票规则可以做出判断：$K=3$ 时，未拆开的水果很可能是橙子。

如果 $K=5$，最近的 5 个邻居中在虚线圆中，苹果所占比例是 3/5，橙子所占比例是 2/5，也就是多数是属于苹果类别的。根据多数投票规则可以做出判断：$K=5$ 时，未拆开的水果很可能是苹果。 ■

我们惊讶地发现，在例 3.1 中，当 K 的取值不同时，我们对未拆开的水果所属的类别做出了不一样的判断，这说明 K 的取值在这个分类器中起到至关重要的作用。另外，例 3.1 中邻居的远近是通过距离来定义的，显然距离的定义不同，对套袋水果的类别判断也很可能不同。最后就是关于决策规则的，刚才判断类别时我们默认采用的是多数投票规则，即众数思想。如果遇到具有包含顺序的类别标签，假如是调查问卷中经常遇到的“非常满意、满意、不满意”这种，还可以用众位数来推测新实例的标签。这说明分类决策规则的变化，也会影响最终结果。

因此，怎么计算距离，找多少个邻居，如何通过邻居的情况反映目标点的标签信息，都是非常关键的问题，任意一者的变化，都可能对实例 $\boldsymbol{x}^*$ 的预测发生变化。K 近邻算法的详情如下所示。

1. K 近邻分类算法

输入：训练数据 $T=\{(\boldsymbol{x}_1,y_1),(\boldsymbol{x}_2,y_2),\cdots,(\boldsymbol{x}_N,y_N)\}$，其中，$\boldsymbol{x}_i\in\mathbb{R}^p$，$y_i\in\{c_1,c_2,\cdots,c_M\}$①，$i=1,2,\cdots,N$，待分类实例 $\boldsymbol{x}^*$；

输出：实例 $\boldsymbol{x}^*$ 的类别。

(1) 给出距离度量的方式，计算待分类实例 $\boldsymbol{x}^*$ 与训练集 T 中每个样本的距离。

(2) 找出与实例 $\boldsymbol{x}^*$ 最近的 K 个样本，将涵盖这 K 个样本的实例 $\boldsymbol{x}^*$ 的邻域记作 $U_K(\boldsymbol{x}^*)$。

① 为避免重复使用 K 近邻中的 K，本节中特以 M 作为类别的个数。按照习惯，后续章节以 K 表示类别个数。

(3) 根据分类决策规则决定实例 $\boldsymbol{x}^*$ 所属的类别，输出预测类别 c^*。

2. K 近邻回归算法

输入：训练数据 $T=\{(\boldsymbol{x}_1,y_1),(\boldsymbol{x}_2,y_2),\cdots,(\boldsymbol{x}_N,y_N)\}$，其中，$\boldsymbol{x}_i\in\mathbb{R}^p$，$y_i\in\mathbb{R}$，$i=1,2,\cdots,N$，待预测实例 $\boldsymbol{x}^*$；

输出：实例 $\boldsymbol{x}^*$ 的预测标签。

(1) 给出距离度量的方式，计算待预测实例 $\boldsymbol{x}^*$ 与训练集 T 中每个样本的距离。

(2) 找出与实例 $\boldsymbol{x}^*$ 最近的 K 个样本，将涵盖这 K 个样本的实例 $\boldsymbol{x}^*$ 的邻域记作 $U_K(\boldsymbol{x}^*)$。

(3) 根据回归预测规则决定实例 $\boldsymbol{x}^*$ 的预测值，输出预测标签 $\hat{y}^*$。

3.2.3 K 近邻算法的三要素

虽然 K 近邻算法没有显式表达式，但是无论是例 3.1 还是算法流程，无非强调距离度量、决策规则和 K 值的选取，这三者决定了模型结构，被称为 K 近邻算法的三要素。

1. 距离度量

一般情况下，在属性变量为连续时，常采用闵可夫斯基距离。在欧氏空间，若输入向量的取值空间为 $\mathcal{X}\in\mathbb{R}^p$，对任意的 $\boldsymbol{x}_i,\boldsymbol{x}_j\in\mathcal{X}$，$\boldsymbol{x}_i=(x_{i1},x_{i2},\cdots,x_{ip})^{\mathrm{T}}$，$\boldsymbol{x}_j=(x_{j1},x_{j2},\cdots,x_{jp})^{\mathrm{T}}$，可采用以下几种常见的闵可夫斯基距离（Minkowski Distance）。

1) 曼哈顿距离

曼哈顿距离（Manhattan Distance）定义为所有属性下的绝对距离之和，见式 (3.1)。

$$\|\boldsymbol{x}_i-\boldsymbol{x}_j\|_1=\sum_{l=1}^{p}|x_{il}-x_{jl}| \tag{3.1}$$

之所以用曼哈顿这个城市的名称命名，来源于曼哈顿城市规划的街道大多是方方正正的，如图 3.3 所示。放大片段来看，就如同图 3.4。如果想从 A 到达目的地 B，只能走类似于图中这 4 种横平竖直的路线。这是由于曼哈顿市的城镇街道具有正南正

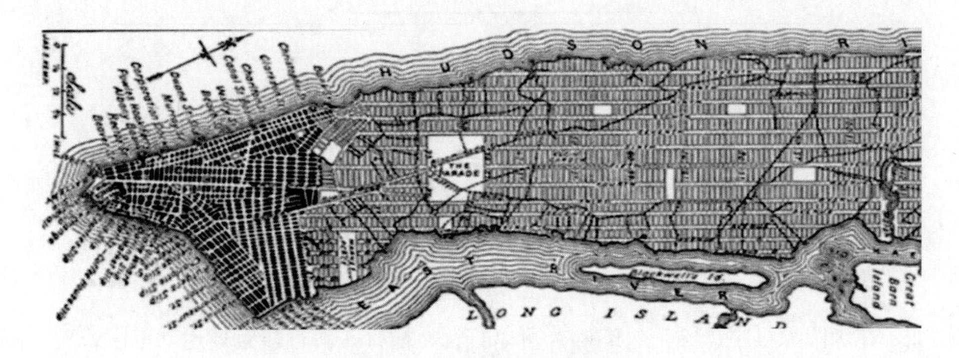

图 3.3 曼哈顿城市规划图

北、正东正西方向的规则布局，从一点到达另一点的距离需要在南北方向上行驶的距离加上在东西方向上行驶的距离，因此曼哈顿距离又称为出租车距离。

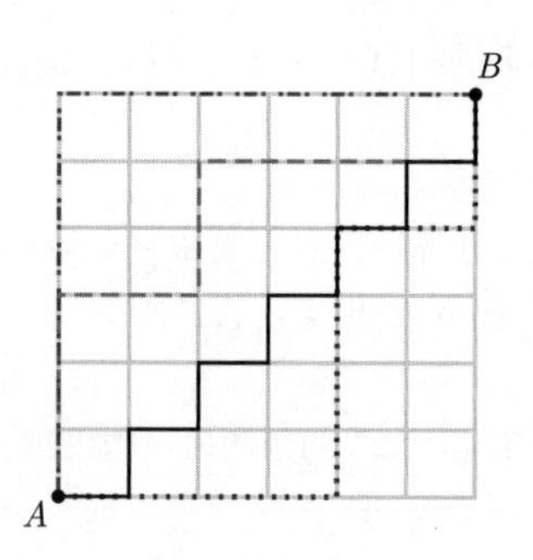

图 3.4　曼哈顿距离

2) 欧式距离

最为大家所熟悉的是欧式距离（Euclidean Distance)，定义为所有属性下的平方距离之和的非负平方根，见式 (3.2)。

$$\|\boldsymbol{x}_i - \boldsymbol{x}_j\|_2 = \left(\sum_{l=1}^{p} |x_{il} - x_{jl}|^2\right)^{\frac{1}{2}} \tag{3.2}$$

欧式距离的概念非常简单，也就是日常生活中人们常用的两点之间的直线距离，只不过此处推广至 p 维欧式空间而已。

以二维平面为例，根据勾股定理（或毕达哥拉斯定理），图 3.5 中 A 点坐标 $\boldsymbol{x}_A = (x_{A1}, x_{A2})^{\mathrm{T}}$，$B$ 点坐标 $\boldsymbol{x}_B = (x_{B1}, x_{B2})^{\mathrm{T}}$，则 A 和 B 两点间的距离为

$$\sqrt{(x_{A1} - x_{B1})^2 + (x_{A2} - x_{B2})^2}$$

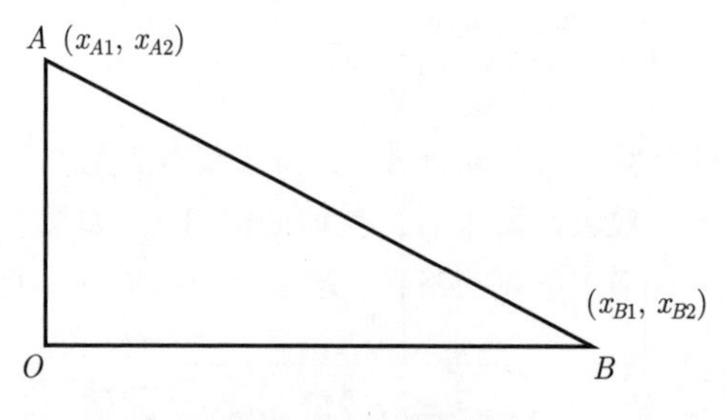

图 3.5　欧氏距离

3) 切比雪夫距离

切比雪夫距离（Chebyshev Distance)，以俄国数学家切比雪夫命名，定义为所有属性下绝对距离的最大值，见式 (3.3)。

$$\|\boldsymbol{x}_i - \boldsymbol{x}_j\|_\infty = \max_{l \in \{1,2,\cdots,p\}} |x_{il} - x_{jl}| \tag{3.3}$$

比如，在国际象棋中，国王（King）可以直行、横行、斜行，有效走动范围或攻击范围是自身 3×3 范围内去掉所在中心之后剩余的 8 个格。国王走一步可以移动到相

邻 8 个方格中的任意一个，如图 3.6(a) 所示；国王从 A 格子走到 B 格子最少需要 4 步完成，这个距离的计算用的就是切比雪夫距离，如图 3.6(b) 所示。

(a) 国王的走法

(b) 国王从A格子走到B格子

图 3.6　国际象棋中的切比雪夫距离

闵可夫斯基距离也可以通过向量的 L_p 来理解。L_1 范数、L_2 范数和 L_∞ 范数分别对应于曼哈顿距离、欧氏距离和切比雪夫距离。假设平面坐标系中，$\boldsymbol{x}=(x_1,x_2)^{\mathrm{T}}$ 到原点 O 的闵可夫斯基距离为 1，图 3.7 中菱形、圆形和正方形分别表示取 L_1 范数、L_2 范数和 L_∞ 范数时 $\boldsymbol{x}$ 所对应的运动轨迹。

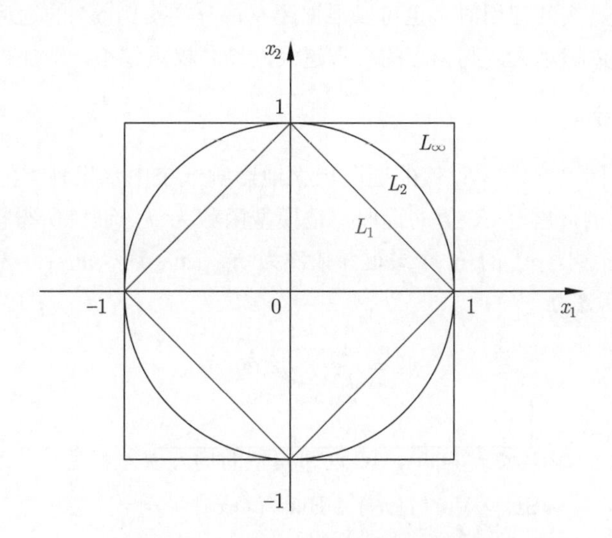

图 3.7　三种闵可夫斯基距离的比较

当属性特征为离散变量时，比如应用于文本分析或图像处理时，常采用汉明距离（Hamming Distance）。汉明距离来源于信息论，表示两个等长的字符串在对应位置上字符不同的情况出现的次数。例如：

- “Hello world”和“Hello warld”之间的汉明距离为 1；
- “0111010”和“0011110”之间的汉明距离为 2；
- “2143896”与“2233786”之间的汉明距离是 4。

另外，有时为确保距离的旋转不变性，还有一些特殊的距离，如切距离、马氏距离等，这可以根据所要解决的问题来量身定制。本章拓展部分将介绍以马氏距离为基础的距离度量学习 K 近邻方法。

2. 决策规则

对于分类问题，决策规则常采用多数投票的方式，即众数思想。由训练集 T 中距离待分类实例 $\boldsymbol{x}^*$ 的 K 个最近的邻居的多数类决定，如式 (3.4) 所示。

$$c^* = \arg\max_{c_m} \sum_{\boldsymbol{x}_i \in U_K(\boldsymbol{x}^*)} I(y_i = c_m), \quad i = 1, 2, \cdots, N;\ m = 1, 2, \cdots, M \tag{3.4}$$

式中，$I(y_i = c_m)$ 是一个示性函数，当 y_i 等于 c_m 时，函数值为 1；当 y_i 不等于 c_m 时，函数值为 0。如同化学实验中的酸碱指示剂一般，酚酞遇碱变蓝，遇酸无色。式 (3.4) 的目的是希望找到一个类别 c_m，使得 c_m 所对应的样本个数在邻域 $U_K(\boldsymbol{x}^*)$ 中占比最大。

对于回归问题，决策规则常采用平均法则，即均值思想。由训练集 T 中距离待预测实例 $\boldsymbol{x}^*$ 的 K 个最近的邻居的算术平均值来决定，

$$\hat{y}^* = \frac{1}{K} \sum_{\boldsymbol{x}_i \in U_K(\boldsymbol{x}^*)} y_i, \quad i = 1, 2, \cdots, N \tag{3.5}$$

可以看出，在式 (3.5) 中，我们对待 K 个邻居的重视程度相同，即认为 K 个邻居具有等可能的贡献。实际应用时，也可以根据距离待分类实例 $\boldsymbol{x}^*$ 的远近程度进行加权投票，距离越近贡献越大，则相应的权重越大，反之权重越小，即加权平均法则。

3. K 值的选取

很明显，在例 3.1 中，K 值的选取极大地影响纸袋中水果种类的预测结果。我们以回归问题为例，解释 K 值的选取。记模型函数为 f，训练所得模型记为 $\hat{f}(\boldsymbol{x})$。若 $\boldsymbol{x}^*$ 为待预测实例，$\boldsymbol{x}^*$ 的 K 个最近邻依次为 $\boldsymbol{x}_{(1)}, \boldsymbol{x}_{(2)}, \cdots, \boldsymbol{x}_{(K)}$，若采用加权平均法则，$\boldsymbol{x}^*$ 预测标签为

$$\hat{y}^* = \frac{1}{K} \sum_{i=1}^{K} \hat{f}(\boldsymbol{x}_{(i)}) \tag{3.6}$$

根据第 1 章中方差-偏差公式 (1.5)，K 近邻模型的均方误差就是

$$\begin{aligned} \text{MSE} &= \text{Var}(\hat{f}(\boldsymbol{x})) + \text{Bias}^2(\hat{f}(\boldsymbol{x})) + \sigma_\epsilon^2 \\ &= \frac{\sigma_\epsilon^2}{K} + E[f(\boldsymbol{x}) - \frac{1}{K} \sum_{i=1}^{K} \hat{f}(\boldsymbol{x}_{(i)})]^2 + \sigma_\epsilon^2 \end{aligned} \tag{3.7}$$

根据式 (3.7)，如果选择的 K 值比较小，相当于在一个比较小的邻域里对训练集内的样本进行预测，所以模型偏差较小，方差较大，但是如果新增一个超出邻域范围的实例时，则会导致偏差增大，这就出现只对训练集友好，对待分类实例点不友好的情况——过拟合；与之相对，K 值较大时，就会出现欠拟合现象。K 值的选取对模型的影响如表 3.1 所示。

表 3.1 K 值的选取对模型的影响

特　点	K 值较小	K 值较大
模型偏差	小	大
模型方差	大	小
对待分类实例的敏感性	强	弱
模型复杂度	复杂	简单
模型拟合程度	过拟合	欠拟合

关于 K 值的选取可采用交叉验证的方法，通过偏差与方差折中思想，实现 MSE 最小化。一般来说，选取的 K 值低于训练集中样本量的平方根 $\sqrt{N}$。

3.2.4 K 近邻算法的可视化

假如 K 近邻算法的三要素已确定，为找到给定待预测实例 $\boldsymbol{x}^*$ 的 K 个最近的邻居，最简单粗暴的办法就是计算实例 $\boldsymbol{x}^*$ 与训练数据集 T 中所有样本的距离，然后找到 K 个最近邻，最后根据决策规则预测实例 $\boldsymbol{x}^*$ 的标签。

但是，如果每出现一个待预测实例就将实例与所有的样本之间的距离全部计算一遍，无疑会增加巨大的无效工作。为此，可以考虑将属性对应的空间（即特征空间）进行划分，如此操作一番之后，根据任何一个待预测实例的落脚点，就可以预测其标签。以分类问题为例，图 3.8 展示了二维空间的一个划分，若实例落入蓝色区域，则被归为蓝色一类；若落入粉色区域，则被归为粉色一类。这也是 K 近邻算法可视化的一种表现形式。

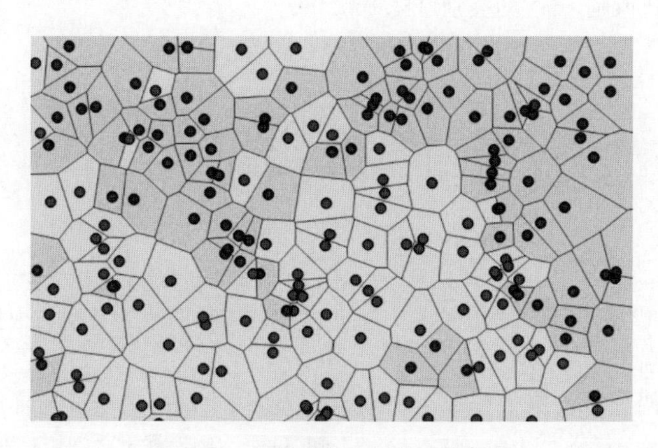

图 3.8 二维特征空间的一个划分

3.3 最近邻分类器的误差率

当 $K=1$ 时，K 近邻算法被称为最近邻算法。以方差-偏差折中思想来理解，最近邻模型偏差较低，方差较高。最近邻模型的特点是方法思路十分简单，易于实现。我们希望其误差率也在一个较低的可控范围中。K 近邻算法的提出者 Cover 和 Hart 就在《最近邻分类器》一文中给出了关于误差率的重要结论：最近邻分类器的渐近误差率不会比贝叶斯误差率的 2 倍大。本节参考 Cover 和 Hart 的论文，计算出最近邻分类器渐近误差率的上下界。

贝叶斯分类器是基于贝叶斯公式得到的，详细内容见第 4 章。这里仅以贝叶斯分类器的误差率作为度量最近邻误差率范围的基准。

先看贝叶斯误差率的含义，当采用贝叶斯分类器时，模型函数是条件概率的形式。以条件分布判断待分类实例 $\boldsymbol{x}^*$ 最可能归属的类别，

$$c^* = \arg\max_{c_m} P(Y = c_m | X = \boldsymbol{x}^*) \tag{3.8}$$

待分类实例点 $\boldsymbol{x}^*$ 属于类 c^* 的条件概率记为 $P(c^*|\boldsymbol{x}^*)$，则对应的贝叶斯误差率（Bayes Error）为

$$\mathrm{Err}^*(\boldsymbol{x}^*) = 1 - P(c^*|\boldsymbol{x}^*)$$

对于最近邻分类器而言，若以概率的形式表示分类决策规则，需要引入决定分类的损失函数，常用的为 0-1 损失函数：

$$L(y, f(\boldsymbol{x})) = \begin{cases} 1, & y \neq f(\boldsymbol{x}) \\ 0, & y = f(\boldsymbol{x}) \end{cases}$$

式中，$\boldsymbol{x}$ 为输入实例；y 为输出标签；f 为分类函数。若错误分类，则误分类概率为

$$P(y \neq f(\boldsymbol{x})) = 1 - P(y = f(\boldsymbol{x}))$$

所以，最近邻误差率（1-nearest-neighbor error）

$$\mathrm{Err}(\boldsymbol{x}^*) = 1 - \frac{1}{K} \sum_{x_i \in N_K(x^*)} I(y_i = c^*)$$

根据损失最小化原则，$\boldsymbol{x}^*$ 的类别可被预测为

$$\begin{aligned} \hat{y}^* &= \arg\min_{c_m} \mathrm{Err}(\boldsymbol{x}^*) \\ &= \arg\min_{c_m} \left\{ 1 - \frac{1}{K} \sum_{\boldsymbol{x}_i \in U_K(\boldsymbol{x}^*)} I(y_i = c_m) \right\} \\ &= \arg\max_{c_m} \left\{ \frac{1}{K} \sum_{\boldsymbol{x}_i \in U_K(\boldsymbol{x}^*)} I(y_i = c_m) \right\} \end{aligned} \tag{3.9}$$

当 K 的取值和距离度量方式确定时，通过式 (3.9) 所预测的类别与根据多数投票规则所预测的类别相同。

假如对于待分类实例 $\boldsymbol{x}^*$，$\boldsymbol{x}^{'}$ 是距离最近的样本，两者所属的真正类别分别记作 c 和 $c^{'}$。显然，若分类正确，则 $c=c^{'}$，否则 $c\neq c^{'}$。假设样本之间相互独立，则误差率

$$\begin{aligned} \mathrm{Err}(\boldsymbol{x}^*, \boldsymbol{x}^{'}) = P(c \neq c^{'} | \boldsymbol{x}^*, \boldsymbol{x}^{'}) &= \sum_{m=1}^{M} P(c = c_m, c^{'} \neq c_m | \boldsymbol{x}^*, \boldsymbol{x}^{'}) \\ &= \sum_{m=1}^{M} P(c = c_m | \boldsymbol{x}^*) P(c^{'} \neq c_m | \boldsymbol{x}^{'}) \\ &= \sum_{m=1}^{M} P(c = c_m | \boldsymbol{x}^*)(1 - P(c^{'} = c_m | \boldsymbol{x}^{'})) \end{aligned}$$

当 $N \to \infty$ 时，最近邻 $\boldsymbol{x}^{'}$ 落在以实例点 $\boldsymbol{x}^*$ 为中心的无穷小区域内的概率趋于 1，因此可以用最近邻的类别标签估计实例点的类别标签，即

$$\lim_{N \to \infty} P(c^{'} = c_m|\boldsymbol{x}^*) = P(c = c_m|\boldsymbol{x}^*)$$

于是，

$$\begin{aligned}\mathrm{Err}(\boldsymbol{x}^*, \boldsymbol{x}^{'}) &\to \sum_{m=1}^{M} P(c = c_m|\boldsymbol{x}^*) - \sum_{m=1}^{M} P^2(c = c_m|\boldsymbol{x}^*) \\ &= 1 - \sum_{m=1}^{M} P^2(c = c_m|\boldsymbol{x}^*)\end{aligned}$$

得到最近邻分类器的渐近误差率（Asymptotic Error Rate）

$$\mathrm{Err}_{\mathrm{asy}}(\boldsymbol{x}^*) = 1 - \sum_{m=1}^{M} P^2(c = c_m|\boldsymbol{x}^*) \tag{3.10}$$

1. 最近邻误差率的下界

若 c^* 为通过决策规则所得正确类别，式 (3.10) 中的第二项

$$\sum_{m=1}^{M} P^2(c = c_m|\boldsymbol{x}^*) = P^2(c = c^*|\boldsymbol{x}^*) + \sum_{c_m \neq c^*} P^2(c = c_m|\boldsymbol{x}^*) \tag{3.11}$$

根据式 (3.8) 中的最大条件概率的决策规则可知

$$P(c = c^*|\boldsymbol{x}^*) \geqslant P(c = c_m|\boldsymbol{x}^*)$$

于是

$$\begin{aligned}\sum_{m=1}^{M} P^2(c = c_m|\boldsymbol{x}^*) &\leqslant P^2(c = c^*|\boldsymbol{x}^*) + \sum_{c_m \neq c^*} P(c = c^*|\boldsymbol{x}^*) \cdot P(c = c_m|\boldsymbol{x}^*) \\ &= P(c = c^*|\boldsymbol{x}^*) \left(P(c = c^*|\boldsymbol{x}^*) + \sum_{c_m \neq c^*} P(c = c_m|\boldsymbol{x}^*) \right) \\ &= P(c = c^*|\boldsymbol{x}^*)\end{aligned} \tag{3.12}$$

将式 (3.12) 带入式 (3.10) 中，得到渐近误差率的下界，即贝叶斯误差率

$$\mathrm{Err}_{\mathrm{asy}}(\boldsymbol{x}^*) \geqslant 1 - P(c = c^*|\boldsymbol{x}^*) = \mathrm{Err}^*(\boldsymbol{x}^*)$$

2. 最近邻误差率的上界

因为

$$P(c = c^*|\boldsymbol{x}^*) + \sum_{c_m \neq c^*} P^2(c = c_m|\boldsymbol{x}^*) = 1$$

假如 $P(c = c^*|\boldsymbol{x}^*)$ 是一定值，在 $c_m \neq c^*$ 情况下，只有所有的

$$P(c = c_m|\boldsymbol{x}^*) = \frac{1 - P(c = c^*|\boldsymbol{x}^*)}{M - 1}$$

时，式 (3.10) 取得下界

$$\begin{aligned}\sum_{m=1}^{M} P^2(c=c_m|\boldsymbol{x}^*) &\geqslant P^2(c=c^*|\boldsymbol{x}^*)+\sum_{c_m\neq c^*}\left(\frac{1-P(c=c^*|\boldsymbol{x}^*)}{M-1}\right)^2\\&=P^2(c=c^*|\boldsymbol{x}^*)+\frac{[1-P(c=c^*|\boldsymbol{x}^*)]^2}{M-1}\\&=[1-\mathrm{Err}^*(\boldsymbol{x}^*)]^2+\frac{[\mathrm{Err}^*(\boldsymbol{x}^*)]^2}{M-1}\end{aligned}\tag{3.13}$$

将式 (3.13) 带入式 (3.10) 中，得到渐近误差率的上界

$$\begin{aligned}\mathrm{Err}_{\mathrm{asy}}(\boldsymbol{x}^*) &\leqslant 1-[1-\mathrm{Err}^*(\boldsymbol{x}^*)]^2-\frac{[\mathrm{Err}^*(\boldsymbol{x}^*)]^2}{M-1}\\&=2\mathrm{Err}^*(\boldsymbol{x}^*)-\frac{M}{M-1}[\mathrm{Err}^*(\boldsymbol{x}^*)]^2\\&\leqslant 2\mathrm{Err}^*(\boldsymbol{x}^*)\end{aligned}$$

于是，最近邻分类器渐近误差率的上下界为

$$\mathrm{Err}^*(\boldsymbol{x}^*)\leqslant \mathrm{Err}_{\mathrm{asy}}(\boldsymbol{x}^*)\leqslant 2\mathrm{Err}^*(\boldsymbol{x}^*)$$

这个结果可以为模型选择提供参考意见。对于一个给定的问题，若最近邻分类器的误差率为 10%，则训练出的贝叶斯分类器的误差率至少为 5%，那么在对误差率要求不高的实际问题中，为追求方法的简便性，没有必要采用复杂的贝叶斯分类器。

3.4 *k* 维树

如果训练集 T 中的样本量 N 大，样本点分布密集，而且属性变量的维度 p 高，则距离计算的运算量巨大，十分耗时，会给模型训练以及预测带来不便，为提高邻域搜索效率，可考虑构建一个快速索引的方法，如 k 维树（k-Dimensional Tree）。除应用在 K 近邻分类器中，k 维树还可应用在聚类方法中。例如，在天文领域的粒子系统识别过程中，朋友之友（Friends of Friends，FoF）聚类就是 k 维树与 DBSCAN（Density-based Spatial Clustering of Applications with Noise）聚类的结合体。

3.4.1 *k* 维树的构建

k 维树的本质为二叉树，表示对 k 维属性特征空间的一个划分，也可以认为承载着 K 近邻的记忆。出于符号使用习惯，这里仍用 p 表示属性特征空间的维度。训练集的样本量为 N，通过 k 维树可以对训练集中的样本进行存储并在读取时提供快速检索功能，复杂度为 $O(p\log N)$。

在构建 k 维树时，需要不断地用与坐标轴垂直的超平面将 p 维特征空间进行切分，构成一系列的 p 维超矩形区域。该过程只需利用属性特征即可，样本点有无标签对其无影响。之所以采用超矩形区域，从工程的角度出发，是因为存在快速有效的算

法对数列进行排序，易于 k 维树的构建；从数学的角度出发，是因为 p 维空间中的距离度量常用闵可夫斯基距离，而从图 3.6 可知，以 L_∞ 范数定义的邻域是矩形，包含任何基于 L_p 范数定义距离的邻域，这使得以超矩形构造的 k 维树适用于多种距离定义下的检索场景。

特别地，根据坐标轴上的中位数作为切分点的 k 维树称为平衡 k 维树，以下为构建平衡 k 维树的算法。

平衡 k 维树的算法

输入：数据集 $T=\{\boldsymbol{x}_1,\boldsymbol{x}_2,\cdots,\boldsymbol{x}_N\}$，其中，$\boldsymbol{x}_i=(x_{i1},x_{i2},\cdots,x_{ip})^{\mathrm{T}}\in\mathbb{R}^p$，$i=1,2,\cdots,N$；

输出：平衡 k 维树。

(1) 开始阶段：构造根结点。

在根结点处选择一个最优特征进行划分，例如可通过比较每个特征上的方差来决定最优特征，方差最大的特征为要选取的坐标轴。假如根据方差选出来的是第 l_1 个特征 x_{l_1}，计算所有实例在属性特征 x_{l_1} 方向上的中位数，以该中位数对应的样本作为根结点，将超矩形区域划分为两个子区域。深度指所有结点的最大层次数，根结点处的深度为 0，由根结点生成的子结点的深度为 1。

(2) 重复阶段：剩余特征的选取与超矩形的划分。

继续对深度为 j 的结点划分，根据剩余特征的方差选择 x_{l_j} 为当前最优特征，以该结点区域中所有实例在特征 x_{l_j} 上的中位数作为划分点，将区域不断划分为两个子区域。若所有特征都已轮流一遍，子区域中仍存在的实例，则自动进入下一轮的属性特征的轮转。

(3) 停止阶段：得到 k 维树。

直到子区域没有实例时停止划分，即得到一棵平衡 k 维树。

除利用方差来选择最优特征进行划分外，循环划分也十分常见，此时平衡 k 维树中的第 (1) 步和第 (2) 步，分别用第 $(1')$ 步和第 $(2')$ 步替换。

$(1')$ 开始阶段：构造根结点。

在根结点处任选属性特征，如以特征 x_1 作为要选取的坐标轴。然后计算所有实例在特征 x_1 上的中位数，以该中位数对应的实例作为根结点，将超矩形区域划分为两个子区域。

$(2')$ 重复阶段：剩余特征的选取与超矩形的划分。

继续对深度为 j 的结点进行划分，根据求余公式 $l_j=(j+1)\mod p$ 得到特征 x_{l_j}，以该结点区域中所有实例在特征 x_{l_j} 上的中位数作为划分点，将区域不断划分为两个子区域。

循环划分的详情参见文献 [27]。

例 3.2 给定训练集 $T=\left\{(1,6)^{\mathrm{T}},(2,7)^{\mathrm{T}},(3,2)^{\mathrm{T}},(4,9)^{\mathrm{T}},(5,5)^{\mathrm{T}},(7,8)^{\mathrm{T}},(8,4)^{\mathrm{T}}\right\}$，如图 3.9 所示。请构造一棵平衡 k 维树存储数据集 T。

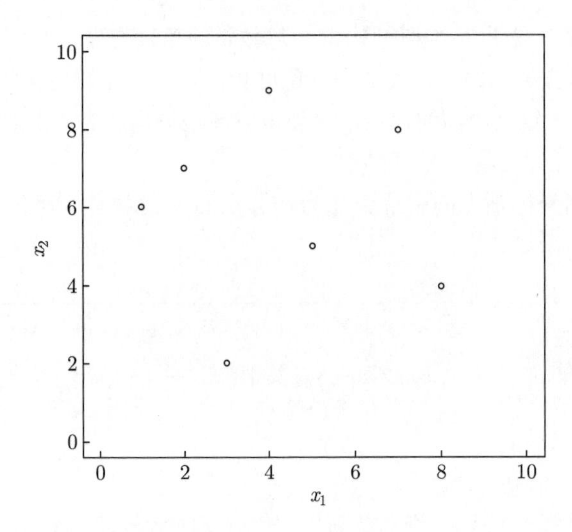

图 3.9　例 3.2 中的数据集 T

解　训练集 T 的两个特征分别记作 x_1 和 x_2，以下为 k 维树的详细构造步骤，切割过程如图 3.10 所示。

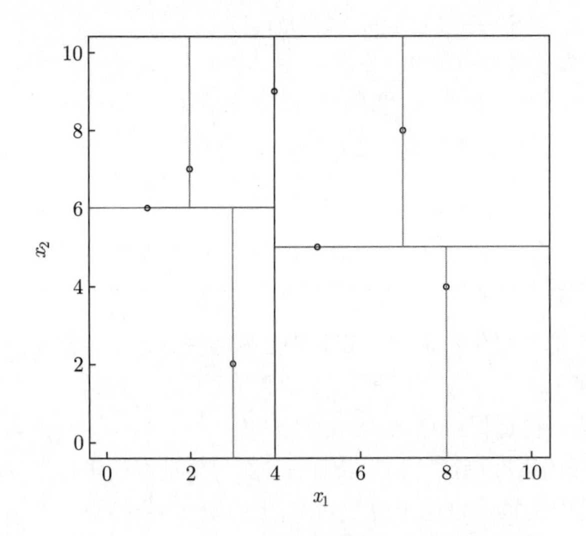

图 3.10　例 3.2 中训练集 T 的空间划分

(1) 构造根结点，并进行第一次划分。

① 属性特征 x_1 和 x_2 所对应的方差分别为 $\text{Var}(x_1) = 6.57$ 和 $\text{Var}(x_2) = 5.81$。$\text{Var}(x_1) > \text{Var}(x_2)$，选择 x_1 作为最优特征。

② 取所有实例在 x_1 方向上的数据并按照从小到大排序为 $1,2,3,4,5,7,8$，中位数为 4，即以 $(4,9)^{\text{T}}$ 为根结点，划分整个区域。小于 $x_1 = 4$ 的为左子结点，大于 $x_1 = 4$ 的为右子结点。

(2) 进行第二次划分。

① 剩余的特征为 x_2，对左右子结点进行划分。

② 对第一次划分后的左边区域而言，将 x_2 中的数据按照从小到大排序为 $2,6,7$，中位数为 6，划分点坐标为 $(1,6)^{\mathrm{T}}$，画垂直于 x_2 方向的直线 $x_2=6$ 进行第二次划分。

③ 同样地，对第一次划分后的右边区域而言，将 x_2 中的数据按照从小到大排序为 $4,5,8$，中位数为 5，划分点坐标为 $(5,5)^{\mathrm{T}}$，画垂直于 x_2 方向的直线 $x_2=5$ 进行第二次划分。

(3) 进行第三次划分。

第二次划分后的 4 个区域各有一个实例点，需要画一条垂直于 x_1 方向的直线进行第三次划分。至此，所有区域中不含实例点，划分完毕。

(4) 绘制 k 维树，如图 3.11 所示。 ■

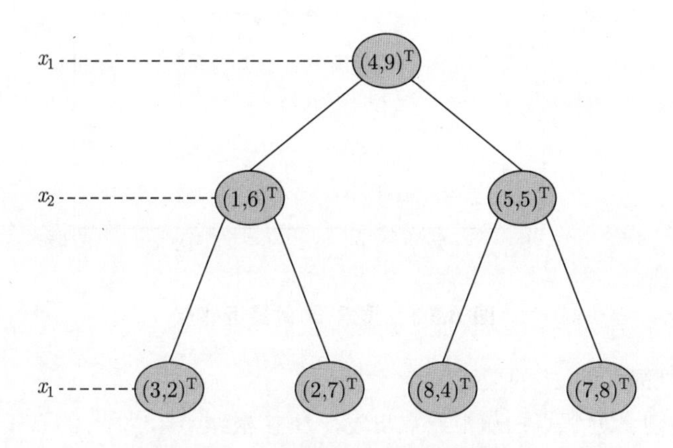

图 3.11 例 3.2 中所得 k 维树

3.4.2 k 维树的搜索

本节先介绍如何利用 k 维树实现最近邻的快速搜索功能。k 维树的最近邻搜索从根结点出发，主要由两部分组成：搜索当前最近点和回溯验证。假如目标实例为 $\boldsymbol{x}$，可以通过以下两步搜索最近邻点。

(1) 寻找当前最近点：从根结点出发，递归访问 k 维树，找出包含 $\boldsymbol{x}^*$ 的叶结点，以此叶结点为“当前最近点”。

(2) 回溯验证：以目标点和当前最近点的距离沿树根部进行回溯和迭代，当前最近点一定存在于该结点的一个子结点对应的区域，检查子结点的父结点的另一子结点对应的区域是否有更近的点。当回退到根结点时，搜索结束，最后的“当前最近点”即为 $\boldsymbol{x}^*$ 的最近邻点。

例 3.3 请根据例 3.2 中生成的 k 维树，以欧式距离为距离度量，分别搜索目标实例 $\boldsymbol{A}:(2.5,2.2)^{\mathrm{T}}$ 和 $\boldsymbol{B}:(8.5,5.2)^{\mathrm{T}}$ 的最近邻点。

解 具体的搜索步骤如下。

(1) 搜索目标实例 A 的最近邻点

① 寻找当前最近邻点：从根结点出发，A 在根结点 $(4,9)^{\mathrm{T}}$ 的左子区域内，接着

搜索到深度为 1 的叶子结点 $(1,6)^{\mathrm{T}}$ 所确定的下子区域内，进一步搜索到深度为 2 的叶子 $(3,2)^{\mathrm{T}}$ 的左子区域中，确定 $(3,2)^{\mathrm{T}}$ 为当前最近邻点。

② 回溯验证：以 A 为圆心，以与当前最近邻点 $(3,2)^{\mathrm{T}}$ 之间的距离为半径画圆，若该圆形区域内没有其他点，则表明 $(3,2)^{\mathrm{T}}$ 是 A 的最近邻点，如图 3.12 所示。

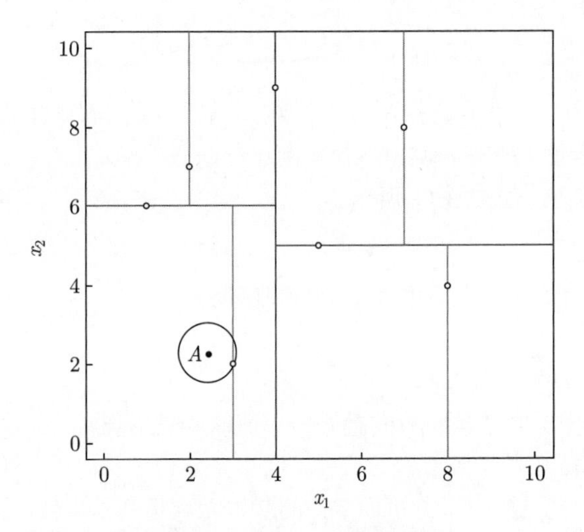

图 3.12　搜索 A 的最近邻点

(2) 搜索目标实例 B 的最近邻点

① 寻找当前最近邻点：从根结点出发，B 在根结点 $(4,9)^{\mathrm{T}}$ 的右子区域内，接着搜索到深度为 1 的叶子结点 $(5,5)^{\mathrm{T}}$ 所确定的上子区域内，进一步搜索到深度为 2 的叶子 $(7,8)^{\mathrm{T}}$ 的右子区域中，确定 $(7,8)^{\mathrm{T}}$ 为当前最近邻点。

② 回溯验证：以 B 为圆心，以与当前最近邻点 $(7,8)^{\mathrm{T}}$ 之间的距离为半径画圆，这个区域内有 1 个结点 $(8,4)^{\mathrm{T}}$，则 $(8,4)^{\mathrm{T}}$ 为当前最近邻点，如图 3.13 所示。接着，再以 B 为圆心，以与当前最近邻点 $(8,4)^{\mathrm{T}}$ 两点之间的距离为半径画圆，此时圆里没有其他结点，说明可以确认 $(8,4)^{\mathrm{T}}$ 为 B 的最近邻点，如图 3.14 所示。■

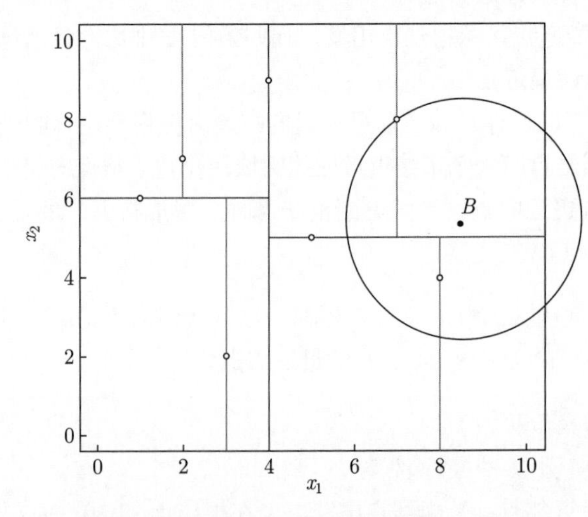

图 3.13　搜索 B 的最近邻点的第一次回溯

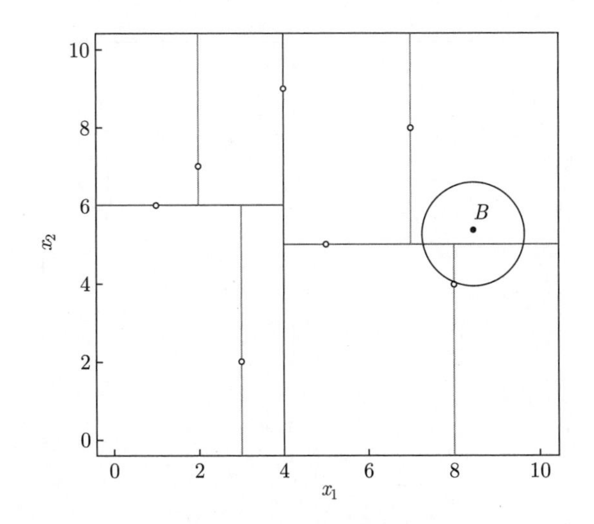

图 3.14　搜索 B 的最近邻点的第二次回溯

类似地，可以用 k 维树实现 K 近邻的搜索，同样包括寻找当前 K 近邻和回溯验证两部分。假如目标实例为 $\boldsymbol{x}^*$，可通过以下两步搜索目标点的 K 个近邻实例。

(1) 寻找当前 K 近邻

从根结点出发，递归访问 k 维树，找出包含 $\boldsymbol{x}^*$ 的叶结点，作为当前最近邻实例记录在列表中。若 $K=1$，确定“当前 K 近邻”个实例；若 $K>1$，先搜索子结点的父结点的另一子结点对应的区域是否有近邻点，若有，记录到列表中，否则退回上一层结点继续寻找。直到列表中满足 K 个实例点则停止记录，否则继续向上搜索，确定“当前 K 近邻”个实例。

(2) 回溯验证

以目标点和当前 K 近邻点的距离沿树根部进行回溯和迭代，以目标实例 $\boldsymbol{x}^*$ 为圆心，“当前 K 近邻”中与目标实例 $\boldsymbol{x}^*$ 最远的距离为半径画圆，检查是否存在有更近的 K 近邻。不停地迭代搜索，直到退回根结点，搜索结束。最后的“当前 K 近邻”即为 $\boldsymbol{x}^*$ 的 K 近邻点。

例 3.4　请根据例 3.2 中生成的 k 维树，以欧式距离为距离度量，搜索目标实例 $C:(6.8,5.1)^{\mathrm{T}}$ 的 $K=2$ 个近邻点。

解　具体的搜索步骤如下。

(1) 寻找当前 K 近邻

从根结点出发，C 在根结点 $(7,8)^{\mathrm{T}}$ 的左子区域内，接着搜索到深度为 1 的叶子结点 $(8,4)^{\mathrm{T}}$ 所确定的下子区域内，记录 $(7,8)^{\mathrm{T}}$ 和 $(8,4)^{\mathrm{T}}$ 为当前 K 近邻点。

(2) 回溯验证

计算 C 与 $(7,8)^{\mathrm{T}}$ 和 $(8,4)^{\mathrm{T}}$ 的欧式距离，分别为 2.91 和 1.63。$2.91>1.63$，以 C 为圆心，C 与 $(7,8)^{\mathrm{T}}$ 之间的距离为半径画圆，这个区域内还包含 1 个父结点 $(5,5)^{\mathrm{T}}$，则更新 $(5,5)^{\mathrm{T}}$ 和 $(8,4)^{\mathrm{T}}$ 为当前 K 近邻点，如图 3.15 所示。

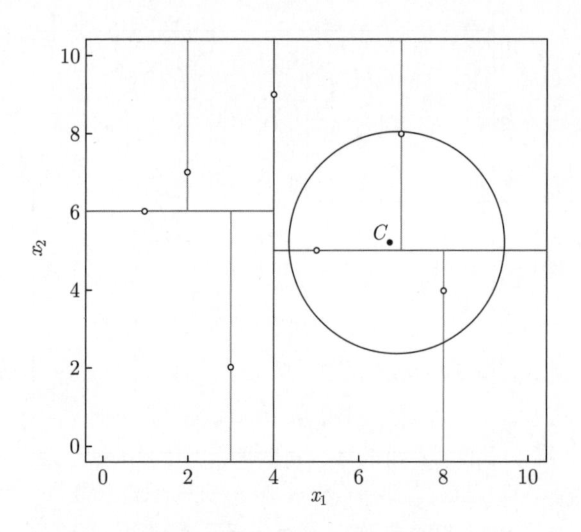

图 3.15　搜索 C 的 K 近邻点的第一次回溯

计算 C 与 $(5,5)^{\mathrm{T}}$ 和 $(8,4)^{\mathrm{T}}$ 的距离，分别为 1.80 和 1.63。$1.80>1.63$，以 C 为圆心，C 与 $(5,5)^{\mathrm{T}}$ 之间的距离为半径画圆，这个区域内没有其他结点，说明可以确认 $(5,5)^{\mathrm{T}}$ 和 $(8,4)^{\mathrm{T}}$ 为 C 的 K 近邻点，如图 3.16 所示。■

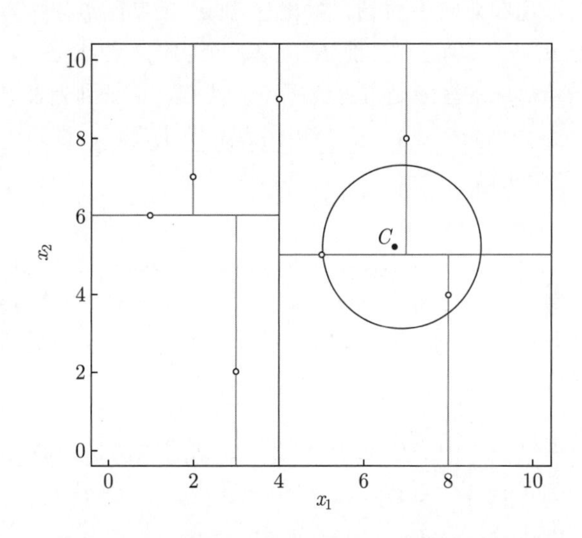

图 3.16　搜索 C 的 K 近邻点的第二次回溯

3.5　拓展部分：距离度量学习的 K 近邻分类器

若不考虑每个特征的统计特性，可将每个实例置于欧氏空间内，再根据欧式距离计算实例之间的距离。但是不同特征单位或尺度可能不同，例如为研究正常成年人的身体机能，现统计血压、心跳和肺活量的数据，血压收缩压范围为 90 ~ 140mmHg，血压舒张压范围为 60 ~ 90mmHg，心跳范围为 60 ~ 100 次/min，肺活量波动范围在 2000 ~ 5000mL。很明显，肺活量的数据比其他三个特征的数据要高出一个数量级，如果不对数据进行归一化处理，肺活量的贡献会被放大。

现在以两个特征变量为例，并假定两个变量之间相互独立。从图 3.17 中可以发现，x_1 方向上值的可变性显然大于 x_2 方向上的值，如果仍然按照欧式距离计算两点之间的距离，x_1 方向上值的绝对大小，基本决定了两点之间距离的大小。

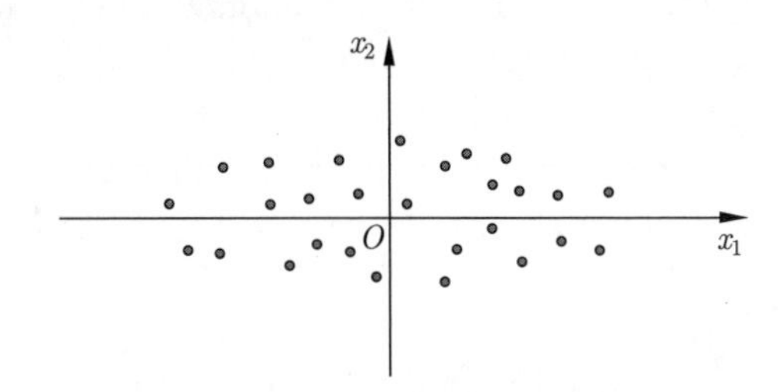

图 3.17　两个变量的散点图

为将不同特征的统计分布规律考虑在内，合理看待每个特征的贡献，需要对那些可变性大的特征赋予一个小的权重，对可变性小的特征赋予一个大的权重，此时引入一种统计距离——马氏距离（Mahalanobis Distance）。

定义 3.1 (马氏距离)　若输入向量的取值空间为 $\mathcal{X} \in \mathbb{R}^p$，对任意的 $\boldsymbol{x}_i, \boldsymbol{x}_j \in \mathcal{X}$，两点之间的马氏距离为

$$D_{\mathrm{M}}(\boldsymbol{x}_i, \boldsymbol{x}_j) = \sqrt{(\boldsymbol{x}_i - \boldsymbol{x}_j)^{\mathrm{T}} \boldsymbol{M} (\boldsymbol{x}_i - \boldsymbol{x}_j)} \tag{3.14}$$

式中，$\boldsymbol{M}$ 为对称正定矩阵，可通过 p 个特征变量的协方差矩阵得到。

协方差矩阵反映 p 个特征变量之间的线性相关性。特别地，在 p 个特征变量之间线性无关时，$\boldsymbol{M}$ 为 p 维单位矩阵 $\boldsymbol{I}_p$，此时马氏距离退化为欧氏距离。因为马氏距离中的协方差矩阵需要通过训练集学习得到，故称以马氏距离作为距离度量的 K 近邻分类方法为距离度量学习 K 近邻分类器（Distance Metric Learning K-Nearest Neighbor Classifier）。距离度量学习 K 近邻分类器可被看作基于马氏距离的 K 近邻与线性支持向量机[①]的有机融合。

假设对称正定矩阵 $\boldsymbol{M}$ 可分解为实值矩阵 $\boldsymbol{L}$ 的乘积：

$$\boldsymbol{M} = \boldsymbol{L}^{\mathrm{T}} \boldsymbol{L}$$

那么，只要根据训练数据集学习到矩阵 $\boldsymbol{L}$ 即可。以矩阵 $\boldsymbol{L}$ 重新表达式 (3.14)——马氏距离：

$$\begin{aligned} D_{\mathrm{M}}(\boldsymbol{x}_i, \boldsymbol{x}_j) &= \sqrt{(\boldsymbol{x}_i - \boldsymbol{x}_j)^{\mathrm{T}} \boldsymbol{L}^{\mathrm{T}} \boldsymbol{L} (\boldsymbol{x}_i - \boldsymbol{x}_j)} \\ &= \sqrt{\left(\boldsymbol{L}(\boldsymbol{x}_i - \boldsymbol{x}_j)\right)^{\mathrm{T}} \left(\boldsymbol{L}(\boldsymbol{x}_i - \boldsymbol{x}_j)\right)} \\ &= \|\boldsymbol{L}(\boldsymbol{x}_i - \boldsymbol{x}_j)\|_2 \end{aligned}$$

① 线性支持向量机的详细内容见第 9 章。

可见，马氏距离可以理解为 $\boldsymbol{x}_i$ 和 $\boldsymbol{x}_j$ 线性变换之后的欧式距离。

K 近邻算法不具有显性模型结构，可通过属性特征空间的划分进行可视化显示：对于落入区域内的实例划分为同类，落入区域外的实例划分为异类。假如现在有异标签的实例闯入区域中，我们希望将其驱逐出境，如同猫狗等动物通过排泄物划地盘一般，一旦地盘被入侵，对方就会成为被攻击对象，如图 3.18 所示。这类进入境内的同标签实例点被称作“目标邻居”（Target Neighbors），而闯入境内的异标签实例点被称作“伪装者”（Impostors）。

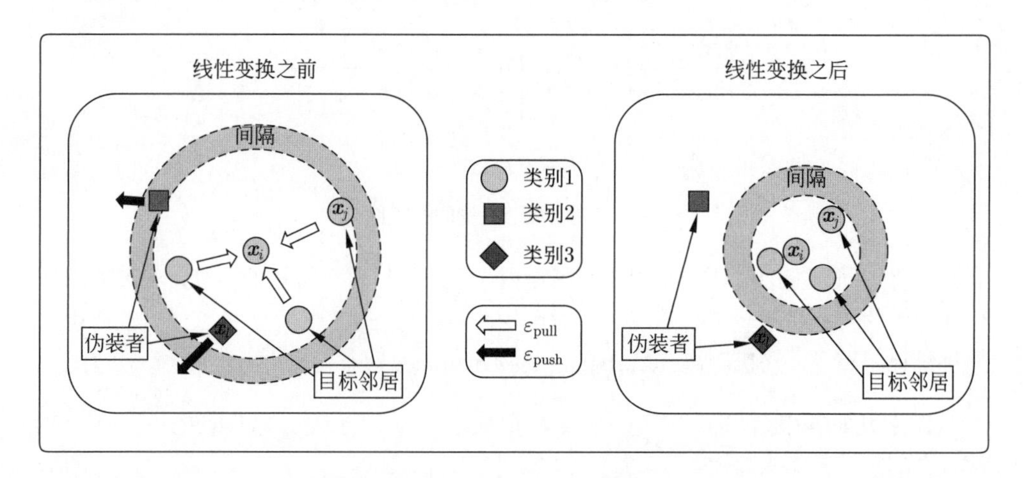

图 3.18　对伪装者的驱逐

下面用符号表示上述“目标邻居”和“伪装者”。假如训练实例 $\boldsymbol{x}_i$ 的标签为 y_i，以符号 $j \rightsquigarrow i$ 表示实例 $\boldsymbol{x}_j$ 是实例 $\boldsymbol{x}_i$ 的“目标邻居”，$\boldsymbol{x}_j$ 的标签为 y_j。注意这个关系不是对称的，$j \rightsquigarrow i$ 不表明 $i \rightsquigarrow j$。

如果“伪装者”的标签 y_l 与“目标邻居”的标签 y_j 不同，即 $y_l \neq y_j$，并且满足以下不等式

$$\|\boldsymbol{L}(\boldsymbol{x}_i - \boldsymbol{x}_l)\|_2 \leqslant \|\boldsymbol{L}(\boldsymbol{x}_i - \boldsymbol{x}_j)\|_2 + 1$$

那么 $\boldsymbol{x}_l$ 就是“伪装者”。

分类器的目的就是找到一个合适的边界，并且在边界上增加一个间隔（Margin），使得“目标邻居”尽可能在区域内，“伪装者”在区域外。此时定义两种损失函数——拉拔损失（Pull Lose）函数 $\varepsilon_{\text{pull}}$ 和推出损失（Push Lose）函数 $\varepsilon_{\text{push}}$。$\varepsilon_{\text{pull}}$ 的作用在于尽可能地拉近“目标邻居”与训练实例的距离：

$$\varepsilon_{\text{pull}}(\boldsymbol{L}) = \sum_{j \rightsquigarrow i} \|\boldsymbol{L}(\boldsymbol{x}_i - \boldsymbol{x}_j)\|_2$$

$\varepsilon_{\text{push}}$ 的作用在于尽可能地推开异标签的“伪装者”：

$$\varepsilon_{\text{push}}(\boldsymbol{L}) = \sum_i \sum_{j \rightsquigarrow i} \sum_l (1 - y_{il}) \left[1 + \|\boldsymbol{L}(\boldsymbol{x}_i - \boldsymbol{x}_j)\|_2 - \|\boldsymbol{L}(\boldsymbol{x}_i - \boldsymbol{x}_l)\|_2\right]_+$$

式中，y_{il} 表示 $\boldsymbol{x}_l$ 与 $\boldsymbol{x}_i$ 标签的异同，若标签相同，即 $y_i = y_l$，则 $y_{il} = 1$；否则，

$y_{il}=0$。$\varepsilon_{\text{push}}$ 中采用的是合页损失函数[①]，因函数形状像一个合页而得名，下标 + 表示取正值。

$$[z]_+=\begin{cases} z, & z>0 \\ 0, & z\geqslant 0 \end{cases}$$

通过对拉拔损失和推出损失的加权平均，得到总损失函数

$$\varepsilon(\boldsymbol{L})=(1-w)\varepsilon_{\text{pull}}+w\varepsilon_{\text{push}}(\boldsymbol{L})$$

式中，$w\in[0,1]$ 为权重参数。通常，权重参数可以通过交叉验证得到。不过，总损失对权重参数的以来并不敏感，实际上 $w=0.5$ 时，模型效果就很好。

通过损失最小化原则，可以学习出矩阵 $\boldsymbol{L}$，即通过线性变换拉拢“目标邻居”，推开“伪装者”。该方法显著地提高了 K 近邻算法的分类精度，在人脸识别、语音识别、手写字体识别等实际应用中可以有效地移除“伪装者”。详情参见文献 [55]。

3.6 案例分析——鸢尾花数据集

人们认为彩虹（Iris）女神是天后赫拉最喜欢的女神，因为她总是为赫拉带来好消息。

——**Nathalie Chahine**《花语小札・橡树篇》

鸢尾花，因花瓣形如鸢鸟的尾巴而得名，深受浪漫的法国人喜爱，成为法国国花。其花色五彩缤纷，又冠以希腊神话中彩虹女神的名字 Iris。美丽的鸢尾花备受梵高、葛饰北斋、歌川广重、莫奈等艺术家的偏爱。图 3.19 为梵高的《鸢尾花》。

图 3.19 梵高的《鸢尾花》

① 关于合页损失的介绍详见第 9 章。

本节分析的案例就是鸢尾花数据集，最初由 Edgar Anderson 在加拿大加斯帕半岛上测量所得，著名统计学家罗纳德·费希尔（Ronald Fisher）将其应用于 1936 年发表的论文“The use of multiple measurements in taxonomic problems”中。尽管是一份古老的数据集，但样本是同一天的同一个时间段，使用相同的测量仪器，在相同的牧场上由同一个人测量出来的，可用性很强。具体的数据集可在 http://archive.ics.uci.edu/ml/datasets/Iris 下载。

鸢尾花数据集共有 150 条样本记录，包含三类鸢尾花，分别是山鸢尾（Setosa）、杂色鸢尾（Versicolour）和维吉尼亚鸢尾（Virginica）。数据集中的具体变量如下：

- class：鸢尾花种类（Setosa、Versicolour、Virginica）。
- sepal_length_cm：花萼的长度，单位为厘米。
- sepal_width_cm：花萼的宽度，单位为厘米。
- petal_length_cm：花瓣的长度，单位为厘米。
- petal_width_cm：花瓣的宽度，单位为厘米。

4 个属性特征均为数值型变量，且不存在缺失值的情况。接下来导入鸢尾花数据集，并根据交叉验证选择最优 K 值。

```
1  # 导入相关模块
2  import numpy as np
3  import matplotlib.pyplot as plt
4  from sklearn import neighbors, datasets
5  from sklearn.datasets import load_iris
6  from sklearn.neighbors import KNeighborsClassifier
7  from sklearn.model_selection import cross_val_score
8  
9  # 读取鸢尾花数据集
10 iris = load_iris()
11 x = iris.data
12 y = iris.target
13 # 待选 K 值
14 ks = range(1, 50)
15 # 不同K值下的分类准确率
16 k_accuracy = []
17 
18 # 通过 6 折交叉验证，选取合适的 K 值
19 for k in ks:
20     knn_cv = KNeighborsClassifier(n_neighbors = k)
21     accuracy_cv = cross_val_score(knn_cv, x, y, cv = 6, scoring = "accuracy")
22     k_accuracy.append(accuracy_cv.mean())
23 
24 # 打印最优K值
25 k_chosen = np.where(k_accuracy == np.max(k_accuracy))[0][0]
26 print("The␣chosen␣K␣is:", k_chosen)
27 
28 # 绘制不同K值下的分类准确率
29 plt.plot(ks, k_accuracy)
30 plt.xlabel("k␣Value")
```

```
31  plt.ylabel("Accuracy")
32  plt.show()
```

输出的最优 K 值如下：

```
1  The chosen K is: 11
```

不同 K 值下分类准确率的可视化展示如图 3.20 所示，同样显示在根据交叉验证选出的最优 K 值为 11。

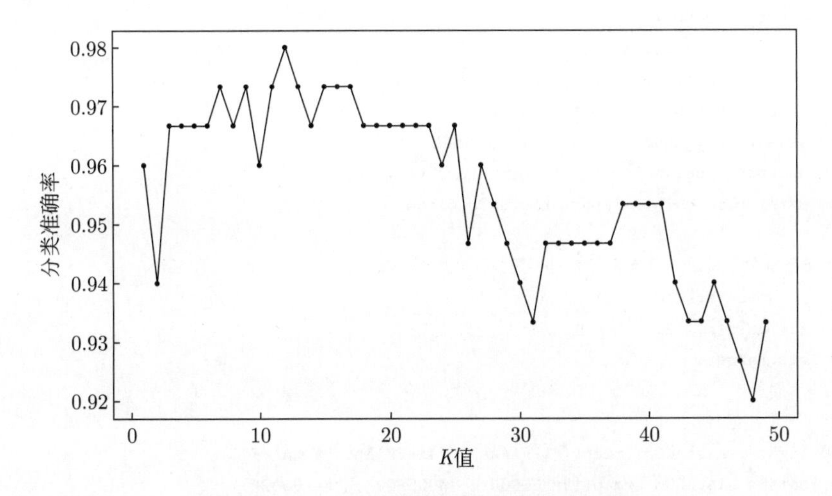

图 3.20　不同 K 值下分类准确率的变化图

取最优 K 值训练模型。

```
1   # 导入 sample 函数
2   from random import sample
3   # 数据集中样本量
4   n = int(x.shape[0])
5   # 划分训练集与测试集，集合容量比例为 6:4
6   n_train = int(n * 0.6)
7   index_train = sample(range(n), n_train)
8   x_train, y_train = x[index_train], y[index_train]
9   n_test = n - n_train
10  index_test = np.delete(range(n), index_train)
11  x_test, y_test = x[index_test], y[index_test]
12
13  # 根据所选K值训练模型
14  knn = KNeighborsClassifier(n_neighbors = 11)
15  knn.fit(x_train, y_train)
16
17  # 对测试集预测
18  y_pred = knn.predict(x_test)
19  # 计算分类准确率
20  n_correct = np.sum(y_pred == y_test)
```

```
21 accuracy = n_correct/n_test
22 print("The␣Accuracy␣of␣kNN␣classifier␣is:", accuracy)
```

输出分类准确率如下：

```
1 The Accuracy of kNN classifier is: 0.9333333333333333
```

为便于展示可视化分类效果，现取前两个特征花萼的长度和宽度训练模型。

```
1  # 导入相关模块
2  import numpy as np
3  import matplotlib.pyplot as plt
4  from sklearn import neighbors, datasets
5  from sklearn.datasets import load_iris
6  from sklearn.neighbors import KNeighborsClassifier
7  from sklearn.model_selection import cross_val_score
8  from matplotlib.colors import ListedColormap
9  
10 # 为便于可视化展示，只选择花萼的长度和宽度两个特征
11 iris = datasets.load_iris()
12 x = iris.data[:, :2]
13 y = iris.target
14 
15 # 自定义图片颜料池
16 cmap_light = ListedColormap(["#FFAAAA", "#AAFFAA", "#AAAAFF"])
17 cmap_bold = ListedColormap(["#FF0000", "#00FF00", "#4B0082"])
18 
19 # 训练模型
20 k_chosen = 11
21 knn = neighbors.KNeighborsClassifier(n_neighbors = k_chosen)
22 knn.fit(x, y)
23 
24 # 绘制网格，生成测试点
25 h = 0.02
26 x_min, x_max = x[:, 0].min() - 1, x[:, 0].max() + 1
27 y_min, y_max = x[:, 1].min() - 1, x[:, 1].max() + 1
28 xx, yy = np.meshgrid(np.arange(x_min, x_max, h), np.arange(y_min, y_max, h))
29 
30 # 用训练所得K近邻分类器预测测试点
31 z = knn.predict(np.c_[xx.ravel(), yy.ravel()])
32 z = z.reshape(xx.shape)
33 
34 # 绘制预测效果图
35 plt.figure()
36 plt.pcolormesh(xx, yy, z, cmap = cmap_light)
37 plt.scatter(x[:, 0], x[:, 1], c=y, cmap = cmap_bold)
38 plt.xlim(xx.min(), xx.max())
39 plt.ylim(yy.min(), yy.max())
40 plt.title("kNN-Classifier␣for␣Iris")
41 plt.show()
```

输出 K 近邻分类器的分类效果，如图 3.21 所示。

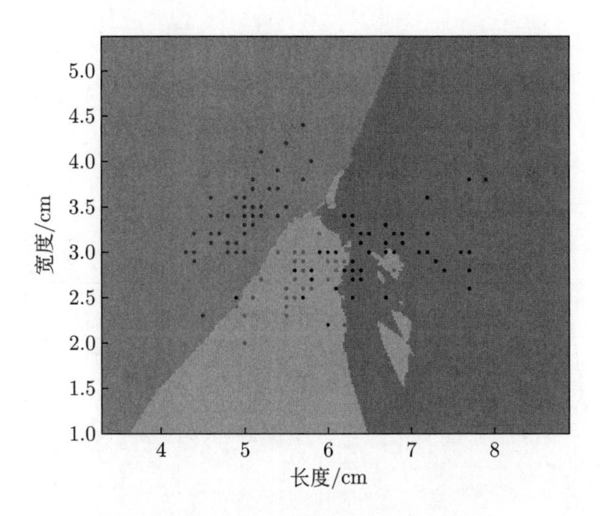

图 3.21 K 近邻分类器的分类效果

3.7 本章小结

1. K 近邻算法是最简单的分类回归方法，待预测实例点的标签由最近的 K 个邻居决定。

2. K 近邻算法的三要素为：距离度量、 K 值的选取和决策规则。

3. K 近邻算法的渐近误差率不小于贝叶斯误差率，不大于 2 倍的贝叶斯误差率。

4. K 近邻算法的可视化展示可通过特征属性空间的划分来实现，构建快速索引的方法中最简单的是 k 维树。

5. 距离度量学习 K 近邻算法中使用的是马氏距离，结合线性支持向量机中的软间隔，通过合页损失函数可以尽可能地减少“伪装者”。

3.8 习题

3.1 给定数据集 $T=\left\{(1,6)^{\mathrm{T}},(2,7)^{\mathrm{T}},(3,2)^{\mathrm{T}},(4,9)^{\mathrm{T}},(5,5)^{\mathrm{T}},(7,8)^{\mathrm{T}},(8,4)^{\mathrm{T}}\right\}$，请根据循环划分法构造一棵平衡 k 维树存储数据集 T，并搜索 D : $(2.5,5)^{\mathrm{T}}$ 的最近邻点。

3.2 试分析 K 近邻回归模型与线性回归模型的方差与偏差。

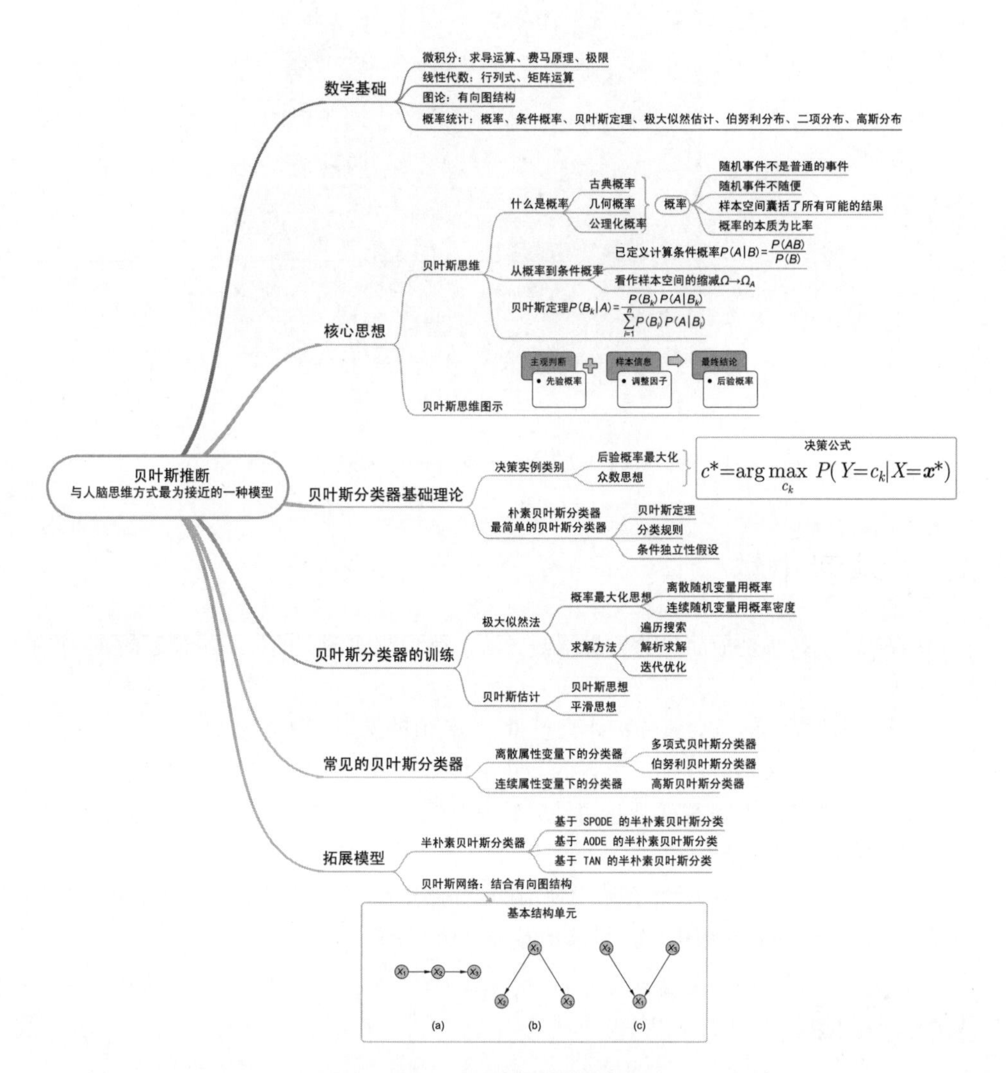

第 4 章　贝叶斯推断思维导图

第4章 贝叶斯推断

学习是一支舞蹈，充满了波折回旋，但这支舞蹈不可避免会走向进步，而这里的进步似乎就是接受贝叶斯方法。

——**黄藜原（*Lê Nguyên Hoang*）**

贝叶斯推断的重点核心就是贝叶斯定理，而这个定理中所透露出来的贝叶斯思维，其实是和人脑的思维方式最为接近的一种，也是人工智能发展起来的根基。本章着重介绍贝叶斯思想，朴素贝叶斯分类器、半朴素贝叶斯分类器，最后拓展至贝叶斯网。

4.1 贝叶斯思想

1857 年 9 月 3 日，一艘名为“中美洲号”（S.S. Central America）的轮船在巴拿马科隆港启航，驶往纽约市。“中美洲号”曾多次成功地完成航海任务，但是这一次的任务非比寻常，异常艰巨。除了金锭、新铸金币以及生金之外，船上还载有 578 名乘客，而且大多是西部淘金客，携带大量的私人黄金。“中美洲号”上合计载有黄金 19 吨，可谓名副其实的黄金之船（Ship of Gold）。不幸的是，在航行近一周时，一场大风暴袭来，并迅速演变为飓风。“中美洲号”在风暴口盘旋 3 日之后，幸运地遇到“海洋”号，生死攸关之下，乘客们只能放弃黄金，获取逃命的机会，然而生还的人员仅为整艘轮船的四分之一。425 名乘客与巨量黄金一并葬入深海海底。图 4.1 为遭遇飓风的黄金之船——“中美洲号”。

图 4.1 黄金之船——“中美洲号”

海底宝藏吸引了无数寻宝人，但无人知晓沉船位置。直到 20 世纪 70 年代，拉里·斯通（Larry Stone）利用强悍的数理统计功底开创了贝叶斯搜索理论。80 年代，自小就对寻宝探险感兴趣的汤姆·汤姆森（Tommy Thompson）关注到“中美洲号”，立即将拉里拉入团队，打捞这艘黄金之船的事儿才有契机，此时距离沉船之事已过去 130 年之久。

1988 年 9 月 11 日，汤姆森团队根据贝叶斯定理设计的搜索机器人“雷魔”终于发现了沉船一角。至此，打捞黄金之船的大幕就此拉开。

长达 130 年间对沉船位置的探寻都没什么动静，为何汤姆森团队突然找到了？关键就在于贝叶斯定理。如此古老的统计学定理，却在最先进的技术中发挥了作用，实在令人惊讶。图 4.2 为从“中美洲号”沉船打捞的黄金。

图 4.2　从“中美洲号”沉船打捞的黄金

那么，贝叶斯定理到底是什么？让我们先从概率说起。

4.1.1　什么是概率

生活就像一盒巧克力，你永远不知道下一颗拿到的是什么味道的。

——《阿甘正传》

不过，如果懂一点统计学，就能预测出下一颗糖最有可能拿到什么味道的。这就需要知道怎样计算概率。

1. 古典概率

情人节到了，小明亲手为女朋友做了一盒心形巧克力。盒子里一共装了 16 块巧克力，其中 4 块黑色的，4 块白色的，4 块棕色的，红色和黄色的各 2 块，如图 4.3 所示。假如每块巧克力的包装纸都是相同的，小明的女朋友随机从盒子里取出一块巧克力，那么取出 1 块黑色巧克力的可能性有多大？取出 1 块红色巧克力的可能性又是多大呢？

图 4.3 一盒巧克力

根据生活经验，可以很容易地做出判断：巧克力的总块数是 16，由于盒中有 4 块黑色巧克力，随机取出一块黑色巧克力的可能性就是 4/16，而红色巧克力有 2 块，随机取出 1 块红色巧克力的可能性就是 2/16。

此处的可能性指的是概率，蕴含的是法国数学家拉普拉斯（Pierre-Simon Laplace，1749—1827）在 1812 年提出的古典概率。

定义 4.1 (古典概率) 待研究的随机现象所有可能结果的集合称为样本空间 Ω。假如样本空间中有 n 个基本事件，事件 A 由 m 个基本事件组成，则

$$P(A)=\frac{A\ \text{中所含的基本事件个数}}{\Omega\ \text{中总的基本事件个数}}=\frac{m}{n}$$

表示事件 A 发生的概率。

根据古典概率的定义，同样可以计算出相应的概率。如果 A 事件记为“从盒子中取出 1 块巧克力，颜色为黑色”，由于盒中有 4 块黑色巧克力，所以 A 中包含的基本事件个数为 $m=4$，总事件为“从盒子中取出 1 块巧克力”，由于盒中总共的巧克力块数是 16，所包含的基本事件个数为 $n=16$。因此 $P(A)=4/16$。类似地，如果记 B 事件为“从盒子中取出 1 块巧克力，颜色为红色”，可得 $P(B)=2/16$。

可以发现，古典概率只适合于古典概型，也就是需要满足以下条件：

(1) 在试验中，样本空间 Ω 中事件全部可能的结果只有有限个，假如为 n 个，记为 E_1，E_2，$\cdots$，E_n，并且这些基本事件两两之间互不相容；

(2) 基本事件 E_1，E_2，$\cdots$，E_n 出现的机会相等。

这里的 E_1，E_2，$\cdots$，E_n 就是由总事件拆解出来的等概率的基本事件。假如，在掷硬币的实验中，可能出现的结果只有正面和反面两种，假如这枚硬币密度均匀，那么正反面出现的机会是均等的，于是正面朝上或反面朝上的概率都是 1/2。再假如，电影《赌神》中常用的骰子，一共有 6 个面，对应的点数分别为 $1,2,\cdots,6$，如果是一枚质地均匀的骰子，每个点数出现的概率也是均等的，为 1/6。这种概型常应用在产品抽样检查、双色球彩票抽奖等实际问题中。

显然，古典概率容易理解、易于计算，但有着严重的弊端，如果无法拆为基本事件或者基本事件出现的机会不相等，该怎么办？

2. 几何概率

年假刚结束，小明就和女朋友开始约会了，地点定在了咖啡厅。因为小明时间观念不强，所以两人约定："上午九点到十点在咖啡厅见面。先到者可等候另一人半小时，超过时间即可离去。" 到了约会那天，小明的女朋友九点准时到达咖啡厅，但是迟迟不见小明的身影。将近十点钟的时候，小明姗姗来迟，但女朋友已离开。且不谈后来小明和女朋友的争吵，甚至引发分手大战。这里只说一下他们的约定，小明的女朋友认为这个约定表明两人有很大的可能性成功会面，再迟到简直无法原谅，是不是这样呢？

我们简述一下问题：两人相约九点到十点见面。先到者等候另一人半小时，超过时间即可离去，请问成功会面的可能性多大。

显然，时间是无法拆分的，不能仿照古典概率的方法找到基本事件，因此尝试画图表达。以 t_1 与 t_2 表示两人到达的时刻，若要成功会面，需要满足

$$|t_1 - t_2| \leqslant 0.5 \tag{4.1}$$

满足不等式 (4.1) 的阴影区域如图 4.4 所示。

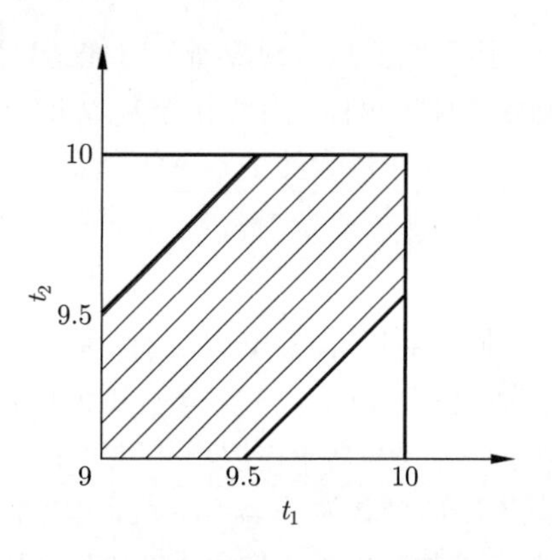

图 4.4　满足约定的阴影区域

在这个约定问题中，虽然感兴趣的结果无法一一列举出来，但可以发现和面积有关，假设每个点处的概率密度是相同的，通过几何图形的面积就能计算相遇的概率

$$P = \frac{(10-9)^2 - (10-9.5)^2}{(10-9)^2} = 0.75$$

高达 0.75 的概率，却仍然没有成功会面，怪不得小明的女朋友这么生气。这里的计算方法就体现了几何概率的含义。

定义 4.2 (几何概率)　假如样本空间 Ω 充满整个区域，其度量（大小、面积或体积等）大小可用 S_Ω 表示，事件 A 为样本空间的一个子区域，其度量大小用 S_A 表

示，则事件 A 发生的概率为

$$P(A) = \frac{S_A}{S_\Omega}$$

如图 4.5 所示。

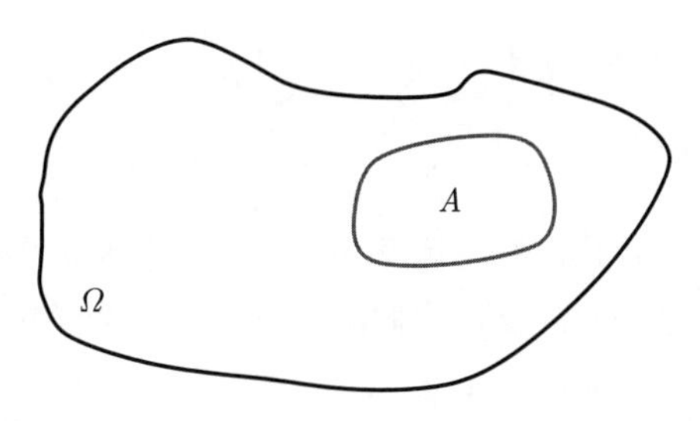

图 4.5　几何概率的含义

几何概率也有一定的适用条件。

(1) 样本空间中所有的落点位置都是等可能的，可以理解为每一处都是等密度的；

(2) 几何概率是基于几何图形的长度、面积、体积等算出的。

仔细看来，在古典概率中，组成事件的基本元素是基本事件，而且认为这些基本事件具有相同的概率。但是这需要可能的结果可以列出来。如果推广到具有无限多结果而且具有某种等可能的场景，就如同一群散散落落的整数来到连续的实数世界中，离散场景下的古典概率摇身一变成为连续场景的几何概率。但是，无论是古典概率还是几何概率，因为对情况的未知，人们都习惯性地假设其为等可能的。至于为什么当人类一无所知之时，常用等可能的假设，可以通过信息论中的熵解释，从熵的角度发现等可能这个假设可以使我们获得最多的信息①。这种不同学科之间的互相验证与一个经典的问题“到底是人类发明了数学还是发现了数学”有些类似。虽然光的存在久矣，但人们一直不知道光的本质是什么，有人说光是一种波，就像声波似的；有人说光是一种粒子，就如同淅淅沥沥落下的雨滴。这一争论一直持续到微积分诞生的很多年之后。物理学家麦克斯韦用微积分改写电磁场的实验定律，得到优美的麦克斯韦方程，从而发现光是一种电磁波。

3. 公理化概率

由于众多概念没有明确，正可谓天知地知你知我知，却谁也说不清楚，导致类似贝特朗奇论那样的怪现象出现，严重制约了概率论的发展。1933 年，为使概率的含义更加明确，俄国数学家安德雷·柯尔莫哥洛夫（Andrey Kolmogorov）在《概率论基本概念》一书中提出概率的公理化定义，以数学集合论的观点解决了概率定义的问题，现简要叙述如下。

定义 4.3 (公理化概率)　设 E 是随机试验，相应的样本空间为非空集合 Ω，Ω 的所有子集组成的集合为事件域 $\mathcal{F}$，给 $\mathcal{F}$ 中的每个元素赋予一个实数得到一个实值函

① 关于熵的具体内容详见本书第 6 章。

数 $P(\cdot)$，如果它满足以下三个条件：

(1) 对一切 $A \in \mathcal{F}$，有 $P(A) \geqslant 0$；

(2) $P(\Omega) = 1$；

(3) 若 $A_i \in \mathcal{F}$，$i = 1, 2, \cdots$，并且两两互不相容，

$$P\left(\bigcup_{i=1}^{\infty} A_i\right) = \bigcup_{i=1}^{\infty} P(A_i)$$

则称 P 是 $\mathcal{F}$ 上的概率。

这个定义比古典概率和几何概率更严谨、准确，但因涉及众多抽象的数学名词而令人望而却步。为理解概率的内核，我们用通俗易懂的语言来解释：概率就是为了定量描述随机事件发生可能性大小的工具。

1) 随机事件不是普通的事件

从语法角度来看，“随机事件”这个名词的主体是“事件”，修饰的定语是“随机”。常说的“9・11 事件”“厄尔尼诺现象”等历史或自然事件不在我们要考虑的范围内，因为这些事件指的是已经发生的事情或者某种既定的现象。要明白随机事件这个词，关键在定语“随机”上。随机事件就是指无法预测但是可以推测发生可能性的事件，这也是数学家们争论多年而达成的共识。往往，如果说一件事的发生是随机的，指的就是这件事发生的结果是不能够被预测的。

2) 随机事件不随便

街边时常会出现驻唱的歌手，听什么歌？随机来一首吧！夜市上卖丝巾的小摊位，要什么颜色的？颜色太多有点儿眼花缭乱？没关系，随机拿一条吧！

这里的随机是随随便便吗？自然不是，驻唱歌手会的歌有限，假如他只会周杰伦的歌，或者更少，只会《依然范特西》专辑的曲子，那么所有可能的结果都在这个专辑的 10 首歌曲中。颜色也是有限的，假如有一张颜色清单，清单中有“中国红、少女粉、湖水蓝、丁香紫、深海蓝”5 种，那么随机选一种，就是从这 5 种里面选择。所以，随机性指的就是事件可能出现的所有结果我们都是知道的，但是不知道下一次出现何种结果。

因此，如果问“我今天出门会发生什么事”，这个是不是随机的？我的回答为“不是”。因为我无法把所有可能的结果找出来：或许我会遇到“打雷下雨”，或许我会遇到“久别重逢的老友”，或许我会遇到“让我填调查问卷的调查员”，或许我会“吃碗豆腐脑，来个胡饼”，或许我会“买串冰糖葫芦”，等等。

随机不代表随便，随机事件的结果选项具有可知的特性，这是概率发挥作用的基础。

3) 样本空间囊括了所有可能的结果

虽然知道了什么是随机事件，但是如何定量描述随机事件发生的可能性仍需解决。这种量化并不复杂，只要找到样本空间，然后查看一下随机事件占样本空间的比率即可。

这里的样本空间，指一件事情可能发生的所有结果构成的集合，也就是之前定义中的 Ω。例如选曲时，样本空间就是《依然范特西》专辑曲目 {夜的第七章，听妈妈

的话，千里之外，本草纲目，退后，红模仿，心雨，白色风车，迷迭香，菊花台}；挑丝巾时，样本空间就是“颜色清单”{中国红，少女粉，湖水蓝，丁香紫，深海蓝}；抛硬币时，样本空间就是 {正面，反面}；掷骰子时，样本空间就是点数 $\{1,2,3,4,5,6\}$；小明和女朋友约会时，样本空间就是一个正方形区域。

4) 概率的本质为比率

在集合的定义下，随机事件是样本空间的一个子集，所有这些可能的子集构成在公理化概率中提到的事件域。也就是说，随机事件就是事件域的一个元素。

以选曲为例，每一首曲子都是单一的无法再分割的结果，所以是基本事件，而且如果假设每首曲子被选中的可能性相同，样本空间包含 10 个基本事件。如果事件为“驻唱歌手从《依然范特西》专辑中随机选择一首曲子，该曲子为《千里之外》或《夜的第七章》”，那么这个事件对应的集合为 {夜的第七章，千里之外}，与样本空间的比率为 2/10，这就是该随机事件发生的概率。在小明约会的例子中，样本空间对应的正方形区域所包含的每个点都是无法分割的，假设每个点具有相同的概率密度，正方形区域的面积为 $(10-9)^2$。如果事件为“小明与女朋友成功会面”，这个事件对应的集合就是阴影区域，阴影区域的面积为 $(10-9)^2-(10-9.5)^2$，与样本空间的比率就是 0.75。

可见，概率的本质为比率，而且是无量纲的，即没有单位。

现在，再理解公理化的三个条件，就非常容易：

(1) 概率的值永远为非负数。

(2) 样本空间内所有基本事件的概率之和为 1。

(3) 每个随机事件都是若干基本事件的集合，那么这个随机事件的概率就是这若干基本事件的概率之和。

我们发现，为计算出一个准确的概率，需要找到完整的样本空间，但是样本空间的完备性其实就像一个幽灵。比如，人类一直在探索生命，世界上到底有多少物种，至今未有精准答案。那么，当在原始森林遇到一种生物，这种生物出现的概率就很难得到一个准确值。所以，从另一个角度来说，人类对世界的探索，无疑是对样本空间的完善。

4.1.2　从概率到条件概率

在之前介绍的概率中其实都隐含了条件，比如选曲时，条件是曲目来自于周杰伦的《依然范特西》专辑；挑丝巾时，条件是颜色来自颜色清单；约会时，条件是时间在 9 点到 10 点之间，只不过这些条件不明显而已。现在回到小明亲手做的那盒巧克力中。

假如小明将巧克力分到两个盒子里送给女朋友，表示好事成双，如图 4.6 所示。A 盒中的巧克力有 3 块黑色的，2 块白色的，1 块棕色的和 1 块黄色；B 盒中的巧克力有 1 块黑色的，2 块白色的，3 块棕色的，1 块黄色的和 2 块红色的。如果小明的女朋友从 A 盒中取出一块巧克力，那么这块巧克力为黑色的概率是多少？如果来自于 B 盒，概率又是多少？

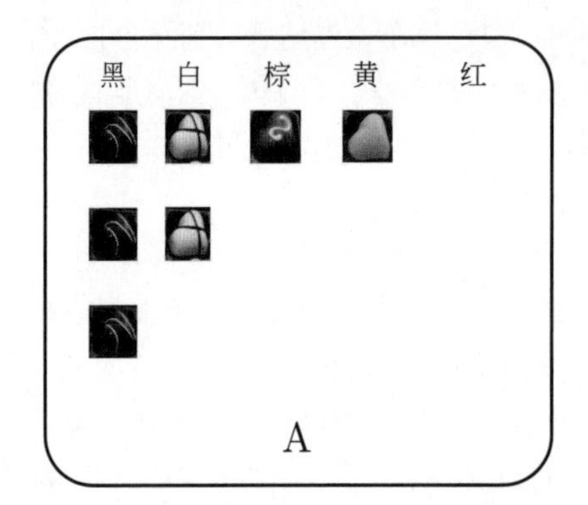

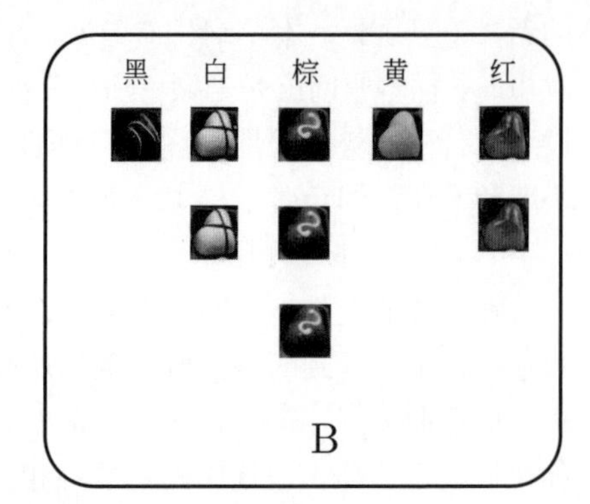

图 4.6　两盒巧克力

这根本就不是一道数学题，而是一道语文题，直接看图 4.6 就能得到答案。第一个问题中新增条件是“巧克力来自于 A 盒”，在新的条件下，样本空间 $\Omega_A = \{$黑色，白色，棕色，黄色$\}$，由于 A 盒中一共有 7 块巧克力，其中 3 块为黑色，“从 A 盒取出黑色巧克力”这个基本事件的概率为

$$P(\text{黑色}|A\ \text{盒}) = \frac{3}{7}$$

添加新条件之后，样本空间从 Ω 调整为 Ω_A，相当于样本空间发生缩减。利用缩减后的样本空间计算事件发生的概率。

类似地，如果新增条件是“巧克力来自于 B 盒”，样本空间缩减为 $\Omega_B =\{$黑色，白色，棕色，黄色，红色$\}$，由于 B 盒中一共有 9 块巧克力，“从 B 盒取出黑色巧克力”这个基本事件的概率为

$$P(\text{黑色}|B\ \text{盒}) = \frac{1}{9}$$

第二个问题也解决了。

定义 4.4 (条件概率)　设 A 和 B 都是事件域 $\mathcal{F}$ 中的元素，在给定事件 B 已经发生的基础上，A 发生的概率就是 B 发生的条件下 A 的条件概率 $P(A|B)$

$$P(A|B) = \frac{P(AB)}{P(B)}$$

即 A 和 B 同时发生的概率与 B 发生的概率的比值。

在条件概率中，虽然 A 和 B 都是事件域中的元素，但是 A 和 B 相当于是两类事件，从不同角度看待样本空间。比如在巧克力的小例子中，一种角度是从不同的盒子来看，样本空间可以通过 $\{A\ \text{盒}, B\ \text{盒}\}$ 表示；一种角度是从巧克力的颜色来看的，样本空间可以通过 $\{$黑色, 白色, 棕色, 红色, 黄色$\}$ 表示。不同的角度下产生的事件 A 和 B 就可能出现交集，从而计算条件概率，如图 4.7 所示。

按照定义，在“巧克力来自于 A 盒”的条件下，“取出一块黑色巧克力”这一事件用条件概率的形式表达出来，

$$P(\text{黑色}|A\ \text{盒}) = \frac{P(\text{黑色 且 } A\ \text{盒})}{P(A\ \text{盒})} \tag{4.2}$$

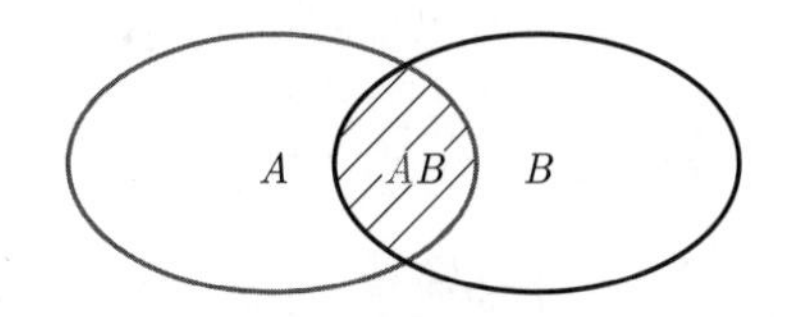

图 4.7　A 事件和 B 事件同时发生的场景

即“巧克力是黑色的并且来自于 A 盒”的概率除以“巧克力来自于 A 盒”的概率，分别计算一下

$$P(\text{黑色 且 } A\text{ 盒}) = \frac{3}{16}, \quad P(A\text{ 盒}) = \frac{7}{16}$$

答案同样是 3/7。

条件不同，概率也会发生变化，如果把 A 盒改为 B 盒，取出黑色巧克力的概率就变为

$$P(\text{黑色}|B\text{ 盒}) = \frac{P(\text{黑色 且 } B\text{ 盒})}{P(B\text{ 盒})} = \frac{1}{9} \tag{4.3}$$

这是直接根据条件概率的定义计算的。

4.1.3　贝叶斯定理

现在情况发生了变化，不是已知盒子猜颜色概率，而是通过巧克力颜色猜盒子。假如现在小明的女朋友取出一块黑色巧克力，请问：这块黑色巧克力来自于 A 盒的概率是多少?

解读一下，刚才的条件是盒子，现在的条件是颜色。举一反三，相信你能够很快写出新的条件概率公式：

$$P(A\text{ 盒}|\text{黑色}) = \frac{P(\text{黑色 且 } A\text{ 盒})}{P(\text{黑色})} \tag{4.4}$$

但要注意的是，两次问题相比较，条件与结论互换了，条件 $P(\text{黑色}) = 4/16$。于是，

$$P(A\text{ 盒}|\text{黑色}) = \frac{\frac{3}{16}}{\frac{4}{16}} = \frac{3}{4}$$

这是在明确一共有多少块黑色巧克力的基础上得到的。如果不清楚，就得拆为两个盒来看，根据式 (4.2) 和式 (4.3) 可以得到

$$P(\text{黑色 且 } A\text{ 盒}) = P(\text{黑色}|A\text{ 盒})P(A\text{ 盒}) \tag{4.5}$$

$$P(\text{黑色 且 } B\text{ 盒}) = P(\text{黑色}|B\text{ 盒})P(B\text{ 盒}) \tag{4.6}$$

联合式 (4.5) 和式 (4.6)，巧克力为黑色的概率为

$$\begin{aligned} P(\text{黑色}) &= P(\text{黑色 且 } A\text{ 盒}) + P(\text{黑色 且 } B\text{ 盒}) \\ &= P(\text{黑色}|A\text{ 盒})P(A\text{ 盒}) + P(\text{黑色}|B\text{ 盒})P(B\text{ 盒}) \end{aligned} \tag{4.7}$$

式 (4.7) 把 $P(\text{黑色})$ 分盒子展开，得到全概率公式。

定义 4.5 (全概率公式) 设样本空间 Ω 可以分解为 n 个互不相容的事件 $B_1, B_2, \cdots, B_n$，且 $P(B_i) > 0$，$i = 1, 2, \cdots, n$，显然 $\Omega = \bigcup_{i=1}^{n} B_i$ 为必然事件，即 $P\left(\bigcup_{i=1}^{n} B_i\right) = 1$，则对事件域 $\mathcal{F}$ 中的任意元素 A 都有

$$P(A) = P(B_1)P(A|B_1) + P(B_2)P(A|B_2) + \cdots + P(B_n)P(A|B_n)$$

即事件 A 的概率被分解为多个部分概率之和，式中的每项都可被视为条件概率 $P(A|B_i)$ 与其权重 $P(B_i)$ 之积，如图 4.8 所示。

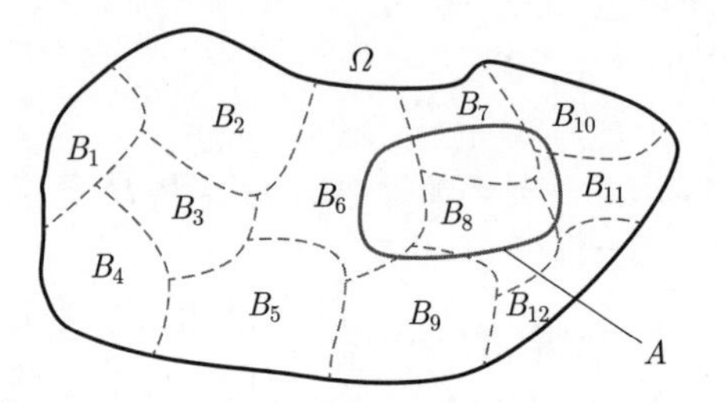

图 4.8 全概率公式的含义

利用式 (4.5) 和全概率式 (4.7) 重新表达条件概率式 (4.4)，可得

$$P(A\text{ 盒}|\text{黑色}) = \frac{P(\text{黑色}|A\text{ 盒})P(A\text{ 盒})}{P(\text{黑色}|A\text{ 盒})P(A\text{ 盒}) + P(\text{黑色}|B\text{ 盒})P(B\text{ 盒})} \tag{4.8}$$

也就是赫赫有名的贝叶斯公式。

定义 4.6 (贝叶斯定理) 设样本空间 Ω 可以分解为 n 个互不相容的事件 $B_1, B_2, \cdots, B_n$，且 $P(B_i) > 0$，$i = 1, 2, \cdots, n$，显然 $\Omega = \bigcup_{i=1}^{n} B_i$ 为必然事件，即 $P\left(\bigcup_{i=1}^{n} B_i\right) = 1$，则对事件域 $\mathcal{F}$ 中的任意元素 A，只要 $P(A) > 0$，就有

$$\begin{aligned}
P(B_k|A) &= \frac{P(B_k)P(A|B_k)}{P(B)} \\
&= \frac{P(B_k)P(A|B_k)}{P(B_1)P(A|B_1) + P(B_2)P(A|B_2) + \cdots + P(B_n)P(A|B_n)} \\
&= \frac{P(B_k)P(A|B_k)}{\sum_{i=1}^{n} P(B_i)P(A|B_i)}
\end{aligned}$$

式中，$P(B_k)$ 被称为先验概率，这是根据已有的知识和经验确定的；$P(B_k|A)$ 称为后验概率，是观察到事件 A 发生后 B_k 的概率；

$$\frac{P(A|B_k)}{P(B)} = \frac{P(A|B_k)}{\sum_{i=1}^{n} P(B_i)P(A|B_i)}$$

称为调整因子，表示件 A 的发生对事件 B_k 带来的影响。

以上为贝叶斯定理的离散形式，如果是连续形式，以概率密度替换概率，以积分替换求和即可。

根据贝叶斯定理，也可以计算出 $P(A\text{ 盒}|\text{黑色}) = 3/4$。与传统的由因到果的推理相比较，这里体现了由果推因，即如果在现实生活中观察到了某种现象，去反推造成这种现象的各种原因的概率，这就是贝叶斯定理体现的逆概率思维。

例 4.1　伊索寓言中有一则故事是《狼来了》(图 4.9)。故事讲的是村子里有个男孩每天到山上放羊，因为日复一日很是无聊，男孩想了个解闷的好方法。一天，他把羊带到山上吃草之后，大喊“狼来了！狼来了！”村民们信以为真，扛着家里的扫帚、木棍等上山去打狼。可是山上并没有一只狼。第二日，仍是如此；第三日，狼真的来了，可是任男孩喊破喉咙，也没有村民相信他。请利用贝叶斯定理分析村民对这个男孩的信任程度。

图 4.9　伊索寓言——《狼来了》

解　假如记事件 A 为“男孩说谎”，事件 B 为“男孩可信”，村民们最初对这个男孩十分信赖，信任程度为

$$P(B_0) = 0.9,\quad P(\overline{B}_0) = 0.1$$

其中，事件 $\overline{B}_0$ 表示“男孩不可信”。假设在“男孩可信”的条件下，“男孩说谎”的概率 $P(A|B_0) = 0.05$；在“男孩不可信”的条件下，“男孩说谎”的概率 $P(A|\overline{B}_0) = 0.5$。

男孩第一次喊“狼来了”，村民上山打狼，发现“男孩说谎”，狼没有来。根据这个新添加的信息，村民对男孩的信任程度发生了变化

$$P(B_0|A) = \frac{P(B_0)P(A|B_0)}{P(B_0)P(A|B_0) + P(\overline{B}_0)P(A|\overline{B}_0)} = \frac{0.9 \times 0.05}{0.9 \times 0.05 + 0.1 \times 0.5} = 0.4737$$

即信任程度由 0.9 下降为 0.4737。记村民第一次上当后，事件 B_1 为“男孩可信”，$\overline{B}_1$ 表示“男孩不可信”，更新后的概率为

$$P(B_1) = P(B_0|A) = 0.4737,\quad P(\overline{B}_1) = 1 - P(B_1) = 0.5263$$

假设在“男孩可信”的条件下“男孩说谎”的概率与在“男孩不可信”的条件下“男孩说谎”的概率均不发生改变，但是村民对男孩的信任程度发生了变化

$$P(A|B_1) = 0.05,\quad P(A|\overline{B}_1) = 0.5$$

当男孩第二次喊“狼来了”，村民再次发现“男孩说谎”时，这个信息使得村民对男孩的信任程度再次发生变化

$$P(B_1|A)=\frac{P(B_1)P(A|B_1)}{P(B_1)P(A|B_1)+P(\overline{B}_1)P(A|\overline{B}_1)}=\frac{0.4737\times0.05}{0.4737\times0.05+0.5263\times0.5}=0.0826$$

这说明，村民两次上当之后，对男孩的信任程度已从 0.9 降至 0.0826，在这么低信任度的情况下，当男孩第三次呼救时，自然无人去营救了！这就是以贝叶斯思维来解释说谎故事。每当加入新的信息时，原有的概率即先验概率会受到影响，通过调整因子更新为后验概率。 ■

日常生活中，应用贝叶斯思维的例子比比皆是。假如在冬至这一天，小明去餐馆，老板很可能就问这么一句话：“要不要来盘饺子？”这就是老板根据当天的节气给出的一个主观判断。因为大多数人在冬至的这一天会选择吃饺子，尤其是北方人，可是假如小明用的是四川话，回复老板一句“我冬至不吃饺子”，其实就相当于在原有的基础上为餐馆老板提供一个新的信息。根据新提供的信息，老板可能判断小明是一个四川人，于是很有可能就问“那您要不要来碗羊汤”，因为四川人在冬至这一天会选择喝羊肉汤。如果小明说“好”，就表明老板成功地预测出了最后的结果——“小明今天打算吃羊肉汤”，这就是最终结论。这个例子中，开始的时候，老板根据当天的节气，也就是冬至给出了一个主观判断，对应到贝叶斯定理中就是一个先验概率；后面根据客人说的四川话，老板发现新的信息并添加进去，这里的新信息带来贝叶斯定理的调整因子；老板得到的最终结论可认为是后验概率，这类似贝叶斯思维的全过程。贝叶斯思维全过程如图 4.10 所示。

图 4.10 贝叶斯思维全过程

另外，人类的认知也符合贝叶斯思维。对于咿呀学语的孩童，世界中的万物都是新奇的。假如这时候有个小动物跑了过来，皮毛乌黑发亮，有只挺翘的黑鼻子，一对灵动的大眼睛盯着小孩，“汪汪汪”地叫起来。小孩肯定会很好奇，就会问妈妈“这是什么”。如果妈妈告诉孩子“这是小狗”，那么小孩每次看到类似的小动物，都会喊“小狗，小狗”。可是，小孩有时候喊对了有时候却喊错了。于是，如果小孩喊对了，妈妈就表扬小孩“你真棒”；如果喊错了，妈妈就给小孩纠正。虽然最初小孩认出小狗的概率很低，但每次的确认或纠正就如同提供了新信息，以调整因子的形式发挥作用，一次次地更新后验概率。最后，小孩认出小狗的概率就会很高，从而完成对小狗的认知过程。这些都是贝叶斯思维的体现。

贝叶斯统计决策以贝叶斯思维为依据。具体而言，可简要分为 3 个步骤：

(1) 通过训练集估计先验概率分布和条件概率模型的参数。

(2) 根据贝叶斯定理计算后验概率。

(3) 利用后验概率做出统计决策。

本章之初介绍的打捞“黄金之船”事件也离不开上面这三个步骤。简要介绍一下贝叶斯定理在的搜索“黄金之船”中是怎样发挥作用的。根据经验，先对沉船残骸的位置做个猜测，对每种猜测都构造一个关于空间位置的概率分布，这就是先验概率。接着根据海洋环境和沉船的航线等多种信息，针对每个可能的位置计算能够找到沉船残骸的概率分布，也就是贝叶斯定理中样本空间的划分，用作计算调整因子。有了先验概率和调整因子，沉船落在每个位置的后验概率很容易得到。之后，根据后验概率分布确定搜索区域：始于高概率区，途经中概率区，最后搜索低概率区。在这期间，每个位置的搜索结果，比如发现部分残骸或者一无所获，这些信息都可以用以更新后验概率。直到完成沉船残骸的整个搜索过程。可以说，贝叶斯搜索不仅能够综合多个信息来源，而且可以根据每一次新信息的添加，自动更新搜索成功的概率，增大成功概率并且缩短时间。

4.2　贝叶斯分类器

贝叶斯思维在机器学习中的一个典型应用就是贝叶斯分类。特别地，如果属性变量之间是相互独立的，则简化为朴素贝叶斯分类器。

4.2.1　贝叶斯分类

与 K 近邻算法类似，当通过训练集学习到先验概率和条件概率之后，对于新实例，预测其类别也是用的众数思想。继续沿用巧克力的例子，假如小明的女朋友拿出来 1 块黑色巧克力。请问：这块巧克力最有可能来自于哪个盒子？

类似于式 (4.8)，运用贝叶斯定理，易得出“巧克力来自于 B 盒”的条件概率

$$P(B\text{ 盒}|\text{黑色}) = \frac{P(\text{黑色}|B\text{ 盒})P(B\text{ 盒})}{P(\text{黑色})} = \frac{1}{4}$$

很明显，黑色巧克力来自 A 盒的概率更大：$P(A\text{ 盒}|\text{黑色}) > P(B\text{ 盒}|\text{黑色})$。那么，这块巧克力最有可能来自于 A 盒。推广到 K 个盒子，假设 X 为特征变量，包含 p 维特征 $X_1, X_2, \cdots, X_p$；Y 为分类变量，包含 K 类 $c_1, c_2, \cdots, c_K$。现给定一个新的实例 $\boldsymbol{x}^* = (x_{*1}, x_{*2}, \cdots, x_{*p})^{\mathrm{T}}$，则该实例 $\boldsymbol{x}^*$ 归属第 c_k 类的可能性有多大？另外，该实例最有可能归属哪一类？

换言之，已知这个实例，求它来自于 c_k 类的概率，就是锁定条件 $X = \boldsymbol{x}^*$，根据贝叶斯定理，可得“归属第 c_k 类”的后验概率：

$$\begin{aligned} P(Y = c_k|X = \boldsymbol{x}^*) &= \frac{P(X = \boldsymbol{x}^*|Y = c_k)P(Y = c_k)}{P(X = \boldsymbol{x}^*)} \\ &= \frac{P(X = \boldsymbol{x}^*|Y = c_k)P(Y = c_k)}{\displaystyle\sum_{i=1}^{K} P(X = \boldsymbol{x}^*|Y = c_i)P(Y = c_i)} \end{aligned} \tag{4.9}$$

式中，分子是同时满足两种情况的概率，分母是发生这一条件的全概率公式。可以依次求出 $P(Y=c_1|X=\boldsymbol{x}^*)$, $P(Y=c_2|X=\boldsymbol{x}^*)$, $\cdots$, $P(Y=c_K|X=\boldsymbol{x}^*)$，然后取条件概率最大值所对应的类别，即

$$c^*=\arg\max_{c_k} P(Y=c_k|X=\boldsymbol{x}^*)$$

由于在同一实例下，K 个条件概率的分母相同，因此只需计算不同类下的分子，然后找到分子最大值所对应的类别即可，

$$c^*=\arg\max_{c_k}\left[P(X=\boldsymbol{x}^*|Y=c_k)P(Y=c_k)\right] \tag{4.10}$$

贝叶斯分类的原理就是通过最大的后验概率来预测实例类别，此处的众数思想指的是根据概率最大的位置做出决策。更具有针对性地，我们称这种决策准则为“后验概率最大化”。贝叶斯分类流程如图 4.11 所示。

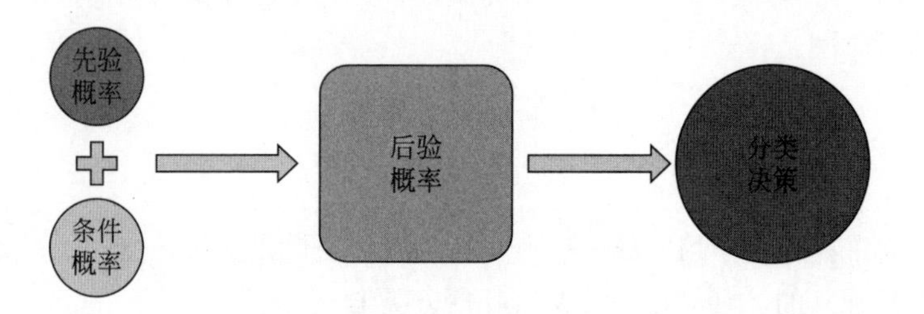

图 4.11　贝叶斯分类流程示意图

4.2.2　朴素贝叶斯分类

朴素贝叶斯分类，这个词语的主体为“分类”，用以修饰的两个词语“朴素”和“贝叶斯”表明这个分类器是以属性变量独立假设和贝叶斯定理为根本的。图 4.12 所示为朴素贝叶斯分类示意图。

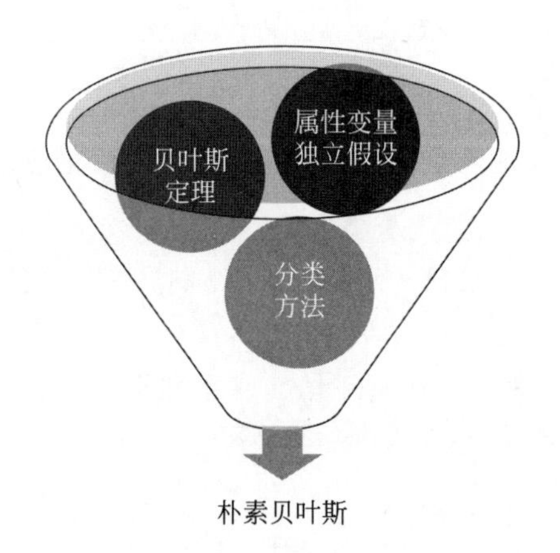

图 4.12　朴素贝叶斯分类

在式 (4.9) 中，分子为联合概率 $P(X=\boldsymbol{x}^*, Y=c_k)=P(X=\boldsymbol{x}^*|Y=c_k)P(Y=c_k)$，可通过先验概率 $P(Y=c_k)$ 以及类别 c_k 下的条件概率 $P(X=\boldsymbol{x}^*|Y=c_k)$ 计算。

在巧克力的例子中，假如希望通过颜色来判断巧克力所属的盒子，那么颜色就是属性变量，盒子就是分类变量。

“巧克力来自 A 盒”的先验概率是 $P(A\text{ 盒}) = 7/16$，“巧克力来自 B 盒”的先验概率是 $P(B\text{ 盒}) = 9/16$。然后，分别计算出 A 盒中每种颜色和 B 盒中每种颜色对应的条件概率。最后，将先验概率与条件概率相乘，就得到联合概率。由于颜色属性具有 5 个取值，类别具有 2 个取值，要得到联合概率分布需要计算 $5 \times 2 = 10$ 个概率，结果如表 4.1 所示。

表 4.1 巧克力颜色和类别的联合概率

联合概率	A 盒	B 盒
黑色	$\frac{3}{7} \times \frac{7}{16} = \frac{3}{16}$	$\frac{1}{9} \times \frac{9}{16} = \frac{1}{16}$
白色	$\frac{2}{7} \times \frac{7}{16} = \frac{2}{16}$	$\frac{2}{9} \times \frac{9}{16} = \frac{2}{16}$
棕色	$\frac{1}{7} \times \frac{7}{16} = \frac{1}{16}$	$\frac{3}{9} \times \frac{9}{16} = \frac{3}{16}$
黄色	$\frac{1}{7} \times \frac{7}{16} = \frac{1}{16}$	$\frac{1}{9} \times \frac{9}{16} = \frac{1}{16}$
红色	$\frac{0}{7} \times \frac{7}{16} = \frac{0}{16}$	$\frac{2}{9} \times \frac{9}{16} = \frac{2}{16}$

表 4.1，就相当于用训练集学习出的贝叶斯分类器，对于任何颜色的巧克力，都可以快速预测出巧克力最可能属于的盒子。如果取出的是黑色巧克力，最可能来自于 A 盒；如果取出的是白色或黄色巧克力，来自于两个盒子的概率相同，这时候随便猜一个即可；如果取出的是棕色巧克力，最有可能来自于 B 盒；如果取出的是红色巧克力，肯定来自于 B 盒。

在上面的例子中只涉及一个属性变量——颜色。如果这时候添加一个新的属性变量，就需要考虑两个特征属性之间的相互关系了。

假如现在有两种形状的巧克力，方形和圆形，颜色仍然是原来那 5 种，具体如图 4.13。也就是说，这时候的属性变量包括颜色和形状，分类变量是盒子。如果取出 1 块方形黑色巧克力，这块巧克力最有可能来自于哪个盒子？

比较后验概率 $P(A\text{ 盒}|\text{方形 且 黑色})$ 与 $P(B\text{ 盒}|\text{方形 且 黑色})$ 的大小，就等价于比较 $P(A\text{ 盒}, \text{方形 且 黑色})$ 与 $P(B\text{ 盒}, \text{方形 且 黑色})$ 的大小。根据图 4.13 中的信息，可计算联合概率

$$P(A\text{ 盒}, \text{方形 且 黑色}) = \frac{2}{16}, \quad P(B\text{ 盒}, \text{方形 且 黑色}) = \frac{0}{16}$$

所以，这块巧克力更有可能来自于 A 盒。此处虽然仅增加一个属性变量，但如果训练贝叶斯分类器，则需要计算联合概率分布中的 $5 \times 2 \times 2 = 20$ 个概率，才能对任意颜色的巧克力做出判断“来自 A 盒还是 B 盒”。

实际上，往往存在更多的属性变量。小明是个动漫迷，国漫《斗罗大陆》中的小舞，《武庚纪》中的白菜，《星辰变》中的姜立，《一人之下》中的宝儿姐，等等，真是

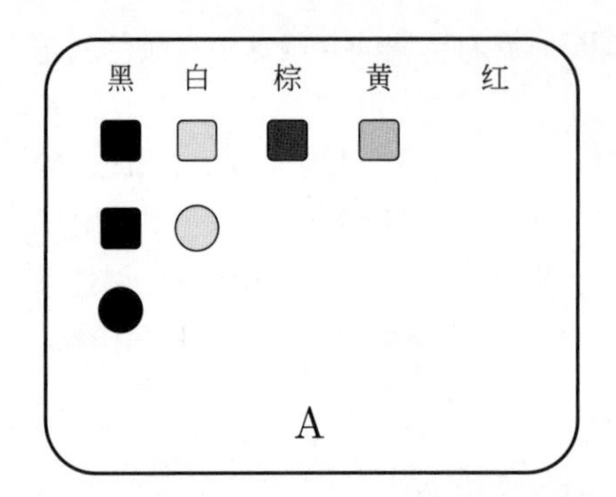

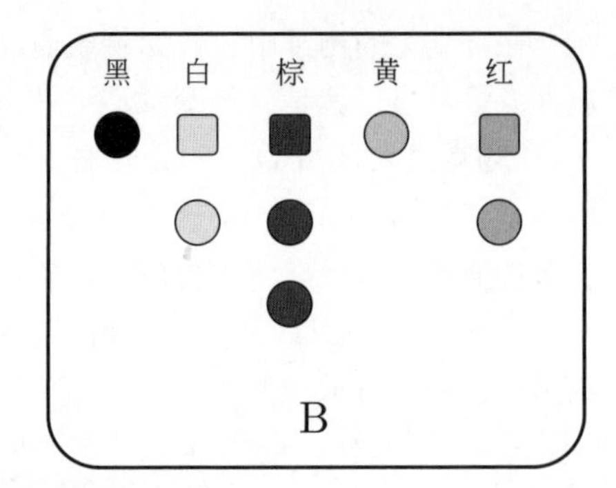

图 4.13　具有两个特征属性的巧克力

各有千秋，要给这些女性人物来个选美大赛，需要给出“漂亮”的定义。小明简单取了 4 种属性变量，即身高、发型、脸型、鼻型，希望通过联合概率分布来做个判断。

表 4.2　国漫人物谁更漂亮

特　征	情况 1	情况 2
身高	“高”：高于 170cm	“矮”：小于或等于 170cm
发型	短发	长发
脸型	长脸	圆脸
鼻型	高鼻梁	矮鼻梁

即使每种特征仅考虑两种情况，如表 4.2 所示。类别也只有两种：“漂亮”和“不漂亮”。计算联合概率分布时，也会有 $2\times 2^4=2^5=32$ 种组合。

更一般地，如果有 p 个属性变量，变量 X_j 可能取值的个数有 s_j 个，取值集合表示为 $\{a_{j1},a_{j2},\cdots,a_{js_j}\}$，多种属性的组合数就是 $s_1\cdot s_2\cdot\cdots\cdot s_p$。如果类别变量 Y 的可能取值有 K 个，那么属性与类别总的组合数为 $K\prod\limits_{j=1}^{p}s_j$。也就是说，计算联合概率分布时需要计算的概率个数为 $K\prod\limits_{j=1}^{p}s_j$ 个。如此惊人的组合数，明显是指数级别的，随着属性变量个数的增加，计算量也是巨大的。

指数级增长非常恐怖！以新冠肺炎为例，假如最初感染的人数只是 100 人，按照每天新增 25% 的比例增加，那么到了第 n 天，感染的人数会增加到 $100\times(1+25\%)^n$，如果不加以控制，从 100 人到全球 70 亿人，理论上只需要 81 天，如图 4.14 所示。

换而言之，如果属性变量个数增多，计算量将会出现指数级的增长。如果增加属性变量条件独立的假设，类别 c_k 下实例 $\boldsymbol{x}^*=(x_{*1},x_{*2},\cdots,x_{*p})^{\mathrm{T}}$ 的条件概率就可以转化为简单的形式，

$$\begin{aligned}P(X=\boldsymbol{x}^*|Y=c_k)&=P(X_1=x_{*1}|Y=c_k)\cdot P(X_2=x_{*2}|Y=c_k)\cdot\cdots\cdot P(X_p=x_{*p}|Y=c_k)\\&=\prod_{j=1}^{p}P(X_j=x_{*j})|Y=c_k)\end{aligned}\tag{4.11}$$

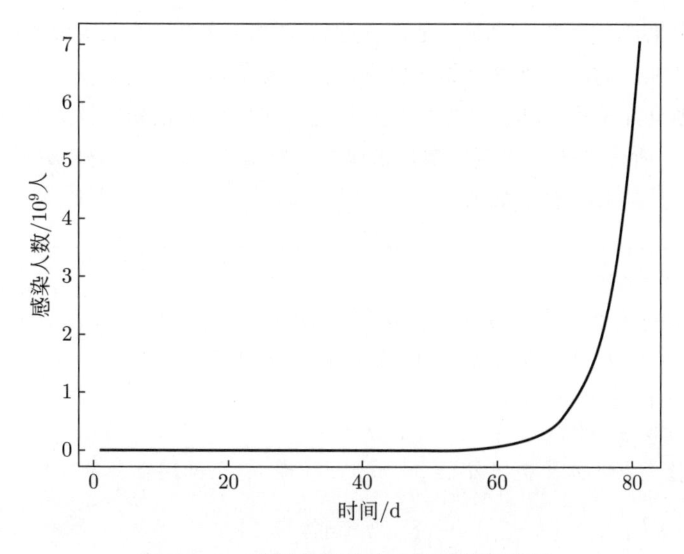

图 4.14　新冠肺炎感染人数的指数增长

此时贝叶斯分类器需要存储的概率个数仅为 $K+\sum_{j=1}^{p}s_j$ 个即可，显著减少计算量，提高分类器的可行性。分类器中属性变量既可以是离散的也可以是连续的。如果是离散的属性变量，直接采用式 (4.11) 计算即可。如果是连续的属性变量，可以通过划分将其转化为离散形式，也可用条件概率密度替代式 (4.11) 中的条件概率进行计算。

朴素贝叶斯分类器中，要求属性变量条件独立。变量之间的关系如图 4.15 所示。

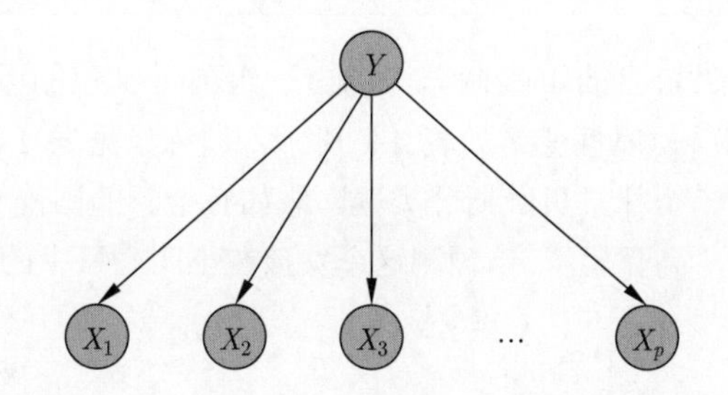

图 4.15　朴素贝叶斯分类器中变量之间的关系

式 (4.9) 的后验概率可以表示为

$$P(Y=c_k|X=\boldsymbol{x}^*)=\frac{P(Y=c_k)\prod_{j=1}^{p}P(X_j=x_{*j}|Y=c_k)}{\sum_{i=1}^{K}P(Y=c_i)\prod_{j=1}^{p}P(X_j=x_{*j}|Y=c_i)}$$

用以预测类别的式 (4.10) 可以重新表达为一系列概率的乘积：

$$c^*=\arg\max_{c_k}P(Y=c_k)\prod_{j=1}^{p}P(X_j=x_{*j}|Y=c_k) \tag{4.12}$$

从根本上来说，朴素贝叶斯法是在条件独立性假设的基础上实现的：假定 p 个属性变量是相互独立的。这就是朴素贝叶斯简洁朴素的内涵。虽然在现实生活中要求所有特征相互独立非常难以达到，但方便实用也是可取的。正如统计大师乔治·博克斯（George Box）所言“所有的模型都是错误的，但是有些模型是有用处的”。

朴素贝叶斯的分类算法如下。

朴素贝叶斯分类算法

输入：训练集 $T=\{(\boldsymbol{x}_1,y_1),(\boldsymbol{x}_2,y_2),\cdots,(\boldsymbol{x}_N,y_N)\}$，其中 $\boldsymbol{x}_i=(x_{i1},x_{i2},\cdots,x_{ip})^{\mathrm{T}}$，$x_{ij}$ 是第 i 个样本的第 j 个属性的观测值，$i=1,2,\cdots,N$，$j=1,2,\cdots,p$；$y_i\in\{c_1,c_2,\cdots,c_K\}$；实例 $\boldsymbol{x}^*=(x_{*1},x_{*2},\cdots,x_{*p})^{\mathrm{T}}$。

输出：实例 $\boldsymbol{x}^*$ 的类别。

(1) 估计类别的先验概率 $P(Y=c_k)$ 及在类 c_k 下的属性变量条件概率 $P(X=\boldsymbol{x}^*|Y=c_k)=\prod\limits_{j=1}^{N}P(X_j=x_{*j}|Y=c_k)$，$k=1,2,\cdots,K$。

(2) 对于给定的实例 $\boldsymbol{x}^*=(x_{*1},x_{*2},\cdots,x_{*p})^{\mathrm{T}}$ 计算联合概率 $P(X=\boldsymbol{x}^*,\ Y=c_k)=P(Y=c_k)\prod\limits_{j=1}^{N}P(X_j=x_{*j}|Y=c_k)$，$k=1,2,\cdots,K$。

(3) 根据后验概率最大化准则，确定实例 $\boldsymbol{x}$ 最有可能归属的类别 c^*：

$$c^*=\arg\max_{c_k}P(Y=c_k)\prod_{j=1}^{N}P(X_j=x_{*j}|Y=c_k)$$

输出类别 $\hat{y}^*=c^*$。

例 4.2 小明按照自己的审美倾向，标出一组国漫女孩的颜值结果，类别变量为 $Y\in\{$漂亮, 不漂亮$\}$，属性变量如表 4.2 所示，训练集见表 4.3。假设 4 种属性变量相互独立，请训练一个朴素贝叶斯分类器。假如有个新的国漫女孩，4 个属性分别为“矮，短发，圆脸，高鼻梁”，请预测这个女孩在小明心目中的类别。

解

(1) 计算类别的先验概率：

$$P(\text{漂亮})=\frac{6}{10},\quad P(\text{不漂亮})=\frac{4}{10}$$

(2) 估计每个属性的条件概率。

① 在类别为“漂亮”的条件下：

$$P(\text{身高}=\text{高}|\text{漂亮})=\frac{4}{6},\qquad P(\text{身高}=\text{矮}|\text{漂亮})=\frac{2}{6}$$

$$P(\text{发型}=\text{短发}|\text{漂亮})=\frac{3}{6},\qquad P(\text{发型}=\text{长发}|\text{漂亮})=\frac{3}{6}$$

$$P(\text{脸型}=\text{圆脸}|\text{漂亮})=\frac{3}{6},\qquad P(\text{脸型}=\text{长脸}|\text{漂亮})=\frac{3}{6}$$

$$P(\text{鼻型}=\text{高鼻梁}|\text{漂亮})=\frac{4}{6},\quad P(\text{鼻型}=\text{矮鼻梁}|\text{漂亮})=\frac{2}{6}$$

表 4.3　国漫女孩颜值评比

编　　号	身　　高	发　　型	脸　　型	鼻　　型	类　　别
1	高	短发	长脸	高鼻梁	漂亮
2	高	短发	圆脸	高鼻梁	漂亮
3	高	短发	长脸	矮鼻梁	漂亮
4	高	长发	圆脸	高鼻梁	漂亮
5	矮	长发	圆脸	矮鼻梁	漂亮
6	矮	长发	长脸	高鼻梁	漂亮
7	高	长发	圆脸	矮鼻梁	不漂亮
8	矮	长发	长脸	高鼻梁	不漂亮
9	矮	短发	圆脸	矮鼻梁	不漂亮
10	矮	短发	长脸	矮鼻梁	不漂亮

② 在类别为“不漂亮”的条件下：

$$P(\text{身高}=\text{高}|\text{不漂亮})=\frac{1}{4},\qquad P(\text{身高}=\text{矮}|\text{不漂亮})=\frac{3}{4}$$

$$P(\text{发型}=\text{短发}|\text{不漂亮})=\frac{2}{4},\qquad P(\text{发型}=\text{长发}|\text{不漂亮})=\frac{2}{4}$$

$$P(\text{脸型}=\text{圆脸}|\text{不漂亮})=\frac{2}{4},\qquad P(\text{脸型}=\text{长脸}|\text{不漂亮})=\frac{2}{4}$$

$$P(\text{鼻型}=\text{高鼻梁}|\text{不漂亮})=\frac{1}{4},\quad P(\text{鼻型}=\text{矮鼻梁}|\text{不漂亮})=\frac{3}{4}$$

(3) 对于给定的实例“矮，短发，圆脸，高鼻梁”，有

$$\begin{aligned}
&P(\text{漂亮},\text{身高}=\text{矮},\ \text{发型}=\text{短发},\ \text{脸型}=\text{圆脸},\ \text{鼻型}=\text{高鼻梁})\\
=\ &P(\text{漂亮})P(\text{身高}=\text{矮}|\text{漂亮})P(\text{发型}=\text{短发}|\text{漂亮})P(\text{脸型}=\text{圆脸}|\text{漂亮})\\
&\times P(\text{鼻型}=\text{高鼻梁}|\text{漂亮})\\
=\ &\frac{1}{30}
\end{aligned}$$

$$\begin{aligned}
&P(\text{不漂亮},\text{身高}=\text{矮},\ \text{发型}=\text{长发},\ \text{脸型}=\text{圆脸},\ \text{鼻型}=\text{高鼻梁})\\
=\ &P(\text{不漂亮})P(\text{身高}=\text{矮}|\text{不漂亮})P(\text{发型}=\text{短发}|\text{不漂亮})P(\text{脸型}=\text{圆脸}|\text{不漂亮})\\
&\times P(\text{鼻型}=\text{高鼻梁}|\text{不漂亮})\\
=\ &\frac{3}{160}
\end{aligned}$$

(4) $1/30>3/160$，通过朴素贝叶斯分类器，可预测这个国漫女孩在小明心目中应该属于“漂亮”类别。 ■

4.3　如何训练贝叶斯分类器

训练贝叶斯分类器的关键在于估计类别的先验概率和属性变量的条件概率。如何估计这些概率呢？这就需要参数估计方法。在统计学的参数估计中，从频率学派来看，最常用的点估计方法是极大似然估计，从贝叶斯学派来看，最常用的则是贝叶斯估计。

4.3.1 极大似然估计：概率最大化思想

小明的想象力很丰富，有一天梦到自己穿越到漫威宇宙，看到室友与鹰眼（图 4.16）克林特 • 巴顿比赛射箭。天空中有雄鹰掠过，被一箭矢射下。从猎物身上的箭矢来看，室友和克林特的箭矢完全相同。请问：这只雄鹰到底是谁射中的？既然在漫威宇宙，显然神箭手克林特命中雄鹰的概率更高，作为局外人，小明推断这只雄鹰更可能是克林特射中的，而不是室友。这里体现的就是概率最大化的思想。

图 4.16 漫威宇宙——鹰眼

极大似然估计初次出现在 1921 年，由数学王子高斯发现。相隔 100 年之后，英国统计学家费希尔重拾这一方法，将其命名为极大似然法，并证明这一估计方法的统计性质，从而使得极大似然法得到广泛的应用。为直观理解极大似然法，请先看一个例子。

例 4.3 假定有一个巧克力盲盒，盒内有白色巧克力、黑色巧克力共 6 块，但不知白色巧克力和黑色巧克力分别有几块。现在每次从盲盒中取出 1 块巧克力，记录下颜色，并放回盒中。抽取 3 次发现第 1 块和第 3 块巧克力是黑色的，第 2 块巧克力是白色的。问：如何估计盒中黑色巧克力所占比例 θ？

解 我们逐丝剥茧地分析，先看一下参数 θ 所有可能的取值，确定参数空间 Θ。已知盒内有 6 块巧克力，因为取出的巧克力中出现了黑色和白色，说明

$$\Theta=\left\{\frac{1}{6}, \frac{2}{6}, \frac{3}{6}, \frac{4}{6}, \frac{5}{6}\right\}$$

记随机变量 X_i 为第 i 次取出的颜色结果，

$$X_i=\begin{cases}1, & \text{黑色}\\ 0, & \text{白色}\end{cases}, \quad i=1,2,3$$

X_i 服从二项分布，可用参数 θ 表示，

$$P(X_i)=\begin{cases}\theta, & X_i=1\\ 1-\theta, & X_i=0\end{cases}=\theta^{X_i}(1-\theta)^{1-X_i}, \quad i=1,2,3$$

通过所获样本信息，可以得到随机变量 X_1, X_2, X_3 的具体取值 $x_1 = 1$, $x_2 = 0$, $x_3 = 1$。记“第 1 块和第 3 块巧克力是黑色的，第 2 块巧克力是白色的”为事件 A。假设每次取出巧克力的事件相互独立，事件 A 发生的概率为

$$P(A) = P(x_1, x_2, x_3; \theta) = \theta(1-\theta)\theta = \theta^2(1-\theta) \tag{4.13}$$

但参数 θ 是未知的，如何得到该事件发生的概率 $P(A)$？

既然事件 A 很容易被观察到，那么可以在参数空间找一个合适的 $\hat{\theta}$，使得未知参数取值为 $\hat{\theta}$ 时，获得样本 x_1, x_2, x_3 的概率最大。如此一来，参数也能估计出来，事件发生的概率也能预测到。

幸运的是，已经知道 θ 所有可能的取值，不妨一一尝试。将式 (4.13) 记为关于 θ 的函数：

$$L(\theta) = \theta^2(1-\theta) \tag{4.14}$$

这个函数称为似然函数。于是，原来“已知参数求得样本出现概率”的情况转化为“已知样本信息求参数”的问题。

表 4.4 为 θ 不同取值下事件 A 发生的概率。

表 4.4　θ 不同取值下，事件 A 发生的概率

θ	$\frac{1}{6}$	$\frac{2}{6}$	$\frac{3}{6}$	$\frac{4}{6}$	$\frac{5}{6}$
$L(\theta)$	$\frac{5}{216}$	$\frac{16}{216}$	$\frac{27}{216}$	$\frac{32}{216}$	$\frac{25}{216}$

从表 4.4 可以看出，当 $\theta = 4/6 = 2/3$ 时，对应的似然函数最大，此时事件 A 发生的概率最大，即 $\hat{P}(A) = 4/27$。黑色巧克力所占的概率 $\hat{\theta} = 2/3$，这就是极大似然估计。 ■

通俗来说，极大似然估计是根据给定的样本（所观察到的数据）来估计模型参数的一种方法。从频率学派来看，随机变量的概率模型是已知的，比如例 4.3 中 X_i 服从二项分布是已知的，但是二项分布的参数 θ 是未知的，即“模型已定，参数未知，样本来临，反推参数”。θ 可以取参数空间中的任意值，都有可能观察到样本。但是，不同的参数取值，对应的样本联合概率不同，比如例 4.3 中不同 θ 的情况下，$P(A)$ 是不同的。我们希望找到一个最佳的参数取值，就猜测 $P(A)$ 在该取值下应该具有最大值。也就是说，极大似然估计是基于概率最大化的思想，通过样本去反推最有可能导致出现这些观测数据对应的模型参数的值。

1. 离散随机变量下的极大似然估计

考虑离散的情况下，假设随机变量 X 的概率为 $P(X; \boldsymbol{\theta})$，$\boldsymbol{\theta}$ 为概率模型参数，简单随机变量序列为 $X_1, X_2, \cdots, X_N$ 且相互独立，其中 X_i 为第 i 个观测的结果，那么样本 $x_1, x_2, \cdots, x_N$ 出现的联合概率为 $P(x_1, \cdots, x_N; \boldsymbol{\theta}) = \prod\limits_{i=1}^{n} P(X_i = x_i; \boldsymbol{\theta})$，当序

列 $(X_1, X_2, \cdots, X_N)$ 取定值 $(x_1, x_2, \cdots, x_N)$ 时，$P(x_1, \cdots, x_N; \boldsymbol{\theta})$ 是 $\boldsymbol{\theta}$ 的函数，记为样本的似然函数 $L(\boldsymbol{\theta})$。

$$L(\boldsymbol{\theta}) = P(x_1, \cdots, x_N; \boldsymbol{\theta})$$

$\boldsymbol{\theta}$ 的极大似然估计 $\hat{\boldsymbol{\theta}}$ 可以根据概率最大化的思想得到。

$$\hat{\boldsymbol{\theta}} = \arg\max_{\boldsymbol{\theta}\in\Theta} L(\boldsymbol{\theta}) \tag{4.15}$$

例 4.4 某彩票工作站的工作人员调查彩票获奖情况，结果如表 4.5 所示。已知在购买彩票中，变量“性别”和“是否获奖”是相互独立的，请通过极大似然法估计购买彩票者为女性的概率 θ_1 和购买彩票获奖的概率 θ_2。

表 4.5 对购买彩票者的调查情况 ①

性　　别	获 奖 人 数	未获奖人数
女性	$n_1 = 20$	$n_2 = 100$
男性	$n_3 = 32$	$n_4 = 152$

解 记变量 X 表示“性别”属性，类别变量 Y 为“是否获奖”，则 X 与 Y 的分布分别为

$$P(X) = \begin{cases} \theta_1, & X = \text{女性} \\ 1-\theta_1, & X = \text{男性} \end{cases} \qquad P(Y) = \begin{cases} \theta_2, & X = \text{获奖} \\ 1-\theta_2, & X = \text{未获奖} \end{cases}$$

于是，可以得到 X 与 Y 的联合概率分布（见表 4.6)。

表 4.6 购买彩票者的联合概率分布

性　　别	获　　奖	未　获　奖
女性	$p_1 = \theta_1\theta_2$	$p_2 = \theta_1(1-\theta_2)$
男性	$p_3 = (1-\theta_1)\theta_2$	$p_4 = (1-\theta_1)(1-\theta_2)$

例 4.4 中，任何人购买彩票都可能属于 4 种可能中的一种：女性获奖、女性未获奖、男性获奖、男性未获奖，这可以被看作一个多项实验，数据统计结果在表 4.5 中。根据表 4.6 所示的联合概率分布，可以得到统计结果出现的概率函数，

$$P(n_1, n_2, n_3, n_4; \theta_1, \theta_2) = \frac{N!}{n_1!n_2!n_3!n_4!} p_1^{n_1} p_2^{n_2} p_3^{n_3} p_4^{n_4}$$

其中，$N = n_1 + n_2 + n_3 + n_4$；$n_i!$ 表示 n_i 的阶乘数，$i = 1, 2, 3, 4$。

$N!/(n_1!n_2!n_3!n_4!)$ 表示出现表 4.5 中结果的组合数，与参数 θ_1 与 θ_2 无关，在样本已知时为一个常数项。在似然函数中，略去常数项，得到

① 陈家鼎，郑忠国. 概率与统计 [M]. 北京：北京大学出版社，2007.

$$
\begin{aligned}
L(\theta_1,\theta_2) &= [\theta_1\theta_2]^{n_1}[\theta_1(1-\theta_2)]^{n_2}[(1-\theta_1)\theta_2]^{n_3}[(1-\theta_1)(1-\theta_2)]^{n_4} \\
&= \theta_1^{n_1+n_2}(1-\theta_1)^{n_3+n_4}\theta_2^{n_1+n_3}(1-\theta_2)^{n_2+n_4}
\end{aligned} \tag{4.16}
$$

为计算式 (4.15)，可根据费马原理，对下列两个方程求解。

$$
\frac{\partial L(\theta_1,\theta_2)}{\partial\theta_1}=0,\quad \frac{\partial L(\theta_1,\theta_2)}{\partial\theta_2}=0
$$

将式 (4.16) 中的似然函数代入，得到

$$
\begin{cases}
(n_1+n_2)\theta_1^{n_1+n_2-1}(1-\theta_1)^{n_3+n_4}-(n_3+n_4)\theta_1^{n_1+n_2}(1-\theta_1)^{n_3+n_4-1}=0 \\
(n_1+n_3)\theta_2^{n_1+n_3-1}(1-\theta_2)^{n_2+n_4}-(n_2+n_4)\theta_2^{n_1+n_3}(1-\theta_2)^{n_2+n_4-1}=0
\end{cases} \tag{4.17}
$$

于是，参数的极大似然估计

$$
\hat{\theta_1}=\frac{n_1+n_2}{N}=\frac{120}{304}=\frac{15}{38},\quad \hat{\theta_2}=\frac{n_1+n_3}{N}=\frac{52}{304}=\frac{13}{76}
$$

■

极大似然法通过似然函数最大化来实现模型参数估计的目的。从整个过程来看，虽然似然函数和概率函数具有相同的表达式，但其看待问题的视角与目的不同。对于概率函数，相当于站在上帝的视角看问题，加入已知的模型参数，看看这组样本能够出现的可能性是多少；对于似然函数，相当于站在人类的视角看问题，根据已经发生的事件，即所获得的样本，反过来推测模型参数，如同古代帝王在吩咐了一系列工作之后，王孙大臣们需要揣度圣意似的。

由于似然函数通常是一组样本概率乘积的形式，为在求解极大值时简化运算，我们采用数学魔法小工具——对数，化乘法为加法，所得新的函数记为对数似然函数：

$$
\ln L(\boldsymbol{\theta})=\sum_{i=1}^{N}\ln P(X_i=x_i;\boldsymbol{\theta})
$$

因为对数函数 $y=\ln x$ 为区间 $(0,+\infty)$ 上的单调增函数，式 (4.15) 等价于

$$
\hat{\boldsymbol{\theta}}=\arg\max_{\boldsymbol{\theta}\in\Theta}\ln L(\boldsymbol{\theta}) \tag{4.18}
$$

例 4.5　请通过最大化对数似然函数求解例 4.4 的参数。

解　对数似然函数为

$$
\begin{aligned}
\ln L(\theta_1,\theta_2) =&(n_1+n_2)\ln\theta_1+(n_3+n_4)\ln(1-\theta_1) \\
&+(n_1+n_3)\ln\theta_2+(n_2+n_4)\ln(1-\theta_2)
\end{aligned} \tag{4.19}
$$

为计算式 (4.18)，根据费马原理，得到下列两个方程：

$$
\frac{\partial\ln L(\theta_1,\theta_2)}{\partial\theta_1}=0,\quad \frac{\partial\ln L(\theta_1,\theta_2)}{\partial\theta_2}=0 \tag{4.20}
$$

将式 (4.19) 中的对数似然函数带入式 (4.20) 可得

$$
\begin{cases}
\dfrac{n_1+n_2}{\theta_1}-\dfrac{n_3+n_4}{1-\theta_1}=0 \\
\dfrac{n_1+n_3}{\theta_2}-\dfrac{n_2+n_4}{1-\theta_2}=0
\end{cases} \tag{4.21}
$$

参数的极大似然估计为

$$\hat{\theta}_1 = \frac{n_1 + n_2}{N} = \frac{15}{38}, \quad \hat{\theta}_2 = \frac{n_1 + n_3}{N} = \frac{13}{76}$$

■

与例 4.4 中的直接用似然函数得到的烦琐方程组 (4.17) 相比，例 4.5 中通过对数似然函数得到的方程组 (4.21) 显然来得更加轻巧。因此，在实际应用时经常采用对数似然函数估计参数。

2. 连续随机变量下的极大似然估计

如果随机变量的取值是连续的，若计算概率，则要计算概率密度的积分；若有 n 个样本，则需计算 n 重积分，即使这些样本相互独立，也需计算 n 个一重积分的乘积，这个计算量十分庞大。所以，对于连续随机变量，可以将概率最大化转化为概率密度最大化，借此对模型参数进行估计。

假设连续随机变量 X 的概率密度为 $p(X;\boldsymbol{\theta})$,如果简单随机序列 $X_1, X_2, \cdots, X_N$ 相互独立，那么样本 $x_1, x_2, \cdots, x_N$ 出现的联合概率密度为 $p(X_1, X_2, \cdots, X_N;\boldsymbol{\theta}) = \prod\limits_{i=1}^{n} p(X_i;\boldsymbol{\theta})$。当 $(X_1, X_2, \cdots, X_N)$ 取定值 $(x_1, x_2, \cdots, x_N)$ 时，样本出现的联合概率密度 $p(X_1, X_2, \cdots, X_N;\boldsymbol{\theta})$ 为参数 $\boldsymbol{\theta}$ 的函数，记为似然函数 $L(\boldsymbol{\theta})$，对数似然函数为 $\ln L(\boldsymbol{\theta})$。根据概率密度最大的思想，可以得到 $\boldsymbol{\theta}$ 的极大似然估计：

$$\hat{\boldsymbol{\theta}} = \arg\max_{\boldsymbol{\theta}\in\Theta} L(\boldsymbol{\theta}) \quad 或 \quad \hat{\boldsymbol{\theta}} = \arg\max_{\boldsymbol{\theta}\in\Theta} \ln L(\boldsymbol{\theta})$$

例 4.6 假设随机变量 X 服从高斯分布，概率密度函数为

$$p(x, \mu, \delta) = \frac{1}{\sqrt{2\pi\delta}} \exp\left\{-\frac{(x-\mu)^2}{2\delta}\right\}$$

式中，均值 $\mu \in (-\infty, \infty)$，方差 $\delta = \sigma^2 \in (0, \infty)$，$\pi = 3.1415926\cdots$。若已知样本 $x_1, x_2, \cdots, x_N$ 相互独立，请根据极大似然法估计 μ 和 δ。

解 在样本 $x_1, x_2, \cdots, x_N$ 出现的情况下，似然函数为

$$L(\mu, \delta) = \left(\frac{1}{\sqrt{2\pi\delta}}\right)^N \exp\left\{-\frac{\sum\limits_{i=1}^{N}(x_i-\mu)^2}{2\delta}\right\}$$

则对数似然函数

$$\ln L(\mu, \delta) = -\frac{N}{2}\ln(2\pi) - \frac{N}{2}\ln\delta - \frac{1}{2\delta}\sum_{i=1}^{N}(x_i-\mu)^2$$

为求对数似然函数的最大值，根据费马原理可得到方程组：

$$\begin{cases} \dfrac{\partial \ln L}{\partial \mu} = \dfrac{1}{\delta}\sum\limits_{i=1}^{N}(x_i-\mu) = 0 \\ \dfrac{\partial \ln L}{\partial \delta} = -\dfrac{N}{2\delta} + \dfrac{1}{2\delta^2}\sum\limits_{i=1}^{N}(x_i-\mu)^2 = 0 \end{cases}$$

极大似然估计值为

$$\hat{\mu} = \frac{1}{N}\sum_{i=1}^{N} x_i = \overline{x}, \qquad \hat{\delta} = \frac{1}{N}\sum_{i=1}^{N}(x_i - \overline{x})^2$$

■

3. 极大似然估计的求解方法

求解极大似然估计的常用方法如图 4.17 所示。

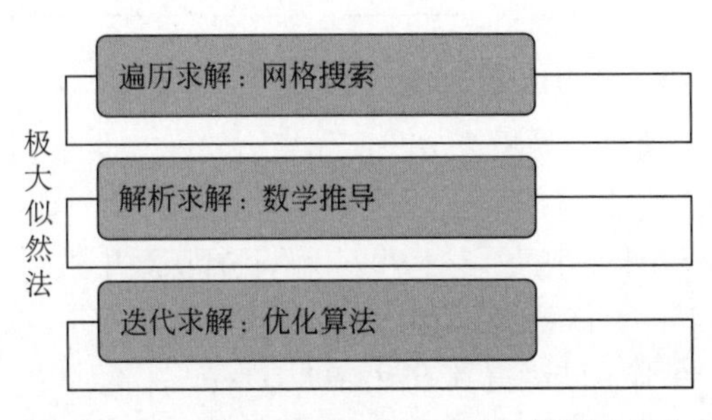

图 4.17　求解极大似然估计的 3 种常用方法

在例 4.3 中，已通过对参数空间中的所有取值一一计算似然函数，挑出了似然函数最大的参数。当参数有无限不可列个取值的时候，可以将参数空间划分为若干区间，每个区间可以被看作一个网格，这时候通过网格搜索的方法即可求解。这种方法朴实有效，简单直观，因需要遍历计算所有可能的参数取值，故被称之为**遍历求解法**。

如果掌握一点微积分的知识，可以将微分与函数联系在一起，借助费马原理，通过计算似然函数的偏导数并令其为 0 寻找极大似然函数的极值点。比如在例 4.4、例 4.5 和例 4.6 中用的就是此类方法。

下面以最大化对数似然函数为例，阐述该方法的具体流程。

若参数 $\boldsymbol{\theta}$ 中包含 m 个参数，$\boldsymbol{\theta} = (\theta_1, \theta_2, \cdots, \theta_m)^{\mathrm{T}}$，当 $L(\boldsymbol{\theta})$ 可微且为凹函数[①]时，可通过方程组

$$\frac{\partial L(\boldsymbol{\theta})}{\partial \theta_1} = 0, \frac{\partial L(\boldsymbol{\theta})}{\partial \theta_2} = 0, \cdots, \frac{\partial L(\boldsymbol{\theta})}{\partial \theta_m} = 0$$

求得 $L(\boldsymbol{\theta})$ 的极大值点。

该求解方法需要根据严格的数学公式推导而得，给出任意一组样本都可以根据表达式直接得到参数的估计值，所以这类方法被称之为**解析求解法**。

对许多模型而言，似然函数复杂，直接进行公式推导非常困难，这时候怎么办？请欣赏英国数学家罗伯特·雷科德（Robert Records）的一首小诗，看看能否获得灵感。

> 艺术基础
>
> 按照自己的意愿猜一个答案；
>
> 运气好的话，你可能会接近真理；

① 凹函数和凸函数的含义参见小册子 1.1 节。

> 对问题进行初次计算，尽管真理仍然遥不可及；
> 这种错误是良好的基础，你很快就会发现真相；
> 走过的道路越来越多，离目标的距离越来越近；
> 再长的道路也会走到尽头，再小的水滴也能聚成大海；
> 不同种类交叉相乘，错误的方法也可以找到真理。

这首小诗启发人们一种思路：

(1) 先猜一个初始值，不妨设为 $\boldsymbol{\theta}^{(0)}$，如果运气好，也许正好猜中了答案 $\hat{\boldsymbol{\theta}}$，当然这种情况很少发生；

(2) 这需要设定一个目标函数，把 $\boldsymbol{\theta}^{(0)}$ 代入目标函数中；

(3) 如果存在偏差，可修正得到 $\boldsymbol{\theta}^{(1)}$，再代入目标函数中，如果仍然未达到目的地，则重复循环这一步骤，陆续得到 $\boldsymbol{\theta}^{(2)}$, $\boldsymbol{\theta}^{(3)}, \cdots$；

(4) 直到相邻两次的估计结果相近或者目标函数值相近，满足停止条件，就得到最优解。

这首小诗提供给人们一种迭代的思路，勇于试错，不断用旧值更迭出新值。这种通过迭代过程得到近似解的方法被称为**迭代求解法**。

4. 古典概率与极大似然估计

> **安东尼**
>
> 我们为什么要旅行呢？
> 我想，可能是因为，有些人，有些事，有些地方，一旦离开，就回不去了，
> 或者应该说总觉得自己回不去了。
> 于是，我们不断地离开，去旅行，
> 斗志昂扬地摆脱地心引力，证明自己不是苹果！

即使是西方节日，来到中国也是入乡随俗。平安夜里送苹果蕴含着平平安安之意。小明今年平安夜就收到一个苹果礼盒（图 4.18），礼盒外的说明写着“共 10 个苹果：红苹果 7 个，青苹果 3 个”。如果随机取出一个苹果，那么为红苹果的概率是多少？

图 4.18　平安夜的苹果礼盒

根据古典概率，盒中共有苹果 10 个，所包含的基本事件个数为 10；由于礼盒中包含 7 个红苹果，所以事件“从盒子中取出 1 个红苹果”的基本事件个数为 7；仅仅通过计数即可得到取出红苹果的概率为 7/10。

现在小明学会了极大似然法，想练练手。假设任取一个苹果是红苹果的概率为 θ，10 个苹果中红苹果出现 7 次，青苹果出现 3 次，根据二项分布，可以得到似然函数

$$L(\theta) = \mathrm{C}_{10}^{3}\theta^7(1-\theta)^3$$

求解方程

$$\frac{\partial L(\theta)}{\partial(\theta)} = 7\theta^6(1-\theta)^3 - 3\theta^7(1-\theta)^2 = 0$$

化简即可得参数解析解 $\hat{\theta} = 7/10$。

可见，直接根据古典概率计算概率和通过极大似然法估计参数所得结果相同。这从另一个角度说明，古典概率的定义也是出于概率最大化的原理而来。

5. 以极大似然法训练朴素贝叶斯分类器

假设类别变量为 Y，取值空间为 $\{c_1, c_2, \cdots, c_K\}$，属性变量为 $X_1, X_2, \cdots, X_p$。训练集为 $T = \{(\boldsymbol{x}_1, y_1), (\boldsymbol{x}_2, y_2), \cdots, (\boldsymbol{x}_N, y_N)\}$，其中 $\boldsymbol{x}_i = (x_{i1}, x_{i2}, \cdots, x_{ip})^{\mathrm{T}}$，$x_{ij}$ 是第 i 个样本的第 j 个特征，$i = 1, 2, \cdots, N$；$j = 1, 2, \cdots, p$。如果 T_k 为训练数据集 T 中属于类别 c_k 的样本集合，那么根据极大似然法，类别先验概率的极大似然估计

$$P(Y = c_k) = \frac{|T_k|}{|T|} = \frac{\sum\limits_{i=1}^{N} I(y_i = c_k)}{N}, \quad k = 1, 2, \cdots, K$$

如果属性变量 X_j 是离散的，取值空间为 $\{a_{j1}, a_{j2}, \cdots, a_{js_j}\}$。在集合 T_k 中 X_j 取值为 a_{jl} 的集合记为 T_{kjl}，则在类别 c_k 的条件下，$X_j = a_{jl}$ 条件概率的极大似然估计为

$$P(X_j = a_{jl}|Y = c_k) = \frac{|T_{kjl}|}{|T_k|} = \frac{\sum\limits_{i=1}^{N} I(x_{ij} = a_{jl},\ y_i = c_k)}{\sum\limits_{i=1}^{N} I(y_i = c_k)}, \quad l = 1, 2, \cdots, s_j$$

4.3.2 贝叶斯估计：贝叶斯思想

说到底，贝叶斯估计也是依据贝叶斯思想实现的。不同于频率学派，在贝叶斯估计中，认为参数是随机变量。对参数有个初步认知，就是要给出参数的先验分布；然后根据样本提供的信息，对先验分布进行调整；进而求出参数的后验分布。只要得到后验分布，参数估计就容易了。最常见的有最大后验概率估计、后验中位数估计、后验期望估计 3 种。本节着重讲解后验期望估计[①]。

① 期望估计就是基于均值思想的估计。

1. 贝叶斯估计

《女儿情》

鸳鸯双栖蝶双飞，满园春色惹人醉。
悄悄问圣僧，女儿美不美，女儿美不美。
说什么王权富贵，怕什么戒律清规，
只愿天长地久，与我意中人儿紧相随。

如果想调查世界上女性占总人口的比例，而训练集选择的却是女儿国，直接通过极大似然估计，得出的比例是 100%，但是这不能说明世界上只有女性没有男性。贝叶斯思维中蕴含的动态变化性启发我们，或许从贝叶斯学派出发，即使选错训练集，结论也不至于如此荒谬。

假设世界上任何一个人是女性的概率是 θ。为估计参数 θ，经过一系列观测，训练集中人数为 N，以女性的人数 X 作为随机变量。显然在 θ 条件下，X 的分布为二项分布 $X \sim B(N,\theta)$，即

$$P(X=x|\theta)=\mathrm{C}_N^x\theta^x(1-\theta)^{N-x},\quad x=0,1,\cdots,N$$

需要注意的是，$P(X|\theta)$ 与极大似然法中出现的 $P(X;\theta)$ 不同，$P(X;\theta)$ 表示参数空间 Θ 中 θ 取不同值时 X 对应的不同概率分布，而 $P(X|\theta)$ 表示在随机变量 θ 取某个定值时 X 的条件概率分布。

当毫无经验，对 θ 的分布情况一无所知时，可以采用均匀分布 $U[0,1]$ 作为参数的先验分布，即参数取区间 $[0,1]$ 上任意一点的机会均等。实际上，贝叶斯最初发现贝叶斯公式，在桌球试验中，用的就是这一先验分布[①]，贝叶斯称其为“同等无知”原则。θ 的先验概率密度

$$p(\theta)=\begin{cases}1, & \theta\in[0,1]\\ 0, & \text{其他}\end{cases}$$

根据贝叶斯定理，参数 θ 的后验概率分布为

$$\begin{aligned}p(\theta|X=x)&=\frac{P(X=x|\theta)p(\theta)}{\displaystyle\int_0^1 P(X=x|\theta)p(\theta)\mathrm{d}\theta}\\&=\frac{\Gamma(N+2)}{\Gamma(x+1)\Gamma(N-x+1)}\theta^x(1-\theta)^{N-x}\\&=\frac{1}{B(x+1,N-x+1)}\theta^{(x+1)-1}(1-\theta)^{(N-x+1)-1}\end{aligned}$$

其中，$\Gamma(\cdot)$ 表示伽马函数（Gamma Function）；$B(\cdot,\cdot)$ 表示贝塔函数（Beta Function）。

① 详情见本章阅读时间 4.9 节。

可见，参数 θ 的后验分布是贝塔分布 $\theta|X=x \sim \mathrm{Be}(x+1, N-x+1)$。以后验分布的期望作为 θ 的估计值，

$$\hat{\theta}=E(\theta|X=x)=\frac{x+1}{N+2}$$

假设女儿国里有 $N=50$ 人，其中女性 $x=50$ 人。以贝叶斯后验期望估计，可以得到

$$\hat{\theta}=\frac{50+1}{50+2}=0.98$$

此时计算出的男性比例不为 0，避免了因训练集选择不当而造成的男性概率为 0 的结果。

贝叶斯估计的计算过程可归纳如下。

(1) 确定随机变量 X 的分布列或概率密度函数，这里为叙述简便，统一以 $P(X|\boldsymbol{\theta})$ 表示。

(2) 根据参数的先验信息确定先验分布列或先验概率密度函数，以 $P(\boldsymbol{\theta})$ 表示。

(3) 在给定样本序列 $(x_1, x_2, \cdots, x_N)$ 条件下，计算样本的联合条件分布

$$P(x_1, x_2, \cdots, x_N|\boldsymbol{\theta})=\prod_{i=1}^{N} P(x_i|\boldsymbol{\theta})$$

(4) 综合样本与总体的信息，计算联合分布

$$P(x_1, x_2, \cdots, x_N, \boldsymbol{\theta})=P(x_1, x_2, \cdots, x_N|\boldsymbol{\theta}) P(\boldsymbol{\theta})$$

(5) 根据贝叶斯公式，计算参数的后验分布

$$P(\boldsymbol{\theta}|x_1, x_2, \cdots, x_N)=\frac{P(x_1, x_2, \cdots, x_N, \boldsymbol{\theta})}{\displaystyle\int_{\boldsymbol{\theta}\in\Theta} P(x_1, x_2, \cdots, x_N, \boldsymbol{\theta})} \mathrm{d}\boldsymbol{\theta}$$

(6) 计算参数后验分布的期望，得到贝叶斯估计。

2. 以贝叶斯估计方法训练朴素贝叶斯分类器

假设类别变量为 Y，取值空间为 $\{c_1, c_2, \cdots, c_K\}$，属性变量为 $X_1, X_2, \cdots, X_p$。训练集为 $T=\{(\boldsymbol{x}_1, y_1), (\boldsymbol{x}_2, y_2), \cdots, (\boldsymbol{x}_N, y_N)\}$，其中 $\boldsymbol{x}_i=(x_{i1}, x_{i2}, \cdots, x_{ip})^{\mathrm{T}}$，$x_{ij}$ 是第 i 个样本的第 j 个特征，$i=1,2,\cdots,N$；$j=1,2,\cdots,p$。如果 T_k 为训练数据集 T 中属于类别 c_k 的样本集合。如果属性变量 X_j 是离散的，取值空间为 $\left\{a_{j1}, a_{j2}, \cdots, a_{js_j}\right\}$。在集合 T_k 中 X_j 取值为 a_{jl} 的集合记为 T_{kjl}。应用贝叶斯估计训练朴素贝叶斯分类器，可以得到类别先验概率和属性变量条件概率的贝叶斯估计。

(1) 类别先验概率的贝叶斯估计

$$P_{\lambda}(Y=c_k)=\frac{|T_k|+\lambda}{|T|+K\lambda}=\frac{\displaystyle\sum_{i=1}^{N} I(y_i=c_k)+\lambda}{N+K\lambda}, \quad k=1,2,\cdots,K \tag{4.22}$$

(2) 属性变量条件概率的贝叶斯估计

$$P_\lambda(X_j=a_{jl}|Y=c_k)=\frac{|T_{kjl}|+\lambda}{|T_k|+s_j\lambda}=\frac{\sum_{i=1}^{N}I(x_{ij}=a_{jl},\ y_i=c_k)+\lambda}{\sum_{i=1}^{N}I(y_i=c_k)+s_j\lambda},\quad l=1,2,\cdots,s_j \tag{4.23}$$

称 λ 为平滑因子。$\lambda=0$ 时，贝叶斯估计退化为极大似然估计；$\lambda<1$ 时，称为李德斯通平滑（Lidstone Smoothing）；$\lambda=1$ 时，称为拉普拉斯估计或拉普拉斯平滑（Laplace Smoothing）；$\lambda\to+\infty$ 时，为不考虑样本信息前的类别的先验概率。

3. 贝叶斯估计中的平滑思想

下面以式 (4.23) 中的先验概率为例阐述贝叶斯估计中的平滑思想。对任意 $k=1,2,\cdots,K$ 记

$$P_\lambda(Y=c_k)=\theta_k,\quad \sum_{i=1}^{N}I(y_i=c_k)=n_k$$

用符号 θ_k 和 n_k 简化表达式 (4.23)，

$$\theta_k=\frac{n_k+\lambda}{N+K\lambda}$$

于是

$$(\theta_kN-n_k)+\lambda(K\theta_k-1)=0 \tag{4.24}$$

式 (4.24) 等号左边由两项组成一个凸组合，第一项为 0 时，得到的是 θ_k 的样本极大似然估计；第二项为 0 时，得到的是 θ_k 的先验概率。平滑思想与正则化的思想类似，正则化的第一部分为损失，第二部分为正则项，在极大似然估计的基础上加上先验概率，也起到同样的效果。换言之，不能只是凭样本说话，还要有模型整体的概念。

$$\lim_{N\to+\infty}\frac{\sum_{i=1}^{N}I(y_i=c_k)+\lambda}{N+K\lambda}=\lim_{N\to+\infty}\frac{\sum_{i=1}^{N}I(y_i=c_k)}{N}$$

表明在训练集样本容量 N 趋于无穷大时，分子分母上的平滑因子对最终结果没有影响，这就是平滑的思想。

那么，添加平滑因子之后，贝叶斯估计还是概率分布吗？

显然，对任何 $l=1,2,\cdots,s_j$ 和 $k=1,2,\cdots,K$，有

$$P_\lambda\left(Y=c_k\right)>0,\quad \sum_{k=1}^{K}P\left(Y=c_k\right)=1$$

表明 $P_\lambda\left(Y=c_k\right)$，$k=1,2,\cdots,K$ 的确为一种概率分布。

4.4 常用的朴素贝叶斯分类器

本节将介绍几种常见的朴素贝叶斯分类器：多项式朴素贝叶斯（Multinomial Naive Bayes）分类器、伯努利朴素贝叶斯（Bernoulli Naive Bayes）分类器和高斯朴素贝叶斯（Gaussian Naive Bayes）分类器。

训练贝叶斯分类器，需要分别估计类别变量的先验分布和属性变量的条件分布。假设类别变量为 Y，取值空间为 $\{c_1, c_2, \cdots, c_K\}$，属性变量为 $X_1, X_2, \cdots, X_p$。训练集为 $T=\{(\boldsymbol{x}_1, y_1), (\boldsymbol{x}_2, y_2), \cdots, (\boldsymbol{x}_N, y_N)\}$，其中 $\boldsymbol{x}_i=(x_{i1}, x_{i2}, \cdots, x_{ip})^{\mathrm{T}}$，$x_{ij}$ 是第 i 个样本的第 j 个特征，$i=1,2,\cdots,N$；$j=1,2,\cdots,p$。如果 T_k 为训练数据集 T 中属于类别 c_k 的样本集合，那么根据极大似然法，先验概率估计为

$$P(Y=c_k)=\frac{|T_k|}{|T|}$$

根据贝叶斯估计，先验概率估计为

$$P(Y=c_k)=\frac{|T_k|+\lambda}{|T|+K\lambda}$$

对于属性变量，需要分离散和连续两种情况进行讨论。

4.4.1 离散属性变量下的朴素贝叶斯分类器

如果属性变量 X_j 是离散的，取值空间为 $\{a_{j1}, a_{j2}, \cdots, a_{js_j}\}$。将集合 T_k 中 X_j 取值为 a_{jl} 的集合记为 T_{kjl}，则在类别 c_k 的条件下，X_j 的条件概率可估计为

$$P(X_j=a_{jl}|Y=c_k)=\frac{|T_{kjl}|}{|T_k|}$$

如果采用朴素贝叶斯估计得到 X_j 属性变量在类别 c_k 条件下的条件概率

$$P(X_j=a_{jl}|Y=c_k)=\frac{|T_{kjl}|+\lambda}{|T_k|+\lambda s_j}$$

这种分类称为多项式朴素贝叶斯分类器。也就是之前在介绍极大似然估计和贝叶斯估计时涉及的贝叶斯分类器。

如果属性变量满足伯努利分布，则 X_j 属性变量的取值空间为 $\{0,1\}$，在类别 c_k 的条件下，属性变量的条件概率为

$$P(X_j|Y=c_k)=\theta_k^{X_j}(1-\theta_k)^{1-X_j}$$

其中，$\theta_k=P(X_j=1|Y=c_k)$，可用贝叶斯估计的形式表示

$$\theta_k=\frac{|T_{kj1}|+\lambda}{|T_k|+2\lambda}$$

其中 $|T_{kj1}|$ 表示集合 T_k 中 X_j 取值为 1 的集合。这种分类称为伯努利朴素贝叶斯分类器。

4.4.2 连续特征变量下的朴素贝叶斯分类器

假设在 $Y=c_k$ 条件下，X_j 为连续的属性变量且服从高斯分布 $N(\mu_{kj}, \sigma_{kj}^2)$，则

其概率密度函数为

$$p(X_j = x|Y = c_k) = \frac{1}{\sqrt{2\pi}\sigma_{kj}} \exp\Big\{-\frac{(x-\mu_{kj})^2}{2\sigma_{kj}^2}\Big\}$$

其中，μ_{kj} 和 σ_{kj}^2 为在类别 c_k 下通过极大似然估计得到的变量 X_j 的均值和方差，估计过程详见例 4.6。

用以判断类别的式 (4.12) 在离散属性下可以重新表达为类别的先验概率与一系列属性变量条件概率密度的乘积

$$c^* = \arg\max_{c_k} P(Y = c_k) \prod_{j=1}^{p} p(X_j = x_j|Y = c_k)$$

更一般地，如果属性变量 $X_1, X_2, \cdots, X_p$ 的联合概率分布是多元高斯分布 $N(\boldsymbol{\mu}_k, \boldsymbol{\Sigma}_k)$，则联合概率密度函数为

$$p(X = \boldsymbol{x}^*|Y = c_k) = \frac{1}{(2\pi)^{\frac{p}{2}}|\boldsymbol{\Sigma}_k|^{\frac{1}{2}}} \exp\left\{-\frac{1}{2}(\boldsymbol{x}-\boldsymbol{\mu}_k)^{\mathrm{T}}\boldsymbol{\Sigma}_k^{-1}(\boldsymbol{x}-\boldsymbol{\mu}_k)\right\}$$

其中，$X = (X_1, X_2, \cdots, X_p)^{\mathrm{T}}$ 表示属性向量，$\boldsymbol{\mu}_k$ 和 $\boldsymbol{\Sigma}_k$ 分别为在类别 c_k 下通过极大似然估计得到的 X 的均值向量和协方差矩阵，$|\boldsymbol{\Sigma}_k|$ 表示 $\boldsymbol{\Sigma}_k$ 的行列式，$\boldsymbol{\Sigma}_k^{-1}$ 表示 $\boldsymbol{\Sigma}_k$ 的逆矩阵。特别地，当 $\boldsymbol{\Sigma}_k$ 为对角矩阵时，$X_1, X_2, \cdots, X_p$ 间相互独立，即退化为朴素贝叶斯分类器。

这类假设属性变量为高斯分布的贝叶斯分类器称为高斯朴素贝叶斯分类器。

4.5 拓展部分

4.5.1 半朴素贝叶斯

有人作伴时，不要忘记孤独思考时的发现；独自沉思时，要想到你与别人沟通时的心得。

——列夫 · 托尔斯泰

朴素贝叶斯分类之所以朴素是因为这个方法中假设属性变量之间相互独立，然而在现实应用中，这个往往难以实现。因此，可以适当考虑一部分属性变量之间的相互依赖关系，这类条件适当放松后的分类被称为半朴素贝叶斯分类。

因为这一部分体现在类别 c_k 下的条件概率或条件概率密度的估计上，最常用的一种为独依赖估计（One Dependent Estimator，ODE）。顾名思义，在这种估计方法中，除类别之外，每个属性变量最多只依赖于一个其他属性变量，不妨记其中的 $X_{j'}$ 为 X_j 所依赖的属性，称为 X_j 的父属性。

$$P(X|Y = c_k) = \prod_{j=1}^{p} P(X_j|Y = c_k, X_{j'})$$

如果用半朴素贝叶斯模型预测新实例 $\boldsymbol{x}^* = (x_{*1}, x_{*2}, \cdots, x_{*p})^{\mathrm{T}}$ 的类别，则是

$$c^* = \arg\max_{c_k} P(Y = c_k) \prod_{j=1}^{p} P(X_j = x_{*j}|Y = c_k, X_{j'})$$

假设父属性 $X_{j'}$ 已知，可以通过条件概率公式估计 $P(X_j|Y = c_k, X_{j'})$，

$$P(X_j|Y = c_k, X_{j'}) = \frac{P(X_j, Y = c_k, X_{j'})}{P(Y = c_k, X_{j'})}$$

例 4.7　训练集如表 4.7 所示，假设 X_1, X_2 为两个属性变量，取值空间分别为 $A_1 = \{a, b\}, A_2 = \{q, w, e\}$，$Y$ 为分类变量，$Y \in \{1, -1\}$。依赖关系如下：

X_1 依赖于 X_2，且 X_2 取值为 q 时，依赖 X_1 取值为 a；

X_2 依赖于 X_1，且 X_1 取值为 a 时，依赖 X_2 取值为 e。

请通过贝叶斯估计训练一个半朴素贝叶斯分类器，并预测实例 $\boldsymbol{x}^* = (a, e)^{\mathrm{T}}$ 的类别 y。

表 4.7　例 4.7 中训练集

编号	1	2	3	4	5	6	7	8	9	10
X_1	a	a	a	b	b	b	a	a	a	a
X_2	q	q	w	w	e	e	q	w	e	e
Y	+1	+1	+1	+1	+1	−1	−1	−1	−1	−1

解　(1) 类别先验概率的贝叶斯估计：

$$P(Y = +1) = \frac{5+1}{10+2} = \frac{1}{2},\quad P(Y = -1) = \frac{5+1}{10+2} = \frac{1}{2}$$

(2) 带有依赖属性的条件概率的贝叶斯估计：

$$P(X_1 = a|Y = +1, X_2 = q) = \frac{2+1}{2+2} = \frac{3}{4}$$

$$P(X_2 = e|Y = +1, X_1 = a) = \frac{0+1}{3+3} = \frac{1}{6}$$

$$P(X_1 = a|Y = -1, X_2 = q) = \frac{1+1}{1+2} = \frac{2}{3}$$

$$P(X_2 = e|Y = -1, X_1 = a) = \frac{2+1}{4+3} = \frac{3}{7}$$

(3) 对于给定的实例 $\boldsymbol{x}^* = (a, e)^{\mathrm{T}}$，有

$$\begin{aligned}
& P(Y = +1, X_1 = a, X_2 = e) \\
= \ & P(Y = +1) P(X_1 = a|Y = +1, X_2 = q) P(X_2 = e|Y = +1, X_1 = a) \\
= \ & \frac{1}{16} \\
& P(Y = -1, X_1 = a, X_2 = e) \\
= \ & P(Y = -1) P(X_1 = a|Y = -1, X_2 = q) P(X_2 = e|Y = -1, X_1 = a) \\
= \ & \frac{1}{7}
\end{aligned}$$

(4) 由于 $\frac{1}{16} < \frac{1}{7}$，因此通过半朴素贝叶斯分类器，将实例类别判断为 $\hat{y}^* = -1$。

■

以例 4.7 来解释朴素贝叶斯分类器与半朴素贝叶斯分类器之间的区别。在朴素贝叶斯分类器中，考虑属性变量 X_1 与 X_2 是相互独立的关系，不存在父属性，如图 4.19(a) 所示。在半朴素贝叶斯分类器中，属性变量存在独依赖关系，每个属性最多依赖一个其他属性，比如 X_1 只依赖于 X_2，表示 X_2 是 X_1 的父属性；X_2 只依赖于 X_1，表示 X_1 是 X_2 的父属性；两者的关系分别如图 4.19(b) 和图 4.19(c) 所示。

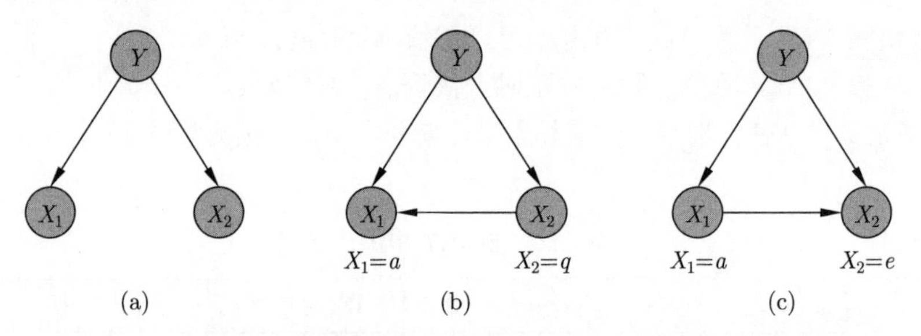

图 4.19　朴素贝叶斯与半朴素贝叶斯分类器中的属性依赖关系

可以发现，如何确定每个属性的父属性是半朴素贝叶斯分类的关键。根据不同的做法所筛选出的父属性不同，目前主流的方法有 3 类：SPODE、AODE 和 TAN。

1. 基于 SPODE 的半朴素贝叶斯分类

SPODE（Super-Parent ODE，超父独依赖估计）中假设所有属性变量都依赖于同一个属性，则这个被依赖的属性称为“超父”（Super-Parent），如图 4.20 所示中，X_1 为超父属性变量。超父属性变量可以通过交叉验证等模型选择方法来确定。

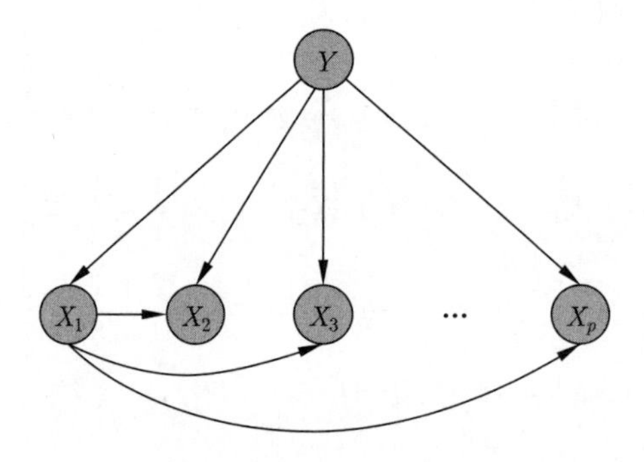

图 4.20　SPODE

2. 基于 AODE 的半朴素贝叶斯分类

AODE（Averaged ODE，平均独依赖估计）本质为集成学习[①]分类器，与 SPODE 通过模型选择方法确定“超父”属性不同，AODE 尝试以每个属性变量作为“超

① 集成学习的内容详见第 11 章。

父”来构建 SPODE，然后通过集成学习将这些基分类器集成起来作为最终结果，如图 4.21 所示。

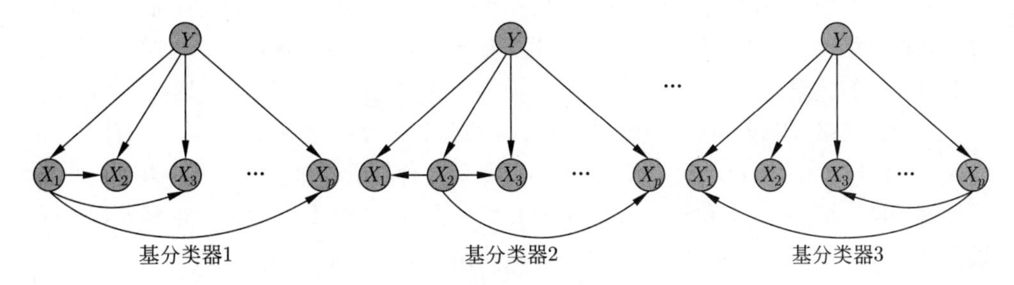

图 4.21　AODE 中的基分类器

3. 基于 TAN 的半朴素贝叶斯分类

从 TAN（Tree Augmented Naive Bayes，树增广朴素贝叶斯）这个名字就可以看出，其与树模型脱不开关系。它是在最大生成树算法的基础上构建的树结构模型。TAN 需要通过条件互信息挑选父属性，保留了两个属性变量之间的强依赖关系。任意两个属性变量之间的条件互信息[①] $I(X_i,X_j|Y), i\neq j$ 且 $i,j\in\{1,2,\cdots,p\}$，计算公式为

$$I(X_i,X_j|Y)=\sum_{k\in\{1,2,\cdots,K\}}P(X_i,X_j|Y=c_k)\ln\frac{P(X_i,X_j|Y=c_k)}{P(X_i|Y=c_k)P(X_j|Y=c_k)}$$

通俗来说，就是每个属性找到与相关性最强的属性变量，然后形成一个具有有向边的树结构，如图 4.22 所示。图 4.22 中，与属性 X_3 相关性最强的变量是 X_2，与属性 X_2 相关性最强的变量是 X_1，与属性 X_p 相关性最强的变量是 X_3 等。这也是基于概率图的一种模型。

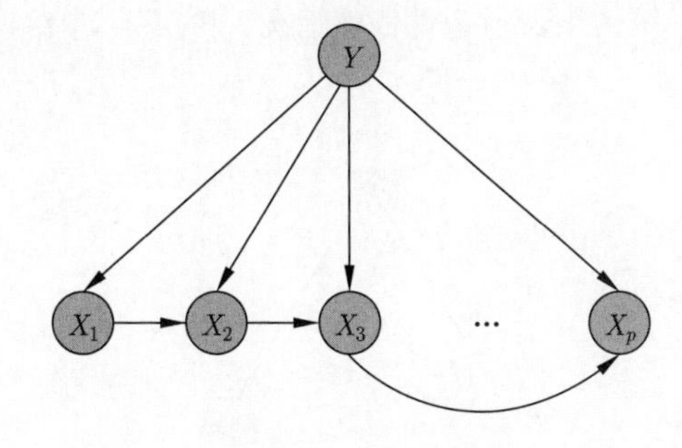

图 4.22　TAN

4.5.2　贝叶斯网络

在朴素贝叶斯分类器中，假定属性变量之间相互独立，但很难符合实际情况。于

① 关于互信息的详细内容见第 6 章。

是半朴素贝叶斯分类器适当放宽了限制条件，提出每种属性变量最多可以依赖一个其他的属性变量。贝叶斯网络在半朴素贝叶斯的基础上更进一步，认为每个属性变量都可以依赖于其他多个属性。虽然贝叶斯网络更灵活也更适用于实际问题，但同时也导致贝叶斯网络比朴素贝叶斯模型和半朴素贝叶斯模型更加复杂，需要通过网络结构表示变量之间的关系。

贝叶斯网络（Bayesian Network），又称信念网络（Belief Network），或有向无环图模型（Directed Acyclic Graphical Model），是一种基于概率图的模型。贝叶斯网络于 1985 年由朱迪亚・珀尔（Judea Pearl）首先提出，是一种模拟人类推理过程中因果关系的不确定性处理模型，其网络拓扑结构是一个有向无环图（DAG）。

贝叶斯网络的有向无环图中的结点表示随机变量，它们即可以是可观察到的变量，也可以是隐变量、未知参数等。在这个有向无环图中，有直接因果关系的变量用箭头来连接。若两个结点之间以一个单箭头连接在一起，表示其中一个结点是“因”（Parents），另一个是“果”（Children），两结点产生一个条件概率。若两个变量之间无任何边进行连接，则表示独立关系。总而言之，连接两个结点的箭头代表此两个随机变量具有因果关系。

举个例子，假设结点 A 直接影响到结点 B，即 $A \to B$，则用从 A 指向 B 的箭头建立结点 A 到结点 B 的有向弧 $(A,\ B)$，权值（即连接强度）用条件概率 $P(B|A)$ 来表示，如图 4.23 所示。

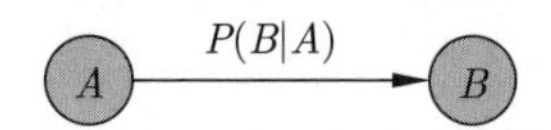

图 4.23　因果有向弧

简言之，就是将某个研究系统中涉及的随机变量，根据是否条件独立绘制在一个有向图中，就形成了贝叶斯网络。贝叶斯网络用以描述随机变量之间的条件依赖，用圈表示随机变量结点，用箭头表示条件依赖情况。图 4.24 中给出了 3 种常见的基本结构单元。

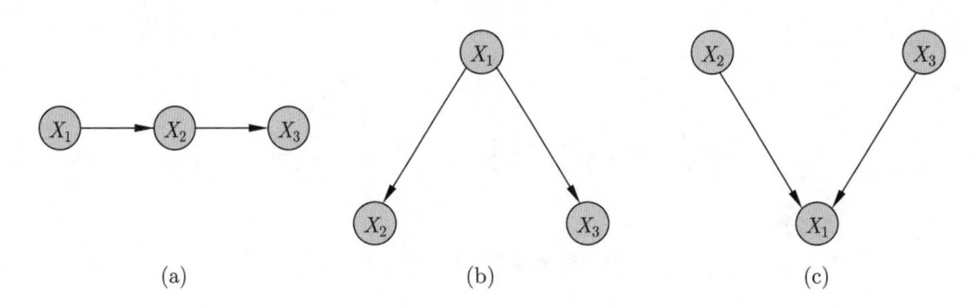

图 4.24　贝叶斯网络中的基本结构单元

图 4.24(a) 表示一种链式结构，联合概率为

$$P(X_1, X_2, X_3) = P(X_1)P(X_2|X_1)P(X_3|X_2)$$

图 4.24(b) 表示在给定 X_1 变量的情况下，X_2 和 X_3 是条件独立的，即

$$P(X_2|X_1) = P(X_3|X_1)$$

这种结构关系被称为“共因”，联合概率为

$$P(X_1, X_2, X_3) = P(X_1)P(X_2|X_1)P(X_3|X_1)$$

图 4.24(c) 与图 4.24(b) 不同，X_2 和 X_3 是完全独立的，即

$$P(X_2) = P(X_3)$$

这种结构关系被称为“共果”，联合概率为

$$P(X_1, X_2, X_3) = P(X_2)P(X_3)P(X_1|X_2, X_3)$$

贝叶斯网络模型的学习过程分为两大阶段：第一阶段，确定各随机变量的结构关系，即在给定一个训练集的前提下，寻找一个与之匹配最好的网络结构，该过程称为结构学习；第二阶段，在给定网络结构和训练集后，利用先验信息确定贝叶斯网络中各结点的条件概率分布，该过程称为参数学习。这种两阶段法的优势在于每次估计只需考虑一个局部概率分布函数，而无须估计全局概率分布函数，大大降低了学习模型训练的复杂性。贝叶斯网络参数确定后，即可利用贝叶斯网络结构和各结点的条件概率表，对新实例的标签做出推断。

贝叶斯网络能够根据各变量所对应的数据信息，估计出相互之间复杂的概率相依性，并通过结点之间的边遍历整个网络，从而为多个变量之间的复杂依赖关系提供统一的表达模型。它不仅克服了人为主观判断的局限性和盲目性，而且能够避免传统线性和非线性预测模型的过度拟合问题，这有助于整合多维度信息，进而提高目标变量预测的精准性。

通常情况下，贝叶斯网络对实际应用进行建模主要可以分为 4 部分：第一部分是根据实际应用场景，确定模型中结点的个数、结点的类型以及其状态的个数等；第二部分是利用专家知识或者历史训练集，采用打分的方式或者结构学习算法构建网络的有向无环图；第三部分是学习网络中每个结点的条件概率分布表，即结点之间的概率相关性；第四部分则是采用贝叶斯网络推理的一些算法，同时利用观测到的结点的状态，对网络中的某些需要查看的结点的状态分布进行推理。典型的应用有故障诊断、可靠性分析及态势评估。

(1) 故障诊断。在利用贝叶斯网络进行故障诊断时，首先通过对每个故障源及系统建立对应的结点及有向边结构，然后利用贝叶斯反向推理，计算系统出现异常时，每个故障源发生的概率。

(2) 可靠性分析。可靠性分析可以分为人为分析及概率分析两类。其中，人为分析是通过专家经验判断，然而这种方法准确度低，且很难达到预测的效果；概率分析则是通过分析系统中故障发生的概率，结合状态变化以及系统的冗余，从而计算出系统潜在故障的概率大小。贝叶斯网络能够很好地应用于多态系统中，同时，也能够进行反向推理，从而诊断出系统发生故障时的故障源。

(3) 态势评估。态势评估是指根据作战活动、时间、位置及兵力等信息，并将当前的战斗力和周围环境与敌对势力的机动性联系起来，得到对于敌方的兵力结构以及使用特点等的估计，从而帮助指挥员快速、准确地做出决策的过程。相比于传统的专家系统和神经网络模型，贝叶斯网络能够更好地进行知识更新且学习过程更简单，使其在军事方面的态势评估中能够得到很好的研究和应用。

4.6 案例分析——蘑菇数据集

图 4.25 森林中的野蘑菇

童谣《采蘑菇的小姑娘》

采蘑菇的小姑娘，背着一个大竹筐；
清晨光着小脚丫，走遍森林和山冈；
她采的蘑菇最多，多得像那星星数不清；
她采的蘑菇最大，大得像那小伞装满筐。

儿歌中所描绘的是小女孩在雨后的清晨到山上采蘑菇的场景。然而，采蘑菇是一定要小心的。野生菌导致死亡的病例中有 90% 是因为误食引发的。蘑菇分为可食用蘑菇和有毒蘑菇。2010—2020 年，我国共报告了 10036 起蘑菇中毒事件，其中导致 38676 人患病，788 人死亡。2021 年，我国还新增记录了 15 种毒蘑菇。虽然一直流传这样的说法“越好看的蘑菇越有毒”，但是蘑菇形态千差万别，有些看起来普通的蘑菇也是有毒的。对于非专业人士，很难从外观、形态、颜色等方面区分有毒蘑菇与可食用蘑菇。

本节分析的案例是蘑菇数据集，来自 1981 年出版的北美蘑菇指南 *Audubon Society Field Guide to North American Mushrooms* 一书。具体的数据集可在 https://archive.ics.uci.edu/ml/datasets/Mushroom 下载。该数据集一共有 8124 条记录，包括多种蘑菇的菌盖、菌柄、菌丝等部位的颜色、宽度、长度等 22 个属性变量，并标记了每一条记录蘑菇所属种类：可食用和有毒的。

因篇幅所限，这里只简要列出类别变量与前 3 个属性变量。

- class：蘑菇种类（e：可食用；p：有毒的）。
- cap-shape：菌盖的形状（b：钟形；c：锥形；x：凸形；f：扁平；k：球形；s：凹陷）。
- cap-surface：菌盖的表面（f：纤维状；g：沟纹；y：鳞状；s：光滑）。
- cap-color：菌盖的颜色（n：棕色；b：浅黄色；c：肉桂色；g：灰色；r：绿色；p：粉色；u：紫色；e：红色；w：白色；y：黄色）。

以上所有记录不存在缺失值的情况。接下来导入蘑菇数据集，因所有的属性都存储为 Object 对象变量，且为离散变量，需将其数字化，然后训练高斯朴素贝叶斯分类器。

```
# 导入相关模块
import pandas as pd
from sklearn.preprocessing import LabelEncoder
import random
from sklearn.naive_bayes import GaussianNB
from sklearn.metrics import accuracy_score
from sklearn.model_selection import train_test_split

# 设置随机数种子
random.seed(2022)

# 读取蘑菇数据集
mushrooms = pd.read_csv("mushrooms.csv")

# 将对象变量数字化
labelencoder=LabelEncoder()
for col in mushrooms.columns:
    mushrooms[col] = labelencoder.fit_transform(mushrooms[col])

# 提取属性变量与分类变量
X = mushrooms.drop("class",axis=1)
y = mushrooms["class"]

# 划分训练集与测试集，集合容量比例为 8:2
X_train, X_test, y_train, y_test = train_test_split(X, y, train_size = 0.8)
# 创建高斯朴素贝叶斯分类器
NB_gau = GaussianNB()
# 训练模型
mushroom_fit = NB_gau.fit(X_train, y_train)

# 模型准确率
pred = mushroom_fit.predict(X_test)
accuracy = accuracy_score(pred, y_test)
print("The Accuracy of GaussianNB:  %.2f" % accuracy)
```

输出分类准确率如下：

```
1 The Accuracy of GaussianNB: 0.92
```

4.7 本章小结

1. 贝叶斯思维是指根据先验分布，通过观测样本增加调整因子，得到后验分布的思维。贝叶斯统计决策以贝叶斯思维为依据。具体而言，可简要分为 3 个步骤：

(1) 通过训练集估计先验概率分布和条件概率模型的参数。

(2) 根据贝叶斯定理计算后验概率。

(3) 利用后验概率做出统计决策。

2. 贝叶斯分类器在贝叶斯思维的加持下构建分类模型，它预测类别的准则就是后验概率最大化。如果属性变量之间是独立的，则简化为朴素贝叶斯分类器。

3. 极大似然估计秉持概率最大化思想，通过似然函数极大化来实现参数估计的目的。贝叶斯估计基于贝叶斯思维，视参数为随机变量，通过后验分布估计参数。

4. 相比朴素贝叶斯分类器，半朴素贝叶斯分类器放松了变量假设的限制条件，适当考虑一部分属性间的相互依赖关系。

5. 贝叶斯网络是一种概率图模型，其网络拓扑结构是一个有向无环图，可以应用在多个领域。

4.8 习题

4.1 试通过女儿国的例子比较极大似然估计与贝叶斯最大后验估计之间的关系。

4.2 根据例 4.7 中的训练集，分别通过极大似然估计和贝叶斯估计训练朴素贝叶斯分类器，并预测实例 $\boldsymbol{x}^* = (a, e)^{\mathrm{T}}$ 的类别 y。

4.3 简述条件概率的链式法则，并写出图 4.26 中两个贝叶斯网络的联合概率。

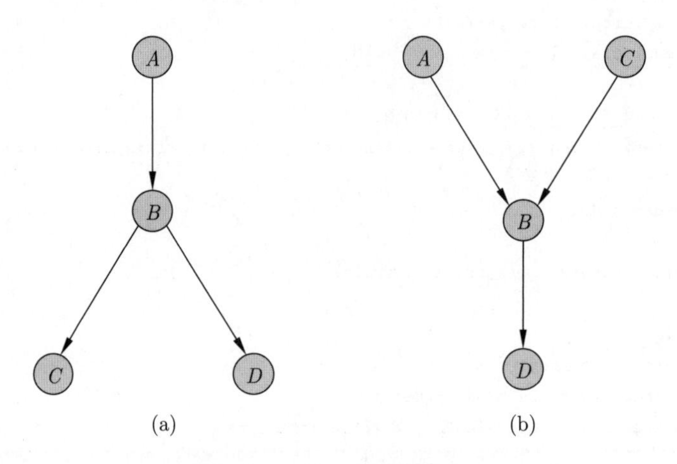

图 4.26 两个贝叶斯网络

4.4 请用蘑菇数据集训练伯努利朴素贝叶斯分类器和多项朴素贝叶斯分类器，并与高斯朴素贝叶斯分类器的准确率进行比较。

4.9 阅读时间：贝叶斯思想的起源

在历史的长河中，会遇到很多人类当前无法解释的现象，这时候神就应运而生。因为无法解释的现象都可以归为神迹，就可以让问题变得简单！

在中国传统文化中，神话故事一直是不可或缺的，但因为不同的人想象中的神不同，即使是同一种现象，也有着不同的解释，比如说下雨。在道教中，掌管打雷的是雷公，司管下雨的是雨师，而在佛教中，施云布雨的神是龙王。

东方

左雨师使径待兮，右雷公而为卫。

——《楚辞·远游》

小圣东海龙神是也，奉上帝敕令，管领着江河淮济，
溪洞谭渊，兴云布雨，降福消灾，济渡众生。

——《南极登山》

在西方，更多的人信奉上帝。有一大波科学家前赴后继地从无神论者转向为神学论，纷纷证明上帝的存在性，比如牛顿、爱因斯坦、爱迪生、笛卡儿等。

西方

神的形象没有人看到、听到和接触到，我们只能在他所创造的万物中了解他。
神仍在掌权，我们都在他的掌管之下。

——牛顿《自然哲学之数学原理》

完美是存在的，而上帝是绝对完美的，所以上帝是存在的。

——笛卡儿

1. 休谟的探寻

18 世纪的时候英国出现了这样一个人物——大卫·休谟。大卫·休谟（David Hume）是一个喜欢质疑的哲学家，在那个对基督教稍有不敬就有可能引发人身安全的年代，休谟不敢畅所欲言，只能隐晦地表达他的一些看法。比如 1734 年的他在《人性论》一书中写道这样一个观点。

大卫·休谟

仅仅基于自身观察，是不可能推出任何关于这个世界的绝对且普遍的规律的。
说的通俗一点，就是无论做出多少观察，都不可能得出太阳每天升起的结论。

休谟想要表达的就是，经验论不能导出必然的真理，我们无从得知因果之间的关系，只能得知某些事物之间总是会所有关联的。即使过去所观察的结果完全一致，人们也不能对未来做出毫无保留的预测。

1748 年，休谟壮着胆子发表论文《论神迹》，对上帝的存在表示质疑。休谟认为，神迹是自然法则的违逆，因此是极不可能发生的。在那个时代，经常有一些人报告发现了神迹，比如基督复活之类的。但在休谟看来，这些神迹是不可能的，要么报告这说了谎，要么搞错了，相比较而言，出现不准确的神迹报告这类事件更是有可能的。

休谟用到的这些词语，“观察”“结果”“预测”“极不可能”“有可能的”，能让我们想到什么？

随机试验？样本空间？不可能事件？概率？

没错，就是**概率**。虽然休谟本人并不懂高深的数学知识，但是不妨碍其他人往这个方向思考。

2. 贝叶斯的魔术

这个所谓的“其他人”就是托马斯・贝叶斯（Thomas Bayes），没错，就是贝叶斯公式中的那个人名。虽然贝叶斯是一位神父，但仍然阻止不了他对科学的热情。他读了休谟的著作之后，很受启发，思考“难道我们真的无法通过观察到的结果推出真正的原因吗？”

于是，贝叶斯做了个“小魔术”：贝叶斯背对着一张桌子，让小助手在桌子上放一个黑球，当然贝叶斯并不知道黑球的位置。接着，他交代小助手以均匀随机的方式放置若干白球。每放置一个白球，就让小助手告诉他白球相对于黑球的位置。白球放置的越多，就越能确定黑球的位置。这就是贝叶斯思想中学习的过程，根据白球的相对位置推理出黑球的绝对位置。

据说，贝叶斯的这一想法可能受到当时学术界流行的“第一性原理”的影响而产生的。所以，休谟的关于因果的看法就被贝叶斯的概率小魔术给驳回了。可是这一结论并没有立马被大家知晓，因为贝叶斯没有公布这个神奇的数学公式。有人推测，当时被认可的概率公式都是从因推果，但贝叶斯的数学公式是逆概率的，由果推因。这是不被认可的异端邪说，为了避免麻烦，他没有公布。也有人说，这可能是因为这个公式质疑了他信仰的上帝。总归，贝叶斯公式是在贝叶斯逝世之后才发表的。

3. 理查德・普莱斯的接力

谁帮贝叶斯发表了他的神奇公式呢？贝叶斯有一位朋友名为理查德・普莱斯（Richard Price），是一位妥妥的神学论者，而且据说普莱斯同意整理贝叶斯遗作并发表的原因就是为了证明上帝的存在。

理查德・普莱斯

我的目标就是弄清楚我们究竟出于什么原因相信，

物体的组成中存在一些固定法则，
而这些法则正是物体产生的依据；
我们又为何会相信，
世界的框架也因此必然源自一个智能本因的智慧和能力。
所以，我的目标就是通过终极原因确立上帝的存在。

贝叶斯逝世于 1763 年 4 月 7 日，普莱斯投往伦敦的皇家学会哲学会刊的日期是 1763 年 12 月 23 日。从论文的日期可以看得出来，普莱斯对贝叶斯的遗作还是很重视的。图 4.27 为贝叶斯的遗作。

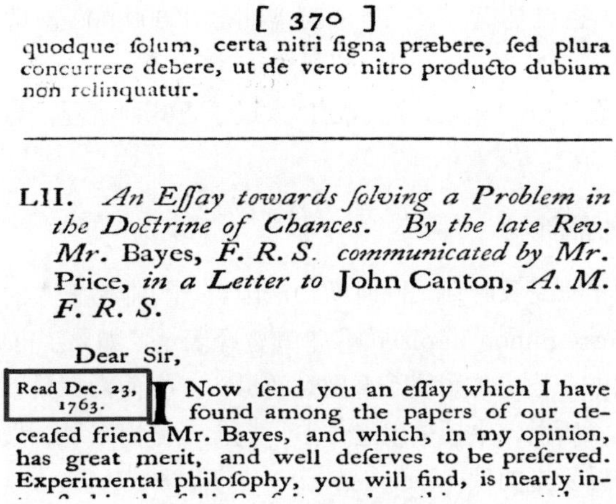

[370]

quodque ſolum, certa nitri ſigna præbere, ſed plura concurrere debere, ut de vero nitro producto dubium non relinquatur.

LII. *An Eſſay towards ſolving a Problem in the Doctrine of Chances. By the late Rev. Mr.* Bayes, *F. R. S. communicated by Mr.* Price, *in a Letter to* John Canton, *A. M. F. R. S.*

Dear Sir,

Read Dec. 23, 1763.

I Now ſend you an eſſay which I have found among the papers of our deceaſed friend Mr. Bayes, and which, in my opinion, has great merit, and well deſerves to be preſerved. Experimental philoſophy, you will find, is nearly in-

图 4.27　贝叶斯的遗作

为了反驳休谟的观点，普莱斯甚至给这篇论文起了一个非常有针对性的标题——《一种建立在归纳基础上计算所有推断的精确概率的方法》。对该论文简单叙述大意就是：如果一个事件在 N 次独立实验中每次都以未知的概率 p 发生了，并且发生了 x 次，那么在 p 所有值等可能的先验假设下，就能找到 p 的后验分布。

若问，普莱斯怎么通过贝叶斯公式证明上帝存在了？请跟我接着看普莱斯对贝叶斯公式的应用。仍然以刚才所说的观察每天的日出为例，如果有一天太阳没有升起，我们就认为是神迹。假设支持自然法则的是相同的事件，比如每天的日出，我们记发生神迹的概率为 p，X 表示发现神奇的例外个数。这代表下一次神迹的概率为零吗？当然不是！

将每天的观测认为是伯努利试验，假如日出无一例外地接连发生 1 000 000 次，就是相当于观测次数 $N=1\ 000\ 000$ 的二项分布。在这种情况下，神迹发生的概率大于 1/1 600 000 的条件概率

$$P\left(p>\frac{1}{1\ 600\ 000}\middle|X=0\right)=0.5353$$

虽然 1/1 600 000 这个值已经很小了，但是大于这个概率的可能性竟然高达 0.5 以上，这岂不是说明“神迹不是个不可能事件”。

换种方式，如果假设一次观测中神迹发生的概率为 $p=\dfrac{1}{1\ 600\ 000}$，那么在接下来的 1 000 000 次试验中，至少发生一次神迹的概率有多大。

先计算一次神迹都不发生的概率

$$\begin{aligned}(1-p)^{1\ 000\ 000} &= \left(1-\frac{1}{1\ 600\ 000}\right)^{1\ 000\ 000}\\ &= 0.535\end{aligned}$$

然后，计算至少发生一次神迹的概率

$$1-0.535=0.465$$

概率将近 0.5！也就是说，有一半的可能在这 1 000 000 次试验中出现神迹！多么惊人！

不过，成也标题，败也标题。这个题目太过于乏味而宽泛，导致很多人没有注意到这一成果。

4. 拉普拉斯的推断

想到逆概率的不只是贝叶斯。同时期，法国有一位非常伟大的数学家皮埃尔·西蒙·拉普拉斯（Pierre Simon Laplace）。牛顿曾经表示，如果宇宙中只有地球和太阳，那么它们就会组成一个稳定的系统，直到时间尽头。然而，如果添入木星，牛顿就无法得到这个结论了。所以，牛顿采用老方法，把上帝搬出来了，只有上帝的干预可以给予这个复杂系统以稳定的秩序。

拉普拉斯可不是这么想的，他在著作《天体力学》中给出了关于太阳系稳定的新论点:“太阳系的稳定无须上帝的干预”。据说拿破仑读了《天体力学》这本书之后，就问拉普拉斯:“牛顿还在他的书中提到了上帝，怎么在你的书中，上帝一次也没出现过呢?”拉普拉斯的回答非常的霸气:“我不需要上帝这个假设!”

不过，即使说明太阳系的稳定性，仍有很多悬而未解的问题。为推断天体的真正位置，拉普拉斯也采用了逆概率的思想，这一思想发表在其题为《论事件原因存在的概率》的论文中，这发生在贝叶斯公式发表 10 年之后的 1774 年。

拉普拉斯论文中用的例子不是黑白小球了，而是黑白纸条。假如有一个罐子，里面装着大量黑色和白色的纸条，比例未知。假如有放回的抽取出 p 张白色纸条，q 张黑色纸条。请问：下一次抽出一张白色纸条的概率有多大?

这里假设白色纸条的先验概率和后验概率的分布相同，都是均匀分布 $U[0,1]$。可以通过一次次地抽取更新对白球概率的认知，直到已经抽取 $p+q$ 次，其中 p 次是白色的，q 次是黑色的。所以，要计算的最终概率为

$$\frac{p+1}{p+q+2}$$

这就是贝叶斯估计的雏形。不过，因为逆概率公式是拉普拉斯在不知道贝叶斯公式的情况下发现的，所以当时将其称作**拉普拉斯接续法则**，也就是拉普拉斯估计。可

见，同一个理论，不同人对其的理解也是不同的。普莱斯用贝叶斯公式来证明上帝的存在，拉普拉斯则用贝叶斯公式强调科学的力量，否认上帝。

举个之前的例子，还是关于日出的。假如已经连续 q 天太阳照常升起，请问：明天太阳不会升起的概率是多少？

拉普拉斯借用了《圣经》中给出的天数——5000 年对应的天数作为 q，然后计算出的概率数量级为百万分之一。现如今，太阳每天升起已经大约持续了 50 亿年，如果仍然利用拉普拉斯接续法则，得到的太阳不会升起的概率是两万亿分之一。那么，是不是太阳会永远地正常升起呢？

科学界众说纷纭，有人说数十亿年之后，地球就会脱离轨道，所以正常升起还能持续数十亿年；有人说太阳在 50 亿年之后就会变成红巨星，吞噬地球。总归是众说纷纭，比如《太阳危机》《流浪地球》等各类小说、电影也是层出不穷。

如今，贝叶斯公式已经被各位所熟知，物理学、生态学、心理学、计算机，甚至哲学等诸多领域都有它的应用。理工科的神剧《生活大爆炸》也拿它来做梗，就是在谢尔顿研究抓哔哔鸟的时候，写在白板上的公式。甚至，在人工智能中，可以说内核就是贝叶斯思维，这应该感谢所罗门诺夫，将可计算性理论与贝叶斯公式结合起来，成就了人工智能的前身。

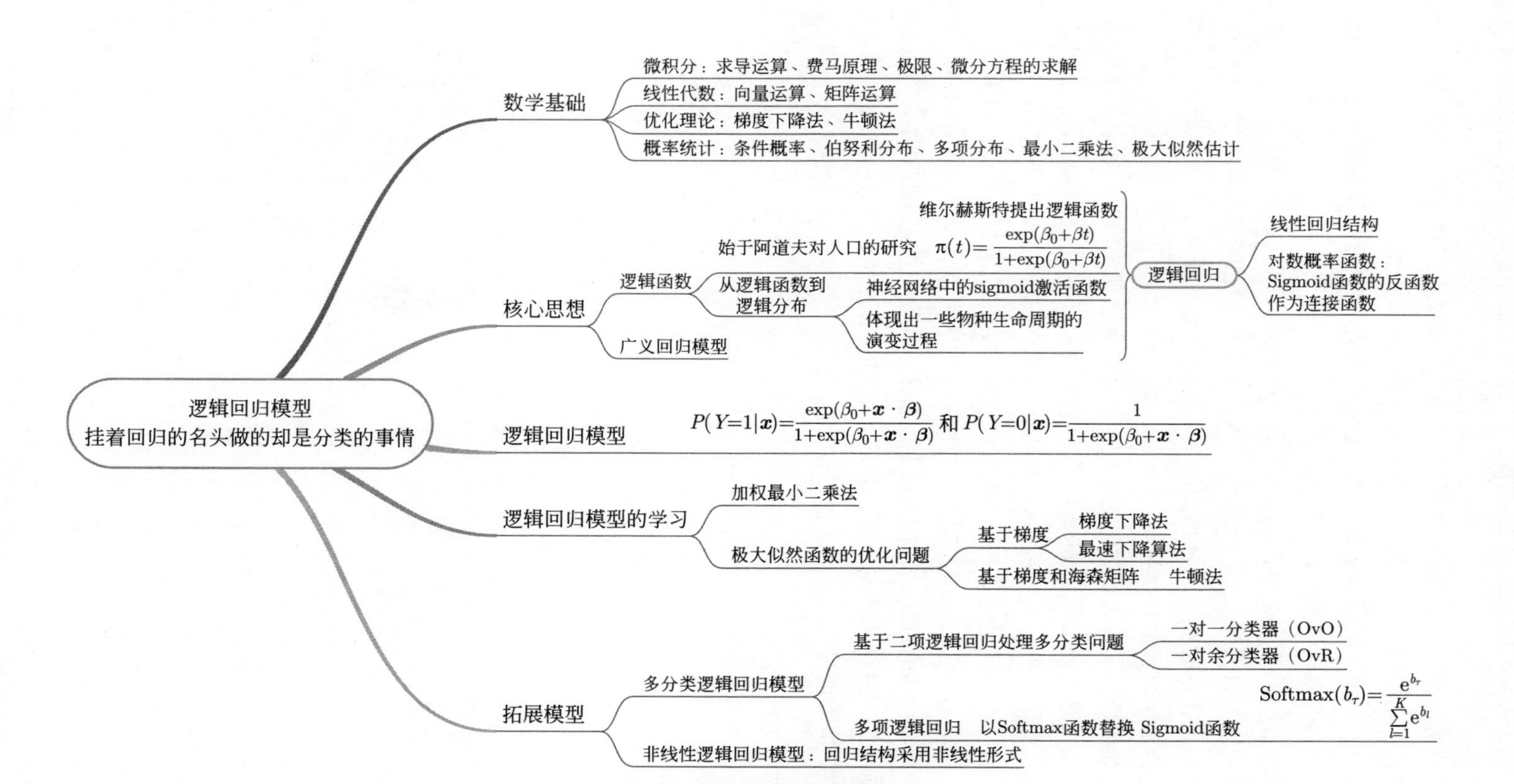

第5章　逻辑回归模型思维导图

第5章　逻辑回归模型

当你去招募资金时，用人工智能的名头会显得更高大上；当你去应聘时，机器学习背景可能会获得更高的薪资；但当你真正去实现时，用的则是逻辑回归。

——来自网络段子

本章要介绍的是一个挂着回归的名头做的却是分类事情的模型。请不要被它的名字所迷惑，一切只不过是因为逻辑回归是从线性回归演变而来的而已。从功能上来说，逻辑回归是用来处理分类问题的，其关键在于逻辑函数。起源于 19 世纪的逻辑回归，现在已广泛应用于医学中的疾病诊断、经济学中的经济预测、互联网中的搜索广告等领域。本章着重介绍逻辑回归模型的结构、逻辑回归模型的学习，以及如何采用优化中常用的两大算法——梯度下降法和牛顿法实现最优参数的求解。

5.1　一切始于逻辑函数

逻辑回归模型通常用以处理二分类问题，其核心思想在于将原本线性回归所得值通过逻辑函数映射到概率空间，然后将线性回归模型转换为一个分类模型。简单来讲，逻辑回归意味着回归模型与逻辑函数的合成，因此本节先从源头逻辑函数出发，历经逻辑分布与广义线性回归，最终得到逻辑回归模型。

5.1.1　逻辑函数

19 世纪初，人们对人口增长的问题十分感兴趣，比利时数学家阿道夫·凯特勒也未能免俗。他以 $W(t)$ 表示 t 时刻的人口总量，人口增长率则为 $\mathrm{d}W(t)/\mathrm{d}t$。他发现人口增长率和人口总量恰好呈线性关系：

$$\frac{\mathrm{d}W(t)}{\mathrm{d}t} = \beta W(t) \tag{5.1}$$

求解微分方程 (5.1)，可以得到

$$\ln W(t) = \beta t + C$$

式中，C 为常量。于是，总人口量

$$W(t) = \exp(\beta t + C) = W(0)\exp(\beta t)$$

其中，$W(0) = \exp(C)$ 指 0 时刻的人口数量。

仅凭公式来看，这里得到的 $W(t)$ 具有指数结构，意味着人类越来越多，没有上限。但是，人类会有生老病死，地球的资源也是有限的，不可能无休止地增长。阿道夫发现这个问题非常有趣，于是把这个课题交给的学生维尔赫斯特继续研究。

维尔赫斯特认为若要控制增长，可以通过添加一个限制函数 $\phi(W(t))$ 实现：

$$\frac{\mathrm{d}W(t)}{\mathrm{d}t} = \beta W(t) - \phi(W(t))$$

在经历无数次尝试与失败之后，某一天维尔赫斯特灵光一现，发现最理想的限制函数 $\phi(W(t))$ 为二次函数，于是人口增长率就成为了

$$\frac{\mathrm{d}W(t)}{\mathrm{d}t} = \widetilde{\beta} W(t)[\varOmega - W(t)]$$

式中，$\varOmega$ 表示环境所允许的人口总量最大值，$\widetilde{\beta} = \beta/\varOmega$。

因人口总量最大值难以得到，维尔赫斯特退而求其次，分析当前 t 时刻的人口数量占环境允许的人口总量最大值的比值 $W(t)/\varOmega$，记为 $\pi(t)$。于是

$$\begin{aligned}\frac{\mathrm{d}\pi(t)}{\mathrm{d}t} &= \frac{\mathrm{d}W(t)/\varOmega}{\mathrm{d}t} \\ &= \frac{1}{\varOmega} \times \frac{\mathrm{d}W(t)}{\mathrm{d}t} \\ &= \frac{1}{\varOmega}\widetilde{\beta} W(t) \times (\varOmega - W(t)) \\ &= \varOmega\widetilde{\beta}\pi(t) \times (1 - \pi(t)) \\ &= \beta\pi(t)(1 - \pi(t)) \end{aligned} \tag{5.2}$$

求解微分方程 (5.2)，可以得到

$$\pi(t) = \frac{\exp(\beta_0 + \beta t)}{1 + \exp(\beta_0 + \beta t)} \tag{5.3}$$

其中，β_0 是一个常量。因此 $1 - \pi(t)$ 表示 t 时刻之后未来将出现的人口占总环境允许的人口总量最大值的比值。$\pi(t)$ 与 $1 - \pi(t)$ 类似于 t 时刻扔出的一枚不均匀硬币正反两面的概率。

维尔赫斯特称式 (5.3) 为逻辑（Logistic）函数。至于为何维尔赫斯特以 Logistic 为其命名，而且 Logistic 在国内被译作逻辑，根据科学史书籍以及个人理解，笔者推测有以下 3 方面的原因：

(1) 为了和对数（Logarithmic）一词区分。

(2) 为了与数学（Mathmatic）等保持词缀的一致性。

(3) 对应于“0”和“1”之间的逻辑关系。

如果记 $x = \beta_0 + \beta t$，那么 $\pi(t)$ 函数可以写成 $F(x)$ 的形式：

$$F(x) = \frac{\mathrm{e}^x}{1 + \mathrm{e}^x} \quad 或者 \quad F(x) = \frac{1}{\mathrm{e}^{-x} + 1} \tag{5.4}$$

此处，$F(x)$ 函数被称为 sigmoid 激活函数，在神经网络中，可用其替代单位阶跃函数，这意味着输入变量既可以离散也可以连续。

5.1.2　逻辑斯谛分布

人们发现，逻辑函数可以巧妙地将普通变量转化为概率，因此演变出逻辑斯谛分布。

定义 5.1 (逻辑斯谛分布)　设 X 是连续随机变量，若 X 的分布函数为

$$F(x) = P(X \leqslant x) = \frac{1}{1 + \exp\{-(x-\mu)/\gamma\}} \tag{5.5}$$

其中，μ 为位置参数，$\gamma > 0$ 为尺度参数，则称 X 服从逻辑斯谛分布（Logistic Distribution）。特别地，当 $\mu = 0, \gamma = 1$ 时，称为标准逻辑斯谛分布（Standard Logistic Distribtuion）。

对式 (5.5) 求导可得到逻辑斯谛分布的概率密度函数

$$f(x) = \frac{\exp\{-(x-\mu)/\gamma\}}{\gamma\left(1 + \exp\left\{-(x-\mu)/\gamma\right\}\right)^2}$$

逻辑斯谛分布的概率分布函数与概率密度函数如图 5.1 所示。

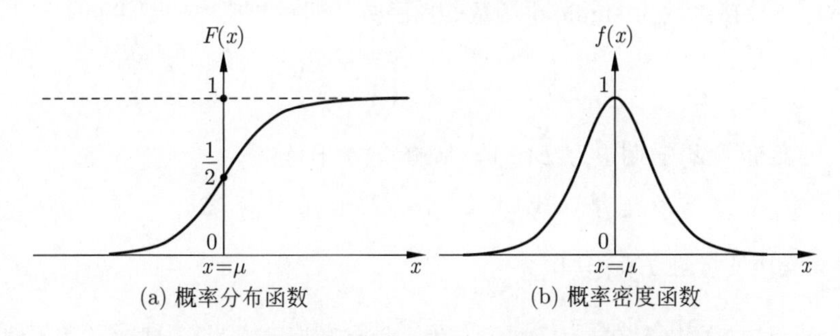

图 5.1　逻辑斯谛分布的概率分布函数与概率密度函数

图 5.1 揭示了逻辑斯谛分布的概率分布函数与概率密度函数的特点。如果熟悉高斯分布，可以轻松发现逻辑斯谛分布的形状与高斯分布十分相似，但是逻辑斯谛分布的尾部更长、波峰更高。

(1) 概率分布函数的特点：

- 当 $x \to +\infty$ 时，$F(x) \to 1$；当 $x \to -\infty$ 时，$F(x) \to 0$。
- 有界且连续，即 $0 \leqslant F(x) \leqslant 1$。
- 关于 $\left(\mu, \dfrac{1}{2}\right)$ 点呈中心对称。
- 曲线为 S 形，且尺度参数 γ 越大，收敛越慢。

(2) 概率密度函数的特点：

- 当 $x = \mu$ 时，概率密度最大，为 $1/4\gamma$。
- 当 $x \to \pm\infty$ 时，$f(x) \to 0$。
- 关于 $x = \mu$ 对称。
- 曲线为钟形曲线，尺度参数 γ 越大，$f(x)$ 的曲线看起来越矮胖。

逻辑斯谛分布起源于人口增长，呈现为 S 形曲线，可分为 4 个发展阶段：发生、发展、成熟和饱和。具体来讲，发生阶段增长速度缓慢，发展阶段则迅速上升，之后逐渐成熟稳定，最终则趋于饱和。恰好体现出一些物种生命周期的演变过程，这也是逻辑回归广泛应用于疾病研究的原因。

5.1.3 逻辑回归

逻辑回归模型可用以解决二分类问题。不失一般性，记两个类别分别为 $Y=1$ 和 $Y=0$。假定输入变量 X 包含 p 个属性变量 $X_1, X_2, \cdots, X_p$，输出变量 Y 的概率完全由条件概率 $P(Y|X)$ 决定。虽然 $P(Y|X)$ 与 $X_1, X_2, \cdots, X_p$ 之间不存在直接的线性关系，但是通过连接函数 $\mathcal{G}(\cdot)$ 可以转化为线性的：

$$\mathcal{G}(\pi) = \beta_0 + X_1\beta_1 + X_2\beta_2 + \cdots + X_p\beta_p \tag{5.6}$$

式中，π 表示条件概率 $P(Y=1|X)$。如果从期望的角度来理解，

$$\pi = E_{Y|X}(Y) = 1 \times P(Y=1|X) + 0 \times P(Y=0|X) = P(Y=1|X)$$

所以，式 (5.6) 中的模型为期望方程形式，是一种广义线性模型。结合式 (5.3) 中的逻辑函数，令连接函数为 sigmoid 函数的反函数，即对数概率函数 $\operatorname{logit}(\cdot)$。

$$\operatorname{logit}(\pi) = \ln\left(\frac{\pi}{1-\pi}\right) \tag{5.7}$$

令新的“因变量” Z 的期望为 $E(Z) = \operatorname{logit}(\pi)$，于是

$$Z = \beta_0 + X_1\beta_1 + X_2\beta_2 + \cdots + X_p\beta_p + \epsilon \tag{5.8}$$

式中，ϵ 为噪声变量且 $E(\epsilon) = 0$。

例 5.1 有一项社会调查为“一个人在家是否害怕生人来？”研究者希望研究一个人的文化程度对该问题的影响。设类别变量

$$Y = \begin{cases} 1, & \text{害怕} \\ 0, & \text{不害怕} \end{cases}$$

X 是文化程度属性，为顺序变量，共有 4 个取值：$a_1 = 0$ 表示文盲，$a_2 = 1$ 表示小学文化程度，$a_3 = 2$ 表示中学文化程度，$a_4 = 3$ 表示大专及以上文化程度。表 5.1 中的数据是一组 20 世纪 80 年代某地区社会调查报告的结果，共调查了 1421 人。记类别条件概率 $\pi_i = P(Y=1|X=a_i)$，$i = 1,2,3,4$。请根据表 5.1 估计 π_i，并计算新“因变量”的观测值 $z_i, i = 1,2,3,4$。

解 可以简单地根据数据频率作为类别条件概率 π_i 的估计值：

$$\hat{\pi}_1 = \frac{7}{11+7} = 0.3889, \qquad \hat{\pi}_2 = \frac{32}{45+32} = 0.4156$$

$$\hat{\pi}_3 = \frac{422}{664+422} = 0.3886, \qquad \hat{\pi}_4 = \frac{72}{168+72} = 0.3000$$

表 5.1　一项社会调查的数据结果

文 化 程 度	不害怕的人数	害怕的人数
0	11	7
1	45	32
2	664	422
3	168	72

接着，根据对数概率函数计算新的“因变量”观测值，结果如下：

$$z_1 = \ln\frac{\hat{\pi}_1}{1-\hat{\pi}_1} = -0.4520, \qquad z_2 = \ln\frac{\hat{\pi}_1}{1-\hat{\pi}_2} = -0.3409$$

$$z_3 = \ln\frac{\hat{\pi}_3}{1-\hat{\pi}_3} = -0.4533, \qquad z_4 = \ln\frac{\hat{\pi}_4}{1-\hat{\pi}_4} = -0.8473$$

■

是否可以直接采用新的“因变量”构造的线性回归模型估计参数呢？答案是否定的，原因我们将在下一节揭晓。

现在，结合式 (5.6) 和式 (5.7)，得到

$$\pi = \frac{\exp(\beta_0 + X_1\beta_1 + X_2\beta_2 + \cdots + X_p\beta_p)}{1+\exp(\beta_0 + X_1\beta_1 + X_2\beta_2 + \cdots + X_p\beta_p)}$$

下面引入逻辑回归模型的定义。

定义 5.2 (逻辑回归模型)　设输入变量 X 包含 p 个属性变量 $X_1, X_2, \cdots, X_p$，$Y \in \{0,1\}$ 为输出变量。实例 $\boldsymbol{x} = (x_1, x_2, \cdots, x_p)^{\mathrm{T}}$，$x_j$ 表示实例第 j 个属性的具体取值，$j = 1, 2, \cdots, p$，则如下条件概率分布被称为逻辑回归模型。

$$P(Y=1|\boldsymbol{x}) = \frac{\exp(\beta_0 + \boldsymbol{x}\cdot\boldsymbol{\beta})}{1+\exp(\beta_0 + \boldsymbol{x}\cdot\boldsymbol{\beta})}$$

和

$$P(Y=0|\boldsymbol{x}) = \frac{1}{1+\exp(\beta_0 + \boldsymbol{x}\cdot\boldsymbol{\beta})}$$

式中，β_0 和 $\boldsymbol{\beta} = (\beta_1, \beta_2, \cdots, \beta_p)^{\mathrm{T}}$ 为模型参数；$\boldsymbol{x}\cdot\boldsymbol{\beta}$ 表示向量 $\boldsymbol{x}$ 和 $\boldsymbol{\beta}$ 的内积。

可见，逻辑回归模型就是将输入实例 $\boldsymbol{x}$ 的线性组合 $\beta_0 + \boldsymbol{x}\cdot\boldsymbol{\beta}$ 通过对数概率函数映射到 $[0,1]$ 区间，表示 $Y=1$ 发生的条件概率，从而解决分类问题。也就是说，给定实例 $\boldsymbol{x}$ 时的输出变量 $Y|\boldsymbol{x}$ 服从伯努利分布，如果 $P(Y=1|\boldsymbol{x}) \geqslant 0.5$，则将实例 $\boldsymbol{x}$ 归为 $Y=1$ 类；如果 $P(Y=1|\boldsymbol{x}) < 0.5$，则将实例 $\boldsymbol{x}$ 归为 $Y=0$ 类。

因式 (5.8) 等号右边为线性结构，当 $P(Y=1|\boldsymbol{x}) = 0.5$ 时，$\beta_0 + \boldsymbol{x}\cdot\boldsymbol{\beta} = 0$，这决定了定义 5.2 中的逻辑回归模型只能处理能够线性可分的样本，如图 5.1 所示这种。线性可分指训练集可以通过一条线性决策边界或者分离超平面分开[①]，例如图 5.2 中的虚线即为一条线性决策边界。

① 关于线性可分的定义详见本书第 9 章。

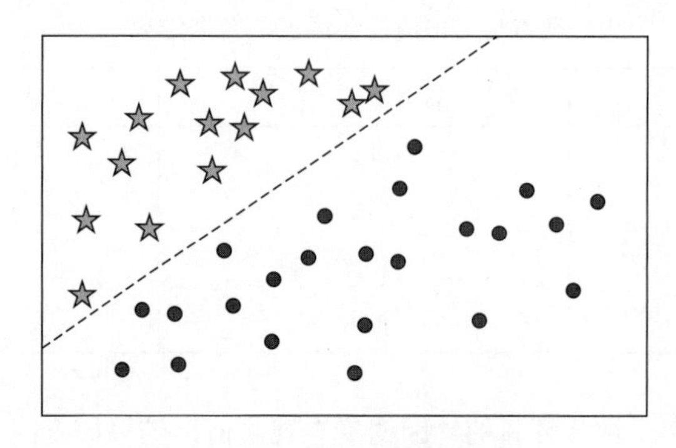

图 5.2　线性决策边界的示例

5.2　逻辑回归模型的学习

5.2.1　加权最小二乘法

若给定训练数据集 $T=\{(\boldsymbol{x}_1,y_1),(\boldsymbol{x}_2,y_2),\cdots,(\boldsymbol{x}_N,y_N)\}$,其中 $\boldsymbol{x}_i=(x_{i1},x_{i2},\cdots,x_{ip})^{\mathrm{T}}\in\mathbb{R}^p$，$x_{ij}$ 表示第 i 个样本中的实例在第 j 个属性上的取值；$y_i\in\{0,1\}$，$i=1,2,\cdots,N$；$j=1,2,\cdots,p$。记 $\pi_i=P(Y=1|\boldsymbol{x}_i)$，新的“因变量”观测值为

$$z_i=\ln\left(\frac{\hat{\pi}_i}{1-\hat{\pi}_i}\right)$$

则可以写出式 (5.8) 中回归模型的样本形式

$$z_i=\beta_0+\boldsymbol{x}_i\cdot\boldsymbol{\beta}+\epsilon_i,\quad i=1,2,\cdots,N \tag{5.9}$$

这与第 2 章中的线性回归模型结构相同。如果对模型中的参数进行估计，那么很自然地会想到采用最小二乘法。但是需要注意的是，最小二乘法是在噪声项 ϵ_i 满足 Gauss-Markov 假设的情况下实施的，而式 (5.9) 中的噪声不满足这一假设。下面以例 5.1 来说明。

例 5.1 中只存在一个属性变量 X，即文化程度，因此回归模型的样本形式

$$z_i=\beta_0+\beta_1x_i+\epsilon_i,\quad i=1,2,\cdots,s \tag{5.10}$$

式中，s 表示 X 的取值个数。我们以样本频率来估计类别条件概率。记 $X=a_i$ 时，对 Y 作了 n_i 次观测，其中 $Y=1$ 发生了 m_i 次，则 π_i 的估计值为 $\hat{\pi}_i=m_i/n_i$。根据中心极限定理，$\hat{\pi}_i$ 的渐近分布是 $N(\pi_i,\pi_i(1-\pi_i)/n_i)$。

容易得到函数 $v(t)=\ln[t/(1-t)]$ 的导函数

$$v'(t)=\frac{\mathrm{d}v}{\mathrm{d}t}=\frac{1}{t(1-t)}$$

因此，

$$v'(\hat{\pi}_i)=\frac{1}{\hat{\pi}_i(1-\hat{\pi}_i)}$$

于是 $\ln[\hat{\pi}_i/(1-\hat{\pi}_i)]$ 渐近分布为高斯分布[1]，期望和方差分别如下：

$$\text{期望：}\ v(\pi_i) = \ln\frac{\hat{\pi}_i}{1-\hat{\pi}_i}$$

$$\text{方差：}\ v'(\pi_i)\frac{\pi_i(1-\pi_i)}{n_i}v'(\pi_i) = \ln\frac{1}{n_i\hat{\pi}_i(1-\hat{\pi}_i)}$$

模型式 (5.10) 中的 ϵ_i 近似服从高斯分布

$$\epsilon_i \sim N\left(0, \frac{1}{n_i\pi_i(1-\pi_i)}\right)$$

也就是说，ϵ_i 具有异方差性。为使 ϵ_i 同方差，需要对式 (5.10) 中的模型进行变换

$$\frac{z_i}{\sqrt{u_i}} = \frac{\beta_0+\beta_1 x_i}{\sqrt{u_i}} + \varsigma_i, \quad i=1,2,\cdots,s$$

式中，$u_i = 1/[n_i\pi_i(1-\pi_i)]$；$\varsigma_i = \epsilon_i/\sqrt{u_i}$。此时 ς_i 的方差近似相等，近似满足 Gauss-Markov 假设的条件。

然后，就可以效仿最小二乘法，确定目标函数

$$Q(\beta_0,\beta_1) = \sum_{i=1}^{s}\left(\frac{z_i}{\sqrt{u_i}} - \frac{\beta_0+\beta_1 x_i}{\sqrt{u_i}}\right)^2 = \sum_{i=1}^{s}\frac{1}{u_i}(z_i-\beta_0-\beta_1 x_i)^2$$

这相当于在每个平方损失 $(z_i-\beta_0-\beta_1 x_i)^2$ 处施加“权重” $w_i = 1/u_i$，其估计值 $\hat{w}_i = n_i\hat{\pi}_i(1-\hat{\pi}_i)$，称其为加权最小二乘法。

为使权重之和为 1，对 w_i 做归一化处理：

$$\widetilde{w}_i = \frac{\hat{w}_i}{\sum\limits_{l=1}^{s}\hat{w}_l}$$

参数估计值可以通过最小化目标函数得到，

$$\arg\min_{\beta_0,\beta_1} Q(\beta_0,\beta_1) = \sum_{i=1}^{s}\widetilde{w}_i(z_i-\beta_0-\beta_1 x_i)^2$$

例 5.2　请根据例 5.1 中的数据构建逻辑回归，并用加权最小二乘法估计模型参数，解释文化程度对“是否害怕生人”的影响。

解　根据例 5.1中计算出的新“因变量” Z 的观测值构建模型

$$\frac{z_i}{\sqrt{u_i}} = \frac{\beta_0+\beta_1 x_i}{\sqrt{u_i}} + \varsigma_i, \quad i=1,2,3,4$$

用加权最小二乘法估计模型参数。

(1) 根据 $\hat{\pi}_i$ 计算“权重” w_i 的估计值：

$$\hat{w}_i = n_i\hat{\pi}_i(1-\hat{\pi}_i) = \frac{m_i}{n_i-m_i}, \quad i=1,2,3,4$$

则有 $\hat{w}_1 = 4.2777$，$\hat{w}_2 = 18.7013$，$\hat{w}_3 = 258.0184$，$\hat{w}_4 = 50.4000$。

[1] 根据参考文献 [22] 的定理 9.2 所得。

(2) 通过归一化处理计算权重 $\widetilde{w}_i$：$\widetilde{w}_1=0.7518$，$\widetilde{w}_2=0.1720$，$\widetilde{w}_3=0.0125$，$\widetilde{w}_4=0.0638$。

(3) 最小化目标函数：

$$\arg\min_{\beta_0,\beta_1} Q(\beta_0,\beta_1)=\sum_{i=1}^{4}\widetilde{w}_i\left(z_i-\beta_0+\beta_1 x_i\right)^2$$

得到参数估计值 $\hat{\beta}_0=0.0004$，$\hat{\beta}_1=-0.2450$。

于是，有回归方程

$$\ln\frac{\pi}{1-\pi}=0.0004-0.2450x$$

进而得到逻辑回归模型

$$P(Y=1|x)=\frac{\exp(0.0004-0.2459x)}{1+\exp(0.0004-0.2459x)}$$

结果表明，文化程度越高，害怕生人的概率越低。 ■

需要注意：加权最小二乘法，对数据有特殊要求，需要 n_i 较大（一般大于 30 方可）。另外，根据二项分布的正态修正原理①，计算 z_i 用得更多的是

$$\ln\frac{m_i+0.5}{n_i-m_i+0.5} \tag{5.11}$$

对于式 (5.9) 中多元逻辑回归的样本形式，以矩阵的形式表示为

$$\boldsymbol{z}=\boldsymbol{X}\widetilde{\boldsymbol{\beta}}+\boldsymbol{\epsilon}$$

式中，$\boldsymbol{X}$ 为 $N\times(p+1)$ 维的承载训练集实例信息的设计矩阵；$\boldsymbol{z}$ 为 $N\times 1$ 维的承载训练集标签的观测向量；$\widetilde{\boldsymbol{\beta}}$ 为 $(p+1)$ 维的参数向量；$\boldsymbol{\epsilon}$ 为随机噪声向量。

$$\boldsymbol{z}=\begin{pmatrix}z_1\\z_2\\\vdots\\z_N\end{pmatrix},\quad \boldsymbol{X}=\begin{pmatrix}1&x_{11}&x_{12}&\cdots&x_{1p}\\1&x_{21}&x_{22}&\cdots&x_{2p}\\\vdots&\vdots&\vdots&\ddots&\vdots\\1&x_{N1}&x_{N2}&\cdots&x_{Np}\end{pmatrix},\quad \widetilde{\boldsymbol{\beta}}=\begin{pmatrix}\beta_0\\\beta_1\\\vdots\\\beta_p\end{pmatrix},\quad \boldsymbol{\epsilon}=\begin{pmatrix}\epsilon_1\\\epsilon_2\\\vdots\\\epsilon_N\end{pmatrix}$$

假定噪声项 $\epsilon_1,\epsilon_2,\cdots,\epsilon_N$ 之间相互独立，期望 $E(\epsilon_i)=0$，方差 $\mathrm{Var}(\epsilon_i)=u_i$。由于噪声项的异方差性，采用加权最小二乘法

$$\arg\min_{\widetilde{\boldsymbol{\beta}}\in\mathbb{R}^{p+1}} Q(\widetilde{\boldsymbol{\beta}})=(\boldsymbol{z}-\boldsymbol{X}\widetilde{\boldsymbol{\beta}})^{\mathrm{T}}\boldsymbol{U}^{-1}(\boldsymbol{z}-\boldsymbol{X}\widetilde{\boldsymbol{\beta}})$$

可得到参数估计结果

$$\widetilde{\boldsymbol{\beta}}^*=(\boldsymbol{X}^{\mathrm{T}}\boldsymbol{U}^{-1}\boldsymbol{X})^{-1}\boldsymbol{X}^{\mathrm{T}}\boldsymbol{U}^{-1}\boldsymbol{z} \tag{5.12}$$

式中

$$\boldsymbol{U}=\begin{pmatrix}u_1&0&\cdots&0\\0&u_2&\cdots&0\\\vdots&\vdots&\ddots&\vdots\\0&0&\cdots&u_N\end{pmatrix}$$

① 详情参见小册子 3.5 节。

一般矩阵 $\boldsymbol{U}$ 未知，可通过训练集估计。

根据加权最小二乘法给出逻辑回归模型的分类算法如下。

逻辑回归模型的分类算法——加权最小二乘法

输入：训练数据集 $T=\{(\boldsymbol{x}_1,y_1),(\boldsymbol{x}_2,y_2),\cdots,(\boldsymbol{x}_N,y_N)\}$，其中 $\boldsymbol{x}_i\in\mathbb{R}^p$，$y_i\in\{0,1\}$，$i=1,2,\cdots,N$；待分类实例 $\boldsymbol{x}^*=(x_{*1},x_{*2},\cdots,x_{*p})^{\mathrm{T}}$。

输出：实例 $\boldsymbol{x}^*$ 的类别。

(1) 计算新“因变量”的观测向量 $\boldsymbol{z}$ 和噪声向量协方差矩阵的估计值 $\hat{\boldsymbol{U}}$。

(2) 通过加权最小二乘法估计参数

$$\widetilde{\boldsymbol{\beta}}^*=(\boldsymbol{X}^{\mathrm{T}}\hat{\boldsymbol{U}}^{-1}\boldsymbol{X})^{-1}\boldsymbol{X}^{\mathrm{T}}\boldsymbol{U}^{-1}\boldsymbol{z}$$

(3) 记扩充后的实例 $\widetilde{\boldsymbol{x}}^*=(1,x_{*1},x_{*2},\cdots,x_{*p})^{\mathrm{T}}$，计算

$$P(Y=1|\boldsymbol{x}^*)=\frac{\exp(\widetilde{\boldsymbol{x}}^*\cdot\widetilde{\boldsymbol{\beta}}^*)}{1+\exp(\widetilde{\boldsymbol{x}^*}\cdot\widetilde{\boldsymbol{\beta}}^*)}$$

和

$$P(Y=0|\boldsymbol{x}^*)=\frac{1}{1+\exp(\widetilde{\boldsymbol{x}}^*\cdot\widetilde{\boldsymbol{\beta}}^*)}$$

(4) 预测实例 $\boldsymbol{x}^*$ 的类别：

如果 $P(Y=1|\boldsymbol{x}^*)\geqslant 0.5$，则输出预测类别 $\hat{y}^*=1$；如果 $P(Y=1|\boldsymbol{x}^*)<0.5$，则输出预测类别 $\hat{y}^*=0$。

5.2.2 极大似然法

对于逻辑回归模型，可以采用极大似然法进行参数估计。若给定训练数据集 $T=\{(\boldsymbol{x}_1,y_1),(\boldsymbol{x}_2,y_2),\cdots,(\boldsymbol{x}_N,y_N)\}$，其中 $\boldsymbol{x}_i=(x_{i1},x_{i2},\cdots,x_{ip})^{\mathrm{T}}\in\mathbb{R}^p$，$x_{ij}$ 表示第 i 个样本中的实例在第 j 个属性上的取值；$y_i\in\{0,1\}$，$i=1,2,\cdots,N$；$j=1,2,\cdots,p$。因此实例 $\boldsymbol{x}_i$ 处，类别的条件概率

$$P(Y|\boldsymbol{x}_i)=\begin{cases}\dfrac{\exp(\beta_0+\boldsymbol{x}_i\cdot\boldsymbol{\beta})}{1+\exp(\beta_0+\boldsymbol{x}_i\cdot\boldsymbol{\beta})}, & Y=1\\[2ex] \dfrac{1}{1+\exp(\beta_0+\boldsymbol{x}_i\cdot\boldsymbol{\beta})}, & Y=0\end{cases}$$

如果 $Y=y_i$，则

$$P(Y=y_i|\boldsymbol{x}_i)=\left\{\frac{\exp(\beta_0+\boldsymbol{x}_i\cdot\boldsymbol{\beta})}{1+\exp(\beta_0+\boldsymbol{x}_i\cdot\boldsymbol{\beta})}\right\}^{y_i}\left\{\frac{1}{1+\exp(\beta_0+\boldsymbol{x}_i\cdot\boldsymbol{\beta})}\right\}^{1-y_i}$$

假设训练集中 N 个样本之间相互独立，可以得到样本联合概率

$$\prod_{i=1}^{N}P(Y=y_i|\boldsymbol{x}_i)=\prod_{i=1}^{N}\left\{\frac{\exp(\beta_0+\boldsymbol{x}_i\cdot\boldsymbol{\beta})}{1+\exp(\beta_0+\boldsymbol{x}_i\cdot\boldsymbol{\beta})}\right\}^{y_i}\left\{\frac{1}{1+\exp(\beta_0+\boldsymbol{x}_i\cdot\boldsymbol{\beta})}\right\}^{1-y_i}$$

对数似然函数为

$$\begin{aligned}L(\beta_0,\boldsymbol{\beta}) &= \sum_{i=1}^{N} \ln\{P(Y=y_i|\boldsymbol{x}_i)\} \\ &= \sum_{i=1}^{N}\left[y_i \ln \frac{\exp(\beta_0+\boldsymbol{x}_i\cdot\boldsymbol{\beta})}{1+\exp(\beta_0+\boldsymbol{x}_i\cdot\boldsymbol{\beta})} + (1-y_i)\ln\frac{1}{1+\exp(\beta_0+\boldsymbol{x}_i\cdot\boldsymbol{\beta})}\right] \\ &= \sum_{i=1}^{N}\{y_i(\beta_0+\boldsymbol{x}_i\cdot\boldsymbol{\beta}) - \ln[1+\exp(\beta_0+\boldsymbol{x}_i\cdot\boldsymbol{\beta})]\}\end{aligned}$$

如果从损失的角度来理解，每个样本 $(\boldsymbol{x},y)$ 处的损失为对数似然损失，

$$-\ln\{P(Y=y|\boldsymbol{x})\} = \ln[1+\exp(\beta_0+\boldsymbol{x}\cdot\boldsymbol{\beta})] - y(\beta_0+\boldsymbol{x}\cdot\boldsymbol{\beta})$$

则经验损失为

$$R_{\text{emp}} = \sum_{i=1}^{N} \ln[1+\exp(\beta_0+\boldsymbol{x}_i\cdot\boldsymbol{\beta})] - y_i(\beta_0+\boldsymbol{x}_i\cdot\boldsymbol{\beta})$$

最小化经验损失

$$\arg\min_{\beta_0,\boldsymbol{\beta}} R_{\text{emp}} = \sum_{i=1}^{N} \ln[1+\exp(\beta_0+\boldsymbol{x}_i\cdot\boldsymbol{\beta})] - y_i(\beta_0+\boldsymbol{x}_i\cdot\boldsymbol{\beta})$$

等价于最大化似然函数。此处，最小化损失思想与概率最大化思想是一致的。

通过极大似然法得到逻辑回归模型的分类算法如下。

逻辑回归模型的分类算法——极大似然法

输入：训练数据集 $T=\{(\boldsymbol{x}_1,y_1),(\boldsymbol{x}_2,y_2),\cdots,(\boldsymbol{x}_N,y_N)\}$，其中 $\boldsymbol{x}_i\in\mathbb{R}^p$，$y_i\in\{0,1\}$，$i=1,2,\cdots,N$；待分类实例 $\boldsymbol{x}^*$。

输出：实例 $\boldsymbol{x}^*$ 的类别。

(1) 根据极大似然法构造优化问题

$$\arg\max_{\beta_0,\boldsymbol{\beta}} L(\beta_0,\boldsymbol{\beta}) = \sum_{i=1}^{N}\{y_i(\beta_0+\boldsymbol{x}_i\cdot\boldsymbol{\beta}) - \ln[1+\exp(\beta_0+\boldsymbol{x}_i\cdot\boldsymbol{\beta})]\}$$

根据优化问题得出最优解 $\boldsymbol{\beta}^*,\beta_0^*$。

(2) 根据 ${\beta_0}^*$ 和 $\boldsymbol{\beta}^*$ 计算

$$P(Y=1|\boldsymbol{x}^*) = \frac{\exp(\beta_0^*+\boldsymbol{x}^*\cdot\boldsymbol{\beta}^*)}{1+\exp(\beta_0^*+\boldsymbol{x}^*\cdot\boldsymbol{\beta}^*)}$$

和

$$P(Y=0|\boldsymbol{x}^*) = \frac{1}{1+\exp(\beta_0^*+\boldsymbol{x}^*\cdot\boldsymbol{\beta}^*)}$$

(3) 预测实例 $\boldsymbol{x}^*$ 的类别：

如果 $P(Y=1|\boldsymbol{x}^*)\geqslant 0.5$，则输出预测类别 $\hat{y}^*=1$；如果 $P(Y=1|\boldsymbol{x}^*)<0.5$，则输出预测类别 $\hat{y}^*=0$。

5.3 逻辑回归模型的学习算法

虽然加权最小二乘法具有显性表达式，但对数据有一定的要求，而且权重和新“因变量”都是根据训练集估计所得，具有局限性。一般而言，对于逻辑回归模型，更常用的是极大似然法。也就是说，只要解决 5.2 节的极大似然问题，就能训练出逻辑回归模型，这可以通过优化算法求解。为表达简便，这里记扩展后的实例 $\widetilde{\boldsymbol{x}}=(1,x_1,x_2,\cdots,x_p)^{\mathrm{T}}$，模型参数向量 $\widetilde{\boldsymbol{\beta}}=(\beta_0,\beta_1,\beta_2,\cdots,\beta_p)^{\mathrm{T}}$。逻辑回归模型重写作

$$P(Y=1|\boldsymbol{x})=\frac{\exp(\widetilde{\boldsymbol{x}}\cdot\widetilde{\boldsymbol{\beta}})}{1+\exp(\widetilde{\boldsymbol{x}}\cdot\widetilde{\boldsymbol{\beta}})} \quad 和 \quad P(Y=1|\boldsymbol{x})=\frac{1}{1+\exp(\widetilde{\boldsymbol{x}}\cdot\widetilde{\boldsymbol{\beta}})}$$

模型的优化问题可简化为

$$\arg\max_{\widetilde{\boldsymbol{\beta}}} L(\widetilde{\boldsymbol{\beta}})=\sum_{i=1}^{N}\left\{y_i(\widetilde{\boldsymbol{x}}_i\cdot\widetilde{\boldsymbol{\beta}})-\ln\left[1+\exp(\widetilde{\boldsymbol{x}}_i\cdot\widetilde{\boldsymbol{\beta}})\right]\right\} \tag{5.13}$$

式中，$\widetilde{\boldsymbol{x}}_i=(1,x_{i1},x_{i2},\cdots,x_{ip})^{\mathrm{T}}$。

优化方法大多解决凸优化的极小值问题，我们将优化问题式 (5.13) 转化为

$$\arg\min_{\widetilde{\boldsymbol{\beta}}} Q(\widetilde{\boldsymbol{\beta}})=\sum_{i=1}^{N}\left\{\ln\left[1+\exp(\widetilde{\boldsymbol{x}}_i\cdot\widetilde{\boldsymbol{\beta}})\right]-y_i(\widetilde{\boldsymbol{x}}_i\cdot\widetilde{\boldsymbol{\beta}})\right\} \tag{5.14}$$

常用的优化方法，比如梯度下降法①、牛顿法②等，都适用于逻辑回归模型。下面分别介绍这两种方法的学习。其中，牛顿法收敛速度较梯度下降法更快。

5.3.1 梯度下降法

对于目标函数 $Q(\widetilde{\boldsymbol{\beta}})$，梯度

$$G(\widetilde{\boldsymbol{\beta}})=\left(\frac{\partial Q(\widetilde{\boldsymbol{\beta}})}{\partial\beta_0},\frac{\partial Q(\widetilde{\boldsymbol{\beta}})}{\partial\beta_1},\frac{\partial Q(\widetilde{\boldsymbol{\beta}})}{\partial\beta_2},\cdots,\frac{\partial Q(\widetilde{\boldsymbol{\beta}})}{\partial\beta_p}\right)^{\mathrm{T}}$$

式中

$$\frac{\partial Q(\widetilde{\boldsymbol{\beta}})}{\partial\beta_j}=\sum_{i=1}^{N}\left\{\frac{\exp(\widetilde{\boldsymbol{x}}_i\cdot\widetilde{\boldsymbol{\beta}})}{1+\exp(\widetilde{\boldsymbol{x}}_i\cdot\widetilde{\boldsymbol{\beta}})}-y_i\right\}x_{ij}, \quad j=0,1,2,\cdots,p$$

其中，$x_{i0}=1$。记

$$\pi(\widetilde{\boldsymbol{x}}_i,\widetilde{\boldsymbol{\beta}})=\frac{\exp(\widetilde{\boldsymbol{x}}_i\cdot\widetilde{\boldsymbol{\beta}})}{1+\exp(\widetilde{\boldsymbol{x}}_i\cdot\widetilde{\boldsymbol{\beta}})}$$

则参数 $\beta_j, j=0,1,2,\cdots,p$ 在梯度下降法中第 k 轮迭代公式为

$$\beta_j^{(k+1)}=\beta_j^{(k)}-\eta\sum_{i=1}^{N}\left\{\pi(\widetilde{\boldsymbol{x}}_i,\widetilde{\boldsymbol{\beta}}^{(k)})-y_i\right\}x_{ij}, \quad j=0,1,2,\cdots,p$$

其中，η 为梯度下降法中的迭代步长。

① 详情参见小册子 4.1 节。

② 详情参见小册子 4.2 节。

训练逻辑回归模型的梯度下降算法如下。

训练逻辑回归模型的梯度下降算法

输入：训练数据集 $T=\{(\boldsymbol{x}_1,y_1),(\boldsymbol{x}_2,y_2),\cdots,(\boldsymbol{x}_N,y_N)\}$，其中 $\boldsymbol{x}_i\in\mathbb{R}^p$，$y_i\in\{0,1\}$，$i=1,2,\cdots,N$；迭代步长 η；精度 ε。

输出：最优参数 $\widetilde{\boldsymbol{\beta}}^*$；最优逻辑回归模型。

(1) 选定参数的初始值 $\widetilde{\boldsymbol{\beta}}^{(0)}=(\beta_0^{(0)},\beta_1^{(0)},\beta_2^{(0)},\cdots,\beta_p^{(0)})^{\mathrm{T}}\in\mathbb{R}^{p+1}$，置 $k=0$。

(2) 根据参数 $\widetilde{\boldsymbol{\beta}}^{(k)}$ 计算 $\pi(\widetilde{\boldsymbol{x}}_i,\widetilde{\boldsymbol{\beta}}^{(k)})$，　$i=1,2,\cdots,N$。

(3) 更新参数

$$\widetilde{\boldsymbol{\beta}}^{(k+1)}=(\beta_0^{(k+1)},\beta_1^{(k+1)},\beta_2^{(k+1)},\cdots,\beta_p^{(k+1)})^{\mathrm{T}}$$

其中

$$\beta_j^{(k+1)}=\beta_j^{(k)}-\eta\sum_{i=1}^{N}\left\{\pi(\widetilde{\boldsymbol{x}}_i,\widetilde{\boldsymbol{\beta}}^{(k)})-y_i\right\}x_{ij},\quad j=0,1,2,\cdots,p$$

(4) 如果 $\|\widetilde{\boldsymbol{\beta}}^{(k+1)}-\widetilde{\boldsymbol{\beta}}^{(k)}\|_2\leqslant\varepsilon$，停止迭代，令 $\widetilde{\boldsymbol{\beta}}^*=\widetilde{\boldsymbol{\beta}}^{(k+1)}$，输出最优参数；否则，令 $k=k+1$，转 (2) 继续迭代，更新参数，直到满足终止条件。

(5) 最优逻辑回归模型为

$$P(Y=1|\boldsymbol{x})=\frac{\exp(\widetilde{\boldsymbol{x}}\cdot\widetilde{\boldsymbol{\beta}}^*)}{1+\exp(\widetilde{\boldsymbol{x}}\cdot\widetilde{\boldsymbol{\beta}}^*)}\quad 和\quad P(Y=1|\boldsymbol{x})=\frac{1}{1+\exp(\widetilde{\boldsymbol{x}}\cdot\widetilde{\boldsymbol{\beta}}^*)}$$

如果停止条件为 $\|Q(\widetilde{\boldsymbol{\beta}}^{(k+1)})-Q(\widetilde{\boldsymbol{\beta}}^{(k)})\|_2$，只需要在算法中增加 $Q(\widetilde{\boldsymbol{\beta}}^{(k+1)})$ 的计算，将 (2) 和 (4) 替换为 (2′) 和 (4′) 即可。

(2′) 根据参数 $\widetilde{\boldsymbol{\beta}}^{(k)}$ 计算 $Q(\widetilde{\boldsymbol{\beta}}^{(k+1)})$ 和 $\pi(\widetilde{\boldsymbol{x}}_i,\widetilde{\boldsymbol{\beta}}^{(k)})$，$i=1,2,\cdots,N$。

(4′) 如果 $\|Q(\widetilde{\boldsymbol{\beta}}^{(k+1)})-Q(\widetilde{\boldsymbol{\beta}}^{(k)})\|_2\leqslant\varepsilon$，停止迭代，令 $\widetilde{\boldsymbol{\beta}}^*=\widetilde{\boldsymbol{\beta}}^{(k+1)}$，输出最优参数；否则，令 $k=k+1$，转 (2) 继续迭代，更新参数，直到满足终止条件。

在学习逻辑回归模型的梯度下降算法中，步长 η 为给定的，若希望每步迭代采用的都是最优步长，可应用最速下降算法。

梯度向量还可以表示为

$$G(\widetilde{\boldsymbol{\beta}})=\sum_{i=1}^{N}\left\{\frac{\exp(\widetilde{\boldsymbol{x}}_i\cdot\widetilde{\boldsymbol{\beta}})}{1+\exp(\widetilde{\boldsymbol{x}}_i\cdot\widetilde{\boldsymbol{\beta}})}-y_i\right\}\widetilde{\boldsymbol{x}}_i$$

迭代公式

$$\widetilde{\boldsymbol{\beta}}^{(k+1)}=\widetilde{\boldsymbol{\beta}}^{(k)}-\eta^{(k)}G(\widetilde{\boldsymbol{\beta}}^{(k)})$$

式中，$\eta^{(k)}$ 为第 k 轮迭代的最优步长。

学习逻辑回归模型的最速下降算法如下。

学习逻辑回归模型的最速下降算法

输入：训练数据集 $T=\{(\boldsymbol{x}_1,y_1),(\boldsymbol{x}_2,y_2),\cdots,(\boldsymbol{x}_N,y_N)\}$，其中 $\boldsymbol{x}_i\in\mathbb{R}^p$，$y_i\in\{0,1\}$，$i=1,2,\cdots,N$；精度 ε。

输出：最优参数 $\widetilde{\boldsymbol{\beta}}^*$；最优逻辑回归模型。

(1) 选定参数的初始值 $\widetilde{\boldsymbol{\beta}}^{(0)} = (\beta_0^{(0)}, \beta_1^{(0)}, \beta_2^{(0)}, \cdots, \beta_p^{(0)})^{\mathrm{T}} \in \mathbb{R}^{p+1}$，置 $k=0$。

(2) 计算目标函数 $Q(\widetilde{\boldsymbol{\beta}}^{(k)})$ 和梯度向量 $G(\widetilde{\boldsymbol{\beta}}^{(k)})$。

(3) 计算最优步长

$$\eta^{(k)} = \arg\min_{\eta} Q(\widetilde{\boldsymbol{\beta}}^{(k)} - \eta G(\widetilde{\boldsymbol{\beta}}^{(k)})$$

(4) 参数更新：

$$\widetilde{\boldsymbol{\beta}}^{(k+1)} = \widetilde{\boldsymbol{\beta}}^{(k)} - \eta^{(k)} G(\widetilde{\boldsymbol{\beta}}^{(k)})$$

(5) 如果 $\|Q(\widetilde{\boldsymbol{\beta}}^{(k+1)}) - Q(\widetilde{\boldsymbol{\beta}}^{(k)})\|_2 \leqslant \varepsilon$，停止迭代，令 $\widetilde{\boldsymbol{\beta}}^* = \widetilde{\boldsymbol{\beta}}^{(k+1)}$，输出最优参数；否则，令 $k=k+1$，转步骤 (2) 继续迭代，更新参数，直到满足终止条件。

(6) 最优逻辑回归模型为

$$P(Y=1|\boldsymbol{x}) = \frac{\exp(\widetilde{\boldsymbol{x}} \cdot \widetilde{\boldsymbol{\beta}}^*)}{1+\exp(\widetilde{\boldsymbol{x}} \cdot \widetilde{\boldsymbol{\beta}}^*)} \quad 和 \quad P(Y=1|\boldsymbol{x}) = \frac{1}{1+\exp(\widetilde{\boldsymbol{x}} \cdot \widetilde{\boldsymbol{\beta}}^*)}$$

5.3.2　牛顿法

计算目标函数 $Q(\widetilde{\boldsymbol{\beta}})$ 的海森矩阵为

$$H(\widetilde{\boldsymbol{\beta}}) = \begin{pmatrix} \dfrac{\partial Q^2(\widetilde{\boldsymbol{\beta}})}{\partial^2 \beta_0} & \dfrac{\partial Q^2(\widetilde{\boldsymbol{\beta}})}{\partial \beta_0 \partial \beta_1} & \dfrac{\partial Q^2(\widetilde{\boldsymbol{\beta}})}{\partial \beta_0 \partial \beta_2} & \cdots & \dfrac{\partial Q^2(\widetilde{\boldsymbol{\beta}})}{\partial \beta_0 \partial \beta_p} \\ \dfrac{\partial Q^2(\widetilde{\boldsymbol{\beta}})}{\partial \beta_1 \partial \beta_0} & \dfrac{\partial Q^2(\widetilde{\boldsymbol{\beta}})}{\partial^2 \beta_1} & \dfrac{\partial Q^2(\widetilde{\boldsymbol{\beta}})}{\partial \beta_1 \partial \beta_2} & \cdots & \dfrac{\partial Q^2(\widetilde{\boldsymbol{\beta}})}{\partial \beta_1 \partial \beta_p} \\ \vdots & \vdots & \vdots & \ddots & \vdots \\ \dfrac{\partial Q^2(\widetilde{\boldsymbol{\beta}})}{\partial \beta_p \partial \beta_0} & \dfrac{\partial Q^2(\widetilde{\boldsymbol{\beta}})}{\partial \beta_p \partial \beta_1} & \dfrac{\partial Q^2(\widetilde{\boldsymbol{\beta}})}{\partial \beta_p \partial \beta_2} & \cdots & \dfrac{\partial Q^2(\widetilde{\boldsymbol{\beta}})}{\partial^2 \beta_p} \end{pmatrix}$$

式中

$$\frac{\partial^2 Q(\widetilde{\boldsymbol{\beta}})}{\partial \beta_j \partial \beta_l} = \sum_{i=1}^{N} \frac{\exp(\widetilde{\boldsymbol{x}}_i \cdot \widetilde{\boldsymbol{\beta}})}{[1+\exp(\widetilde{\boldsymbol{x}}_i \cdot \widetilde{\boldsymbol{\beta}})]^2} x_{ij} x_{il}, \quad j,l = 0,1,2,\cdots,p$$

以向量形式表示海森矩阵：

$$H(\widetilde{\boldsymbol{\beta}}) = \sum_{i=1}^{N} \frac{\exp(\widetilde{\boldsymbol{x}}_i \cdot \widetilde{\boldsymbol{\beta}})}{[1+\exp(\widetilde{\boldsymbol{x}}_i \cdot \widetilde{\boldsymbol{\beta}})]^2} \widetilde{\boldsymbol{x}}_i \widetilde{\boldsymbol{x}}_i^{\mathrm{T}}$$

迭代公式

$$\widetilde{\boldsymbol{\beta}}^{(k+1)} = \widetilde{\boldsymbol{\beta}}^{(k)} - H^{-1}(\widetilde{\boldsymbol{\beta}}^{(k)}) G(\widetilde{\boldsymbol{\beta}}^{(k)})$$

学习逻辑回归模型的牛顿法算法如下。

学习逻辑回归模型的牛顿法算法

输入：训练数据集 $T=\{(\boldsymbol{x}_1,y_1),(\boldsymbol{x}_2,y_2),\cdots,(\boldsymbol{x}_N,y_N)\}$，其中 $\boldsymbol{x}_i\in\mathbb{R}^p$，$y_i\in\{0,1\}$，$i=1,2,\cdots,N$；精度 ε。

输出：最优参数 $\widetilde{\boldsymbol{\beta}}^*$；最优逻辑回归模型。

(1) 选定参数的初始值 $\widetilde{\boldsymbol{\beta}}^{(0)}=(\beta_0^{(0)},\beta_1^{(0)},\beta_2^{(0)},\cdots,\beta_p^{(0)})^{\mathrm{T}}\in\mathbb{R}^{p+1}$，置 $k=0$。

(2) 计算梯度向量 $G(\widetilde{\boldsymbol{\beta}}^{(k)})$ 和海森矩阵 $H(\widetilde{\boldsymbol{\beta}}^{(k)})$。

(3) 参数更新：

$$\widetilde{\boldsymbol{\beta}}^{(k+1)}=\widetilde{\boldsymbol{\beta}}^{(k)}-H^{-1}(\widetilde{\boldsymbol{\beta}}^{(k)})G(\widetilde{\boldsymbol{\beta}}^{(k)})$$

(4) 如果 $\|\widetilde{\boldsymbol{\beta}}^{(k+1)}-\widetilde{\boldsymbol{\beta}}^{(k)}\|_2\leqslant\varepsilon$，停止迭代，令 $\widetilde{\boldsymbol{\beta}}^*=\widetilde{\boldsymbol{\beta}}^{(k+1)}$，输出最优参数；否则，令 $k=k+1$，转步骤 (2) 继续迭代，更新参数，直到满足终止条件。

(5) 最优逻辑回归模型为

$$P(Y=1|\boldsymbol{x})=\frac{\exp(\widetilde{\boldsymbol{x}}\cdot\widetilde{\boldsymbol{\beta}}^*)}{1+\exp(\widetilde{\boldsymbol{x}}\cdot\widetilde{\boldsymbol{\beta}}^*)}\quad 和\quad P(Y=1|\boldsymbol{x})=\frac{1}{1+\exp(\widetilde{\boldsymbol{x}}\cdot\widetilde{\boldsymbol{\beta}}^*)}$$

5.4 拓展部分

本章第 5.1 节介绍了逻辑回归。逻辑回归的本质为 Logistic 函数和广义线性回归模型。接下来就从这两方面对逻辑回归模型进行拓展。

5.4.1 拓展 1：多分类逻辑回归模型

之前的小节介绍的都是用逻辑回归解决二分类问题，类别的条件概率分布 $P(Y|X=\boldsymbol{x})$ 为伯努利分布，也称这类逻辑回归为二项逻辑回归（Binary Logistic Regression）。假如是多分类问题，如何用逻辑回归处理呢？

若给定训练数据集 $T=\{(\boldsymbol{x}_1,y_1),(\boldsymbol{x}_2,y_2),\cdots,(\boldsymbol{x}_N,y_N)\}$，其中 $\boldsymbol{x}_i=(x_{i1},x_{i2},\cdots,x_{ip})^{\mathrm{T}}\in\mathbb{R}^p$，$x_{ij}$ 表示第 i 个样本中的实例在第 j 个属性上的取值；$y_i\in\mathcal{Y}=\{c_1,c_2,\cdots,c_K\}$，$i=1,2,\cdots,N$，$j=1,2,\cdots,p$；$T_\tau$ 表示属于第 c_k 类的样本集合，$\tau=1,2,\cdots,K$。

1. 基于二项逻辑回归处理多分类问题

先考虑不改变模型结构本身的情况，也就是仍然基于二项逻辑回归来处理。此时可以将多分类问题拆分为若干二分类的子问题。常用的拆分方式有两种：一对一分类器和一对余分类器。

1) 一对一分类器（OvO）

一对一分类器（One vs One，OvO），顾名思义，就是一个类别对应一个类别的分类器。如果采用一对一的拆分策略，意味着将 K 个类别两两组成对，一共有 $\mathrm{C}_K^2=K(K-1)/2$ 对，每次取一对类别的样本去训练一个分类器。对实例预测时，就是将 $K(K-1)/2$ 个分类器的结果综合在一起，输出结果。处理一个二分类问题的时间复杂度为 $O(Np^2)$，则一对一分类器的时间复杂度为 $O(Np^2K^2)$。

2) 一对余分类器（OvR）

一对余分类器（One vs Rest，OvR），顾名思义，就是一个类别对应剩余类别的分类器，一共有 K 对组合。如果采用一对余的拆分策略，意味着先选择一个类别的样本标注为正类，比如将 T_τ 中的样本标注为“+1”，然后将剩余的所有类别的样本并在一起标注为负类，即将 $\{T_1,\cdots,T_{\tau-1},T_{\tau+1},\cdots,T_K\}$ 中的样本标注为“−1”，之后根据正负类的样本训练分类器。对实例预测时，就是将 K 个分类器的结果综合在一起，输出结果。一对余分类器的时间复杂度为 $O(Np^2K)$。

以 $K=4$ 为例，一对一分类器和一对余分类器的示意图如图 5.3 所示。

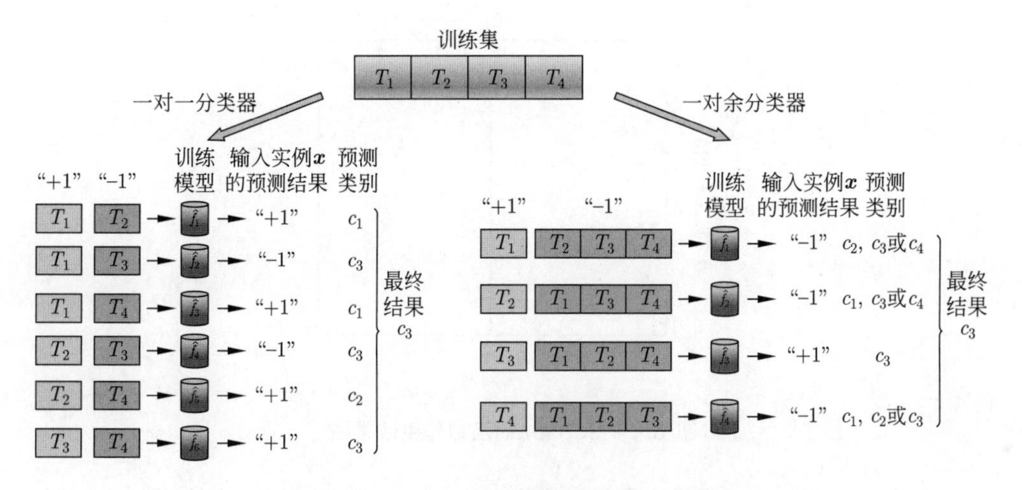

图 5.3　一对一分类器和一对余分类器

2. 扩展至多项逻辑回归处理多分类问题

如果将类别的条件概率分布 $P(Y|X=\boldsymbol{x})$ 拓展至多类别的离散分布，输出空间 $\mathcal{Y}=\{c_1,c_2,\cdots,c_K\}$，称这类逻辑回归为多项逻辑回归（Multi-nomial Logistic Regression）。多项逻辑回归仍然是一个广义线性回归模型，与二项逻辑回归模型的不同之处，在于以 Softmax 函数替换 sigmoid 函数。

拆词介意，Softmax 由 soft 和 max 两部分组成。soft 词义为“软”，一般代表更加灵活，与 hard 的“硬”相对[①]，max 表示“最大值”。Softmax 函数也经常用在神经网络中作为激活函数，形式为

$$\text{Softmax}(b_\tau)=\frac{\mathrm{e}^{b_\tau}}{\sum\limits_{l=1}^{K}\mathrm{e}^{b_l}},\quad \tau=1,2,\cdots,K$$

Softmax 函数通过指数变换，将 b_τ 映射到 $(0,1)$ 区间，使得 $b_1,b_2,\cdots,b_K$ 中的最小值变换后趋于 0，最大值变换后趋于 1，放大 b_τ 的作用。例如，有一组序列 $2,3,7,4,1$，其 Softmax 函数值和 Max 函数值，如图 5.4 所示。

① 在本书第 9 章，支持向量机的算法有硬间隔和软间隔两种，与此处的 hard 和 soft 含义类似。

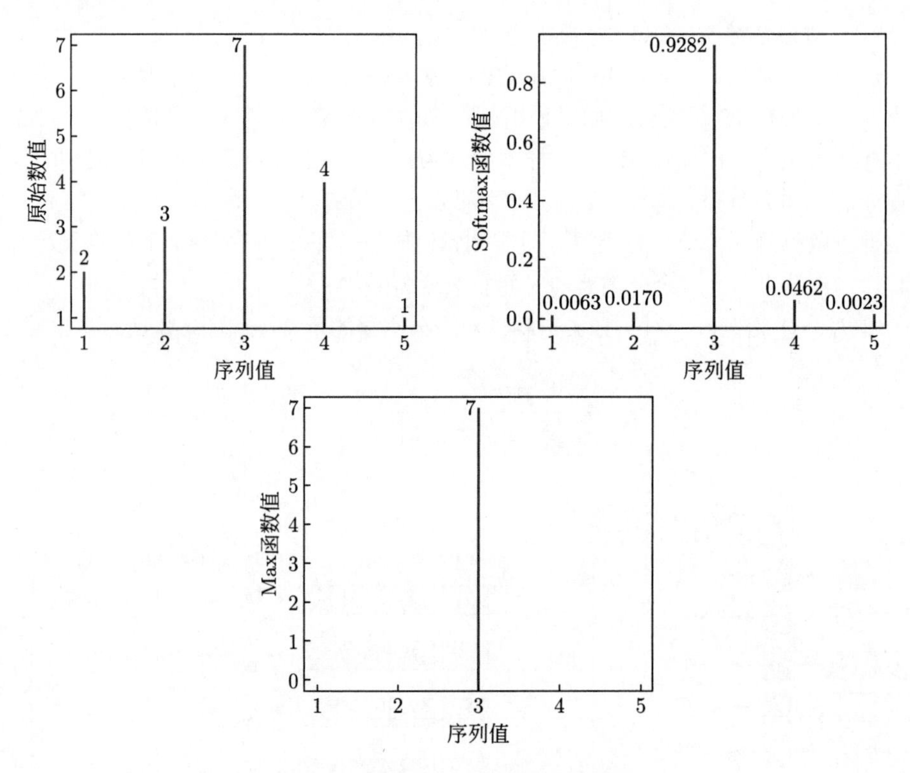

图 5.4　Softmax 函数作用效果图

可见，如果以 Max 函数（即取序列最大值）来判断每个数值，则结果十分绝对，要么是最大值，要么不是。而 Softmax 函数较之 Max 函数显得没有那么生硬，这也是称其为 soft 的原因。

以 Softmax 函数的反函数作为广义线性回归模型的连接函数，得到多项逻辑回归模型。如果在 $\boldsymbol{x}$ 处，扩展后的实例为 $\widetilde{\boldsymbol{x}}$，第 c_τ 类的参数为 $\widetilde{\boldsymbol{\beta}}_\tau$，则类别的条件概率为

$$P(Y|\boldsymbol{X}=\boldsymbol{x})=\begin{cases}\dfrac{\exp(\widetilde{\boldsymbol{x}}\cdot\widetilde{\boldsymbol{\beta}}_1)}{\sum\limits_{\tau=1}^{K}\exp(\widetilde{\boldsymbol{x}}\cdot\widetilde{\boldsymbol{\beta}}_\tau)}, & Y=c_1\\ \dfrac{\exp(\widetilde{\boldsymbol{x}}\cdot\widetilde{\boldsymbol{\beta}}_2)}{\sum\limits_{\tau=1}^{K}\exp(\widetilde{\boldsymbol{x}}\cdot\widetilde{\boldsymbol{\beta}}_\tau)}, & Y=c_2\\ \qquad\vdots & \\ \dfrac{\exp(\widetilde{\boldsymbol{x}}\cdot\widetilde{\boldsymbol{\beta}}_K)}{\sum\limits_{\tau=1}^{K}\exp(\widetilde{\boldsymbol{x}}\cdot\widetilde{\boldsymbol{\beta}}_\tau)}, & Y=c_K\end{cases}$$

从根本上来说，二项逻辑回归与多项逻辑回归在本质上是一致的，二项逻辑回归可被视为多项逻辑回归的特殊情况。

5.4.2 拓展 2：非线性逻辑回归模型

非线性逻辑回归模型示例见图 5.5。

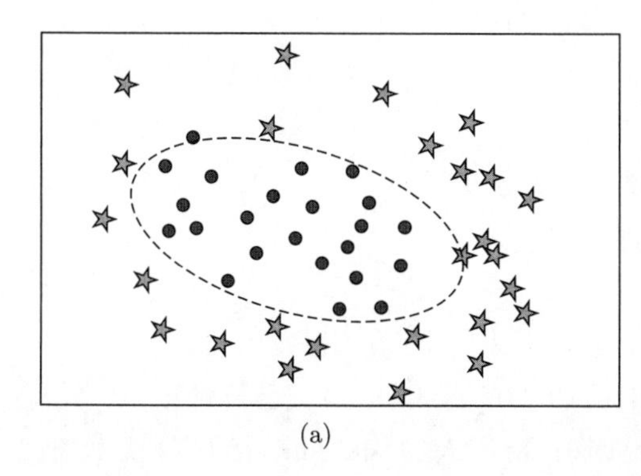

(a)

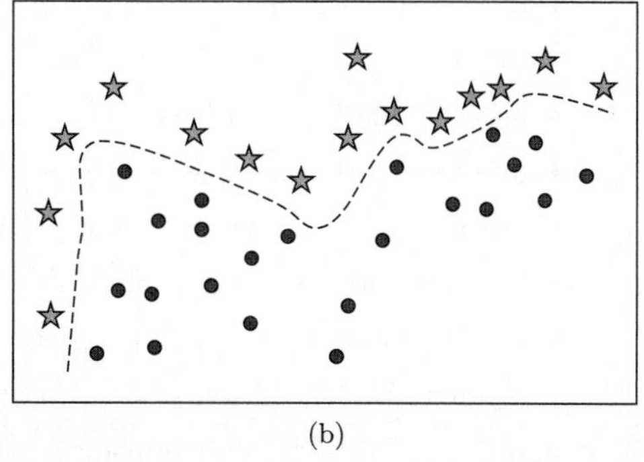

(b)

图 5.5 非线性逻辑回归示例

如果是非线性的分类情况，以二分类问题为例，如图 5.5 所示，图中的虚线就是决策边界，很明显两类样本无法通过直线分离。如果仍然采用广义线性回归模型的结构很难取得一个较好的效果，甚至会出现欠拟合的线性，这时候可以考虑用广义非线性回归模型。也就是说，输出 Y 的条件概率 $p=P(Y|\boldsymbol{x})$ 经连接函数 $\mathcal{G}(p)$ 后得到的是实例 $\boldsymbol{x}=(x_1,x_2,\cdots,x_p)^{\mathrm{T}}$ 的非线性函数，即

$$\mathcal{G}(p)=f(\boldsymbol{x},\boldsymbol{\beta})$$

其中，$f(\boldsymbol{x};\boldsymbol{\beta})$ 表示参数为 $\boldsymbol{\beta}$ 的非线性函数。参数向量 $\boldsymbol{\beta}$ 的维度由拟合决策边界的函数包含的参数个数决定。对于图 5.5(a)，可以考虑椭圆函数拟合，参数包括中心点坐标，椭圆长短轴的长度，共 4 个参数，则 $\boldsymbol{\beta}\in\mathbb{R}^4$；对于图 5.5(b)，可以考虑多项式函数拟合，参数维度由最小损失对应的模型函数决定。

另外，如果无法确定拟合决策边界的函数，还可以尝试非参数回归，比如样条回归，核函数回归等。本书第 9 章还将详细介绍非线性支持向量机方法，通过引入核函数，将非线性分类问题转化为线性问题，然后借助线性分类器解决。

总的来说，非线性逻辑回归的基本流程包含以下 4 步：

(1) 根据经验确定拟合的函数形式。

(2) 确定损失函数形式。

(3) 根据损失最小化思想或者概率最大化思想，训练模型。

(4) 根据通过训练得到的模型做出预测。

5.5 案例分析——离职数据集

2020 年初，新冠疫情席卷全球，一些公司甚至世界名企也濒临破产危机。尽管公司渴求人才，但公司裁员、职工辞职等现象屡见不鲜。本节分析的案例是某公司员

工的离职数据集，具体的数据集可在 https://www.kaggle.com/datasets/jiangzuo/hr-comma-sep 下载。该数据集一共有 14999 条记录，包含未离职和已离职的两个类别的员工，属性变量有 9 个。数据集中的具体变量如下：

- left：是否已经离职（0：未离职；1：已离职）。
- satisfaction_level：对公司的满意度。
- last_evaluation：对绩效的评估。
- number_project：共参加的项目个数。
- average_montly_hours：每月平均工作时长。
- time_spend_company：工作年限。
- Work_accident：是否发生过工作事故（0：未发生；1：已发生）。
- promotion_last_5years：5 年内是否升职（0：未升职；1：已升职）。
- sales：工作岗位（accounting：会计岗；hr：人力岗；IT：互联网技术岗；management：管理岗；marketing：市场岗；product_mng：产品岗；RandD：研发岗；sales：销售岗；support：协助岗；technical：技术岗）。
- salary：薪资水平（low：低；medium：中；high：高）。

数据集不存在缺失值的情况。属性特征中，工作岗位和薪资水平存储为 Object 对象变量，且为离散变量，需将其数字化。特别地，薪资水平为顺序变量，需要将其按类别顺序赋值。需要说明的是，sklearn 库中的函数“LogisticRegression”默认训练以参数 L_2 范数为正则项的逻辑回归模型。正则化将会带来参数的有偏估计，尤其在量纲不同的情况，正则化会带来更大的偏差，导致优化算法无法运行或拟合效果差。因此，本案例分析中将对数据标准化处理后再训练模型。

```
1  # 导入相关模块
2  import pandas as pd
3  from sklearn.linear_model import LogisticRegression
4  from sklearn.metrics import accuracy_score
5  from sklearn.model_selection import train_test_split
6  from sklearn.preprocessing import LabelEncoder
7  from sklearn.preprocessing import StandardScaler
8  
9  # 设置随机数种子
10 random.seed(2022)
11 
12 # 读取离职数据集
13 dimission = pd.read_csv("HR_comma_sep.csv")
14 
15 # 将顺序变量数值化
16 dimission["salary"] = dimission["salary"].map({"low":0, "medium":1, "high":2})
17 dimission["salary"] .unique()
18 
19 # 将对象变量数据化
20 labelencoder=LabelEncoder()
21 dimission["sales"] = labelencoder.fit_transform(dimission["sales"])
22 
```

```
23  # 提取属性变量与分类变量
24  X = dimission.drop("left",axis=1)
25  y = dimission["left"]
26
27  # 划分训练集与测试集，集合容量比例为 8:2
28  X_train, X_test, y_train, y_test = train_test_split(X, y, train_size = 0.8)
29
30  # 对数据标准化处理
31  standard = StandardScaler()
32  X_train_st = standard.fit_transform(X_train)
33  X_test_st = standard.fit_transform(X_test)
34
35  # 创建逻辑回归分类器
36  LR = LogisticRegression( )
37  # 训练模型
38  LR_fit = LR.fit(X_train_st, y_train)
39
40  # 模型准确率
41  pred = LR_fit.predict(X_test_st)
42  accuracy = accuracy_score(pred, y_test)
43  print("Accuracy␣of␣LR:␣␣%.2f" % accuracy)
```

输出分类准确率如下：

```
1  The Accuracy of LR: 0.78
```

5.6 本章小结

1. 逻辑回归模型通常用以处理二分类问题，其核心思想在于将原本线性回归所得值通过逻辑函数映射到概率空间，然后将线性回归模型转换为一个分类模型。简单来讲，逻辑回归的结构由回归模型与逻辑函数决定。

2. 逻辑回归模型：

设输入变量 X 包含 p 个属性变量 $X_1, X_2, \cdots, X_p$，$Y \in \{0,1\}$ 为输出变量。如果实例 $\boldsymbol{x} = (x_1, x_2, \cdots, x_p)^{\mathrm{T}}$，$x_j$ 表示实例第 j 个属性的具体取值，$j = 1, 2, \cdots, p$，则如下条件的概率分布被称为逻辑回归模型：

$$P(Y=1|\boldsymbol{x}) = \frac{\exp(\beta_0 + \boldsymbol{x}\cdot\boldsymbol{\beta})}{1+\exp(\beta_0 + \boldsymbol{x}\cdot\boldsymbol{\beta})} \quad 和 \quad P(Y=1|\boldsymbol{x}) = \frac{1}{1+\exp(\beta_0 + \boldsymbol{x}\cdot\boldsymbol{\beta})}$$

式中，β_0 和 $\boldsymbol{\beta} = (\beta_1, \beta_2, \cdots, \beta_p)^{\mathrm{T}}$ 为模型参数，$\boldsymbol{x}\cdot\boldsymbol{\beta}$ 表示向量 $\boldsymbol{x}$ 和 $\boldsymbol{\beta}$ 的内积。

3. 对于多元分类问题，既可以用多个二项逻辑回归模型来处理，也可以用多元逻辑回归模型。多元逻辑回归模型与普通逻辑回归模型的区别，在于以 Softmax 函数替换 Sigmoid 函数。

4. 如果是非线性的分类情况，可以考虑用广义非线性逻辑回归模型：

$$\mathcal{G}(p) = f(\boldsymbol{x}, \boldsymbol{\beta})$$

式中，$f(\boldsymbol{x};\boldsymbol{\beta})$ 表示参数为 $\boldsymbol{\beta}$ 的非线性函数。参数向量 $\boldsymbol{\beta}$ 的维度由拟合决策边界的函数包含的参数个数决定。

5.7 习题

5.1 请写出逻辑回归模型的 3 种算法：批量梯度下降法、随机梯度下降法和小批量梯度下降法。

5.2 如果为逻辑回归模型添加上类似套索回归的正则化项，请写出要学习的极大似然问题。

5.3 请用逻辑回归模型分析鸢尾花数据集，并与 K 近邻法的结果进行比较。

5.8 阅读时间：牛顿法是牛顿提出的吗

是什么魔法，使你这世界珍宝，落到了我纤细手臂的怀抱里？

——泰戈尔《新月集》

在本节阅读时间，我们将一起循着历史的脚步，追溯牛顿法的起源。

请先跟我回到 3500 年前，身为四大文明古国之一的古巴比伦。巴比伦由阿卡德语 Babilli 音译而来，表示“上帝之门”。据历史记载，古巴比伦有着当时苏美尔人创造的先进文明，建造有世界七大奇迹之一的空中花园，古希腊数学家毕达哥拉斯也曾赴巴比伦学习音乐与数学。在毕达哥拉斯弟子希伯索斯提出无理数之后，很多人想办法求解平方根。有一名古巴比伦人提出一个巧妙的方法。

假如现在要对 $A=2$ 求平方根，怎么办？

(1) 取 $\sqrt{A}$ 附近的点 a_0 和 b_0，满足 $a_0^2<A<b_0^2$，不妨取 $a_0=1$，$b_0=2$。

(2) 用 A 除以较小的数 a_0，得到 $c_0=A/a_0=2$，取 a_0 和 c_0 的平均数 $(1+2)/2=1.5$。很明显，与 b_0 相比，1.5 距离 $\sqrt{2}$ 更近，且 $1^2<A<1.5^2$，记 $a_1=1,\ b_1=1.5$。

(3) 用 A 除以较大的数 b_1，近似得到 $c_1=A/b_1=1.33$，取 b_1 和 c_1 的平均数 $(1.50+1.33)/2=1.415$。很明显，与 a_1 相比，1.415 距离 $\sqrt{2}$ 更近，且 $1.415^2<A<1.5^2$，记 $a_2=1.415,\ b_2=1.5$。

(4) 重复上述步骤，$\sqrt{A}$ 附近的点会越来越接近真值 $\sqrt{A}$。

看得出来，这就是牛顿法的雏形。但是这个时期，只是作为一种无名氏提出的无名方法而存在。

接下来，让我们快进到牛顿时期。牛顿曾经在他的一本名为《分析论》的书中，改进了韦达求方程根的方法，其中的韦达定理常用来求解一元二次方程的根。牛顿需要解决的问题更复杂一些，是多项式方程的根。不过，他巧妙地利用了微积分的原理。也就是说，如果一个值非常小，那么这个值的高次方就非常小。于是，牛顿得到一个更加精确的对多项式方程求根的方法，然后记录在我们刚才提到的《分析论》中。

后来，牛顿再一次求方程的根，不过这次他求得的是天文学中的一个非常有名的

超越方程，也就是有关轨道偏近点角 E 的开普勒方程，E 就是要求解的对象：

$$M = E - e\sin E$$

式中，M 为轨道的平近点角；e 为轨道的离心率；E 为轨道偏近点角，即求解的对象。对此，牛顿先将正弦函数用级数展开，近似表达为一个多项式方程。这样，牛顿就将解超越方程的问题转化为一个曾经解决的问题。这一部分，被牛顿写入了《自然哲学数学原理》一书。不过，虽然牛顿利用的是导数的概念、迭代的思想，但他并没有将这种方法抽象概括。

如今，人们所熟知的牛顿法迭代公式，真正的提出者是英国著名数学家辛普森。值得说明的是，辛普森当初提出来的迭代公式，除古今符号差异外（当时导数还处于叫“流数”的年代），基本上与我们现在所用牛顿法的迭代公式一模一样。

后来，英国数学家傅里叶采用符号大师莱布尼兹所创立的导数符号，重新表达了迭代公式，得到

$$x^{(k+1)} = x^{(k)} - \frac{f(x^{(k)})}{f'(x^{(k)})}$$

式中，$x^{(k)}$ 代表第 k 次迭代点。

作为牛顿的超级粉丝，傅里叶将这个方法命名为牛顿法，这就是牛顿法的来历。

可见，牛顿法既不是牛顿发明的，也不是牛顿提出的，这只是个美丽的误会。有意思的是，这种误会在数学界十分常见。许多概念虽然以人名命名的，但这个名字却不是他的发明者的。这是英国一位科学史学家史蒂芬·施蒂格勒（Stephen Stigler）发现的，称为施蒂格勒误称定律。有趣的是，这个误称定律恰恰以发现者的名字命名。

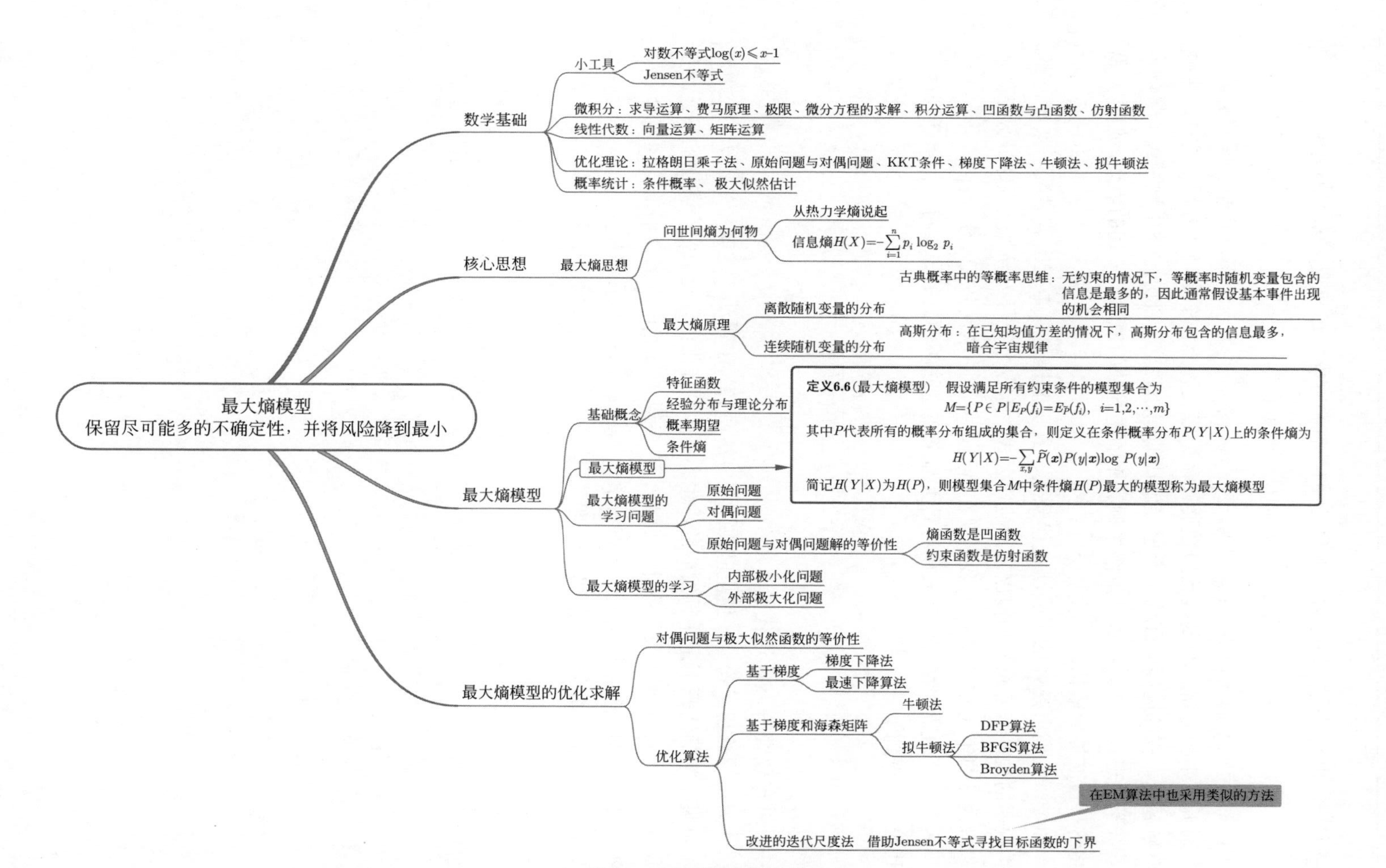

第6章 最大熵模型思维导图

第6章　最大熵模型

生命以负熵为食。

——薛定谔

类似于逻辑回归模型，最大熵模型也是一种概率模型，即通过对类别条件概率的学习，对实例的类别做出预测。最大熵模型借助最大熵思想，保留尽可能多的不确定性，并将风险降到最小。可以说，最大熵模型是将信号学、统计学和计算机完美结合的一种机器学习模型，主要应用于自然语言处理和金融等领域。如今，最大熵模型的潜力越来越被研究者注意到，也逐渐出现于目标检索、自动驾驶、考古学等领域。本章首先介绍熵的含义，并引出最大熵原理，之后给出最大熵模型的学习问题，接着从不同的视角出发介绍用以训练最大熵模型的最速下降法、拟牛顿法和改进的迭代尺度法。

6.1　问世间熵为何物

6.1.1　热力学熵

最初的熵（Entropy）由克劳修斯创造，起源于热力学，表示能量的转换。据传，1923 年，德国物理学家普朗克赴中国南京东南大学讲学，报告《热力学第二定律及熵之观念》等，由我国著名物理学家胡刚复担任翻译。因为 Entropy 的表达式为一个恰当微分，是商的形式，又来自于热力学，所以添加一个火字旁，就创造出“熵”这个汉字。可见，熵与能量是息息相关的。

熵度量系统内在的混乱程度，也可以理解为从微观态的角度研究宏观态。这里的宏观态指的是系统，而微观态则是这个系统的内部构成。需要注意的是，无论是微观态还是宏观态，都是相对而言的，需要根据具体的研究对象而判断。

举个例子，如果要研究生物系统，那么生物界就是相应的宏观态，微观态可以是生物界的六大类：植物界、动物界、原生生物界、原核生物界、真菌界和非胞生物界(病毒)。虽然植物界属于生物界中的一大类，但如果研究的是植物系统，植物界摇身一变就成了宏观态，那么植物界中所包含的藻类、地衣、苔藓、蕨类和种子植物则是相应的微观态。

如何通过微观态研究宏观态的混乱程度呢？玻尔兹曼提出一个方法，假设宏观态可以由一定数量的微观态构成，而且每个微观态是等概率出现的，可以将熵与系统宏观态所包含的微观态的数量构建一个简单关系式：

$$S = k_{\mathrm{B}} \log W \tag{6.1}$$

式中，log 表示对数；$k_{\mathrm{B}} = 1.3807 \times 10^{-23}$ J/K 是玻尔兹曼常数；W 则为系统宏观状态中所包含的微观状态总数。微观态越多，熵越大，系统越混乱；微观态越少，熵越小，系统越确定。这有点类似于古典概率的思想，都是通过定义基本单元进行度量。古典概率以基本事件来定义概率，熵则利用微观态来定义宏观态的混乱程度。

随着季节由夏转秋，树叶中的叶绿素因温度下降而渐渐分解，叶绿素越来越少，渐渐地绿叶就变成了黄叶、红叶等。独特的枫叶因为贮存的糖分会被分解成花青素，就以火红色呈现出来。如果像制作标本，秋天正是收集枫叶的好时机，绿色、黄色、红色等，漂亮极了。假定现在有个系统包含 4 片枫叶，为简单起见，枫叶颜色只考虑红色和绿色两种选择，其他特征都相同，此时系统有 4 种宏观态。如果将每 4 片枫叶的排列组合视作一个微观态，可得到每个系统的微观态，如图 6.1 所示。那么，这个系统处在哪种宏观态最混乱？

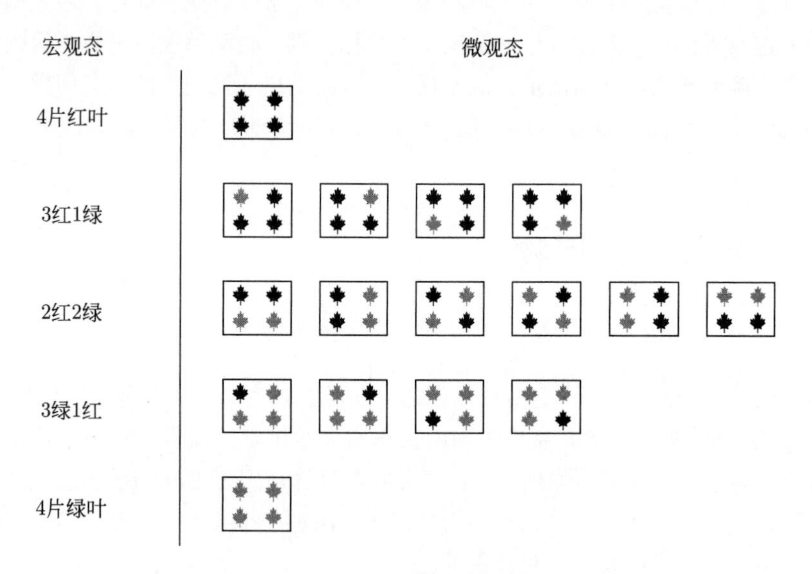

图 6.1 4 片枫叶的系统

显然，当枫叶组合满足 2 红 2 绿时，系统最混乱，根据式 (6.1)，该系统的熵为

$$S = k_{\mathrm{B}} \log 6$$

但是，假如每个颜色的枫叶都有 2 种形状，那么 2 红 2 绿这个系统所包含的 6 个微观态还额外伴随 4 个等概率的微观态组成 $S_{\text{微观}} = k_{\mathrm{B}} \log 2^2$。如果视不同形状不同颜色的枫叶为一个新的微观态，系统含有 $6 \times 2^2 = 24$ 个态，因此总的熵为 $S_{\text{总}} = k_{\mathrm{B}} \log 24$，可以分解为

$$S_{\text{总}} = S + S_{\text{微观}} \tag{6.2}$$

实际上，不是每个微观态都是等概率出现的，而且微观态的细节难以直接测量。因此，类似于上面的例子，可以视每个微观态为新的宏观态，假如共有 K 个新宏观态，第 i 个新宏观态中包含 n_i 个微观态，整个系统中所有新宏观态中微观态的总和为 N，则有

$$\sum_{i=1}^{K} n_i = N \tag{6.3}$$

于是，第 i 个新宏观态在整个系统中的概率为 $p_i = \dfrac{n_i}{N}$，根据式 (6.3)，$\sum\limits_{i=1}^{K} p_i = 1$。显而易见，虽然不能直接测量整个系统，但总熵为 $S_{总} = k_{\rm B} \log N$，又已知每个新宏观态的熵，则根据式 (6.2)，有

$$S = S_{总} - S_{微观} = k_{\rm B} \log N - k_{\rm B} \sum_{i=1}^{K} p_i \log n_i$$

于是，得到熵的吉布斯表示式（Gibbs's Expression for the Entropy）

$$S = -k_{\rm B} \sum_{i=1}^{K} p_i \log p_i \tag{6.4}$$

6.1.2 信息熵

冯・诺依曼向香农建议他的新函数名称

你应该把它称作熵，有两个原因：

第一，你的不确定函数已经被用在统计力学中，而且用了熵这个名字。

第二，更重要的是，没有人真正知道什么是熵，所以在争论中你总是有优势。

信息学里的信息熵，研究的对象是信息系统。信息用以消除随机不确定性。比如，许多人夜里爬山为的就是欣赏第二天的日出。但是，能不能看到日出，其实是不确定的，如果第二天清晨晴空万里，自然没问题，若阴天下雨，就只能留下遗憾，等待下一次。此时，如果没有任何额外的信息，那么能否看到日出的可能各占 50%。古有谚语“月晕而雨，月润而晴”。如果爬山的当夜，繁星满空，相当于获得了一条信息，从而消除一部分不确定性，第二天能看到日出的可能就会增大到 70%。

日常中，大家常常会听到信息量大这个说法，比如某篇文章信息量很大，这代表所获取的数据可以在很大程度上消除读者对某事的不确定性。如果对于消除不确定性起不到太大作用，则认为信息量小。在大数据时代，数据就是信息的载体，这里的数据不只是数字，也包括声音、图像、文字等。数据就是信息（消除不确定性的数据）与噪声（对某事的确定性起到干扰的数据）的混合体。我们希望通过一个量化指标来比较数据中信息量的多少，这就是信息论之父香农定义的信息熵。因为 $k_{\rm B}$ 为常数，在信息熵中直接取为常数 1，根据熵的吉布斯表示式 (6.4) 即可得信息熵的定义。

定义 6.1 (信息熵)　若离散型随机变量 X 的概率分布为

$$P(X=a_i)=p_i,\quad i=1,2,\cdots,n$$

则随机变量 X 的熵 $H(X)$ 定义为

$$H(X)=-\sum_{i=1}^{n}p_i\log_2 p_i \tag{6.5}$$

信息熵最初提出来的时候就是以离散求和的形式出现的。有时，也将 X 的信息熵记作 $H(p)$，p 表示概率。因为计算机采用的是二进制，所以一般信息熵中对数 log 所采用的底为 2，此时信息熵的单位为比特（bit）。比如，抛掷一枚均匀硬币这一事件的信息熵就是 1 比特。若 $p_i\to 0$，则 $p_i\log_2 p_i\to 0$，通常约定 $0\log_2 0=0$，因为添加一个零概率的项不会带来任何信息。

当对数的底取自然对数 e 时，信息熵的单位为纳特（nat），这种表示方法常用在理论推导中；当对数的底取 10 时，信息熵的单位为哈特（hart）。若要从一种底变换为另一种，只需要乘以一个合适的常数即可。如无特殊说明，本书公式中的 log 表示对数，对数的底可根据实际变量情况决定。后续将简称“信息熵”为“熵”，并略去熵的单位。一般计算离散随机变量的熵时选取 2 为对数的底，计算连续随机变量的熵时选取 e 为对数的底。关于连续随机变量的熵，本书在第 6.2.2 节进行详细介绍。

需要说明的是，当表示变量的不确定性时，熵不同于方差，它不依赖于变量 X 的实际取值，仅由 X 所服从的概率分布确定，描述随机变量平均意义上承载的信息量。

例 6.1　假如某场马赛中有 6 匹马比赛，已知 6 匹马的获胜概率分布为

$$\left(\frac{1}{2},\frac{1}{4},\frac{1}{8},\frac{1}{16},\frac{1}{32},\frac{1}{32}\right)$$

请计算该场马赛的熵。

解　该场马赛的熵为

$$H(X)=-\frac{1}{2}\log_2\frac{1}{2}-\frac{1}{4}\log_2\frac{1}{4}-\frac{1}{8}\log_2\frac{1}{8}-\frac{1}{16}\log_2\frac{1}{16}-2\frac{1}{32}\log_2\frac{1}{32}=1.9375$$

■

总而言之，计算信息熵时最关键的就是锁定分布。

6.2　最大熵思想

既然信息熵用以表示信息量的大小，人们自然希望找到包含信息量最大的模型。从不确定性的角度来理解，模型以概率分布的形式呈现。

6.2.1　离散随机变量的分布

例 6.2　假定 X 服从伯努利分布

$$P(X)=\begin{cases}p, & X=1\\ 1-p, & X=0\end{cases}$$

于是 X 的熵为

$$H(p)=-p\log_2 p-(1-p)\log_2(1-p)$$

请问：p 取何值时，随机变量的信息熵最大？

解　简化为数学问题，例 6.2 就是希望找到使得 $H(p)$ 达到最大的 p，即

$$\underset{p}{\arg\max}\, H(p)=-p\log_2 p-(1-p)\log_2(1-p)$$

函数 $H(p)$ 的图形如图 6.2 所示，说明熵是分布的凹函数，且存在极值点。根据费马原理，对 $H(p)$ 求导令其为零：

$$\frac{\mathrm{d}H(p)}{\mathrm{d}p}=-\log_2 p-\frac{p}{p\ln 2}+\log_2(1-p)+\frac{1-p}{(1-p)\log_2 2}=0$$

即

$$\log_2(1-p)-\log_2 p=0\Longrightarrow p=\frac{1}{2}$$

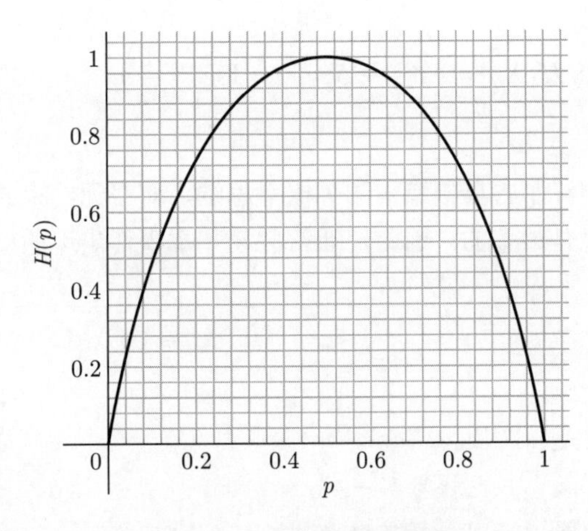

图 6.2　伯努利分布的熵

从图 6.2 中可以看出，当 $p=0$ 或 $p=1$ 时，对应必然事件，变量不再是随机的，而是确定的，此时 $H(p)=0$。在 $p=1/2$ 时，变量的不确定性达到最大，此时熵取得最大值。■

例 6.3　如果随机变量 X 有 n 个取值，分别是 $a_1,a_2,\cdots,a_n$，其相应的概率是 $p_1,p_2,\cdots,p_n$，请问：概率取何值时，随机变量 X 的熵最大？

解　例 6.3 中的问题等价于

$$\underset{p_i}{\arg\max}\, H(X)=-\sum_{i=1}^{n}p_i\log_2 p_i \tag{6.6}$$

同时，根据概率的定义[①]，p_i 需要满足基本条件：

$$\sum_{i=1}^{n}p_i=1 \tag{6.7}$$

① 详情参见小册子 3.2 节。

若想在满足约束式 (6.7) 的情况下求解式 (6.6)，可通过拉格朗日乘子法将有约束问题转化为无约束问题[①]，新的目标函数为

$$Q(p_1, p_2, \cdots, p_n) = -\sum_{i=1}^{n} p_i \log_2 p_i + \lambda\left(\sum_{i=1}^{n} p_i - 1\right) \tag{6.8}$$

利用费马原理，可以通过对每个 p_i 求偏导，令其为零，寻找极值点，即

$$\frac{\partial Q}{\partial p_i} = -(\log_2 p_i + 1) + \lambda = 0,\quad i = 1, 2, \cdots, n$$

得到 $p_i = 2^{\lambda-1}$。因 p_i 满足式 (6.7)，则

$$\sum_{i=1}^{K} p_i = n \cdot 2^{\lambda-1} = 1 \Longrightarrow p_i = 2^{\lambda-1} = \frac{1}{n}$$

这说明当随机变量的取值为等概率分布 $\dfrac{1}{n}$ 时，相应的信息熵最大，即

$$\max H(X) = -n \cdot \frac{1}{n}\log_2 \frac{1}{n} = \log_2\left(\frac{1}{n}\right)^{-1} = \log_2 n$$

■

这从熵的角度解释了古典概率中的等概率思维，即在无约束的情况下，等概率时随机变量包含的信息是最多的。因此，通常假设基本事件出现的机会相同。

童谣《卖汤圆》

卖汤圆，卖汤圆，
小二哥的汤圆是圆又圆，
一碗汤圆满又满，三毛钱呀买一碗。
汤圆汤圆卖汤圆，汤圆一样可以当茶饭。

例 6.4 元宵佳节吃汤圆。假如现在有一碗汤圆，包含醇香黑芝麻、香甜花生、绵软豆沙、香芋紫薯和蛋黄流沙 5 种口味，随机变量 X 为随机舀到的汤圆。请根据最大熵思想，估计每种口味的汤圆被舀到的概率。

解 为简单起见，分别用字母 A, B, C, D, E 表示 5 种口味：醇香黑芝麻、香甜花生、绵软豆沙、香芋紫薯和蛋黄流沙。每种口味的汤圆被舀到的概率分别是 $p_1 = P(A)$, $p_2 = P(B)$, $p_3 = P(C)$, $p_4 = P(D)$, $p_5 = P(E)$。若无任何其他条件，根据例 6.3，在等概率的时候取得信息熵的最大值 $p_i = 1/5$, $i = 1, 2, 3, 4, 5$。 ■

例 6.5 若此时增加一个条件，碗中有 15 只汤圆，其中醇香黑芝麻和香甜花生口味的汤圆共有 8 只，请根据最大熵思想，估计每种口味的汤圆被舀到的概率。

---

① 详情参见小册子 4.5.1 节。

解　随机变量 X 的分布需满足概率的常规约束

$$\sum_{i=1}^{5} p_i = 1 \tag{6.9}$$

因为醇香黑芝麻和香甜花生口味的汤圆共有 8 只，还需满足约束

$$p_1 + p_2 = \frac{8}{15} \tag{6.10}$$

根据式 (6.9) 可将式 (6.10) 拆分为两部分，

$$\begin{cases} p_1 + p_2 = \dfrac{8}{15} \\ p_3 + p_4 + p_5 = \dfrac{7}{15} \end{cases}$$

根据最大熵思维，在每部分里面都是等概率的时候取得信息熵的最大值，意味着

$$p_1 = p_2 = \frac{4}{15}，\quad p_3 = p_4 = p_5 = \frac{7}{30}$$

■

例 6.6　如果关于那碗汤圆又得到一个信息，醇香黑芝麻和绵软豆沙口味的汤圆一共有 6 只，请根据最大熵思想，估计每种口味的汤圆被舀到的概率。

解　在例 6.5 中，除常规约束式 (6.9) 之外，还有两个约束条件

$$\begin{cases} p_1 + p_2 = \dfrac{8}{15} \\ p_1 + p_3 = \dfrac{6}{15} \end{cases}$$

将所有的 p_i 用 p_1 表示：

$$p_2 = \frac{8}{15} - p_1$$

$$p_3 = \frac{6}{15} - p_1$$

$$p_4 + p_5 = \frac{1}{15} + p_1$$

要保证拆分之后每一小部分都是等概率的，需满足

$$p_4 = p_5 = \frac{1}{30} + \frac{1}{2}p_1$$

因此，X 的信息熵仅用 p_1 表示即可：

$$\begin{aligned} H(p_1) = &-p_1 \log_2 p_1 - \left(\frac{8}{15} - p_1\right)\log_2\left(\frac{8}{15} - p_1\right) - \left(\frac{6}{15} - p_1\right)\log_2\left(\frac{6}{15} - p_1\right) \\ &- 2\left(\frac{1}{30} + \frac{1}{2}p_1\right)\log_2\left(\frac{1}{30} + \frac{1}{2}p_1\right) \end{aligned}$$

对 p_1 求导，令其为零，

$$\begin{aligned}\frac{\mathrm{d}H(p_1)}{\mathrm{d}p_1} &= -1-\log_2 p_1+1+\log_2\left(\frac{8}{15}-p_1\right)+1+\log_2\left(\frac{6}{15}-p_1\right)\\&\quad-2\left[\frac{1}{2}+\frac{1}{2}\log_2\left(\frac{1}{30}+\frac{1}{2}p_1\right)\right]\\&=0\end{aligned}$$

整理可得一元二次方程

$$\frac{1}{2}p_1^2-\frac{29}{30}p_1+\frac{16}{75}=0$$

函数 $H(p_1)$ 的图形如图 6.3 所示，在 A 点，即当 $p_1=0.2541$ 时信息熵最大。每种口味被舀到的概率分别为 0.2541, 0.2792, 0.1459, 0.1604, 0.1604。 ■

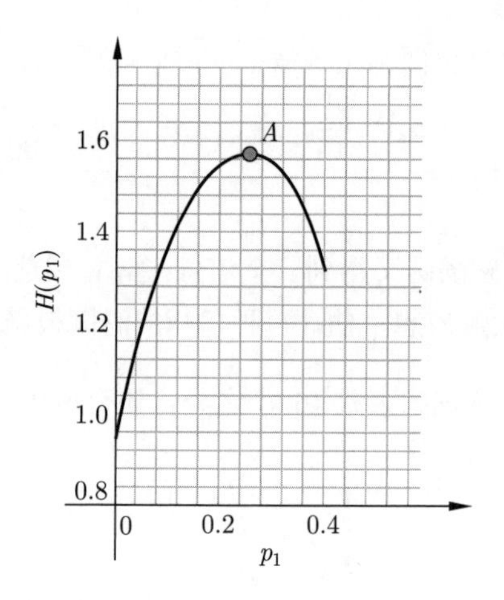

图 6.3　例 6.6 中的信息熵

6.2.2　连续随机变量的分布

由信息熵定义式 (6.5) 可明显看出，随机变量 X 是离散的。但是随机变量还有连续型的，该如何计算信息熵呢？

在极大似然法中，对于离散的分布，以联合概率作为似然函数，对于连续的分布，以联合概率密度作为似然函数。那么，在信息熵中也可以仿照这个规律，对于离散的随机变量，根据概率计算熵；对于连续的随机变量，根据概率密度计算熵。

定义 6.2 (连续熵)　若连续型随机变量 X 的概率密度函数为 $p(x)$，则随机变量 X 的熵 $H(X)$ 定义为

$$H(X)=-\int_{-\infty}^{\infty}p(x)\ln p(x)\mathrm{d}x$$

随机变量为连续时，通常在计算信息熵时采用以自然对数 e 为底的对数。

例 6.7　已知在整个实数轴上取值的连续随机变量 X 的均值为 μ，方差为 σ^2，请根据最大熵思想，求出随机变量 X 的概率密度函数 $p(x)$。

解　根据最大熵思想，得到一个有约束的优化问题：

$$\max_{p(x)} \quad H(X) = -\int_{-\infty}^{\infty} p(x)\ln p(x)\mathrm{d}x$$

$$\text{s.t.} \quad \int_{-\infty}^{\infty} p(x)\mathrm{d}x = 1 \ \text{(常规约束)}$$

$$\int_{-\infty}^{\infty} xp(x)\mathrm{d}x = \mu \ \text{(均值约束)}$$

$$\int_{-\infty}^{\infty} (x-\mu)^2 p(x)\mathrm{d}x = \sigma^2 \ \text{(方差约束)}$$

引入拉格朗日乘子，得到一个新的目标函数：

$$Q(p(x),\lambda_1,\lambda_2,\lambda_3) = -\int_{+\infty}^{\infty} p(x)\ln p(x)\mathrm{d}x + \lambda_1\left(\int_{+\infty}^{\infty} p(x)\mathrm{d}x - 1\right) + \lambda_2\left(\int_{+\infty}^{\infty} xp(x)\mathrm{d}x - \mu\right) + \lambda_3\left(\int_{+\infty}^{\infty} (x-\mu)^2 p(x)\mathrm{d}x - \sigma^2\right)$$

根据费马原理，借助泛函求偏导，令导函数为 0：

$$\frac{\partial Q}{\partial p(x)} = -[\ln p(x) + 1] + \lambda_1 + \lambda_2 x + \lambda_3 (x-\mu)^2 = 0$$

以指数来表示 $p(x)$：

$$p(x) = \mathrm{e}^{\lambda_1 - 1 + \lambda_2 x + \lambda_3 (x-\mu)^2}$$

保留和 x 以及拉格朗日乘子 $\lambda_1,\lambda_2,\lambda_3$ 有关的值，其余的用常数 C 表示，整理可得

$$p(x) = C\cdot\mathrm{e}^{\lambda_3\left[x^2 + \left(\frac{\lambda_2}{\lambda_3} - 2\mu\right)x + \mu^2\right]} \tag{6.11}$$

指数部分 $x^2 + (\lambda_2/\lambda_3 - 2\mu)x + \mu^2$ 表明 $p(x)$ 的对称轴为 $\mu - \lambda_2/(2\lambda_3)$。要满足均值约束，同时使得 X 具有最大熵，只有关于 $x=\mu$ 对称时才可以，因此 $\lambda_2 = 0$。式 (6.11) 简化为

$$p(x) = C\cdot\mathrm{e}^{\lambda_3 (x-\mu)^2} \tag{6.12}$$

由于 $p(x)$ 为概率密度函数，必非负且不大于 1，那么一定满足 $C > 0$ 和 $\lambda_3 < 0$。不妨将 λ_3 设为 $-\lambda$，其中 $\lambda > 0$，于是式 (6.12) 接着化简为

$$p(x) = C\cdot\mathrm{e}^{-\lambda (x-\mu)^2}$$

辅以一个常用指数的积分结果（此积分可通过极坐标变换得到）

$$\int_{+\infty}^{\infty} \mathrm{e}^{-\frac{x^2}{2}}\mathrm{d}x = \sqrt{2\pi}$$

将其代入常规约束，

$$\begin{aligned} 1 &= \int_{+\infty}^{\infty} p(x)\mathrm{d}x \\ &= C\int_{+\infty}^{\infty} \mathrm{e}^{-\lambda(x-\mu)^2}\mathrm{d}x \\ &= C\sqrt{\frac{\pi}{\lambda}} \end{aligned}$$

得到

$$C = \sqrt{\frac{\lambda}{\pi}} \tag{6.13}$$

再利用方差约束条件

$$\begin{aligned}\sigma^2 &= \int_{+\infty}^{\infty} (x-\mu)^2 C \cdot \mathrm{e}^{-\lambda(x-\mu)^2} \mathrm{d}x \\ &= \sqrt{\frac{\lambda}{\pi}} \int_{+\infty}^{\infty} (x-\mu)^2 \cdot \mathrm{e}^{-\lambda(x-\mu)^2} \mathrm{d}x \\ &= \sqrt{\frac{\lambda}{\pi}} \cdot \sqrt{\frac{\pi}{\lambda}} \cdot \frac{1}{2\lambda}\end{aligned}$$

可得

$$\lambda = \frac{1}{2\sigma^2} \tag{6.14}$$

结合式 (6.13) 和式 (6.14)，得到

$$C = \frac{1}{\sqrt{2\pi}\sigma}$$

将 C 的表达式带入式 (6.12)，

$$p(x) = \frac{1}{\sqrt{2\pi}\sigma} \mathrm{e}^{-\frac{(x-\mu)^2}{2\sigma^2}}$$

这恰好是高斯分布概率密度函数的表达式。 ■

高斯分布在统计学中具有重要的地位，不只是因为实际生活中的身高、成绩、重量、测量误差等都是服从高斯分布的，还因为它在统计理论中发挥着巨大的作用。但是，为什么高斯分布如此的重要令许多人非常费解。物理学家杰恩斯（E.T.Jaynes）曾在《概率论沉思录》中写了庞加莱曾说过的一句话。

亨利·庞加莱（Henri Poincaré）

Physicists believe that
the Gaussian law has been proved in mathematics,
while mathematicians think that
it was experimentally established in physics.
物理学家坚信高斯分布已经在数学领域被证明，
然而数学家则认为高斯分布已经通过物理试验被验证！

现在，通过例 6.7，可以从最大熵的思想理解高斯分布，之所以它这么重要，应该是因为在已知均值方差的情况下，高斯分布包含的信息是最多的，暗合了宇宙规律。

6.3　最大熵模型的学习问题

最大熵模型就是利用最大熵思想训练模型的，本节主要介绍模型的定义，然后通过原始问题与对偶问题的等价性引出最大熵模型的学习问题。

6.3.1　最大熵模型的定义

最大熵模型的目的是找到满足约束条件并且具有最大熵的条件概率分布，其中约束条件可通过特征函数的期望来表示，训练集可以提供经验分布。接下来，将分别介绍特征函数、经验分布与理论分布、概率期望和条件熵，最后引出最大熵模型的定义。

1. 特征函数

假如现在有一组词语，每个词语中都包含“打”字，见表 6.1。可以看出，“打”字是多音字。很明显，第一行的“打”字为量词，念二声 dá；第二行的“打”字为动词，念三声 dǎ。

那么，如果以词语作为输入变量 $\boldsymbol{x}$，读音作为输出变量 y，如何从不同词语的“打”字判断读音呢？通过观察表 6.1 发现，如果“打”字前面是数词，意味着读作 dá，那么根据这一规律，可以得到表示这一关系的函数，称之为特征函数。

表 6.1　“打”字

量词	一打鸡蛋	两打扑克	三打啤酒	
动词	打鸡蛋	打扑克	打电话	打篮球

定义 6.3 (二值特征函数)　假如函数 $f(\boldsymbol{x},y)$ 描述输入变量 $\boldsymbol{x}$ 与输出变量 y 之间的某一事实，定义函数

$$f(\boldsymbol{x},y)=\begin{cases}1, & \boldsymbol{x}\text{ 和 }y\text{ 满足某一事实}\\ 0, & \text{否则}\end{cases}$$

在“打”字读音的例子中，某一事实就是指“‘打’字前面有个数词”。将表 6.1 中的样本集记为 $\{(\boldsymbol{x}_1,y_1),(\boldsymbol{x}_2,y_2),\cdots,(\boldsymbol{x}_7,y_7)\}$。其中，$(\boldsymbol{x}_i,y_i),i=1,2,3$ 为第一行的样本；$(\boldsymbol{x}_i,y_i),i=4,\cdots,7$ 为第二行的样本。很明显，对于第一行的样本，可以得出

$$f(\boldsymbol{x}_1,y_1)=f(\boldsymbol{x}_2,y_2)=f(\boldsymbol{x}_3,y_3)=1$$

对于第二行的样本可以得出

$$f(\boldsymbol{x}_4,y_4)=f(\boldsymbol{x}_5,y_5)=f(\boldsymbol{x}_6,y_6)=f(\boldsymbol{x}_7,y_7)=0$$

当然，还有不满足这个事实的，比如词语“三打白骨精”中，“打”字念作 dǎ，这是根据《西游记》中的语义所得特殊词语，我们可以适当地增加新的特征函数。

2. 经验分布与理论分布

假如给定训练数据集

$$T=\{(\boldsymbol{x}_1,y_1),(\boldsymbol{x}_2,y_2),\cdots,(\boldsymbol{x}_N,y_N)\}$$

输入变量与输出变量的联合分布、输入变量的边际分布，以及输出变量的条件分布，它们的理论分布分别记为 $P(X,Y)$、$P(X)$ 和 $P(Y|X)$，其中 $P(Y|X)$ 就是我们希望通过学习得到的对象。给定训练数据集，可通过统计频数得到联合分布和边际分布的经验分布，分别记作 $\widetilde{P}(X,Y)$ 和 $\widetilde{P}(X)$：

$$\widetilde{P}(X=\boldsymbol{x},Y=y)=\frac{n_{\boldsymbol{x},y}}{N},\quad \widetilde{P}(X=\boldsymbol{x})=\frac{n_{\boldsymbol{x}}}{N}$$

其中，$n_{\boldsymbol{x},y}$ 表示训练集 T 中样本 $(\boldsymbol{x},y)$ 出现的频数；$n_{\boldsymbol{x}}$ 表示 T 中样本属性 $\boldsymbol{x}$ 出现的频数。

掷硬币是最常见的例子，站在上帝的视角看，如果硬币是均匀的，硬币正面朝上和反面朝上的概率均为 0.5，这个分布就是理论分布；从频率学派来看，这是投掷无穷多次硬币所得到的概率分布。但现实生活中，不可能投掷出无穷多次，意味着用数据集训练得到的经验分布肯定不会是百分之百等于这个理论分布，可能出现如表 6.2 所示的结果。

表 6.2　掷硬币的理论分布与经验分布

情　况	正面朝上的概率	反面朝上的概率
次数趋于无穷大的理论分布	0.50	0.50
用训练数据集得到的经验分布	0.48	0.52

3. 概率期望

通过掷硬币的小例子可以发现，没办法点对点地保证用训练数据集得到的经验分布和理论分布完全相同，那么可以换个思路，考虑平均意义下的概率分布相同，即期望相同即可。

根据条件概率，可以表示样本 $(\boldsymbol{x},y)$ 的联合概率为

$$P(\boldsymbol{x},y)=P(y|\boldsymbol{x})P(\boldsymbol{x})$$

假如存在 m 个特征函数 $f_i(\boldsymbol{x},y),i=1,2,\cdots,m$，记 $E_P(f_i)$ 为联合分布的理论分布下特征函数 $f_i(\boldsymbol{x},y)$ 的数学期望，用经验分布 $\widetilde{P}(\boldsymbol{x})$ 替代边际分布 $P(\boldsymbol{x})$ 可得

$$
\begin{aligned}
E_P(f_i) &= \sum_{\boldsymbol{x},y} P(\boldsymbol{x},y)f_i(\boldsymbol{x},y) \\
&= \sum_{\boldsymbol{x},y} P(\boldsymbol{x})P(y|\boldsymbol{x})f_i(\boldsymbol{x},y) \\
&\approx \sum_{\boldsymbol{x},y} \widetilde{P}(\boldsymbol{x})P(y|\boldsymbol{x})f_i(\boldsymbol{x},y)
\end{aligned}
$$

记 $E_{\widetilde{P}}(f_i)$ 为联合分布的经验分布下特征函数 $f_i(\boldsymbol{x},y)$ 的数学期望：

$$
E_{\widetilde{P}}(f_i) = \sum_{\boldsymbol{x},y} \widetilde{P}(\boldsymbol{x},y)f_i(\boldsymbol{x},y)
$$

假设两个期望相等，得出最大熵模型关于特征函数 $f_i(\boldsymbol{x},y)$ 的约束条件，

$$
E_P(f_i) = E_{\widetilde{P}}(f_i)
$$

即

$$
\sum_{\boldsymbol{x},y} \widetilde{P}(\boldsymbol{x})P(y|\boldsymbol{x})f_i(\boldsymbol{x},y) = \sum_{\boldsymbol{x},y} \widetilde{P}(\boldsymbol{x},y)f_i(\boldsymbol{x},y)
$$

4. 条件熵

最大熵模型的本质为判别方法，即最终目的是训练出最优的条件概率分布 $P(Y|X)$。为此，首先需要找到条件熵 $H(Y|X)$ 的表达式。

从单个随机变量的熵，推广至两个随机变量的熵，得到联合熵。

定义 6.4 (联合熵)　若一对离散型随机变量 (X,Y) 服从联合概率分布

$$
P(X=a_i, Y=c_j) = p_{ij}, \quad i=1,2,\cdots,n;\ j=1,2,\cdots,m
$$

随机变量 (X,Y) 的熵 $H(X,Y)$ 定义为

$$
H(X,Y) = -\sum_{i=1}^{n}\sum_{j=1}^{m} p_{ij}\log p_{ij} \tag{6.15}
$$

可将式 (6.15) 表示为期望的形式，即平均意义信息量：

$$
H(X,Y) = -E_{X,Y}\log P(X,Y)
$$

式中，$P(X,Y)$ 代表随机变量 (X,Y) 的联合概率分布；$E_{X,Y}$ 表示随机变量 (X,Y) 分布下的期望。

定义 6.5 (条件熵)　若已知一对离散型随机变量 (X,Y) 的联合概率分布，在给定随机变量 X 的条件下，条件熵 $H(Y|X)$ 定义为

$$
H(Y|X) = \sum_{i=1}^{n} p_i H(Y|X=a_i) \tag{6.16}
$$

式中，$p_i = P(X=a_i), i=1,2,\cdots,n$。

同样地，可用期望的形式定义式 (6.16) 中的条件熵

$$H(Y|X) = E_x H(Y|X) E_{X,Y} \log P(Y|X) \tag{6.17}$$

式 (6.17) 表示在给定某一随机变量 X 的条件下，另一随机变量 Y 在平均意义上的不确定性。

十分有意思的是，一对随机变量的熵 $H(X,Y)$ 等于一个随机变量 X 的熵 $H(X)$ 加上另一个随机变量的条件熵 $H(Y|X)$，这就是熵的链式法则

$$H(X,Y) = H(X) + H(Y|X)$$

为便于理解，下面从一维的离散属性变量出发说明如何得到条件熵。

假如输入变量 X 的取值空间为 $\{a_1, a_2, \cdots, a_s\}$，输出变量 Y 的取值空间为 $\{c_1, c_2, \cdots, c_K\}$，则条件熵 $H(Y|X)$ 以 X 的每个取值概率 $P(a_l)$ 为权重施加在每个 $H(Y|X=a_l)$ 上。

$$\begin{aligned}
H(Y|X) &= \sum_{l=1}^{s} P(a_l) H(Y|X=a_l) \\
&= -\sum_{l=1}^{s} P(a_l) \left(\sum_{k=1}^{K} P(Y=c_k|X=a_l) \log P(Y=c_k|X=a_l) \right) \\
&= -\sum_{l=1}^{s} \sum_{k=1}^{K} P(a_l) P(Y=c_k|X=a_l) \log P(Y=c_k|X=a_l)
\end{aligned}$$

将输入变量 X 推广至 p 维属性变量 $X_1, X_2, \cdots, X_p$，实例 $\boldsymbol{x} = (x_1, x_2, \cdots, x_p)^{\mathrm{T}}$，并用经验分布 $\widetilde{P}(\boldsymbol{x})$ 替代边际分布 $P(\boldsymbol{x})$ 可得条件熵为

$$\begin{aligned}
\sum_{\boldsymbol{x}} P(\boldsymbol{x}) H(Y|X=\boldsymbol{x}) &\approx -\sum_{\boldsymbol{x},y} \widetilde{P}(\boldsymbol{x}) P(Y=y|X=\boldsymbol{x}) \log P(Y=y|X=\boldsymbol{x}) \\
&= -\sum_{\boldsymbol{x},y} \widetilde{P}(\boldsymbol{x}) P(y|\boldsymbol{x}) \log P(y|\boldsymbol{x})
\end{aligned}$$

式中，$P(y|\boldsymbol{x})$ 是 $P(Y=y|X=\boldsymbol{x})$ 的简写形式。

定义 6.6 (最大熵模型)　假设满足所有约束条件的模型集合为

$$\mathcal{M} = \{P \in \mathcal{P} | E_P(f_i) = E_{\widetilde{P}}(f_i),\ \ i = 1, 2, \cdots, m\}$$

其中，$\mathcal{P}$ 代表由所有的概率分布组成的集合，则定义在条件概率分布 $P(Y|X)$ 上的条件熵为

$$H(Y|X) = -\sum_{\boldsymbol{x},y} \widetilde{P}(\boldsymbol{x}) P(y|\boldsymbol{x}) \log P(y|\boldsymbol{x})$$

简记 $H(Y|X)$ 为 $H(P)$，则模型集合 $\mathcal{M}$ 中条件熵 $H(P)$ 最大的模型称为最大熵模型。

只要训练出条件概率分布，就可以根据具体的概率结果给出类别的判断。

若是二分类问题，对应的类别记为 $Y=0$ 和 $Y=1$，对于输入实例 $\boldsymbol{x}$，分别计算出类别的条件概率，当 $P(Y=1|\boldsymbol{x})\geqslant 0.5$ 时，实例 $\boldsymbol{x}$ 的类别输出 1，当 $P(Y=0|\boldsymbol{x})\geqslant 0.5$ 时，实例 $\boldsymbol{x}$ 的类别输出 0。

若是 K 分类问题，$Y\in\mathcal{Y}=\{c_1,c_2,\cdots,c_K\}$，对于输入实例 $\boldsymbol{x}$，需要逐一计算以下不同类别的条件概率：

$$P(Y=c_1|\boldsymbol{x}),\ P(Y=c_2|\boldsymbol{x}),\ \cdots,\ P(Y=c_K|\boldsymbol{x})$$

然后选出最大条件概率所对应的类别输出

$$c^*=\arg\max_{c_k}P(Y=c_k|\boldsymbol{x})$$

这与 K 近邻法、贝叶斯分类、逻辑回归等模型中的分类决策规则类似，都是出于最大概率的考量，暗含着众数思想。

6.3.2　最大熵模型的原始问题与对偶问题

根据最大熵模型的定义可以发现，求解最大熵模型的过程是将解决有约束的最优化问题

$$\begin{aligned}
\max_{P\in\mathcal{M}}\quad & H(P)\\
\text{s.t.}\quad & \sum_y P(y|\boldsymbol{x})=1\\
& E_P(f_i)=E_{\widetilde{P}}(f_i),\quad i=1,2,\cdots,m
\end{aligned}$$

转化为求解极小值的优化问题

$$\begin{aligned}
\min_{P\in\mathcal{M}}\quad & -H(P)=\sum_{\boldsymbol{x},y}\widetilde{P}(\boldsymbol{x})P(y|\boldsymbol{x})\log P(y|\boldsymbol{x})\\
\text{s.t.}\quad & h_0(P)=\sum_y P(y|\boldsymbol{x})-1=0\\
& h_i(P)=E_P(f_i)-E_{\widetilde{P}}(f_i)=0,\quad i=1,2,\cdots,m
\end{aligned}\tag{6.18}$$

通过拉格朗日乘子将有约束的优化问题式 (6.19) 转化为无约束的优化问题。

$$\text{原始问题：}\qquad \min_{P\in\mathcal{M}}\max_{\boldsymbol{\Lambda}}L(P,\boldsymbol{\Lambda})\tag{6.19}$$

式中，$\boldsymbol{\Lambda}=(\lambda_0,\lambda_1,\cdots,\lambda_m)^{\mathrm{T}}$，拉格朗日函数

$$\begin{aligned}
L(P,\boldsymbol{\Lambda})&=-H(P)-\lambda_0\left(\sum_y P(y|\boldsymbol{x})-1)\right)-\sum_{i=1}^m\lambda_i\left(E_P(f_i)-E_{\widetilde{P}}(f_i)\right)\\
&=\sum_{\boldsymbol{x},y}\widetilde{P}(\boldsymbol{x})P(y|\boldsymbol{x})\log P(y|\boldsymbol{x})-\lambda_0\left(\sum_y P(y|\boldsymbol{x})-1)\right)-\\
&\quad\sum_{i=1}^m\lambda_i\left(\sum_{\boldsymbol{x},y}\widetilde{P}(\boldsymbol{x})P(y|\boldsymbol{x})f_i(\boldsymbol{x},y)-\sum_{\boldsymbol{x},y}\widetilde{P}(\boldsymbol{x},y)f_i(\boldsymbol{x},y)\right)
\end{aligned}\tag{6.20}$$

原始问题式 (6.19) 相应的对偶问题为

$$\text{对偶问题：}\quad \max_{\boldsymbol{\Lambda}} \min_{P\in\mathcal{M}} L(P,\boldsymbol{\Lambda}) \tag{6.21}$$

若使原始问题等价于对偶问题[①]，$-H(P)$ 需为凸函数，$h_i(P)$ $(i=0,1,2,\cdots,m)$ 需为仿射函数。接下来将对此做出解答。

1. 熵函数是凹函数吗？

任取熵函数 H 中的两个不同的概率分布 P 和 Q,所对应的概率分别为 $p_1,p_2,\cdots,p_t$ 和 $q_1,q_2,\cdots,q_t$。如果熵函数是严格凹函数[②]，需满足

$$H(w_1P+w_2Q)>w_1H(P)+w_2H(Q) \tag{6.22}$$

式中，$w_1,w_2>0$ 且 $w_1+w_2=1$。

下面证明不等式 (6.22) 的成立。

证明 不等式 (6.22) 左边展开为

$$H(w_1P+w_2Q)=-\sum_{i=1}^{t}(w_1p_i+w_2q_i)\log(w_1p_i+w_2q_i)$$

不等式 (6.22) 右边展开为

$$w_1H(P)+w_2H(Q)=-w_1\sum_{i=1}^{t}p_i\log p_i-w_2\sum_{i=1}^{t}q_i\log q_i$$

那么，不等式 (6.22) 等价于

$$\sum_{i=1}^{t}(w_1p_i+w_2q_i)\log(w_1p_i+w_2q_i)<w_1\sum_{i=1}^{t}p_i\log p_i+w_2\sum_{i=1}^{t}q_i\log q_i$$

整理可得

$$\sum_{i=1}^{t}w_1p_i\log\frac{w_1p_i+w_2q_i}{p_i}+\sum_{i=1}^{t}w_2q_i\log\frac{w_1p_i+w_2q_i}{q_i}<0 \tag{6.23}$$

所以，证明不等式 (6.22) 等价于证明不等式 (6.23)。

下面借助对数不等式这个小工具[③]

$$\log(x)\leqslant x-1$$

当且仅当 $x=1$ 时对数不等式的等号成立。

因 P 和 Q 两个概率分布不同，意味着 $w_1p_i+w_2q_i\neq p_i\neq q_i$，则

$$\log\frac{w_1p_i+w_2q_i}{p_i}<\frac{w_1p_i+w_2q_i}{p_i}-1 \text{ 和 } \log\frac{w_1p_i+w_2q_i}{q_i}<\frac{w_1p_i+w_2q_i}{q_i}-1$$

---

① 详情见小册子 4.5.4 节。

② 详情见小册子 1.1 节。

③ 详情见小册子 1.2.2 节。

因此，

$$
\begin{aligned}
&\sum_{i=1}^{t} w_1 p_i \log \frac{w_1 p_i + w_2 q_i}{p_i} + \sum_{i=1}^{t} w_2 q_i \log \frac{w_1 p_i + w_2 q_i}{q_i} \\
<&\sum_{i=1}^{t} w_1 (w_1 p_i + w_2 q_i - p_i) + \sum_{i=1}^{t} w_2 (w_1 p_i + w_2 q_i - q_i) \\
=&w_1^2 + w_2^2 + 2 w_1 w_2 - w_1 - w_2 \\
=&(w_1 + w_2)^2 - (w_1 + w_2) \\
=&0
\end{aligned}
$$

不等式 (6.23) 得证，说明熵函数为严格凹函数。■

2. 约束函数是仿射函数吗？

仿射函数为向量空间内线性变换与平移变换的复合，一般形式为

$$f(\boldsymbol{x}) = \boldsymbol{A}\boldsymbol{x} + \boldsymbol{d}$$

式中，$\boldsymbol{x}$ 是一个 p 维向量；$\boldsymbol{A}$ 是一个 $n \times p$ 的矩阵；$\boldsymbol{d}$ 是一个 n 维向量，函数 f 反映了从 p 维到 n 维的空间映射关系。特别地，当 A 是一个标量时，函数 f 为线性函数，如果此时 $\boldsymbol{d}$ 为 0，则线性函数 f 退化为正比例函数。

对于最大熵问题而言，研究对象为条件概率分布 $P(y|\boldsymbol{x})$，约束函数为 $h_i(P(y|\boldsymbol{x}))$，$i = 0, 1, 2, \cdots, m$。记 $\eta_y = P(y|\boldsymbol{x})$，则约束条件化简为

$$
\begin{aligned}
h_0(\eta_y) &= \sum_{y} \eta_y - 1 \\
h_i(\eta_y) &= \sum_{\boldsymbol{x},y} \widetilde{P}(\boldsymbol{x}, y) f_i(\boldsymbol{x}, y) - \sum_{\boldsymbol{x},y} \widetilde{P}(\boldsymbol{x}) \eta_y f_i(\boldsymbol{x}, y), \quad i = 1, 2, \cdots, m
\end{aligned}
$$

很明显，这 $m+1$ 个约束都是 η_y 的一次函数，因此满足仿射函数的概念。

6.3.3　最大熵模型的学习

6.3.2 节验证了凸优化原始问题等价于对偶问题这一定理①的条件，说明求解最大熵模型的原始问题 (6.19) 等价于求解对偶问题式 (6.21)。

1. 内部极小化问题

首先固定拉格朗日乘子 $\boldsymbol{\Lambda}$ 寻找内部极小值，记通过内部极小化所得最优条件概率分布为 $P_{\boldsymbol{\Lambda}}$，则

$$P_{\boldsymbol{\Lambda}} = \arg \min_{P \in \mathcal{M}} L(P, \boldsymbol{\Lambda}) \tag{6.24}$$

① 详情见小册子 4.5.4 节。

根据费马原理，为得到极值点，可对式 (6.24) 中拉格朗日函数 $L(P,\boldsymbol{\Lambda})$ 计算条件概率 $P(y|\boldsymbol{x})$ 的偏导数，令其为 0：

$$\frac{\partial L(P,\boldsymbol{\Lambda})}{\partial P}=0$$

$$L(P,\boldsymbol{\Lambda})=\sum_{\boldsymbol{x},y}\widetilde{P}(\boldsymbol{x})P(y|\boldsymbol{x})\log P(y|\boldsymbol{x})-\lambda_0\left(\sum_{y}P(y|\boldsymbol{x})-1)\right)-$$
$$\sum_{i=1}^{m}\lambda_i\left(\sum_{\boldsymbol{x},y}\widetilde{P}(\boldsymbol{x})P(y|\boldsymbol{x})f_i(\boldsymbol{x},y)-\sum_{\boldsymbol{x},y}\widetilde{P}(\boldsymbol{x},y)f_i(\boldsymbol{x},y)\right)$$

即

$$\frac{\partial L(P,\boldsymbol{\Lambda})}{\partial P}=\sum_{\boldsymbol{x},y}\widetilde{P}(\boldsymbol{x})\left[\log P(y|\boldsymbol{x})+1\right]-\sum_{y}\lambda_0-\sum_{i=1}^{m}\lambda_i\sum_{\boldsymbol{x},y}\widetilde{P}(\boldsymbol{x})f_i(\boldsymbol{x},y)\tag{6.25}$$

因边际分布的经验分布满足

$$\sum_{x}\widetilde{P}(\boldsymbol{x})=1$$

则方程式 (6.25) 可整理为

$$\sum_{\boldsymbol{x},y}\widetilde{P}(\boldsymbol{x})\left(\log P(y|\boldsymbol{x})+1-\lambda_0-\sum_{i=1}^{m}\lambda_i f_i(\boldsymbol{x},y)\right)=0\tag{6.26}$$

若经验分布中实例 $\boldsymbol{x}$ 的概率非零，即 $\widetilde{P}(\boldsymbol{x})>0$，方程式 (6.26) 的解为

$$P(y|\boldsymbol{x})=\frac{1}{\exp\left(1-\lambda_0\right)}\exp\left(\sum_{i=1}^{m}\lambda_i f_i(\boldsymbol{x},y)\right)$$

记

$$Z_{\boldsymbol{\Lambda}}=\exp\left(1-\lambda_0\right)$$

根据概率分布的特性 $\sum\limits_{y}P(y|\boldsymbol{x})=1$，则

$$\sum_{y}\frac{1}{Z_{\boldsymbol{\Lambda}}}\exp\left(\sum_{i=1}^{m}\lambda_i f_i(\boldsymbol{x},y)\right)=1$$

得到 $Z_{\boldsymbol{\Lambda}}$ 关于 $\boldsymbol{x}$ 的函数

$$Z_{\boldsymbol{\Lambda}}(\boldsymbol{x})=\sum_{y}\exp\left(\sum_{i=1}^{m}\lambda_i f_i(\boldsymbol{x},y)\right)$$

$Z_{\boldsymbol{\Lambda}}$ 位于分母位置，类似于条件概率分布中边际分布的角色，称为规范化因子。通过 $Z_{\boldsymbol{\Lambda}}$ 可得到根据对偶问题所得条件概率分布的表达式

$$P_{\boldsymbol{\Lambda}}(y|\boldsymbol{x})=\frac{1}{Z_{\boldsymbol{\Lambda}}(\boldsymbol{x})}\exp\left(\sum_{i=1}^{m}\lambda_i f_i(\boldsymbol{x},y)\right)\tag{6.27}$$

2. 外部极大化问题

接着解决外部极大化问题，记 $P_{\boldsymbol{\Lambda}}$ 对应的拉格朗日函数

$$\Psi(\boldsymbol{\Lambda}) = \min_{P\in\mathcal{M}} L(P,\boldsymbol{\Lambda}) = L(P_{\boldsymbol{\Lambda}},\boldsymbol{\Lambda}) = \sum_{\boldsymbol{x},y} \widetilde{P}(\boldsymbol{x},y)\log P_{\boldsymbol{\Lambda}}(y|\boldsymbol{x})$$

则对偶问题的外部极大化问题为

$$\max_{\boldsymbol{\Lambda}} \Psi(\boldsymbol{\Lambda}) \tag{6.28}$$

若问题式 (6.28) 的解记作 $\boldsymbol{\Lambda}^*$，则

$$\boldsymbol{\Lambda}^* = \arg\max_{\boldsymbol{\Lambda}} \sum_{\boldsymbol{x},y} \widetilde{P}(\boldsymbol{x},y)\log P_{\boldsymbol{\Lambda}}(y|\boldsymbol{x})$$

如果问题式 (6.28) 很难根据费马原理直接得到最优解，可应用梯度下降法、牛顿法、拟牛顿法、改进的迭代尺度法等优化算法求解。

将外部极大化问题的解 $\boldsymbol{\Lambda}^*$ 带入内部极小化问题所得条件概率分布中，即得最大熵模型学习的最优模型

$$P_{\boldsymbol{\Lambda}^*}(y|\boldsymbol{x}) = \frac{1}{Z_{\boldsymbol{\Lambda}^*}(\boldsymbol{x})}\exp\left(\sum_{i=1}^{m}\lambda_i^* f_i(\boldsymbol{x},y)\right)$$

式中，$\boldsymbol{\Lambda}^* = (\lambda_1^*,\lambda_2^*,\cdots,\lambda_m^*)^{\mathrm{T}}$。

例 6.8　通过拉格朗日对偶性学习例 6.6 中得到的最大熵模型。

解　在例 6.6 中，无属性变量，只需要学习汤圆种类的概率分布 $P: p_1,\ p_2,\ \cdots,\ p_5$ 即可，以优化问题的形式表示要学习的模型

$$\begin{aligned}
\min_{P\in\mathcal{M}}\quad & -H(P) = \sum_{i=1}^{5} p_i\log_2 p_i \\
\text{s.t.}\quad & h_0(P) = \sum_{i=1}^{5} p_i - 1 = 0 \\
& h_1(P) = p_1 + p_2 - \frac{8}{15} = 0 \\
& h_2(P) = p_1 + p_3 - \frac{6}{15} = 0
\end{aligned} \tag{6.29}$$

引入拉格朗日乘子 $\boldsymbol{\Lambda} = (\lambda_0,\lambda_1,\lambda_2)^{\mathrm{T}}$，得到拉格朗日函数

$$\begin{aligned}
L(P,\boldsymbol{\Lambda}) = & \sum_{i=1}^{5} p_i\log_2 p_i - \lambda_0\left(\sum_{i=1}^{5}p_i - 1\right) - \lambda_1\left(p_1+p_2-\frac{8}{15}\right) - \\
& \lambda_2\left(p_1+p_3-\frac{6}{15}\right)
\end{aligned}$$

优化问题 (6.29) 的对偶形式为

$$\max_{\boldsymbol{\Lambda}}\min_{P} L(P,\boldsymbol{\Lambda})$$

首先求解内部极小化问题，对拉格朗日函数求偏导数，令其为 0，

$$\begin{cases}\dfrac{\partial L(P,\boldsymbol{\Lambda})}{\partial p_1}=1+\log_2 p_1-\lambda_0-\lambda_1-\lambda_2=0\\ \dfrac{\partial L(P,\boldsymbol{\Lambda})}{\partial p_2}=1+\log_2 p_2-\lambda_0-\lambda_1=0\\ \dfrac{\partial L(P,\boldsymbol{\Lambda})}{\partial p_3}=1+\log_2 p_3-\lambda_0-\lambda_2=0\\ \dfrac{\partial L(P,\boldsymbol{\Lambda})}{\partial p_4}=1+\log_2 p_4-\lambda_0=0\\ \dfrac{\partial L(P,\boldsymbol{\Lambda})}{\partial p_5}=1+\log_2 p_5-\lambda_0=0\end{cases} \tag{6.30}$$

求解方程组式 (6.30)，得到内部极小化问题的解

$$\begin{cases}p_1=\exp(\lambda_0+\lambda_1+\lambda_2-1)\\ p_2=\exp(\lambda_0+\lambda_1-1)\\ p_3=\exp(\lambda_0+\lambda_2-1)\\ p_4=p_5=\exp(\lambda_0-1)\end{cases} \tag{6.31}$$

将式 (6.31) 代入 $L(P,\boldsymbol{\Lambda})$，可得

$$\begin{aligned}\Psi(\boldsymbol{\Lambda})&=\min_{P\in\mathcal{M}}L(P,\boldsymbol{\Lambda})\\ &=-\exp(\lambda_0+\lambda_1+\lambda_2-1)-\exp(\lambda_0+\lambda_1-1)-\exp(\lambda_0+\lambda_2-1)-\\ &\quad 2\exp(\lambda_0-1)+\lambda_0+\frac{8}{15}\lambda_1+\frac{6}{15}\lambda_2\end{aligned}$$

接着求解外部极大化问题

$$\max_{\boldsymbol{\Lambda}}\Psi(\boldsymbol{\Lambda})$$

仍然可利用费马原理，对 $\Psi(\boldsymbol{\Lambda})$ 求偏导数，令其为 0

$$\begin{cases}\dfrac{\partial \Psi(\boldsymbol{\Lambda})}{\partial \lambda_0}=-\exp(\lambda_0+\lambda_1+\lambda_2-1)-\exp(\lambda_0+\lambda_1-1)-\\ \qquad\qquad \exp(\lambda_0+\lambda_2-1)-2\exp(\lambda_0-1)+1=0\\ \dfrac{\partial \Psi(\boldsymbol{\Lambda})}{\partial \lambda_1}=-\exp(\lambda_0+\lambda_1+\lambda_2-1)-\exp(\lambda_0+\lambda_1-1)+\dfrac{8}{15}=0\\ \dfrac{\partial \Psi(\boldsymbol{\Lambda})}{\partial \lambda_2}=-\exp(\lambda_0+\lambda_1+\lambda_2-1)-\exp(\lambda_0+\lambda_2-1)+\dfrac{6}{15}=0\end{cases}$$

得到：

$$\begin{aligned}p_1&=\exp(\lambda_0+\lambda_1+\lambda_2-1)=0.2541\\ p_2&=\exp(\lambda_0+\lambda_1-1)=0.2792\\ p_3&=\exp(\lambda_0+\lambda_2-1)=0.1459\\ p_4&=p_5=\exp(\lambda_0-1)=0.1604\end{aligned}$$

因此，舀到 5 种汤圆的概率分别为 0.2541, 0.2792, 0.1459, 0.1604, 0.1604，与例 6.6 所得结果相同。 ■

根据对偶问题，最大熵模型的学习过程如下。

最大熵模型的学习过程

输入：训练数据集 $T = \{(\boldsymbol{x}_1, y_1), (\boldsymbol{x}_2, y_2), \cdots, (\boldsymbol{x}_N, y_N)\}$，其中 $\boldsymbol{x}_i \in \mathbb{R}^p$，$y_i \in \{0, 1\}$，$i = 1, 2, \cdots, N$。

输出：条件概率分布 $P(Y|X)$。

(1) 根据训练集 T，估计联合概率 $P(X, Y)$ 的经验分布 $\widetilde{P}(X = \boldsymbol{x}, Y = y)$，简记作 $\widetilde{P}(\boldsymbol{x}, y)$。

(2) 构造优化问题

$$\arg\max_{\boldsymbol{\Lambda}} \sum_{\boldsymbol{x}, y} \widetilde{P}(\boldsymbol{x}, y) \log P_{\boldsymbol{\Lambda}}(y|\boldsymbol{x})$$

根据优化问题得出最优解 $\boldsymbol{\Lambda}^*$。

(3) 通过 $\boldsymbol{\Lambda}^* = (\lambda_1^*, \lambda_2^*, \cdots, \lambda_m^*)^{\mathrm{T}}$ 计算规范化因子

$$Z_{\boldsymbol{\Lambda}^*}(\boldsymbol{x}) = \sum_y \exp\left(\sum_{i=1}^m \lambda_i^* f_i(\boldsymbol{x}, y)\right)$$

(4) 得到条件概率模型

$$P_{\boldsymbol{\Lambda}^*}(Y = y|X = \boldsymbol{x}) = \frac{1}{Z_{\boldsymbol{\Lambda}^*}(\boldsymbol{x})} \exp\left(\sum_{i=1}^m \lambda_i^* f_i(\boldsymbol{x}, y)\right)$$

总的来说，实施最大熵模型需要注意 3 个问题。

(1) 最大熵模型的内涵：最大熵模型获得的是所有满足约束条件的模型中信息熵最大的模型，作为经典的分类模型时准确率较高。

(2) 设置约束条件时的注意事项：最大熵模型可以灵活地设置约束条件，但是约束条件的数量会决定模型的拟合能力和泛化能力。

(3) 模型的不足：由于约束函数的数量和样本数目紧密相关，导致迭代过程计算量巨大，实际应用存在困难。

6.4 模型学习的最优化算法

要解决最大熵模型，首先应明确最大熵模型要解决的问题。6.3 节以最大熵思想为核心，得到即将学习的对偶问题。实际上，在统计学中最类似于熵函数的则是似然函数，因此本节也尝试通过最大似然估计确定优化问题。通过最大熵思想和最大似然思想的比较，可以发现对于最大熵模型而言，两种思路是殊途同归的。

1. 最大熵模型中的对偶函数

在最大熵模型的学习中，将解决最大熵模型中的优化问题转化为解决对偶问题，即先通过对偶问题求解最优的拉格朗日乘子，然后用拉格朗日乘子以及约束条件将最优条件概率分布表示出来。从信息论视角来看，最大熵模型是通过最大熵原理构造的优化问题。现在，先从最大熵模型中的对偶函数出发，看看能够简化表达成什么形式。

$$\begin{aligned}\Psi(\boldsymbol{\Lambda}) = & \sum_{\boldsymbol{x},y}\widetilde{P}(\boldsymbol{x})P_{\boldsymbol{\Lambda}}(y|\boldsymbol{x})\log P_{\boldsymbol{\Lambda}}(y|\boldsymbol{x}) + \lambda_0\left(1-\sum_{y}P_{\boldsymbol{\Lambda}}(y|\boldsymbol{x})\right)+ \\ & \sum_{i=1}^{m}\lambda_i\left(\sum_{\boldsymbol{x},y}\widetilde{P}(\boldsymbol{x},y)f_i(\boldsymbol{x},y)-\sum_{\boldsymbol{x},y}\widetilde{P}(\boldsymbol{x})P_{\boldsymbol{\Lambda}}(y|\boldsymbol{x})f_i(\boldsymbol{x},y)\right)\end{aligned} \tag{6.32}$$

首先聚焦式 (6.32) 中非常简单的第二项，对于条件概率而言，常规约束就是所有概率求和之后为 1，意味着：

$$\sum_{y}P_{\boldsymbol{\Lambda}}(y|\boldsymbol{x}) = 1$$

因此

$$\lambda_0\left(1-\sum_{y}P_{\boldsymbol{\Lambda}}(y|\boldsymbol{x})\right) = 0$$

接着式 (6.32) 中就只剩下了第一项和第三项。

$$\begin{aligned}\Psi(\boldsymbol{\Lambda}) = & \sum_{\boldsymbol{x},y}\widetilde{P}(\boldsymbol{x})P_{\boldsymbol{\Lambda}}(y|\boldsymbol{x})\log P_{\boldsymbol{\Lambda}}(y|\boldsymbol{x})+ \\ & \sum_{i=1}^{m}\lambda_i\left(\sum_{\boldsymbol{x},y}\widetilde{P}(\boldsymbol{x},y)f_i(\boldsymbol{x},y)-\sum_{\boldsymbol{x},y}\widetilde{P}(\boldsymbol{x})P_{\boldsymbol{\Lambda}}(y|\boldsymbol{x})f_i(\boldsymbol{x},y)\right)\end{aligned} \tag{6.33}$$

对于第一项：

$$\begin{aligned}& \sum_{\boldsymbol{x},y}\widetilde{P}(\boldsymbol{x})P_{\boldsymbol{\Lambda}}(y|\boldsymbol{x})\log P_{\boldsymbol{\Lambda}}(y|\boldsymbol{x}) \\ = & \sum_{\boldsymbol{x},y}\widetilde{P}(\boldsymbol{x})P_{\boldsymbol{\Lambda}}(y|\boldsymbol{x})\log\frac{\exp\left(\sum\limits_{i=1}^{m}\lambda_i f_i(\boldsymbol{x},y)\right)}{Z_{\boldsymbol{\Lambda}}(\boldsymbol{x})} \\ = & \sum_{\boldsymbol{x},y}\widetilde{P}(\boldsymbol{x})P_{\boldsymbol{\Lambda}}(y|\boldsymbol{x})\left(\sum_{i=1}^{m}\lambda_i f_i(\boldsymbol{x},y)-\log Z_{\boldsymbol{\Lambda}}(\boldsymbol{x})\right) \\ = & \sum_{\boldsymbol{x},y}\widetilde{P}(\boldsymbol{x})P_{\boldsymbol{\Lambda}}(y|\boldsymbol{x})\sum_{i=1}^{m}\lambda_i f_i(\boldsymbol{x},y)-\sum_{\boldsymbol{x},y}\widetilde{P}(\boldsymbol{x})P_{\boldsymbol{\Lambda}}(y|\boldsymbol{x})\log Z_{\boldsymbol{\Lambda}}(\boldsymbol{x}) \\ = & \sum_{\boldsymbol{x},y}\sum_{i=1}^{m}\lambda_i\widetilde{P}(\boldsymbol{x})P_{\boldsymbol{\Lambda}}(y|\boldsymbol{x})f_i(\boldsymbol{x},y)-\sum_{\boldsymbol{x},y}\widetilde{P}(\boldsymbol{x})P_{\boldsymbol{\Lambda}}(y|\boldsymbol{x})\log Z_{\boldsymbol{\Lambda}}(\boldsymbol{x})\end{aligned} \tag{6.34}$$

再看第三项：

$$\begin{aligned}
&\sum_{i=1}^{m}\lambda_i\left(\sum_{\boldsymbol{x},y}\widetilde{P}(\boldsymbol{x},y)f_i(\boldsymbol{x},y)-\sum_{\boldsymbol{x},y}\widetilde{P}(\boldsymbol{x})P_{\boldsymbol{\Lambda}}(y|\boldsymbol{x})f_i(\boldsymbol{x},y)\right)\\
=&\sum_{i=1}^{m}\lambda_i\sum_{\boldsymbol{x},y}\widetilde{P}(\boldsymbol{x},y)f_i(\boldsymbol{x},y)-\sum_{i=1}^{m}\lambda_i\sum_{\boldsymbol{x},y}\widetilde{P}(\boldsymbol{x})P_{\boldsymbol{\Lambda}}(y|\boldsymbol{x})f_i(\boldsymbol{x},y)\\
=&\sum_{\boldsymbol{x},y}\sum_{i=1}^{m}\lambda_i\widetilde{P}(\boldsymbol{x},y)f_i(\boldsymbol{x},y)-\sum_{\boldsymbol{x},y}\sum_{i=1}^{m}\lambda_i\widetilde{P}(\boldsymbol{x})P_{\boldsymbol{\Lambda}}(y|\boldsymbol{x})f_i(\boldsymbol{x},y)
\end{aligned}\tag{6.35}$$

将式 (6.34) 和式 (6.35) 代入式 (6.33) 中，可得

$$\Psi(\boldsymbol{\Lambda})=\sum_{\boldsymbol{x},y}\sum_{i=1}^{m}\lambda_i\widetilde{P}(\boldsymbol{x},y)f_i(\boldsymbol{x},y)-\sum_{\boldsymbol{x},y}\widetilde{P}(\boldsymbol{x})P_{\boldsymbol{\Lambda}}(y|\boldsymbol{x})\log Z_{\boldsymbol{\Lambda}}(\boldsymbol{x})\tag{6.36}$$

利用条件概率常规约束，可对式 (6.36) 中的第二项继续化简：

$$\begin{aligned}
&\sum_{\boldsymbol{x},y}\widetilde{P}(\boldsymbol{x})P_{\boldsymbol{\Lambda}}(y|\boldsymbol{x})\log Z_{\boldsymbol{\Lambda}}(\boldsymbol{x})\\
=&\sum_{\boldsymbol{x}}\left(\sum_{y}P_{\boldsymbol{\Lambda}}(y|\boldsymbol{x})\right)\widetilde{P}(\boldsymbol{x})\log Z_{\boldsymbol{\Lambda}}(\boldsymbol{x})\\
=&\sum_{\boldsymbol{x}}\widetilde{P}(\boldsymbol{x})\log Z_{\boldsymbol{\Lambda}}(\boldsymbol{x})
\end{aligned}$$

所以，对偶函数可重新写为

$$\begin{aligned}
\Psi(\boldsymbol{\Lambda})&=\sum_{\boldsymbol{x},y}\sum_{i=1}^{m}\lambda_i\widetilde{P}(\boldsymbol{x},y)f_i(\boldsymbol{x},y)-\sum_{\boldsymbol{x}}\widetilde{P}(\boldsymbol{x})\log Z_{\boldsymbol{\Lambda}}(\boldsymbol{x})\\
&=\sum_{\boldsymbol{x},y}\widetilde{P}(\boldsymbol{x},y)\left(\sum_{i=1}^{m}\lambda_i f_i(\boldsymbol{x},y)\right)-\sum_{\boldsymbol{x},y}\widetilde{P}(\boldsymbol{x},y)\log Z_{\boldsymbol{\Lambda}}(\boldsymbol{x})
\end{aligned}\tag{6.37}$$

2. 最大熵模型的极大似然函数

从概率统计视角来看，可以考虑常见的估计方法——极大似然估计。如果随机变量的条件概率分布已知，可以轻松得到样本出现的概率；而如果仅仅已知样本，是否可以反过来求解条件概率分布呢？答案是肯定的——可以通过极大似然方法来实现。但是，不同于第 5 章，用极大似然估计方法仅能估计某一分布的参数，这里需要估计整个条件概率分布。所以，在实施极大似然方法之前，还需要明确 3 件事。

(1) 变量是离散的还是连续的？

如果属性变量都是离散的，自然可以轻松地得到条件概率分布律，如果属性变量中的某一特征为连续的，那么就用某个概率密度替代。

(2) 似然函数的对象是什么？

在最大熵模型中，待估对象为已知属性 $X=\boldsymbol{x}$ 条件下对应的类别 Y，即条件概率分布 $P(Y|\boldsymbol{x})$ 是一个泛函。

(3) 似然函数的表达式是什么形式？

因为通常情况下采集的样本是独立的，联合概率或联合概率密度为连乘形式，为计算简单，一般先进行对数化处理，以求和形式呈现，也就是对数似然函数。如无特别说明，本章所涉及的似然函数默认为对数似然函数。

假如训练集 T 中包含 N 个样本，某一样本点 $(\boldsymbol{x},y)$ 对应的条件概率函数为 $P_{\boldsymbol{\Lambda}}(y|\boldsymbol{x})$，如果该样本点在训练集中出现多次，不妨设为 r 次，则该样本点对应的概率可表示为

$$P_{\boldsymbol{\Lambda}}(y|\boldsymbol{x})^r$$

计算联合概率函数

$$\prod_{\boldsymbol{x},y} P_{\boldsymbol{\Lambda}}(y|\boldsymbol{x})^r$$

对于训练集 T 而言，r 为样本总数 N 乘以该样本点出现的概率 $\widetilde{P}(\boldsymbol{x},y)$，

$$r = N\cdot\widetilde{P}(\boldsymbol{x},y)$$

于是，联合概率函数为

$$\prod_{\boldsymbol{x},y} P_{\boldsymbol{\Lambda}}(y|\boldsymbol{x})^{N\cdot\widetilde{P}(\boldsymbol{x},y)}$$

为计算简便，通过对数化得到对数似然函数

$$\begin{aligned}
L_{\widetilde{P}}(P_{\boldsymbol{\Lambda}}) &= \log\prod_{\boldsymbol{x},y} P_{\boldsymbol{\Lambda}}(y|\boldsymbol{x})^{N\cdot\widetilde{P}(\boldsymbol{x},y)} \\
&= N\log\prod_{\boldsymbol{x},y} P_{\boldsymbol{\Lambda}}(y|\boldsymbol{x})^{\widetilde{P}(\boldsymbol{x},y)} \\
&= N\sum_{\boldsymbol{x},y}\widetilde{P}(\boldsymbol{x},y)\log P_{\boldsymbol{\Lambda}}(y|\boldsymbol{x})
\end{aligned} \tag{6.38}$$

如果用拉格朗日乘子 $\boldsymbol{\Lambda}$ 表示条件概率分布，即

$$P_{\boldsymbol{\Lambda}}(y|\boldsymbol{x}) = \frac{1}{Z_{\boldsymbol{\Lambda}}(\boldsymbol{x})}\exp\left(\sum_{i=1}^{m}\lambda_i f_i(\boldsymbol{x},y)\right)$$

式中，

$$Z_{\boldsymbol{\Lambda}}(\boldsymbol{x}) = \sum_{y}\exp\left(\sum_{i=1}^{m}\lambda_i f_i(\boldsymbol{x},y)\right)$$

则式 (6.38) 中的似然函数可重写为

$$\begin{aligned}
L_{\widetilde{P}}(P_{\boldsymbol{\Lambda}}) &= N\sum_{\boldsymbol{x},y}\widetilde{P}(\boldsymbol{x},y)\log P_{\boldsymbol{\Lambda}}(y|\boldsymbol{x}) \\
&= N\sum_{\boldsymbol{x},y}\widetilde{P}(\boldsymbol{x},y)\log\frac{1}{Z_{\boldsymbol{\Lambda}}(\boldsymbol{x})}\exp\left(\sum_{i=1}^{m}\lambda_i f_i(\boldsymbol{x},y)\right) \\
&= N\left[\sum_{\boldsymbol{x},y}\widetilde{P}(\boldsymbol{x},y)\left(\sum_{i=1}^{m}\lambda_i f_i(\boldsymbol{x},y)\right) - \sum_{\boldsymbol{x},y}\widetilde{P}(\boldsymbol{x},y)\log Z_{\boldsymbol{\Lambda}}(\boldsymbol{x})\right]
\end{aligned}$$

对于某一确定的训练数据集而言，N 是固定的常数，不影响极大似然估计，故之后略去，记为

$$L_{\widetilde{P}}(P_{\boldsymbol{\Lambda}})=\sum_{\boldsymbol{x},y}\widetilde{P}(\boldsymbol{x},y)\left(\sum_{i=1}^{m}\lambda_i f_i(\boldsymbol{x},y)\right)-\sum_{\boldsymbol{x},y}\widetilde{P}(\boldsymbol{x},y)\log Z_{\boldsymbol{\Lambda}}(\boldsymbol{x}) \tag{6.39}$$

通过观察可以发现，式 (6.39) 和式 (6.37) 完全相同，意味着最大熵模型的对数似然函数等价于对偶函数。通过这个结论，就可以通过最大化对数似然函数或者最大化对偶函数求解条件概率分布。

如何快准稳地求解这个优化问题？接下来的内容将围绕 3 种最优化方法展开：最速梯度下降法、拟牛顿法和改进迭代尺度法。如果从最大熵模型的对偶函数出发，可以通过最速梯度下降法、拟牛顿法等学习参数。如果从极大似然函数出发，则可以通过迭代尺度法学习参数。

6.4.1 最速梯度下降法

最速梯度下降法[①]的核心是“走一步看一步”。对于最大熵模型而言，目的是解决最大化问题。为与最速梯度下降法中的下山过程一致，取负的对偶函数或对数似然函数，得到目标函数

$$Q(\boldsymbol{\Lambda})=-\Psi(\boldsymbol{\Lambda})=\sum_{\boldsymbol{x}}\widetilde{P}(\boldsymbol{x})\log\sum_{y}\exp\left(\sum_{i=1}^{m}\lambda_i f_i(\boldsymbol{x},y)\right)-\sum_{\boldsymbol{x},y}\widetilde{P}(\boldsymbol{x},y)\sum_{i=1}^{m}\lambda_i f_i(\boldsymbol{x},y)$$

求解最大熵模型的问题转化为求解最小化问题

$$\boldsymbol{\Lambda}^*=\arg\min_{\boldsymbol{\Lambda}}Q(\boldsymbol{\Lambda})$$

梯度为

$$\nabla Q(\boldsymbol{\Lambda})=\left(\frac{\partial Q(\boldsymbol{\Lambda})}{\partial\lambda_1},\frac{\partial Q(\boldsymbol{\Lambda})}{\partial\lambda_2},\cdots,\frac{\partial Q(\boldsymbol{\Lambda})}{\partial\lambda_m}\right)^{\mathrm{T}}$$

这里需要借助求导的链式法则求出每个偏导数。梯度向量中的第 i 个元素为

$$\frac{\partial Q(\boldsymbol{\Lambda})}{\partial\lambda_i}=\sum_{\boldsymbol{x}}\widetilde{P}(\boldsymbol{x})\frac{\sum\limits_{y}\exp\left(\sum\limits_{i=1}^{m}\lambda_i f_i(\boldsymbol{x},y)\right)\cdot f_i(\boldsymbol{x},y)}{\sum\limits_{y}\exp(\sum\limits_{i=1}^{m}\lambda_i f_i(\boldsymbol{x},y))}-\sum_{\boldsymbol{x},y}\widetilde{P}(\boldsymbol{x},y)f_i(\boldsymbol{x},y) \tag{6.40}$$

利用条件概率公式和概率期望的定义，式 (6.40) 可以简化表示为式 (6.41)：

$$\frac{\partial Q(\boldsymbol{\Lambda})}{\partial\lambda_i}=\sum_{\boldsymbol{x}}\widetilde{P}(\boldsymbol{x})P_{\boldsymbol{\Lambda}}(y|\boldsymbol{x})f_i(\boldsymbol{x},y)-E_{\widetilde{P}}(f_i),\quad i=1,2,\cdots,m \tag{6.41}$$

最大熵模型学习的最速梯度下降法算法如下。

① 详情见小册子 4.1 节。

最大熵模型学习的最速梯度下降法算法

输入：特征函数 f_1，$f_2,\cdots$，f_m；经验分布 $\widetilde{P}(\boldsymbol{x})$ 和 $\widetilde{P}(\boldsymbol{x},y)$，目标函数 $Q(\boldsymbol{\Lambda})$，梯度 $\nabla Q(\boldsymbol{\Lambda})$，计算精度 ϵ。

输出：最优模型 $P_{\boldsymbol{\Lambda}^*}(y|\boldsymbol{x})$。

(1) 选取初始值 $\boldsymbol{\Lambda}^{(0)} \in \mathbb{R}^m$，置 $k=0$。

(2) 计算 $Q(\boldsymbol{\Lambda}^{(k)})$ 和梯度 $\nabla Q(w^{(k)})$。

(3) 计算最优步长 $\eta^{(k)} = \arg\min_\eta Q(\boldsymbol{\Lambda}^{(k)} - \eta\nabla Q(\boldsymbol{\Lambda}^{(k)}))$。

(4) 利用迭代公式 $\boldsymbol{\Lambda}^{(k+1)} = \boldsymbol{\Lambda}^{(k)} - \eta^{(k)}\nabla Q(\boldsymbol{\Lambda}^{(k)})$ 进行参数更新。

(5) 如果 $\|Q(\boldsymbol{\Lambda}^{(k+1)}) - Q(\boldsymbol{\Lambda}^{(k)})\| < \epsilon$，停止迭代，令 $\boldsymbol{\Lambda}^* = \boldsymbol{\Lambda}^{(k+1)}$，输出结果；否则，令 $k=k+1$，转步骤 (2) 继续迭代，更新参数，直到满足终止条件。

(6) 将所得 $\boldsymbol{\Lambda}^*$ 代入 $P_{\boldsymbol{\Lambda}}(y|\boldsymbol{x})$ 中，即得最优条件概率分布模型

$$P_{\boldsymbol{\Lambda}^*}(y|\boldsymbol{x}) = \frac{\exp\left(\sum_{i=1}^{m}\lambda_i^* f_i(\boldsymbol{x},y)\right)}{\sum_y \exp\left(\sum_{i=1}^{m}\lambda_i^* f_i(\boldsymbol{x},y)\right)}$$

6.4.2 拟牛顿法：DFP 算法和 BFGS 算法

对于最大熵模型，很难直接得到海森矩阵或海森矩阵的逆，因此采用拟牛顿法[①]。

1. DFP 算法

将 DFP 算法应用于最大熵模型中，具体算法如下。

最大熵模型学习的 DFP 算法

输入：特征函数 f_1，$f_2,\cdots$，f_m；经验分布 $\widetilde{P}(\boldsymbol{x})$ 和 $\widetilde{P}(\boldsymbol{x},y)$，目标函数 $Q(\boldsymbol{\Lambda})$，梯度 $g(\boldsymbol{\Lambda})$，计算精度 ϵ。

输出：$Q(\boldsymbol{\Lambda})$ 的极小值点 $\boldsymbol{\Lambda}^*$；最优模型 $P_{\boldsymbol{\Lambda}^*}(y|\boldsymbol{x})$。

(1) 选取初始值 $\boldsymbol{\Lambda}^{(0)} \in \mathbb{R}^m$，取正定对称矩阵 $\boldsymbol{G}_0$ 置 $k=0$。

(2) 计算 $g(\boldsymbol{\Lambda}^{(k)})$，如果 $\|\boldsymbol{g}_k\| < \epsilon$，停止迭代，令 $\boldsymbol{\Lambda}^* = \boldsymbol{\Lambda}^{(k)}$，输出结果；否则，转步骤 (3) 继续迭代。

(3) 置 $\boldsymbol{p}_k = -\boldsymbol{G}_k\boldsymbol{g}_k$，利用一维搜索公式得到最优步长 η_k：

$$\eta_k = \arg\min_{\eta\geqslant 0} f(\boldsymbol{\Lambda}^{(k)} + \eta\boldsymbol{p}_k)$$

(4) 通过迭代公式更新

$$\boldsymbol{\Lambda}^{(k+1)} = \boldsymbol{\Lambda}^{(k)} + \eta_k\boldsymbol{p}_k$$

(5) 计算 $g(\boldsymbol{\Lambda}^{(k+1)})$，如果 $\|g(\boldsymbol{\Lambda}^{(k+1)})\| < \epsilon$，停止迭代，令 $\boldsymbol{\Lambda}^* = \boldsymbol{\Lambda}^{(k+1)}$，输出结果；否则，令 $k=k+1$，计算

① 详情见小册子 4.3 节。

$$G_{k+1} = G_k + \frac{\boldsymbol{\delta}_k \boldsymbol{\delta}_k^{\mathrm{T}}}{\boldsymbol{\delta}_k^{\mathrm{T}} \boldsymbol{\varsigma}_k} - \frac{G_k \boldsymbol{\varsigma}_k \boldsymbol{\varsigma}_k^{\mathrm{T}} G_k}{\boldsymbol{\varsigma}_k^{\mathrm{T}} G_k \boldsymbol{\varsigma}_k}$$

转步骤 (3) 继续迭代，更新参数，直到满足终止条件。

(6) 将所得 $\boldsymbol{\Lambda}^*$ 代入 $P_{\boldsymbol{\Lambda}}(y|\boldsymbol{x})$ 中，即得最优条件概率分布模型

$$P_{\boldsymbol{\Lambda}^*}(y|\boldsymbol{x}) = \frac{\exp\left(\sum_{i=1}^{m} \boldsymbol{\Lambda}_i^* f_i(\boldsymbol{x}, y)\right)}{\sum_y \exp\left(\sum_{i=1}^{m} \boldsymbol{\Lambda}_i^* f_i(\boldsymbol{x}, y)\right)}$$

2. BFGS 算法

将 BFGS 算法应用于最大熵模型中，具体算法如下。

最大熵模型学习的 BFGS 算法

输入：特征函数 $f_1, f_2, \cdots, f_m$；经验分布 $\widetilde{P}(\boldsymbol{x})$ 和 $\widetilde{P}(\boldsymbol{x}, y)$，目标函数 $Q(\boldsymbol{\Lambda})$，梯度 $g(\boldsymbol{\Lambda})$，计算精度 ϵ。

输出：$Q(\boldsymbol{\Lambda})$ 的极小值点 $\boldsymbol{\Lambda}^*$；最优模型 $P_{\boldsymbol{\Lambda}^*}(y|\boldsymbol{x})$。

(1) 选取初始值 $\boldsymbol{\Lambda}^{(0)} \in \mathbb{R}^m$，取正定对称矩阵 $\boldsymbol{B}_0$ 置 $k = 0$。

(2) 计算 $g(\boldsymbol{\Lambda}^{(k)})$ ，如果 $\|\boldsymbol{g}_k\| < \epsilon$，停止迭代，令 $\boldsymbol{\Lambda}^* = \boldsymbol{\Lambda}^{(k)}$，输出结果；否则，转步骤 (3) 继续迭代。

(3) 置 $\boldsymbol{B}_k \boldsymbol{p}_k = -\boldsymbol{g}_k$，求出 $\boldsymbol{p}_k$，利用一维搜索公式得到最优步长 η_k：

$$\eta_k = \arg\min_{\eta \geqslant 0} f(\boldsymbol{\Lambda}^{(k)} + \eta \boldsymbol{p}_k)$$

(4) 通过迭代公式更新

$$\boldsymbol{\Lambda}^{(k+1)} = \boldsymbol{\Lambda}^{(k)} + \eta_k \boldsymbol{p}_k$$

(5) 计算 $g(\boldsymbol{\Lambda}^{(k+1)})$，如果 $\|g(\boldsymbol{\Lambda}^{(k+1)})\| < \epsilon$，停止迭代，令 $\boldsymbol{\Lambda}^* = \boldsymbol{\Lambda}^{(k+1)}$，输出结果；否则，令 $k = k + 1$，计算

$$G_{k+1} = G_k + \frac{\boldsymbol{\delta}_k \boldsymbol{\delta}_k^{\mathrm{T}}}{\boldsymbol{\delta}_k^{\mathrm{T}} \boldsymbol{\varsigma}_k} - \frac{G_k \boldsymbol{\varsigma}_k \boldsymbol{\varsigma}_k^{\mathrm{T}} G_k}{\boldsymbol{\varsigma}_k^{\mathrm{T}} G_k \boldsymbol{\varsigma}_k}$$

转步骤 (3) 继续迭代，更新参数，直到满足终止条件。

(6) 将所得 $\boldsymbol{\Lambda}^*$ 代入 $P_{\boldsymbol{\Lambda}}(y|\boldsymbol{x})$ 中，即得最优条件概率分布模型

$$P_{\boldsymbol{\Lambda}^*}(y|\boldsymbol{x}) = \frac{\exp\left(\sum_{i=1}^{m} \boldsymbol{\Lambda}_i^* f_i(\boldsymbol{x}, y)\right)}{\sum_y \exp\left(\sum_{i=1}^{m} \boldsymbol{\Lambda}_i^* f_i(\boldsymbol{x}, y)\right)}$$

6.4.3 改进的迭代尺度法

20 世纪 90 年代，IBM 公司的机器翻译小组由于实际问题的需求，提出改进迭代尺度法（Improved Iterative Scaling，IIS）算法。在 IIS 算法中，需要借助极大似然

估计的思想，即通过概率最大化估计条件概率分布：

$$\boldsymbol{\Lambda}^* = \arg\max_{\boldsymbol{\Lambda}} L_{\widetilde{P}}(P_{\boldsymbol{\Lambda}})$$

其中，似然函数

$$L_{\widetilde{P}}(P_{\boldsymbol{\Lambda}}) = \sum_{\boldsymbol{x},y} \widetilde{P}(\boldsymbol{x},y)\left(\sum_{i=1}^{m}\lambda_i f_i(\boldsymbol{x},y)\right) - \sum_{\boldsymbol{x},y}\widetilde{P}(\boldsymbol{x},y)\log Z_{\boldsymbol{\Lambda}}(\boldsymbol{x}) \tag{6.42}$$

不同于梯度下降法和牛顿法，这里从似然函数出发直接迭代计算，只要每一轮迭代后所得似然值大于上一轮的似然值即可收敛至参数的极大似然估计。假设两轮迭代的增量为 $\boldsymbol{\nu}$，使得

$$L(\boldsymbol{\Lambda}+\boldsymbol{\nu}) \geqslant L(\boldsymbol{\Lambda})$$

现在问题转化为只要找到每一轮迭代的增量为 $\boldsymbol{\nu} = (\nu_1, \nu_2, \cdots, \nu_m)^{\mathrm{T}}$ 即可。

最简单的办法就是计算两轮迭代的差值，把两组参数代入似然函数 (6.42) 中，得到差值

$$L(\boldsymbol{\Lambda}+\boldsymbol{\nu}) - L(\boldsymbol{\Lambda}) = \sum_{\boldsymbol{x},y}\widetilde{P}(\boldsymbol{x},y)\sum_{i=1}^{m}\nu_i f_i(\boldsymbol{x},y) - \sum_{\boldsymbol{x}}\widetilde{P}(\boldsymbol{x})\log\frac{Z_{\boldsymbol{\Lambda}+\boldsymbol{\nu}}(\boldsymbol{x})}{Z_{\boldsymbol{\Lambda}}(\boldsymbol{x})} \tag{6.43}$$

为简化运算，通过常用的对数不等式 $-\log x \geqslant 1 - x$ 去掉式 (6.43) 中的 log 函数，得到差值的下界。

$$L(\boldsymbol{\Lambda}+\boldsymbol{\nu}) - L(\boldsymbol{\Lambda}) \geqslant \sum_{\boldsymbol{x},y}\widetilde{P}(\boldsymbol{x},y)\sum_{i=1}^{m}\nu_i f_i(\boldsymbol{x},y) + 1 - \sum_{\boldsymbol{x}}\widetilde{P}(\boldsymbol{x})\frac{Z_{\boldsymbol{\Lambda}+\boldsymbol{\nu}}(\boldsymbol{x})}{Z_{\boldsymbol{\Lambda}}(\boldsymbol{x})} \tag{6.44}$$

式 (6.44) 中 $Z_{\boldsymbol{\Lambda}+\boldsymbol{\nu}}(\boldsymbol{x})$ 可以拆解成两项：

$$\begin{aligned} Z_{\boldsymbol{\Lambda}+\boldsymbol{\nu}}(\boldsymbol{x}) &= \sum_{y}\exp\left(\sum_{i=1}^{m}(\lambda_i+\nu_i)f_i(\boldsymbol{x},y)\right) \\ &= \sum_{y}\left[\exp\left(\sum_{i=1}^{m}\lambda_i f_i(\boldsymbol{x},y)\right)\right]\cdot\left[\exp\left(\sum_{i=1}^{m}\nu_i f_i(\boldsymbol{x},y)\right)\right] \end{aligned}$$

于是

$$\begin{aligned} \frac{Z_{\boldsymbol{\Lambda}+\boldsymbol{\nu}}(\boldsymbol{x})}{Z_{\boldsymbol{\Lambda}}(\boldsymbol{x})} &= \sum_{y}\frac{\exp\left(\sum_{i=1}^{m}\lambda_i f_i(\boldsymbol{x},y)\right)}{Z_{\boldsymbol{\Lambda}}(\boldsymbol{x})}\exp\left(\sum_{i=1}^{m}\nu_i f_i(\boldsymbol{x},y)\right) \\ &= \sum_{y}P_{\boldsymbol{\Lambda}}(y|\boldsymbol{x})\exp\sum_{i=1}^{m}\nu_i f_i(\boldsymbol{x},y) \end{aligned}$$

将刚得到的下界函数记为 $A(\boldsymbol{\nu}|\boldsymbol{\Lambda})$：

$$A(\boldsymbol{\nu}|\boldsymbol{\Lambda}) = \sum_{\boldsymbol{x},y}\widetilde{P}(\boldsymbol{x},y)\sum_{i=1}^{m}\nu_i f_i(\boldsymbol{x},y) + 1 - \sum_{\boldsymbol{x}}\widetilde{P}(\boldsymbol{x})\sum_{y}P_w(y|\boldsymbol{x})\exp\sum_{i=1}^{m}\nu_i f_i(\boldsymbol{x},y) \tag{6.45}$$

代表在已知参数 $\boldsymbol{\Lambda}$ 的情况下所对应的关于增量 $\boldsymbol{\nu}$ 的函数。只要找到合适的 $\boldsymbol{\nu}$ 使得 $A(\boldsymbol{\nu}|\boldsymbol{\Lambda})>0$，就能够找到下一论的迭代值。

如何找到 $A(\boldsymbol{\nu}|\boldsymbol{\Lambda})$ 的下界，并且证明它是大于 0 的呢？

首先试试费马原理，对其求偏导数

$$\frac{\partial A}{\partial \nu_i}=\sum_{\boldsymbol{x},y}\widetilde{P}(\boldsymbol{x},y)\sum_{i=1}^{m}f_i(\boldsymbol{x},y)+0-\sum_{\boldsymbol{x}}\widetilde{P}(\boldsymbol{x})\sum_{y}P_{\boldsymbol{\Lambda}}(y|\boldsymbol{x})\exp\sum_{i=1}^{m}\nu_i f_i(\boldsymbol{x},y)\cdot f_i(\boldsymbol{x},y)$$

遗憾的是，第三项与所有的 ν_i 有关，牵一发而动全身，尝试以失败而告终！

接着，试图换个思路，不妨再给 $A(\boldsymbol{\nu}|\boldsymbol{\Lambda})$ 函数找个下界。引入一个常用的不等式——Jensen 不等式。

假如特征函数 $f_i(\boldsymbol{x},y)$ 是二值函数，意味着样本符合特征时为 1，不符合时为 0，记 $(\boldsymbol{x},y)$ 满足特征的个数为

$$f^{\#}(\boldsymbol{x},y)=\sum_{i}f_i(\boldsymbol{x},y)$$

将其转化为占比概率

$$\frac{f_i(\boldsymbol{x},y)}{f^{\#}(\boldsymbol{x},y)}\geqslant 0 \ \text{且} \ \sum_{i}^{m}\frac{f_i(\boldsymbol{x},y)}{f^{\#}(\boldsymbol{x},y)}=1$$

指数函数 $\exp(\cdot)$ 是一个典型的凸函数，应用 Jensen 不等式，

$$\begin{aligned}\exp\left(f^{\#}(\boldsymbol{x},y)\sum_{i=1}^{n}\frac{\nu_i f_i(\boldsymbol{x},y)}{f^{\#}(\boldsymbol{x},y)}\right)&\leqslant\exp\left(\sum_{i=1}^{m}\frac{f_i(\boldsymbol{x},y)}{f^{\#}(\boldsymbol{x},y)}\lambda_i f^{\#}(\boldsymbol{x},y)\right)\\&\leqslant\sum_{i=1}^{m}\frac{f_i(\boldsymbol{x},y)}{f^{\#}(\boldsymbol{x},y)}\exp(\lambda_i f^{\#}(\boldsymbol{x},y))\end{aligned}\tag{6.46}$$

将式 (6.46) 带入差值函数 $A(\boldsymbol{\nu}|\boldsymbol{\Lambda})$ 式 (6.45)：

$$\begin{aligned}A(\boldsymbol{\nu}|\boldsymbol{\Lambda})\geqslant&\sum_{\boldsymbol{x},y}\widetilde{P}(\boldsymbol{x},y)\sum_{i=1}^{m}\delta_i f_i(\boldsymbol{x},y)+1\\&-\sum_{\boldsymbol{x}}\widetilde{P}(\boldsymbol{x})\sum_{y}P_w(y|\boldsymbol{x})\sum_{i=1}^{m}\frac{f_i(\boldsymbol{x},y)}{f^{\#}(\boldsymbol{x},y)}\exp(\nu_i f^{\#}(\boldsymbol{x},y))\end{aligned}$$

记作新的下界函数 $B(\boldsymbol{\nu}|\boldsymbol{\Lambda})$：

$$\begin{aligned}B(\boldsymbol{\nu}|\boldsymbol{\Lambda})=&\sum_{\boldsymbol{x},y}\widetilde{P}(\boldsymbol{x},y)\sum_{i=1}^{m}\delta_i f_i(\boldsymbol{x},y)+1-\\&\sum_{\boldsymbol{x}}\widetilde{P}(\boldsymbol{x})\sum_{y}P_w(y|\boldsymbol{x})\sum_{i=1}^{m}\frac{f_i(\boldsymbol{x},y)}{f^{\#}(\boldsymbol{x},y)}\exp(\nu_i f^{\#}(\boldsymbol{x},y))\end{aligned}$$

再尝试一下费马原理，求偏导数：

$$\begin{aligned}\frac{\partial B}{\partial \nu_i}&=\sum_{\boldsymbol{x},y}\widetilde{P}(\boldsymbol{x},y)\sum_{i=1}^{m}f_i(\boldsymbol{x},y)+0-\sum_{\boldsymbol{x}}\widetilde{P}(\boldsymbol{x})\sum_{y}P_{\boldsymbol{\Lambda}}(y|\boldsymbol{x})f_i(\boldsymbol{x},y)\cdot\exp\{\nu_i f^{\#}(\boldsymbol{x},y)\}\\&=E_{\widetilde{P}}(f_i(\boldsymbol{x},y))-\sum_{\boldsymbol{x}}\widetilde{P}(\boldsymbol{x})\sum_{y}P_{\boldsymbol{\Lambda}}(y|\boldsymbol{x})f_i(\boldsymbol{x},y)\cdot\exp\{\nu_i f^{\#}(\boldsymbol{x},y)\}\end{aligned}$$

令偏导 $\dfrac{\partial B}{\partial \nu_i}=0$，得到方程

$$E_{\widetilde{P}}(f_i(\boldsymbol{x},y))=\sum_{\boldsymbol{x}}\widetilde{P}(\boldsymbol{x})\sum_{y}P_{\boldsymbol{\Lambda}}(y|\boldsymbol{x})f_i(\boldsymbol{x},y)\cdot\exp\{\nu_i f^{\#}(\boldsymbol{x},y)\}\tag{6.47}$$

若 $f^{\#}(\boldsymbol{x},y)=M$，则方程的解可简化为

$$\nu_i^*=\frac{1}{M}\log\frac{E_{\widetilde{P}}(f_i(\boldsymbol{x},y))}{E_P(f_i(\boldsymbol{x},y))}\tag{6.48}$$

将式 (6.48) 中的 ν_i^* 代入 $B(\boldsymbol{\nu}|\boldsymbol{\Lambda})$ 中，可得 B 的最小值，

$$\begin{aligned}\min_{\boldsymbol{\nu}}B(\boldsymbol{\nu}|\boldsymbol{\Lambda})&=\sum_{i=1}^{m}E_{\widetilde{P}}(\nu_i^*f_i(\boldsymbol{x},y))+1-\sum_{i=1}^{m}\frac{1}{M}E_{\widetilde{P}}(f_i(\boldsymbol{x},y))\\&=1+\sum_{i=1}^{m}\frac{1}{M}\log\frac{E_{\widetilde{P}}(f_i)}{E_P(f_i)}E_{\widetilde{P}}(f_i(\boldsymbol{x},y))-\sum_{i=1}^{m}\frac{1}{M}E_{\widetilde{P}}(f_i(\boldsymbol{x},y))\\&=1-\frac{1}{M}\sum_{i=1}^{m}E_{\widetilde{P}}(f_i(\boldsymbol{x},y))-\frac{1}{M}\sum_{i=1}^{m}\log\frac{E_P(f_i)}{E_{\widetilde{P}}(f_i)}E_{\widetilde{P}}(f_i(\boldsymbol{x},y))\end{aligned}$$

再次利用对数不等式 $-\log x\geqslant 1-x$，就得到

$$\begin{aligned}&-\frac{1}{M}\sum_{i=1}^{m}\log\frac{E_P(f_i)}{E_{\widetilde{P}}(f_i)}E_{\widetilde{P}}(f_i(\boldsymbol{x},y))\\\geqslant&\frac{1}{M}\sum_{i=1}^{m}\left(1-\frac{E_P(f_i)}{E_{\widetilde{P}}(f_i)}\right)E_{\widetilde{P}}(f_i(\boldsymbol{x},y))\\=&\frac{1}{M}\sum_{i=1}^{m}E_{\widetilde{P}}(f_i(\boldsymbol{x},y))-\frac{1}{M}\sum_{i=1}^{n}\frac{E_P(f_i)}{E_{\widetilde{P}}(f_i)}E_{\widetilde{P}}(f_i(\boldsymbol{x},y))\\=&\frac{1}{M}\sum_{i=1}^{m}E_{\widetilde{P}}(f_i(\boldsymbol{x},y))-\frac{1}{M}\sum_{i=1}^{n}E_P(f_i(\boldsymbol{x},y))\end{aligned}$$

于是

$$\begin{aligned}\min_{\boldsymbol{\nu}}B(\boldsymbol{\nu}|\boldsymbol{\Lambda})&\geqslant 1-\frac{1}{M}\sum_{i=1}^{m}E_{\widetilde{P}}(f_i(\boldsymbol{x},y))+\frac{1}{M}\sum_{i=1}^{m}E_{\widetilde{P}}(f_i(\boldsymbol{x},y))-\frac{1}{M}\sum_{i=1}^{m}E_P(f_i(\boldsymbol{x},y))\\&=1-\frac{1}{M}\sum_{i=1}^{m}E_P(f_i(\boldsymbol{x},y))\\&\geqslant 0\end{aligned}$$

这说明下界 $B(\boldsymbol{\nu}|\boldsymbol{\Lambda})$ 是合理的，可采用增量 ν_i^* 更新似然函数。

可以说，这里的迭代尺度法是根据条件概率模型的极大似然函数量身定制而得，以下为最大熵模型学习的改进迭代尺度法的具体算法。

最大熵模型学习的改进迭代尺度算法

输入：特征函数 f_1，$f_2, \cdots$，f_m；经验分布 $\widetilde{P}(\boldsymbol{x})$ 和 $\widetilde{P}(\boldsymbol{x},y)$，计算精度 ϵ。

输出：最优参数 $\boldsymbol{\Lambda}^*$；最优模型 $P_{\boldsymbol{\Lambda}^*}(y|\boldsymbol{x})$。

(1) 对所有 $i \in \{1,2,\cdots,m\}$，选取初始值 $\lambda_i=0$，计算

$$P_{\boldsymbol{\Lambda}}(y|\boldsymbol{x}) = \frac{1}{Z_{\boldsymbol{\Lambda}}(\boldsymbol{x})} \exp\left(\sum_{i=1}^{m} \lambda_i f_i(\boldsymbol{x},y)\right)$$

(2) 分别计算每次迭代的增量 ν_i，然后进行参数更新：

① 根据方程

$$\sum_{\boldsymbol{x},y} \widetilde{P}(\boldsymbol{x}) P_{\boldsymbol{\Lambda}}(y|\boldsymbol{x}) f_i(\boldsymbol{x},y) \exp\left(\nu_i f^{\#}(\boldsymbol{x},y)\right) = E_{\widetilde{P}}(f_i)$$

求解得到 ν_i^* 。特别地，如果 $f^{\#}(\boldsymbol{x},y)$ 是常量 M，则

$$\nu_i^* = \frac{1}{M} \log \frac{E_{\widetilde{P}}(f_i(\boldsymbol{x},y))}{E_P(f_i(\boldsymbol{x},y))}$$

② 更新参数 λ_i：

$$\lambda_i \longleftarrow \lambda_i + \nu_i^*$$

(3) 重复以上步骤，通过迭代公式更新参数，直到收敛。

(4) 将所得 $\boldsymbol{\Lambda}^*$ 代入 $P_{\boldsymbol{\Lambda}}(y|\boldsymbol{x})$ 中，即得最优条件概率分布模型

$$P_{\boldsymbol{\Lambda}}^*(y|\boldsymbol{x}) = \frac{\exp\left(\sum_{i=1}^{m} \lambda_i^* f_i(\boldsymbol{x},y)\right)}{\sum_y \exp\left(\sum_{i=1}^{m} \lambda_i^* f_i(\boldsymbol{x},y)\right)}$$

6.5　案例分析——汤圆小例子

因最大熵模型实现的复杂性，这里仅仅通过一个简易数据集来展示最大熵模型的实现。仍然是汤圆小例子。若调用最大熵模型，需要自行安装“maxentropy”[①]，代码如下：

```
1  pip install maxentropy
```

在 Python 中，将醇香黑芝麻、香甜花生、绵软豆沙、香芋紫薯和蛋黄流沙 5 种口味分别表示为“sesame, peanuts, bean_paste, purple_potato, yolks”，并通过 BFGS 算法实现参数的计算。

① 更多详情请查看网站 PyPI。

```
# 导入相关模块
import numpy as np
import maxentropy

# 样本空间
samplespace = ["sesame", "peanuts", "bean_paste", "purple_potato", "yolks"]


# 定义特征函数
#常规约束
def f0(x):
    return x in samplespace
#约束 1: 醇香黑芝麻和香甜花生口味的汤圆共有8只
def f1(x):
    return x=="sesame" or x=="peanuts"
#约束 2: 醇香黑芝麻和绵软豆沙口味的汤圆一共有6只
def f2(x):
    return x=="sesame" or x=="bean_paste"

features = [f0, f1, f2]

# 设置特征函数的期望
target_expectations = [1.0, 8/15, 6/15]

# 训练模型，算法选择拟牛顿法 BFGS
X = np.atleast_2d(target_expectations)

smallmodel = maxentropy.MinDivergenceModel(features, samplespace,
                                           vectorized=False,
                                           verbose=False,
                                           algorithm="BFGS")

smallmodel.fit(X)
Prob = smallmodel.probdist()
```

打印最大熵模型训练出的概率分布：

```
print("\nFitted␣distribution␣is:")
for j, x in enumerate(smallmodel.samplespace):
    print(f"\tx␣=␣{x:15s}:␣p(x)␣=␣{Prob[j]:.4f}")
```

输出结果为：

```
Fitted distribution is:
    x = sesame : p(x) = 0.2541
    x = peanuts : p(x) = 0.2793
    x = bean_paste : p(x) = 0.1459
    x = purple_potato : p(x) = 0.1604
    x = yolks : p(x) = 0.1604
```

与例 6.5 和例 6.6 的结果完全一致。另外，还可以通过条形图展示分布结果。

```
# 导入相关模块
import seaborn as sns
import matplotlib.pyplot as plt

# 文字汉化设置
plt.rcParams["font.sans-serif"] = ["SimHei"]
plt.rcParams["axes.unicode_minus"] = False

Tangyuan = ["醇香黑芝麻","香甜花生","绵软豆沙","香芋紫薯","蛋黄流沙"]

# 绘制条形图，并标上每种口味汤圆的概率分布
sns.barplot(Tangyuan, Prob)
plt.title("5 种口味汤圆的概率分布")
for x,y in enumerate(Prob):
    plt.text(x,y+0.003,"%s"%round(y,4),ha="center")
```

条形图如图 6.4 所示。

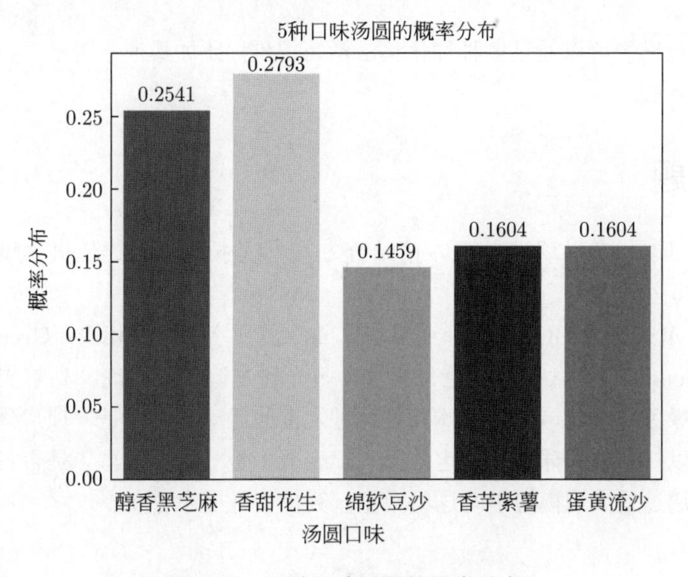

图 6.4　5 种口味汤圆的概率分布

6.6　本章小结

1. 熵度量系统内在的混乱程度。对于概率分布而言，熵度量分布信息的多少分为两种情况。若离散型随机变量 X 的概率分布为

$$P(X=a_i)=p_i,\quad i=1,2,\cdots,n$$

则随机变量 X 的熵 $H(X)$ 定义为

$$H(X)=-\sum_{i=1}^{n}p_i\log_2 p_i$$

若连续型随机变量 X 的概率分布为密度函数 $p(x)$，则随机变量 X 的熵 $H(X)$ 定义为

$$H(X) = -\int_{-\infty}^{\infty} p(x)\ln p(x)\mathrm{d}x$$

2. 最大熵模型是一种概率模型，通过对类别条件概率的学习对实例的类别做出预测。最大熵模型借助最大熵思想，保留尽可能多的不确定性，并将风险降到最小。最大熵思想，解释了等概率分布与高斯分布在概率分布中的重要地位。

3. 最大熵模型以训练得到条件概率分布为目的，以最大熵思想为核心，以特征函数为约束得到。假设满足所有约束条件的模型集合为

$$\mathcal{M} = \{P \in \mathcal{P} | E_P(f_i) = E_{\widetilde{P}}(f_i),\ i = 1, 2, \cdots, m\}$$

式中，$\mathcal{P}$ 代表由所有的概率分布组成的集合。因此，定义在条件概率分布 $P(Y|X)$ 上的条件熵为

$$H(P(Y|X)) = -\sum_{\boldsymbol{x},y} \widetilde{P}(\boldsymbol{x})P(y|\boldsymbol{x})\log P(y|\boldsymbol{x})$$

简记 $H(P(Y|X))$ 为 $H(P)$，则模型集合 $\mathcal{M}$ 中条件熵 $H(P)$ 最大的模型称为最大熵模型。

4. 最大熵模型可以通过多种优化算法学习得到，比如最速下降法、拟牛顿法和改进的迭代尺度法。

6.7 习题

6.1　对于同一个二分类问题，请结合方差-偏差折中思想比较最大熵模型与逻辑回归模型的方差和偏差。

6.2　高尔夫是由 GOLF 音译而得，这 4 个英文字母分别代表：Green、Oxygen、Light 和 Friendship。意味着绿色、氧气、阳光和友谊。可以说，高尔夫是一项集享受大自然的绿色和阳光、锻炼身体并且增进友谊的运动。既然是一项户外运动，天气对于是否可以打高尔夫球有着一定的影响。表 6.3 是一组天气与“是否打高尔夫”的数据集。请通过最大熵模型学习这组数据，列出条件概率分布。

表 6.3　今天的天气是否适合打高尔夫

天　气	温　度	湿　度	是 否 有 风	是否适合打网球
晴	热	高	否	否
晴	热	高	是	否
雨	凉爽	中	是	否
晴	温	高	否	否
雨	温	高	是	否
阴	热	高	否	是
雨	温	高	否	是

续表

天 气	温 度	湿 度	是否有风	是否适合打网球
雨	凉爽	中	否	是
阴	凉爽	中	是	是
晴	凉爽	中	否	是
雨	温	中	否	是
晴	温	中	是	是
阴	温	高	是	是
阴	热	中	否	是

6.8 阅读时间：奇妙的对数

给我时间、空间和对数，我可以创造出一个宇宙。

——伽利略

众所周知，微积分是 17 世纪最伟大的一项数学发明，对数与解析几何则是与之齐名的 17 世纪三大成就。在 16 世纪 和 17 世纪之交，自然科学领域尤其是天文学学科，经常遇到大量的数值计算，天文学家们对此非常苦闷，要知道那时候可都是纯手动计算，因此改进数字的计算方法、提高计算速度和准确度成了当务之急。

这时候，苏格兰有一位数学家 John Napier，他也是一位狂热的天文爱好者，在计算各种行星轨道时，被浩瀚的计算量所折磨，因此十分痛恨这些乏味的重复性工作，更何况在那个时期没有计算机，还处于手算的时代。为了简化计算，Napier 潜心研究 20 年，进行了数百万次的计算。终于在 1614 年，他在爱丁堡出版了《奇妙的对数定律说明书》，正式提出对数的概念。

> 《奇妙的对数定律说明书》
>
> 看起来在数学实践中，
> 最麻烦的莫过于数字的乘法、除法、开平方和开立方，
> 计算起来特别费事又伤脑筋，
> 于是我开始构思有什么巧妙好用的方法可以解决这些问题。

顺便说一句，Napier 不只是发明对数，还发明了以他的名字命名的“纳皮尔算筹”这样一种计算工具，可以说为计算做出了巨大的贡献。我国之所以称为“对数”，是因为 17 世纪中叶，对数表传入我国，在 $\log_{10} 2 = 0.30103$ 这样的式子里，2 叫作“真数”(这个名称至今不变)，而 0.30103 叫作“假数”，“真数与假数对列成表”，所以叫作“对数表”。

1. 如何利用对数简化运算

既然来自于天文，那我们就举个天文的小例子。假如地球以圆形轨道绕太阳运动，根据以下已知数据，计算太阳的质量 M。

(1) 地球与太阳的平均距离 $R = 1.496 \times 10^{11}$ m。

(2) 地球公转周期 $T = 3.156 \times 10^{7}$ s。

(3) 万有引力常数 $G = 6.672 \times 10^{-11}\ \mathrm{m^3/(s^2 \cdot kg)}$。

根据万有引力定律和牛顿运动定律可知

$$M = \frac{4\pi^2 R^3}{GT^2}$$

假如我们现在手中有一本对数表，不用借助计算器就可以简单快捷地计算出来，请看。

(1) 计算 $4\pi^2$：

$$\log_{10}(2\pi) = 0.7982 \Longrightarrow \log_{10}(4\pi^2) = 2\log_{10}(2\pi) = 1.5964$$

(2) 计算 R^3：

$$\log_{10}(R) = 11 + 0.1750 = 11.1750 \Longrightarrow \log_{10}(R^3) = 3\log_{10}(R) = 33.5250$$

(3) 计算 GT^2：

$$\begin{cases} \log_{10}(G) = -11 + 0.8242 = -10.1758 \\ \log_{10}(T) = 7 + 0.4991 = 7.4991 \end{cases}$$

$$\Longrightarrow \quad \log_{10}(GT^2) = \log_{10}(G) + 2\log_{10}(T) = 4.8224$$

(4) 太阳的质量 M 手算即可得到：

$$\log_{10} M = \log_{10}(4\pi^2) + \log_{10}(R^3) - \log_{10}(GT^2) = 30.2990$$

$$\Longrightarrow M = 10^{\log_{10} M} = 10^{0.2990} \times 10^{30}\ \mathrm{kg} = 1.991 \times 10^{30}\ \mathrm{kg}$$

可见，利用对数这个工具，天文学家们就能够轻松地化烦琐的大数乘除运算为加减运算，减少计算量。直接得到太阳的质量为 1.991×10^{30} kg，这个结果与目前资料显示的结果相差无几。

2. 为何用对数表示信息熵

本章着重讲解的信息熵，之所以采用对数形式，也是根据对数化乘除为加减的特性。与概率相联系，假如 $P(A)$ 代表 A 事件发生的概率，A 发生能够带来多大的信息呢？显然，$P(A)$ 越大，确定性越强，A 发生带来的信息越少；反之，$P(A)$ 越小，则 A 发生带来的信息越大。由此可以得到信息量与概率的一条性质：$H(A)$ 应该是 $P(A)$ 的非减函数，并且 A 是必然事件时 $H(A) = 0$。此外，如果事件 A 和 B 相互独立，则 A 和 B 都发生带来的信息量应该是 $H(A)$ 与 $H(B)$ 之和，即 $H(A \cap B) = H(A) + H(B)$，这就是第二条性质。根据这两条性质，就确定了 $H(A)$ 一定是对数形式。下面给出严格的数学表达和证明过程。

定理 6.1 设 $H(u)$ 是 $(0,1]$ 上的严格减函数，$H(1)=0$，且对所有的 $u,v\in(0,1)$，使 $H(u)$ 满足

$$H(uv)=H(u)+H(v)$$

则必须且只需存在 $c>0$，使得

$$H(u)=-c\log u,\quad 0<u\leqslant 1$$

证明 充分性显然。

必要性的证明：因为 $H(u)$ 是 $(0,1]$ 上的严格减函数，$H(1)=0$，且 $H(uv)=H(u)+H(v)$，则对任意正整数 m 和 n，有

$$H(u^n)=nH(u)$$

于是

$$H((u^{\frac{1}{m}})^m)=mH(u^{\frac{1}{m}})\Rightarrow H(u^{\frac{1}{m}})=\frac{1}{m}H(u)$$

所以

$$H(u^{\frac{n}{m}})=H((u^{\frac{1}{m}})^n)=nH(u^{\frac{1}{m}})=\frac{n}{m}H(u)$$

可见，对任意无理数 $r>0$，都有

$$H(u^r)=rH(u),\quad 0<u\leqslant 1$$

利用 $H(u)$ 的单调性可得，r 为无理数时，上式仍然成立。不妨令 $u=a^{-1}$，则

$$H(a^{-r})=rH(a^{-1})$$

令 $r=-\log_a u$，$c=-H(a^{-1})$，则

$$H(u)=-c\log_a u$$

c 是一个正常数，其大小不影响信息量的单位，为简单起见通常取为常数 1。所以，信息量有如下形式：

$$H(A)=-\log_a P(A)$$

取 $a=2$ 时，单位为比特；取 $a=\mathrm{e}$ 时，单位为纳特。对于随机变量 X，可以根据概率分布得到概率熵公式 $H(p(x))=-E[\log(p(x))]$。

还有常用的对数似然函数、对数收益率，化学中 pH 的定义，心理学中的感官与物理刺激之间的对数关系，声学中的分贝，地震学中的里氏震级，等等，都是运用了对数运算的特性。

最后送大家两个“鸡汤”公式：

$$1.01^{365}=37.78$$

$$0.99^{365}=0.0255$$

虽然看起来这两个概率相差无几，一个是 0.99，一个是 1.01，但是如果加入时间这个变量，长期累积，即使只是 1% 的优势，每天进步一点点，一年之后就会远远大于 1；虽然只有 1% 的劣势，每天退步一点点，一年之后就会接近为零。保险公司中许多价值投资理论，也都是基于这个原理而来。

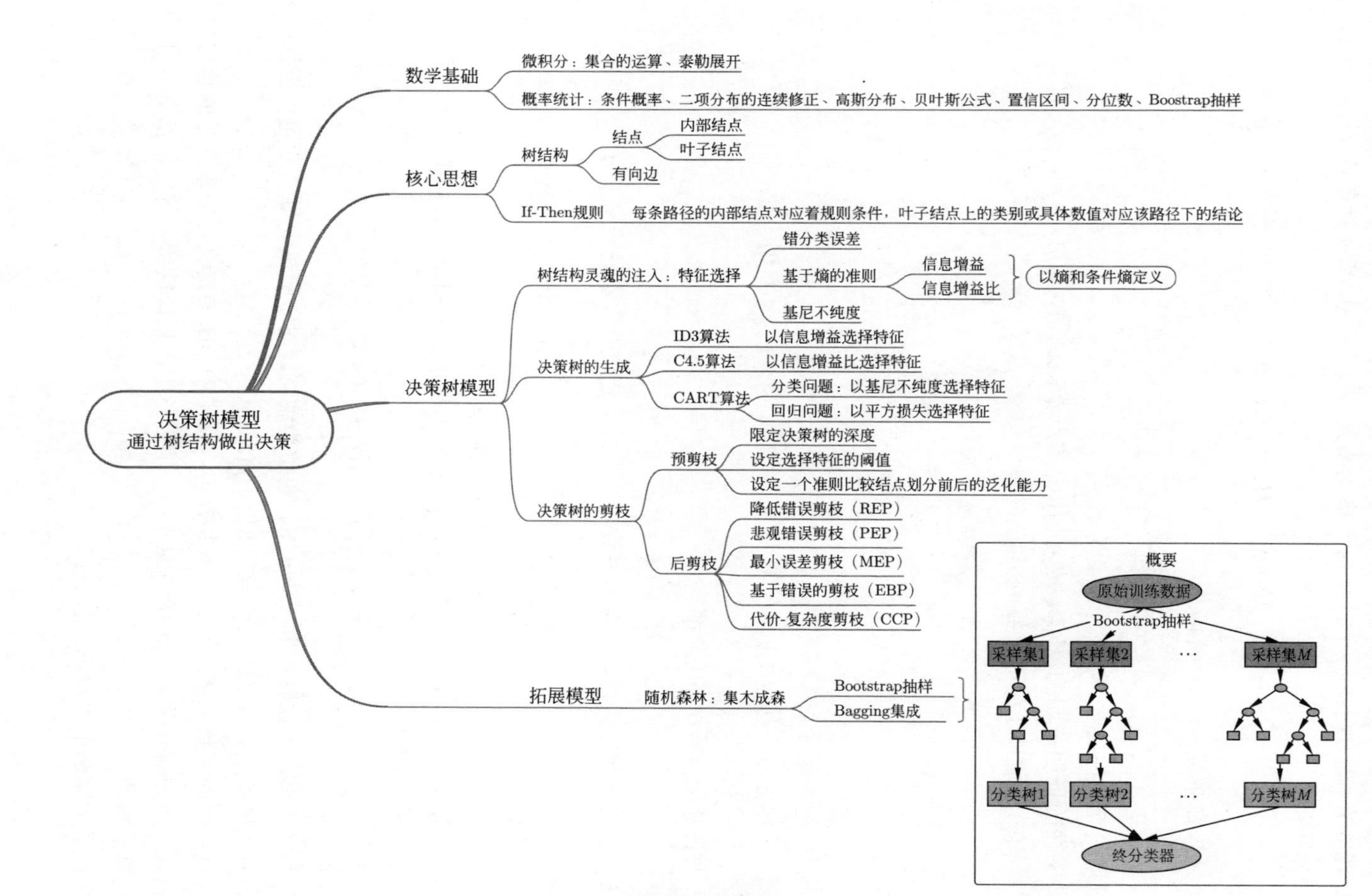

第7章　决策树模型思维导图

第7章 决策树模型

参天的大栎是从一粒小树种长起的。

——托·富勒

决策树（Decision Tree）绝不是一棵普通的树，她是一棵有理想、有深度的树，从一粒种子开始，为实现某个目标而奋斗，努力从土壤中迸发出来，成长为一棵参天大树，而后通过树结构做出决策。决策树不仅能够解决分类问题，而且可用在回归问题上。既然作为一棵树的形象存在，那么自然少不了枝杈繁叶，归根结底，即使是回归问题，如果是通过树结构构建模型，其本质也是要先分类，将连续变量的属性特征空间分割成一个个的小区域。因此，理解分类决策树是本章的重中之重。本章着重介绍决策树的思想，生成决策树模型的准则，以及决策树的修剪方法，期间伴随讲解三大主流算法：ID3 算法、C4.5 算法和 CART 算法，最后拓展至随机森林。

7.1 决策树中蕴含的基本思想

7.1.1 什么是决策树

在介绍方法之初，需要知道这棵决策树长成什么样子。它如图 7.1 所示。

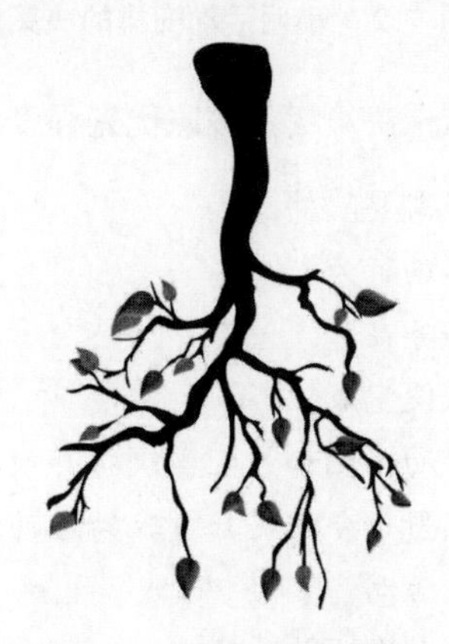

图 7.1 决策树的树结构

没错，这是一棵倒立生长的树。想要理解它，可以从两个角度出发，一是构建决策树的思维模式，二是决策树的模型结构。

先看第一部分，思维模式。这与第 1 章介绍的科学推理一致。决策树的生成过程用的是归纳法，是一个在观察和总结中认识世界的过程，通过观察大量的样本，归纳总结出一棵自上而下的树结构模型。决策树模型做出决策的过程用的则是演绎法，即根据已知信息构建的决策树预测未知样本的结果。

下面，通过一个浅显易懂的小例子来说明决策树中的思维模式。每年总会有那么几天令单身狗们格外伤心：2 月 14 日西方情人节，5 月 20 日表白日，农历 7 月 7 日中国情人节——七夕，11 月 11 日光棍节。因为在这某一天，单身狗的选择就那几种。如果小明想通过周边好友节日当天的安排情况，构建一棵决策树，以决定他的活动安排，该怎么办呢？首先收集大量的数据样本，小明将已有的活动安排简单分为 4 类：虐狗、学习、娱乐和运动，然后通过是否单身、是否需要恋人的陪伴、是否需要自我提升、是内修还是外练逐次对数据集进行分割，得到一棵决策树，如图 7.2 所示。这就是根据已有的数据样本归纳总结出来的决策树。

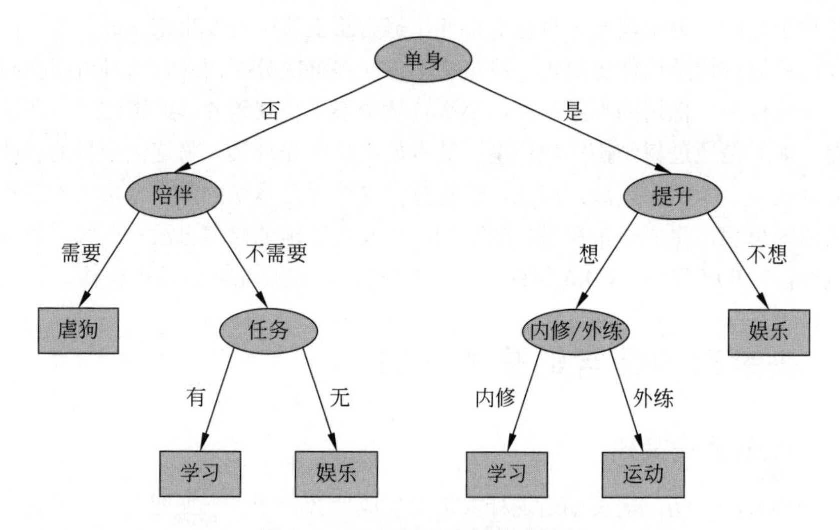

图 7.2　小明活动安排的决策树

接下来，小明可以根据这棵决策树，按照优先程度，做出当日的安排：

如果不是单身，考虑是否需要陪伴；
若需要，就是各种花式虐狗行为；
若不需要，考虑是否有任务在身；
若有任务，则安排学习以便完成任务；
若无任务，则安排娱乐活动，比如男生喜欢打游戏，女生则喜欢购物、刷剧等。
如果是单身，考虑是否在当日安排提升自我的活动；
若不想提升，则安排娱乐活动；
若想提升自我，可考虑是内修还是外练；
若倾向于内修，则安排学习活动；
若倾向于外练，则安排体育运动。

这就是一棵比较典型的决策树，根据当日活动安排的样本数据集，观察客观情况，从根部开始生长，一步步落入决策结果。虽然在小明的决策树中，生成的是一棵二叉树，但不代表每个阶段在每个结点只能分为两个枝杈。如果考虑大于两组的多叉分割，就能得到一棵多叉树。如果细分，则“学习”这个结点处，又可以划分为通过读书、看视频、听音频等来学习。

再举一个例子，20 世纪初，英国白星航运公司建造了一艘当时世界上体积最大，设施最豪华的邮轮——泰坦尼克号（Titanic），然而与泰坦尼克号所享有的“永不沉没”美誉相悖的是，这艘巨轮在处女航行中便惨遭厄运——1912 年 4 月 15 日晚，与北大西洋的冰山相撞而沉没海底。1985 年，泰坦尼克号的残骸再现，著名的电影《泰坦尼克号》就是根据这一真实的航海事故改编的，电影中的爱情是凄美的，数据却是冷酷的。

假如我们的关注点是乘客是否能幸存，可以通过大量的乘客信息如年龄、性别、舱位这三个属性特征，生成一棵决策树，如图 7.3 所示。

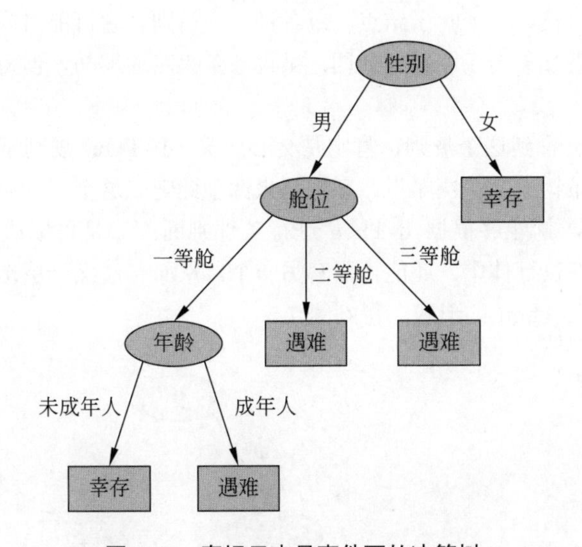

图 7.3　泰坦尼克号事件下的决策树

如果现在已知一名乘客的年龄、性别、舱位的信息，但是否幸存未知，就可以通过已构造的决策树进行推理。

若是女性，很大的可能是幸存的；

若是男性，需要进一步根据舱位来判断；

若是一等舱，需要更进一步地根据年龄来判断；

年龄小于或等于 18 岁，是未成年人，很大的可能性是幸存的；

若大于 18 岁，很大的可能性遇难；

若是二等舱或三等舱，则幸存的可能性渺茫。

为进一步了解决策树，需要探究第二部分，决策树的模型结构。以上两棵决策树，包含了 3 种不同的图形：箭头、椭圆和矩形。箭头代表有向边；椭圆和矩形都是代表结点，其中椭圆代表内部结点，矩形代表叶子结点，如图 7.4 所示。

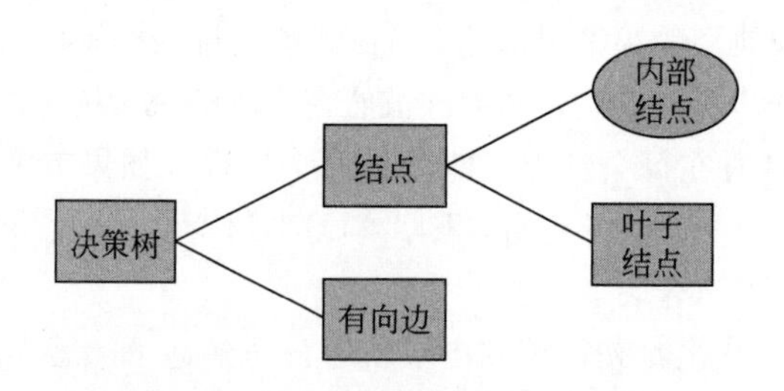

图 7.4　决策树的模型结构组成

这两种结点到底有什么区别呢？具体来说，内部结点表示的是样本的特征或者属性，通过这些特征或属性就可以进行分叉生长，直到结出一个又一个叶子结点，即最终的类别。特别地，最顶部的结点是根结点。决策树的整个生长都是从根结点出发，每一条箭头就是一条 If-Then 规则，通过一系列的规则，到达叶子结点，对数据进行分类。从根结点出发，到叶子结点所经历的旅途被称作一条条路径，每条路径都由若干 If-Then 规则组成。一个叶子结点，或者说一个类别，它可能对应着多条路径，但每个实例只对应着唯一一条路径。如同，虽说条条大路通罗马，但每次去罗马只能选择其中的一条。

如果是程序员看到这个规则，肯定是会心一笑，If-Then 规则不就是常用的逻辑判断结构吗？决策树中的“决策”二字也是来源于此吧。这个规则有什么特点呢？一是如果给定条件，就能够根据 If-Then 进行条件判断；二是可以进行无限嵌套，一套 If-Then 的条件执行体中，还能再嵌套另一个，从而一层又一层地嵌套下去。可以将图 7.3 改写为 If-Then 的形式，得到图 7.5。

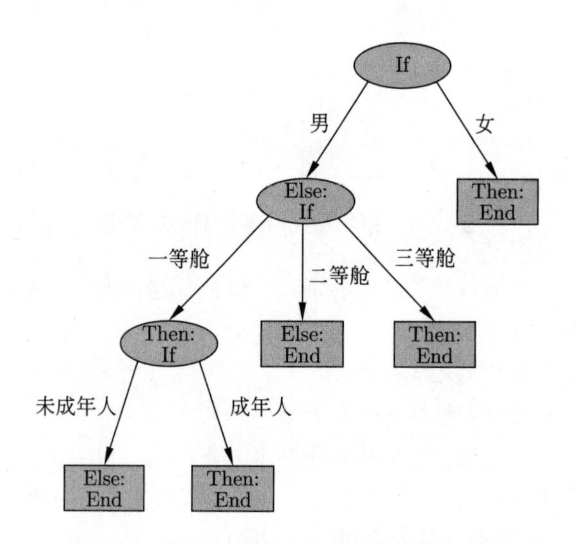

图 7.5　通过 If-Then 规则表示的决策树

从数学角度来看，If-Then 规则具有一条良好的集合性质：互斥并且完备。假如训练样本数据集用 T 表示，通过一系列的 If-Then 规则可以根据样本属性特征划分为 M 个区域 $R_1, R_2, \cdots, R_M$，这些集合具有如下性质。

(1) 互斥性：指通过属性对数据集进行划分得到的子集，互相之间不相交，即 $R_i \bigcap R_j = 0$，$i \neq j$，$i, j = 1, 2, \cdots, M$。

(2) 完备性：指的是划分所得到的子集，合并在一起是全集，即 $T = \bigcup\limits_{i=1}^{M} R_i$。

7.1.2　决策树的基本思想

一个只顾低头走路的人，永远领略不到沿途的风光，生命不在于结果而在于历程。

——泰戈尔

决策树，具有树结构，通过一系列规则对数据进行分类或回归。从决策树的根结点到叶子结点的每一条路径由若干 If-Then 规则构成，每条路径的内部结点对应着规则条件，叶子结点上的类别或具体数值对应该路径下的结论。这些规则是通过训练得到，而不是人工制定的。

决策树学习算法通常是递归的选择最优特征，并根据该特征对训练数据进行分割，使得对各个子集数据有一个最好的分割结果。这一过程对应着特征空间的划分，也对应着决策树的构建。决策树整个生成过程采用的是一种贪心算法。首先，构建根结点，将所有训练数据都放在根结点处，选择一个最优特征，按照这一特征将训练数据集分割成多个子集，使得各个子集有一个当前条件下的最好划分。如果这些子集已经能够被基本正确分类或合理赋值，那么构建叶子结点，并将这些子集分配到对应的叶子结点中去；如果还有子集不能被正确分类或合理赋值，那么对剩余的这些子集继续选择最优特征，对其进行分割，构建相应的结点。以此递归下去，直到所有训练数据子集都被基本正确分类或合理赋值为止。这样，每个子集都有相应的类别或取值。

可以发现，决策树在生成的过程中涉及两个重要的问题，一是如何选择最优特征，二是如何设置停止条件。关于停止条件，在决策树的 7.3 节和 7.4.1 小节会涉及。

7.2　决策树的特征选择

如果给定每个 If-Then 规则的条件，可以构造一棵树，但绝不是我们所说的决策树，因其缺少自主判断的能力，如同提线木偶，离不开外界的操控。下面我们就为这棵树注入灵魂，也就是自主选择判别条件的标准。根据所要解决的问题不同，最优特征的选择准则也不同。回归决策树常用的则是平方损失。第 2 章已详细介绍了平方损失。这里着重介绍分类决策树常用的准则错分类误差、信息增益、信息增益比以及基尼不纯度。

7.2.1　错分类误差

从字面理解，错分类误差（Misclassification Error）就是分类错误的概率，这个准则可以说是面对分类数据集时的第一直觉。

定义 7.1 (错分类误差) 若离散型随机变量 Y 的概率分布为

$$P(Y=c_i)=p_i,\quad i=1,2,\cdots,K$$

随机变量 Y 的错分类误差 $\mathrm{ME}(Y)$ 定义为

$$\mathrm{ME}(Y)=1-\max_i p_i$$

假如根据随机变量 Y 的 K 个取值可将数据集[1] D 分为 K 个子集 $D_1,D_2,\cdots,D_K$，每个子集分别包含的样本个数为 $n_1,n_2,\cdots,n_K$，且 $\sum_{i=1}^{K}n_i=N$，那么错分类误差的经验值可通过式 (7.1) 计算：

$$\mathrm{ME}_D(Y)=1-\frac{1}{N}\max_i n_i \tag{7.1}$$

之所以计算错分类误差时使用概率最大的那一类，依据的是众数思想。比如一个数据集中包含 K 个类，如果只能用一个类别来代表这个数据集，会优先选择所占比例最大的那个类别，这样被错分的样本数量才会降到最低。在决策树中，众数思想不只可以用在选择最优特征上，在生成决策树结点的时候也起到至关重要的作用。类似于在 K 近邻算法中用这一思想判断类别。

7.2.2 基于熵的信息增益和信息增益比

无论是信息增益还是信息增益比，其本源来自于信息熵。下面分别介绍信息增益和信息增益比。

1. 信息增益

第 6 章已给出信息熵的定义。如果明确给出随机变量 Y 的概率分布，可直接计算 Y 的信息熵。如果概率分布未知，需要通过数据集 D 计算其经验值，即经验熵 $H_D(Y)$。我们以下标表示用以计算经验熵的数据集。假如随机变量 Y 有 K 个取值 $c_1,c_2,\cdots,c_K$，根据这 K 个取值可将数据集 D 分为 K 个子集 $D_1,D_2,\cdots,D_K$，每个子集中包含的样本个数分别为 $n_1,n_2,\cdots,n_K$，数据集 D 中包含的样本个数为 N，则 $\sum_{i=1}^{K}n_i=N$，经验熵可通过式 (7.2) 计算：

$$H_D(Y)=-\sum_{i=1}^{K}\frac{n_i}{N}\log\frac{n_i}{N} \tag{7.2}$$

式中，n_i/N 是通过数据集 D 所得到的 $p_i=P(Y=c_i)$ 估计值。

例 7.1 在泰坦尼克号上，有乘客 1316 名，船员 892 名，合计 2208 人，事件发生后，幸存者仅 718 人。那么，以 2208 名人员为数据集 D，以是否幸存为随机变量 Y，所对应的经验熵是多少？

---

[1] 为避免与决策树 T 这一符号混淆，本章中的数据集以字母 D 表示。

解　根据式 (7.2) 计算经验熵

$$H_D(Y) = -\frac{718}{2208}\log_2\frac{718}{2208} - \left(1-\frac{718}{2208}\right)\log_2\left(1-\frac{718}{2208}\right) = 0.9099$$

■

类似于经验熵，下面给出条件经验熵的计算方法。

假如随机变量 Y 有 K 个取值 $c_1,c_2,\cdots,c_K$，根据 X 的取值 $\{a_1,a_2,\cdots,a_s\}$ 可将数据集 D 分为 s 个子集 $D_1,D_2,\cdots,D_s$，每个子集中包含的样本个数分别为 $l_1,l_2,\cdots,l_s$，且 $\sum\limits_{i=1}^{s} l_i = N$，则属性特征变量 X 下 D 中每个子集的权重分别为 $w_i = l_i/N$, $i = 1,2,\cdots,s$，w_i 就是 $P(X=a_i)$ 的估计值。可以先计算每个子集的经验熵 $H_{D_i}(Y)$, $i = 1,2,\cdots,s$，再通过加权求和得到条件经验熵：

$$H_D(Y|X) = \sum_{i=1}^{s} w_i H_{D_i}(Y)$$

定义 7.2 (信息增益)　信息增益（Information Gain），指的是在给定特征 X 下 Y 的不确定性的缩减程度，也称作互信息 $I(Y;X)$。若已知一对离散型随机变量 (X,Y) 的联合概率分布，在给定随机变量 X 的条件下，信息增益 $I(Y;X)$ 定义为

$$I(Y;X) = H(Y) - H(Y|X)$$

对称地，也可以得到

$$I(Y;X) = H(X) - H(X|Y)$$

因此，Y 中含有 X 的信息量等同于 X 中含有 Y 的信息量。

特别地，随机变量 X 与自身的互信息为 X 的熵，因此熵也被称作自信息（Self-information）。从条件概率的角度来思考，条件熵与无条件熵相差的越大，越说明这个条件能带来的信息越多。

如果已知数据集 D，则可以计算特征 X 下信息增益的经验值：

$$I_D(Y;X) = H_D(Y) - H_D(Y|X)$$

例 7.2　例 7.1 只给出了船上的总人数和幸存人员的数量，而根据数据统计，在泰坦尼克号上的 2208 人中，有 1738 名男性，只有 374 人幸存；470 名女性，幸存 344 人。那么，以是否幸存作为随机变量 Y，性别作为随机变量 X，信息增益是多少？另外，根据记载，还可以获得泰安尼克号上人员的年龄和舱位信息，具体数据如表 7.1 所示。请问：年龄和舱位对应的信息增益又是多少？

解　先计算性别的信息增益：

(1) 计算随机变量 Y 的熵，根据例 7.1 可知：$H(Y) = 0.9099$。

表 7.1 泰坦尼克号事件中幸存者汇总数据[①]

统计项	性别		年龄		舱位			
	男	女	未成年	成年	一等舱	二等舱	三等舱	船员舱
幸存	374	344	57	661	203	118	178	219
遇难	1364	126	52	1438	122	167	528	673
合计	1738	470	109	2099	325	285	706	892

(2) 根据性别，可将泰坦尼克号上的人分为两个子集：1738 名男性记作集合 D_1，占总人数的比例为 $w_1=1738/2208$，是否幸存的熵记作 $H_D(Y|X=\text{男})$；470 名女性记作集合 D_2，占总人数的比例为 $w_2=470/2208$，是否幸存的熵记作 $H_D(Y|X=\text{女})$，则

$$H_D(Y|X=\text{男})=-\frac{374}{1738}\log_2\frac{374}{1738}-\left(1-\frac{374}{1738}\right)\log_2\left(1-\frac{374}{1738}\right)=0.7512$$

$$H_D(Y|X=\text{女})=-\frac{344}{470}\log_2\frac{344}{470}-\left(1-\frac{344}{470}\right)\log_2\left(1-\frac{344}{470}\right)=0.8387$$

(3) 计算已知性别 X 下 Y 的条件熵：

$$H_D(Y|X)=w_1H_D(Y|X=\text{男})+w_2H_D(Y|X=\text{女})=0.7699$$

(4) 计算信息增益：

$$I_D(Y;X)=H_D(Y)-H_D(Y|X)=0.1400$$

记性别特征下的信息增益为 $I(Y;\text{性别})$。

类似地，可计算出年龄特征和舱位特征下的信息增益，并进行比较。

① 性别特征下的信息增益：$I(Y;\text{性别})=0.1400$

② 年龄特征下的信息增益：$I(Y;\text{年龄})=0.0062$

③ 舱位特征下的信息增益：$I(Y;\text{舱位})=0.0578$

可见，性别特征下的信息增益最大，这说明性别特征可以为判断是否幸存提供更多的信息。 ■

信息熵、联合熵、条件熵和信息增益之间的关系如图 7.6 所示。

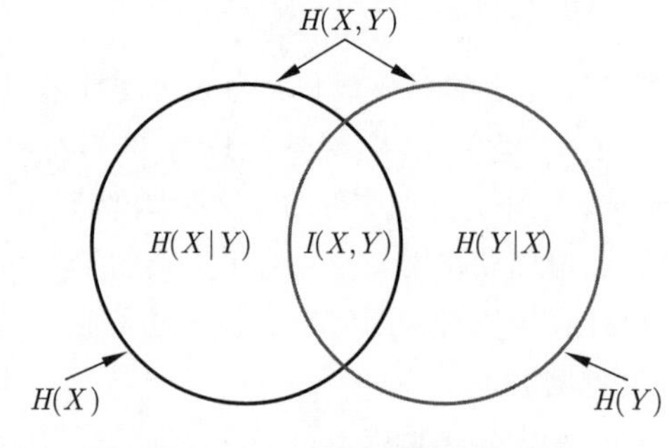

图 7.6 几种熵之间的关系

① 数据来源：贾俊平《统计学》第七版。

2. 信息增益比

通过例 7.2可以得到一个结论：当随机变量有 K 个取值时，只有这 K 个取值是等概率的时候，该随机变量的熵最大，而且取值个数 K 越多，相对应的熵就越大。可见，特征的取值个数会在一定程度上影响信息增益，如果以信息增益作为选择最优特征的标准，则存在偏向于选择取值较多的特征的问题。此时，可使用信息增益比（Information Gain Ratio）对这一问题进行校正。

定义 7.3 (信息增益比)　信息增益比 $\mathrm{IR}(Y;X)$ 定义为信息增益 $I(Y;X)$ 与随机变量 X 的熵 $H(X)$ 的比值：

$$\mathrm{IR}(Y;X)=\frac{I(Y;X)}{H(X)}$$

如果已知数据集 D，计算特征 X 下信息增益比的经验值，可根据式 (7.3) 计算

$$\mathrm{IR}_D(Y;X)=\frac{I_D(Y;X)}{H_D(X)} \tag{7.3}$$

例 7.3　根据表 7.1 中的数据，分别计算性别、年龄、舱位这 3 个特征下的信息增益比。

解

(1) 计算性别特征的信息熵：

$$H(\text{性别})=-\frac{1738}{2208}\log_2\frac{1738}{2208}-\left(1-\frac{1738}{2208}\right)\log_2\left(1-\frac{1738}{2208}\right)=0.7469$$

(2) 计算性别特征下的信息增益比：

$$\mathrm{IR}(Y;\text{性别})=\frac{I(Y;\text{性别})}{H(\text{性别})}=0.1874$$

(3) 类似地，可计算年龄和舱位特征下的信息增益比：

$$\mathrm{IR}(Y;\text{年龄})=\frac{I(Y;\text{年龄})}{H(\text{年龄})}=0.0220$$

$$\mathrm{IR}(Y;\text{舱位})=\frac{I(Y;\text{舱位})}{H(\text{舱位})}=0.0314$$

通过比较，性别特征下的信息增益比最大，性别特征可以为判断是否生还提供更多的信息。与根据信息增益选择的特征相同，这说明此例中特征变量的取值个数对决策的影响较小。 ■

7.2.3　基尼不纯度

基尼不纯度用于衡量在总体中一个随机选中的样本被分错类别的概率期望。基尼不纯度越小，表示选中的样本被分错的平均概率越小，即数据集的纯度越高；反之，数据集的纯度越低。

定义 7.4 (基尼不纯度) 假如随机变量 Y 的取值有 K 个，每个取值的概率为 p_k，$k=1,2,\cdots,K$，则 Y 的概率分布所对应的基尼不纯度定义为

$$\text{Gini}(Y)=\sum_{k=1}^{K}p_k(1-p_k)=1-\sum_{k=1}^{K}p_k^2$$

如果根据随机变量 Y 的 K 个取值可将数据集 D 分为 K 个子集 $D_1,D_2,\cdots,D_K$，每个子集中包含的样本个数分别为 $n_1,n_2,\cdots,n_K$，且 $\sum\limits_{k=1}^{K}n_k=N$，那么基尼不纯度的经验值可通过式 (7.4) 计算：

$$\text{Gini}_D(Y)=1-\frac{1}{N^2}\sum_{k=1}^{K}n_k^2 \tag{7.4}$$

假如随机变量 Y 有 K 个取值 $c_1,c_2,\cdots,c_K$，根据属性变量 X 的取值可将数据集 D 分为 s 个子集 $D_1,D_2,\cdots,D_s$，每个子集中包含的样本个数分别为 $l_1,l_2,\cdots,l_s$，且 $\sum\limits_{i=1}^{s}l_i=N$，则特征 X 下 D 中每个子集的权重分别为 $w_i=l_i/N,\ i=1,2,\cdots,s$。可以计算每个子集的基尼不纯度 $\text{Gini}_{D_i}(Y),\ i=1,2,\cdots,s$，通过加权求和即可得特征 X 下基尼不纯度的经验值：

$$\text{Gini}_D(Y;X)=\sum_{i=1}^{s}w_i\text{Gini}_{D_i}(Y)$$

进而得到特征 X 下基尼不纯度的增量：

$$G_D(Y;X)=\text{Gini}_D(Y)-\sum_{i=1}^{s}w_i\text{Gini}_{D_i}(Y)$$

根据泰勒公式可知，基尼不纯度是熵的近似值，并且不涉及对数运算。采用基尼不纯度作为特征选择的标准可以加快计算机的运算速度，而且基尼不纯度还具有熵相似的性质，即基尼不纯度的数值越大，不确定性也越大。给定特征之后，基尼不纯度增量越大，该特征下数据集的纯度越高，可以为决策带来最多的信息，从而增加分类的确定性。

例 7.4 根据表 7.1 中的数据，分别计算性别、年龄、舱位这 3 个特征下的基尼不纯度。

解

(1) 计算数据集 D 的基尼不纯度：

$$\text{Gini}_D(Y)=1-\frac{1}{2208^2}(718^2+1490^2)=0.4389$$

(2) 分别计算女性子集 D_1 和男性子集 D_2 的基尼不纯度：

$$\text{Gini}_{D_1}(Y)=1-\frac{1}{470^2}(344^2+126^2)=0.3924$$

$$\text{Gini}_{D_2}(Y)=1-\frac{1}{1738^2}(374^2+1364^2)=0.3377$$

(3) 计算性别特征下的基尼不纯度：

$$\text{Gini}_D(Y;\text{性别}) = \frac{470}{2208}\text{Gini}_{D_1}(Y) + \frac{1738}{2208}\text{Gini}_{D_2}(Y) = 0.3494$$

(4) 计算性别特征下基尼不纯度的增量：

$$G_D(Y;\text{性别}) = \text{Gini}_D(Y) - \frac{470}{2208}\text{Gini}_{D_1}(Y) + \frac{1738}{2208}\text{Gini}_{D_2}(Y) = 0.0895$$

(5) 类似地，可计算年龄和舱位特征下基尼不纯度的增量：

$$G_D(Y;\text{年龄}) = 0.0050$$

$$G_D(Y;\text{舱位}) = 0.0370$$

通过比较发现，特征性别下的基尼不纯度增量最大，表明性别特征可以为判断是否生还提供更多的信息，这与根据信息增益和信息增益比所选的特征相同。 ■

7.2.4 比较错分类误差、信息熵和基尼不纯度

由于信息增益和信息增益比都是基于信息熵定义的，为比较这 4 个用以选择最优特征的准则，只需比较错分类误差、基尼不纯度和熵即可。特别地，考虑两类别的情况，对比以上 3 种特征选择的准则之间的关系。假如第 1 类的概率为 p，错分类误差、信息熵和基尼不纯度分别为 $\text{ME}(p) = 1 - \max(p, 1-p)$，$H(p) = -p\log_2 p - (1-p)\log_2(1-p)$，$\text{Gini}(p) = 2p(1-p)$。为便于比较，将通过乘以常数将信息熵放缩到通过点 (0.5, 0.5)，将 $\text{ME}(p)$、$H(p)/2$ 和 $\text{Gini}(p)$ 绘制在同一坐标系下，可得到图 7.7。三者相比，信息熵和基尼不纯度是可微的，更适合于数值优化。

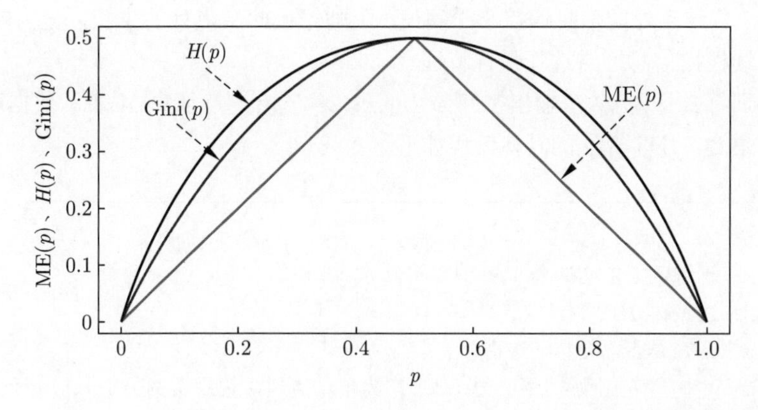

图 7.7　第 1 类的概率为 p 时的错分类误差、信息熵和基尼不纯度

7.3 决策树的生成算法

决策树什么时候停止生长是一个很关键的问题，如果不加入停止条件，自然情况下有 3 种，下面以分类问题为例进行说明：

(1) 到达终点。如果在某个结点，所有的样本都属于同一类，当然就停止生长，如同果树结了果子，该结点不需要再分叉。

(2) 属性特征用完了。因为决策树依赖于属性特征进行分割，一旦所有的特征都用完了，结点处的样本仍然不全部属于同一类怎么办？可以根据类别的占比确定结点处的标签，停止生长。此处结点标签就需要根据众数思想或者说多数表决规则来确定。

(3) 选不出来。这种情况有别于以上两种，如果根据特征选择的标准，出现所有特征下的同一指标都是相同的结果，那么只能被迫停止生长，同样可以根据类别的占比确定结点处的标签。

除了这 3 种自然停止的条件，还可以在实际应用中设置一些阈值，通过限制结点处的样本个数，控制决策树中的叶子结点个数，约束特征选择标准的取值等使决策树停止生长。本节介绍主要决策树的 3 种生成算法： ID3 算法、C4.5 算法和 CART 算法。

7.3.1 ID3 算法

ID3 算法是 Quinlan 于 1986 年提出的，可谓是决策树模型的第一个正式的算法。ID3 算法的核心是在决策树各个结点处应用信息增益准则选择最优特征，递归地构建决策树。基本思想是，根据信息增益度量数据属性特征所提供的信息量，用以决策树结点的特征选择和决策树停止生长的条件，每次优先选取提供最大信息量的特征，即信息增益最大的那个特征，以构造一棵使得熵值下降最快的决策树。若叶子结点处的熵值为 0，则该叶子结点对应的实例属于同一类。但是，若要求每个叶子结点只有一类样本，会生成一棵十分错综复杂的巨树，通常的做法是设定一个停止条件。假如给定阈值 δ，若结点处的信息增益小于阈值 δ，则停止此结点处的生长，记为叶子结点；反之，继续根据信息增益选择最优特征。

假如训练数据为 D ，输出空间为 $\{c_1, c_2, \cdots, c_K\}$，特征集 $\mathcal{A}$ 表示数据所有的属性特征的集合。ID3 算法的具体流程如下。

ID3 算法

输入：训练数据集 D，特征集 $\mathcal{A}$，阈值 δ。

输出：决策树 T。

(1) 判断 T 是否需要特征选择。

① 若 D 中所有实例属于同一类，则 T 为单结点树，记录实例类别 c_k，以此作为该结点的类标记，并返回 T。

② 若 D 中所有实例无任何特征 ($\mathcal{A} = \varnothing$)，则 T 为单结点树，根据众数思想记录 D 中实例个数最多的类别 c_k，以此作为该结点的类标记，并返回 T。

(2) 否则，计算根结点处 $\mathcal{A}$ 中各个特征的信息增益，并选择信息增益最大的特征 A_g。

① 若 A_g 的信息增益小于 δ，则 T 为单结点树，根据众数思想记录 D 中实例个数最多的类别 c_k，以此作为该结点的类标记，并返回 T。

② 否则，按照 A_g 的每个可能值 a_i，将 D 分为若干非空子集 D_i，将 D_i 中实例个数最多的类别作为标记，构建子结点，将父结点和子结点一并返回 T。

(3) 在第 i 个子结点，以 D_i 为训练集，$\mathcal{A}-A_g$ 为新的特征集合，递归地调用以上步骤，得到子树 T_i 并返回。

例 7.5 现有泰坦尼克号事件中的 891 条样本，每条样本包含是否幸存（Survived）的信息，以及 10 个特征：舱位（Pclass）、姓名（Name）、性别（sex）、年龄（Age）、兄弟姐妹和配偶数量（SibSp），父母与子女数量（Parch），船票编号（Ticket），票价（Fare），座位号（Cabin），码头（Embarked），表 7.2 中显示编号（Id）为 1~15 的乘客。

表 7.2　泰坦尼克号训练数据集中的部分数据[①]

Id	Survived	Pclass	Name	Sex	Age	SibSp	Parch	Ticket	Fare	Cabin	Embarked
1	0	3	Braund	male	22	1	0	A/5 21171	7.25		S
2	1	1	Cumings	female	38	1	0	PC 17599	71.2833	C85	C
3	1	3	Heikkinen	female	26	0	0	STON/O2. 3101282	7.925		S
4	1	1	Futrelle	female	35	1	0	113803	53.1	C123	S
5	0	3	Allen	male	35	0	0	373450	8.05		S
6	0	3	Moran	male		0	0	330877	8.4583		Q
7	0	1	McCarthy	male	54	0	0	17463	51.8625	E46	S
8	0	3	Palsson	male	2	3	1	349909	21.075		S
9	1	3	Johnson	female	27	0	2	347742	11.1333		S
10	1	2	Nasser	female	14	1	0	237736	30.0708		C
11	1	3	Sandstrom	female	4	1	1	PP 9549	16.7	G6	S
12	1	1	Bonnell	female	58	0	0	113783	26.55	C103	S
13	0	3	Saundercock	male	20	0	0	A/5. 2151	8.05		S
14	0	3	Andersson	male	39	1	5	347082	31.275		S
15	0	3	Vestrom	female	14	0	0	350406	7.8542		S

本例中只选择性别、年龄、舱位这 3 个特征，以编号为 1~660 的样本作为训练数据集 D，编号为 661~891 的样本作为测试集 D'，请根据信息增益选择特征构建决策树。为便于计算，只选取这 3 个特征数据完整的样本（D 中包含 521 条，D' 中包含 192 条），阈值 δ 设定为 0.1。

解

(1) 根据信息增益，选择根结点处的最优特征：

$$I_D(Y;\text{年龄}) = H_D(Y) - H_D(Y|\text{年龄}) = 0.0056$$

$$I_D(Y;\text{性别}) = H_D(Y) - H_D(Y|\text{性别}) = 0.2114$$

$$I_D(Y;\text{舱位}) = H_D(Y) - H_D(Y|\text{舱位}) = 0.0844$$

① 数据来自于 Kaggle：https://www.kaggle.com/pavlofesenko/titanic-extended。

以上计算结果中，性别特征的信息增益最大，且 $I_D(Y;\text{性别})$ 大于阈值 δ，所以选择性别作为根结点处的特征进行数据集的分割，分为子集 D_1 （男性）和子集 D_2（女性）。

(2) 对 D_1 从特征年龄（年龄）和舱位（舱位）中选择最优特征，计算各个特征的信息增益：

$$I_{D_1}(Y;\text{年龄}) = H_{D_1}(Y) - H_{D_1}(Y|\text{年龄}) = 0.0139$$

$$I_{D_1}(Y;\text{舱位}) = H_{D_1}(Y) - H_{D_1}(Y|\text{舱位}) = 0.0320$$

选择信息增益最大的特征舱位（舱位）作为该结点处的最优特征，所得信息增益 $I_{D_1}(Y;\text{舱位})$ 小于阈值 δ，记此处为叶子结点，又由于 D_1 中 79.26% 的乘客遇难，结点的类标记为“遇难”。

(3) 对 D_2 从特征年龄（年龄）和舱位（舱位）中选择最优特征，计算各个特征的信息增益：

$$I_{D_2}(Y;\text{年龄}) = H_{D_2}(Y) - H_{D_2}(Y|\text{年龄}) = 0.0142$$

$$I_{D_2}(Y;\text{舱位}) = H_{D_2}(Y) - H_{D_2}(Y|\text{舱位}) = 0.2253$$

选择信息增益最大的舱位（舱位）作为该结点处的最优特征。所得信息增益 $I_{D_2}(Y;\text{舱位})$ 大于 δ，此处为内部结点。按照舱位可将 D_2 分为 D_{21}（一等舱）、D_{22}（二等舱）和 D_{23}（三等舱）。

(4) 分别计算 D_{21}, D_{22}, D_{23} 中特征年龄（Age）的信息增益：

$$I_{D_{21}}(Y;\text{年龄}) = H_{D_{21}}(Y) - H_{D_{21}}(Y|\text{年龄}) = 0.0127$$

$$I_{D_{22}}(Y;\text{年龄}) = H_{D_{22}}(Y) - H_{D_{22}}(Y|\text{年龄}) = 0.0240$$

$$I_{D_{23}}(Y;\text{年龄}) = H_{D_{23}}(Y) - H_{D_{23}}(Y|\text{年龄}) = 0.0000$$

很明显，D_{21}, D_{22}, D_{23} 中特征年龄（年龄）的信息增益都小于阈值 δ，3 个结点都记为叶子结点，3 个子集中幸存乘客的占比为 95.08%、93.10% 和 45.57%，所以相应的类标记为“幸存”“幸存”“遇难”。

(5) 这样，可以生成一棵如图 7.8 所示的决策树。 ■

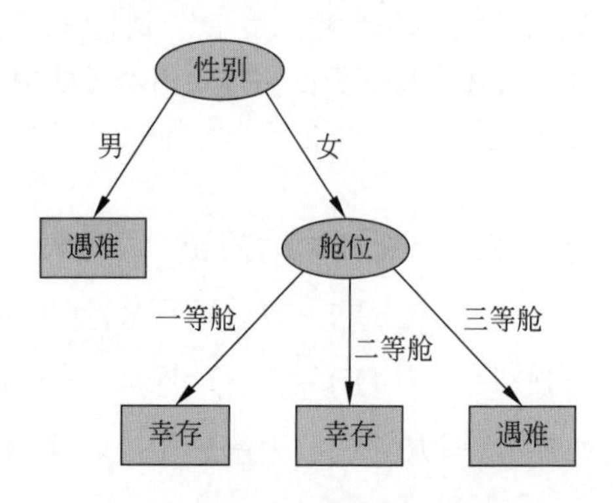

图 7.8 例 7.5 中生成的决策树

7.3.2　C4.5 算法

1993 年，Quinlan 以 ID3 算法为基础研究出 C4.5 算法，为避免采用信息增益产生的过拟合现象，C4.5 算法采用信息增益比作为特征选择的准则，该算法既适用于分类问题，又适用于回归问题，于 2006 年的国际数据挖掘大会上当选为十大算法之首。此处仅介绍 C4.5 算法在分类问题上的应用，回归问题将在 CART 算法中详细介绍。

假如训练数据为 D，输出空间为 $\{c_1, c_2, \cdots, c_K\}$，特征集 $\mathcal{A}$ 表示数据所有的属性特征的集合。C4.5 算法的具体流程如下。

C4.5 算法

输入：训练数据集 D、特征集 $\mathcal{A}$、阈值 δ。

输出：决策树 T。

(1) 判断 T 是否需要选择特征生成决策树。

① 若 D 中所有实例属于同一类，则 T 为单结点树，记录实例类别 c_k，以此作为该结点的类标记，并返回 T。

② 若 D 中所有实例无任何特征 ($\mathcal{A} = \varnothing$)，则 T 为单结点树，记录 D 中实例个数最多类别 c_k，以此作为该结点的类标记，并返回 T。

(2) 否则，计算 $\mathcal{A}$ 中各特征的信息增益比，并选择信息增益比最大的特征 A_g。

① 若 A_g 的信息增益比小于 ϵ，则 T 为单结点树，记录 D 中实例个数最多类别 c_k，以此作为该结点的类标记，并返回 T。

② 否则，按照 A_g 的每个可能值 a_i，将 D 分为若干非空子集 D_i，将 D_i 中实例个数最多的类别作为标记，构建子结点，以结点和其子结点构成 T，并返回 T。

(3) 第 i 个子结点，以 D_i 为训练集，$\mathcal{A} - A_g$ 为新的特征集合，递归地调用以上步骤，得到子树 T_i 并返回。

7.3.3　CART 算法

1984 年，Breiman 提出 CART（Classification and Regression Tree）算法，包括树的生成和剪枝，本节只介绍 CART 决策树的生成，剪枝将在 7.4 节重点介绍。根据输出变量是离散还是连续，分为分类树和回归树。在分类树中，CART 算法采用基尼不纯度选择最优特征，而在回归树中则采用平方损失。不同于其他算法，CART 算法所生成的决策树为二叉树，即内部结点只有两个分支。习惯性地，左边分支取值为“否”，右边分支取值为“是”。二叉树和二进制有异曲同工之妙，其中蕴含了道家的“道生一，一生二，二生三，三生万物”的思想。这种思想可以极大地简化模型的设计，提高整个系统的稳定性和可靠性。

既然是二叉树，那么每个内部结点处只能分为两个分支，如果特征的取值有多个，需要选择一个最优切分点进行分割，所以在 CART 算法中，基尼不纯度不仅起到选择最优特征作用也要用来选择最优切分点。

1. CART 分类树的生成

根据属性特征的不同性质，可将特征变量分为离散型特征变量和连续性特征变量，不同的特征其划分是不同的。属性 A 对应的变量记为 X_A。

先考虑特征 A 对应的变量 X_A 是离散型的情况，遵循由易入难，由简入繁的过程，从变量只有两个取值出发，再到多个取值。

如果特征 $A \in \mathcal{A}$ 只有两个取值 a_1 和 a_2，那么根据任意一个取值就可将数据集 D 分割为两个子集 D_{L} 和 D_{R}，两个子集在数据集 D 中的权重分别为 w_{L} 和 w_{R}。属性 A 对应的变量记为 X_A，实例点 $\boldsymbol{x}$ 在 A 上的取值为 x_A。记 a_1 对应的子集为 $D_{\mathrm{L}} = \{(\boldsymbol{x}, y)|x_A = a_1\}$，$a_2$ 对应的子集为 $D_{\mathrm{R}} = \{(\boldsymbol{x}, y)|x_A = a_2\}$，则在集合 D 下特征 A 的基尼不纯度为

$$\mathrm{Gini}_D(Y; X_A) = w_L \mathrm{Gini}_{D_{\mathrm{L}}}(Y) + w_R \mathrm{Gini}_{D_{\mathrm{R}}}(Y) \tag{7.5}$$

如果特征 $A \in \mathcal{A}$ 具有 m 个取值 $a_1, a_2, \cdots, a_m$，每取一个值 a_j 都可以将数据集 D 分割为两个子集 $D_{\mathrm{L}} = \{(\boldsymbol{x}, y)|x_A \in \{a_1, a_2, \cdots, a_j\}\}$ 和 $D_{\mathrm{R}} = \{(\boldsymbol{x}, y)|x_A \in \{a_{j+1}, \cdots, a_m\}\}$。根据式 (7.5) 计算这个分割下的基尼不纯度 $\mathrm{Gini}_D(Y; X_A = a_j)$，在固定样本集 D 的情况下，最大化基尼不纯度的增量等价于最小化基尼不纯度，那么该特征下的最优二值切分点为

$$a = \arg\min_{a_j} \mathrm{Gini}_D(Y; X_A = a_j)$$

最优基尼不纯度为 $\mathrm{Gini}_D(Y; X_A = a)$，寻找最优切分点的过程如图 7.9 所示。

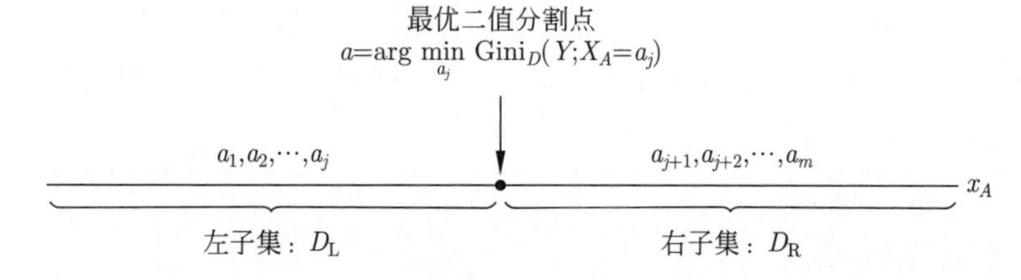

图 7.9 多类别变量的最优二值切分点

再考虑特征 A 对应的变量 X_A 是连续的情况，X_A 的取值范围为 (s_0, s_a)，那么任取 $s \in (s_0, s_a)$，都可以将数据集划分为两个子集，

$$D_{\mathrm{L}} = \{(\boldsymbol{x}, y) \in D|x_A \leqslant s\} \quad 和 \quad D_{\mathrm{R}} = \{(\boldsymbol{x}, y) \in D|x_A > s\}$$

同样，可以根据式 (7.5) 计算这个分割下的基尼不纯度 $\mathrm{Gini}_D(Y; X_A = s)$。该特征下的最优二值切分点为

$$s_A = \arg\min_{s \in (s_0, s_a)} \mathrm{Gini}_D(Y; X_A = s)$$

寻找最优切分点的过程如图 7.10 所示。根据最优二值切分点，就可以得到特征 A 的基尼不纯度 $\mathrm{Gini}_D(Y; X_A = s_A)$。

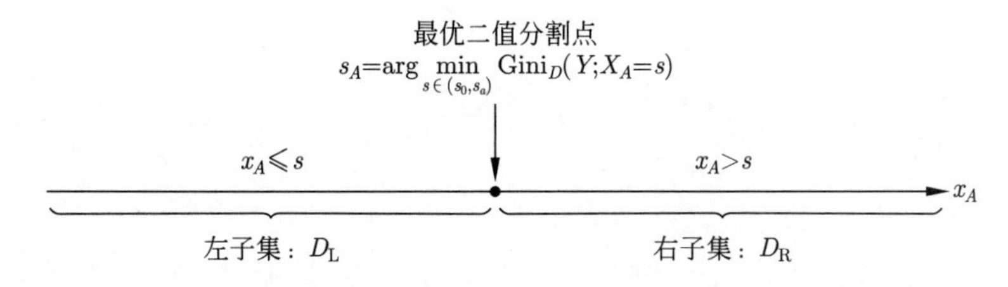

图 7.10　连续变量的最优二值切分点

例 7.6　根据表 7.3 中的数据，找到舱位特征下的最优切分点，分别以 1, 2, 3, 4 表示一等舱、二等舱、三等舱、船员舱。X 表示舱位特征，Y 表示是否幸存，(x, y) 表示样本。

表 7.3　泰坦尼克号事件中根据舱位的汇总数据 [①]

统计项	舱位				合计
	一等舱	二等舱	三等舱	船员舱	
幸存	203	118	178	219	718
遇难	122	167	528	673	1490
合计	325	285	706	892	2208

解　根据舱位已分为 4 类，因此切分点有 3 个。

(1) 如果以“舱位 = 1”作为切分点，可以得到两个子集 $D_{1L} = \{(x, y)|\text{舱位} = 1\}$ 和 $D_{1R} = \{(x, y)|\text{舱位} \in \{2, 3\ 4\}\}$，计算“舱位 = 1”切分点下的基尼不纯度：

$$\begin{aligned}&\text{Gini}_D(Y;\text{舱位} = 1)\\&= \frac{325}{2208}\left(1 - \frac{1}{325^2}(203^2 + 122^2)\right) + \frac{1883}{2208}\left(1 - \frac{1}{1883^2}(515^2 + 1368^2)\right)\\&= 0.4079\end{aligned}$$

(2) 如果以“舱位 = 2”作为切分点，可以得到两个子集 $D_{2L} = \{(x, y)|\text{舱位} \in \{1, 2\}\}$ 和 $D_{2R} = \{(x, y)|\text{舱位} \in \{3\ 4\}\}$，计算“舱位 = 2”切分点下的基尼不纯度：

$$\begin{aligned}&\text{Gini}_D(Y;\text{舱位} = 2)\\&= \frac{610}{2208}\left(1 - \frac{1}{610^2}(321^2 + 289^2)\right) + \frac{1598}{2208}\left(1 - \frac{1}{1598^2}(397^2 + 1201^2)\right)\\&= 0.4083\end{aligned}$$

(3) 如果以“舱位 = 3”作为切分点，可以得到两个子集 $D_{3L} = \{(x, y)|\text{舱位} \in \{1, 2, 3\}\}$ 和 $D_{3R} = \{(x, y)|\text{舱位} = 4\}$，计算“舱位 = 3”切分点下的基尼不纯度：

① 数据来源：贾俊平《统计学》第七版。

$$
\begin{aligned}
&\text{Gini}_D(Y;\text{舱位}=3)\\
&=\frac{1316}{2208}\left(1-\frac{1}{1316^2}(499^2+817^2)\right)+\frac{892}{2208}\left(1-\frac{1}{892^2}(219^2+673^2)\right)\\
&=0.4303
\end{aligned}
$$

比较 3 个切分点下的基尼不纯度，以“舱位 $=1$”作为切分点所得数值最小，意味着以“舱位 $=1$”作为切分点时集合 D 的纯度最高，“舱位 $=1$”是最优二值切分点。 ■

假如训练数据为 D ，输出空间为 $\{c_1,c_2,\cdots,c_K\}$，特征集 $\mathcal{A}$ 表示数据所有的属性特征的集合。接下来，可以根据最优切分点和最优特征的基尼不纯度生成 CART 分类决策树。CART 分类树算法的具体流程如下。

CART 分类树算法

输入：训练数据集 D、特征集 $\mathcal{A}$、停止条件。

输出：CART 决策树 T。

(1) 从根结点出发，进行操作，构建二叉树。

(2) 结点处的训练数据集为 D，计算现有特征对该数据集的基尼不纯度，并选择最优特征。

① 计算特征 A_g 的最优二值切分点，记该切分点下的基尼不纯度 $\text{Gini}_D(Y;A_g)$ 为该特征下的最优值。

② 计算每个特征下的最优二值切分点，并比较在最优切分下每个特征的基尼不纯度，基尼不纯度最小的那个特征，即最优特征。

(3) 根据最优特征与最优切分点，从现结点生成左、右两个子结点，将训练数据集依特征分配到两个子结点中去，根据众数思想记录每个结点的类别，新的特征集更新为 $\mathcal{A}-A_g$。

(4) 分别对两个子结点递归地调用上述步骤 (2) 和 (3)，直至满足停止条件，即生成 CART 决策树。

2. CART 回归树的生成

CART 回归树模型本质上是一个多阶段函数，若根据所生成的回归树，可将输入空间 $\mathcal{X}$ 分割为 m 单元 $R_1,R_2,\cdots,R_m$，每个单元对应一个输出值 $r_1,r_2,\cdots,r_m$，则回归树模型可表示为

$$
f(\boldsymbol{x})=\sum_{j=1}^{m}r_jI\left(\boldsymbol{x}\in R_j\right)
$$

相当于每个单元 R_j 上对应一个常数回归模型 $Y=r_j+\epsilon$，根据第 2 章介绍的最小二乘法，r_j 的估计值为该单元上输出值的平均值，可通过训练集 D 计算，即

$$
\hat{r}_j=\underset{(\boldsymbol{x}_i,y_i)\in D}{\text{Average}}\left(y_i|\boldsymbol{x}_i\in R_j\right)
$$

接下来，分别讨论离散型特征变量和连续性特征变量的划分，属性 A 对应的变量记为 X_A。

如果特征 A 只具有两个取值 a_1 和 a_2，那么根据任意一个取值就可将数据集 D 分割为两个子集 $D_{\mathrm{L}}=\{(\boldsymbol{x},y)|x_A=a_1\}$ 和 $D_{\mathrm{R}}=\{(\boldsymbol{x},y)|x_A=a_2\}$，所对应的输出分别为 r_{L} 和 r_{R}，相应的平方损失为

$$L_A=\sum_{(\boldsymbol{x}_i,y_i)\in D_{\mathrm{L}}}(y_i-r_{\mathrm{L}})^2+\sum_{(\boldsymbol{x}_i,y_i)\in D_{\mathrm{R}}}(y_i-r_{\mathrm{R}})^2 \tag{7.6}$$

如果特征 A 具有 m 个取值 $a_1,a_2,\cdots,a_m$，每取一个值 a_j 都可以将数据集 D 分割为两个子集 $D_{\mathrm{L}}=\{(\boldsymbol{x},y)|x_A\in\{a_1,a_2,\cdots,a_j\}\}$ 和 $D_{\mathrm{R}}=\{(\boldsymbol{x},y)|x_A\in\{a_{j+1},\cdots,a_m\}\}$，类似于式 (7.6) 计算这个分割下的平方损失 $L_A(Y;X_A=a_j)$，则该特征下的最优二值切分点为

$$a=\arg\min_{a_j}L_A(Y;X_A=a_j)$$

根据最优二值切分点，就可以得到特征 A 的平方损失为 $L_A=L_A(Y;X_A=a)$。

如果特征 A 对应的变量 x_A 是连续的，取值范围为 (s_0,s_a)，那么任取 $s\in(s_0,s_a)$，都可以将数据集分割为两个子集，

$$D_{\mathrm{L}}=\{(\boldsymbol{x},y)\in D|x_A\leqslant s\}\quad 和 \quad D_{\mathrm{R}}=\{(\boldsymbol{x},y)\in D|x_A>s\}$$

根据式 (7.6) 计算这个分割下的平方损失 $L_A(Y;X_A=s)$，则该特征下的最优二值切分点为

$$s_A=\arg\min_{s\in(s_0,s_A)}L_A(Y;X_A=s)$$

根据最优二值切分点，就可以得到特征 A 的平方损失 $L_A=L_A(Y;X_A=s_A)$。

假如训练数据为 D，特征集 $\mathcal{A}$ 表示数据所有的属性特征的集合。接下来，可以根据最优切分点和最优特征的平方损失生成 CART 回归决策树。CART 回归树算法的具体流程如下。

CART 回归树算法

输入：训练数据集 D，特征集 $\mathcal{A}$，停止条件。

输出：CART 决策树 T。

(1) 从根结点出发，进行操作，构建二叉树。

(2) 结点处的训练数据集为 D，计算特征集 $\mathcal{A}$ 中每个特征变量 X_A 的最优切分点 s_A，并选择最优特征 A_g，该特征的变量记作 X_{A_g}

$$X_{A_g}=\arg\min_{X_A}L_A$$

L_{A_g} 的最优切分点记为 s_{A_g}。

(3) 根据最优特征 A_g 与其相应的最优切分点，从现结点生成两个子结点，将训练数据集依变量配到两个子结点中去，记录子结点的输出值 $\hat{r}_{\mathrm{L}}$ 和 $\hat{r}_{\mathrm{R}}$。

(4) 以 $\mathcal{A}-A_g$ 作为新的特征集，继续对两个子区域调用 (2) 和 (3)，直至满足停止条件。假如此时输入空间被分割为 m 单元 $R_1,R_2,\cdots,R_m$，每个单元通过平均值估计输出值得到 $\hat{r}_1,\hat{r}_2,\cdots,\hat{r}_m$，即生成 CART 决策树

$$f(x)=\sum_{j=1}^{m}\hat{r}_jI\left(\boldsymbol{x}\in R_m\right)$$

《西游记》第五回：乱蟠桃大圣偷丹

蟠桃飘香，仙乐袅袅。

玉露琼浆，龙肝凤髓。

珍馐百味般般美，异果嘉肴色色新。

传说中，农历三月初三是王母娘娘的圣诞，王母特在瑶池举行蟠桃盛宴，各路神仙受邀赴宴，分外引人向往。桃子好不好吃，甜度就是其中一个重要标准，甜度小则食之无味，甜度大则太过甜腻，接下来就以桃子为例，对数据样本进行划分。

例 7.7 表 7.4 中包含 5 只桃子的样本数据，输入的属性变量 X 是甜度，取值区间是 $[0,0.5]$；输出变量 Y 是好吃程度，取值区间是 $[1,10]$。请找到甜度特征下的最优切分点，并生成深度为 1 的 CART 回归树模型。

表 7.4 5 只桃子的数据

序　号	1	2	3	4	5
甜度	0.05	0.15	0.25	0.35	0.45
好吃程度	5.5	8.2	9.5	9.7	7.6

解 从甜度来进行划分，每次划分只能划分成两个子集，分别考虑 $s=0.1,0.2,0.3,0.4$ 这 4 个切分点。

(1) 以甜度 $x=0.1$ 进行划分，D_{L} 包含 1 号桃子，D_{R} 包含 2~5 号桃子。分别计算 D_{L} 和 D_{R} 上的平均值，得到两个子集上输出的预测值

$$\hat{r}_{\mathrm{L}}=5.5,\quad \hat{r}_{\mathrm{R}}=\frac{8.2+9.5+9.7+7.6}{4}=8.75$$

计算该切分点下的平方损失：

$$\begin{aligned}L_{x=0.1}&=(5.5-5.5)^2+(8.2-8.75)^2+(9.5-8.75)^2+(9.7-8.75)^2+(7.6-8.75)^2\\&=3.09\end{aligned}$$

(2) 分别以甜度 $x=0.2,0.3,0.4$ 进行划分，计算相应切分点下的平方损失：

$$L_{x=0.2}=6.33,\quad L_{x=0.3}=10.53,\quad L_{x=0.4}=11.23$$

从 4 个划分中，选取平方损失最小值所对应的切分点，即以甜度 $x = 0.1$ 作为最优切分点，同时输出的 CART 回归树模型为

$$f(x) = \begin{cases} 5.5, & x < 0.1 \\ 8.75, & x \geqslant 0.1 \end{cases}$$

■

7.4 决策树的剪枝过程

橐驼非能使木寿且孳也，能顺木之天，以致其性焉尔。

——柳宗元

仿生学中，众多设计灵感来自于动物或者植物。例如，飞机的机翼，灵感来自于鸟类；探测雷达的设计灵感来自于蝙蝠；人工血管的设计灵感来自于含羞草。可是，因为每个设计都是为实现一定的目标而服务的，所以与动植物本身的特征有所不同，需要加入许多人为因素，这就是人工干预的过程。决策树的设计灵感来自于树木，目标是做决策，为实现这一目标，决策树中也有人工干预的成分，这一部分体现在剪枝中。

若进行剪枝，需要明确一棵决策树的评价体系：拟合能力和泛化能力。拟合能力体现在生成过程中，如果完美地将每个训练实例点分配到正确的类别或相应的数值，则具有极强的拟合能力。这样的一棵决策树通常结构非常复杂，只能准确地预测出训练数据集中实例的标签，但对于未知数据集的预测能力较差，即对已知数据的拟合能力很强，对未知数据的泛化能力较弱。这时，可以通过简化决策树的结构平衡拟合能力和泛化能力。

决策树结构的复杂度可以通过深度和叶子结点的数量简单度量。深度指所有结点的最大层次数，代表决策树的高度。一般，根结点处的层次数为 0，如果类比于楼房，相当于地基的部分，建造楼房先要打地基。层数越多，深度越大，决策树的结构越复杂，相当于楼房层数越多，楼房越高越复杂。除深度外，叶子结点的数量越大，决策树的结构就越复杂，相当于平均每层楼房中房屋越多，楼房越复杂。

剪枝是决策树学习算法中避免过拟合的主要手段，主要分为预剪枝和后剪枝。本节以分类决策树为例讲解如何进行剪枝。

7.4.1 预剪枝

通常，果园里的果树一般长得都比较矮，这是为了结出更多的果实，要在成熟之前进行剪枝，一是为了抑制果树的生长高度，二是修剪掉一些很可能不结果的枝条，减少营养的消耗，这就是预剪枝。预剪枝指生成过程中，对每个结点划分前进行估计，若当前结点的划分不能提升泛化能力，则停止划分，记当前结点为叶子结点。

常用的预剪枝方法有 3 种：限定决策树的深度；设定选择特征的阈值；设定一个准则比较结点划分前后的泛化能力。换而言之，预剪枝发生在生长过程中，所以也可理解为停止条件。

例 7.8 根据例 7.5 的数据，对图 7.8 所示的决策树，通过深度和阈值进行预剪枝。

解

(1) 若限定深度为 1，根据深度进行预剪枝，则在深度为 1 时停止决策树的生长，用一个叶子结点替代虚线方框中的子树，所得决策树如图 7.11 所示。

(2) 以 ID3 算法为例，若给定阈值 $\delta = 0.25$，根据例 7.5 中的结果显示，根结点处所得信息增益都小于阈值 δ，那么就得到一棵单结点树，所得决策树如图 7.12 所示。

■

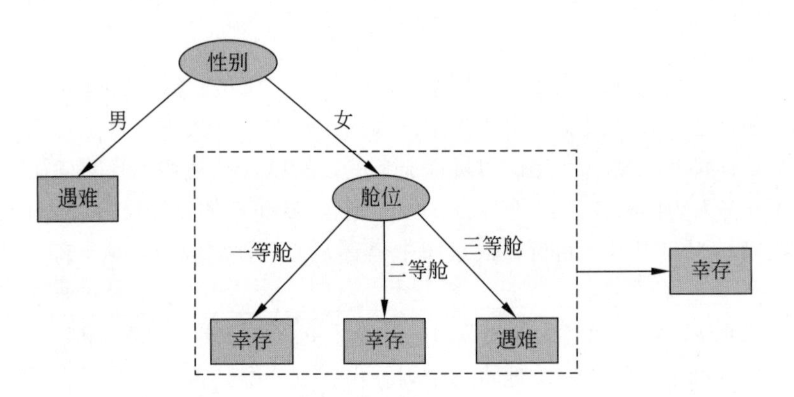

图 7.11　对图 7.8 所示的决策树预剪枝，得到深度为 1 的决策树

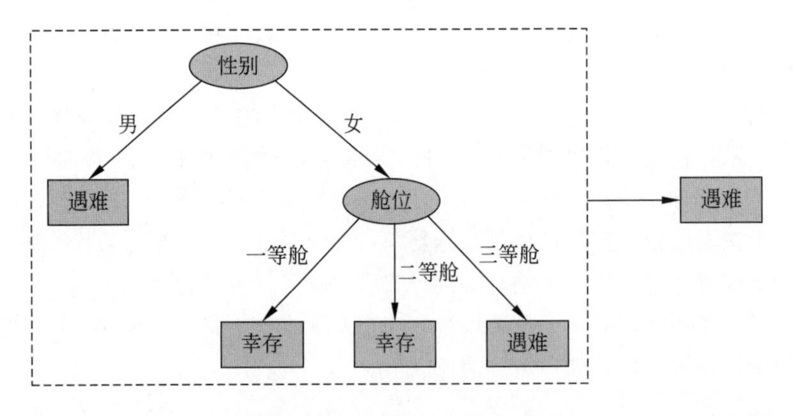

图 7.12　对图 7.8 所示决策树预剪枝，限定阈值为 $\delta = 0.25$ 的决策树

接下来，以错误率为例，说明如何根据比较结点划分前后的泛化能力的标准进行预剪枝。首先明确，测试集上的错误率指测试集中错误分类的实例占比。测试集的准确率，指测试集中正确分类的实例占比。也就是说，我们可以通过测试集的错误率和准确率评估模型的泛化能力，如果与划分前相比，划分后的模型对测试集预测的准确率更高，则可以剪枝，反之，继续生长。这与下一节的后剪枝十分类似，区别之处在于，预剪枝发生在决策树完成生长之前，通常是自上而下进行判断的。

例 7.9　以例 7.5 为基础，根据测试集 D' 上的误差率进行预剪枝。

解　因为每个结点处的样本量是固定的，所以可通过比较结点剪枝前后的误判个数决定是否剪枝。为便于展示，先将测试集 D' 的数据填入例 7.5 所得决策树中，如图 7.13 所示。

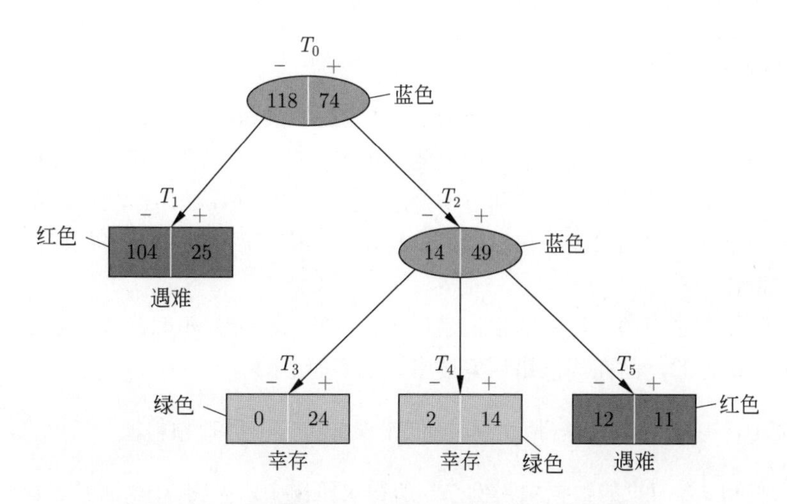

图 7.13　根据例 7.5 中的测试集 D' 所得决策树

图 7.13 中每个结点处的符号“−”代表类别“遇难”，符号“+”代表类别“幸存”，所对应的数字为测试集中该类别的样本数量。蓝色的椭圆形代表内部结点，矩形代表叶子结点，每个结点中的红色部分代表类别“遇难”，绿色部分代表类别“幸存”。

(1) 从根部 T_0 出发，如果根据性别特征继续生长，所得误判样本个数为 $25+14=39$；如果记为叶子结点，类标记为“遇难”，所得误判样本个数为 74。很明显，$74>39$，所以不应该剪枝，故保留内部结点 T_0。

(2) 在结点 T_2 处，如果根据舱位特征继续生长，所得误判样本个数为 $0+2+11=13$；如果记为叶子结点，类标记为“幸存”，所得误判样本个数为 14。很明显，$14>13$，所以不应该剪枝，故保留内部结点 T_2。

(3) 最终，所得决策树结构与例 7.5 中所得决策树相同，如图 7.8 所示。　■

7.4.2　后剪枝

园艺起源自石器时代，发展至今，经久不衰，其中有一项就是剪枝。例如，道路两旁树木的修剪，花园中植物的修剪，等等。这些修建大多发生在树木完成生长之后。后剪枝，指生成一棵完整的决策树之后，自下而上地对内部结点进行考察，若将此内部结点变为叶子结点，可以提升泛化能力，则用叶子结点替换内部结点。具体来说，决定是否修剪的这个内部结点由如下步骤组成。

(1) 计算该内部结点处度量泛化能力的指标。

(2) 删除以此内部结点为根的子树，使其为叶子结点，根据多数表决规则赋予该结点处数据集的类别。

(3) 计算此叶子结点处度量泛化能力的指标。

(4) 如果修剪后的树泛化能力更强，删除该结点处的子树记为叶子结点；反之，不剪枝。

常见的后剪枝方法有 5 种：降低错误剪枝（REP）、悲观错误剪枝（PEP）、最小误差剪枝（MEP）、基于错误的剪枝（EBP）和代价-复杂度剪枝（CCP）。

1. 降低错误剪枝

降低错误剪枝（Reduced Error Pruning，REP）是最简单的后剪枝方法之一，其基本原理是自下而上的处理结点，利用测试集来剪枝。对每个结点，计算剪枝前和剪枝后的误判个数，若剪枝有利于减少误判（包括相等的情况），则减掉该结点所在分枝。由于使用独立的测试集，与原始决策树相比，修改后的决策树可能偏向于过度修剪，即欠拟合。

这个剪枝方法与预剪枝中的根据错误率剪枝的方法十分相似，只不过在预剪枝中是自上而下进行的，而在降低错误剪枝中是自下而上的。

例 7.10 以例 7.5 为基础，根据降低错误剪枝方法进行预剪枝。

解 将测试集 D' 的数据填入例 7.5 所得决策树中，如图 7.13 所示。对图 7.8 所示的决策树采取降低错误剪枝的措施。

(1) 因为结点 T_3, T_4, T_5 都是叶子结点，所以从结点 T_2 出发。如果不剪枝，所得误判样本个数为 $0+2+11=13$；如果记为叶子结点，类标记为“幸存”，所得误判样本个数为 14。很明显，$13<14$，所以不应该剪枝。

(2) 于是得到例 7.5 中的决策树，如图 7.8 所示。 ■

虽然降低错误剪枝操作简单，容易理解，需要对每个结点逐一检测，所以计算的复杂度是线性的，但是由于其泛化能力是由测试集决定的，如果测试集比训练集小很多，会限制分类的精度。

2. 悲观错误剪枝

悲观错误剪枝（Pessimistic Error Pruning，PEP）也是根据剪枝前后的错误率来决定是否剪枝。悲观错误剪枝不同于一般的后剪枝方法，它是自上而下剪枝的，并且只需要训练集即可，不需要测试集。之所以称为“悲观”错误，是因为使用的是根据连续修正之后的误判上限。

记决策树 T 包含的样本个数为 $N(T)$，T 中的叶子结点为 l 个。叶子结点记作 $L_i, i=1,2,\cdots,l$，$N_{\mathrm{e}}(L_i)$ 表示结点 L_i 处的样本误判个数。悲观错误剪枝的算法详情如下。

悲观错误剪枝算法

输入：子树 T。

输出：剪枝后的子树 T'。

(1) 从根结点出发，计算剪枝前树 T 的误判上限（即悲观误差）。

① 对剪枝前目标子树 T 的每个叶子结点 L_i 的误差进行连续修正：

$$\mathrm{Err}(L_i)=\frac{N_{\mathrm{e}}(L_i)+0.5}{N(T)}$$

其中，$\mathrm{Err}(L_i)$ 为叶子结点 L_i 的修正误差[①]；$N_{\mathrm{e}}(L_i)$ 为叶子结点 L_i 处的误判个数；$N(T)$ 为子树 T 包含的样本个数。

② 计算剪枝前目标子树的修正误差：

$$\mathrm{Err}(T)=\sum_{i=1}^{l}\mathrm{Err}(L_i)=\frac{\sum\limits_{i=1}^{l}N_{\mathrm{e}}(L_i)+0.5l}{N(T)}$$

其中，$\mathrm{Err}(T)$ 为子树 T 的修正误差；l 为子树 T 包含的叶子结点个数。

③ 计算剪枝前目标子树误判个数的期望值：

$$E(T)=N(T)\times\mathrm{Err}(T)=\sum_{i=1}^{l}N_{\mathrm{e}}(L_i)+0.5l$$

④ 计算剪枝前目标子树误判个数的标准差[②]：

$$\mathrm{std}(T)=\sqrt{N(T)\times\mathrm{Err}(T)\times(1-\mathrm{Err}(T))}$$

⑤ 计算剪枝前的误判上限（即悲观误差）

$$E(T)+\mathrm{std}(T)$$

(2) 计算剪枝后该结点误判个数的期望值。

① 计算剪枝后该结点的修正误差：

$$\mathrm{Err}(L)=\frac{N_{\mathrm{e}}(L)+0.5}{N(T)}$$

其中，L 为剪枝后的叶子节点；$N_{\mathrm{e}}(L_i)$ 为该结点 L 处的误判个数。

② 计算剪枝后该结点误判个数的期望值：

$$E(L)=N_{\mathrm{e}}(L)+0.5$$

(3) 比较剪枝前后的误判个数，如果满足式 (7.7)，则剪枝；否则，不剪枝。

$$E(L)<E(T)+\mathrm{std}(T) \tag{7.7}$$

(4) 以所得子树作为一棵新树，递归地调用 (1)~(3)，直到不能继续为止，返回修剪后的子树 T'。

例 7.11 根据例 7.5，将训练集 D 中的数据填入所得决策树中，得到图 7.14，请采用悲观错误剪枝方法修剪决策树。

① 这是根据二项分布的连续修正得到的。

② 这是根据二项分布的方差公式得到的。

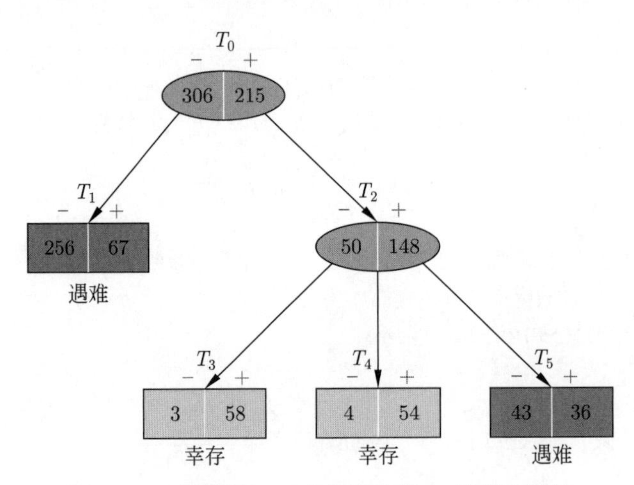

图 7.14 根据例 7.5 中的训练集 D 所得决策树

解 (1) 从根结点 T_0 出发，计算剪枝前决策树的误判上限（即悲观误差）。

① 计算剪枝前目标子树的修正误差：

$$\text{Err}(T_0) = \frac{67+3+4+36+0.5\times 4}{521} = 0.2111$$

② 计算剪枝前目标子树误判个数的期望值：

$$E(T_0) = 67+3+4+36+0.5\times 4 = 110$$

③ 计算剪枝前目标子树误判个数的标准差：

$$\text{std}(T_0) = \sqrt{521\times 0.2111\times (1-0.2111)} = 86.7754$$

④ 计算剪枝前的误判上限：

$$E(T_0) + \text{std}(T_0) = 196.7754$$

(2) 记剪枝后的结点为 L_0，计算剪枝后叶子结点 L_0 误判个数的期望值：

$$E(L_0) = 215 + 0.5 = 215.5000$$

(3) 比较 T_0 剪枝前后的误判个数，很明显，$215.5000 > 196.7754$，所以不剪枝。

(4) 计算 T_2 结点处剪枝前后的误判个数。

① 计算剪枝前的误判上限：

$$E(T_2) + \text{std}(T_2) = 44.5 + 34.4987 = 78.9987$$

② 记剪枝后的结点为 L_2，计算剪枝后的误判上限：

$$E(L_2) = 50 + 0.5 = 50.5000$$

(5) 比较 T_2 剪枝前后的误判个数，很明显，$78.9987 > 50.5000$，所以剪枝。

(6) 得到如图 7.15 所示决策树。 ■

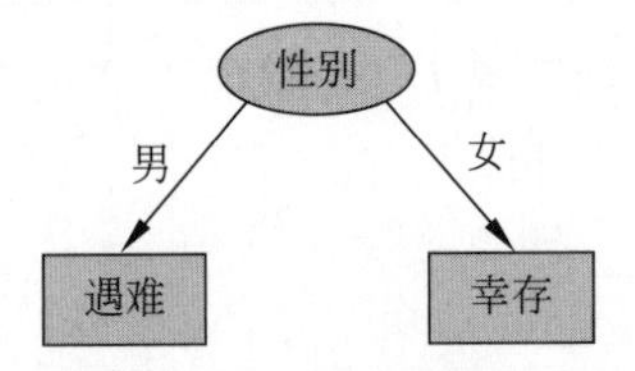

图 7.15 通过悲观错误剪枝所得决策树

悲观错误剪枝方法采用的是自上而下的剪枝策略，相比较于降低错误剪枝，效率更高；该方法中的错误率是经过连续修正值的，使得适用性更强。悲观错误剪枝方法不需要单独分离出剪枝数据集，有利于实例较少的问题，但可能会修剪掉不应剪掉的枝条。

3. 最小误差剪枝

最小误差剪枝（Minimum Error Pruning，MEP）采用的是自下而上的剪枝策略，根据剪枝前后的最小分类错误概率来决定是否剪枝，只需要训练集即可。最小误差剪枝利用了贝叶斯思想，以后验概率作为预测错误率。

先给出该方法中最小分类错误概率概念，若在子树结点 T 处，属于类别 c_k 的概率为

$$P_k(T)=\frac{N_k(T)+\mathrm{Pr}_k(T)\times\tau}{N(T)+\tau}$$

式中，$N(T)$ 为在结点 T 处所有的样本个数；$N_k(T)$ 为在结点 T 处属于类别 c_k 的样本个数；$\mathrm{Pr}_k(T)$ 为在结点 T 处属于类别 c_k 的先验概率；τ 为先验概率对后验概率的影响因子。那么结点 T 处的预测错误率为

$$\mathrm{Err}(T)=\min_{\tau}\{1-P_k(T)\}=\min_{\tau}\left\{\frac{N(T)-N_k(T)+\tau(1-\mathrm{Pr}_k(T))}{N(T)+\tau}\right\}$$

为得到最小错误率，可采用交叉验证的方法选取合适的 τ。此处为便于方法介绍，采用贝叶斯先验概率，也就是等概率分布 $\mathrm{Pr}_k(T)=1/K$，选取的影响因子 $\tau=K$，则预测错误率简化为

$$\mathrm{Err}(T)=\frac{N(T)-N_k(T)+K-1}{N(T)+K}$$

式中，K 为类别的个数。

记决策树 T 包含的样本个数为 $N(T)$，T 中叶子结点为 l 个。叶子结点记作 $L_i, i=1,2,\cdots,l$，$N(L_i)$ 表示结点 L_i 处的样本个数。最小误差剪枝的算法详情如下。

最小误差剪枝算法

输入：子树 T。

输出：剪枝后的子树 T'。

(1) 计算剪枝前目标子树 T 的每个叶子结点为 L_i 的预测错误率：

$$\mathrm{Err}(L_i)=\frac{N(L_i)-N_k(L_i)+K-1}{N(T)+K}$$

(2) 计算剪枝前目标子树的预测错误率：

$$\mathrm{Err}(T)=\sum_{i=1}^{l}w_i\mathrm{Err}(L_i)=\sum_{i=1}^{l}\frac{N(L_i)}{N(T)}\mathrm{Err}(L_i)$$

(3) 剪枝后的叶子结点记为 L，计算结点 L 处的预测错误率：

$$\mathrm{Err}(L) = \frac{N(L) - N_k(L) + K - 1}{N(T) + K}$$

(4) 比较剪枝前后的预测错误率，如果满足式 (7.8)，则剪枝；否则，不剪枝。

$$\mathrm{Err}(L) < \mathrm{Err}(T) \tag{7.8}$$

(5) 返回修剪后的子树 T'。

例 7.12 请采用最小误差剪枝方法对图 7.14 所示的决策树剪枝。

解 (1) 因为结点 T_3、T_4、T_5 都是叶子结点，所以从结点 T_2 出发。

① 计算 T_2 剪枝前每个叶子结点的预测错误率：

$$\mathrm{Err}(T_3) = \frac{3+2-1}{61+2} = 0.0635$$

$$\mathrm{Err}(T_4) = \frac{4+2-1}{58+2} = 0.0833$$

$$\mathrm{Err}(T_5) = \frac{36+2-1}{79+2} = 0.4568$$

② 计算 T_2 剪枝前的预测错误率：

$$\mathrm{Err}(T_2) = \frac{61}{198}\mathrm{Err}(T_3) + \frac{58}{198}\mathrm{Err}(T_4) + \frac{79}{198}\mathrm{Err}(T_5) = 0.2262$$

③ 记 T_2 剪枝后的结点为 L_2，计算预测错误率：

$$\mathrm{Err}(L_2) = \frac{50+2-1}{198+2} = 0.2550$$

④ 比较剪枝前后的预测错误率，很明显，$\mathrm{Err}(L_2) > \mathrm{Err}(T_2)$，所以不剪枝。

(2) 于是，得到例 7.5 中的决策树，如图 7.8 所示。 ■

4. 基于错误剪枝

基于错误剪枝（Error Based Pruning，EBP）采用一般的自下而上剪枝策略，根据剪枝前后的误判个数上界来决定是否剪枝，只需要训练集即可。与悲观错误剪枝方法不同，此处的误判个数上界根据置信水平所得。要计算误判个数上界，关键在于计算误判率上界。这里的上界计算类似于置信区间[①]上界。Quinlan 在 C4.5 算法中，把置信水平也称作置信因子（Confidence Factor，CF）。记决策树 T 包含的样本个数为 $N(T)$，$N_{\mathrm{e}}(T)$ 表示决策树 T 中的样本误判个数，若置信因子为 α，每个结点的误判率上界的计算公式为

$$U_\alpha(T) = \frac{N_{\mathrm{e}}(T) + 0.5 + \dfrac{q_\alpha^2}{2} + q_\alpha\sqrt{\dfrac{(N_{\mathrm{e}}(T)+0.5)(N(T)-N_{\mathrm{e}}(T)-0.5)}{N(T)} + \dfrac{q_\alpha^2}{4}}}{N(T) + q_\alpha^2} \tag{7.9}$$

① 可参考第 2 章中回归模型的预测一节。

式中，q_α 表示置信因子 α 的上分位数。在 Quinlan 提出的基于错误剪枝方法中，分位数是通过线性插值得到的。

假如已知 9 个置信因子，两个端点分别为 $q_0=4$ 和 $q_1=0$，具体如表 7.5 所示。例如，计算 $\alpha=0.25$ 对应的上分位数，可通过图 7.16 中 B 和 C 点的线性差值得到，上分位数 q_α 为 0.6925。之后，就可以根据式 (7.9) 计算误判率上界。

表 7.5　9 个置信因子下的分位数

置信因子	0.000	0.001	0.005	0.010	0.050	0.100	0.200	0.400	1.000
上分位点	4.00	3.09	2.58	2.33	1.65	1.28	0.84	0.25	0.00

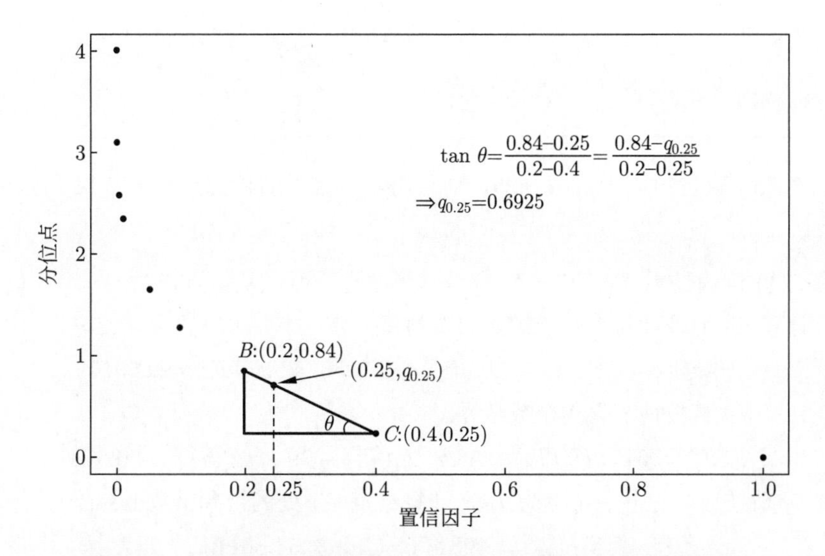

图 7.16　通过线性差值得到 $\alpha=0.25$ 对应的上分位数的示意图

决策树 T 中叶子结点的个数以 l 表示，叶子结点记作 $L_i, i=1,2,\cdots,l$；$N(L_i)$ 表示结点 L_i 处的样本个数。基于错误剪枝的算法详情如下。

基于错误剪枝算法

输入：子树 T，置信因子 $\boldsymbol{\alpha}$。

输出：剪枝后的子树 T'。

(1) 计算剪枝前目标子树 T 的每个叶子结点 L_i 的误判率上界：

$$U_\alpha(L_i)=\frac{N_{\mathrm{e}}(L_i)+0.5+\dfrac{q_\alpha^2}{2}+q_\alpha\sqrt{\dfrac{(N_{\mathrm{e}}(L_i)+0.5)(N(L_i)-N_{\mathrm{e}}(L_i)-0.5)}{N(L_i)}+\dfrac{q_\alpha^2}{4}}}{N(L_i)+q_\alpha^2}$$

(2) 计算剪枝前目标子树的误判个数上界：

$$N_{\mathrm{U}}(T)=\sum_{i=1}^{l}N(L_i)U_\alpha(L_i)$$

(3) 剪枝后生成的叶子结点记作 L，计算结点 L 处的误判率上界：

$$U_\alpha(L)=\frac{N_{\rm e}(T)+0.5+\frac{q_\alpha^2}{2}+q_\alpha\sqrt{\frac{(N_{\rm e}(T)+0.5)(N(T)-N_{\rm e}(T)-0.5)}{N(T)}+\frac{q_\alpha^2}{4}}}{N(T)+q_\alpha^2}$$

(4) 计算剪枝后的误判个数上界：

$$N_{\rm U}(L)=N(T)U_\alpha(L)$$

(5) 比较剪枝前后的误判个数上界，如果满足式 (7.10)，则剪枝；否则，不剪枝。

$$N_{\rm U}(L)<N_{\rm U}(T) \tag{7.10}$$

(6) 返回子树 $T^{'}$。

例 7.13 取置信因子 $\alpha=0.25$，请采用基于错误剪枝方法对图 7.14 所示的决策树剪枝。

解 (1) 因为结点 T_3、T_4、T_5 都是叶子结点，所以从结点 T_2 出发。

① 计算 T_2 剪枝前每个叶子结点的误判率上界：

$$U_\alpha(T_3)=0.0817,\quad U_\alpha(T_4)=0.1055,\quad U_\alpha(T_5)=0.5010$$

② 计算 T_2 剪枝前的误判个数上界：

$$N_{\rm U}(T_2)=61\times U_\alpha(T_3)+58\times U_\alpha(T_4)+79\times U_\alpha(T_5)=50.6789$$

③ T_2 剪枝后，记叶子结点为 L_2，计算结点 L_2 处的误判个数上界：

$$N_{\rm U}(L_2)=198\times U_\alpha(L_2)=54.8611$$

④ 比较剪枝前后的预测错误率，很明显，$N_{\rm U}(L_2)>N_{\rm U}(T_2)$，所以不剪枝。

(2) 于是，得到例 7.5 中的决策树，如图 7.8 所示。 ■

5. 代价-复杂度剪枝

代价-复杂度剪枝（Cost Complexity Pruning，CCP）是根据剪枝前后的损失函数来决定是否剪枝。假如要判断是否剪枝的子树为 T，以 T 包含的叶子结点的个数 $|T|$ 表示模型复杂度，类似于正则化的一般形式，可以得到损失函数

$$C_\alpha=C(T)+\lambda|T|$$

式中，$C(T)$ 表示树 T 通过训练集计算的预测误差，度量拟合能力；λ 为惩罚参数，用以平衡模型的拟合能力和复杂度。$C(T)$ 可通过经验熵的加权得到。

$$C(T)=\sum_{i=1}^{l}N(L_i)H(L_i)=-\sum_{i=1}^{l}\sum_{k=1}^{K}N_k(L_i)\log\frac{N_k(L_i)}{N(L_i)}$$

其中，$l=|T|$ 表示树 T 叶子结点的个数；L_i 表示叶子结点，$i=1,2,\cdots,l$；$N_k(L_i)$ 表示叶子结点 L_i 处的属于第 c_k 类的样本个数；$H(L_i)$ 表示叶子结点 L_i 处的经验熵。

代价-复杂度剪枝算法的具体流程如下。

代价-复杂度剪枝算法

输入：生成算法产生的整棵树 T，参数 λ。

输出：剪枝后的子树 T'。

(1) 剪枝前的决策树记作 T_A，计算每个叶子结点 L_i 的经验熵：

$$H(L_i) = -\sum_{k=1}^{K} \frac{N_k(L_i)}{N(L_i)} \log \frac{N_k(L_i)}{N(L_i)}$$

(2) 计算剪枝前决策树 T_A 的损失函数：

$$C_\lambda(T_A) = C(T_A) + \lambda|T_A|$$

(3) 剪枝后的决策树记作 T_B，计算损失函数：

$$C_\lambda(T_B) = C(T_B) + \lambda|T_B|$$

(4) 比较剪枝前后的损失函数，如果满足式 (7.11)，则剪枝；否则，不剪枝。

$$C_\lambda(T_B) \leqslant C_\lambda(T_A) \tag{7.11}$$

(5) 递归地调用步骤 (1)~(4)，直到不能继续为止，得到损失函数最小的子树 $T^{'}$。

7.5 拓展部分：随机森林

看到一个一个的事物，忘了它们互相间的联系；看到它们的存在，忘了它们的产生和消失；看到它们的静止，忘了它们的运动；因为他只见树木，不见森林。

——恩格斯

有了生成一棵决策树的基础，我们不免想到决策森林。一木参天，双木成林，众木成森。这需要统计工具的辅助——Bootstrap 方法。

早于 Breiman 提出 CART 算法，Efron 于 1982 年提出 Bootstrap 方法，因为 bootstrap 指的是靴带，故也译作靴攀法。这个方法的原理十分简单，以所拥有的全部数据样本作为一个总体（伪总体），进行有放回地重抽样，通过一系列的 Bootstrap 样本集训练模型。

之所以 Efron 给这个方法命名为靴攀法，其实来自于一本故事书《巴龙历险记》(*Adventures of Baron Munchausen*)。历险记中有一幕描述的是这么个场景：有一日，巴龙不小心落入大海，只感到身子越来越沉，直到海底，而且身上未携带任何工具。不过，不幸中的万幸是巴龙在绝望之时想到一个绝妙的主意，他用自己的靴带把自己拉了上来。所以，Bootstrap 也指不借助他人帮助即可获得自救。于是 Bootstrap 方法还有个名称即自助法。

1996 年，Breiman 结合 Bootstrap 抽样提出 Bagging 集成学习理论。通过 Bootstrap 重抽样，每生成一组 Bootstrap 训练集，就生成一棵决策树。由于每棵树所用的训练集虽不同但同源，因此每棵树和其他树不同，但所针对的是同一类数据。之后，统一使用非抽样数据测试每棵决策树，如果衡量模型效果的方式比较巧妙，就可以将多组数据都用以训练模型，这就是 Bagging 方法，具体过程如图 7.17 所示。

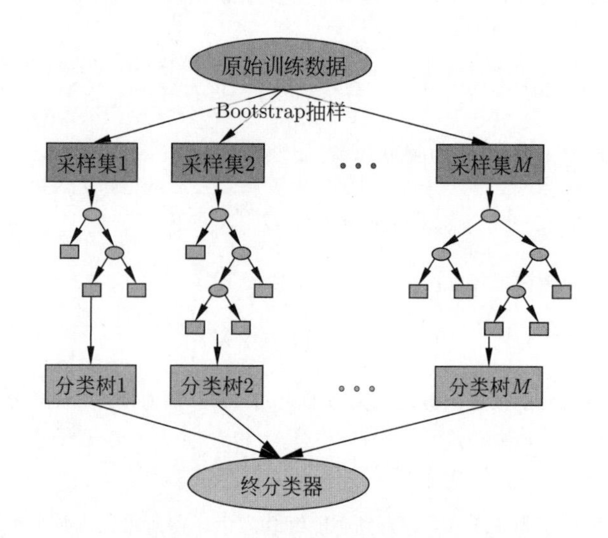

图 7.17　Bagging 方法示意图

2001 年，Breiman 将 Bagging 集成学习理论与随机子空间方法相结合，提出了一种机器学习算法——随机森林。因为虽然决策树可以很好地拟合训练数据集，但往往会出现过拟合现象。如果构建多棵决策树聚集为一片森林，就相当于一组弱学习器的集成。如果是分类树，则可采用多数表决或者说大概率的思想来进行分类。如果是回归树，则用所有决策树输出的结果加权求和进行预测。这种集成思维可以有效地避免过拟合，提高泛化能力。

由于决策树构建的过程是确定的，要获取随机的决策树可以从以下两个角度入手。

(1) 随机的训练样本集：以原训练样本集 D 作为伪总体，通过 Bootstrap 方法有放回地随机抽取 $N_{\rm b}$ 个与训练集样本容量相同的训练样本集 $D_{\rm b}$ 作为一个采样集，然后据此构建一个对应的决策树。

(2) 随机的特征子空间：在对决策树每个结点进行分割时，不是选择所有的剩余属性进行分割，而是从中均匀随机抽取一个特征子集，然后在子集中选择一个最优特征来构建决策树。

随机森林解决了决策树性能瓶颈的问题，对噪声和异常值有较好的容忍性，对高维数据分类问题具有良好的可扩展性和并行性。随机森林的应用领域十分广泛，例如生物信息领域对基因序列的分类和回归，经济与金融领域对客户信用的分析及反欺诈，计算机视觉领域对人体的监测与跟踪、手势识别、动作识别、人脸识别、性别识别和行为与事件识别，语音领域的语音识别与语音合成，数据挖掘领域的异常检测、度量学习，等等。

7.6 案例分析——帕尔默企鹅数据集

企鹅，有着“海洋之舟”的美誉，是一种最古老的游禽，能在零下 60℃ 的严寒中生活和繁殖。因为它像穿着燕尾服的西方绅士，走起路来憨态可掬而深受大家的喜爱。然而，根据美国 *Sciencealert* 期刊的报道，因为全球环境的恶化，气候持续变暖，海冰大规模融化，专家预测生活在南极的帝企鹅，有可能在 21 世纪末迎来灭绝危机：在 2100 年之前，帝企鹅的数量将减少 99%。

本节分析的案例为帕默尔企鹅数据集，由 Kristen Gorman 博士和南极洲 LTER 的帕尔默科考站共同创建，可在 Kaggel 网站 https://www.kaggle.com/parulpandey/palmer-archipelago-antarctica-penguin-data 下载。此处，选择文件名为 penguins_size.csv 的数据集。数据集中包含 344 只企鹅的数据，有来自帕尔默群岛 3 个岛屿的 3 种不同种类的企鹅，分别是 Adelie、Chinstrap 和 Gentoo，如图 7.18 所示。是不是“Gentoo”听起来很耳熟？那是因为 Gentoo Linux 就是以它命名的！

图 7.18 帕尔默企鹅

数据集中的具体变量如下：

- species：企鹅种类（Chinstrap、Adelie、Gentoo）。
- culmen_length_mm：鸟喙的上脊的长度，单位为毫米。
- culmen_depth_mm：鸟喙的上脊的深度，单位为毫米。
- flipper_length_mm：脚蹼的长度，单位为毫米。
- body_mass_g：身体质量，单位为克。
- island：岛屿名称（Dream、Torgersen、Biscoe）。
- sex：企鹅性别。

我们以 culmen_length_mm、culmen_depth_mm、flipper_length_mm、body_mass_g、island 和 sex 为输入变量，species 为输出变量，构造决策树，采用 CART 算法的具体 Python 代码如下。

```
1  # 导入相关模块
2  import numpy as np
3  import matplotlib.pyplot as plt
4  import pandas as pd
5  import seaborn as sns
6  plt.style.use('seaborn-ticks')
```

```
from sklearn import tree
from sklearn.model_selection import train_test_split
import graphviz
from math import log
import operator

# 载入数据
Dataset = pd.read_csv("penguins_size.csv")

# 观察数据并去掉具有缺失值的样本
Dataset.head()
Dataset.count()
print(Dataset.isnull().sum())
Dataset = Dataset.dropna()

# 变量因子化
Dataset['species'] = Dataset['species'].map({'Adelie': 0, 'Chinstrap': 1, 'Gentoo':
    2 })
Dataset['island'] = Dataset['island'].map({'Torgersen': 0,'Biscoe': 1,'Dream': 2})
Dataset['sex'] = Dataset['sex'].map({'MALE': 0,'FEMALE': 1})
print(Dataset.isnull().sum())
Dataset.head()
Dataset = Dataset.dropna()

# 划分训练集与测试集，集合容量比例为 3:1
y = Dataset[['species']]
X = Dataset.drop('species',axis=1)
X_train, X_test, y_train, y_test = train_test_split(X, y, test_size = 0.25,
    random_state = 0)

# 创建决策树模型并训练
Features = ['Island' ,'Culmen-Length' ,'Culmen-Depth', 'Flipper-Length','Body-Mass',
    'Sex']
#设定最大的深度为 5
dtree = tree.DecisionTreeClassifier(max_depth = 5)
dtree.fit(X_train, y_train)

# 决策树可视化
dot_data = \
    tree.export_graphviz(
        dtree,
        out_file = None,
        feature_names = Features,
        class_names=['Adelie','Chinstrap','Gentoo'],
        filled = True,
        impurity = False,
        rounded = True)

graph = graphviz.Source(dot_data)
graph.format='png'
graph.render('dtree')
```

运行代码所得决策树如图 7.19 所示。

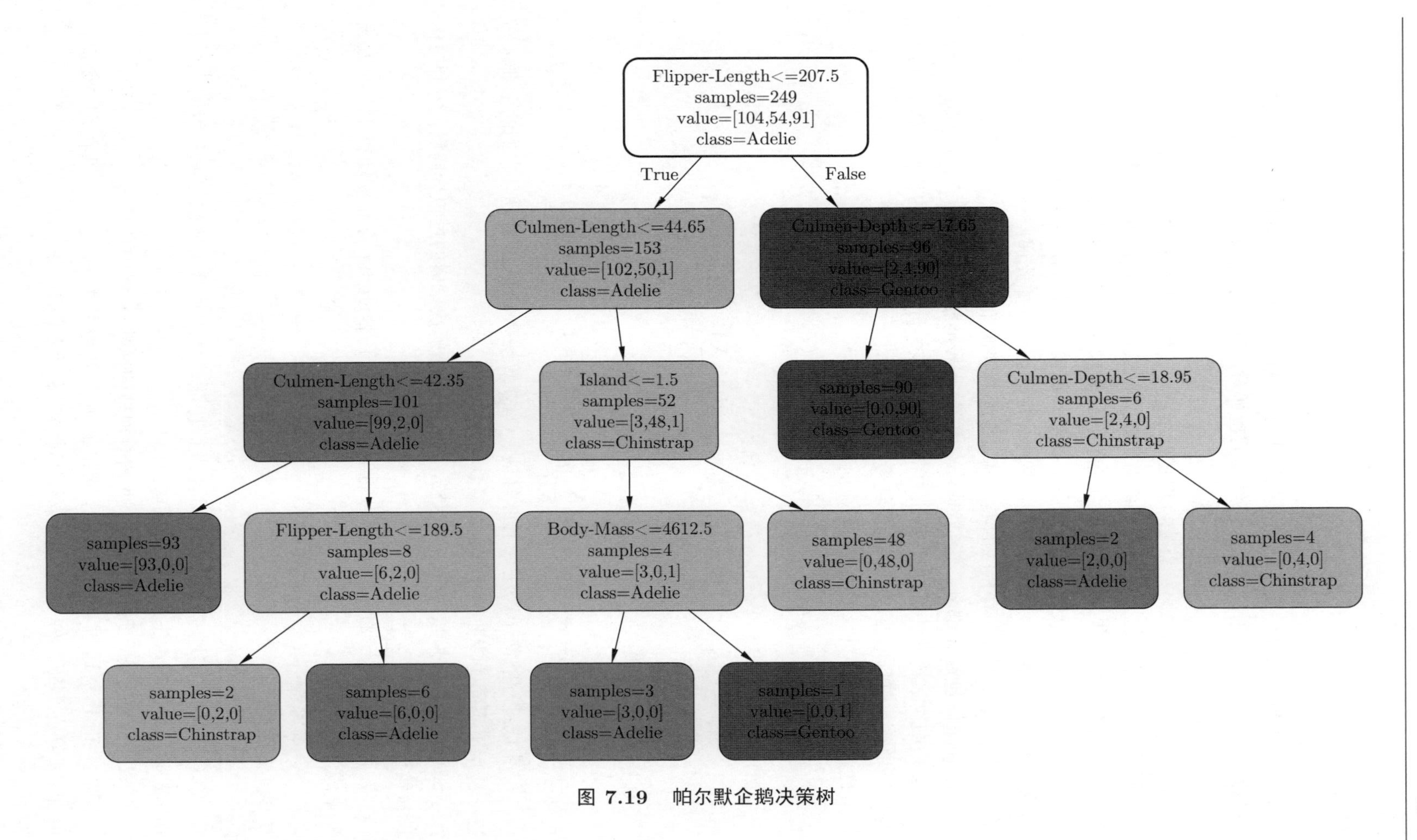

图 7.19　帕尔默企鹅决策树

7.7 本章小结

1. 决策树是通过一系列规则对数据进行分割的过程。决策树的根结点到叶结点的每条路径构建一条规则；路径内部结点的特征对应着规则的条件，而叶子结点对应着规则的结论。

2. 决策树的基本思路：首先，构建根结点，将所有训练数据都放在根结点，选择一个最优特征，按照这一特征将训练数据集分割成子集，使得各个子集有一个当前条件下的最好分割。如果这些子集已经能够被良好预测，那么构建叶结点，并将这些子集分到对应的叶子结点中去；如果还有子集不能被良好预测，那么就对这些子集继续选择最优特征，继续对其进行分割，构建相应的结点。如此递归下去，直到满足停止条件。最后每个子集都有相应的类，就生成了一棵决策树。

3. 决策树包括 3 部分：特征选择、生成过程和剪枝过程。

4. 回归决策树的特征选择准则通常为平方损失。分类决策树的特征选择准则通常是信息增益、信息增益以及基尼不纯度。

(1) 信息增益

$$I(Y;X) = H(Y) - H(Y|X)$$

(2) 信息增益比

$$\mathrm{IR}(Y;X) = \frac{I(Y;X)}{H(X)}$$

(3) 基尼不纯度

$$\mathrm{Gini}(X) = \sum_{k=1}^{K} p_k(1-p_k) = 1 - \sum_{k=1}^{K} p_k^2$$

5. 生成过程的常用算法有 ID3 算法、C4.5 算法和 CART 算法，它们的主要区别在于应用了不同的特征选择准则。

6. 剪枝可以分为预剪枝和后剪枝，目的在于缓解决策树的过拟合问题，得到简化的决策树。

7. 随机森林是一种以决策树为弱学习器，基于 Bagging 方法和随机子空间方法的集成学习技术。

7.8 习题

7.1 试编程实现基于信息增益比进行特征选择的决策树算法，并利用例 7.5 中所给的训练数据集，生成一棵决策树。

7.2 试分析基于训练集和测试集进行剪枝的优缺点。

7.3 请分别通过悲观错误剪枝和最小误差剪枝判断是否可以在图 7.20 中的 T_0 处剪枝。图 7.20 中有两类样本“正类”和“负类”，分别以“+”和“−”标在图中。

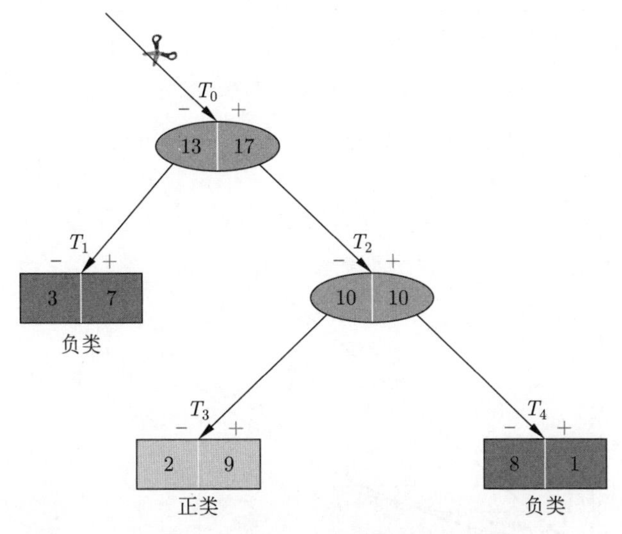

图 7.20　习题 7.3 中待剪枝的决策树

7.9　阅读时间：经济学中的基尼指数

在决策树的生成中，一般以基尼不纯度来选择特征，而基尼不纯度还有另一个名字——基尼指数。无独有偶，经济学中也有一个基尼指数，本章的阅读时间就来聊聊经济学中的基尼指数。

早在春秋战国时期，孔子曾在《论语》中指出："不患寡而患不均，不患贫而患不安"。该如何度量这个"均"呢？平均值？可以，但是分配不均的程度又怎样衡量？

直到 20 世纪初，这个问题才得到解决。1905 年，美国有位奥地利统计学家洛伦兹想到一个办法，他画出一条近似曲线的折线。折线所在坐标系结构十分简单，以横坐标表示人口百分比，纵坐标表示收入百分比，如图 7.21 所示。

以图 7.21 中的数据为例，对图中折线稍加解释。绘制这条折线之前，需要将全社会的人口按照收入由低到高排序，并分成若干份，这里以 5 份为例。然后，分别计算累计前 20%、40%、60% 和 80% 的人口收入占社会总收入的百分比，依次描出点 E_1、E_2、E_3 和 E_4，接着起起点 O、终点 L 以及这 4 个点连接就生成了一条折线 $O-E_1-E_2-E_3-E_4-E_5$，这条折线也被称作洛伦兹曲线。

依每个点来解释，这条折线的含义如下。

- E_1：全社会的 20% 人口占有着总收入的 5%。
- E_2：全社会的 40% 人口占有着总收入的 10%。
- E_3：全社会的 60% 人口占有着总收入的 30%。
- E_4：全社会的 80% 人口占有着总收入的 50%。

这说明，剩余的 20% 人口竟然占有着总收入的 50%。

举个直观的例子，假设有 10 个人，大家一天能赚的总收入是 100 元。同样一天中，2 个人平均赚 25 元，4 个人平均赚 10 元，而另外 4 个人只能平均赚 2 元 5 角！这条折线越弯曲，距离 OL 那条线越远，越代表着收入分配不平等。

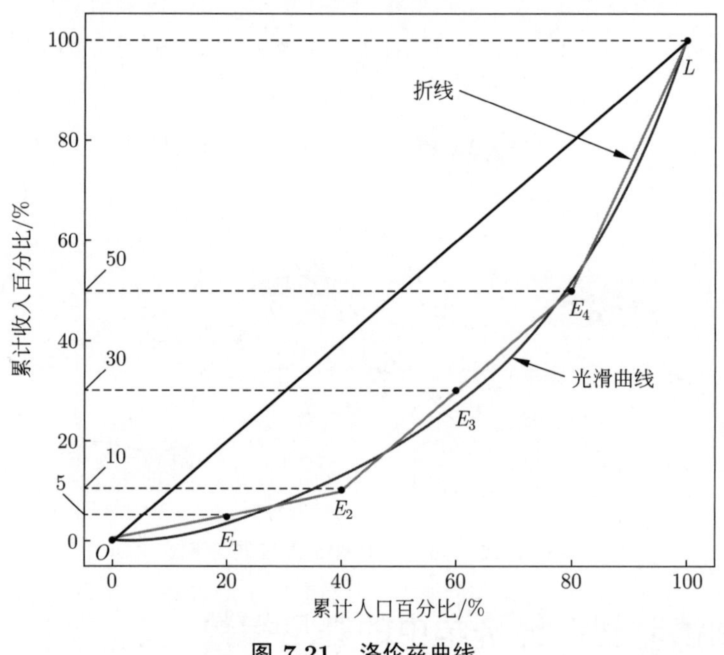

图 7.21　洛伦兹曲线

但是，现在还没有解决度量收入不均的问题。别急，另一位主角马上就上场了。同年，刚刚 21 岁的意大利小伙克拉多 • 基尼正好本科毕业。修读法律专业的他，却对统计学有着浓厚的兴趣，毕业时发表了一篇题为《从统计角度看性别》的论文。25 岁时，他在卡利亚里担任初级统计教师。26 岁时，他已继任了那所大学的统计学系主任！1912 年，28 岁的他注意到洛伦兹曲线不像曲线，而是折线，于是通过数学平滑方法，将折线修正为光滑曲线，如图 7.21 中的光滑曲线，并以统计思维提出一个度量指标——基尼指数。从而，将分配不均的问题从定性分析转化为定量分析。

1. 基尼指数怎么算

还是刚才那个例子。OL 直线与光滑曲线围成的区域记作 A，光滑曲线横轴围成的区域记作 B。如图 7.22 所示，利用 A 和 B 的面积，定义的基尼指数为

$$\text{基尼指数} = \frac{A\ \text{区域的面积}}{A\ \text{区域的面积} + B\ \text{区域的面积}}$$

这里可以通过三次多项式拟合出光滑曲线，计算所得基尼指数为 0.4417。

> 国家统计局
>
> 基尼指数，反映居民之间贫富差异程度的常用统计指标;
>
> 较全面客观地反映居民之间的贫富差距;
>
> 能预报、预警居民之间出现贫富两极分化。

这就是说，可以通过基尼指数来定量反映某地区的贫富差距，以便政府做出相应的决策。

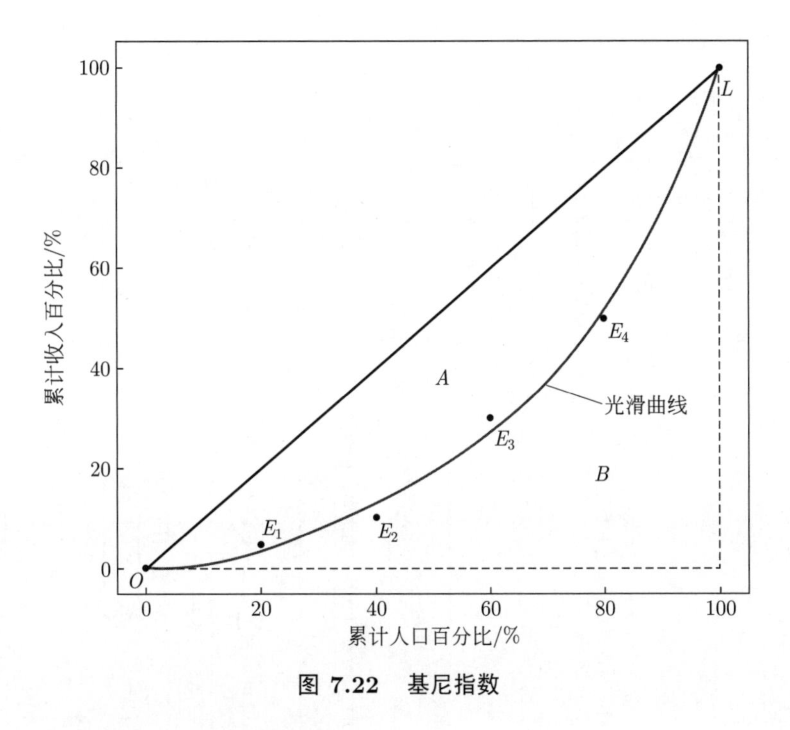

图 7.22　基尼指数

2. 基尼指数如何反映贫富差距

国际上认为基尼指数合理的范围是 0.3 ~ 0.4，太小了不好，代表社会收入差距太小，无论工作多努力都一样，久而久之人们会越来越懒，社会也就没有了活力；基尼指数太大也不好，太大就会“四海无闲田，农夫犹饿死”，造成社会的极不稳定。

上面例子中算出来的 0.4417，对照于表 7.6，可以看出指数等级高，差距较大。

表 7.6　9 个置信因子下的分位数

基尼指数	含　义
< 0.2	表示指数等级极低（高度平均）
0.2 ~ 0.29	表示指数等级低（比较平均）
0.3 ~ 0.39	表示指数等级中（相对合理）
0.4 ~ 0.59	表示指数等级高（差距较大）
> 0.6	表示指数等级极高（差距悬殊）

在基尼指数中，通常把 0.4 作为收入分配差距的“警戒线”，根据黄金分割律，其准确值应为 0.382。一般发达国家的基尼指数为 0.24~0.36。

基尼指数按照用途还会分为收入基尼指数、财富基尼指数、消费基尼指数。同样，学术界有很多种计算基尼指数的方法，如几何方法、基尼的平均差方法、协方差方法、矩阵方法等，各种计算方法之间具有统一性。计算基尼指数有时以离散分布为基础，有时以连续分布为基础，虽然其数学表达式不同，但其内涵是统一的。

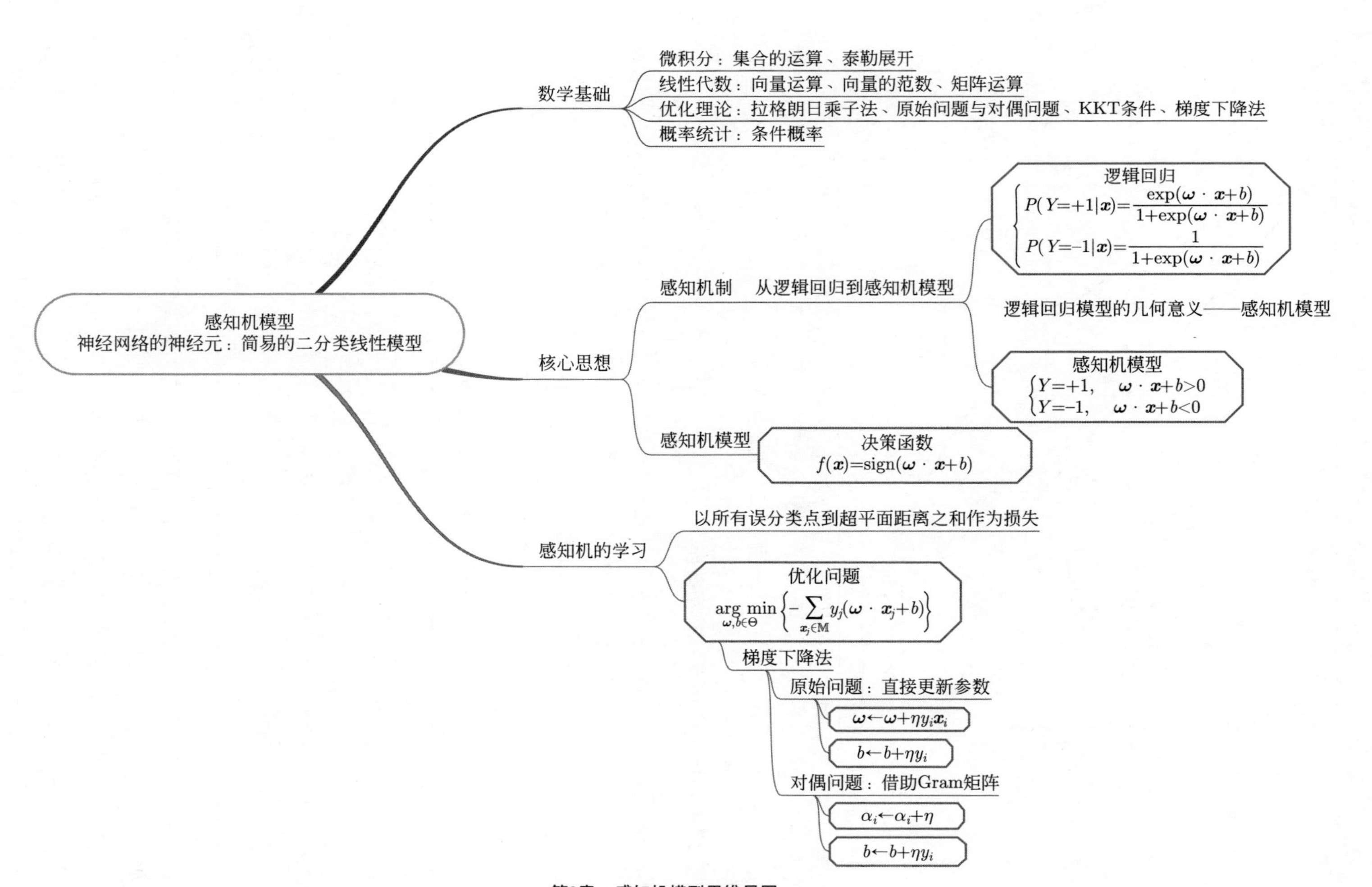

第8章　感知机模型思维导图

第 8 章　感知机模型

伟大和伪装，灰尘或辉煌，那是一线之隔，或是一线曙光。

——阿信《我心中尚未崩坏的地方》

1958 年，Rosenblatt 提出感知机模型，开启了人类神经网络的新纪元。感知机是一个简易的二分类线性模型，与第 5 章介绍的逻辑回归有着共同之处。也可以说，感知机是支持向量机和神经网络的基础。本章将从逻辑回归出发引出感知机的感知机制，然后介绍感知机的原理，通过对偶问题用 Gram 矩阵存储样本信息以实现对感知机的迭代学习。

8.1　感知机制——从逻辑回归到感知机

假设输入变量 $\boldsymbol{X}$ 包含 p 个属性变量 $X_1, X_2, \cdots, X_p$，实例 $\boldsymbol{x} = (x_1, x_2, \cdots, x_p)^{\mathrm{T}}$，$x_j$ 表示实例第 j 个属性的具体取值，$j = 1, 2, \cdots, p$，类别变量 $Y \in \{+1, -1\}$。如果构造逻辑回归模型，分别计算两个类别的条件概率，即

$$\begin{cases} P(Y=+1|\boldsymbol{x}) = \dfrac{\exp(\boldsymbol{w}\cdot\boldsymbol{x}+b)}{1+\exp(\boldsymbol{w}\cdot\boldsymbol{x}+b)} \\[2ex] P(Y=-1|\boldsymbol{x}) = \dfrac{1}{1+\exp(\boldsymbol{w}\cdot\boldsymbol{x}+b)} \end{cases}$$

式中，$\boldsymbol{w}$ 和 b 为模型参数，$\boldsymbol{w} = (w_1, w_2, \cdots, w_p)^{\mathrm{T}} \in \mathbb{R}^p$ 表示权值向量，b 表示截距。

对于实例点 $\boldsymbol{x}$，怎么判断该实例点所属类别呢？不妨比较 $P(Y = +1|\boldsymbol{X} = \boldsymbol{x})$ 和 $P(Y = -1|\boldsymbol{X} = \boldsymbol{x})$ 的大小，类别归属于更大概率对应的类别。这可以通过两类别的条件概率之比来判断。对概率之比取对数，可以得到

$$\log\frac{P(Y=+1|\boldsymbol{x})}{P(Y=-1|\boldsymbol{x})} = \boldsymbol{w}\cdot\boldsymbol{x}+b \tag{8.1}$$

很明显，类别判断体现在式 (8.1) 中，

$$\begin{cases} Y=+1, & \log\dfrac{P(Y=+1|\boldsymbol{x})}{P(Y=-1|\boldsymbol{x})} > 0 \\[2ex] Y=-1, & \log\dfrac{P(Y=+1|\boldsymbol{x})}{P(Y=-1|\boldsymbol{x})} < 0 \end{cases}$$

即

$$\begin{cases} Y=+1, & \boldsymbol{w}\cdot\boldsymbol{x}+b>0 \\ Y=-1, & \boldsymbol{w}\cdot\boldsymbol{x}+b<0 \end{cases} \tag{8.2}$$

这说明，从几何意义来理解逻辑回归模型，如果样本点根据属性变量完全线性可分，可通过属性空间中的超平面 $\boldsymbol{w}\cdot\boldsymbol{x}+b=0$ 将其分为两部分：一部分是正类，记为“+1”；另一部分为负类，记为“−1”。

补充一下超平面的含义。在几何中，如果环境空间是 p 维的，那它所对应的超平面其实就是一个 $p-1$ 维的子空间。换句话说，超平面是比它所处的环境空间小一维的线性子空间。例如属性空间是一维的，绿色圆圈和红色五角星分别代表两类样本，想区分正负类实例点，用实数轴上的一个点即可，如图 8.1 所示。

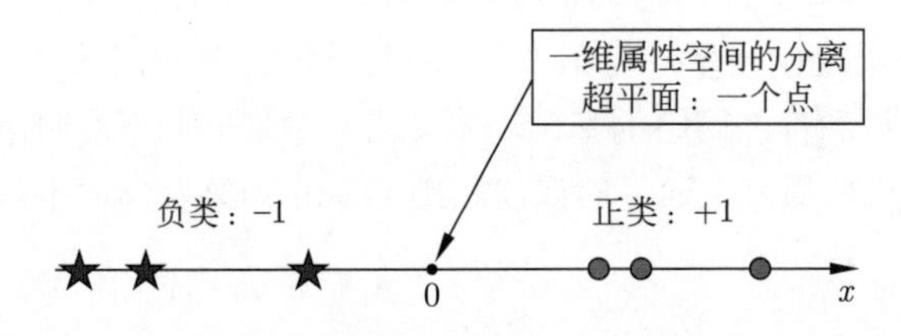

图 8.1　一维属性空间下的分离超平面

如果属性空间是二维的，一维直线可以分开样本点的分离超平面，如图 8.2 所示。

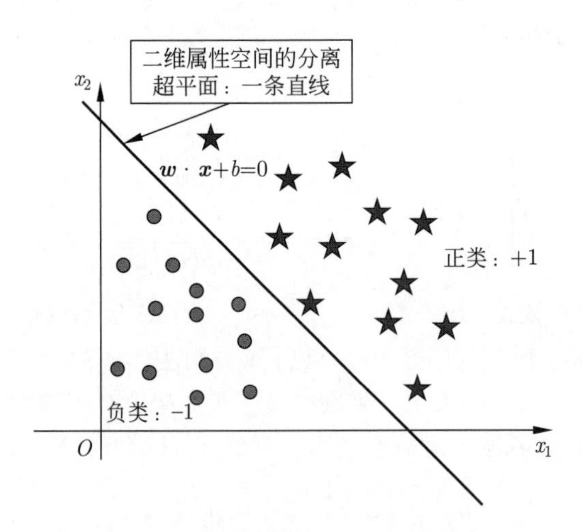

图 8.2　二维属性空间下的分离超平面

如果属性空间是三维的，分离超平面应该就是一个二维平面了。四维属性空间对应的超平面是一个立体面，以此类推。当属性空间是 p 维的，所对应的分离超平面是一个 $p-1$ 维的平面。$p-1$ 维的平面由 $p+1$ 维的参数决定。

式 (8.2) 可以简化表示为决策函数的形式，则为

$$f(\boldsymbol{x})=\operatorname{sign}(\boldsymbol{w}\cdot\boldsymbol{x}+b)$$

其中，sign 是符号函数。这就是感知机模型的决策函数。

对于人类而言，是通过视觉、听觉、触觉、味觉和嗅觉这 5 种不同的方式来感知世界的，决定这些感知的根本就在于神经元中的信号传递。感知机就是通过简单的线性函数决定人工神经网络的神经元，感知数据世界。

8.2　感知机的学习

感知机的输入空间为 p 维属性空间 $\mathcal{X} \in \mathbb{R}^p$，输出空间 $\mathcal{Y} \in \{+1, -1\}$。当输入实例 $\boldsymbol{x} = (x_1, x_2, \cdots, x_p)^{\mathrm{T}} \in \mathcal{X}$ 时，实例的类别可通过决策函数

$$f(\boldsymbol{x}) = \mathrm{sign}(\boldsymbol{w} \cdot \boldsymbol{x} + b) = \begin{cases} +1, & \boldsymbol{w} \cdot \boldsymbol{x} + b \geqslant 0 \\ -1, & \boldsymbol{w} \cdot \boldsymbol{x} + b < 0 \end{cases} \tag{8.3}$$

做出判断。式 (8.3) 中从输入空间到输出空间的函数 $f(\boldsymbol{x})$ 被称作感知机模型；称 $\boldsymbol{w} = (w_1, w_2, \cdots, w_p)^{\mathrm{T}} \in \mathbb{R}^p$ 为感知机的权值向量；b 为感知机的截距参数；$\boldsymbol{w} \cdot \boldsymbol{x}$ 表示内积，

$$\boldsymbol{w} \cdot \boldsymbol{x} = w_1 x_1 + w_2 x_2 + \cdots + w_p x_p$$

属性特征空间中所有可能的这种线性函数就称为假设空间，记作 $\mathcal{F} = \{f|\ f(x) = \boldsymbol{w} \cdot \boldsymbol{x} + b\}$，参数 $\boldsymbol{w}$ 和 b 的所有可能组合，就得到一个 $p+1$ 维的集合，称为参数空间，记作 $\Theta = \{\boldsymbol{\theta}|\ \boldsymbol{\theta} = (\boldsymbol{w}^{\mathrm{T}}, b)^{\mathrm{T}} \in \mathbb{R}^{p+1}\}$。

在感知机的学习中，我们只考虑线性可分的情况。线性不可分或非线性可分的情况将在第 9 章介绍。

定义 8.1 (线性可分)　对于给定的数据集 $T = \{(\boldsymbol{x}_1, y_1), (\boldsymbol{x}_2, y_2), \cdots, (\boldsymbol{x}_N, y_N)\}$，$\boldsymbol{x}_i = (x_{i1}, x_{i2}, \cdots, x_{ip})^{\mathrm{T}} \in \mathbb{R}^p$，$y_i \in \{+1, -1\}$，$i = 1, 2, \cdots, N$，如果存在某个超平面 $\mathcal{S}$

$$\mathcal{S}:\ \ \boldsymbol{w} \cdot \boldsymbol{x} + b = 0$$

使得数据集的所有实例点可以完全划分到超平面 $\mathcal{S}$ 的两侧，

$$\begin{cases} y_i = +1, & \text{如果 } \boldsymbol{w} \cdot \boldsymbol{x}_i + b > 0 \\ y_i = -1, & \text{如果 } \boldsymbol{w} \cdot \boldsymbol{x}_i + b < 0 \end{cases} \quad i = 1, 2, \cdots, N$$

那么，就称数据集 T 是线性可分的，否则线性不可分。

如果训练数据集线性可分，我们的目标是希望寻求到一个分离超平面将这些实例点完全划分为正负类。但是，为学习感知机模型，就需要训练超平面的参数，训练参数的重任取决于感知机的损失函数的定义。

首先，给出属性特征空间中的任意一点 $\boldsymbol{x}_0 \in \mathcal{X}$ 到超平面 $\mathcal{S}$ 的几何距离

$$\frac{1}{\|\boldsymbol{w}\|} |\boldsymbol{w} \cdot \boldsymbol{x}_0 + b| \tag{8.4}$$

实例 $\boldsymbol{x}_0$ 类别标签记作 y_0。可以分情况将式 (8.4) 中分母的绝对值去掉。

若 $\boldsymbol{x}_0$ 是正确分类点，则

$$\frac{1}{\|\boldsymbol{w}\|}|\boldsymbol{w}\cdot\boldsymbol{x}_0+b|=\begin{cases}\dfrac{\boldsymbol{w}\cdot\boldsymbol{x}_0+b}{\|\boldsymbol{w}\|}, & y_0=+1\\ -\dfrac{\boldsymbol{w}\cdot\boldsymbol{x}_0+b}{\|\boldsymbol{w}\|}, & y_0=-1\end{cases}$$

若 $\boldsymbol{x}_0$ 是错误分类点，则

$$\frac{1}{\|\boldsymbol{w}\|}|\boldsymbol{w}\cdot\boldsymbol{x}_0+b|=\begin{cases}-\dfrac{\boldsymbol{w}\cdot\boldsymbol{x}_0+b}{\|\boldsymbol{w}\|}, & y_0=+1\\ \dfrac{\boldsymbol{w}\cdot\boldsymbol{x}_0+b}{\|\boldsymbol{w}\|}, & y_0=-1\end{cases}$$

显而易见，如果 $\boldsymbol{x}_0$ 是错误分类点，通过感知机分类器所得到的类别 $f(\boldsymbol{x}_0)$ 与实例的真实类别 y_0 符号相反，此时 $\boldsymbol{x}_0$ 到超平面 $\mathcal{S}$ 的几何距离

$$\frac{1}{\|\boldsymbol{w}\|}|\boldsymbol{w}\cdot\boldsymbol{x}_0+b|=\frac{-y_0(\boldsymbol{w}\cdot\boldsymbol{x}_0+b)}{\|\boldsymbol{w}\|}$$

这些错误分类点会带来损失，是我们要关注的对象，之后简称误分类点。如果以 $\mathcal{M}$ 代表所有误分类点的集合，可以写出所有误分类点到超平面 $\mathcal{S}$ 距离的总和

$$-\frac{1}{\|\boldsymbol{w}\|}\sum_{\boldsymbol{x}_j\in\mathcal{M}}y_j(\boldsymbol{w}\cdot\boldsymbol{x}_j+b)$$

很明显，$\mathcal{M}$ 中所含有的误分类点越少，总距离和就越小，在没有误分类点的时候 $\mathcal{M}=\varnothing$，这个距离和应该为 0。所以，通过最小化总距离和来求得相应的模型参数即

$$\arg\min_{\boldsymbol{w},b\in\Theta}-\frac{1}{\|\boldsymbol{w}\|}\sum_{\boldsymbol{x}_j\in\mathcal{M}}y_j(\boldsymbol{w}\cdot\boldsymbol{x}_j+b)$$

为简化运算，不考虑 $\|\boldsymbol{w}\|$。一是 $\|\boldsymbol{w}\|$ 不会影响总距离和的符号，即不影响正值还是负值的判断，二是 $\|\boldsymbol{w}\|$ 不会影响感知机模型的最终结果。算法终止条件，不存在误分类点。这时候 $\mathcal{M}$ 是空集，误分类点的距离和是否为 0 取决于分子，而不是分母，因此与 $\|\boldsymbol{w}\|$ 的大小无关。

于是，得到感知机的目标函数

$$Q(\boldsymbol{w},b)=-\sum_{\boldsymbol{x}_j\in\mathcal{M}}y_j(\boldsymbol{w}\cdot\boldsymbol{x}_j+b)$$

感知机的学习问题为

$$\arg\min_{\boldsymbol{w},b\in\Theta}Q(\boldsymbol{w},b)$$

8.3 感知机的优化算法

感知机模型的目标函数并不复杂，采用梯度下降法即可。根据迭代样本的多少，梯度下降法分为随机梯度下降法、批量梯度下降法和小批量梯度下降法[1]。在感知机

① 详情见小册子 4.1 节。

模型中，目标函数中的样本只限定于误分类样本集 $\mathcal{M}$，因此采用随机梯度下降法最佳，即每次先判断样本是否为误分类点再更新参数。本节将介绍感知机的原始形式算法和对偶形式算法。

8.3.1 原始形式算法

假设训练集为 $T=\{(\boldsymbol{x}_1,y_1),(\boldsymbol{x}_2,y_2),\cdots,(\boldsymbol{x}_N,y_N)\}$，$\boldsymbol{x}_i=(x_{i1},x_{i2},\cdots,x_{ip})^{\mathrm{T}}\in\mathbb{R}^p$，$y_i\in\{+1,-1\}$，$i=1,2,\cdots,N$。学习问题为

$$\arg\min_{\boldsymbol{w},b\in\Theta} Q(\boldsymbol{w},b)=-\sum_{\boldsymbol{x}_j\in\mathcal{M}} y_j(\boldsymbol{w}\cdot\boldsymbol{x}_j+b)$$

在梯度下降法中，以负梯度为下降方向更新参数。目标函数 $Q(\boldsymbol{w},b)$ 的梯度向量

$$\frac{\partial Q}{\partial \boldsymbol{w}}=-\sum_{\boldsymbol{x}_i\in\mathcal{M}} y_i\boldsymbol{x}_i,\quad \frac{\partial Q}{\partial b}=-\sum_{\boldsymbol{x}_i\in\mathcal{M}} y_i$$

随机梯度下降法，每一轮随机选择一个误分类点，如果通过这个误分类点进行参数更新，误分类点减少，那么下一轮迭代中的 $\mathcal{M}$ 元素个数就会减少。这在一定程度上简化计算，节约时间成本。若 $(\boldsymbol{x}_i,y_i)\in\mathcal{M}$ 是误分类点，则参数更新公式为

$$\boldsymbol{w}\leftarrow\boldsymbol{w}+\eta y_i\boldsymbol{x}_i,\quad b\leftarrow b+\eta y_i$$

其中，$\eta\in(0,1]$ 是随机梯度下降法中的步长。

图 8.3 是感知机随机梯度下降法的示意图。

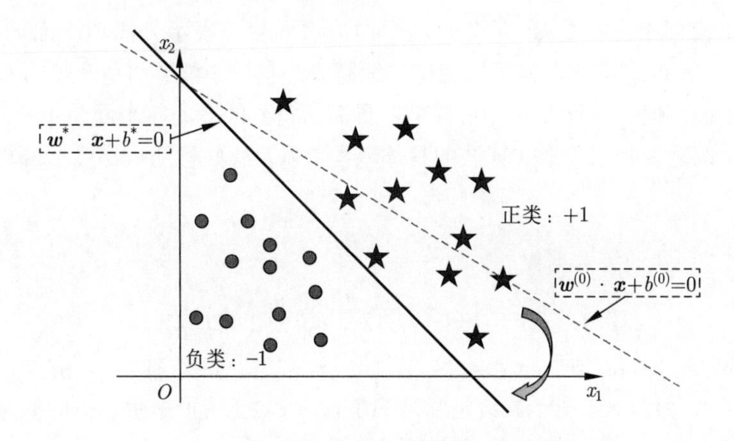

图 8.3 随机梯度下降法

首先选择参数初始值得到分离超平面，图 8.3 中虚线所示。接下来，在训练集中随机选取一个实例点，以 $y_i(\boldsymbol{w}\cdot\boldsymbol{x}_i+b)$ 来判断这个样本被分离超平面正确分类还是错误分类。如果被正确分类，$y_i(\boldsymbol{w}\cdot\boldsymbol{x}_i+b)>0$，则不用理会这个实例点；如果被错误分类，$y_i(\boldsymbol{w}\cdot\boldsymbol{x}_i+b)<0$，则以这个样本点更新参数。最难以判断的就是，如果这个样本点恰好位于分离超平面上，$y_i(\boldsymbol{w}\cdot\boldsymbol{x}_i+b)=0$，通过符号函数会将其划分为正类。但是，无法获悉该样本点到底是被正确分类还是错误分类。因为前提条件是训练集是线性可分的，所以本着“宁肯错杀也不能放过”的原则，我们将这个样本点用以更新

参数。之后重复迭代，就能将所有样本点正确划分，得到图 8.3 中的灰色直线，即感知机的分离超平面。

感知机的原始形式算法流程如下。

感知机的原始形式算法

输入：训练数据集 $T=\{(\boldsymbol{x}_1,y_1),(\boldsymbol{x}_2,y_2),\cdots,(\boldsymbol{x}_N,y_N)\}$ 其中 $\boldsymbol{x}_i\in\mathbb{R}^p$，$y_i\in\{+1,-1\}$，$i=1,2,\cdots,N$。

输出：参数 $\boldsymbol{w}^*$ 和 b^*，以及感知机模型。

(1) 选定参数初始值 $\boldsymbol{w}^{(0)}$ 和 $b^{(0)}$。

(2) 于训练集 T 中随机选取样本点 $(\boldsymbol{x}_i,y_i)$。

(3) 若 $y_i(\boldsymbol{w}\cdot\boldsymbol{x}_i+b)\leqslant 0$，更新参数

$$\boldsymbol{w}\leftarrow\boldsymbol{w}+\eta y_i\boldsymbol{x}_i,\quad b\leftarrow b+\eta y_i$$

(4) 重复步骤 (2) 和 (3)，直到训练集 T 中没有误分类点，停止迭代，输出参数 $\boldsymbol{w}^*$ 和 b^*。

(5) 分离超平面：

$$\boldsymbol{w}^*\cdot\boldsymbol{x}+b^*=0$$

决策函数：

$$f(\boldsymbol{x})=\text{sign}(\boldsymbol{w}^*\cdot\boldsymbol{x}+b^*)$$

感知机模型中，参数 $\boldsymbol{w}$ 是分离超平面的法向量，表示分离超平面的旋转程度，b 是位移量，不停地迭代，就可以使超平面越来越接近于能够将所有样本点正确分类的分离超平面。但是，通过感知机模型，最后所得到的分离超平面是不唯一的[1]。下面通过一个例题说明原始形式算法的具体流程，以及感知机随机梯度下降算法的不唯一性。

例 8.1 已知训练数据集

$$T=\{(\boldsymbol{x}_1,y_1),(\boldsymbol{x}_2,y_2),(\boldsymbol{x}_3,y_3)\}$$

其中，实例 $\boldsymbol{x}_1=(3,3)^{\mathrm{T}}$，$\boldsymbol{x}_2=(4,3)^{\mathrm{T}}$，$\boldsymbol{x}_3=(1,1)^{\mathrm{T}}$，类别标签 $y_1=+1$，$y_2=+1$，$y_3=-1$，如图 8.4 所示。给定学习的步长 $\eta=1$，请根据感知机的原始形式算法求出分离超平面与分类决策函数。

解 明确待学习的问题：

$$\arg\min_{\boldsymbol{w},b\in\Theta}Q(\boldsymbol{w},b)=-\sum_{\boldsymbol{x}_j\in\mathcal{M}}y_j(\boldsymbol{w}\cdot\boldsymbol{x}_j+b)$$

其中，$\boldsymbol{w}=(w_1,w_2)^{\mathrm{T}}$。

(1) 设定初始值：选取初始值 $\boldsymbol{w}^{(0)}=(0,0)^{\mathrm{T}}$，$b^{(0)}=0$。

[1] 第 9 章将介绍支持向量机，可以得到唯一分离超平面。

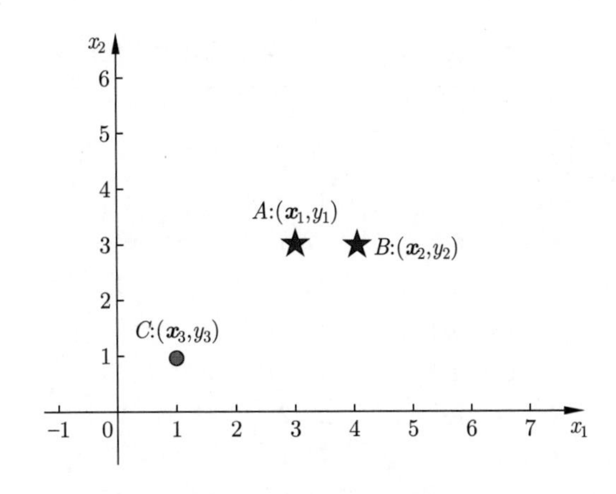

图 8.4 例 8.1 示意图

(2) 选择样本更新参数：

对于 A 点实例 $\boldsymbol{x}_1 = (3,3)^{\mathrm{T}}$，有

$$y_1(\boldsymbol{w}^{(0)} \cdot \boldsymbol{x}_1 + b^{(0)}) = +1 \times \left((0,0)^{\mathrm{T}} \cdot (3,3)^{\mathrm{T}} + 0\right) = 0$$

可用以更新参数

$$\boldsymbol{w}^{(1)} = \boldsymbol{w}^{(0)} + \eta y_1 \boldsymbol{x}_1 = (3,3)^{\mathrm{T}}, \quad b^{(1)} = b^{(0)} + \eta y_1 = 1$$

得到模型

$$\boldsymbol{w}^{(1)} \bullet \boldsymbol{x} + b^{(1)} = 3x_1 + 3x_2 + 1$$

(3) 继续选择样本更新参数：

对于 A 点实例 $\boldsymbol{x}_1 = (3,3)^{\mathrm{T}}$，有

$$y_1(\boldsymbol{w}^{(1)} \bullet \boldsymbol{x}_1 + b^{(1)}) = 19 > 0$$

说明 A 是正确分类点，不能用以更新参数；

对于 B 点实例 $\boldsymbol{x}_2 = (4,3)^{\mathrm{T}}$，有

$$y_2(\boldsymbol{w}^{(1)} \bullet \boldsymbol{x}_2 + b^{(1)}) = 22 > 0$$

说明 B 是正确分类点，不能用以更新参数；

对于 C 点实例 $\boldsymbol{x}_3 = (1,1)^{\mathrm{T}}$，有

$$y_3(\boldsymbol{w}^{(1)} \cdot \boldsymbol{x}_3 + b^{(1)}) = -7 < 0$$

说明 C 是误分类点，可用以更新参数；

更新后参数为

$$\boldsymbol{w}^{(2)} = \boldsymbol{w}^{(1)} + \eta y_3 \boldsymbol{x}_3 = (2,2)^{\mathrm{T}}, \quad b^{(2)} = b^{(1)} + \eta y_3 = 0$$

得到模型

$$\boldsymbol{w}^{(2)} \cdot \boldsymbol{x} + b^{(2)} = 2x_1 + 2x_2$$

(4) 重复迭代，更新参数，直到没有误分类点，迭代过程如表 8.1 所示。

表 8.1　例 8.1 中随机梯度下降法的迭代过程

迭代次数	误分类点	$\boldsymbol{w}$	b	$\boldsymbol{w}\cdot\boldsymbol{x}+b$
0		$(0,0)^{\mathrm{T}}$	0	0
1	$A:(\boldsymbol{x}_1,y_1)$	$(3,3)^{\mathrm{T}}$	1	$3x_1+3x_2+1$
2	$C:(\boldsymbol{x}_3,y_3)$	$(2,2)^{\mathrm{T}}$	0	$2x_1+2x_2$
3	$C:(\boldsymbol{x}_3,y_3)$	$(1,1)^{\mathrm{T}}$	-1	x_1+x_2-1
4	$C:(\boldsymbol{x}_3,y_3)$	$(0,0)^{\mathrm{T}}$	-2	-2
5	$A:(\boldsymbol{x}_1,y_1)$	$(3,3)^{\mathrm{T}}$	-1	$3x_1+3x_2+1$
6	$C:(\boldsymbol{x}_3,y_3)$	$(2,2)^{\mathrm{T}}$	-2	$2x_1+2x_2-2$
7	$C:(\boldsymbol{x}_3,y_3)$	$(1,1)^{\mathrm{T}}$	-3	x_1+x_2-3
8	无	$(1,1)^{\mathrm{T}}$	-3	x_1+x_2-3

(5) 输出最优参数：

$$\boldsymbol{w}^*=\boldsymbol{w}^{(7)}=(1,1)^{\mathrm{T}},\quad b^*=b^{(7)}=-3$$

分离超平面：

$$\boldsymbol{w}^*\cdot\boldsymbol{x}+b^*=x_1+x_2-3$$

决策函数

$$f(\boldsymbol{x})=\mathrm{sign}(x_1+x_2-3)$$

其中，$\boldsymbol{x}=(x_1,x_2)^{\mathrm{T}}$。

如果在迭代过程中，选择的样本点顺序发生变化，如表 8.2 所示，最后输出的则是另一个分离超平面

$$\boldsymbol{w}^*\cdot\boldsymbol{x}+b^*=2x_1+x_2-5$$

表 8.2　例 8.1 中随机梯度下降法的另一迭代过程

迭代次数	误分类点	$\boldsymbol{w}$	b	$\boldsymbol{w}\cdot\boldsymbol{x}+b$
0		$(0,0)^{\mathrm{T}}$	0	0
1	$C:(\boldsymbol{x}_3,y_3)$	$(1,1)^{\mathrm{T}}$	-1	x_1+x_2-1
2	$C:(\boldsymbol{x}_3,y_3)$	$(0,0)^{\mathrm{T}}$	-2	-2
3	$B:(\boldsymbol{x}_2,y_2)$	$(4,3)^{\mathrm{T}}$	-1	$4x_1+3x_2-1$
4	$C:(\boldsymbol{x}_3,y_3)$	$(3,2)^{\mathrm{T}}$	-2	$3x_1+2x_2-2$
5	$C:(\boldsymbol{x}_3,y_3)$	$(2,1)^{\mathrm{T}}$	-3	$2x_1+x_2-3$
6	$C:(\boldsymbol{x}_3,y_3)$	$(1,0)^{\mathrm{T}}$	-4	x_1-4
7	$A:(\boldsymbol{x}_1,y_1)$	$(4,3)^{\mathrm{T}}$	-3	$4x_1+3x_2-3$
8	$C:(\boldsymbol{x}_3,y_3)$	$(3,2)^{\mathrm{T}}$	-4	$3x_1+3x_2-4$
9	$C:(\boldsymbol{x}_3,y_3)$	$(2,1)^{\mathrm{T}}$	-5	$2x_1+x_2-5$

■

从图 8.5 可以看出，感知机具有依赖性，不同的初值选择，或者迭代过程中不同的误分类点选择顺序，可能会得到不同的分离超平面。对于线性不可分的训练集 T，感知机模型不收敛，迭代结果会发生振荡。为得到唯一分离超平面，需增加约束条件，这会在第 9 章详细介绍。

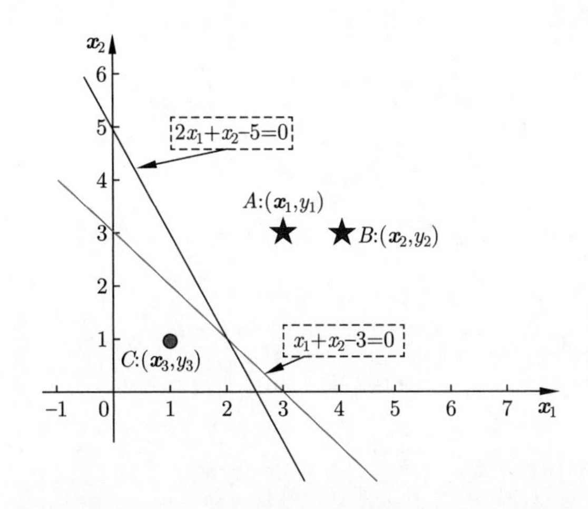

图 8.5　例 8.1 中不同误分类点顺序下的分离超平面

8.3.2　对偶形式算法

对偶形式与原始形式的不同在于，对偶形式是一种间接求解参数的方法。例如在最大熵模型中，原始问题是直接求条件概率模型，对偶问题则转化为先求解拉格朗日乘子，然后通过拉格朗日乘子求得最大熵模型。

在之前原始形式的学习算法中，如果样本 $(\boldsymbol{x}_i, y_i)$ 是误分类点，可以用它更新参数

$$\boldsymbol{w} \leftarrow \boldsymbol{w} + \eta y_i \boldsymbol{x}_i, \quad b \leftarrow b + \eta y_i$$

假如样本 $(\boldsymbol{x}_i, y_i)$ 对参数更新做了 n_i 次贡献，那么每个样本作用到初始参数 $\boldsymbol{w}^{(0)}$, $b^{(0)}$ 上的增量分别为 $n_i\eta y_i\boldsymbol{x}_i$ 和 $n_i\eta y_i$。特别地，如果取初始参数向量 $\boldsymbol{w}^{(0)} = (0,0,\cdots,0)^{\mathrm{T}} \in \mathbb{R}^p$, $b^{(0)} = 0$，令 $\alpha_i = n_i\eta$，则学习到的参数是

$$\boldsymbol{w} = \sum_{i=1}^{N} \alpha_i y_i \boldsymbol{x}_i, \quad b = \sum_{i=1}^{N} \alpha_i y_i$$

例如在表 8.1 中，$(\boldsymbol{x}_1, y_1)$ 作为误分类点出现两次，则 $n_1 = 2$，即第一个样本在迭代中贡献了 2 次；$(\boldsymbol{x}_2, y_2)$ 没有出现，则 $n_2 = 0$，即第二个样本在迭代中没有贡献；$(\boldsymbol{x}_3, y_3)$ 出现了 5 次，则 $n_3 = 5$，即第三个样本在迭代中贡献了 5 次。恰好，$n_1 + n_3 = 7$ 就是实际迭代的次数。综合所有贡献的增量，得到最终参数

$$\boldsymbol{w}^* = \alpha_1 y_1 \boldsymbol{x}_1 + \alpha_3 y_3 \boldsymbol{x}_3 = (1,1)^{\mathrm{T}}, \quad b^* = \alpha_1 y_1 + \alpha_3 y_3 = -3$$

与原始形式算法的结果相同。

感知机对偶形式算法的基本思想是通过样本的线性组合更新参数，其权重由贡献的大小决定。感知机的对偶形式算法流程如下。

感知机的对偶形式算法

输入：训练数据集 $T=\{(\boldsymbol{x}_1,y_1),(\boldsymbol{x}_2,y_2),\cdots,(\boldsymbol{x}_N,y_N)\}$，其中 $\boldsymbol{x}_i\in\mathbb{R}^p$，$y_i\in\{+1,-1\}$，$i=1,2,\cdots,N$。

输出：参数 $\boldsymbol{w}^*$ 和 b^*，以及感知机模型。

(1) 选定参数初始值 $\boldsymbol{w}^{(0)}=(0,0,\cdots,0)^{\mathrm{T}}$ 和 $b^{(0)}=0$。

(2) 于训练集 T 中随机选取样本点 $(\boldsymbol{x}_i,y_i)$。

(3) 若 $y_i\left(\sum\limits_{j=1}^{N}\alpha_j y_j(\boldsymbol{x}_j\cdot\boldsymbol{x}_i)+b\right)\leqslant 0$，更新参数

$$\alpha_i\leftarrow\alpha_i+\eta,\quad b\leftarrow b+\eta y_i$$

(4) 重复步骤 (2) 和 (3)，直到训练集 T 中没有误分类点，停止迭代，输出参数 α_i^*，$i=1,2,\cdots,N$。

(5) 权重参数和偏置参数

$$\boldsymbol{w}^*=\sum_{i=1}^{N}\alpha_i^* y_i\boldsymbol{x}_i,\quad b=\sum_{i=1}^{N}\alpha_i^* y_i$$

分离超平面

$$\boldsymbol{w}^*\cdot\boldsymbol{x}+b^*=0$$

决策函数

$$f(\boldsymbol{x})=\mathrm{sign}(\boldsymbol{w}^*\cdot\boldsymbol{x}+b^*)$$

如果将对偶形式的迭代条件展开，可以发现，有些值是不需要重复计算的，即内积 $\boldsymbol{x}_j\cdot\boldsymbol{x}_i$。对于训练集 T，可以将 $N\times N$ 个内积计算出来储存到 Gram 矩阵中。Gram 矩阵形式为

$$\boldsymbol{G}=[\boldsymbol{x}_i\cdot\boldsymbol{x}_j]_{N\times N}=\begin{pmatrix}\boldsymbol{x}_1\cdot\boldsymbol{x}_1 & \boldsymbol{x}_1\cdot\boldsymbol{x}_2 & \cdots & \boldsymbol{x}_1\cdot\boldsymbol{x}_N\\ \boldsymbol{x}_2\cdot\boldsymbol{x}_1 & \boldsymbol{x}_2\cdot\boldsymbol{x}_2 & \cdots & \boldsymbol{x}_2\cdot\boldsymbol{x}_N\\ \vdots & \vdots & & \vdots\\ \boldsymbol{x}_N\cdot\boldsymbol{x}_1 & \boldsymbol{x}_N\cdot\boldsymbol{x}_2 & \cdots & \boldsymbol{x}_N\cdot\boldsymbol{x}_N\end{pmatrix}$$

如果 $(\boldsymbol{x}_i,y_i)$ 是误分类点，只要读取 Gram 矩阵第 i 行的值即可，极大地节省了计算量。

实际应用时，可以根据训练集的特点选择感知机的原始形式算法或对偶形式算法。如果属性变量个数 p 较大，可选择对偶形式加速；如果样本量 N 较大，没必要每次通过累积求和判断误分类点，可选择原始形式。

与第 2 章的线性回归模型相比，感知机最终得到的也是一条直线，但是感知机与线性回归模型不同。以二维属性空间为例，如果从最终结果来看，感知机的超平面只

要把训练集样本分开即可，可能存在多条，但通过线性回归得到的直线，是从拟合直线的角度出发的，希望平方损失最小，最终只得到一条。从原理来看，感知机用的是误分类点到直线的垂直距离，而线性回归用的是样本沿垂直于横轴方向上的平方损失，如图 8.6 所示。线性回归不需要把样本分开，而是希望离直线越近越好；感知机分类则需要分开两类样本，即使采用平方损失函数，也应该是最大化平方损失。另外，选择平方损失不是分开样本的最佳损失，垂直距离才最能反映分开情况。

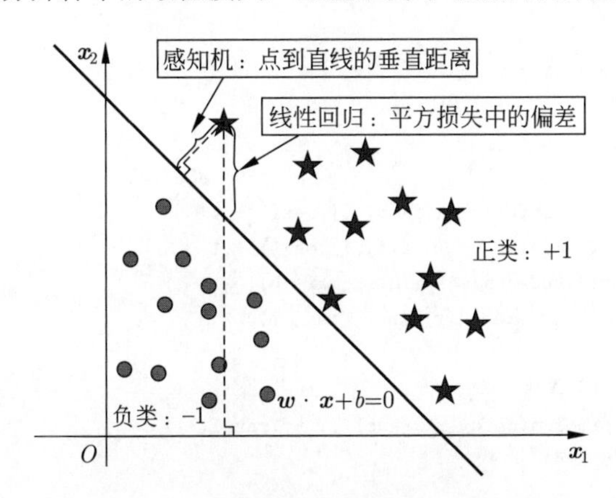

图 8.6　感知机模型与线性回归模型

8.4　案例分析——鸢尾花数据集

在 K 近邻模型的案例分析中，对鸢尾花数据集进行了分析，该数据集包含 150 条样本，共 3 类鸢尾花。从结果图 3.21 可以发现，其中山鸢尾与另外两类鸢尾花是线性可分的。这里以山鸢尾（Setosa）和杂色鸢尾（Versicolour）的样本作为训练集。为便于可视化展示，只提取两个属性特征：花萼的长度和宽度。

```
1   # 导入相关模块
2   import numpy as np
3   import matplotlib.pyplot as plt
4   from sklearn.linear_model import Perceptron
5   from sklearn.datasets import load_iris
6   from matplotlib.colors import ListedColormap
7   from sklearn.model_selection import train_test_split
8   from sklearn.metrics import accuracy_score
9
10  # 读取鸢尾花数据集
11  iris = load_iris()
12
13  # 提取数据集中山鸢尾和杂色鸢尾的样本：前 100 条样本
14  y = iris.target[0:100]
15  # 将类别标记为 +1 和 -1
16  y = np.where(y == 0, -1, +1)
17  # 提取数据集中花萼的长度和宽度两个属性
18  X = iris.data[0:100, :2]
```

```
19
20  # 自定义图片颜料池
21  cmap_light = ListedColormap(["#FFAAAA", "#AAFFAA" ])
22  cmap_bold = ListedColormap(["#FF0000", "#00FF00" ])
23
24  # 创建感知机模型
25  Percep_model = Perceptron(eta0=0.2, max_iter=100)
26  Percep_model.fit(X, y)
27  Perceptron()
28  Percep_model.score(X, y)
29
30  # 绘制网格，生成测试点
31  h = 0.02
32  X_min, X_max = X[:, 0].min() - 1, X[:, 0].max() + 1
33  y_min, y_max = X[:, 1].min() - 1, X[:, 1].max() + 1
34  xx, yy = np.meshgrid(np.arange(X_min, X_max, h),
35                       np.arange(y_min, y_max, h))
36
37  # 用训练所得感知机分类器预测测试点
38  z = Percep_model.predict(np.c_[xx.ravel(), yy.ravel()])
39  z = z.reshape(xx.shape)
40
41  # 绘制预测效果图
42  plt.figure()
43  plt.pcolormesh(xx, yy, z, cmap = cmap_light)
44  plt.scatter(X[:, 0], X[:, 1], c=y, cmap = cmap_bold)
45  plt.xlim(xx.min(), xx.max())
46  plt.ylim(yy.min(), yy.max())
47  plt.title("Perceptron-Classifier␣for␣Iris")
48  plt.show()
```

输出感知机分类器的分类效果，如图 8.7 所示。

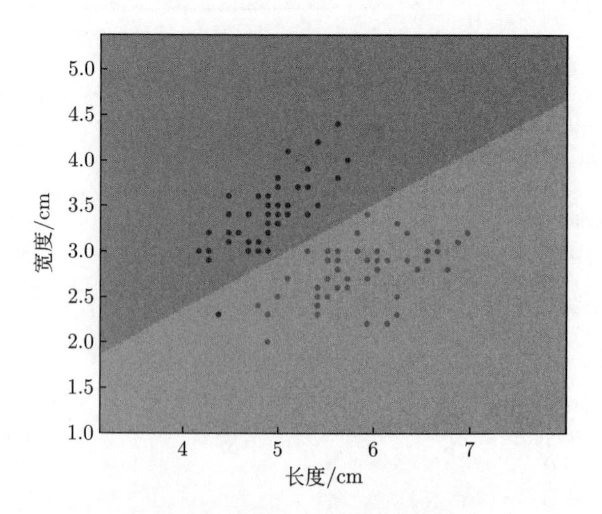

图 8.7　感知机分类器的分类效果

8.5　本章小结

1. 感知机是一种二分类方法，通过线性结构的分离超平面解决分类问题。实例的类别可通过决策函数

$$f(\boldsymbol{x}) = \text{sign}(\boldsymbol{w} \cdot \boldsymbol{x} + b) = \begin{cases} +1, & \boldsymbol{w} \cdot \boldsymbol{x} + b \geqslant 0 \\ -1, & \boldsymbol{w} \cdot \boldsymbol{x} + b < 0 \end{cases}$$

做出判断。

2. 感知机模型的学习问题是

$$\arg \min_{\boldsymbol{w}, b \in \Theta} Q(\boldsymbol{w}, b) = -\sum_{\boldsymbol{x}_j \in \mathcal{M}} y_j(\boldsymbol{w} \cdot \boldsymbol{x}_j + b)$$

3. 感知机模型可通过原始形式和对偶形式的随机梯度下降算法学习。

4. 感知机模型具有依赖性，不同的初值选择，或者迭代过程中不同的误分类点选择顺序，可能会得到不同的分离超平面。对于线性不可分的训练集 T，感知机模型不收敛，迭代结果会发生振荡。为得到唯一分离超平面，需增加约束条件。

8.6　习题

8.1　根据对偶形式的随机梯度下降法求出例 8.1 的分离超平面与分类决策函数。

8.2　证明对于线性可分的数据集，感知机模型具有收敛性。

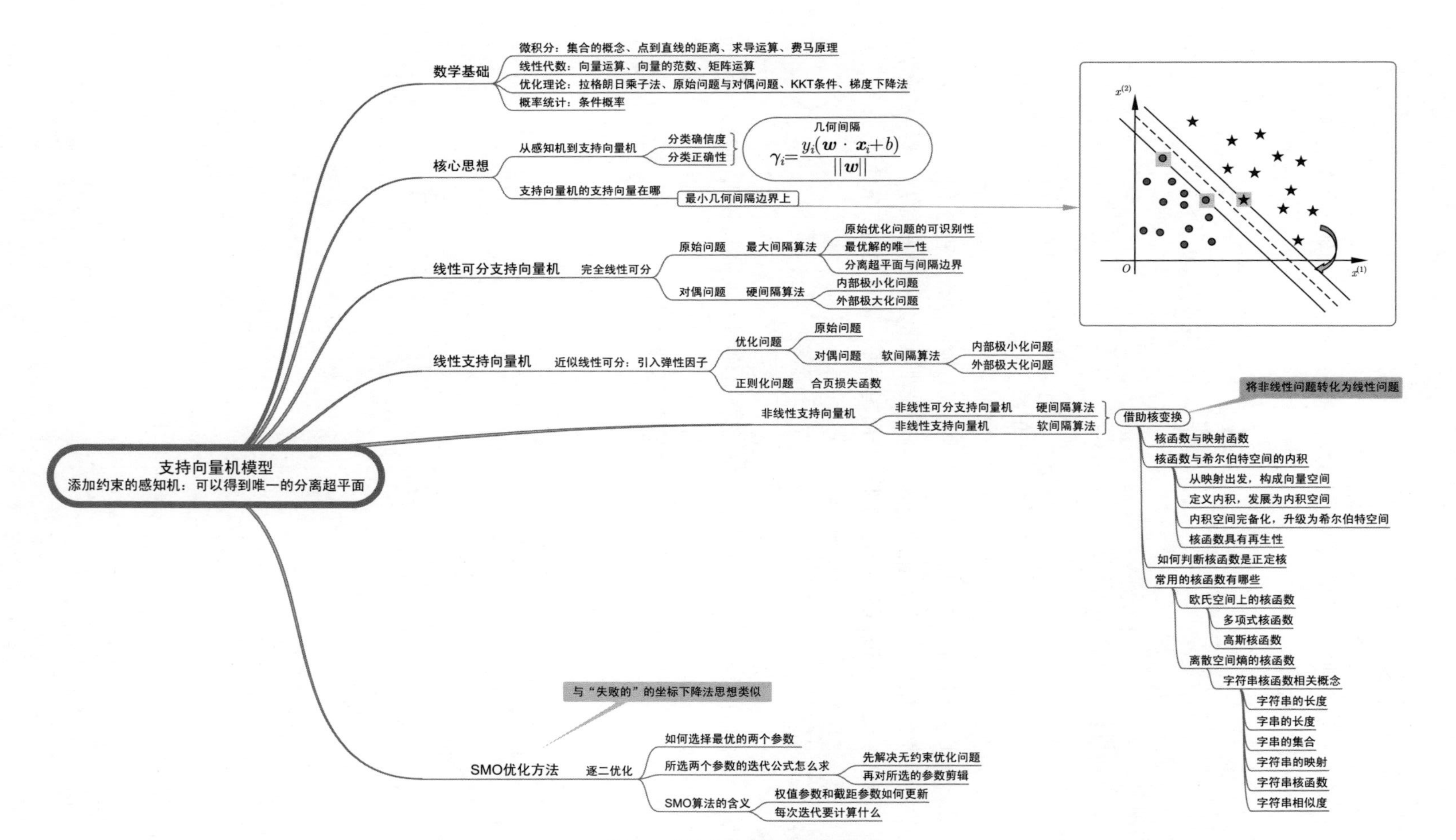

第9章　支持向量机模型思维导图

第9章　支持向量机

这要从 1989 年说起，我那时正在研究神经网络和核方法的性能对比，直到我的丈夫决定使用 Vapnik 的算法，SVM 就诞生了。

——Isabelle Guyon

支持向量机（Support Vector Machine，SVM）是 Cortes 和 Vapnik 于 1995 年在 *Machine Learning* 期刊上提出的分类模型，在自然语言处理、计算机视觉以及生物信息中有着重要的应用。本章从感知机模型出发引入支持向量机。支持向量机有别于感知机模型，通过添加约束条件，可以得到唯一的分离超平面。若训练集完全线性可分，可通过硬间隔算法训练模型，若近似线性可分，可通过更加灵活的软间隔算法训练。由易入难，由简至繁，由已知到未知的思想贯穿本章始终。当训练集非线性可分时，借助核技巧将原始的属性特征空间映射到希尔伯特空间，在希尔伯特空间训练线性支持向量机，于非线性可分问题中游刃有余。

9.1　从感知机到支持向量机

在感知模型中，如果只是想求出一个超平面将两个类别的样本分开，是可以存在无数个分离超平面的，如图 9.1 中的黄色直线 $\mathcal{S}_1$、黑色直线 $\mathcal{S}_2$、紫色直线 $\mathcal{S}_3$ 等。

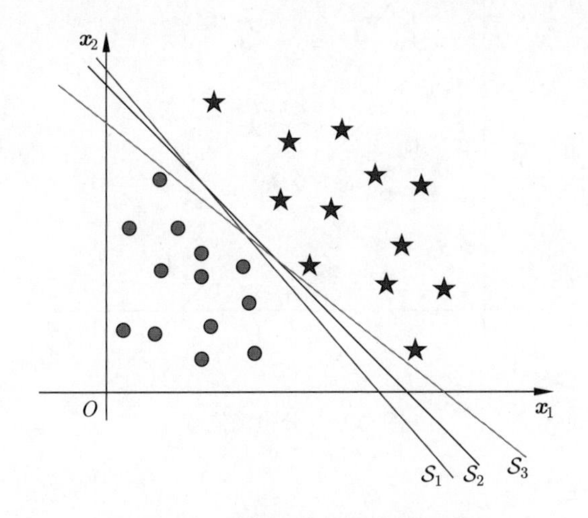

图 9.1　感知机中的分离超平面

怎么才能找到唯一的分离超平面呢？支持向量机就可以实现。这需要两大要素——分类确信度和分类正确性的共同作用。

对于给定的训练集 $T=\{(\boldsymbol{x}_1,y_1),(\boldsymbol{x}_2,y_2),\cdots,(\boldsymbol{x}_N,y_N)\}$，$\boldsymbol{x}_i=(x_{i1},x_{i2},\cdots,x_{ip})^{\mathrm{T}}\in\mathbb{R}^p$，$y_i\in\{+1,-1\}$，$i=1,2,\cdots,N$，分离超平面记作 $\mathcal{S}$

$$\mathcal{S}:\quad \boldsymbol{w}\cdot\boldsymbol{x}+b=0$$

其中，$\boldsymbol{w}=(w_1,w_2,\cdots,w_p)^{\mathrm{T}}\in\mathbb{R}^p$ 为权值向量；b 为截距参数。该分离超平面的决策函数为

$$f(\boldsymbol{x})=\mathrm{sign}(\boldsymbol{w}\cdot\boldsymbol{x}+b)$$

其中，$\mathrm{sign}(\cdot)$ 是符号函数。

1. 分类确信度

在逻辑回归模型中，通过条件概率 $P(Y=1|\boldsymbol{x})$ 的大小可以对实例 $\boldsymbol{x}$ 的类别做出判断，$P(Y=+1|\boldsymbol{x})$ 越大（接近于 1）就越加确定类别标签为“+1”，这是根据概率的大小程度给予判断的底气。当从逻辑回归到感知机时，$P(Y=+1|\boldsymbol{x})$ 越大，意味着实例 $\boldsymbol{x}$ 到分离超平面的距离越远。也就是说，对于某一分离超平面，实例 $\boldsymbol{x}$ 距离分离超平面越远，根据决策函数判断实例类比就越加确定；实例 $\boldsymbol{x}$ 距离分离超平面越近，根据决策函数做出判断的信心就越加不足。因此，这里以实例距离分离超平面的几何距离度量分类确信度。

样本 $(\boldsymbol{x}_i,y_i)$ 的分类确信度指标可以表示为

$$\text{分类确信度：}\ \frac{|\boldsymbol{w}\cdot\boldsymbol{x}_i+b|}{\|\boldsymbol{w}\|}$$

意味着，实例距离分离超平面越远，分类确信度越高。在图 9.2 中，A,B,C 三个样本点相对于超平面 $\mathcal{S}$ 的确信度依次提高。

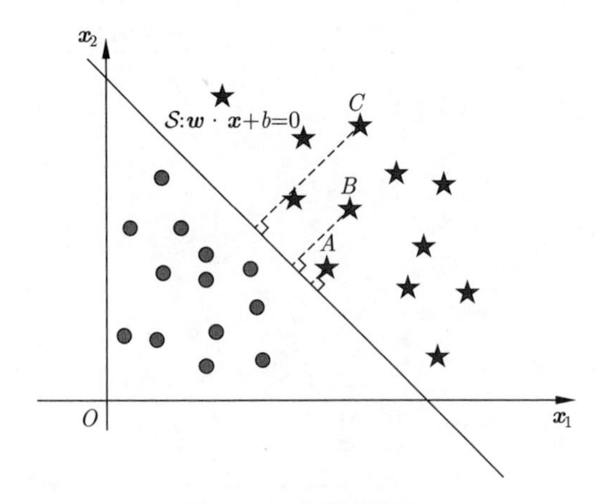

图 9.2　分类确信度

2. 分类正确性

除此之外，还需要判断分类是否正确的，所以需要一个指标用以评价分类正确

性。样本 $(\boldsymbol{x}_i, y_i)$ 的分类正确性可以通过示性函数表示：

$$\text{分类正确性：} I(\hat{y}_i = y_i)$$

其中，$\hat{y}_i = \text{sign}(\boldsymbol{w} \cdot \boldsymbol{x} + b)$。如果分类正确，则 $\boldsymbol{w} \cdot \boldsymbol{x}_i + b$ 与 y_i 同号；否则，异号。

3. 分类确信度和分类正确性的结合物——几何间隔

我们希望用一个指标将两者结合起来，既能确定分类确信度，也能判断分类正确性，这就是几何间隔。

定义 9.1 (几何间隔)　对于给定训练集 $T = \{(\boldsymbol{x}_1, y_1), (\boldsymbol{x}_2, y_2), \cdots, (\boldsymbol{x}_N, y_N)\}$ 和分离超平面

$$\mathcal{S}: \quad \boldsymbol{w} \cdot \boldsymbol{x} + b = 0$$

样本 $(\boldsymbol{x}_i, y_i)$ 的几何间隔定义为

$$\gamma_i = \frac{y_i(\boldsymbol{w} \cdot \boldsymbol{x}_i + b)}{\|\boldsymbol{w}\|}$$

在所有的实例中，如果距离分离超平面最近的实例分类正确，且确信度足够高，就可以放心地应用这个分离超平面对新实例进行分类。换言之，需要在训练集 T 中找到满足几何间隔最小的实例

$$\arg \min_{i=1,\cdots,N} \gamma_i$$

如图 9.3 中灰色方框标记的那些实例。

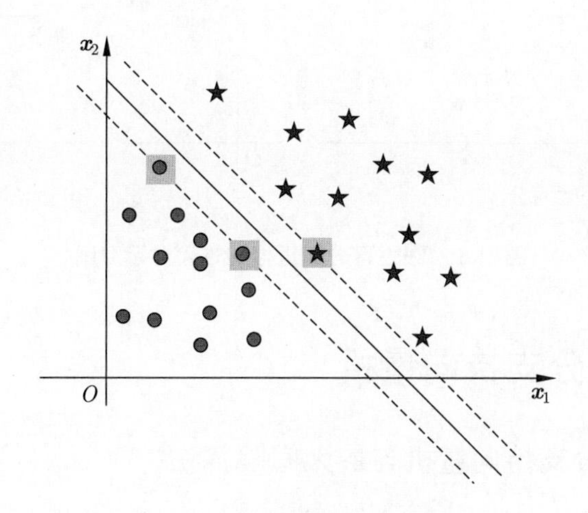

图 9.3　几何间隔最小的实例

4. 支持向量

之前所做的一切，都是假设分离超平面已知的情况下选中的实例点。实际上，我们并不了解分离超平面中权值向量和截距向量的具体取值，为找到一个可以将所有实

例点分离得足够开的超平面，需要最大化刚才找到的最小几何间隔，即

$$\max_{\boldsymbol{w},b} \min_{i=1,\cdots,N} \gamma_i \tag{9.1}$$

可见，分离超平面需要刚才找到的最小几何间隔对应的实例点确定，这些实例点在欧氏空间可用向量的形式表示，因此称为支持向量。正是因为有了它们的支持才可以找到唯一的分离超平面，这就是支持向量机名称的由来。

式 (9.1) 中的优化问题，看起来无比眼熟，恰好就是原始问题，之后我们将应用原始问题与对偶问题的等价性估计参数。

本章首先介绍线性支持向量机。线性支持向量机适用于线性可分和近似线性可分的情况，可分别采用线性支持向量机的硬间隔算法和软间隔算法来处理。

定义 9.2 (线性可分和近似线性可分) 对于给定的数据集，如果存在某个超平面，使得这个数据集的所有实例点可以完全划分到超平面的两侧，也就是正类和负类。我们就称这个数据集是线性可分的，如图 9.4(a) 所示，否则线性不可分。

在线性不可分的情况下，如果将训练数据集中的异常点（outlier）去除后，由剩下的样本点组成的数据集是线性可分的，则称这个数据集近似线性可分，如图 9.4(b) 所示。

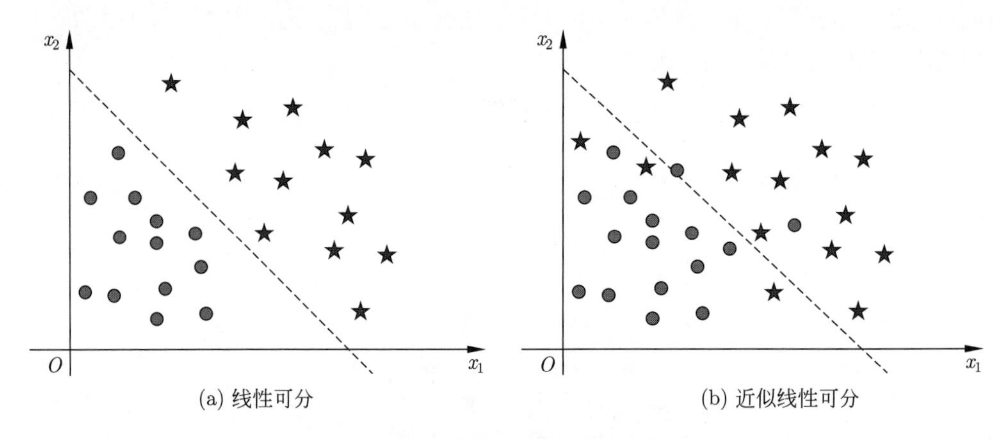

(a) 线性可分　　(b) 近似线性可分

图 9.4　线性可分和近似线性可分示意图

9.2　线性可分支持向量机

9.2.1　线性可分支持向量机与最大间隔算法

假设训练数据集线性可分，我们的目标是通过最小几何间隔最大化

$$\max_{\boldsymbol{w},b} \min_{i=1,\cdots,N} \frac{y_i(\boldsymbol{w}\cdot\boldsymbol{x}_i+b)}{\|\boldsymbol{w}\|}$$

寻求到一个分离超平面，把这些实例点完全划分为正类和负类。记几何间隔的最小值为

$$\gamma = \min_{i=1,\cdots,N} \gamma_i$$

式 (9.1) 中的优化问题可重新写为

$$\max_{\boldsymbol{w},\ b} \quad \gamma \tag{9.2}$$

$$\text{s.t.} \quad y_i\left(\frac{\boldsymbol{w}\cdot\boldsymbol{x}_i}{\|\boldsymbol{w}\|}+\frac{b}{\|\boldsymbol{w}\|}\right)\geqslant\gamma,\quad i=1,2,\cdots,N \tag{9.3}$$

定义 9.3 (函数间隔)　对于给定训练集 $T=\{(\boldsymbol{x}_1,y_1),(\boldsymbol{x}_2,y_2),\cdots,(\boldsymbol{x}_N,y_N)\}$ 和分离超平面

$$\mathcal{S}:\quad \boldsymbol{w}\cdot\boldsymbol{x}+b=0$$

样本 $(\boldsymbol{x}_i,y_i)$ 的函数间隔定义为

$$\widetilde{\gamma}_i=y_i(\boldsymbol{w}\cdot\boldsymbol{x}_i+b)$$

可见，函数间隔与几何间隔的关系是

$$\widetilde{\gamma}=\min_{i=1,\cdots,N}\widetilde{\gamma}_i$$

最小的函数间隔 $\widetilde{\gamma}$ 与最小的几何间隔 γ 之间的关系是

$$\gamma=\frac{\widetilde{\gamma}}{\|\boldsymbol{w}\|}$$

以函数间隔表示式 (9.2) 和式 (9.3) 的优化问题：

$$\max_{\boldsymbol{w},\ b} \quad \frac{\widetilde{\gamma}}{\|\boldsymbol{w}\|} \tag{9.4}$$

$$\text{s.t.} \quad y_i(\boldsymbol{w}\cdot\boldsymbol{x}_i+b)\geqslant\widetilde{\gamma},\quad i=1,2,\cdots,N \tag{9.5}$$

1. 优化问题结果的可识别性

式 (9.4) 和式 (9.5) 的优化问题看起来仍然很复杂，而且有可能出现所得的分离超平面出现多种表达形式，造成模型的不可识别性。

举个例子，若给定训练集 T，实例 $\boldsymbol{x}=(x_1,x_2)^{\mathrm{T}}\in\mathbb{R}^2$，小明计算出的分离超平面是

$$3x_1+4x_2+1=0$$

小红计算出的分离超平面为

$$0.75x_1+x_2+0.25=0$$

实际上，这两个超平面是属性空间的同一条直线。也就是说，同一个超平面可以有无穷多种表达形式，只需要一个数乘变换即可，这就造成了模型的不可识别性。

怎么避免这个问题，让模型只有唯一的表达形式呢？

先考虑引入归一化的思想，比如令 $\|\boldsymbol{w}\|=1$，则小明和小红就会写出表达式完全相同的分离超平面：

$$0.6x^{(1)}+0.8x^{(2)}+1=0$$

虽然保证了模型的可识别性，但优化问题的条件却会增加，为确保模型具有的可识别性可以得到优化问题：

$$\begin{aligned}\max_{\boldsymbol{w},\ b} \quad & \widetilde{\gamma}/\|\boldsymbol{w}\| \\ \text{s.t.} \quad & y_i(\boldsymbol{w}\cdot\boldsymbol{x}_i+b)\geqslant\widetilde{\gamma}, \quad i=1,2,\cdots,N \\ & \|\boldsymbol{w}\|=1, \text{即} \quad w_1^2+w_2^2+\cdots+w_p^2=1\end{aligned}$$

这意味着，需要在 N 维单位超球面上求解优化问题。看似简单，可约束条件 $w_1^2+w_2^2+\cdots+w_p^2=1$ 会使计算过程更为复杂。

既然此路不通，我们换一种思考方式。继续回到式 (9.4) 和式 (9.5) 中的优化问题，既然通过分母 $\|\boldsymbol{w}\|$ 确保可识别性会使问题变得更麻烦，是否可以通过对分子 $\widetilde{\gamma}$ 添加约束以保证模型的可识别性呢？

当然可以！比如，可以令 $\widetilde{\gamma}$ 等于某一常量。不妨取 $\widetilde{\gamma}=1$，也就是距离超平面最近的样本点的几何距离都是 1。如果令最小几何间隔等于其他常量，如 0.5 或 10 也可以，只不过在分离超平面表达式上增加一个常数比例，不影响优化问题的求解。现在，在支持向量机中约定俗成地规定 $\widetilde{\gamma}=1$。以此简化优化问题，得到

$$\begin{aligned}\max_{\boldsymbol{w},\ b} \quad & 1/\|\boldsymbol{w}\| \\ \text{s.t.} \quad & y_i(\boldsymbol{w}\cdot\boldsymbol{x}_i+b)\geqslant 1, \quad i=1,2,\cdots,N\end{aligned}$$

等价于

$$\min_{\boldsymbol{w},\ b} \quad \frac{1}{2}\|\boldsymbol{w}\|^2 \tag{9.6}$$

$$\text{s.t.} \quad y_i(\boldsymbol{w}\cdot\boldsymbol{x}_i+b)\geqslant 1, \quad i=1,2,\cdots,N \tag{9.7}$$

也就是将约束条件 $\widetilde{\gamma}=1$ 隐藏在式 (9.6) 和式 (9.7) 的优化问题中，而不是单独列出来。目标函数写作 $\|\boldsymbol{w}\|^2/2$ 便于算法推导过程进行数学偏导运算。

2. 线性可分支持向量机的最优解是唯一的

如果训练集 T 完全线性可分，通过最小几何间隔最大化问题的求解，存在分离超平面可以将所有样本点完全分开，且解是唯一的。

证明

(1) 存在性的证明

在式 (9.6) 和式 (9.7) 的优化问题中，显然目标函数 $\|\boldsymbol{w}\|^2$ 是凸函数，同时，约束条件 $y_i(\boldsymbol{w}\cdot\boldsymbol{x}_i+b)$ $(i=1,2,\cdots,N)\geqslant 1$ 是仿射函数。根据凸优化原理，优化问题一定存在极小值，而且线性可分的大前提，也表明同样的含义：对于训练集 T，一定存在线性分离超平面

$$\boldsymbol{w}\cdot\boldsymbol{x}+b=0$$

可以将样本分为两类，一类是正类，一类是负类。存在性得证。

(2) 唯一性的证明

首先明确，分离超平面的权值向量是非零的，否则无法起到分离两类样本的作用。接着以反证法证明。

假设存在两个不同的最优解，分别记为 $\boldsymbol{w}_1^*$, b_1^* 和 $\boldsymbol{w}_2^*$, b_2^*，意味着两个权值向量所对应的模都是最小值，记为 a：

$$\|\boldsymbol{w}_1^*\| = \|\boldsymbol{w}_2^*\| = a$$

根据这两组参数可以构造一组新的参数：

$$\boldsymbol{w} = \frac{\boldsymbol{w}_1^* + \boldsymbol{w}_2^*}{2}, \quad b = \frac{b_1^* + b_2^*}{2}$$

新构建的参数肯定满足

$$\left\|\frac{\boldsymbol{w}_1^* + \boldsymbol{w}_2^*}{2}\right\| \geqslant a$$

另一方面，假如将新的权值向量拆开，又发现

$$\left\|\frac{\boldsymbol{w}_1^* + \boldsymbol{w}_2^*}{2}\right\| = \left\|\frac{1}{2}\boldsymbol{w}_1^* + \frac{1}{2}\boldsymbol{w}_2^*\right\| \leqslant \frac{1}{2}\left\|\boldsymbol{w}_1^*\right\| + \frac{1}{2}\left\|\boldsymbol{w}_2^*\right\| = a \tag{9.8}$$

根据数学中的夹逼定理，

$$\left\|\frac{\boldsymbol{w}_1^* + \boldsymbol{w}_2^*}{2}\right\| = a$$

即

$$\|\boldsymbol{w}\| = \frac{1}{2}\|\boldsymbol{w}_1^*\| + \frac{1}{2}\|\boldsymbol{w}_2^*\|$$

由此发现，$\boldsymbol{w}_1^*$ 和 $\boldsymbol{w}_2^*$ 在同一直线上，

$$\boldsymbol{w}_1^* = \pm\boldsymbol{w}_2^*$$

当 $\boldsymbol{w}_1^* = \boldsymbol{w}_2^*$ 时，与最初“存在两个不同的最优解”这一假设相矛盾；当 $\boldsymbol{w}_1^* = -\boldsymbol{w}_2^*$ 时，意味着违背“权值向量是非零的”这一前提。唯一性得证。 ■

3. 分离超平面与间隔边界

假如通过最小几何间隔最大化原理，得到分离超平面

$$\mathcal{S}: \quad \boldsymbol{w} \cdot \boldsymbol{x} + b = 0$$

支持向量是距离分离超平面 $\mathcal{S}$ 最近的样本点，意味着支持向量的函数间隔最小。对于支持向量 $(\boldsymbol{x}_j, y_j)$，满足

$$\widetilde{\gamma} = y_j(\boldsymbol{w} \cdot \boldsymbol{x}_j + b) = 1$$

分情况来看，正类支持向量，$y_j = +1$，$\boldsymbol{x}_j$ 位于超平面

$$\mathrm{H}_1: \quad \boldsymbol{w} \cdot \boldsymbol{x} + b = 1$$

负类支持向量，$y_j = -1$，$\boldsymbol{x}_j$ 位于超平面

$$\mathrm{H}_2: \quad \boldsymbol{w} \cdot \boldsymbol{x} + b = -1$$

称支持向量决定的超平面为间隔边界，如图 9.5 所示。间隔边界 H_1 和 H_2 之间无任何实例，上下间隔边界关于分离超平面 $\mathcal{S}$ 对称，并且与之平行，边界之间的距离为 $2/\|\boldsymbol{w}\|$。

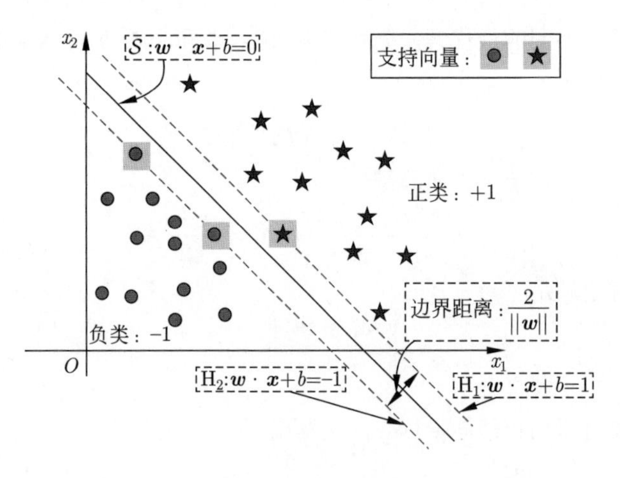

图 9.5　支持向量

4. 最大间隔算法

下面根据最小几何间隔最大化原理，给出线性可分支持向量机的最大间隔算法。

线性可分支持向量机的最大间隔算法

输入：训练数据集 $T=\{(\boldsymbol{x}_1,y_1),(\boldsymbol{x}_2,y_2),\cdots,(\boldsymbol{x}_N,y_N)\}$，其中 $\boldsymbol{x}_i\in\mathbb{R}^p$, $y_i\in\{+1,-1\}$, $i=1,2,\cdots,N$。

输出：最优分离超平面与决策函数。

(1) 构造优化问题

$$\begin{aligned}\min_{\boldsymbol{w},\,b}\quad & \frac{1}{2}\|\boldsymbol{w}\|^2\\ \text{s.t.}\quad & y_i(\boldsymbol{w}\cdot\boldsymbol{x}_i+b)\geqslant 1,\quad i=1,2,\cdots,N\end{aligned}$$

根据优化问题得出最优解 $\boldsymbol{w}^*,b^*$。

(2) 分离超平面：

$$\boldsymbol{w}^*\cdot\boldsymbol{x}+b^*=0$$

决策函数：

$$f(\boldsymbol{x})=\operatorname{sign}(\boldsymbol{w}^*\cdot\boldsymbol{x}+b^*)$$

例 9.1　已知训练数据集

$$T=\{(\boldsymbol{x}_1,y_1),(\boldsymbol{x}_2,y_2),(\boldsymbol{x}_3,y_3)\}$$

其中，实例 $\boldsymbol{x}_1=(3,3)^{\mathrm{T}}$, $\boldsymbol{x}_2=(4,3)^{\mathrm{T}}$, $\boldsymbol{x}_3=(1,1)^{\mathrm{T}}$，类别标签 $y_1=+1$, $y_2=+1$, $y_3=-1$，如图 9.6 所示。请根据支持向量机的最大间隔算法求出分离超平面与分类决策函数。

解　构造优化问题：

$$\begin{aligned}\max_{\boldsymbol{w},\,b}\quad & \frac{1}{2}\|\boldsymbol{w}\|^2=\frac{1}{2}w_1^2+\frac{1}{2}w_2^2\\ \text{s.t.}\quad & y_i(\boldsymbol{w}\cdot\boldsymbol{x}_i+b)\geqslant 1,\quad i=1,2,3\end{aligned}$$

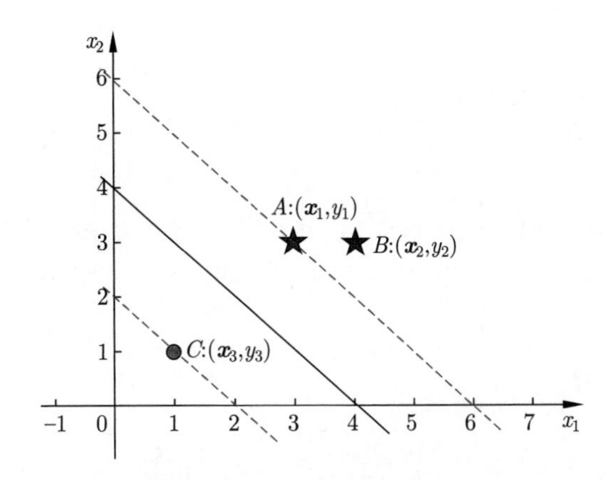

图 9.6　最大间隔算法示例

将 3 个样本点代入约束条件中：

$$
\begin{aligned}
&+1\cdot(3w_1+3w_2+b)\geqslant 1\\
&+1\cdot(4w_1+3w_2+b)\geqslant 1\\
&-1\cdot(w_1+w_2+b)\geqslant 1
\end{aligned}
$$

整理得到优化问题

$$
\max_{\boldsymbol{w},\ b}\quad \frac{1}{2}\|\boldsymbol{w}\|^2=\frac{1}{2}w_1^2+\frac{1}{2}w_2^2 \tag{9.9}
$$

$$
\text{s.t.}\quad 3w_1+3w_2+b\geqslant 1 \tag{9.10}
$$

$$
4w_1+3w_2+b\geqslant 1 \tag{9.11}
$$

$$
w_1+w_2+b\leqslant 0 \tag{9.12}
$$

当约束条件式 (9.10) 和条件式 (9.12) 的边界为同一条直线时，$\boldsymbol{w}$ 的模最小，即

$$
\begin{aligned}
&3w_1+3w_2+b=1\\
&w_1+w_2+b=0
\end{aligned}
$$

容易解出

$$
w_1+w_2=1,\quad b=-2
$$

目标函数简化为

$$
Q(\boldsymbol{w})=\frac{1}{2}\|\boldsymbol{w}\|^2=\frac{1}{2}w_1^2+\frac{1}{2}(1-w_1)^2=w_1^2-w_1+\frac{1}{2}
$$

得到最优解

$$
w_1^*=\frac{1}{2},\quad w_2^*=\frac{1}{2},\quad b^*=-2
$$

分离超平面：

$$
\frac{1}{2}x_1+\frac{1}{2}x_2-2=0
$$

分类决策函数：

$$f(\boldsymbol{x}) = \operatorname{sign}\left(\frac{1}{2}x_1 + \frac{1}{2}x_2 - 2\right)$$

■

在求解过程中，我们发现样本点 A 和 C 对应的约束条件才是求解的关键。从图 9.6 中可以看出 A 和 C 都在间隔边界上，说明这两个点就是决定分离超平面的支持向量。

9.2.2 对偶问题与硬间隔算法

例 9.1 很简单，笔算就可以学习到支持向量机模型，如果训练数据集中的样本量 N 和属性变量 p 较大，在解决优化问题时较为复杂，需要借助对偶问题进行求解。

依照凸优化问题的标准形式，将式 (9.6) 和式 (9.7) 中有约束的优化问题重新表示为

$$\begin{aligned}
\min_{\boldsymbol{w},\ b} \quad & \frac{1}{2}\|\boldsymbol{w}\|^2 \\
\text{s.t.} \quad & 1 - y_i(\boldsymbol{w} \cdot \boldsymbol{x}_i + b) \leqslant 0, \quad i = 1, 2, \cdots, N
\end{aligned}$$

通过拉格朗日乘子法，转化为无约束问题。广义拉格朗日函数为

$$\begin{aligned}
L(\boldsymbol{w}, b, \boldsymbol{\Lambda}) &= \frac{1}{2}\|\boldsymbol{w}\|^2 + \sum_{i=1}^{N} \lambda_i (1 - y_i(\boldsymbol{w} \cdot \boldsymbol{x}_i + b)) \\
&= \frac{1}{2}\|\boldsymbol{w}\|^2 + \sum_{i=1}^{N} \lambda_i - \sum_{i=1}^{N} \lambda_i y_i (\boldsymbol{w} \cdot \boldsymbol{x}_i + b)
\end{aligned}$$

其中，由拉格朗日乘子组成的向量 $\boldsymbol{\Lambda} = (\lambda_1, \lambda_2, \cdots, \lambda_N)^{\mathrm{T}}$，$\lambda_i \geqslant 0$。原始问题可以写成

$$\min_{\boldsymbol{w},b} \max_{\boldsymbol{\Lambda}} L(\boldsymbol{w}, b, \boldsymbol{\Lambda})$$

对应的对偶问题：

$$\max_{\boldsymbol{\Lambda}} \min_{\boldsymbol{w},b} L(\boldsymbol{w}, b, \boldsymbol{\Lambda})$$

9.2.1 节证明的优化问题解的存在性与唯一性，间接地说明了线性可分支持向量机的原始问题与对偶问题是等价的。以对偶问题求解，就相当于将求解权值参数和截距参数的优化问题，转化为求解最优拉格朗日乘子 $\boldsymbol{\Lambda}$ 的凸优化问题。如果拉格朗日乘子的最优解记为 $\boldsymbol{\Lambda}^*$，就可以计算出最优的 $\boldsymbol{w}^*$ 和 b^*，从而确定唯一最优的分离超平面和分类决策函数。

1. 内部极小化问题

先解决内部极小化问题

$$\Psi(\boldsymbol{\Lambda}) = \min_{\boldsymbol{w},b} L(\boldsymbol{w}, b, \boldsymbol{\Lambda})$$

根据费马原理

$$\begin{cases} \dfrac{\partial L}{\partial \boldsymbol{w}} = \dfrac{1}{2} \times 2\boldsymbol{w} - \sum\limits_{i=1}^{N} \lambda_i y_i \boldsymbol{x}_i = 0 \\ \dfrac{\partial L}{\partial b} = -\sum\limits_{i=1}^{N} \lambda_i y_i = 0 \end{cases} \Longrightarrow \begin{cases} \boldsymbol{w} = \sum\limits_{i=1}^{N} \lambda_i y_i \boldsymbol{x}_i \\ \sum\limits_{i=1}^{N} \lambda_i y_i = 0 \end{cases}$$

将内部极小化的最优解代入广义拉格朗日函数，得到

$$\Psi(\boldsymbol{\Lambda}) = -\frac{1}{2} \sum_{i=1}^{N} \sum_{j=1}^{N} \lambda_i \lambda_j y_i y_j (\boldsymbol{x}_i \cdot \boldsymbol{x}_j) + \sum_{i=1}^{N} \lambda_i$$

2. 外部极大化问题

搞定内部的极小化函数，接下来只需解决外部极大化问题：

$$\begin{aligned} \max_{\boldsymbol{\Lambda}} \quad & \Psi(\boldsymbol{\Lambda}) \\ \text{s.t.} \quad & \sum_{i=1}^{N} \lambda_i y_i = 0 \\ & \lambda_i \geqslant 0, \quad i = 1, 2, \cdots, N \end{aligned}$$

假如通过优化算法[①]得出外部极大化问题的解为 $\boldsymbol{\Lambda}^* = (\lambda_1^*, \lambda_2^*, \cdots, \lambda_N^*)$，则可以计算最优权值参数 $\boldsymbol{w}^*$，

$$\boldsymbol{w}^* = \sum_{i=1}^{N} \lambda_i y_i \boldsymbol{x}_i \tag{9.13}$$

对于 b^*，可根据 KKT 条件来实现。

在线性可分支持向量机中，$\|\boldsymbol{w}\|^2$ 是凸函数，不等式约束 $g_i(\boldsymbol{w}, b) = 1 - y_i(\boldsymbol{w} \cdot \boldsymbol{x}_i + b)$ $(i = 1, 2, \cdots, N)$ 是仿射函数，若 $\boldsymbol{w}^*$ 和 b^* 是原始问题的解，$\boldsymbol{\Lambda}^*$ 是对偶问题的解，其充分必要条件是：

$$\left.\frac{\partial L}{\partial \boldsymbol{w}}\right|_{\boldsymbol{w}=\boldsymbol{w}^*} = \boldsymbol{w}^* - \sum_{i=1}^{N} \lambda_i^* y_i \boldsymbol{x}_i = 0 \tag{9.14}$$

$$\left.\frac{\partial L}{\partial b}\right|_{b=b^*} = -\sum_{i=1}^{N} \lambda_i^* y_i = 0 \tag{9.15}$$

$$\lambda_i^* g_i(\boldsymbol{w}^*, b^*) = \lambda_i^*(1 - y_i(\boldsymbol{w}^* \cdot \boldsymbol{x}_i + b^*)) = 0, \quad i = 1, 2, \cdots, N \tag{9.16}$$

$$g_i(\boldsymbol{w}^*, b^*) = 1 - y_i(\boldsymbol{w}^* \cdot \boldsymbol{x}_i + b^*) \leqslant 0, \quad i = 1, 2, \cdots, N \tag{9.17}$$

$$\lambda_i^* \geqslant 0, \quad i = 1, 2, \cdots, N \tag{9.18}$$

若 $\boldsymbol{\Lambda}^*$ 是零向量，式 (9.16) 肯定成立，但将其代入式 (9.13) 中，将得到“权值向量为零向量”的结论，无法起到分离正类和负类样本的作用。这意味着 $\boldsymbol{\Lambda}^*$ 向量中不

① 本章将介绍 SMO 算法求解最优拉格朗日乘子。

可能所有元素 λ_i^* 同时为零。为保证 KKT 中式 (9.16) 成立，在 λ_i^* 非零时，需考虑 $g_i(\boldsymbol{w}^*, b^*) = 0$。

求解对偶问题，首先得到的是拉格朗日乘子 $\boldsymbol{\Lambda}^*$，无法直接对 $g_i(\boldsymbol{w}^*, b^*)$ 是否为零做出判断，所以转而利用每个 λ_i^* 的信息。如果 $\lambda_i^* > 0$，为满足式 (9.16)，$g_i(\boldsymbol{w}^*, b^*)$ 必为零。

于是，将满足 $\lambda_i^* > 0$ 的样本点挑选出来，记为 $(\boldsymbol{x}_j, y_j)$。这些样本点恰好落在间隔边界上，是支持向量，

$$1 - y_j(\boldsymbol{w}^* \cdot \boldsymbol{x}_j + b) = 0 \tag{9.19}$$

式 (9.19) 左、右两边同乘以 y_j，并且将式 (9.13) 中的 $\boldsymbol{w}^*$ 代入，得到截距参数 b^* 的表达式

$$b^* = y_j - \sum_{i=1}^{N} \lambda_i^* y_i (\boldsymbol{x}_i \cdot \boldsymbol{x}_j)$$

通过对偶问题，最终实现用 $\boldsymbol{\Lambda}^*$ 表达 $\boldsymbol{w}^*$ 和 b^*，从而得到最优分离超平面

$$\boldsymbol{w}^* \cdot \boldsymbol{x} + b^* = 0$$

对应的决策函数为

$$f(\boldsymbol{x}) = \text{sign}(\boldsymbol{w}^* \cdot \boldsymbol{x} + b^*)$$

以对偶问题求解线性支持向量机的算法称为硬间隔算法，具体流程如下。

线性可分支持向量机的硬间隔算法

输入：训练数据集 $T = \{(\boldsymbol{x}_1, y_1), (\boldsymbol{x}_2, y_2), \cdots, (\boldsymbol{x}_N, y_N)\}$，其中 $\boldsymbol{x}_i \in \mathbb{R}^p$，$y_i \in \{+1, -1\}$，$i = 1, 2, \cdots, N$。

输出：最优分离超平面与决策函数。

(1) 构造优化问题

$$\begin{aligned}
\min_{\boldsymbol{\Lambda}} \quad & -\varPsi(\boldsymbol{\Lambda}) = \frac{1}{2} \sum_{i=1}^{N} \sum_{j=1}^{N} \lambda_i \lambda_j y_i y_j (\boldsymbol{x}_i \cdot \boldsymbol{x}_j) - \sum_{i=1}^{N} \lambda_i \\
\text{s.t.} \quad & \sum_{i=1}^{N} \lambda_i y_i = 0 \\
& \lambda_i \geqslant 0, \quad i = 1, 2, \cdots, N
\end{aligned}$$

根据优化问题得出最优解 $\boldsymbol{\Lambda}^*$。

(2) 根据 $\boldsymbol{\Lambda}^*$，计算最优权值参数 $\boldsymbol{w}^*$：

$$\boldsymbol{w}^* = \sum_{i=1}^{N} \lambda_i^* y_i \boldsymbol{x}_i$$

从 $\boldsymbol{\Lambda}^*$ 中选出非零元素 $\lambda_j^* > 0$，得到支持向量 $\boldsymbol{x}_j$，计算 b^*：

$$b^* = y_j - \sum_{i=1}^{N} \lambda_i^* y_i (\boldsymbol{x}_i \cdot \boldsymbol{x}_j)$$

(3) 分离超平面：

$$\boldsymbol{w}^* \cdot \boldsymbol{x} + b^* = 0$$

分类决策函数：

$$f(\boldsymbol{x}) = \operatorname{sign}(\boldsymbol{w}^* \cdot \boldsymbol{x} + b^*)$$

例 9.2　请根据硬间隔算法求出例 9.2 中数据集的分离超平面与分类决策函数。

解　构造优化问题：

$$\begin{aligned} \min_{\boldsymbol{\Lambda}} \quad & -\Psi(\boldsymbol{\Lambda}) = \frac{1}{2} \sum_{i=1}^{3} \sum_{j=1}^{3} \lambda_i \lambda_j y_i y_j (\boldsymbol{x}_i \cdot \boldsymbol{x}_j) - \sum_{i=1}^{3} \lambda_i \\ \text{s.t.} \quad & \sum_{i=1}^{3} \lambda_i y_i = 0 \\ & \lambda_i \geqslant 0, \quad i = 1, 2, 3 \end{aligned}$$

将 3 个样本点代入优化问题中，得到

$$\begin{aligned} \max_{\boldsymbol{\Lambda}} \quad & -\Psi(\boldsymbol{\Lambda}) = \frac{1}{2}(18\lambda_1^2 + 25\lambda_2^2 + 2\lambda_3^2 + 42\lambda_1\lambda_2 - 14\lambda_2\lambda_3 - 12\lambda_1\lambda_3) \\ & \quad - (\lambda_1 + \lambda_2 + \lambda_3) \end{aligned} \tag{9.20}$$

$$\text{s.t.} \quad \lambda_1 + \lambda_2 - \lambda_3 = 0 \tag{9.21}$$

$$\lambda_i \geqslant 0, \quad i = 1, 2, 3 \tag{9.22}$$

利用约束条件 (9.21)，约掉目标函数中的 λ_3，得到

$$Q(\lambda_1, \lambda_2) = 4\lambda_1^2 + \frac{13}{2}\lambda_2^2 + 10\lambda_1\lambda_2 - 2\lambda_1 - 2\lambda_2$$

应用费马原理，

$$\begin{cases} \dfrac{\partial Q}{\partial \lambda_1} = 8\lambda_1 + 10\lambda_2 - 2 = 0 \\ \dfrac{\partial Q}{\partial \lambda_2} = 13\lambda_2 + 10\lambda_1 - 2 = 0 \end{cases} \Longrightarrow \begin{cases} \lambda_1 = \dfrac{3}{2} \\ \lambda_2 = -1 \end{cases}$$

很明显，$\lambda_2 = -1 < 0$ 不符合约束条件式 (9.22)，应取区域边界。意味着，最优解在 $\lambda_1 = 0$ 或 $\lambda_2 = 0$ 上。

当 $\lambda_1 = 0$ 时，

$$\arg\min_{\lambda_2} \quad Q(0, \lambda_2) = \frac{13}{2}\lambda_2^2 - 2\lambda_2 \implies \lambda_2 = \frac{2}{13}, \ Q\left(0, \frac{2}{13}\right) = -\frac{2}{13}$$

当 $\lambda_2=0$ 时，

$$\arg\min_{\lambda_1} \quad Q(\lambda_1,0)=4\lambda_1^2-2\lambda_2 \quad \Longrightarrow \quad \lambda_1=\frac{1}{4},\ \ Q\left(\frac{1}{4},0\right)=-\frac{1}{4}$$

通过比较发现，当 $\lambda_2=0$ 时，$Q(\lambda_1,\lambda_2)$ 更小，因此最优拉格朗日乘子

$$\lambda_1^*=\frac{1}{4},\quad \lambda_2^*=0,\quad \lambda_3^*=\frac{1}{4}$$

计算权值向量：

$$\boldsymbol{w}^*=\sum_{i=1}^{3}\lambda_i^* y_i \boldsymbol{x}_i=\frac{1}{4}(3,3)^{\mathrm{T}}-\frac{1}{4}(1,1)^{\mathrm{T}}=\left(\frac{1}{2},\frac{1}{2}\right)^{\mathrm{T}}$$

λ_1^*, $\lambda_3^*>0$，意味着 A 和 C 点落在间隔边界上。不妨任意取一个支持向量，如 $\boldsymbol{x}_1$，计算截距参数：

$$b^*=y_j-\sum_{i=1}^{3}\boldsymbol{w}^*\cdot\boldsymbol{x}_1=1-\left(\frac{1}{2},\frac{1}{2}\right)^{\mathrm{T}}\cdot(3,3)^{\mathrm{T}}=-2$$

分离超平面：

$$\frac{1}{2}x_1+\frac{1}{2}x_2-2=0$$

分类决策函数：

$$f(\boldsymbol{x})=\mathrm{sign}\left(\frac{1}{2}x_1+\frac{1}{2}x_2-2\right)$$

与例 9.1 所得结果相同。 ■

9.3 线性支持向量机

我能坚持我的不完美，它是我生命的本质。

——[法] 法朗士

假定训练集 $T=\{(\boldsymbol{x}_1,y_1),(\boldsymbol{x}_2,y_2),\cdots,(\boldsymbol{x}_N,y_N)\}$ 近似线性可分，记分离超平面

$$\mathcal{S}:\quad \boldsymbol{w}\cdot\boldsymbol{x}+b=0$$

类似于线性可分支持向量机，在近似线性可分的问题中，我们也希望找到一个线性超平面尽可能地将样本点分为正类和负类。既然是“近似”线性可分，总会有些不完美的地方，可能在间隔边界内或对方“阵营”里出现几个特殊的样本点，这些特殊样本无法满足函数间隔大于或等于 1 的约束条件。为此，我们对每个样本 $(\boldsymbol{x}_i,y_i)$ 引入参数 $\xi_i\geqslant 0$，将线性可分支持向量机中的约束条件 $y_i(\boldsymbol{w}\cdot\boldsymbol{x}_i+b)\geqslant 1$ 调整为

$$y_i(\boldsymbol{w}\cdot\boldsymbol{x}_i+b)+\xi_i\geqslant 1 \tag{9.23}$$

使得模型更加灵活多变，因此 ξ_i 被称作弹性因子（或松弛变量），修正后的间隔

$$y_i(\boldsymbol{w}\cdot\boldsymbol{x}_i+b)+\xi_i$$

被称作软间隔如图 9.7 所示。

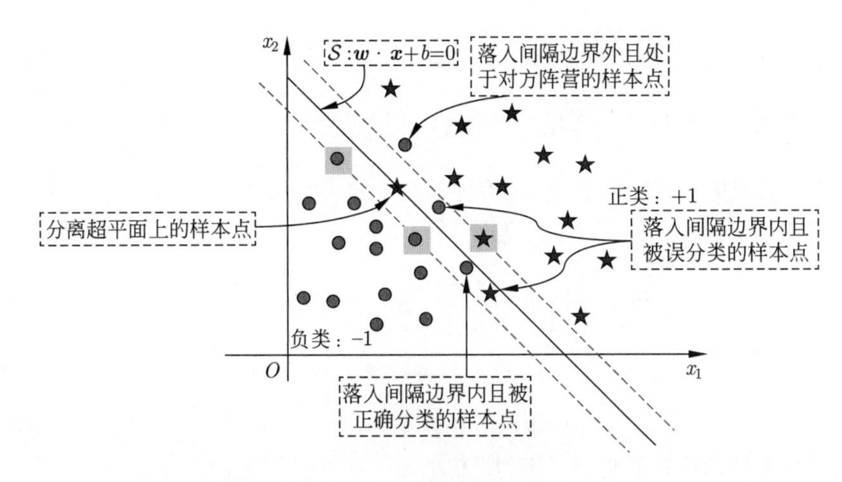

图 9.7　软间隔支持向量机

下面分 4 种情况进行讨论。

(1) 落入间隔边界内且被正确分类的样本点：

对于中间地带的样本，如图 9.7 中间隔边界内被正确分类的绿色圆圈，函数间隔满足 $0 < y_i(\boldsymbol{w}\cdot\boldsymbol{x}_i + b) < 1$。对每个间隔内的样本点添加 $0 < \xi_i < 1$ 使其满足软间隔条件式 (9.23)。

(2) 分离超平面上的样本点：

当样本点落在分离超平面上时，如图 9.7 中超平面上的红色五角星，函数间隔 $y_i(\boldsymbol{w}\cdot\boldsymbol{x}_i + b) = 0$。只要 $\xi_i = 1$ 即能满足软间隔条件式 (9.23)。

(3) 落入间隔边界内且被误分类的样本点：

图 9.7 中，有一个红色五角星和一个绿色圆圈仍然处于间隔边界内，但却被误分类到对方的阵营，此时函数间隔满足 $-1 < y_i(\boldsymbol{w}_i\cdot\boldsymbol{x}_i + b) < 0$。需要 $1 < \xi_i < 2$ 使其满足软间隔条件式 (9.23)。

(4) 落入间隔边界外且处于对方阵营的样本点：

逃离间隔区域，落入另一侧的样本点，显然也是属于误分类点的，函数间隔一定满足 $y_i(\boldsymbol{w}\cdot\boldsymbol{x}_i + b) \leqslant -1$。弹性因子需 $\xi_i \geqslant 2$ 使其满足软间隔条件式 (9.23)。

可见，确定样本点位置的重任落在参数 $\xi_i \geqslant 0$ 上，如果正确分类，$\xi_i = 0$；如果落入间隔边界内或误分类，则 $\xi_i > 0$。

9.3.1　线性支持向量机的学习问题

在分类时，目的是训练出的分离超平面误分类样本越少越好，意味着 $\sum\limits_{i=1}^{N}\xi_i$ 越小越好。这相当于在线性可分的目标下增添了一个新目标，将两个目标合并在一起，得到线性支持向量机的目标函数

$$\frac{1}{2}\|\boldsymbol{w}\|^2 + C\sum_{i=1}^{N}\xi_i$$

其中，C 被称作惩罚参数（Tuning Parameter），决定了原始目标 $\|\boldsymbol{w}\|^2/2$ 和新目标 $\sum\limits_{i=1}^{N}\xi_i$ 之间的影响权重。C 越大代表对误分类点越重视，即对误分类的惩罚力度更大；C 越小代表更重视间隔距离。所有弹性因子构成的向量记为 $\boldsymbol{\xi} = (\xi_1, \xi_2, \cdots, \xi_N)^{\mathrm{T}}$，线性支持向量机的优化问题可表述为

$$\min_{\boldsymbol{w},\ b,\ \boldsymbol{\xi}} \quad \frac{1}{2}\|\boldsymbol{w}\|^2 + C\sum_{i=1}^{N}\xi_i \tag{9.24}$$

$$\text{s.t.} \quad y_i(\boldsymbol{w}\cdot\boldsymbol{x}_i + b) + \xi_i \geqslant 1, \quad i = 1, 2, \cdots, N \tag{9.25}$$

$$\xi_i \geqslant 0, \quad i = 1, 2, \cdots, N \tag{9.26}$$

按线性可分支持向量机的思路，找到最优的 $\boldsymbol{w}^*$ 和 b^*，继而能求得最终的分离超平面和决策函数，具体的学习算法如下。

线性支持向量机的学习算法

输入：训练数据集 $T = \{(\boldsymbol{x}_1, y_1), (\boldsymbol{x}_2, y_2), \cdots, (\boldsymbol{x}_N, y_N)\}$，其中 $\boldsymbol{x}_i \in \mathbb{R}^p$，$y_i \in \{+1, -1\}$，$i = 1, 2, \cdots, N$。

输出：分离超平面与决策函数。

(1) 构造优化问题

$$\begin{aligned} \min_{\boldsymbol{w},b,\boldsymbol{\xi}} \quad & \frac{1}{2}\|\boldsymbol{w}\|^2 + C\sum_{i=1}^{N}\xi_i \\ \text{s.t.} \quad & y_i(\boldsymbol{w}\cdot\boldsymbol{x}_i + b) + \xi_i \geqslant 1, \quad i = 1, 2, \cdots, N \\ & \xi_i \geqslant 0, \quad i = 1, 2, \cdots, N \end{aligned}$$

根据优化问题得出最优解 $\boldsymbol{w}^*, b^*, \boldsymbol{\xi}^*$。

(2) 分离超平面：

$$\boldsymbol{w}^*\cdot\boldsymbol{x} + b^* = 0$$

分类决策函数：

$$f(\boldsymbol{x}) = \mathrm{sign}(\boldsymbol{w}^*\cdot\boldsymbol{x} + b^*)$$

9.3.2 对偶问题与软间隔算法

借助拉格朗日乘子，化含约束的优化问题为无约束的优化问题，广义拉格朗日函数为

$$L(\boldsymbol{w}, b, \boldsymbol{\xi}, \boldsymbol{\Lambda}, \boldsymbol{\nu}) = \frac{1}{2}\|\boldsymbol{w}\|^2 + C\sum_{i=1}^{N}\xi_i + \sum_{i=1}^{N}\alpha_i(1 - y_i(\boldsymbol{w}\cdot\boldsymbol{x}_i + b) - \xi_i) - \sum_{i=1}^{N}\nu_i\xi_i$$

式中，$\boldsymbol{\Lambda} = (\lambda_1, \lambda_2, \cdots, \lambda_N)^{\mathrm{T}}$ $(\lambda_i \geqslant 0)$ 和 $\boldsymbol{\nu} = (\nu_1, \nu_2, \cdots, \nu_N)^{\mathrm{T}}$ $(\nu_i \geqslant 0)$ 分别为约束条件式 (9.25) 和约束条件式 (9.26) 对应的拉格朗日乘子向量。

式 (9.24)~式 (9.26) 中的原始优化问题等价于

$$\min_{\boldsymbol{w},b,\boldsymbol{\xi}}\max_{\boldsymbol{\Lambda},\boldsymbol{\nu}} L(\boldsymbol{w},b,\boldsymbol{\xi},\boldsymbol{\Lambda},\boldsymbol{\nu})$$

颠倒极小、极大的顺序，就得到对偶问题

$$\max_{\boldsymbol{\Lambda},\boldsymbol{\nu}}\min_{\boldsymbol{w},b,\boldsymbol{\xi}} L(\boldsymbol{w},b,\boldsymbol{\xi},\boldsymbol{\Lambda},\boldsymbol{\nu})$$

通过对偶问题得到最优的拉格朗日乘子 $\boldsymbol{\Lambda}^*$ 和 $\boldsymbol{\nu}^*$，然后用拉格朗日乘子计算最优的权值参数 $\boldsymbol{w}^*$ 和截距参数 b^*。

1. 内部极小化问题

现在，让我们把注意力集中在对偶问题的内部极小化问题上

$$\min_{\boldsymbol{w},b,\boldsymbol{\xi}} L(\boldsymbol{w},b,\boldsymbol{\xi},\boldsymbol{\Lambda},\boldsymbol{\nu})$$

根据费马原理，凸优化问题的最优解在极值点

$$\begin{cases}\dfrac{\partial L}{\partial \boldsymbol{w}} = \boldsymbol{w} - \displaystyle\sum_{i=1}^{N}\lambda_i y_i \boldsymbol{x}_i = 0\\ \dfrac{\partial L}{\partial b} = -\displaystyle\sum_{i=1}^{N}\lambda_i y_i = 0\\ \dfrac{\partial L}{\partial \xi_i} = C - \lambda_i - \nu_i = 0,\ i=1,2,\cdots,N\end{cases} \Longrightarrow \begin{cases}\boldsymbol{w} = \displaystyle\sum_{i=1}^{N}\lambda_i y_i \boldsymbol{x}_i\\ \displaystyle\sum_{i=1}^{N}\lambda_i y_i = 0\\ C - \lambda_i - \nu_i = 0,\ i=1,2,\cdots,N\end{cases}$$

将内部极小化的最优解代入广义拉格朗日函数，得到

$$\Psi(\boldsymbol{\Lambda},\boldsymbol{\nu}) = \sum_{i=1}^{N}\lambda_i - \frac{1}{2}\sum_{i=1}^{N}\sum_{j=1}^{N}\lambda_i\lambda_j y_i y_j(\boldsymbol{x}_i\cdot\boldsymbol{x}_j)$$

2. 外部极大化问题

外部最大化问题

$$\begin{aligned}\max_{\boldsymbol{\Lambda},\boldsymbol{\nu}}\quad & \Psi(\boldsymbol{\Lambda},\boldsymbol{\nu})\\ \text{s.t.}\quad & \sum_{i=1}^{N}\lambda_i y_i = 0,\quad i=1,2,\cdots,N\\ & C-\lambda_i-\nu_i=0,\quad i=1,2,\cdots,N\\ & \lambda_i \geqslant 0,\quad i=1,2,\cdots,N\\ & \nu_i \geqslant 0,\quad i=1,2,\cdots,N\end{aligned}$$

利用关系 $C-\lambda_i-\nu_i=0$ 和 $\nu_i \geqslant 0$，可以简化对偶问题中的约束条件，得到一个只关于 $\boldsymbol{\Lambda}$ 的优化问题：

$$\min_{\boldsymbol{\Lambda}}\quad Q(\boldsymbol{\Lambda}) = \frac{1}{2}\sum_{i=1}^{N}\sum_{j=1}^{N}\lambda_i\lambda_j y_i y_j(\boldsymbol{x}_i\cdot\boldsymbol{x}_j) - \sum_{i=1}^{N}\lambda_i$$

$$\text{s.t.} \quad \sum_{i=1}^{N} \lambda_i y_i = 0, \quad i = 1, 2, \cdots, N$$
$$0 \leqslant \lambda_i \leqslant C, \quad i = 1, 2, \cdots, N$$

对偶问题，将求解权值参数和截距参数的优化问题，转化为求解最优拉格朗日乘子 $\boldsymbol{\Lambda}$ 和 $\boldsymbol{\nu}$ 的凸优化问题。如果最优解记为 $\boldsymbol{\Lambda}^*$ 和 $\boldsymbol{\nu}^*$，可以计算得到最优的权值参数 $\boldsymbol{w}^*$ 和截距参数 b^*，从而确定唯一最优的分离超平面和分类决策函数。

关于最优权值参数 $\boldsymbol{w}^*$，可以用 $\boldsymbol{\Lambda}^*$ 表示

$$\boldsymbol{w}^* = \sum_{i=1}^{N} \lambda_i^* y_i \boldsymbol{x}_i$$

截距参数 b^* 可以通过 KKT 条件求得。若优化问题的解满足 KKT 条件，则

$$\left.\frac{\partial L}{\partial \boldsymbol{w}}\right|_{\boldsymbol{w}=\boldsymbol{w}^*} = \boldsymbol{w}^* - \sum_{i=1}^{N} \lambda_i y_i \boldsymbol{x}_i = 0 \tag{9.27}$$

$$\left.\frac{\partial L}{\partial b}\right|_{b=b^*} = -\sum_{i=1}^{N} \lambda_i y_i = 0 \tag{9.28}$$

$$\left.\frac{\partial L}{\partial \xi_i}\right|_{\xi_i=\xi_i^*} = C - \lambda_i - \nu_i = 0, \quad i = 1, 2, \cdots, N \tag{9.29}$$

$$\lambda_i^*(1 - y_i(\boldsymbol{w}^* \cdot \boldsymbol{x}_i + b^*) - \xi_i^*) = 0, \quad i = 1, 2, \cdots, N \tag{9.30}$$

$$-\nu_i^* \xi_i^* = 0, \quad i = 1, 2, \cdots, N \tag{9.31}$$

$$1 - y_i(\boldsymbol{w}^* \cdot \boldsymbol{x}_i + b^*) - \xi_i^* \leqslant 0, \quad i = 1, 2, \cdots, N \tag{9.32}$$

$$\xi_i^* \geqslant 0, \quad i = 1, 2, \cdots, N \tag{9.33}$$

$$\lambda_i^* \geqslant 0, \quad i = 1, 2, \cdots, N \tag{9.34}$$

$$\nu_i^* \geqslant 0, \quad i = 1, 2, \cdots, N \tag{9.35}$$

若存在权值向量非零的分离超平面，一定有 $\boldsymbol{\Lambda}^* \neq \boldsymbol{0}$，结合条件式 (9.34) 可知，$\boldsymbol{\Lambda}^*$ 中存在大于零的元素 $\lambda_i > 0$，记符合条件的样本下标集合为 $\mathcal{A} = \{i : \lambda_i^* > 0\}$。

如果样本点 $(\boldsymbol{x}_i, y_i)$ 落在间隔边界上且被正确分类，相应的弹性因子 $\xi_i = 0$。结合条件式 (9.31) 可知，$\nu_i > 0$。根据条件式 (9.29) 可以得到 $0 < \lambda_i^* < C$，记符合条件的样本下标集合为 $\mathcal{B} = \{i : 0 < \lambda_i^* < C\}$。

下标 $j \in \mathcal{B}$ 的样本是支持向量，一定满足

$$y_j(\boldsymbol{w}^* \cdot \boldsymbol{x}_j + b^*) = 1$$

解出

$$b^* = y_j - \boldsymbol{w}^* \cdot \boldsymbol{x}_j = y_j - \sum_{i=1}^{N} \lambda_i^* y_i (\boldsymbol{x}_i \cdot \boldsymbol{x}_j)$$

整个过程中，符合线性可分要求的点，正是弹性因子 $\xi_i^* = 0$ 的点，即找到符合 $0 < \lambda_i^* < C$ 对应的样本，就找到了支持向量。总的来说，当训练集近似线性可分

时，我们引入弹性因子对落入间隔边界内或误入对方阵营的特殊点进行标记。根据弹性因子 ξ_i^* 的具体值就可以修正样本对应的类别。

线性支持向量机软间隔算法的具体流程如下。

线性支持向量机的软间隔算法

输入：训练数据集 $T=\{(\boldsymbol{x}_1,y_1),(\boldsymbol{x}_2,y_2),\cdots,(\boldsymbol{x}_N,y_N)\}$，其中 $\boldsymbol{x}_i\in\mathbb{R}^p$，$y_i\in\{+1,-1\}$，$i=1,2,\cdots,N$。

输出：分离超平面与决策函数。

(1) 给定惩罚参数 C，构造优化问题：

$$\begin{aligned}\min_{\boldsymbol{\Lambda}}\quad & \frac{1}{2}\sum_{i=1}^{N}\sum_{j=1}^{N}\lambda_i\lambda_j y_i y_j(\boldsymbol{x}_i\cdot\boldsymbol{x}_j)-\sum_{i=1}^{N}\lambda_i\\ \text{s.t.}\quad & \sum_{i=1}^{N}\lambda_i y_i=0,\quad i=1,2,\cdots,N\\ & 0\leqslant\lambda_i\leqslant C,\quad i=1,2,\cdots,N\end{aligned}$$

根据优化问题得出最优解 $\boldsymbol{\Lambda}^*$。

(2) 根据 $\boldsymbol{\Lambda}^*$ 得到权值参数：

$$\boldsymbol{w}^*=\sum_{i=1}^{N}\lambda_i^* y_i\boldsymbol{x}_i$$

挑出符合 $0<\lambda_i^*<C$ 的样本点 $(\boldsymbol{x}_j,y_j)$，计算截距参数：

$$b^*=y_j-\sum_{i=1}^{N}\lambda_i^* y_i(\boldsymbol{x}_i\cdot\boldsymbol{x}_j)$$

(3) 分离超平面：

$$\boldsymbol{w}^*\cdot\boldsymbol{x}+b^*=0$$

分类决策函数：

$$f(\boldsymbol{x})=\text{sign}(\boldsymbol{w}^*\cdot\boldsymbol{x}+b^*)$$

9.3.3 线性支持向量机之合页损失

之前，我们是通过几何含义理解线性支持向量机的学习问题的，现在从损失的角度出发。定义合页损失

$$L=[Z]_+=\begin{cases}Z, & Z>0\\ 0, & Z\leqslant 0\end{cases}$$

图 9.8 所示的损失函数，如同展开的一本书，故称之为“合页”损失函数。

在渐近线性可分数据集中，可能存在一些间隔边界内或边界外的特殊点 $(\boldsymbol{x}_i,y_i)$，

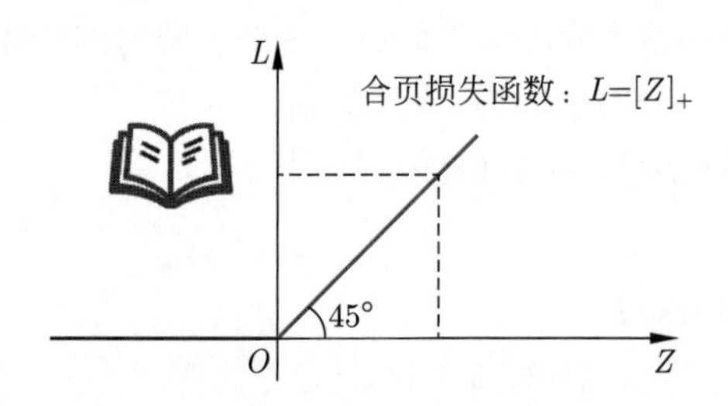

图 9.8　合页损失函数

为描述其具体特征，我们添加弹性因子 ξ_i。但是，对于大多数线性可分的点而言，它们的 $\xi_i^*=0$，意味着 ξ_i 不起作用。也就是说 $\boldsymbol{\xi}$ 向量是稀疏的，大多数元素为零。为此，特采用合页损失函数对其进行压缩。按照 KKT 条件 $\xi_i^*\geqslant 0$，分为 $\xi_i^*=0$ 和 $\xi_i^*>0$ 两种。

(1) $\xi_i^*=0$ 时，样本点都是线性可分的“规矩”点，此时 ξ_i^* 对函数间隔不起作用。

(2) $\xi_i^*>0$ 时，样本点都是线性不可分的“调皮”点，此时 ξ_i^* 的大小隐含着样本点的位置信息。

在线性支持向量机中，对 ξ_i 取合页损失

$$[\xi_i]_+=[1-y_i(\boldsymbol{w}\cdot\boldsymbol{x}_i+b)]_+=\begin{cases}1-y_i(\boldsymbol{w}\cdot\boldsymbol{x}_i+b), & \xi_i>0\\0, & \text{其他}\end{cases}$$

原始问题中的优化问题 (9.24) 可以写成

$$\min_{\boldsymbol{w},b}\quad\frac{1}{2}\|\boldsymbol{w}\|^2+C\sum_{i=1}^N[1-y_i(\boldsymbol{w}\cdot\boldsymbol{x}_i+b)]_+$$

等价于

$$\min_{\boldsymbol{w},b}\quad\frac{1}{2C}\|\boldsymbol{w}\|^2+\sum_{i=1}^N[1-y_i(\boldsymbol{w}\cdot\boldsymbol{x}_i+b)]_+$$

令 $\lambda=1/(2C)$，则优化问题

$$\min_{\boldsymbol{w},b}\quad\sum_{i=1}^N[1-y_i(\boldsymbol{w}\cdot\boldsymbol{x}_i+b)]_++\lambda\|\boldsymbol{w}\|^2$$

是正则化的形式，$\|\boldsymbol{w}\|^2$ 是正则化项。

在感知机模型中，只考虑误分类样本点的函数间隔，用的也是合页损失函数，

$$[-y_i(\boldsymbol{w}\cdot\boldsymbol{x}_i+b)]_+=\begin{cases}-y_i(\boldsymbol{w}\cdot\boldsymbol{x}_i+b), & -y_i(\boldsymbol{w}\cdot\boldsymbol{x}_i+b)>0\\0, & \text{其他}\end{cases}$$

令 $t=y_i(\boldsymbol{w}\cdot\boldsymbol{x}_i+b)$ 表示函数间隔，比较 0-1 损失、感知机损失和软间隔损失，如图 9.9 所示。

0-1 损失

$$L=\begin{cases}1, & t\leqslant 0\\0, & t>0\end{cases}$$

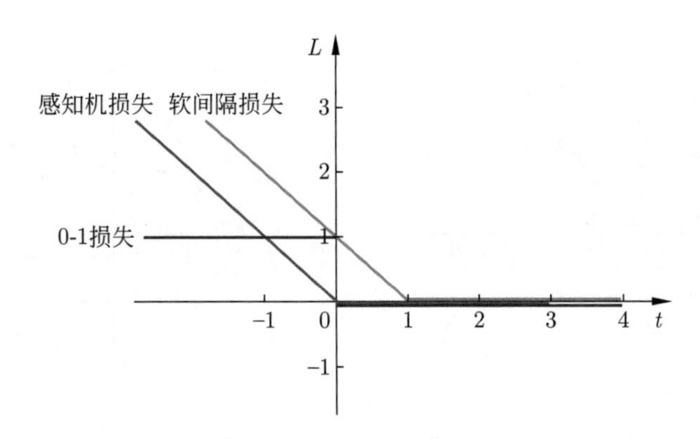

图 9.9　3 种损失函数的比较

意味着，当 $t \leqslant 0$ 时，分类错误，产生损失 $L = 1$；当 $t > 0$ 时，分类正确，无损失 $L = 0$，从图 9.9 可以看出 0-1 损失函数不连续，直接用来作为目标函数不合适。

感知机损失

$$L = \begin{cases} -t, & t \leqslant 0 \\ 0, & t > 0 \end{cases}$$

意味着，当 $t \leqslant 0$ 时，分类错误，产生损失，$L = -t$；当 $t > 0$ 时，分类正确，无损失，$L = 0$。

软间隔损失

$$L = \begin{cases} 1 - t, & t \leqslant 1 \\ 0, & t > 1 \end{cases}$$

意味着，当 $t \leqslant 1$ 时，对应的样本点函数间隔小于 1 或者为负数，属于特殊点，产生损失，$L = 1 - t$；当 $t > 0$ 时，分类正确，无损失，$L = 0$。

图 9.9 中软间隔损失是感知机损失的上界，对样本点要求更高，不只是分类正确性，还要求分类确信度高。这也就是用以找到唯一最优超平面和决策函数的原因。

9.4　非线性支持向量机

在线性不可分的情形下，采用一刀切可能无法实现分类。此时我们采取降维打击的思想，根据核函数，将原来的低维空间投射到高维空间中，使得经过变换后的样本点实现线性可分。

对于给定的数据集，如果存在某个超曲面，使得这个数据集的所有实例点可以通过非线性的超曲面完全划分到曲面两侧，也就是正类和负类。我们就称这个数据集是非线性可分的。图 9.10 所示就是非线性可分的示例。在非线性不可分的情况下，如果将训练数据集中的异常点（outlier）去除后，由剩下的样本点组成的数据集是非线性可分的，则称这个数据集近似非线性可分。

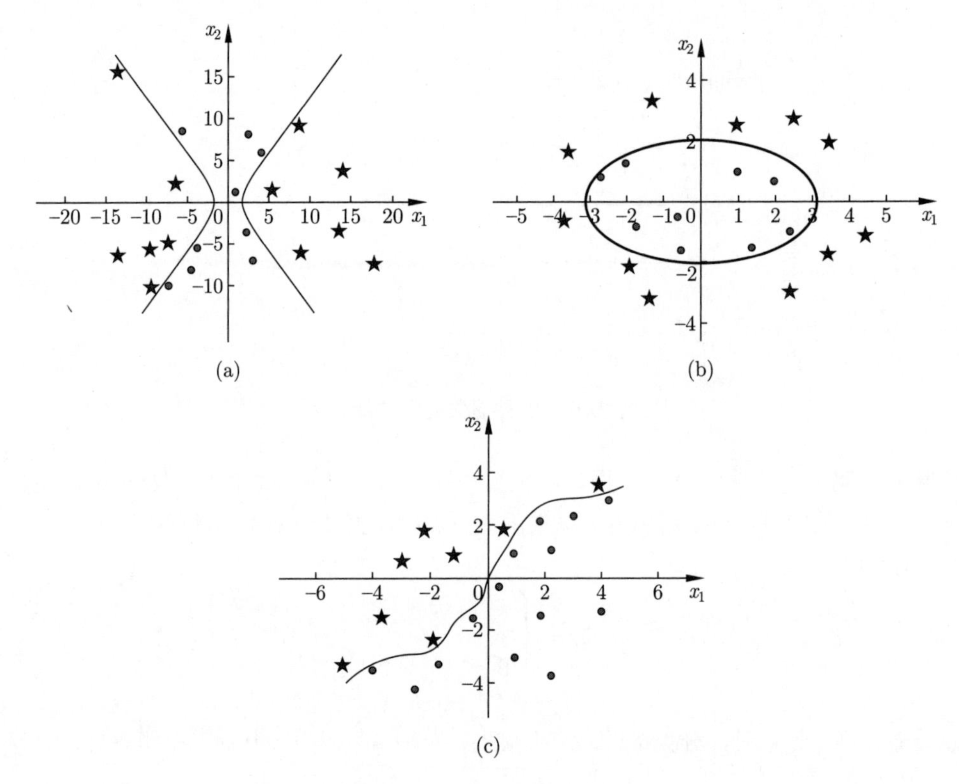

图 9.10 非线性可分示例

非线性可分支持向量机解决的是非线性可分的问题，非线性支持向量机解决的是近似非线性可分的问题。近似非线性可分较之非线性可分无非是引入了弹性因子得到软间隔算法。假如存在非线性可分数据集，设想我们会使用某种神奇的“魔法”，不只是停留在平面上，而是可以飘浮到空中，使得外围的这些样本点飘浮得更高，内侧的样本点则飘浮得略低，如此一来，在中间放置一个硬纸板（即超平面），就可以将外围与内侧的样本点分离开。这样，就将非线性支持向量机问题转化为线性支持向量机问题。此处采用的神奇的飘浮“魔法”，就是核变换。

9.4.1 核变换的根本——核函数

1. 核函数与映射函数

举个简单例子。图 9.11(a) 是一个非线性可分的问题。假如得到分离超曲面，表达式为

$$\frac{x_1^2}{a_1^2}+\frac{x_2^2}{a_2^2}=1$$

通过变量变换，令 $z_1=x_1^2, z_2=x_2^2$，则超曲面映射到新空间上变为超平面

$$w_1z_1+w_2z_2+b=0$$

其中，$w_1 = \dfrac{1}{a_1^2}, w_2 = \dfrac{1}{a_2^2}, b = -1$。如图 9.11(b) 所示。这样，就通过映射将非线性支持向量机问题转化为线性支持向量机问题了。

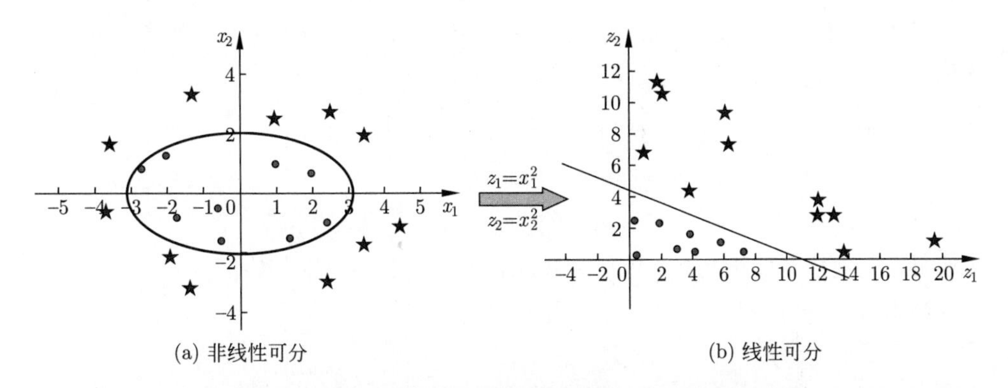

图 9.11　通过变换将非线性可分问题转化为线性可分问题

映射前后，实例 $\boldsymbol{x}_i$ 的分类标签 y_i 仍然维持原貌，输入变量则要映射到可以实现线性分割的新空间上。若空间转换的映射记为 $\phi(\cdot)$，仿照线性支持向量机中的目标函数最小化：

$$\min_{\boldsymbol{\Lambda}} \quad \frac{1}{2}\sum_{i=1}^{N}\sum_{j=1}^{N}\lambda_i\lambda_j y_i y_j(\boldsymbol{x}_i \cdot \boldsymbol{x}_j) - \sum_{i=1}^{N}\lambda_i$$

在新空间上的目标函数最小化就可以写作

$$\min_{\boldsymbol{\Lambda}} \quad \frac{1}{2}\sum_{i=1}^{N}\sum_{j=1}^{N}\lambda_i\lambda_j y_i y_j\left(\phi(\boldsymbol{x}_i) \cdot \phi(\boldsymbol{x}_j)\right) - \sum_{i=1}^{N}\lambda_i$$

这就是非线性支持向量机与线性支持向量机的区别。

但是，很多时候的分类问题并不像图 9.11 这么简单，不过这一变换的思想我们仍可以采用。为此，我们引入一个新概念——核函数。

定义 9.4 (核函数)　记原始属性空间（输入空间）为 $\mathcal{X}$，通过 ϕ 映射到的新空间记为 $\mathcal{H}$，即

$$\phi(x): \mathcal{X} \to \mathcal{H}$$

如果存在函数 $K(\boldsymbol{x}, \boldsymbol{z})$，对任意 $\boldsymbol{x}, \boldsymbol{z} \in \mathcal{X}$，使得

$$K(\boldsymbol{x}, \boldsymbol{z}) = \phi(\boldsymbol{x}) \cdot \phi(\boldsymbol{z})$$

成立，则称 $K(\boldsymbol{x}, \boldsymbol{z})$ 为核函数，是 $\phi(\boldsymbol{x})$ 和 $\phi(\boldsymbol{z})$ 的内积。

以核函数形式表示非线性支持向量机的目标函数最小化

$$\min_{\boldsymbol{\Lambda}} \quad \frac{1}{2}\sum_{i=1}^{N}\sum_{j=1}^{N}\lambda_i\lambda_j y_i y_j K(\boldsymbol{x}_i, \boldsymbol{x}_j) - \sum_{i=1}^{N}\lambda_i$$

对于非线性可分问题，无论是确定映射函数 $\phi(\boldsymbol{x})$ 还是核函数 $K(\boldsymbol{x},\boldsymbol{z})$，都可以完成目标。两种渠道，到底选哪种？这要看哪一种更容易实现。通常，直接找映射函数是一个非常复杂的过程，并且同一核函数也可以对应不同的映射关系。

例 9.3 已知核函数 $K(\boldsymbol{x},\boldsymbol{z})=(\boldsymbol{x}\cdot\boldsymbol{z})^2$，其中 $\boldsymbol{x},\boldsymbol{z}\in\mathbb{R}^2$。请问：映射 ϕ 可以怎么取？

解 记 $\boldsymbol{x}=(x_1,x_2)^{\mathrm{T}}$，$\boldsymbol{z}=(z_1,z_2)^{\mathrm{T}}$，将核函数展开：

$$
\begin{aligned}
K(\boldsymbol{x},\boldsymbol{z}) &= (x_1z_1+x_2z_2)^2 \\
&= (x_1z_1)^2+2(x_1z_1x_2z_2)+(x_2z_2)^2
\end{aligned}
$$

很明显，此处核函数分解为 3 项，猜测新空间可以是三维空间 $\mathbb{R}^3$。

映射 1：$\phi(\boldsymbol{x})=(x_1^2,\ \sqrt{2}x_1x_2,\ x_2^2)^{\mathrm{T}}$。

映射之后的内积

$$
\begin{aligned}
\phi(\boldsymbol{x})\cdot\phi(\boldsymbol{z}) &= (x_1z_1)^2+2(x_1x_2z_1z_2)+(x_2z_2)^2 \\
&= K(\boldsymbol{x},\boldsymbol{z})
\end{aligned}
$$

映射 2：$\phi(\boldsymbol{x})=\dfrac{1}{\sqrt{2}}(x_1^2-x_2^2,\ 2x_1x_2,\ x_1^2+x_2^2)^{\mathrm{T}}$。

映射之后的内积

$$
\begin{aligned}
\phi(\boldsymbol{x})\cdot\phi(\boldsymbol{z}) &= \frac{1}{2}\left(2(x_1z_1)^2+4(x_1x_2z_1z_2)+2(x_2z_2)^2\right) \\
&= (x_1z_1)^2+2(x_1x_2z_1z_2)+(x_2z_2)^2 \\
&= K(\boldsymbol{x},\boldsymbol{z})
\end{aligned}
$$

假如将核函数拆为 4 项

$$
\begin{aligned}
K(\boldsymbol{x},\boldsymbol{z}) &= (x_1z_1+x_2z_2)^2 \\
&= (x_1z_1)^2+(x_1z_1x_2z_2)+(x_1z_1x_2z_2)+(x_2z_2)^2
\end{aligned}
$$

猜测新空间可以是四维空间 $\mathbb{R}^4$。

映射 3：$\phi(\boldsymbol{x})=(x_1^2,\ x_1x_2,\ x_1x_2,\ x_2^2)^{\mathrm{T}}$。

映射之后的内积

$$
\begin{aligned}
\phi(\boldsymbol{x})\cdot\phi(\boldsymbol{z}) &= (x_1z_1)^2+(x_1x_2z_1z_2)+(x_1x_2z_1z_2)+(x_2z_2)^2 \\
&= K(\boldsymbol{x},\boldsymbol{z})
\end{aligned}
$$

除了增加或减少分解项的个数，还有很多方式可以找到映射，例如改变某个系数前的符号。

映射 4：$\phi(\boldsymbol{x})=(x_1^2,\ -x_1x_2,\ -x_1x_2,\ x_2^2)^{\mathrm{T}}$。

映射之后的内积

$$
\begin{aligned}
\phi(\boldsymbol{x})\cdot\phi(\boldsymbol{z}) &= (x_1z_1)^2+(x_1x_2z_1z_2)+(x_1x_2z_1z_2)+(x_2z_2)^2 \\
&= K(\boldsymbol{x},\boldsymbol{z})
\end{aligned}
$$

■

例题 9.3，说明同一个核函数可以存在多个映射。也就是说，找到对应的映射并不重要。解决非线性支持向量机的问题的关键在于找到核函数。

2. 核函数可以代表新空间下的内积吗？

要满足内积的设定，核函数得是非负的，即正定核。意味着，对任意 $\boldsymbol{x}_1,\cdots,\boldsymbol{x}_m \in \mathcal{X}$，核函数对应的 Gram 矩阵

$$\begin{pmatrix} K(\boldsymbol{x}_1,\boldsymbol{x}_1) & \cdots & K(\boldsymbol{x}_1,\boldsymbol{x}_m) \\ \vdots & & \vdots \\ K(\boldsymbol{x}_m,\boldsymbol{x}_1) & \cdots & K(\boldsymbol{x}_m,\boldsymbol{x}_m) \end{pmatrix}$$

为半正定。在感知机模型中，以 Gram 矩阵存储训练实例的内积。非线性支持向量机中，这个 Gram 矩阵用于存储所有输入实例在新空间的内积。

在代数的世界中，一切都是在空间发生的。何为空间？通俗来说，空间就是一种集合，我们可以在集合中定制运算规则，完成体系的构建。如果有一个由向量组成的集合，对于加法和数乘运算是封闭的，那么通过线性组合之后的这个向量仍然属于该空间，我们称之为向量空间，又称为线性空间。如果接着在向量空间上定义向量之间的乘法，也就是内积，这样的空间称为内积空间，通常以 $\cdot$ 表示内积运算。接着，为了度量向量的长度，可以从内积运算延伸出向量的模，更加一般的运算，则是范数。特别地，向量的模是 L_2 范数。我们在向量的运算中赋予了范数的定义，就称为赋范空间。如果内积空间完备化，就能得到希尔伯特空间，可以通过对赋范向量空间完备化实现。有限维实内积空间即称为欧几里得空间，是一个最典型的赋范完备空间，它是希尔伯特空间的特殊情况。各类空间之间的关系如图 9.12 所示。

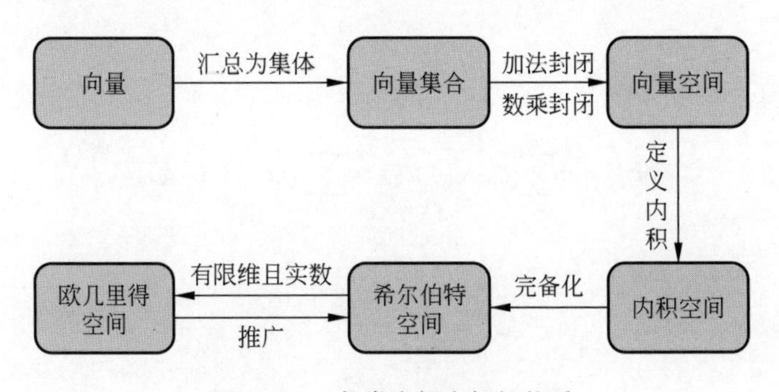

图 9.12 各类空间之间的关系

从非线性可分的原始属性空间到可以实现线性可分新空间也可以这样：历经向量空间、内积空间和赋范空间，最终完备化找到希尔伯特空间。

以核函数定义一个映射

$$\phi: \boldsymbol{x} \rightarrow K(\cdot, \boldsymbol{x})$$

函数中的点“$\cdot$”表示某个向量，一般来说，如果核函数的形式已固定，这个点就决定了映射函数，代表的是一族函数，也就是泛函的含义。这从另一个角度也说明同一核函数可以对应多个映射。

1) 从映射出发，构成向量空间

为使得原始空间上的向量通过映射 ϕ 之后，对于加法和数乘运算是封闭的，可以考虑这样一个集合。对任意 $\boldsymbol{x}_i \in \mathcal{X} \subset \mathbb{R}^p, i = 1, 2, \cdots, m$，集合 $\mathbb{S} = \{f(\cdot) = \sum_{i=1}^{m} \alpha_i K(\cdot, \boldsymbol{x}_i)\}$。

不如尝试这样一个问题：对于 $\mathbb{S}$ 中的任意元素 f 和 g，是否在加法和数乘运算之后仍然在集合 $\mathbb{S}$ 中？

加法运算：记 $f = \sum_{i=1}^{m} \alpha_i K(\cdot, \boldsymbol{x}_i)$ 和 $g = \sum_{j=1}^{l} \beta_j K(\cdot, \boldsymbol{z}_j)$，则

$$
\begin{aligned}
f + g &= \sum_{i=1}^{m} \alpha_i K(\cdot, \boldsymbol{x}_i) + \sum_{j=1}^{l} \beta_j K(\cdot, \boldsymbol{z}_j) \\
&= \sum_{i=1}^{m+l} a_i K(\cdot, \boldsymbol{u}_i)
\end{aligned}
$$

其中，

$$
a_i = \begin{cases} \alpha_i, & i = 1, 2, \cdots, m \\ \beta_{i-m}, & i = n+1, \cdots, m+l \end{cases} \qquad \boldsymbol{u}_i = \begin{cases} \boldsymbol{x}_i, & i = 1, 2, \cdots, m \\ \boldsymbol{z}_{i-m}, & i = m+1, \cdots, m+l \end{cases}
$$

很明显，加法运算之后仍然符合集合 $\mathbb{S}$ 中元素的结构，所以

$$
f + g \in \mathbb{S}
$$

数乘运算：对于任意的 $c \in \mathbb{R}$，

$$
cf = c\sum_{i=1}^{m} \alpha_i K(\cdot, \boldsymbol{x}_i) = \sum_{i=1}^{m} (c\alpha_i) K(\cdot, \boldsymbol{x}_i)
$$

记 $a_i = c\alpha_i$，则

$$
cf = \sum_{i=1}^{m} a_i K(\cdot, \boldsymbol{x}_i)
$$

很明显，数乘运算之后仍然符合集合 $\mathbb{S}$ 中元素的结构，所以

$$
cf \in \mathbb{S}
$$

这样，轻松就可以验证 $\mathbb{S}$ 是向量空间。

2) 在 $\mathbb{S}$ 上定义内积，发展为内积空间

在 $\mathbb{S}$ 的基础上定义内积。记 $f = \sum_{i=1}^{m} \alpha_i K(\cdot, \boldsymbol{x}_i)$，$g = \sum_{j=1}^{l} \beta_j K(\cdot, \boldsymbol{z}_j)$。假如我们定义了一个运算符号 $*$，代表对任意 $f, g \in \mathbb{S}$，有

$$
f * g = \sum_{i=1}^{m} \sum_{j=1}^{l} \alpha_i \beta_j K(\boldsymbol{x}_i, \boldsymbol{z}_j)
$$

类似于向量内积的条件，我们规定 $\mathbb{S}$ 上 $*$ 运算满足以下 4 个条件。对任意 $f,\ g,\ h\in\mathbb{S}$，$c\in\mathbb{R}$，有

(1) $(cf)*g=c(f*g),\ c\in\mathbb{R}$;

(2) $(f+g)*h=f*h+g*h,\ h\in\mathbb{S}$;

(3) $f*g=g*f$;

(4) $f*f\geqslant 0$，特别地 $f*f=0\Longleftrightarrow f=0$。

证明　我们一一验证，只要所有条件都满足，就可以表示运算 $*$ 代表内积。

(1) 从条件 (1) 的等式左边出发：

$$cf=c\sum_{i=1}^{m}\alpha_iK(\cdot,\boldsymbol{x}_i)=\sum_{i=1}^{m}(c\alpha_i)K(\cdot,\boldsymbol{x}_i)$$

则

$$(cf)*g=\sum_{i=1}^{m}\sum_{j=1}^{l}(c\alpha_i)\beta_jK(\boldsymbol{x}_i,\boldsymbol{z}_j)=c\left(\sum_{i=1}^{m}\sum_{j=1}^{l}\alpha_i\beta_jK(\boldsymbol{x}_i,\boldsymbol{z}_j)\right)=c(f*g)$$

条件 (1) 验证完毕。

(2) 不妨记 $h=\sum\limits_{t=1}^{n}\vartheta_tK(\cdot,\boldsymbol{v}_t)$，根据

$$f+g=\sum_{i=1}^{m+l}a_iK(\cdot,\boldsymbol{u}_i)$$

得到

$$\begin{aligned}(f+g)*h&=\sum_{i=1}^{m+l}\sum_{t=1}^{n}a_i\vartheta_tK(\boldsymbol{u}_i,\boldsymbol{v}_t)\\&=\sum_{i=1}^{m}\sum_{t=1}^{n}\alpha_i\vartheta_tK(\boldsymbol{x}_i,\boldsymbol{v}_t)+\sum_{j=1}^{l}\sum_{t=1}^{n}\beta_j\vartheta_tK(\boldsymbol{z}_j,\boldsymbol{v}_t)\\&=f*h+g*h\end{aligned}$$

条件 (2) 验证完毕。

(3) 因为核函数 $K(\cdot,\cdot)$ 是对称函数，即 $K(\boldsymbol{x}_i,\boldsymbol{z}_j)=K(\boldsymbol{z}_j,\boldsymbol{x}_i)$，显然，运算 $*$ 满足乘法交换律，即 $f*g=g*f$。条件 (3) 轻松得到验证。

(4) 先验证 $f*f\geqslant 0$。因为 Gram 矩阵是半正定的，则关于 Gram 矩阵的二次型

$$f*f=\sum_{i=1}^{m}\sum_{j=1}^{m}\alpha_i\alpha_jK(\boldsymbol{x}_i,\boldsymbol{x}_j)\geqslant 0$$

得证。

再验证 $f*f=0\Longleftrightarrow f=0$。

充分性: 当 $f=0$ 时，$f(\cdot)=\sum\limits_{i=1}^{m}\alpha_iK(\cdot,\boldsymbol{x}_i)=0$。由于 $\boldsymbol{x}_i$ 的任意性，可知 $K(\cdot,\boldsymbol{x}_i)$ 不能恒为零。要使得 f 为零，只能 $\alpha_i=0,i=1,2,\cdots,m$。

于是

$$f*f=\sum_{i=1}^{m}\sum_{j=1}^{m}\alpha_i\alpha_jK(\boldsymbol{x}_i,\boldsymbol{x}_j)=0$$

必要性: 首先引入一个小工具：柯西-许瓦茨不等式（Cauchy-Schwarz Inequality）。

$$\text{对任意 } f,g\in\mathbb{S} \text{ 有 } (f*g)^2\leqslant(f*f)(g*g) \tag{9.36}$$

这个不等式可以通过 $f*f$ 的非负性证明。取任意 $\lambda\in\mathbb{R}$，对于 $f+\lambda g\in\mathbb{S}$，则

$$(f+\lambda g)*(f+\lambda g)\geqslant 0 \tag{9.37}$$

不等式 (9.37) 对于任意的 $\lambda\in\mathbb{R}$ 恒成立。将其整理为关于 λ 的二次不等式，即

$$(g*g)\lambda^2+2(f*g)\lambda+f*f\geqslant 0 \tag{9.38}$$

为使得不等式 (9.38) 恒成立，需要不等式对应方程

$$(g*g)\lambda^2+2(f*g)\lambda+f*f=0$$

的判别式

$$\varDelta=4(f*g)^2-4(g*g)(f*f)\leqslant 0\Longrightarrow(f*g)^2\leqslant(f*f)(g*g)$$

不等式 (9.36) 得证。

接下来，应用不等式 (9.36) 这个小工具证明必要性。

定义一个特殊的 $g(\cdot)=K(\cdot,\boldsymbol{x})$，于是

$$f*g=\sum_{i=1}^{m}\alpha_iK(\boldsymbol{x},\boldsymbol{x}_i)$$

因为 $f*f=0$，应用不等式 (9.36)，意味着

$$(f*g)^2\leqslant(f*f)(g*g)=0$$

又 $(f*g)^2\geqslant 0$，根据数学中的夹逼定理，$(f*g)^2=0$，即

$$f*g=\sum_{i=1}^{n}\alpha_iK(\boldsymbol{x},\boldsymbol{x}_i)=0 \tag{9.39}$$

由于 $\boldsymbol{x}$ 和 $\boldsymbol{x}_i$ 的任意性，只有 $\alpha_i=0$，式 (9.39) 才成立，即 $f=0$。必要性得证。■

可见，这一部分定义的运算 “$*$” 就是一种内积运算，不妨按照习惯将其记作 “$\cdot$”。至此，向量空间发展为内积空间。

3) 内积空间完备化，升级为希尔伯特空间

对内积空间定义范数

$$\|f\|=\sqrt{f\cdot f}$$

得到赋范空间，对其完备化，成功升级为希尔伯特空间，记作 $\mathcal{H}$。

4) 核函数的再生性

从原始属性空间到希尔伯特空间的映射

$$\phi:\mathcal{X}\rightarrow\mathcal{H}$$

是根据核函数 $K(\cdot,\cdot)$ 得到的。核函数 $K(\cdot,\cdot)$ 的特点是再生性。也就是说，如果任取元素 $f \in \mathcal{H}$，与 $K(\cdot,\boldsymbol{x})$ 计算内积，可以得到

$$K(\cdot,\boldsymbol{x}) \cdot f = \sum_{i=1}^{N} \alpha_i K(\boldsymbol{x},\boldsymbol{x}_i) = f(\boldsymbol{x})$$

相当于确定了元素 f 中的点“·”。对于两个核函数计算内积，

$$K(\cdot,\boldsymbol{x}) \cdot K(\cdot,\boldsymbol{z}) = K(\boldsymbol{x},\boldsymbol{z}) = \phi(\boldsymbol{x}) \cdot \phi(\boldsymbol{z})$$

得到的核 $K(\boldsymbol{x},\boldsymbol{z})$ 称为再生核。

3. 如何判断核函数是正定核？

如果定义一个核函数，如何判断它是不是正定核呢？当然，通过一系列数学推导可以验证，但计算机不是数学家，如果让计算机判断，可以通过正定核的充要条件实现。

定理 9.1(正定核的充要条件)　*若 $K:\mathcal{X}\times\mathcal{X}\to\mathbb{R}$ 是一个对称函数,则 $K(\boldsymbol{x},\boldsymbol{z})$ 为正定核的充要条件是对任意的 $\boldsymbol{x}_i \in \mathcal{X}, i=1,2,\cdots,m$，经函数 K 映射之后的* Gram *矩阵*

$$G_{\mathrm{K}} = [K(\boldsymbol{x}_i,\boldsymbol{x}_j)]_{m\times m} \begin{pmatrix} K(\boldsymbol{x}_1,\boldsymbol{x}_1) & \cdots & K(\boldsymbol{x}_1,\boldsymbol{x}_m) \\ \vdots & & \vdots \\ K(\boldsymbol{x}_m,\boldsymbol{x}_1) & \cdots & K(\boldsymbol{x}_m,\boldsymbol{x}_m) \end{pmatrix}$$

是半正定矩阵。

定理 9.1 意味着 $K(\boldsymbol{x},\boldsymbol{z})$ 是正定核 $\iff$ K 是半正定矩阵。

证明　分别证明定理 9.1 的充分性和必要性。

充分性：G_{K} 是半正定矩阵 $\Longrightarrow K(\boldsymbol{x},\boldsymbol{z})$ 是正定核。

假如 G_{K} 是半正定矩阵，可以构造一个映射 ϕ，使得

$$\phi(\boldsymbol{x}) = K(\cdot,\boldsymbol{x}):\ \mathcal{X}\to\mathcal{H}$$

式中，$K(\boldsymbol{x},\boldsymbol{z})$ 是再生核函数，满足

$$K(\boldsymbol{x},\boldsymbol{z}) = K(\cdot,\boldsymbol{x}) \cdot K(\cdot,\boldsymbol{z})$$

所以，根据之前通过核函数成功将输入空间升级为希尔伯特空间的过程，可以断定 $K(\boldsymbol{x},\boldsymbol{z})$ 是正定核。

必要性：$K(\boldsymbol{x},\boldsymbol{z})$ 是正定核 $\Longrightarrow G_{\mathrm{K}}$ 是半正定矩阵。

假如 $K(\boldsymbol{x},\boldsymbol{z})$ 是半正定核，那么一定存在映射

$$\phi:\mathcal{X}\to\mathcal{H}$$

则有

$$\boldsymbol{x}\to\phi(\boldsymbol{x}),\quad \boldsymbol{z}\to\phi(\boldsymbol{z})$$

意味着 $K(\boldsymbol{x},\boldsymbol{z})$ 是希尔伯特空间上定义的内积，即

$$K(\boldsymbol{x},\boldsymbol{z}) = \phi(\boldsymbol{x}) \cdot \phi(\boldsymbol{z})$$

接下来根据半正定的概念，判断以正定核 K 构造的 Gram 矩阵是不是半正定的。任取 m 个实数 $a_1, a_2, \cdots, a_m \in \mathbb{R}$，记为 m 维向量 $\boldsymbol{a} = (a_1, a_2, \cdots, a_m)^{\mathrm{T}}$，那么 Gram 矩阵的二次型

$$\begin{aligned}
\boldsymbol{a}^{\mathrm{T}} G_{\mathrm{K}} \boldsymbol{a} &= (a_1, \cdots, a_m) \begin{pmatrix} K(\boldsymbol{x}_1,\boldsymbol{x}_1) & \cdots & K(\boldsymbol{x}_1,\boldsymbol{x}_m) \\ \vdots & & \vdots \\ K(\boldsymbol{x}_m,\boldsymbol{x}_1) & \cdots & K(\boldsymbol{x}_m,\boldsymbol{x}_m) \end{pmatrix} (a_1, \cdots, a_m)^{\mathrm{T}} \\
&= (a_1, \cdots, a_m) \begin{pmatrix} \phi(\boldsymbol{x}_1)\cdot\phi(\boldsymbol{x}_1) & \cdots & \phi(\boldsymbol{x}_1)\cdot\phi(\boldsymbol{x}_m) \\ \vdots & & \vdots \\ \phi(\boldsymbol{x}_m)\cdot\phi(\boldsymbol{x}_1) & \cdots & \phi(\boldsymbol{x}_m)\cdot\phi(\boldsymbol{x}_m) \end{pmatrix} (a_1, \cdots, a_m)^{\mathrm{T}} \\
&= (a_1, \cdots, a_m) \begin{pmatrix} \phi(\boldsymbol{x}_1) \\ \vdots \\ \phi(\boldsymbol{x}_m) \end{pmatrix} (\phi(\boldsymbol{x}_1), \cdots, \phi(\boldsymbol{x}_m))(a_1, \cdots, a_m)^{\mathrm{T}} \\
&= \left((\phi(\boldsymbol{x}_1), \cdots, \phi(\boldsymbol{x}_m)) \begin{pmatrix} a_1 \\ \vdots \\ a_m \end{pmatrix} \right)^{\mathrm{T}} \left((\phi(\boldsymbol{x}_1), \cdots, \phi(\boldsymbol{x}_m)) \begin{pmatrix} a_1 \\ \vdots \\ a_m \end{pmatrix} \right) \\
&= \left\| \sum_{i=1}^{m} a_i \phi(\boldsymbol{x}_i) \right\|^2 \\
&\geqslant 0
\end{aligned}$$

这说明 G_{K} 是半正定矩阵。 ■

有定理 9.1 的辅助，在之后判断定义的核函数是不是正定核函数就非常方便，只需要用计算机验证通过训练集得到的 Gram 矩阵是不是半正定的即可。

4. 常用的核函数有哪些？

常用的核函数可分为两种：一种定义在连续的欧氏空间上；另一种定义在离散的数据集上。

1) 欧式空间上的核函数

(1) 多项式核函数。顾名思义，多项式核函数就是以多项式形式表达出来的核函数

$$K(\boldsymbol{x},\boldsymbol{z}) = (\boldsymbol{x} \cdot \boldsymbol{z} + c)^M$$

其中，M 指多项式的最高次幂，$c \in \mathbb{R}$ 为常量。

如果应用在非线性支持向量机的分类问题中，将内积运算替换为多项式核，即可得到决策函数

$$f(\boldsymbol{x}) = \text{sign}\left(\sum_{i=1}^{N} \lambda_i^* y_i (\boldsymbol{x}_i \cdot \boldsymbol{x} + c)^M + b^*\right)$$

之所以多项式核函数很常用，还是由于其多项式的特点，实际应用中的很多曲线可以通过多项式拟合近似，恰似一叶落而知天下秋。

(2) 高斯核函数。高斯核函数是另一个常见的核函数，来自于常见的高斯分布。高斯核函数可以写成

$$K(\boldsymbol{x}, \boldsymbol{z}) = \exp\left(-\frac{\|\boldsymbol{x} - \boldsymbol{z}\|^2}{2\sigma^2}\right)$$

又被称作高斯加权欧氏距离。基于高斯核函数生成的分类器，称作高斯分类器。应用于支持向量机中，对应的决策函数可以写成

$$f(\boldsymbol{x}) = \text{sign}\left(\sum_{i=1}^{N} \lambda_i^* y_i \exp(-\frac{\|\boldsymbol{x} - \boldsymbol{x}_i\|^2}{2\sigma^2}) + b^*\right)$$

2) 字符串核函数

在文本分析时，数据是以字符串形式呈现，输入空间是离散的。字符串核函数就是一种定义在离散集合上的常见核函数。接下来，将介绍字符串相关的概念，最终引出字符串核函数。

(1) 字符串的长度。存在字符串 s，字符串的长度记为 $|s|$，空格也计算在内。如字符串 $s =$“nice day”，对应的长度 $|s| = 8$。

(2) 子串的长度。对于字符串 s，存在子串 u，子串的长度记为 $|u|$。以“big”为例，考虑子串“bi”。显然，“bi”对于单词“big”而言，对应前两个字母，很简单，长度为 $|u| = 2$。但如果以计算机来计算，就需要设置计算规则。字符串 s 中子串 u 字母位置组成的向量可以表示为 $\boldsymbol{i} = (i_1, i_2, \cdots, i_{|u|})^{\mathrm{T}}$，则子串长度 $|u| = i_{|u|} - i_1 + 1$，如图 9.13 所示。简单而言，长度计算规则就是在两个位置序号之差基础上加 1。如果子串未在字符串中出现过，长度自然记作 0。

字母	b	i	g
位置	1	2	3

→ $|u|$=2−1+1

图 9.13　“big”中子串“bi”的长度

再比如，对于字符串“lass das”而言，子串“as”出现了 4 次，如图 9.14 所示，子串长度已标在图中。

(3) 子串的集合。将长度为 p 的字符串集中在集合中，集合记为 Σ^p。那么，所有字符串集合可以记为

$$\Sigma^* = \bigcup_{p=0}^{\infty} \Sigma^p$$

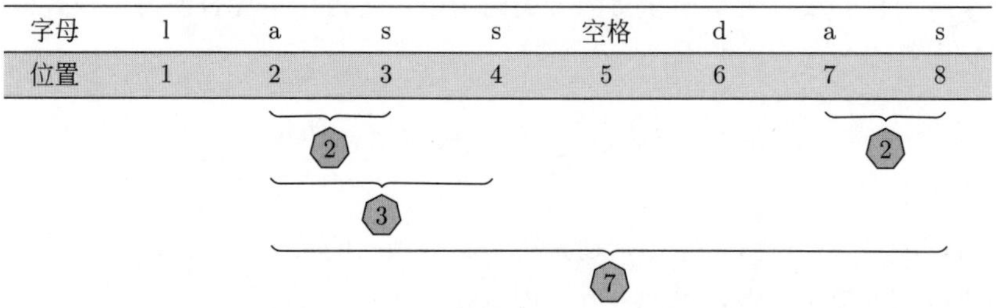

字母	l	a	s	s	空格	d	a	s
位置	1	2	3	4	5	6	7	8

图 9.14 “lass das” 中的子串 “as”

(4) 字符串的映射。若集合 $\mathcal{S}_{\mathrm{C}}$ 中包含字串长度大于或等于 p 的集合，取 $s \in \mathcal{S}_{\mathrm{C}}$。定义映射

$$\phi_p:\ \mathcal{S}_{\mathrm{C}} \to \mathcal{H}_n$$

将字符串 s 与目标子串 u 匹配，把 s 映射到希尔伯特空间上。记子串的长度 $l(i) = i_{|u|} - i_1 + 1$，采用幂函数定义的字符串映射函数是

$$[\phi_p(s)]_u = \sum_{i:s(i)=u} \lambda^{l(i)}$$

其中，$0 < \lambda < 1$。因 λ 的幂函数是层层递减的，于是 λ 被称为衰减参数。

(5) 字符串核函数。对任意的两个字符串 $s \in \mathcal{S}_{\mathrm{C}}$ 和 $t \in \mathcal{S}_{\mathrm{C}}$，文本核函数即映射到新空间上的内积。

$$K_p(s,t) = \sum_{u \in \Sigma^p} [\phi_p(s)]_u [\phi_p(t)]_u$$

(6) 字符串中的相似度。借助核函数和余弦相似度，可以度量字符串之间的相似程度。对任意的两个字符串 $s \in \mathcal{S}_{\mathrm{C}}$ 和 $t \in \mathcal{S}_{\mathrm{C}}$，$s$ 和 t 的相似度定义为

$$\rho_p(s,t) = \frac{K_p(s,t)}{\|K_p(s,s)\|\|K_p(t,t)\|}$$

接下来通过一个简单的例子，理解字符串映射函数、字符串核函数、字符串相似度的概念。

例 9.4 已知 3 个单词 “big”“pig”“bag”，选择长度为 2 的子串，可以有 7 种组合：“bi”“bg”“ig”“pi”“pg”“ba”“ag”，字符串映射函数将 3 个单词映射到 7 维的新空间，请求出每一个字符串映射之后的结果，并计算 “big” 与 “pig” 的核函数和相似度。

解 匹配长度为 2 的子串，字符串映射之后的结果如表 9.1 所示。

匹配所有长度为 2 的子串，“big” 和 “pig” 映射后得到的向量分别为

$$\phi_3(\text{big}) = (\lambda^2, \lambda^3, \lambda^2, 0, 0, 0, 0)^{\mathrm{T}}, \quad \phi_3(\text{pig}) = (0, 0, \lambda^2, \lambda^2, \lambda^3, 0, 0)^{\mathrm{T}}$$

“big” 和 “pig” 的核函数

$$K_3(\text{big}, \text{pig}) = \phi_3(\text{big}) \cdot \phi_3(\text{pig}) = \lambda^4$$

表 9.1 字符串的映射结果

子串	bi	bg	ig	pi	pg	ba	ag
big	λ^2	λ^3	λ^2	0	0	0	0
pig	0	0	λ^2	λ^2	λ^3	0	0
bag	0	λ^3	0	0	0	λ^2	λ^2

为计算“big”和“pig”的相似度，先计算

$$K_3(\text{big},\text{big}) = \phi_3(\text{big})\cdot\phi_3(\text{big}) = \lambda^6 + 2\lambda^4$$

$$K_3(\text{pig},\text{pig}) = \phi_3(\text{pig})\cdot\phi_3(\text{pig}) = \lambda^6 + 2\lambda^4$$

“big”和“pig”的相似度

$$\rho_3(\text{big},\text{pig}) = \frac{K_3(\text{big},\text{pig})}{\|K_3(\text{big},\text{big})\|\|K_3(\text{pig},\text{pig})\|} = \frac{1}{\lambda^2+2}$$

■

9.4.2 非线性可分支持向量机

若训练数据集 $T=\{(\boldsymbol{x}_1,y_1),(\boldsymbol{x}_2,y_2),\cdots,(\boldsymbol{x}_N,y_N)\}$ 是非线性可分的，可以利用核技巧，将线性可分支持向量机推广至非线性可分支持向量机。选取核函数 $K(\boldsymbol{x},\boldsymbol{z})$，则非线性可分支持向量机的优化问题是

$$\begin{aligned}\min_{\boldsymbol{\Lambda}} \quad & \frac{1}{2}\sum_{i=1}^{N}\sum_{j=1}^{N}\lambda_i\lambda_j y_i y_j K(\boldsymbol{x}_i,\boldsymbol{x}_j) - \sum_{i=1}^{N}\lambda_i \\ \text{s.t.} \quad & \sum_{i=1}^{N}\lambda_i y_i = 0 \\ & \lambda_i \geqslant 0, \quad i=1,2,\cdots,N\end{aligned}$$

具体算法流程如下。

非线性可分支持向量机的硬间隔算法

输入：训练数据集 $T=\{(\boldsymbol{x}_1,y_1),(\boldsymbol{x}_2,y_2),\cdots,(\boldsymbol{x}_N,y_N)\}$，其中 $\boldsymbol{x}_i\in\mathbb{R}^p$，$y_i\in\{+1,-1\}$，$i=1,2,\cdots,N$，核函数 $K(\boldsymbol{x},\boldsymbol{z})$。

输出：最优分离超曲面与决策函数。

(1) 构造优化问题

$$\begin{aligned}\min_{\boldsymbol{\Lambda}} \quad & \frac{1}{2}\sum_{i=1}^{N}\sum_{j=1}^{N}\lambda_i\lambda_j y_i y_j K(\boldsymbol{x}_i,\boldsymbol{x}_j) - \sum_{i=1}^{N}\lambda_i \\ \text{s.t.} \quad & \sum_{i=1}^{N}\lambda_i y_i = 0 \\ & \lambda_i \geqslant 0, \quad i=1,2,\cdots,N\end{aligned}$$

根据优化问题得出最优解 $\boldsymbol{\Lambda}^* = (\lambda_1^*, \lambda_2^*, \cdots, \lambda_N^*)^{\mathrm{T}}$。

(2) 根据 $\boldsymbol{\Lambda}^*$，计算最优权值参数

$$\boldsymbol{w}^* = \sum_{i=1}^{N} \lambda_i^* y_i K(\ \cdot\ , \boldsymbol{x}_i)$$

从 $\boldsymbol{\Lambda}^*$ 中选出非零元素 $\lambda_j^* > 0$，得到支持向量 $\boldsymbol{x}_j$，计算

$$b^* = y_j - \sum_{i=1}^{N} \lambda_i^* y_i K(\boldsymbol{x}_i, \boldsymbol{x}_j)$$

(3) 分离超曲面：

$$\sum_{i=1}^{N} \lambda_i^* y_i K(\boldsymbol{x}, \boldsymbol{x}_i) + b^* = 0$$

分类决策函数：

$$f(\boldsymbol{x}) = \mathrm{sign}\left(\sum_{i=1}^{N} \lambda_i^* y_i K(\boldsymbol{x}, \boldsymbol{x}_i) + b^*\right)$$

9.4.3 非线性支持向量机

若训练数据集 $T = \{(\boldsymbol{x}_1, y_1), (\boldsymbol{x}_2, y_2), \cdots, (\boldsymbol{x}_N, y_N)\}$ 是非线性可分的，可以利用核技巧，将线性支持向量机推广至非线性支持向量机。选取核函数 $K(\boldsymbol{x}, \boldsymbol{z})$，则非线性支持向量机的优化问题是

$$\begin{aligned}
\min_{\boldsymbol{\Lambda}} \quad & \frac{1}{2}\sum_{i=1}^{N}\sum_{j=1}^{N} \lambda_i \lambda_j y_i y_j K(\boldsymbol{x}_i, \boldsymbol{x}_j) - \sum_{i=1}^{N} \lambda_i \\
\text{s.t.} \quad & \sum_{i=1}^{N} \lambda_i y_i = 0 \\
& 0 \leqslant \lambda_i \leqslant C, \quad i = 1, 2, \cdots, N
\end{aligned}$$

非线性支持向量机的核算法如下。

非线性支持向量机的核算法

输入：训练数据集 $T = \{(\boldsymbol{x}_1, y_1), (\boldsymbol{x}_2, y_2), \cdots, (\boldsymbol{x}_N, y_N)\}$，其中 $\boldsymbol{x}_i \in \mathbb{R}^p$，$y_i \in \{+1, -1\}$，$i = 1, 2, \cdots, N$，核函数 $K(\boldsymbol{x}, \boldsymbol{z})$。

输出：最大间隔分离超平面与决策函数。

(1) 给定惩罚参数 C，构造优化问题

$$\begin{aligned}
\min \quad & \frac{1}{2}\sum_{i=1}^{N}\sum_{j=1}^{N} \lambda_i \lambda_j y_i y_j K(\boldsymbol{x}_i, \boldsymbol{x}_j) - \sum_{i=1}^{N} \lambda_i \\
\text{s.t.} \quad & \sum_{i=1}^{N} \lambda_i y_i = 0 \\
& 0 \leqslant \lambda_i \leqslant C, \quad i = 1, 2, \cdots, N
\end{aligned}$$

根据优化问题得出最优解 $\boldsymbol{\Lambda}^* = (\lambda_1^*, \lambda_2^*, \cdots, \lambda_N^*)^{\mathrm{T}}$。

(2) 根据 $\boldsymbol{\Lambda}^*$ 得到权值参数

$$\boldsymbol{w}^* = \sum_{i=1}^{N} \lambda_i^* y_i K(\ \cdot\ , \boldsymbol{x}_i)$$

挑出符合 $0 < \lambda_i^* < C$ 的点 $(\boldsymbol{x}_j, y_j)$，计算出截距参数

$$b^* = y_j - \sum_{i=1}^{N} \lambda_i^* y_i K(\boldsymbol{x}_i, \boldsymbol{x}_j)$$

(3) 分离超曲面：

$$\sum_{i=1}^{N} \lambda_i^* y_i K(\boldsymbol{x}, \boldsymbol{x}_i) + b^* = 0$$

分类决策函数：

$$f(\boldsymbol{x}) = \mathrm{sign}\left(\sum_{i=1}^{N} \lambda_i^* y_i K(\boldsymbol{x}, \boldsymbol{x}_i) + b^*\right)$$

9.5 SMO 优化方法

无论是线性支持向量机还是非线性支持向量机，其关键在于对偶问题中最优的拉格朗日乘子的解。除梯度下降法、牛顿法之外，还可以采用 SMO 算法。这一节，我们一起探寻这个想法是如何产生的。在优化问题中，训练集样本量的大小决定拉格朗日乘子的个数。即使用梯度下降法、牛顿法，以及两者的变体，求解最优拉格朗日乘子时，每次迭代都要计算一遍所有的参数，导致计算机运算量巨大。那么，有没有可以简化计算的方法呢？

9.5.1 “失败的”坐标下降法

若训练集包含 N 个样本，意味着在对偶问题包含 N 个拉格朗日乘子。先考虑逐一计算的方法，即每次固定其中 $N-1$ 个参数，求解剩余那个参数的最优解，这种优化方法称为坐标下降法[①]。

但是，在支持向量机中，坐标下降法却不适用。以非线性支持向量机为例，给定拉格朗日乘子初始值 $\boldsymbol{\Lambda}^{(0)} = (\lambda_1^{(0)}, \lambda_2^{(0)}, \cdots, \lambda_N^{(0)})^{\mathrm{T}}$。若求解第一次迭代的 $\lambda_1^{(1)}$，不妨先固定其他参数初始值 $\lambda_2^{(0)}, \cdots, \lambda_N^{(0)}$。优化问题为

$$\min_{\lambda_1} \quad W(\lambda_1, \lambda_2^{(0)}, \cdots, \lambda_N^{(0)}) \tag{9.40}$$

$$\text{s.t.} \quad \lambda_1 y_1 + \sum_{i=2}^{N} \lambda_i^{(0)} y_i = 0 \tag{9.41}$$

$$0 \leqslant \lambda_1 \leqslant C \tag{9.42}$$

① 详情见小册子 4.4 节。

其中，$W(\lambda_1, \lambda_2^{(0)}, \cdots, \lambda_N^{(0)})$ 表示关于未知参数 λ_1 的目标函数。因为参数 $\lambda_2^{(0)}, \cdots, \lambda_N^{(0)}$ 是已知的，无须求解优化问题，直接根据约束条件 (9.41) 即可计算 $\lambda_1^{(1)}$。这样一来，无法实现参数的更新，意味着坐标下降法在支持向量机中行不通，但是这个想法却可以给我们启发。

9.5.2 “成功的”SMO 算法

类似于坐标下降法，最简单的思路莫过于尝试固定 $N-2$ 个拉格朗日参数，求解剩余两个，这就是序列最小最优化（Sequential Minimal Optimization，SMO）算法的原理。SMO 算法是 1998 年由微软公司提出的。

仍然以非线性支持向量机来说明，优化问题为

$$\min_{\boldsymbol{\Lambda}} \quad \frac{1}{2}\sum_{i=1}^{N}\sum_{j=1}^{N}\lambda_i\lambda_j y_i y_j K(\boldsymbol{x}_i, \boldsymbol{x}_j) - \sum_{i=1}^{N}\lambda_i \tag{9.43}$$

$$\text{s.t.} \quad \sum_{i=1}^{N}\lambda_i y_i = 0 \tag{9.44}$$

$$0 \leqslant \lambda_i \leqslant C, \quad i = 1, 2, \cdots, N \tag{9.45}$$

先选出两个参数，不妨假设是 λ_1 和 λ_2，根据约束条件 (9.44) 可以得到

$$\lambda_1 y_1 + \lambda_2 y_2 + \sum_{i=3}^{N}\lambda_i y_i = 0$$

在固定 $\lambda_i\ (i = 3, 4, \cdots, N)$ 的情况下，如果确定 λ_2，对应的 λ_1 很容易计算得到：

$$\lambda_1 = y_1[-\lambda_2 y_2 - \sum_{i=3}^{N}\lambda_i y_i]$$

为区分已知的参数和即将求解的参数。我们以上标 old 表示迭代前的参数，new 代表迭代后的参数，记

$$\zeta(\lambda_3^{\text{old}}, \lambda_4^{\text{old}}, \cdots, \lambda_N^{\text{old}}) = -\sum_{i=3}^{N}\lambda_i^{\text{old}} y_i$$

简写为 ζ。于是待求解参数 λ_1 表示为

$$\lambda_1 = y_1(\zeta - \lambda_2 y_2)$$

现在的关键在于求出 λ_2，之后就能确定 λ_1，进而变换固定的 $N-2$ 参数，就能依次完成所有拉格朗日参数的迭代更新。

1. $\boldsymbol{\lambda_1}$ 和 $\boldsymbol{\lambda_2}$ 的迭代公式

将目标函数 (9.43) 重写表达为由 λ_1 和 λ_2 决定的函数：

$$W(\lambda_1, \lambda_2) = \frac{1}{2}\lambda_1^2 y_1^2 K(\boldsymbol{x}_1, \boldsymbol{x}_1) + \frac{1}{2}\lambda_2^2 y_2^2 K(\boldsymbol{x}_2, \boldsymbol{x}_2) + \lambda_1\lambda_2 y_1 y_2 K(\boldsymbol{x}_1, \boldsymbol{x}_2) +$$

$$\lambda_1 \sum_{j=3}^{N} \lambda_j y_1 y_j K(\boldsymbol{x}_1, \boldsymbol{x}_j) + \lambda_2 \sum_{j=3}^{N} \lambda_j y_2 y_j K(\boldsymbol{x}_2, \boldsymbol{x}_j) - (\lambda_1 + \lambda_2)$$

记 $K(\boldsymbol{x}_i, \boldsymbol{x}_j) = K_{ij}$，$v_1 = \sum_{j=3}^{N} \lambda_j y_j K_{1j}$，$v_2 = \sum_{j=3}^{N} \lambda_j y_j K_{2j}$，则目标函数继续化简为

$$W(\lambda_1, \lambda_2) = \frac{1}{2}\lambda_1^2 K_{11} + \frac{1}{2}\lambda_2^2 K_{22} + \lambda_1 \lambda_2 y_1 y_2 K_{12} + \lambda_1 v_1 y_1 + \lambda_2 v_2 y_2 - (\lambda_1 + \lambda_2)$$

利用 $\lambda_1 = y_1(\zeta - \lambda_2 y_2)$ 的关系式，最终的目标函数聚焦到参数 λ_2：

$$\begin{aligned} W(\lambda_2) =& \frac{1}{2}(y_1(\zeta - \lambda_2 y_2))^2 K_{11} + \frac{1}{2}{\lambda_2}^2 K_{22} + y_1(\zeta - \lambda_2 y_2)\lambda_2 y_1 y_2 K_{12} \\ &+ y_1(\zeta - \lambda_2 y_2) v_1 y_1 + \lambda_2 v_2 y_2 - (y_1(\zeta - \lambda_2 y_2) + \lambda_2) \end{aligned}$$

合并同次幂的项：

$$W(\lambda_2) = \left(\frac{1}{2}K_{11} + \frac{1}{2}K_{21} - K_{12}\right)\lambda_2^2 + (y_1 y_2 - 1 - K_{11}\zeta y_2 + K_{12}\zeta y_2 - v_1 y_2 + v_2 y_2)\lambda_2 +$$
$$\left(-y_1\zeta + \frac{1}{2}\zeta^2 K_{11} + v_1\zeta\right)$$

得到关于 λ_1，λ_2 的优化问题

$$\begin{aligned} \min_{\lambda_1, \lambda_2} \quad & W(\lambda_2) \\ \text{s.t.} \quad & \lambda_1 + \lambda_2 y_1 y_2 = y_1 \zeta \\ & 0 \leqslant \lambda_i \leqslant C, \quad i = 1, 2 \end{aligned}$$

1) 关于 λ_2 的无约束优化问题

应用费马原理，令 $W(\lambda_2)$ 的偏导数为零：

$$\frac{\partial W(\lambda_2)}{\partial \lambda_2} = 2\left(\frac{1}{2}K_{11} + \frac{1}{2}K_{21} - K_{12}\right)\lambda_2 + y_2\left[y_1 - y_2 + (K_{12} - K_{11})\zeta + v_2 - v_1\right] = 0$$

求出 λ_2 的无约束最优解：

$$\hat{\lambda}_2 = \frac{1}{K_{11} + K_{22} - 2K_{12}}\left[y_2 - y_1 + (K_{11} - K_{12})\zeta + v_1 - v_2\right] y_2$$

令 $\eta = K_{11} + K_{22} - 2K_{12}$，于是

$$\hat{\lambda}_2 = \frac{1}{\eta}\left[y_2 - y_1 + (K_{11} - K_{12})\zeta + v_1 - v_2\right] y_2 \tag{9.46}$$

其中 ζ、v_1 和 v_2 都是根据更新前参数的已知量得到的。

$$\zeta = -\sum_{i=3}^{N} \lambda_i^{\text{old}} y_i = \lambda_1^{\text{old}} y_1 + \lambda_2^{\text{old}} y_2$$

$$v_1 = \sum_{j=3}^{N} \lambda_j^{\text{old}} y_j K_{1j}, \quad v_2 = \sum_{j=3}^{N} \lambda_j^{\text{old}} y_j K_{2j}$$

则式 (9.46) 可写为

$$\hat{\lambda}_2 = \frac{\left(\sum_{j=1}^{N} \lambda_j^{\text{old}} y_j K_{1j} - y_1\right) y_2 - \left(\sum_{j=1}^{N} \lambda_j^{\text{old}} y_j K_{2j} - y_2\right) y_2}{\eta} + \lambda_2^{\text{old}}$$

记

$$\begin{aligned} g(\boldsymbol{x}_1; \boldsymbol{\Lambda}^{\text{old}}, b^{\text{old}}) &= \sum_{j=1}^{N} \lambda_j^{\text{old}} y_i K_{1j} + b^{\text{old}} \\ g(\boldsymbol{x}_2; \boldsymbol{\Lambda}^{\text{old}}, b^{\text{old}}) &= \sum_{j=1}^{N} \lambda_j^{\text{old}} y_i K_{2j} + b^{\text{old}} \\ E_1 &= g(\boldsymbol{x}_1; \boldsymbol{\Lambda}^{\text{old}}, b^{\text{old}}) - y_1 \\ E_2 &= g(\boldsymbol{x}_2; \boldsymbol{\Lambda}^{\text{old}}, b^{\text{old}}) - y_2 \end{aligned}$$

那么

$$\hat{\lambda}_2 = \lambda_2^{\text{old}} + \frac{y_2}{\eta}(E_1 - E_2) \tag{9.47}$$

这就是无约束条件下 λ_2 的迭代公式，记为 $\lambda_2^{\text{new,unc}}$。

2) 对 $\lambda_2^{\text{new,unc}}$ 加入约束条件

考虑只有参数 λ_1, λ_2 的约束条件：

$$\lambda_1 y_1 + \lambda_2 y_2 = \zeta \tag{9.48}$$

$$0 \leqslant \lambda_1 \leqslant C \tag{9.49}$$

$$0 \leqslant \lambda_2 \leqslant C \tag{9.50}$$

观察一下这 3 个约束条件，以横轴代表 λ_1，纵轴代表 λ_2，则约束条件式 (9.48) 对应于一条直线；约束条件式 (9.49) 和约束条件式 (9.50) 是线性约束，对应于一个边长为 C 的正方形。

在无约束的基础上添加约束的过程称为剪辑，$\lambda_2^{\text{new,unc}}$ 是未经剪辑的参数。接着，可以分情况进行讨论。

(1) 当 $y_1 = y_2$ 时，$y_1 = y_2 = 1$ 或者 $y_1 = y_2 = -1$，则约束条件 (9.48) 可以写为

$$\lambda_2 = -\lambda_1 + \delta$$

其中，$\delta = y_1\zeta$。

这时，约束条件代表 λ_2 参数的最优解位于正方形中的斜率是 -1、截距项为 δ 的直线上，如图 9.15 所示。

定义直线与正方形左端的交点为 P，与正方形右端的交点为 Q。

斜率为 -1 的直线❶：PQ 线段表示约束条件，P 点坐标为 $(0, \delta)$，Q 点坐标为 $(\delta - \lambda_1, 0)$。

斜率为 -1 的直线❷：PQ 线段表示约束条件，P 点坐标为 $(\delta - C, C)$，Q 点坐标为 $(C, \delta - C)$。

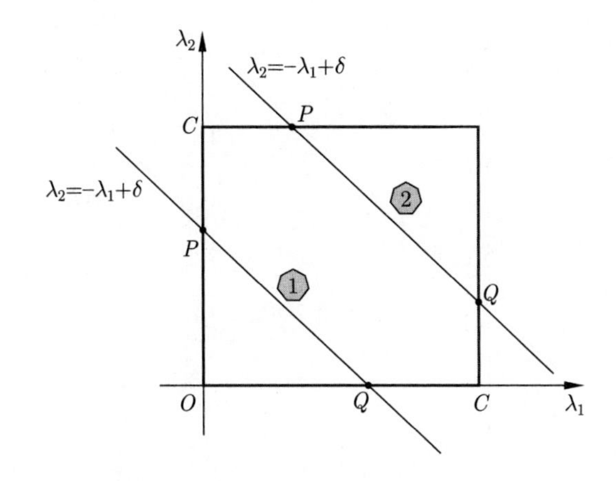

图 9.15　$y_1 = y_2$ 时，$\lambda_2 = -\lambda_1 + \delta$

结合上述两种情况，计算 λ_2 约束区间的上界 H 和下界 L。

$$
\begin{aligned}
H &= \min(C, \delta) \\
&= \min(C, y_1\zeta) \\
&= \min(C, y_1(\lambda_1^{\text{old}} y_1 + \lambda_2^{\text{old}} y_2)) \\
&= \min(C, \lambda_1^{\text{old}} + \lambda_2^{\text{old}}) \\
L &= \max(0, k - C) \\
&= \max(0, y_1\zeta - C) \\
&= \max(0, y_1(\lambda_1^{\text{old}} y_1 + \lambda_2^{\text{old}} y_2) - C) \\
&= \max(0, \lambda_1^{\text{old}} + \lambda_2^{\text{old}} - C)
\end{aligned}
$$

(2) 当 $y_1 \neq y_2$ 时，$y_1 = 1$ 且 $y_2 = -1$，或者 $y_1 = -1$ 且 $y_2 = 1$，则约束条件 (9.48) 可以写为

$$\lambda_2 = \lambda_1 + \delta$$

其中，$\delta = y_1\zeta$。

这时，约束条件代表 λ_2 参数的最优解位于正方形中的斜率是 1、截距项为 δ 的直线上，如图 9.16 所示。类似地，计算 λ_2 约束区间的上界 H 和下界 L。

$$H = \min(C, C + \lambda_2^{\text{old}} - \lambda_1^{\text{old}})$$

$$L = \max(0, \lambda_2^{\text{old}} - \lambda_1^{\text{old}})$$

3) 参数剪辑之后的结果

通过以上分析，将 λ_2^{new} 剪辑之前和剪辑之后的结果总结一下。

未经剪辑：

$$\lambda_2^{\text{new,unc}} = \lambda_2^{\text{old}} + \frac{y_2(E_1 - E_2)}{\eta}$$

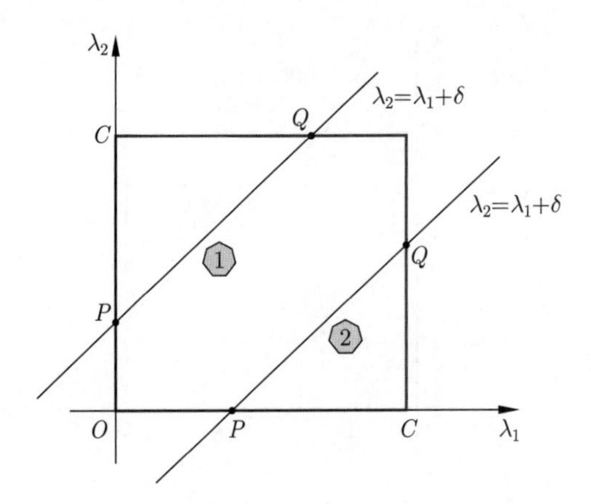

图 9.16　$\boldsymbol{y_1 = y_2}$ 时，$\boldsymbol{\lambda_2 = \lambda_1 + \delta}$

剪辑之后：

$$\lambda_2^{\text{new}} = \begin{cases} H, & \lambda_2^{\text{new,unc}} > H \\ \lambda_2^{\text{new,unc}}, & L \leqslant \lambda_2^{\text{new,unc}} \leqslant H \\ L, & \lambda_2^{\text{new,unc}} < L \end{cases}$$

在之前的讨论中，H 和 L 具有两种情况下的表达式，这可以通过样本 $(\boldsymbol{x}_1, y_1)$ 和 $(\boldsymbol{x}_2, y_2)$ 的类别标签直接判断，从而更新参数 λ_2。

将 λ_2^{new} 代入 λ_1 与 λ_2 的关系式 (9.48)，就可以求得 λ_1 的迭代公式

$$\lambda_1^{\text{new}} = \lambda_1^{\text{old}} + y_1 y_2 (\lambda_2^{\text{old}} - \lambda_2^{\text{new}})$$

2. 如何选择最优的两个参数

在非线性支持向量机中，SMO 算法要处理的变量是 N 个拉格朗日乘子。选得好可以加快迭代速度，选得不好会影响效率。SMO 算法选变量的思路很简单，先外后内，逐一确定变量。这里的内外分别代表外部循环和内部循环，表明选择变量的过程也是一个迭代过程。

(1) 对于外部循环而言，我们先把所有训练样本都进行计算，判断这些样本是否都满足 KKT 条件，选出不满足 KKT 条件的样本，将最不满足 KKT 条件的样本所对应的拉格朗日乘子作为第一个变量。

(2) 对于内部循环而言，就是在第一个变量已经确定的基础上，选出第二个变量，使得更新差异最大从而实现快速收敛。

外部循环选择变量的理论基础是二次规划的 QP 问题。假如存在一个二次规划问题，变量维度高，就会导致求解过程中计算量非常大，这时候有必要将它拆为若干小 QP 问题，也称为 QP 子问题。

非线性支持向量机就是二次规划问题。在分析对偶问题时，我们发现，如果有些样本不满足 KKT 条件，就说明这些样本点对应的拉格朗日参数不是最优参数，需要

对其进行迭代更新，这就是外层循环的含义。将最不满足 KKT 条件的样本点所对应的拉格朗日乘子作为第一个变量，记作 λ_1。

接着看内层循环，寻找第二个变量 λ_2。已知未经剪辑的迭代公式

$$\lambda_2^{\text{new,unc}} = \lambda_2^{\text{old}} + \frac{y_2(E_1 - E_2)}{\eta}$$

可见，λ_2 十分依赖 $E_1 - E_2$ 的变化，$|E_1 - E_2|$ 越大，迭代收敛速度越快。因此，只需找出使得 $|E_1 - E_2|$ 最大的 λ_2 即可。

3. SMO 算法的含义

1) 权值参数和截距参数

搞清楚剪辑之后的 λ_1^{new} 和 λ_2^{new}，以此类推能求解出其余参数 λ_i^{new} 的值，在迭代过程中设置收敛条件，就求出参数最优解 λ_i^*，则权值参数

$$\boldsymbol{w}^* = \sum_{i=1}^{N} \lambda_i^* y_i K(\ \cdot\ , \boldsymbol{x}_i)$$

挑出符合 $0 < \lambda_i^* < C$ 的样本点，记作 $(\boldsymbol{x}_j, y_j)$，可以计算截距参数：

$$b^* = y_i - \sum_{i=1}^{N} \lambda_i^* y_i K(\boldsymbol{x}_i, \boldsymbol{x}_j)$$

从而得到最终的支持向量机的决策函数：

$$f(\boldsymbol{x}) = \text{sign}\left(\sum_{i=1}^{N} \lambda_i^* y_i K(\boldsymbol{x}_i, \boldsymbol{x}) + b^*\right)$$

2) 每次迭代需要计算什么

在上述过程中，有些细节值得关注。比如经过上一轮迭代更新后，从 $(\lambda_1^{\text{old}}, \lambda_2^{\text{old}}, \cdots, \lambda_N^{\text{old}})$ 到 $(\lambda_1^{\text{new}}, \lambda_2^{\text{new}}, \cdots, \lambda_N^{\text{old}})$，需要计算哪些值呢？根据更新后拉格朗日乘子的取值分情况进行讨论。

(1) 若 $0 < \lambda_1^{\text{new}} < C$，则 $(\boldsymbol{x}_1, y_1)$ 是支持向量。

以 $(\boldsymbol{x}_1, y_1)$ 更新截距参数：

$$b_1^{\text{new}} = y_j - \sum_{i=1}^{N} \lambda_i y_i K(\boldsymbol{x}_i, \boldsymbol{x}_j)$$

其中，$\lambda_i = (\lambda_1^{\text{new}}, \lambda_2^{\text{new}}, \lambda_3^{\text{old}}, \cdots, \lambda_N^{\text{old}})^{\text{T}}$。

整理一下，得到

$$b_1^{\text{new}} = y_1 - \sum_{i=3}^{N} \lambda_i^{\text{old}} y_i K_{i1} - \lambda_1^{\text{new}} y_1 K_{11} - \lambda_2^{\text{new}} y_2 K_{21} \tag{9.51}$$

仔细观察可以发现，式 (9.51) 中的求和项会在每次迭代时多次重复计算，这无疑增加了计算的工作量。怎样对这种情况进行优化呢？可以借助 E_i 实现。

E_i 代表预测结果与观测结果之差

$$E_i = g(\boldsymbol{x}_i; \boldsymbol{\Lambda}^{\text{old}}, b^{\text{old}}) - y_i = \sum_{i=1}^{N} \lambda_i^{\text{old}} y_i K_{i1} + b^{\text{old}} - y_1$$

将 E_1 代入式 (9.51)：

$$b_1^{\text{new}} = -E_1 - y_1 K_{11}(\lambda_1^{\text{new}} - \lambda_1^{\text{old}}) - y_2 K_{21}(\lambda_2^{\text{new}} - \lambda_2^{\text{old}}) + b^{\text{old}}$$

这样，每轮迭代只需要计算迭代更新前的 E_1 和 b，以及迭代前后的参数 λ_1 和 λ_2 即可。

(2) 若 $0 < \lambda_2^{\text{new}} < C$，则 $(\boldsymbol{x}_2, y_2)$ 是支持向量。截距参数的更新公式为

$$b_2^{\text{new}} = -E_2 - y_1 K_{12}(\lambda_1^{\text{new}} - \lambda_1^{\text{old}}) - y_2 K_{22}(\lambda_2^{\text{new}} - \lambda_2^{\text{old}}) + b^{\text{old}}$$

(3) 若 $0 < \lambda_1^{\text{new}}, \lambda_2^{\text{new}} < C$，则 $(\boldsymbol{x}_1, y_1)$ 和 $(\boldsymbol{x}_2, y_2)$ 都是支持向量。这两个样本点都可以用来更新截距参数：

$$b^{\text{new}} = b_1^{\text{new}} = b_2^{\text{new}}$$

(4) 若 $\lambda_1^{\text{new}}, \lambda_2^{\text{new}}$ 是 0 或 C，则 $(\boldsymbol{x}_1, y_1)$ 和 $(\boldsymbol{x}_2, y_2)$ 都不是支持向量。取平均值更新截距参数：

$$b^{\text{new}} = \frac{b_1^{\text{new}} + b_2^{\text{new}}}{2}$$

截距参数更新所需的 E_i，可以用迭代之后的拉格朗日乘子更新：

$$E_i^{\text{new}} = \sum_{j \in \mathcal{B}} \lambda_j y_j K(\boldsymbol{x}_i, \boldsymbol{x}_j) + b^{\text{new}} - y_i$$

其中，$\mathcal{B}$ 是由所有支持向量对应的样本点下标构成的集合。

非线性支持向量机的 SMO 算法的详细流程如下。

非线性支持向量机的 SMO 算法

输入：训练数据集 $T = \{(\boldsymbol{x}_1, y_1), (\boldsymbol{x}_2, y_2), \cdots, (\boldsymbol{x}_N, y_N)\}$，其中 $\boldsymbol{x}_i \in \mathbb{R}^p$，$y_i \in \{+1, -1\}$，$i = 1, 2, \cdots, N$，核函数 $K(\boldsymbol{x}, \boldsymbol{z})$，迭代精度 ϵ。

输出：最优的拉格朗日乘子 $\boldsymbol{\Lambda}^*$。

(1) 取初始值 $\boldsymbol{\Lambda}^{(0)} = 0$，置 $k = 0$。

(2) 记第 k 次迭代更新之后的参数为 $\boldsymbol{\Lambda}^{(k)}$，内部含有 N 个变量，从中选择优先更新的两个拉格朗日乘子。

外层循环：遍历所有训练样本，选出最不满足 KKT 条件的变量，记为 $\lambda_1^{(k)}$。

内层循环：根据 $|E_2^{(k)} - E_1^{(k)}|$，选择差值最大的变量，记为 $\lambda_2^{(k)}$。

(3) 通过迭代公式更新参数：

$$\lambda_2^{(k+1)} = \begin{cases} H, & \lambda_2^{\text{new,unc}} > H \\ \lambda_2^{\text{new,unc}}, & L \leqslant \lambda_2^{\text{new,unc}} \leqslant H \\ L, & \lambda_2^{\text{new,unc}} < L \end{cases}$$

$$\lambda_1^{(k+1)} = \lambda_1^{(k)} + y_1 y_2 (\lambda_2^{(k)} - \lambda_2^{(k+1)})$$

得到 $\lambda_1^{(k+1)}$ 和 $\lambda_2^{(k+1)}$。

(4) 更新拉格朗日参数为 $\boldsymbol{\Lambda}^{(k+1)}$，并计算截距参数 $b^{(k+1)}$。

(5) 若参数 $\boldsymbol{\Lambda}^{(k+1)}$ 在精度 ϵ 允许范围内，满足非线性支持向量机的约束条件

$$\sum_{i=1}^{N}\lambda_i^{(k+1)}y_i=0$$

$$0\geqslant\lambda_i^{(k+1)}\geqslant C,\quad i=1,2,\cdots,N$$

且样本点的函数间隔满足

$$y_j\left(\sum_{i=1}^{N}\lambda_i^{(k+1)}y_iK(\boldsymbol{x}_i,\boldsymbol{x}_j)+b^*\right)\begin{cases}\geqslant 1, & \left\{\boldsymbol{x}_j|\lambda_j^{(k+1)}=0\right\}\\ =1, & \left\{\boldsymbol{x}_j|0<\lambda_j^{(k+1)}<C\right\}\\ \geqslant 1, & \left\{\boldsymbol{x}_j|\lambda_j^{(k+1)}=C\right\}\end{cases}$$

则停止迭代，输出参数 $\boldsymbol{\Lambda}^*$，否则重复步骤 (2)~(5)，直到满足条件。

9.6 案例分析——电离层数据集

1989 年，拉布拉多鹅湾（Goose Bay）的雷达系统收集了一组数据。该系统由 16 个高频天线的相控阵列组成，旨在侦测在电离层和高层大气中的自由电子。现在，相控阵技术已成为 5G 时代提升系统容量、频谱利用率的必然选择，从而实现降低干扰和增强覆盖的目的。

电离层数据集可在 https://archive.ics.uci.edu/ml/datasets/Ionosphere 下载，数据集共有 351 个观测值，包含 34 个属性变量和 1 个分类变量。数据集中，根据是否具有自由电子，电离层分为两种类型（g：“好”；b：“坏”）。数据集不存在缺失值的情况。

```
1   # 导入相关模块
2   import numpy as np
3   import csv
4   from sklearn import svm
5   from sklearn.model_selection import train_test_split
6   from sklearn.metrics import accuracy_score
7
8   # 读取电离层数据集
9   data_filename = "ionosphere.data"
10  X = np.zeros((351, 34), dtype='float')
11  y = np.zeros((351, ), dtype='bool')
12
13  with open(data_filename, 'r') as data:
14      reader = csv.reader(data)
15      for i, row in enumerate(reader):
```

```
16          X[i] = [float(datum) for datum in row[:-1]]
17          y[i] = row[-1] == 'g'
18
19  # 将类别标记为 g:+1 和 b:-1
20  y = np.where(y == 0, -1, +1)
21
22  # 划分训练集与测试集，集合容量比例为 8:2
23  X_train, X_test, y_train, y_test = train_test_split(X, y, train_size = 0.8)
24
25  # 创建支持向量机分类器
26  svm_model = svm.SVC(kernel='rbf', C=1, gamma=1)
27  # 训练模型
28  svm_fit= svm_model.fit(X, y)
29
30  # 模型准确率
31  pred = svm_model.predict(X_test)
32  accuracy = accuracy_score(pred, y_test)
33  print("Accuracy of SVM Classifier:  %.2f" % accuracy)
```

输出分类准确率如下：

```
1  Accuracy of SVM Classifier: 0.96
```

9.7 本章小结

1. 支持向量机模型通常用以处理分类问题。较之感知机模型，支持向量机模型综合考量分类确信度和分类正确性，通过支持向量实现分离超平面的唯一性。

2. 最简单的支持向量机模型是线性可分支持向量机，原始优化问题为

$$\begin{aligned}\min_{\boldsymbol{w},\ b}\quad & \frac{1}{2}\|\boldsymbol{w}\|^2\\ \text{s.t.}\quad & y_i(\boldsymbol{w}\cdot\boldsymbol{x}_i+b)\geqslant 1,\quad i=1,2,\cdots,N\end{aligned}$$

若根据优化问题得出最优解 $\boldsymbol{w}^*, b^*$，则分离超平面可表示为

$$\boldsymbol{w}^*\cdot\boldsymbol{x}+b^*=0$$

决策函数表示为

$$f(\boldsymbol{x})=\text{sign}(\boldsymbol{w}^*\cdot\boldsymbol{x}+b^*)$$

线性可分支持向量机的对偶问题是

$$\begin{aligned}\min_{\boldsymbol{\Lambda}}\quad & \frac{1}{2}\sum_{i=1}^{N}\sum_{j=1}^{N}\lambda_i\lambda_j y_i y_j(\boldsymbol{x}_i\cdot\boldsymbol{x}_j)-\sum_{i=1}^{N}\lambda_i\\ \text{s.t.}\quad & \sum_{i=1}^{N}\lambda_i y_i=0\\ & \lambda_i\geqslant 0,\quad i=1,2,\cdots,N\end{aligned}$$

3. 线性支持向量机引入弹性因子 $\xi_i \geqslant 0$，可解决“近似”线性可分的情况，原始的优化问题为

$$\begin{aligned}
\min_{\boldsymbol{w},\ b,\ \boldsymbol{\xi}} \quad & \frac{1}{2}\|\boldsymbol{w}\|^2 + C\sum_{i=1}^{N}\xi_i \\
\text{s.t.} \quad & y_i(\boldsymbol{w}\cdot\boldsymbol{x}_i + b) + \xi_i \geqslant 1, \quad i = 1, 2, \cdots, N \\
& \xi_i \geqslant 0, \quad i = 1, 2, \cdots, N
\end{aligned}$$

对偶问题为

$$\begin{aligned}
\min_{\boldsymbol{\varLambda}} \quad & \frac{1}{2}\sum_{i=1}^{N}\sum_{j=1}^{N}\lambda_i\lambda_j y_i y_j(\boldsymbol{x}_i\cdot\boldsymbol{x}_j) - \sum_{i=1}^{N}\lambda_i \\
\text{s.t.} \quad & \sum_{i=1}^{N}\lambda_i y_i = 0, \quad i = 1, 2, \cdots, N \\
& 0 \leqslant \lambda_i \leqslant C, \quad i = 1, 2, \cdots, N
\end{aligned}$$

4. 通过核变换，可以将非线性支持向量机问题转化为线性支持向量机问题。非线性支持向量机问题的优化问题为

$$\begin{aligned}
\min_{\boldsymbol{\varLambda}} \quad & \frac{1}{2}\sum_{i=1}^{N}\sum_{j=1}^{N}\lambda_i\lambda_j y_i y_j K(\boldsymbol{x}_i, \boldsymbol{x}_j) - \sum_{i=1}^{N}\lambda_i \\
\text{s.t.} \quad & \sum_{i=1}^{N}\lambda_i y_i = 0 \\
& \lambda_i \geqslant 0, \quad i = 1, 2, \cdots, N
\end{aligned}$$

可通过 SMO 算法迭代求解。

9.8　习题

9.1　写出线性支持向量机的 SMO 算法。

9.2　分别用线性支持向量机模型和非线性支持向量机模型分析鸢尾花数据集，比较实验结果并陈述理由。

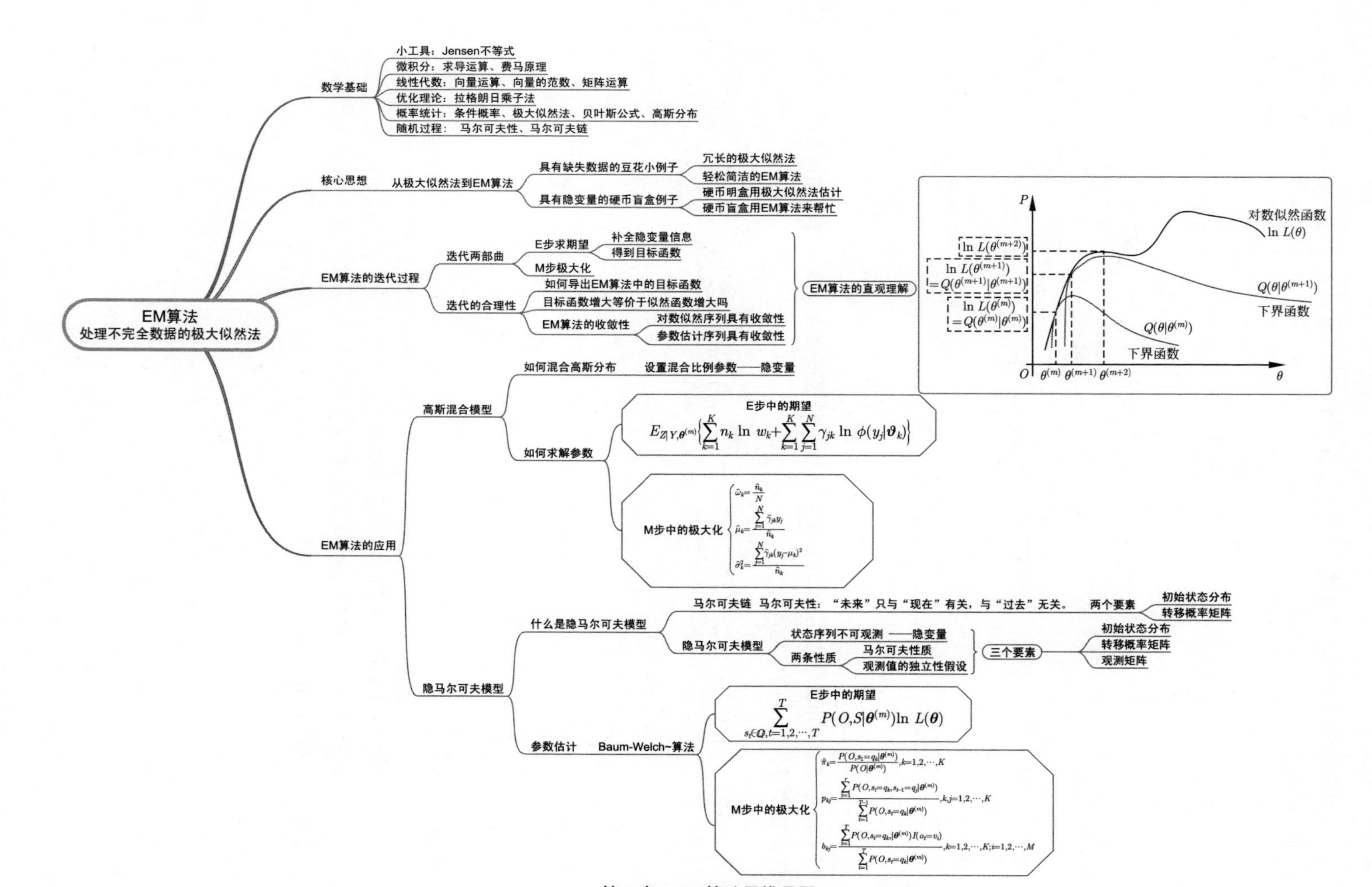

第10章 EM算法思维导图

第 10 章　EM 算法

今日之我非昔日之我，亦非明日之我。

——约・霍姆

极大似然法是统计学中非常有效的一种参数估计方法，但是当数据不完全时，如有缺失数据或者含有未知的多余变量时，用极大似然法求解是非常困难的。1976 年，统计学家 Dempster 提出 EM（Expectation Maximization，期望极大化）算法，其基本思想包含迭代和概率最大化。这是一个两阶段算法：E 步，求期望，以便于去除多余的部分；M 步，求极大值，以便于估计参数。本章从极大似然估计出发，过渡至 EM 算法，然后解释 EM 算法的合理性，最终将其应用于混合高斯模型和隐马尔可夫模型。

10.1　极大似然法与 EM 算法

10.1.1　具有缺失数据的豆花小例子

1. 冗长的极大似然法

极大似然法处理不完全数据时并不友好。举个例子，作为制作豆腐的中间产物，豆花俨然称为一道美食。卤水点豆花，点好的豆花细腻光滑、软糯入口，舀上一碗，豆香扑鼻。除了原味豆花，还可以添加小佐料，或者做成凉爽清甜的甜口豆花，或者做成热乎乎的咸口豆花——豆腐脑。

有一家豆花小吃店，为迎合顾客的需求，豆花口味分为原味、甜口、咸口 3 种，容量有大碗和小碗两种。假如小吃店的老板记下当天的销售表格，遗憾的是，咸口大碗的销量没统计出来，记作“NA”。豆花销售数据如表 10.1 所示。

表 10.1　豆花销量数据

容　量	口　味		
	原　味	甜　口	咸　口
小碗	$y_{11}=10$	$y_{12}=15$	$y_{13}=17$
大碗	$y_{21}=22$	$y_{22}=23$	$y_{23}=$NA

图 10.1 豆花

表 10.1 是一个典型的双因素表格，为分析容量和口味对豆花销量的影响，构造简易的双因素线性模型，

$$y_{ij} = \mu + \alpha_i + \beta_j + \epsilon_{ij}$$

其中，μ 代表的是总体均值；$\alpha_i\ (i = 1, 2)$ 分别表示小碗和大碗情况下对总体均值的影响；$\beta_j\ (j = 1, 2, 3)$ 分别代表原味、甜口、咸口情况下对总体均值的影响；y_{ij} 表示在容量和口味双重因素影响下的销量。假定误差项 ϵ_{ij} 是满足均值为 0 的正态分布 $\epsilon_{ij} \sim N(0, \sigma^2)$，店主希望估计模型中的参数 μ 和 α_i，$i = 1, 2$，β_j，$j = 1, 2, 3$，并且预测当天缺失的大碗咸味的销量 y_{23}。

根据 $\epsilon_{ij} \sim N(0, \sigma^2)$，可得销量

$$y_{ij} \sim N(\mu + \alpha_i + \beta_j, \sigma^2)$$

记参数 $\boldsymbol{\theta} = (\mu, \alpha_1, \alpha_2, \beta_1, \beta_2, \beta_3)^{\mathrm{T}}$，构造似然函数

$$\begin{aligned}
L(\boldsymbol{\theta}) =& \frac{1}{\sqrt{2\pi}\sigma} \exp\left\{-\frac{(y_{11} - \mu - \alpha_1 - \beta_1)^2}{2\sigma^2}\right\} \\
& \times \frac{1}{\sqrt{2\pi}\sigma} \exp\left\{-\frac{(y_{12} - \mu - \alpha_1 - \beta_2)^2}{2\sigma^2}\right\} \\
& \times \frac{1}{\sqrt{2\pi}\sigma} \exp\left\{-\frac{(y_{13} - \mu - \alpha_1 - \beta_3)^2}{2\sigma^2}\right\} \\
& \times \frac{1}{\sqrt{2\pi}\sigma} \exp\left\{-\frac{(y_{21} - \mu - \alpha_2 - \beta_1)^2}{2\sigma^2}\right\} \\
& \times \frac{1}{\sqrt{2\pi}\sigma} \exp\left\{-\frac{(y_{22} - \mu - \alpha_2 - \beta_2)^2}{2\sigma^2}\right\}
\end{aligned}$$

对数似然函数

$$\begin{aligned}\ln L(\boldsymbol{\theta}) = & -\frac{1}{2\sigma^2}[(y_{11}-\mu-\alpha_1-\beta_1)^2+(y_{12}-\mu-\alpha_1-\beta_2)^2 \\ & +(y_{13}-\mu-\alpha_1-\beta_3)^2+(y_{21}-\mu-\alpha_2-\beta_1)^2 \\ & +(y_{22}-\mu-\alpha_2-\beta_2)^2]-\frac{5}{2}\ln(2\pi\sigma^2)\end{aligned}$$

假定 σ 是一常量，化简似然函数，得到目标函数

$$\begin{aligned}Q(\boldsymbol{\theta}) = & (y_{11}-\mu-\alpha_1-\beta_1)^2+(y_{12}-\mu-\alpha_1-\beta_2)^2+(y_{13}-\mu-\alpha_1-\beta_3)^2 \\ & +(y_{21}-\mu-\alpha_2-\beta_1)^2+(y_{22}-\mu-\alpha_2-\beta_2)^2\end{aligned} \tag{10.1}$$

极大似然的优化问题

$$\begin{aligned}\max_{\boldsymbol{\theta}} \quad & \ln L(\boldsymbol{\theta}) \\ \text{s.t.} \quad & \alpha_1+\alpha_2=0 \\ & \beta_1+\beta_2+\beta_3=0\end{aligned}$$

等价于

$$\begin{aligned}\min_{\boldsymbol{\theta}} \quad & Q(\boldsymbol{\theta}) \\ \text{s.t.} \quad & \alpha_1+\alpha_2=0 \\ & \beta_1+\beta_2+\beta_3=0\end{aligned}$$

优化问题中的两个约束条件是关于容量和口味所对应的双因素差异变化的，为保证模型具有可识别性，约束因素不同水平下的整体影响为 0。应用费马原理，令偏导数为零

$$\begin{cases}\dfrac{\partial Q(\boldsymbol{\theta})}{\partial \mu}=0 \\ \dfrac{\partial Q(\boldsymbol{\theta})}{\partial \alpha_i}=0,\ i=1,2 \\ \dfrac{\partial Q(\boldsymbol{\theta})}{\partial \beta_j}=0,\ j=1,2,3\end{cases} \Longrightarrow \begin{cases}87-5\mu-\alpha_1+\beta_3=0 \\ 14-\mu-\alpha_1=0 \\ 45-2\mu-2\alpha_2+\beta_3=0 \\ 16-\mu-\beta_1=0 \\ 19-\mu-\beta_2=0 \\ 17-\mu-\alpha_1-\beta_3=0\end{cases}$$

结合两个约束条件，求解参数，得到

$$\hat{\alpha}_1=-5,\ \hat{\alpha}_2=5,\ \hat{\beta}_1=-3,\ \hat{\beta}_2=0,\ \hat{\beta}_3=3$$

预测 $\hat{y}_{23}$

$$\hat{y}_{23}=\hat{\mu}+\hat{\alpha}_2+\hat{\beta}_3=19+5+3=27$$

这就是冗长的极大似然法计算过程。

2. 轻松简洁的 EM 算法

对于具有缺失数据的豆花小例子，能否找到一个简便的方法呢？观察式 (10.1) 中

的目标函数，因为缺失 y_{23} 的缘故，导致无法以求和的形式表达似然函数。若已知大碗咸味的销量 y_{23}，目标函数

$$Q(\boldsymbol{\theta}) = \arg\min_{\boldsymbol{\theta}} \sum_{i,j} (y_{ij} - \mu - \alpha_i - \beta_j)^2$$

应用费马原理，令偏导为零，问题将会变得非常简单，

$$\begin{cases} \dfrac{\partial Q(\boldsymbol{\theta})}{\partial \mu} = 0 \\ \dfrac{\partial Q(\boldsymbol{\theta})}{\partial \alpha_i} = 0, \quad i = 1,2 \\ \dfrac{\partial Q(\boldsymbol{\theta})}{\partial \beta_j} = 0, \quad j = 1,2,3 \end{cases} \implies \begin{cases} \displaystyle\sum_{i,j} y_{ij} - 6\mu = 0 \\ (y_{11} + y_{12} + y_{13}) - 3\mu - 3\alpha_1 = 0 \\ (y_{21} + y_{22} + y_{23}) - 3\mu - 3\alpha_2 = 0 \\ (y_{11} + y_{21}) - 2\mu - 2\beta_1 = 0 \\ (y_{12} + y_{22}) - 2\mu - 2\beta_2 = 0 \\ (y_{13} + y_{23}) - 2\mu - 2\beta_3 = 0 \end{cases}$$

结合约束条件求解参数，得到

$$\begin{cases} \hat{\mu} = \overline{y} \\ \alpha_i = \overline{y}_{i,\cdot} - \overline{y}, \quad i = 1,2 \\ \hat{\beta}_j = \overline{y}_{\cdot,j} - \overline{y}, \quad j = 1,2,3 \end{cases}$$

式中，$\overline{y} = \sum_{i,j} y_{ij}/6$ 表示平均值；$\overline{x}_{i,\cdot}$ 表示容量不同水平下的均值（第 i 行均值）；$\overline{y}_{\cdot,j}$ 表示口味不同水平下的均值（第 j 列均值）。

现在的问题就是 y_{23} 是多少呢？

可以猜一个值填上去，不妨用已知观测值的平均值试试，之后就可以估计出所有参数，然后以估计参数预测 y_{23}，重复迭代，直到相邻两次迭代的值几乎相同。在约束条件下，只需要估计 4 个参数 μ、α_1、β_1、β_2 即可，迭代过程如表 10.2 所示。

表 10.2　豆花小例子中参数的迭代过程

迭代次数	μ	α_1	β_1	β_2	y_{23}
1	—	—	—	—	17.40
2	17.40	−3.40	−1.40	1.60	20.60
3	17.93	−3.93	−1.93	1.07	22.73
4	18.29	−4.29	−2.29	0.71	24.16
⋮					
19	19.00	−5.00	−3.00	0.00	26.99
20	19.00	−5.00	−3.00	0.00	27.00

到第 20 轮的时候，得到收敛结果，与我们以冗长的极大似然法求解结果相同。

在豆花小例子中，我们先对缺失数据做一个猜测，然后利用猜测去估计参数，接着反哺预测缺失数据，完成一轮迭代，如此重复直到收敛，这就是 EM 算法的核心。

与极大似然法相比较，极大似然法中涉及的计算公式较为烦琐，耗时的是人工计算，而 EM 算法整个过程中所涉及的计算公式都较为简单，耗时是计算机的迭代过程。

10.1.2　具有隐变量的硬币盲盒例子

1. 以极大似然法估计硬币正面朝上的概率

一般硬币都是质地均匀的，根据古典概率可以认为正面或反面朝上的概率都是 0.5。如果是质地不均匀的硬币呢？记硬币正面朝上的概率是 θ，观测 N 次投掷硬币的结果，其中 n 次显示的是正面朝上，通过极大似然法估计参数

$$\arg\min_{0<\theta<1} \quad L(\theta) = \theta^n (1-\theta)^{N-n} \Longrightarrow \hat{\theta} = \frac{n}{N} \tag{10.2}$$

现在问题较之一枚硬币略复杂一些，有 A、B 两枚硬币，记 A 硬币和 B 硬币正面朝上的概率分别是 θ_A 和 θ_B，接下来每次随机取一枚硬币抛掷并记录硬币种类，然后抛掷 10 次，记录观测结果，共进行 6 组试验，如图 10.2 所示。

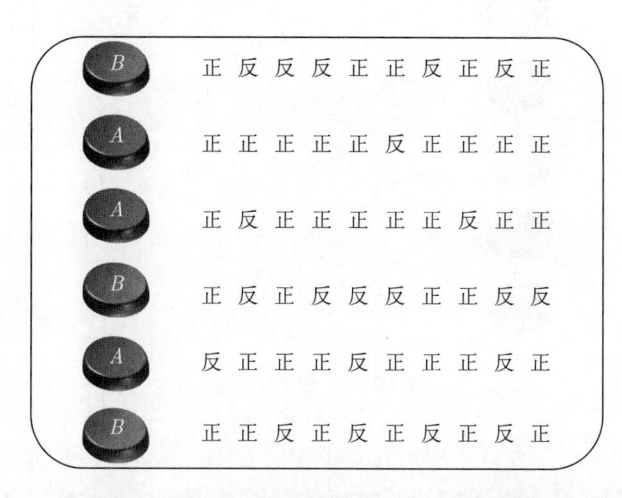

图 10.2　A、B 两枚硬币抛掷 10 次的观测结果

为估计两枚硬币正面朝上的概率，可以将这 60 次试验结果分为两类，一类是 A 硬币的，一类是 B 硬币的，如表 10.3 所示。

根据式 (10.2) 中的极大似然法，可以轻松计算出

$$\hat{\theta}_A = \frac{24}{30} = 0.80, \quad \hat{\theta}_B = \frac{15}{30} = 0.50$$

2. 以 EM 算法估计硬币盲盒中每枚硬币正面朝上的概率

假如每一组所抛掷的硬币类别未知，如图 10.3 所示，该如何估计 A 硬币和 B 硬币正面朝上的概率呢？

记 Y 是观测结果，y_{ij} $(i=1,2,\cdots,6; j=1,2,\cdots,10)$ 表示第 i 组试验的第 j 次观测结果。引入变量 Z 表示硬币的种类，$z_i \in \{A, B\}$ $(i=1,2,\cdots,6)$ 是第 i 组试验

表 10.3　硬币的抛掷结果

组　别	A 硬币		B 硬币	
	正面次数	反面次数	正面次数	反面次数
1			5	5
2	9	1		
3	8	2		
4			4	6
5	7	3		
6			6	4
合计	24	6	15	15

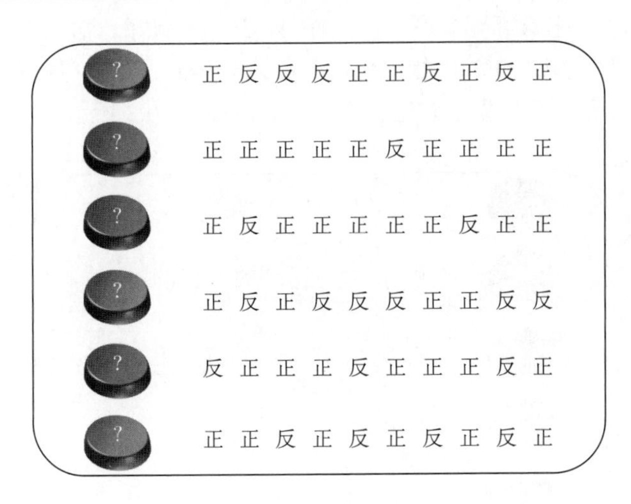

图 10.3　硬币小盲盒

的硬币种类，因为这一变量在硬币盲盒中无法观测，称为隐变量或潜变量（Latent Variable）。变量 Y 是观测数据，添加隐变量之后的 (Y,Z) 被称作完全数据。

受豆花小例子的启发，也可尝试在概率最大化的思想下猜测与迭代。

(1) 不妨给定 θ_A 和 θ_B 的初值：

$$\hat{\theta}_A^{(0)}=0.7,\quad \hat{\theta}_B^{(0)}=0.6$$

(2) 分别计算每一组试验中每枚硬币的条件概率。以第一组为例，简记 $H_1: y_{11}, y_{12},\cdots,y_{110}$ 为第一组试验的观测结果，随机取得任意一枚硬币的概率是相同的，即 $P(A)=P(B)=0.5$。应用贝叶斯公式，得到 A 硬币的条件概率

$$P(z_1=A|H_1)=\frac{P(A)P(H_1|A)}{P(A)P(H_1|A)+P(B)P(H_1|B)}=\frac{0.7^5\times0.3^5}{0.7^5\times0.3^5+0.6^5\times0.4^5}=0.34$$

则 B 硬币的条件概率

$$P(z_1=B|H_1)=1-P(z_1=A|H_1)=0.66$$

类似地，每一组硬币隐变量的条件概率都可以求出如表 10.4 所示。

表 10.4 隐变量的条件概率

组 别	A 硬币	B 硬币
1	0.34	0.66
2	0.75	0.25
3	0.66	0.34
4	0.25	0.75
5	0.55	0.45
6	0.44	0.56

(3) 根据表 10.4 中隐变量的条件概率计算每一枚硬币每一组试验中正面和反面的次数，估计 θ_A 和 θ_B 。相当于通过初始值估计隐变量，然后借助隐变量得到完全数据，再以极大似然法估计参数。

仍以第一组试验为例，如果抽到的是 A 硬币，正面朝上的次数和反面朝上的次数分别是

$$正面次数：0.34 \times 5 = 1.70;\quad 反面次数：0.34 \times 5 = 1.70$$

如果抽到的是 B 硬币，正面朝上的次数和反面朝上的次数分别是

$$正面次数：0.66 \times 5 = 3.30;\quad 反面次数：0.66 \times 5 = 3.30$$

在初始参数下，硬币小盲盒中正面朝上的次数和反面朝上的次数如表 10.5 所示。

表 10.5 每组试验中正面朝上和反面朝上的次数

组 别	A 硬币		B 硬币	
	正 面 次 数	反 面 次 数	正 面 次 数	反 面 次 数
1	1.70	1.70	3.30	3.30
2	6.75	0.75	2.25	0.25
3	5.28	1.32	2.72	0.68
4	1.00	1.50	3.00	4.50
5	3.85	1.65	3.15	1.35
6	2.64	1.76	3.36	2.24
合计	21.22	8.68	17.78	12.32

根据完全数据的极大似然法计算得到：

$$\hat{\theta}_A^{(1)} = \frac{21.22}{21.22 + 8.68} = 0.71$$

$$\hat{\theta}_B^{(1)} = \frac{17.78}{17.78 + 12.32} = 0.59$$

(4) 以更新后的参数估计隐变量，继续迭代，迭代过程如表 10.6 所示。

表 10.6　硬币小盲盒的迭代过程

迭代次数	θ_A	θ_B
0	0.70	0.60
1	0.71	0.59
2	0.72	0.58
3	0.73	0.57
4	0.74	0.56
5	0.75	0.56
6	0.75	0.55
7	0.75	0.55

我们发现，经过 7 次迭代后，参数收敛，得到估计结果：

$$\hat{\theta}_A^{(7)} = 0.75,\ \ \hat{\theta}_B^{(7)} = 0.55$$

硬币盲盒数据含有隐变量，这一变量无法观测，但是可以通过参数做出一定的推测，之后借助推测出的隐变量更新参数，然后迭代直到参数收敛就可以输出估计结果，这就是硬币盲盒中 EM 算法的巧妙之处。

需要补充的是，EM 算法输出的参数结果很有可能与完全数据得到的结果不同，另外它对初始值的选取十分敏感，比如在硬币盲盒小例子中，在初始值为 $\theta_A^{(0)} = 0.5$ 和 $\theta_B^{(0)} = 0.5$ 时，

$$\theta_A^{(1)} = 0.65,\quad \theta_B^{(1)} = 0.65$$

$$\theta_A^{(2)} = 0.65,\quad \theta_B^{(2)} = 0.65$$

输出结果为 $\theta_A^* = 0.65$ 和 $\theta_B^* = 0.65$。这说明不同初始值，迭代得到的 A 硬币和 B 硬币正面朝上的概率很可能不同，而且很可能与完全数据的估计结果相差很大。

10.2　EM 算法的迭代过程

EM 算法是一个两阶段算法，拆词释义，E 步，取 Expectation 的首字母 E，表示期望，在这一阶段以期望表示迭代的目标函数；M 步，取 Maximum 的首字母 M，表示极大值，在这一阶段通过最大化目标函数估计参数。

10.2.1　EM 算法中的两部曲

通过豆花小例子和硬币盲盒例子可以发现，EM 算法是由极大似然法变化而得，适用于不完全数据。下面以具有隐变量的分类情况来叙述 EM 算法。

若给定观测变量数据 Y，隐变量数据 Z，完全数据的联合分布 $P(Y,Z|\boldsymbol{\theta})$，隐变量的条件分布 $P(Z|Y,\boldsymbol{\theta})$，我们希望估计参数向量 $\boldsymbol{\theta}$。在硬币盲盒例子中，Y 就是硬币的观测结果，即正面或反面的观测数据；Z 是隐变量数据，即每一组硬币的种类是 A 硬币还是 B 硬币；$\boldsymbol{\theta}$ 是 A 硬币和 B 硬币正面朝上的概率 $\boldsymbol{\theta} = (\theta_A,\ \theta_B)^{\mathrm{T}}$。

EM 算法仍然基于概率最大化思想，通过似然函数最大化得到 $\boldsymbol{\theta}$，等价于对数似然函数最大化，即

$$\arg\max_{\boldsymbol{\theta}} L(\boldsymbol{\theta}) \Longleftrightarrow \arg\max_{\boldsymbol{\theta}} \ln L(\boldsymbol{\theta})$$

似然函数是观测值已知、参数未知的概率。从另一个角度来看，只要计算出已知 $\boldsymbol{\theta}$ 情况下观测值 Y 的概率 $P(Y|\boldsymbol{\theta})$ 的表达式，就能得到似然函数。因为 Y 是不完全数据，导致这一联合概率难以直接得到。例如在硬币盲盒小例子中，因为不知道每一组抛掷的是哪一枚硬币，很难直接计算每一组的联合概率。

1. 第一阶段：E 步

EM 算法就是借助隐变量作为中间的过渡阶段来解决问题。以隐变量的所有取值将 Y 的概率展开：

$$L(\boldsymbol{\theta}) = P(Y|\boldsymbol{\theta}) = \sum_{Z} P(Y,Z|\boldsymbol{\theta})$$

给定参数初始值 $\boldsymbol{\theta}^{(0)}$，记第 m 轮迭代的参数估计值为 $\boldsymbol{\theta}^{(m)}$。在第 $m+1$ 次迭代的 E 步，应用贝叶斯公式，计算隐变量的条件概率

$$P(Z|Y,\boldsymbol{\theta}^{(m)})$$

比如在硬币盲盒中，表 10.4 就是通过硬币观测结果和参数初始值推测出每一组试验可能是哪一枚硬币。

应用 Jensen 不等式，对数似然函数

$$\begin{aligned}
\ln L(\boldsymbol{\theta}) &= \ln \sum_{Z} P(Y,Z|\boldsymbol{\theta}) \\
&= \ln \sum_{Z} \frac{P(Y,Z|\boldsymbol{\theta})P(Z|Y,\boldsymbol{\theta}^{(m)})}{P(Z|Y,\boldsymbol{\theta}^{(m)})} \\
&\geqslant \sum_{Z} P(Z|Y,\boldsymbol{\theta}^{(m)}) \ln \frac{P(Y,Z|\boldsymbol{\theta})}{P(Z|Y,\boldsymbol{\theta}^{(m)})} \\
&= \sum_{Z} P(Z|Y,\boldsymbol{\theta}^{(m)}) \ln P(Y,Z|\boldsymbol{\theta}) - \sum_{Z} P(Z|Y,\boldsymbol{\theta}^{(m)}) \ln P(Z|Y,\boldsymbol{\theta}^{(m)}) \quad (10.3)
\end{aligned}$$

不等式 (10.3) 中的第二项是个常量，取第一项作为极大化的目标函数

$$\begin{aligned}
Q(\boldsymbol{\theta}|\boldsymbol{\theta}^{(m)}) &= \sum_{Z} P(Z|Y,\boldsymbol{\theta}^{(m)}) \ln P(Y,Z|\boldsymbol{\theta}) \\
&= E_{Z|Y,\boldsymbol{\theta}^{(m)}}[\ln P(Y,Z|\boldsymbol{\theta})]
\end{aligned}$$

可见，E 步的目的有两个：一个是找到隐变量的条件概率，也是通过上一轮迭代的参数 $\boldsymbol{\theta}^{(m)}$ 得到隐变量信息；另一个是找到期望公式，作为下一步极大化的目标函数。

2. 第二阶段：M 步

求出使 $Q(\boldsymbol{\theta}|\boldsymbol{\theta}^{(m)})$ 极大化的 $\boldsymbol{\theta}$，得到第 $m+1$ 次迭代的参数的估计值 $\boldsymbol{\theta}^{(m+1)}$：

$$\boldsymbol{\theta}^{(m+1)} = \arg\max_{\boldsymbol{\theta}} Q(\boldsymbol{\theta}|\boldsymbol{\theta}^{(m)})$$

对于简易的问题，如混合高斯模型和隐马尔可夫模型，可以通过 M 步解出参数的迭代公式。重复迭代，直到收敛即可，一般是对较小的正数 $\xi_1 > 0$ 或 $\xi_2 > 0$，若满足

$$\|\boldsymbol{\theta}^{(m+1)} - \boldsymbol{\theta}^{(m)}\| < \xi_1 \text{ 或 } \|Q(\boldsymbol{\theta}^{(m+1)}|\boldsymbol{\theta}^{(m)}) - Q(\boldsymbol{\theta}^{(m)}|\boldsymbol{\theta}^{(m)})\| < \xi_2$$

则停止迭代。

EM 算法的流程如下。

EM 算法

输入：观测变量数据 Y，隐变量数据 Z，完全数据的联合分布 $P(Y,Z|\boldsymbol{\theta})$，隐变量的条件分布 $P(Z|Y,\boldsymbol{\theta})$。

输出：参数 $\boldsymbol{\theta}$。

(1) 给定初始参数 $\boldsymbol{\theta}^{(0)}$。

(2) E 步：根据第 m 轮迭代的参数估计值 $\boldsymbol{\theta}^{(m)}$，计算期望得到目标函数

$$Q(\boldsymbol{\theta}|\boldsymbol{\theta}^{(m)}) = E_{Z|Y,\boldsymbol{\theta}^{(m)}}\left[\ln P(Y,Z|\boldsymbol{\theta})\right]$$

(3) M 步：求解优化问题

$$\boldsymbol{\theta}^{(m+1)} = \arg\max_{\boldsymbol{\theta}} Q(\boldsymbol{\theta}|\boldsymbol{\theta}^{(m)})$$

(4) 重复 E 步和 M 步进行迭代，直到收敛，输出参数 $\boldsymbol{\theta}^*$。

例 10.1 假设有 3 枚硬币，分别记作 A、B、C。这些硬币正面出现的概率分别是 π、p 和 q。接下来进行掷硬币试验：先掷硬币 A，根据其结果选出硬币 B 或硬币 C，正面选硬币 B，反面选硬币 C；然后掷选出的硬币，掷硬币的结果，出现正面记作 1，出现反面记作 0，如图 10.4 所示。

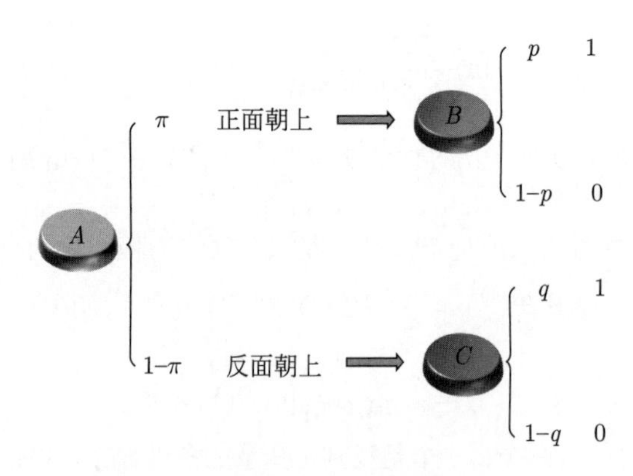

图 10.4 掷 3 枚硬币试验示意图

独立地重复 $n = 10$ 次试验，观测结果如下：

$$1, 1, 0, 1, 0, 0, 1, 0, 1, 1$$

假设整个过程未记录下来抛掷的是 B 硬币还是 C 硬币，只能观测到掷硬币的结果，给定参数初始值 $\pi^{(0)} = p^{(0)} = q^{(0)} = 0.5$，请估计 3 硬币正面朝上的概率。

解 记 y_j 是第 j 次观测的结果，$j=1,2,\cdots,10$，参数 $\boldsymbol{\theta}=(\pi,p,q)^{\mathrm{T}}$， Z 是隐变量，$z_j \in \{B,C\}$ $(j=1,2,\cdots,10)$ 表示第 j 次抛掷的是 B 硬币或 C 硬币，则

$$P(y_j,z_j=B|\boldsymbol{\theta})=\pi p^{y_j}(1-p)^{1-y_j},$$

$$P(y_j,z_j=C|\boldsymbol{\theta})=(1-\pi)q^{y_j}(1-q)^{1-y_j}$$

根据贝叶斯公式

$$\begin{aligned}
&P(z_j=B|y_j,\boldsymbol{\theta}^{(m)})\\
&=\frac{P(y_j|z_j=B,\boldsymbol{\theta}^{(m)})P(z_j=B,\boldsymbol{\theta}^{(m)})}{P(y_j|z_j=B,\boldsymbol{\theta}^{(m)})P(z_j=B,\boldsymbol{\theta}^{(m)})+P(y_j|z_j=C,\boldsymbol{\theta}^{(m)})P(z_j=C,\boldsymbol{\theta}^{(m)})}\\
&=\frac{\pi^{(m)}(p^{(m)})^{y_j}(1-p^{(m)})^{1-y_j}}{\pi^{(m)}(p^{(m)})^{y_j}(1-p^{(m)})^{1-y_j}+(1-\pi^{(m)})(q^{(m)})^{y_j}(1-q^{(m)})^{1-y_j}}
\end{aligned}$$

简记 $\rho_j^{(m+1)}=P(z_j=B|y_j,\boldsymbol{\theta}^{(m)})$，则

$$P(z_j=C|y_j,\boldsymbol{\theta}^{(m)})=1-\rho_j^{(m+1)},\quad j=1,2,\cdots,10$$

接下来计算 E 步中的期望 $E_{Z|Y,\boldsymbol{\theta}^{(m)}}[\ln P(Y,Z|\boldsymbol{\theta})]$，得到目标函数

$$\begin{aligned}
Q(\boldsymbol{\theta}|\boldsymbol{\theta}^{(m)})=\sum_{j=1}^{10}\Big\{&\rho_j^{(m+1)}\ln\left[\pi(p)^{y_j}(1-p)^{1-y_j}\right]+\\
&(1-\rho_j^{(m+1)})\ln\left[(1-\pi)(q)^{y_j}(1-q)^{1-y_j}\right]\Big\}
\end{aligned}$$

M 步极大化，

$$\arg\max_{\boldsymbol{\theta}} Q(\boldsymbol{\theta}|\boldsymbol{\theta}^{(m)})$$

应用费马原理，令偏导数为零

$$\left\{\begin{aligned}
\frac{\partial Q(\boldsymbol{\theta}|\boldsymbol{\theta}^{(m)})}{\partial \pi}&=0\\
\frac{\partial Q(\boldsymbol{\theta}|\boldsymbol{\theta}^{(m)})}{\partial p}&=0\\
\frac{\partial Q(\boldsymbol{\theta}|\boldsymbol{\theta}^{(m)})}{\partial q}&=0
\end{aligned}\right. \Longrightarrow \left\{\begin{aligned}
\pi^{(m+1)}&=\frac{\sum\limits_{j=1}^{10}\rho_j^{(m+1)}}{10}\\
p^{(m+1)}&=\frac{\sum\limits_{j=1}^{10}\rho_j^{(m+1)}y_j}{\sum\limits_{j=1}^{10}\rho_j^{(m+1)}}\\
q^{(m+1)}&=\frac{\sum\limits_{j=1}^{10}(1-\rho_j^{(m+1)})y_j}{\sum\limits_{j=1}^{10}(1-\rho_j^{(m+1)})}
\end{aligned}\right. \tag{10.4}$$

根据式 (10.4) 中的迭代公式，可以得到

$$\pi^{(1)}=0.5,\ p^{(1)}=0.6,\ q^{(1)}=0.6$$

$$\pi^{(2)}=0.5,\ p^{(2)}=0.6,\ q^{(2)}=0.6$$

参数收敛，得到 3 枚硬币正面朝上的概率分别是 0.5、0.6 和 0.6。 ■

10.2.2 EM 算法的合理性

在 EM 算法的 E 步先根据贝叶斯公式得到隐变量的条件分布 $P(Z|Y,\boldsymbol{\theta}^{(m)})$，然后以期望表示 $Q(\boldsymbol{\theta}|\boldsymbol{\theta}^{(m)})$ 作为 M 步极大化的目标函数。这里的关键就在于以条件期望作为目标函数是否合理，下面分别从目标函数的导出和算法的收敛性两方面来说明。

1. 如何导出 EM 算法中的目标函数

极大似然估计的思想，就是使得每次迭代后的对数似然函数 $\ln L(\boldsymbol{\theta})$ 比上一轮的 $\ln L(\boldsymbol{\theta}^{(m)})$ 大，意味着，

$$\ln L(\boldsymbol{\theta})-\ln L(\boldsymbol{\theta}^{(m)})=\ln\left[\sum_Z P(Y,Z|\boldsymbol{\theta})\right]-\ln P(Y|\boldsymbol{\theta}^{(m)})>0$$

类似于最大熵模型的迭代尺度法，为实现迭代增量，通过对数似然函数改变量的下界更新参数，应用 Jensen 不等式

$$\begin{aligned}\ln L(\boldsymbol{\theta})-\ln L(\boldsymbol{\theta}^{(m)})&=\ln\left[\sum_Z P(Z|Y,\boldsymbol{\theta}^{(m)})\frac{P(Y,Z|\boldsymbol{\theta})}{P(Z|Y,\boldsymbol{\theta}^{(m)})}\right]-\ln P(Y|\boldsymbol{\theta}^{(m)})\\&\geqslant\sum_Z P(Z|Y,\boldsymbol{\theta}^{(m)})\ln\frac{P(Y,Z|\boldsymbol{\theta})}{P(Z|Y,\boldsymbol{\theta}^{(m)})}-\ln P(Y|\boldsymbol{\theta}^{(m)})\\&=\sum_Z P(Z|Y,\boldsymbol{\theta}^{(m)})\ln\frac{P(Y,Z|\boldsymbol{\theta})}{P(Z|Y,\boldsymbol{\theta}^{(m)})}-\sum_Z P(Z|Y,\boldsymbol{\theta}^{(m)})\ln P(Y|\boldsymbol{\theta}^{(m)})\\&=\sum_Z P(Z|Y,\boldsymbol{\theta}^{(m)})\ln\frac{P(Y,Z|\boldsymbol{\theta})}{P(Z|Y,\boldsymbol{\theta}^{(m)})P(Y|\boldsymbol{\theta}^{(m)})}\\&=\sum_Z P(Z|Y,\boldsymbol{\theta}^{(m)})\ln\frac{P(Y,Z|\boldsymbol{\theta})}{P(Y,Z|\boldsymbol{\theta}^{(m)})}\end{aligned}$$

记增量的下界

$$A(\boldsymbol{\theta}|\boldsymbol{\theta}^{(m)})=\sum_Z P(Z|Y,\boldsymbol{\theta}^{(m)})\ln\frac{P(Y,Z|\boldsymbol{\theta})}{P(Y,Z|\boldsymbol{\theta}^{(m)})}$$

若 $P(Y,Z|\boldsymbol{\theta})>P(Y,Z|\boldsymbol{\theta}^{(m)})$, 则 $\dfrac{P(Y,Z|\boldsymbol{\theta})}{P(Y,Z|\boldsymbol{\theta}^{(m)})}>1\Longrightarrow A(\boldsymbol{\theta}|\boldsymbol{\theta}^{(m)})>0$

意味着，每轮迭代后的完全数据的概率比上一轮的大。只要在迭代过程中完全数据的概率是增加的，对数似然函数自然也是增加的。

将增量的下界 $A(\boldsymbol{\theta}|\boldsymbol{\theta}^{(m)})$ 展开：

$$A(\boldsymbol{\theta}|\boldsymbol{\theta}^{(m)})=\sum_Z P(Z|Y,\boldsymbol{\theta}^{(m)})\ln P(Y,Z|\boldsymbol{\theta})-\sum_Z P(Z|Y,\boldsymbol{\theta}^{(m)})\ln P(Y,Z|\boldsymbol{\theta}^{(m)})\quad(10.5)$$

式中，$\boldsymbol{\theta}^{(m)}$ 和观测变量 Y 已知，省去常数项，只需要

$$\arg\max_{\boldsymbol{\theta}}\sum_Z P(Z|Y,\boldsymbol{\theta}^{(m)})\ln P(Y,Z|\boldsymbol{\theta})$$

即可估计出第 $m+1$ 轮的参数。这就是 EM 算法中的目标函数

$$Q(\boldsymbol{\theta}|\boldsymbol{\theta}^{(m)}) = \sum_{Z} P(Z|Y,\boldsymbol{\theta}^{(m)}) \ln P(Y,Z|\boldsymbol{\theta})$$

2. 目标函数增大是否等价于似然函数增大

在每一轮的迭代中，以极大化下界 $Q(\boldsymbol{\theta}|\boldsymbol{\theta}^{(m)})$ 来实现参数更新，这样更新的参数可以实现似然函数序列的增大吗？或者说，

$$Q(\boldsymbol{\theta}^{(m+1)}|\boldsymbol{\theta}^{(m)}) > Q(\boldsymbol{\theta}^{(m)}|\boldsymbol{\theta}^{(m)}) \Longleftrightarrow \ln L(\boldsymbol{\theta}^{(m+1)}) > \ln L(\boldsymbol{\theta}^{(m)})$$

是否成立？

从对数似然函数与目标函数之间的关系入手，利用概率和为 1 的小技巧

$$\sum_{Z} P(Z|Y,\boldsymbol{\theta}^{(m)}) = 1$$

得到对数似然函数与目标函数的关系

$$\begin{aligned}
\ln L(\boldsymbol{\theta}) &= \ln P(Y|\boldsymbol{\theta}) \\
&= \ln \frac{P(Y,Z|\boldsymbol{\theta})}{P(Z|Y,\boldsymbol{\theta})} \\
&= \ln P(Y,Z|\boldsymbol{\theta}) - \ln P(Z|Y,\boldsymbol{\theta}) \\
&= \sum_{Z} P(Z|Y,\boldsymbol{\theta}^{(m)}) \ln P(Y,Z|\boldsymbol{\theta}) - \sum_{Z} P(Z|Y,\boldsymbol{\theta}^{(m)}) \ln P(Z|Y,\boldsymbol{\theta}) \\
&= Q(\boldsymbol{\theta}|\boldsymbol{\theta}^{(m)}) - B(\boldsymbol{\theta}|\boldsymbol{\theta}^{(m)})
\end{aligned}$$

其中，

$$B(\boldsymbol{\theta}|\boldsymbol{\theta}^{(m)}) = \sum_{Z} P(Z|Y,\boldsymbol{\theta}^{(m)}) \ln P(Z|Y,\boldsymbol{\theta}) = E_{Z|Y,\boldsymbol{\theta}^{(m)}}\left[\ln P(Z|Y,\boldsymbol{\theta})\right]$$

应用 Jensen 不等式，观察 $B(\boldsymbol{\theta}|\boldsymbol{\theta}^{(m)})$ 在迭代过程中的变化

$$\begin{aligned}
&B(\boldsymbol{\theta}^{(m+1)}|\boldsymbol{\theta}^{(m)}) - B(\boldsymbol{\theta}^{(m)}|\boldsymbol{\theta}^{(m)}) \\
=& \sum_{Z} P(Z|Y,\boldsymbol{\theta}^{(m)}) \ln P(Z|Y,\boldsymbol{\theta}^{(m+1)}) - \sum_{Z} P(Z|Y,\boldsymbol{\theta}^{(m)}) \ln P(Z|Y,\boldsymbol{\theta}^{(m)}) \\
=& \sum_{Z} P(Z|Y,\boldsymbol{\theta}^{(m)}) \ln \frac{P(Z|Y,\boldsymbol{\theta}^{(m+1)})}{P(Z|Y,\boldsymbol{\theta}^{(m)})} \\
\leqslant& \ln \left(\sum_{Z} P(Z|Y,\boldsymbol{\theta}^{(m)}) \frac{P(Z|Y,\boldsymbol{\theta}^{(m+1)})}{P(Z|Y,\boldsymbol{\theta}^{(m)})} \right) \\
=& \ln \left(\sum_{Z} P(Z|Y,\boldsymbol{\theta}^{(m+1)}) \right) \\
=& 0
\end{aligned}$$

可见，在 EM 算法的迭代过程中 $B(\boldsymbol{\theta}|\boldsymbol{\theta}^{(m)})$ 不断减小，目标函数 $Q(\boldsymbol{\theta}|\boldsymbol{\theta}^{(m)})$ 不断增大。也就是说，在迭代过程中，完全数据的期望不断增大，隐变量的期望不断减小，对数似然函数不断增大。

$$
\begin{aligned}
&\ln L(\boldsymbol{\theta}^{(m+1)}) - \ln L(\boldsymbol{\theta}^{(m)}) \\
&= Q(\boldsymbol{\theta}^{(m+1)}|\boldsymbol{\theta}^{(m)}) - B(\boldsymbol{\theta}^{(m+1)}|\boldsymbol{\theta}^{(m)}) - \Big(Q(\boldsymbol{\theta}^{(m)}|\boldsymbol{\theta}^{(m)}) - B(\boldsymbol{\theta}^{(m)}|\boldsymbol{\theta}^{(m)})\Big) \\
&= Q(\boldsymbol{\theta}^{(m+1)}|\boldsymbol{\theta}^{(m)}) - Q(\boldsymbol{\theta}^{(m)}|\boldsymbol{\theta}^{(m)}) - \Big(B(\boldsymbol{\theta}^{(m+1)}|\boldsymbol{\theta}^{(m)}) - B(\boldsymbol{\theta}^{(m)}|\boldsymbol{\theta}^{(m)})\Big) \\
&\geqslant 0
\end{aligned}
$$

目标函数增大与似然函数增大的等价性得以说明。

3. EM 算法的收敛性

这一部分，将分别说明对数似然序列和参数估计序列的收敛性。

定理 10.1 (EM 算法的收敛性) 设 $\ln L(\boldsymbol{\theta})$ 是由观测数据决定的参数的对数似然函数，$\boldsymbol{\theta}^{(m)}(m=1,2,\cdots)$ 是通过 EM 算法得到的参数估计序列，$\ln L(\boldsymbol{\theta}^{(m)})(m=1,2,\cdots)$ 是对应的对数似然函数序列。如果

(1) $\ln L(\boldsymbol{\theta})$ 存在上界;

(2) 对某一尺度参数 $\lambda>0$，可使得对所有的 m 都有式 (10.6) 成立:

$$
Q(\boldsymbol{\theta}^{(m+1)}|\boldsymbol{\theta}^{(m)}) - Q(\boldsymbol{\theta}^{(m)}|\boldsymbol{\theta}^{(m)}) \geqslant \lambda\|\boldsymbol{\theta}^{(m+1)} - \boldsymbol{\theta}^{(m)}\|^2 \tag{10.6}
$$

则序列 $\boldsymbol{\theta}^{(m)}(m=1,2,\cdots)$ 收敛至参数空间的某一点 $\boldsymbol{\theta}^*$。

证明 当 $\ln L(\boldsymbol{\theta})$ 存在上界时，对数似然序列收敛至某一常数 $L^*<\infty$。从而，对任意 $\varepsilon>0$，存在 M_ε，使得对所有的 $m\geqslant M_\varepsilon$ 和 $l\geqslant 1$，都有式 (10.7) 成立

$$
\sum_{i=1}^{l}\Big\{\ln L(\boldsymbol{\theta}^{(m+i)}) - \ln L(\boldsymbol{\theta}^{(m+i-1)})\Big\} = \ln L(\boldsymbol{\theta}^{(m+l)}) - \ln L(\boldsymbol{\theta}^{(m)}) < \varepsilon \tag{10.7}
$$

根据目标函数与对数似然函数的关系，对任意 $i\geqslant 1$，有

$$
0 \leqslant Q(\boldsymbol{\theta}^{(m+i)}|\boldsymbol{\theta}^{(m+i-1)}) - Q(\boldsymbol{\theta}^{(m+i-1)}|\boldsymbol{\theta}^{(m+i-1)}) \leqslant \ln L(\boldsymbol{\theta}^{(m+i)}) - \ln L(\boldsymbol{\theta}^{(m+i-1)})
$$

将其代入式 (10.7)，得到

$$
\sum_{i=1}^{l}\Big\{Q(\boldsymbol{\theta}^{(m+i)}|\boldsymbol{\theta}^{(m+i-1)}) - Q(\boldsymbol{\theta}^{(m+i-1)}|\boldsymbol{\theta}^{(m+i-1)})\Big\} < \varepsilon \tag{10.8}
$$

式 (10.8) 对所有的 $m\geqslant M_\varepsilon$ 和 $l\geqslant 1$ 都成立，求和式中的每一项（目标函数的增量）都是非负的。

结合式 (10.6) 和式 (10.8)，取 $m, m+1, \cdots, m+l-1$ 项求和，得到

$$
\lambda\sum_{i=1}^{l}\|\boldsymbol{\theta}^{(m+i)} - \boldsymbol{\theta}^{(m+i-1)}\|^2 < \varepsilon
$$

从而

$$\lambda\|\boldsymbol{\theta}^{(m+l)}-\boldsymbol{\theta}^{(m)}\|^2<\varepsilon$$

说明序列 $\boldsymbol{\theta}^{(m)}(m=1,2,\cdots)$ 满足收敛性。 ■

需要说明的是，虽然通过 EM 算法可以得到参数收敛值，但是选取不同的初值得出的最终参数可能会不相同，因此常用的办法是选取不同的初值进行迭代，然后对各方案加以比较，从中选出最好的。

4. EM 算法的直观理解

在每一轮的迭代中，给定参数 $\boldsymbol{\theta}^{(m)}$ 可以得到隐变量的分布，然后计算完全数据的数学期望作为目标函数（下界函数），最终通过期望最大化更新参数，如此反复，直到收敛到一个稳定值，如图 10.5 所示。这里的下界函数在每一轮都会更新，函数曲线逐步抬高，每一轮的下界函数与对数似然函数在迭代点处重合，通常每一轮的下界函数都可以求出最优值。

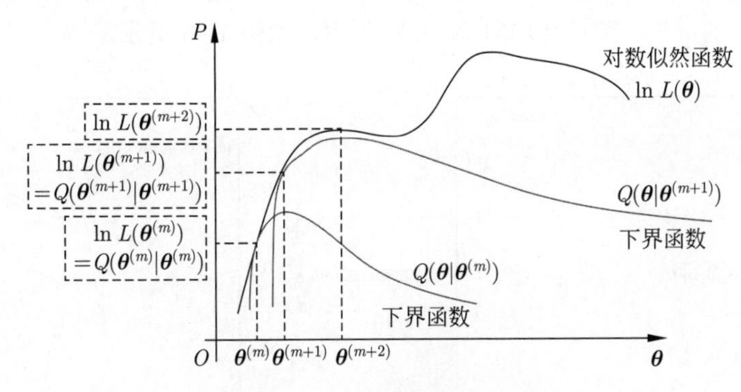

图 10.5　EM 算法的直观理解

10.3　EM 算法的应用

10.3.1　高斯混合模型

如果没有高斯，就没有我的相对论。

——爱因斯坦

高斯分布（Gaussian Distribution）又被称为正态分布（Normal Distribution），由棣莫弗研究二项分布的极限分布时发现，因高斯将这一分布应用于天文等领域，使其大放异彩，故以高斯命名。若随机变量 Y 服从高斯分布 $N(\mu,\sigma^2)$，Y 的概率密度函数为

$$\phi(y|\boldsymbol{\vartheta})=\frac{1}{\sqrt{2\pi}\sigma}\exp\left\{-\frac{(y-\mu)^2}{2\sigma^2}\right\}$$

式中，$\boldsymbol{\vartheta}=(\mu,\sigma^2)^{\mathrm{T}}$。

高斯混合分布是多个高斯分布混合在一起得到的分布。若存在 K 个高斯分布 $N(\mu_1,\sigma_1^2)$，$N(\mu_2,\sigma_2^2),\cdots$，$N(\mu_K,\sigma_K^2)$，以 $w_1,w_2,\cdots,w_K$ 的比例混合，混合高斯分布为

$$\sum_{k=1}^{K} w_k N(\mu_k,\sigma_k^2)$$

式中，$w_k \geqslant 0$，$\sum\limits_{k=1}^{K} w_k = 1$。记 $N(\mu_k,\sigma_k^2)$ 的概率密度函数为 $\phi_k(y|\boldsymbol{\vartheta}_k)$，其中 $\boldsymbol{\vartheta}_k = (\mu_k,\sigma_k^2)^{\mathrm{T}}$。混合高斯分布的概率密度函数记作 $P(y|\boldsymbol{\theta})$，

$$P(y|\boldsymbol{\theta}) = \sum_{k=1}^{K} w_k\phi_k(y|\boldsymbol{\vartheta}_k) = \sum_{k=1}^{K} w_k \frac{1}{\sqrt{2\pi}\sigma_k}\exp(-\frac{(y-\mu_k)^2}{2\sigma_k^2})$$

式中，$\boldsymbol{\theta} = (\boldsymbol{\vartheta}_1^{\mathrm{T}},\boldsymbol{\vartheta}_2^{\mathrm{T}},\cdots,\boldsymbol{\vartheta}_K^{\mathrm{T}})^{\mathrm{T}}$ 是 $2K$ 维的参数。

以 $N(0,1)$ 和 $N(5,1)$ 的混合高斯为例，当 $w_1 = w_2 = 0.5$ 时呈现对称的双峰分布，随着 w_1 的增大，数据愈加向 $N(0,1)$ 汇聚，如图 10.6 所示。

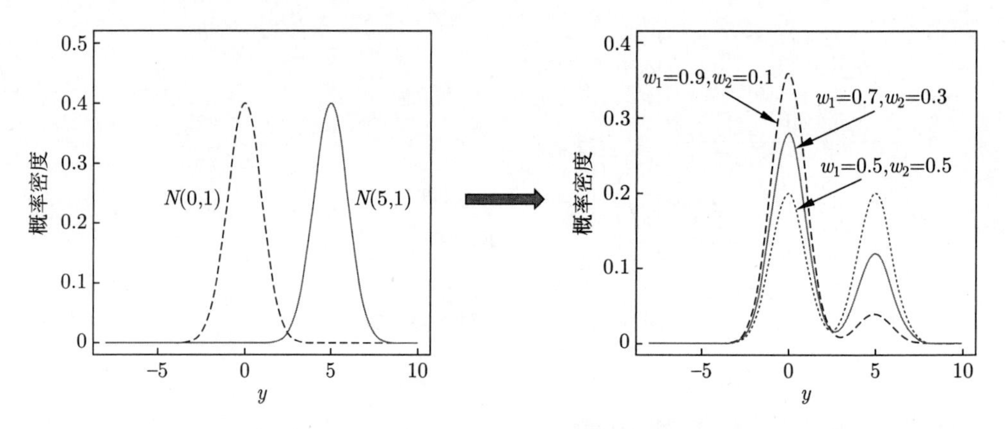

图 10.6 $N(0,1)$ 和 $N(5,1)$ 的混合高斯分布

高斯混合模型（Guassian Mixture Model）是一种聚类模型，认为数据由混合高斯分布生成，常用于图像分割、运动目标检测等领域。若高斯混合模型的观测数据是 $y_1,y_2,\cdots,y_N$，如何估计 K 个高斯分布的参数呢？这实际上可以转化为硬币盲盒的情形。也就是说，可以获悉每一次抛掷硬币的结果，但是不知道每一次抛掷的是哪一枚硬币，这里每一个观测值都来自一个高斯分布，但来自哪一个是未知的，可以应用 EM 算法求解参数。

1. E 步中的期望

以隐变量 Z 表示样本 y_j 的归属情况，$\boldsymbol{z}_j = (\gamma_{j1},\gamma_{j2},\cdots,\gamma_{jK})^{\mathrm{T}}$，$\gamma_{jk}$ 以示性函数的形式表示：

$$\gamma_{jk} = \begin{cases} 1, & y_j \text{ 来自于 } N(\mu_k,\sigma_k^2) \\ 0, & \text{其他} \end{cases}$$

利用隐变量补全数据得到完全数据：

$$\begin{matrix} y_1, & \gamma_{11}, & \gamma_{12}, & \cdots, & \gamma_{1K} \\ y_2, & \gamma_{21}, & \gamma_{22}, & \cdots, & \gamma_{2K} \\ \vdots & \vdots & \vdots & \vdots & \vdots \\ y_N, & \gamma_{N1}, & \gamma_{N2}, & \cdots, & \gamma_{NK} \end{matrix}$$

第 j 个观测值和隐变量的联合概率密度

$$P(y_j, \boldsymbol{z}_j|\boldsymbol{\theta}) = \prod_{k=1}^{K}[w_k\phi_k(y_1|\boldsymbol{\vartheta}_k)]^{\gamma_{jk}}$$

因此，完全数据的联合概率密度

$$\begin{aligned} P(y_1, z_1, y_2, z_2, \cdots, y_N, z_N|\boldsymbol{\theta}) &= \prod_{j=1}^{N}\prod_{k=1}^{K}[w_kN(\mu_k, \sigma_k^2)]^{\gamma_{jk}} \\ &= \prod_{k=1}^{K}\left[w_k^{\sum\limits_{j=1}^{N}\gamma_{jk}}\prod_{j=1}^{N}\phi(y_j|\boldsymbol{\vartheta}_k)^{\gamma_{jk}}\right] \end{aligned} \tag{10.9}$$

简记 $n_k = \sum\limits_{j=1}^{N}\gamma_{jk}$，代表来自于高斯分布 $N(\mu_k, \sigma_k^2)$ 的样本个数。将式 (10.9) 看作参数的函数是似然函数，对数化得到

$$\ln L(\boldsymbol{\theta}) = \sum_{k=1}^{K}n_k\ln w_k + \sum_{k=1}^{K}\sum_{j=1}^{N}\gamma_{jk}\ln\phi(y_j|\boldsymbol{\vartheta}_k) \tag{10.10}$$

利用上一轮的参数 $\boldsymbol{\theta}^{(m)}$，应用贝叶斯公式估计隐变量

$$\begin{aligned} \hat{\gamma}_{jk} &= E(\gamma_{jk}|y_j, \boldsymbol{\theta}^{(m)}) \\ &= 1\times P(\gamma_{jk}=1|y_j, \boldsymbol{\theta}^{(m)}) + 0\times P(\gamma_{jk}=0|y_j, \boldsymbol{\theta}^{(m)}) \\ &= P(\gamma_{jk}=1|y_j, \boldsymbol{\theta}^{(m)}) \\ &= \frac{P(y_j|\gamma_{jk}=1, \boldsymbol{\theta}^{(m)})P(\gamma_{jk}=1|\boldsymbol{\theta}^{(m)})}{\sum\limits_{k=1}^{K}P(y_j|\gamma_{jk}=1, \boldsymbol{\theta}^{(m)})P(\gamma_{jk}=1|\boldsymbol{\theta}^{(m)})} \\ &= \frac{w_k\phi(y_j|\boldsymbol{\vartheta}_k^{(m)})}{\sum\limits_{k=1}^{K}w_k\phi(y_j|\boldsymbol{\vartheta}_k^{(m)})}, \quad j=1,2,\cdots,N;\ k=1,2,\cdots,K \end{aligned}$$

可得

$$\hat{n}_k = \sum_{j=1}^{N}\hat{\gamma}_{jk}, \quad k=1,2,\cdots,K$$

对完全数据的对数似然函数式 (10.10) 求期望，确定目标函数

$$
\begin{aligned}
Q(\boldsymbol{\theta}|\boldsymbol{\theta}^{(m)}) &= E_{Z|Y,\boldsymbol{\theta}^{(m)}}[\ln L(\boldsymbol{\theta})] \\
&= E_{Z|Y,\boldsymbol{\theta}^{(m)}}\left\{\sum_{k=1}^{K} n_k \ln w_k + \sum_{k=1}^{K}\sum_{j=1}^{N} \gamma_{jk} \ln \phi(y_j|\boldsymbol{\vartheta}_k)\right\} \\
&= E_{Z|Y,\boldsymbol{\theta}^{(m)}}\left\{\sum_{k=1}^{K} n_k \ln w_k + \right. \\
&\quad \left.\sum_{k=1}^{K}\sum_{j=1}^{N} \gamma_{jk}\left[-\frac{1}{2}\ln\sqrt{2\pi} - \frac{1}{2}\ln\sigma_k^2 - \frac{1}{2\sigma_k^2}(y_j-\mu_k)^2\right]\right\} \\
&= \sum_{k=1}^{K} \hat{n}_k \ln w_k + \sum_{k=1}^{K}\sum_{j=1}^{N} \hat{\gamma}_{jk}\left[-\frac{1}{2}\ln\sqrt{2\pi} - \frac{1}{2}\ln\sigma_k^2 - \frac{1}{2\sigma_k^2}(y_j-\mu_k)^2\right]
\end{aligned}
$$

2. M 步中的极大化

极大化目标函数，得到新一轮的参数估计值

$$
\boldsymbol{\theta}^{(m+1)} = \arg\max_{\boldsymbol{\theta}} Q(\boldsymbol{\theta}|\boldsymbol{\theta}^{(m)})
$$

应用费马原理，令偏导数为零：

$$
\left\{
\begin{aligned}
&\frac{\partial Q(\boldsymbol{\theta}|\boldsymbol{\theta}^{(m)})}{\partial w_k} = 0 \\
&\frac{\partial Q(\boldsymbol{\theta}|\boldsymbol{\theta}^{(m)})}{\partial \mu_k} = 0 \\
&\frac{\partial Q(\boldsymbol{\theta}|\boldsymbol{\theta}^{(m)})}{\partial \sigma_k^2} = 0
\end{aligned}
\right.
\Longrightarrow
\left\{
\begin{aligned}
&\hat{w}_k = \frac{\hat{n}_k}{N} \\
&\hat{\mu}_k = \frac{\sum_{j=1}^{N} \hat{\gamma}_{jk} y_j}{\hat{n}_k} \\
&\hat{\sigma}_k^2 = \frac{\sum_{j=1}^{N} \hat{\gamma}_{jk}(y_j-\mu_k)^2}{\hat{n}_k}
\end{aligned}
\right.
\qquad (k=1,2,\cdots,K)
$$

对高斯混合模型直观理解，就是根据上一轮的参数，补全隐变量信息，推测每一样本的类别归属，将所有样本划分为 K 个分布，然后利用每个分布中的样本估计这一高斯分布的均值和方差。高斯混合模型参数估计的 EM 算法流程如下。

> **高斯混合模型参数估计的 EM 算法**
>
> 输入：观测变量数据 Y，高斯混合分布模型结构。
>
> 输出：参数 $\boldsymbol{\theta}$。
>
> (1) 给定初始参数 $\boldsymbol{\theta}^{(0)}$。
>
> (2) 根据第 m 轮迭代的参数估计值 $\boldsymbol{\theta}^{(m)}$，计算期望推测隐变量信息
>
> $$\hat{\gamma}_{jk} = \frac{w_k \phi(y_j|\boldsymbol{\vartheta}_k^{(m)})}{\sum_{k=1}^{K} w_k \phi(y_j|\boldsymbol{\vartheta}_k^{(m)})}, \quad j=1,2,\cdots,N;\ k=1,2,\cdots,K$$

估计每个分布中的样本个数

$$\hat{n}_k = \sum_{j=1}^{N} \hat{\gamma}_{jk}, \quad k = 1, 2, \cdots, K$$

(3) 更新参数求解

$$\begin{cases} w_k^{(m+1)} = \dfrac{\hat{n}_k}{N} \\ \mu_k^{(m+1)} = \dfrac{\sum\limits_{j=1}^{N} \hat{\gamma}_{jk} y_j}{\hat{n}_k} \\ \left(\sigma_k^2\right)^{(m+1)} = \dfrac{\sum\limits_{j=1}^{N} \hat{\gamma}_{jk} (y_j - \mu_k)^2}{\hat{n}_k} \end{cases} \quad (k = 1, 2, \cdots, K)$$

(4) 重复步骤 (3) 和步骤 (4) 进行迭代，直到收敛，输出参数 $\boldsymbol{\theta}^*$。

10.3.2 隐马尔可夫模型

隐马尔可夫模型（Hidden Markov Model，HMM）由马尔可夫链发展而来，由美国数学家 Baum 于 1966 年提出，广泛应用于语音识别、通信、故障诊断、分子生物等。本节将介绍用以估计隐马尔可夫模型的参数的 Baum-Welch 算法。Baum-Welch 算法较之 EM 算法提出更早，但这两者思想相通，核心就是具有隐变量的极大似然法。

1. 马尔可夫链

马尔可夫链是一个随机变量序列 $S = \{S_1, \cdots, S_t, \cdots\}$，其中 S_t 表示 t 时刻的随机变量，如果随机变量 S_{t+1} 只依赖于前一时刻的随机变量 S_t，不依赖于过去的随机变量 $\{S_1, \cdots, S_{t-1}\}$，即

$$P(S_{t+1}|S_1, \cdots, S_t) = P(S_{t+1}|S_t), \quad t = 1, 2, \cdots$$

则称这一序列是马尔可夫链（Markov Chain）或马尔可夫过程（Markov Process）。这一性质被称作马尔可夫性，通俗来说就是“未来”只与“现在”有关，与“过去”无关。

条件概率 $P(S_{t+1}|S_t)$ 称为马尔可夫链的转移概率分布。记随机变量 S_t $(t = 1, 2, \cdots)$ 所有可能的状态集合为

$$\mathbb{Q} = \{q_1, q_2, \cdots, q_K\}$$

式中，$K = |\mathbb{Q}|$ 表示可能的状态个数。记

$$p_{kj} = P(S_{t+1} = q_j | S_t = q_k)$$

表示从当前 t 时刻的状态 q_k 转移到状态 q_j 的概率。由 $p_{kj}\ (k,j=1,2,\cdots,K)$ 组成的矩阵称为状态转移概率矩阵，记为 $\boldsymbol{P}$

$$\boldsymbol{P}=\begin{pmatrix} p_{11} & \cdots & p_{1K} \\ \vdots & & \vdots \\ p_{K1} & \cdots & p_{KK} \end{pmatrix}$$

举个例子，在金融学领域存在一个随机游走假说。该假说认为股票市场的价格会形成随机游走模式，因此它是无法被预测的。随机游走模型是一个典型的马尔可夫链，也可以通过醉汉漫步（Drunkard's Walk）来理解。假如醉汉被困在一条直线上，只能在 $\{\cdots,-2,-1,0,1,2,\cdots\}$ 中的各点上移动。在状态 i 向前走一步的概率是 p，向后移动一步的概率是 $1-p$，转移概率矩阵为

$$\boldsymbol{P}=\begin{pmatrix} \vdots & \vdots & \vdots & \vdots & \vdots & \vdots & \vdots \\ \cdots & 0 & p & 0 & 0 & 0 & \cdots \\ \cdots & 1-p & 0 & p & 0 & 0 & \cdots \\ \cdots & 0 & 1-p & 0 & p & 0 & \cdots \\ \cdots & 0 & 0 & 1-p & 0 & p & \cdots \\ \cdots & 0 & 0 & 0 & 1-p & 0 & \cdots \\ \vdots & \vdots & \vdots & \vdots & \vdots & \vdots & \vdots \end{pmatrix}$$

马尔可夫链也常用于天气预报，例如天气有“晴天”“多云”“下雨”3 种状态，转移情况如图 10.7 所示。

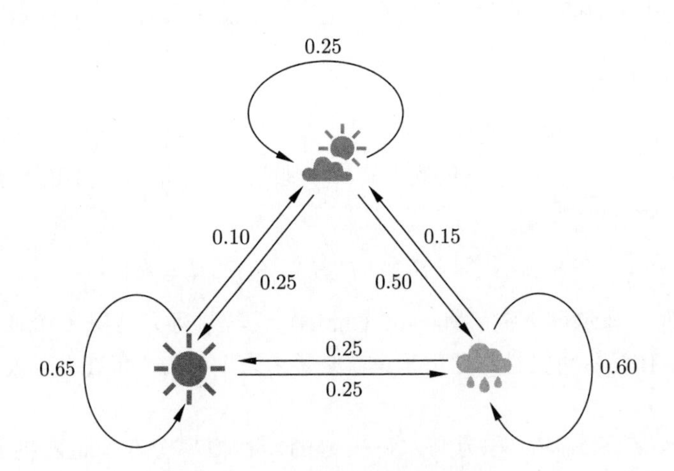

图 10.7　天气状态的转移示意图

分别以数字 1、2、3 表示状态，得到转移概率矩阵

$$\boldsymbol{P}=\begin{pmatrix} 0.65 & 0.10 & 0.25 \\ 0.25 & 0.25 & 0.50 \\ 0.25 & 0.15 & 0.60 \end{pmatrix}$$

无论是醉汉漫步还是天气预报，概率转移矩阵都表明在一定条件下各状态可以互相转移，因此矩阵中的任意元素都是非负的，且行元素之和为 1，即

$$0 \leqslant p_{kj} \leqslant 1, \quad \sum_{j=1}^{K} p_{kj} = 1, \quad k = 1, 2, \cdots, K$$

记马尔可夫链的初始状态分布向量 $\boldsymbol{\pi} = (\pi_1, \pi_2, \cdots, \pi_K)^{\mathrm{T}}$，各元素表示初始时刻在每一状态上的概率，满足

$$0 \leqslant \pi_k \leqslant 1, \quad \sum_{k=1}^{K} \pi_k = 1$$

可以说，马尔可夫链由初始状态分布和转移概率矩阵两个要素决定整个过程。

例如在天气预报的例子中，如果初始状态分布向量 $\boldsymbol{\pi} = (1, 0, 0)^{\mathrm{T}}$，判断第三天的天气

$$(\boldsymbol{P}^{\mathrm{T}})^2 \boldsymbol{\pi} = \begin{pmatrix} 0.65 & 0.25 & 0.25 \\ 0.10 & 0.25 & 0.15 \\ 0.25 & 0.50 & 0.60 \end{pmatrix}^2 \begin{pmatrix} 1 \\ 0 \\ 0 \end{pmatrix} = \begin{pmatrix} 0.51 \\ 0.13 \\ 0.36 \end{pmatrix}$$

则两天后处于“晴天”状态的概率最大，可以借此做出天气预测。

2. 隐马尔可夫模型

与马尔可夫链不同，隐马尔可夫模型中的状态序列是不可观测的。假定序列长度为 T，记状态变量序列 $S = \{S_1, S_2, \cdots, S_T\}$，观测变量序列 $O = \{O_1, O_2, \cdots, O_T\}$，隐马尔可夫模型如图 10.8 所示。

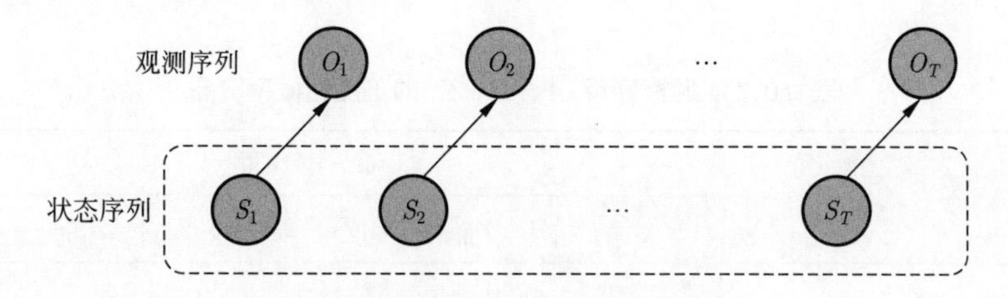

图 10.8 隐马尔可夫模型示意图

记隐马尔可夫模型中所有可能状态的集合为 $\mathbb{Q}$，所有可能观测的集合为 $\mathbb{V}$，

$$\mathbb{Q} = \{q_1, q_2, \cdots, q_K\}, \quad \mathbb{V} = \{v_1, v_2, \cdots, v_M\}$$

式中，$K = |\mathbb{Q}|$ 是可能的状态数，$M = |\mathbb{V}|$ 是可能的观测数。从初始状态出发实现整个隐马尔可夫状态，设初始状态向量

$$\boldsymbol{\pi} = (\pi_1, \pi_2, \cdots, \pi_K)^{\mathrm{T}}$$

满足

$$0 \leqslant \pi_k \leqslant 1, \quad \sum_{k=1}^{K} \pi_k = 1$$

状态转移概率矩阵是 $\boldsymbol{P}=[p_{kj}]_{K\times K}$，元素 p_{kj} 表示从状态 q_k 转移至 q_j 的概率，满足

$$0\leqslant p_{kj}\leqslant 1,\quad \sum_{j=1}^{K}p_{kj}=1,\quad k=1,2,\cdots,K$$

与马尔可夫链相比，隐马尔可夫模型增加一个要素——观测矩阵。将 q_k 状态下观测到 v_i 的概率记作 $b_k(v_i)=P(v_i|q_k)$，简记为 b_{ki}，得到 $K\times M$ 维的观测矩阵

$$\boldsymbol{B}=\begin{pmatrix} b_{11} & \cdots & b_{1M} \\ \vdots & & \vdots \\ b_{K1} & \cdots & b_{KM} \end{pmatrix}$$

满足

$$0\leqslant b_{ki}\leqslant 1,\quad \sum_{i=1}^{M}b_{ki}=1,\quad k=1,2,\cdots,K$$

隐马尔可夫模型由初始状态分布、转移概率矩阵和观测矩阵 3 个要素决定整个过程。从初始状态分布出发，以状态转移概率矩阵确定隐藏的一条关于状态的马尔可夫链，然后根据观测矩阵从状态生成观测序列。这不仅需要满足状态序列的马尔可夫性质，还需要满足观测值的独立性假设，即假设任意时刻的观测值只依赖于该时刻的状态，与其他观测及状态无关，

$$P(O_t|S_t,S_{T-1},O_{T-1},\cdots,S_1,O_1)=P(O_t|S_t)$$

下面用一个例子来解释隐马尔可夫模型的实现过程。

例 10.2 假设现在有 3 枚硬币 A、B、C，硬币所抛掷正面和反面的概率分布如表 10.7 所示。

表 10.7 抛掷硬币 A、B、C 的正反面概率分布

硬　币	概率分布	
	正　面	反　面
A	0.50	0.50
B	0.30	0.70
C	0.85	0.15

接下来按照以下方式生成观测数据。

(1) 初始：以等概率从 3 枚硬币中随机选取 1 枚硬币，投掷硬币并记录观测结果（正面或反面）。

(2) 硬币转移规则：如果抽取到 A 硬币，分别以概率 0.4 和 0.6 转移到 B 硬币和 C 硬币；如果抽取到 B 硬币，以概率 0.5 持有 B 硬币，分别以概率 0.3 和 0.2 转移到 A 硬币和 C 硬币；如果抽取到 C 硬币，以概率 0.5 持有 C 硬币，以概率 0.5 转移到 B 硬币。硬币转移过程如图 10.9 所示。

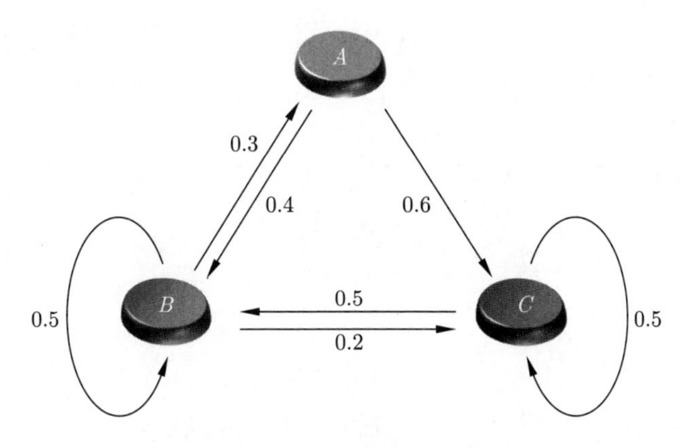

图 10.9 3 硬币的转移示意图

(3) 继续：确定转移后的硬币后继续抛掷，记录观测结果（正面或反面）。

(4) 如此重复 10 次，得到观测序列。

请写出抛掷硬币的隐马尔可夫过程。

解 硬币种类对应于状态，所有可能的状态集合

$$\mathbb{Q} = \{A,\ B,\ C\},\quad N = 3$$

抛掷硬币得到的正面或反面对应于观测，所有可能的观测集合为

$$\mathbb{V} = \{\text{正面},\ \text{反面}\},\quad M = 2$$

每次不知道选了哪一个硬币，该过程是隐藏的，即每一次抛掷的状态未知，视状态序列 S 为隐变量。明确整个隐马尔可夫过程，初始状态分布向量

$$\boldsymbol{\pi} = (1/3, 1/3, 1/3)^{\mathrm{T}}$$

转移概率矩阵

$$\boldsymbol{P} = \begin{pmatrix} 0.0 & 0.4 & 0.6 \\ 0.3 & 0.5 & 0.2 \\ 0.0 & 0.5 & 0.5 \end{pmatrix}$$

状态序列和观测序列长度 $T = 10$。观测概率矩阵为

$$\boldsymbol{B} = \begin{pmatrix} 0.50 & 0.50 \\ 0.30 & 0.70 \\ 0.85 & 0.15 \end{pmatrix}$$

■

3. 隐马尔可夫模型的参数估计——Baum-Welch 算法

正是因为在实际中，隐马尔可夫模型的初始状态、转移概率矩阵、观测矩阵 3 个要素是未知的，能得到的只有观测序列，才称之为“隐”马尔可夫模型，这在语音识别、生物基因中非常常见。假设给定训练数据长度为 T，观测序列

是 $O=\{O_1=o_1,O_2=o_2,\cdots,O_T=o_T\}$，我们希望通过观测序列学习隐马尔可夫模型的 3 要素。应用 EM 算法求解参数。

E 步中的期望

记隐藏的状态序列 $S=\{S_1=s_1,S_2=s_2,\cdots,S_T=s_T\}$，利用隐变量补全数据得到完全数据

$$\begin{matrix} o_1, & s_1 \\ o_2, & s_2 \\ \vdots & \vdots \\ o_T, & s_T \end{matrix}$$

以 π_{s_1} 表示在 s_1 状态的概率，$p_{s_t,s_{t+1}}$ 表示从状态 s_t 转移到 s_{t+1} 的概率，$b_{s_t}(o_t)$ 表示于状态 s_t 时观测到 o_t 的概率。完全数据序列的概率

$$P(O,S|\boldsymbol{\theta})=\pi_{s_1}b_{s_1}(o_1)p_{s_1,s_2}b_{s_2}(o_2)\cdots p_{s_{T-1},s_T}b_{s_T}(o_T) \tag{10.11}$$

式中，$\boldsymbol{\theta}$ 包含初始状态 $\boldsymbol{\pi}$、转移概率矩阵 $\boldsymbol{P}$、观测矩阵 $\boldsymbol{B}$，$\boldsymbol{\theta}=(\boldsymbol{\pi},\boldsymbol{P},\boldsymbol{B})$。将式 (10.11) 看作参数的函数是似然函数，对数化得到

$$\ln L(\boldsymbol{\theta})=\ln\pi_{s_1}+\sum_{t=1}^{T-1}\ln p_{s_t,s_{t+1}}+\sum_{t=1}^{T}\ln b_{s_t}(o_t) \tag{10.12}$$

在上一轮的参数 $\boldsymbol{\theta}^{(m)}$ 下，对完全数据的对数似然函数式 (10.12) 求期望，确定目标函数

$$\begin{aligned} Q(\boldsymbol{\theta}|\boldsymbol{\theta}^{(m)}) &= E_{S|O,\boldsymbol{\theta}^{(m)}}[\ln L(\boldsymbol{\theta})] \\ &= \sum_{s_t\in\mathbb{Q},t=1}^{T} P(S|O,\boldsymbol{\theta}^{(m)})\ln L(\boldsymbol{\theta}) \\ &= \sum_{s_t\in\mathbb{Q},t=1}^{T} \frac{P(O,S|\boldsymbol{\theta}^{(m)})}{P(O|\boldsymbol{\theta}^{(m)})}\ln L(\boldsymbol{\theta}) \end{aligned}$$

在参数 $\boldsymbol{\theta}^{(m)}$ 和观测序列 O 给定的情况下，$P(O|\boldsymbol{\theta}^{(m)})$ 是常量。于是

$$\arg\max_{\boldsymbol{\theta}} Q(\boldsymbol{\theta}|\boldsymbol{\theta}^{(m)}) \Longleftrightarrow \arg\max_{\boldsymbol{\theta}} \widetilde{Q}(\boldsymbol{\theta}|\boldsymbol{\theta}^{(m)})$$

这里

$$\begin{aligned} \widetilde{Q}(\boldsymbol{\theta}|\boldsymbol{\theta}^{(m)}) &= \sum_{s_t\in\mathbb{Q},t=1}^{T} P(O,S|\boldsymbol{\theta}^{(m)})\ln L(\boldsymbol{\theta}) \\ &= \sum_{s_1\in\mathbb{Q}} P(O,S|\boldsymbol{\theta}^{(m)})\ln\pi_{s_1} + \sum_{s_t\in\mathbb{Q},t=1}^{T} P(O,S|\boldsymbol{\theta}^{(m)})\left(\sum_{t=1}^{T-1}\ln p_{s_t,s_{t+1}}\right) + \\ &\quad \sum_{s_t\in\mathbb{Q},t=1}^{T} P(O,S|\boldsymbol{\theta}^{(m)})\left(\sum_{t=1}^{T}\ln b_{s_t}(o_t)\right) \\ &= \sum_{k=1}^{K} P(O,s_1=q_k|\boldsymbol{\theta}^{(m)})\ln\pi_{s_1} + \end{aligned}$$

$$
\begin{aligned}
&\sum_{k=1}^{K}\sum_{j=1}^{K}P(O,s_t=q_k,s_{t+1}=q_j|\boldsymbol{\theta}^{(m)})\left(\sum_{t=1}^{T-1}\ln p_{s_t,s_{t+1}}\right)+\\
&\sum_{k=1}^{K}P(O,s_t=q_k|\boldsymbol{\theta}^{(m)})\left(\sum_{t=1}^{T}\ln b_{s_t}(o_t)\right)\\
=&\sum_{k=1}^{K}P(O,s_1=q_k|\boldsymbol{\theta}^{(m)})\ln\pi_k+\sum_{k=1}^{K}\sum_{j=1}^{K}\sum_{t=1}^{T-1}P(O,s_t=q_k,s_{t+1}=q_j|\boldsymbol{\theta}^{(m)})\ln p_{kj}+\\
&\sum_{k=1}^{K}\sum_{t=1}^{T}P(O,s_t=q_k|\boldsymbol{\theta}^{(m)})\ln b_k(o_t)
\end{aligned}
$$

M 步中的极大化

$\widetilde{Q}(\boldsymbol{\theta}|\boldsymbol{\theta}^{(m)})$ 所展开的 3 项，第一项只包含初始状态分布向量的元素，第二项只包含转移概率矩阵的元素，第三项只包含观测矩阵的元素，因此可以分为 3 个优化问题求解参数。

(1) 初始状态分布 $\boldsymbol{\pi}$ 的求解：

$$
\begin{aligned}
&\max_{\boldsymbol{\pi}}\quad Q_1(\boldsymbol{\pi}|\boldsymbol{\theta}^{(m)})=\sum_{k=1}^{K}P(O,s_1=q_k|\boldsymbol{\theta}^{(m)})\ln\pi_k\\
&\text{s.t.}\quad 0\leqslant\pi_k\leqslant 1,\quad \sum_{k=1}^{K}\pi_k=1
\end{aligned}
$$

结合常规约束，构造拉格朗日函数：

$$
L_1(\boldsymbol{\pi})=\sum_{k=1}^{K}P(O,s_1=q_k|\boldsymbol{\theta}^{(m)})\ln\pi_k+\lambda\left(\sum_{k=1}^{K}\pi_k-1\right)
$$

应用费马原理求解，得到

$$
\begin{cases}
\dfrac{\partial L_1(\boldsymbol{\pi})}{\partial\pi_k}=0,\ k=1,2,\cdots,K\\
\dfrac{\partial L_1(\boldsymbol{\pi})}{\partial\lambda_1}=0
\end{cases}
\Longrightarrow
\begin{cases}
\hat{\lambda}_1=-P(O|\boldsymbol{\theta}^{(m)})\\
\hat{\pi}_k=\dfrac{P(O,s_1=q_k|\boldsymbol{\theta}^{(m)})}{P(O|\boldsymbol{\theta}^{(m)})}
\end{cases}
$$

(2) 转移概率矩阵 $\boldsymbol{P}$ 的求解：

$$
\begin{aligned}
&\max_{\boldsymbol{P}}\quad Q_2(\boldsymbol{P}|\boldsymbol{\theta}^{(m)})=\sum_{k=1}^{K}\sum_{j=1}^{K}\sum_{t=1}^{T-1}P(O,s_t=q_k,s_{t+1}=q_j|\boldsymbol{\theta}^{(m)})\ln p_{kj}\\
&\text{s.t.}\quad 0\leqslant p_{kj}\leqslant 1,\quad \sum_{j=1}^{K}p_{kj}=1,\quad k=1,2,\cdots,K
\end{aligned}
$$

类似于初始概率分布向量的求解，可以得到估计参数

$$
p_{kj}=\frac{\displaystyle\sum_{t=1}^{T-1}P(O,s_t=q_k,s_{t+1}=q_j|\boldsymbol{\theta}^{(m)})}{\displaystyle\sum_{t=1}^{T-1}P(O,s_t=q_k|\boldsymbol{\theta}^{(m)})}
$$

(3) 观测矩阵 $\boldsymbol{B}$ 的求解：

$$\max_{\boldsymbol{P}} \quad Q_3(\boldsymbol{B}|\boldsymbol{\theta}^{(m)}) = \sum_{k=1}^{K}\sum_{t=1}^{T} P(O, s_t = q_k|\boldsymbol{\theta}^{(m)}) \ln b_k(o_t)$$

$$\text{s.t.} \quad 0 \leqslant b_{ki} \leqslant 1, \quad \sum_{i=1}^{M} b_{ki} = 1, \quad k = 1, 2, \cdots, K$$

类似于初始概率分布向量的求解，可以得到估计参数

$$b_{ki} = \frac{\sum_{t=1}^{T} P(O, s_t = q_k|\boldsymbol{\theta}^{(m)}) I(o_t = v_i)}{\sum_{t=1}^{T} P(O, s_t = q_k|\boldsymbol{\theta}^{(m)})}$$

式中，$I(o_t = v_i)$ 是示性函数，只有当 $o_t = v_i$ 时取 1，其他情况取 0。

隐马尔可夫模型参数估计的 Baum-Welch 算法流程如下。

隐马尔可夫模型参数估计的 Baum-Welch 算法

输入：观测序列 O，隐马尔可夫模型结构。

输出：参数 $\boldsymbol{\theta} = (\boldsymbol{\pi}, \boldsymbol{P}, \boldsymbol{B})$。

(1) 给定初始参数 $\boldsymbol{\theta}^{(0)}$。

(2) 根据第 m 轮迭代的参数估计值 $\boldsymbol{\theta}^{(m)}$，更新参数

$$\begin{cases} \hat{\pi}_k = \dfrac{P(O, s_1 = q_k|\boldsymbol{\theta}^{(m)})}{P(O|\boldsymbol{\theta}^{(m)})}, \quad k = 1, 2, \cdots, K \\ p_{kj} = \dfrac{\sum_{t=1}^{T-1} P(O, s_t = q_k, s_{t+1} = q_j|\boldsymbol{\theta}^{(m)})}{\sum_{t=1}^{T-1} P(O, s_t = q_k|\boldsymbol{\theta}^{(m)})}, \quad k, j = 1, 2, \cdots, K \\ b_{ki} = \dfrac{\sum_{t=1}^{T} P(O, s_t = q_k|\boldsymbol{\theta}^{(m)}) I(o_t = v_i)}{\sum_{t=1}^{T} P(O, s_t = q_k|\boldsymbol{\theta}^{(m)})}, \quad k = 1, 2, \cdots, K;\ i = 1, 2, \cdots, M \end{cases}$$

(3) 重复迭代，直到收敛，输出参数 $\boldsymbol{\theta}^*$。

10.4 本章小结

1. EM 算法的核心是极大似然法，常用于处理不完全数据。EM 算法的 E 步表示期望，在这一阶段以期望表示迭代的目标函数

$$Q(\boldsymbol{\theta}|\boldsymbol{\theta}^{(m)}) = E_{Z|Y,\boldsymbol{\theta}^{(m)}} [\ln P(Y, Z|\boldsymbol{\theta})]$$

M 步表示极大值，在这一阶段通过最大化目标函数估计参数。

$$\boldsymbol{\theta}^{(m+1)} = \arg\max_{\boldsymbol{\theta}} Q(\boldsymbol{\theta}|\boldsymbol{\theta}^{(m)})$$

2. EM 算法的似然函数序列和参数都具有一定的收敛性，可收敛至稳定值。但是，选取不同的初值得出的最终参数可能会不相同，因此常用的方法是选取不同的初值进行迭代，然后对各方案加以比较，从中选出最好的。

3. EM 算法的应用十分广泛，高斯混合模型和隐马尔可夫模型的参数估计都可以采用 EM 算法。

10.5　习题

10.1　通过 EM 算法的步骤，写出求解硬币盲盒例子的代码，计算初始值为

$$\hat{\theta}_A^{(0)} = 0.3,\ \ \hat{\theta}_B^{(0)} = 0.9$$

迭代输出的参数结果。

10.2　如果例 10.2 中的观测序列为

$$O = \{正面, 反面, 正面, 正面, 正面, 反面, 反面, 正面, 正面, 反面\}$$

请通过 Baum-Welch 算法估计该隐马尔可夫模型的初始状态分布、转移概率矩阵和观测矩阵。

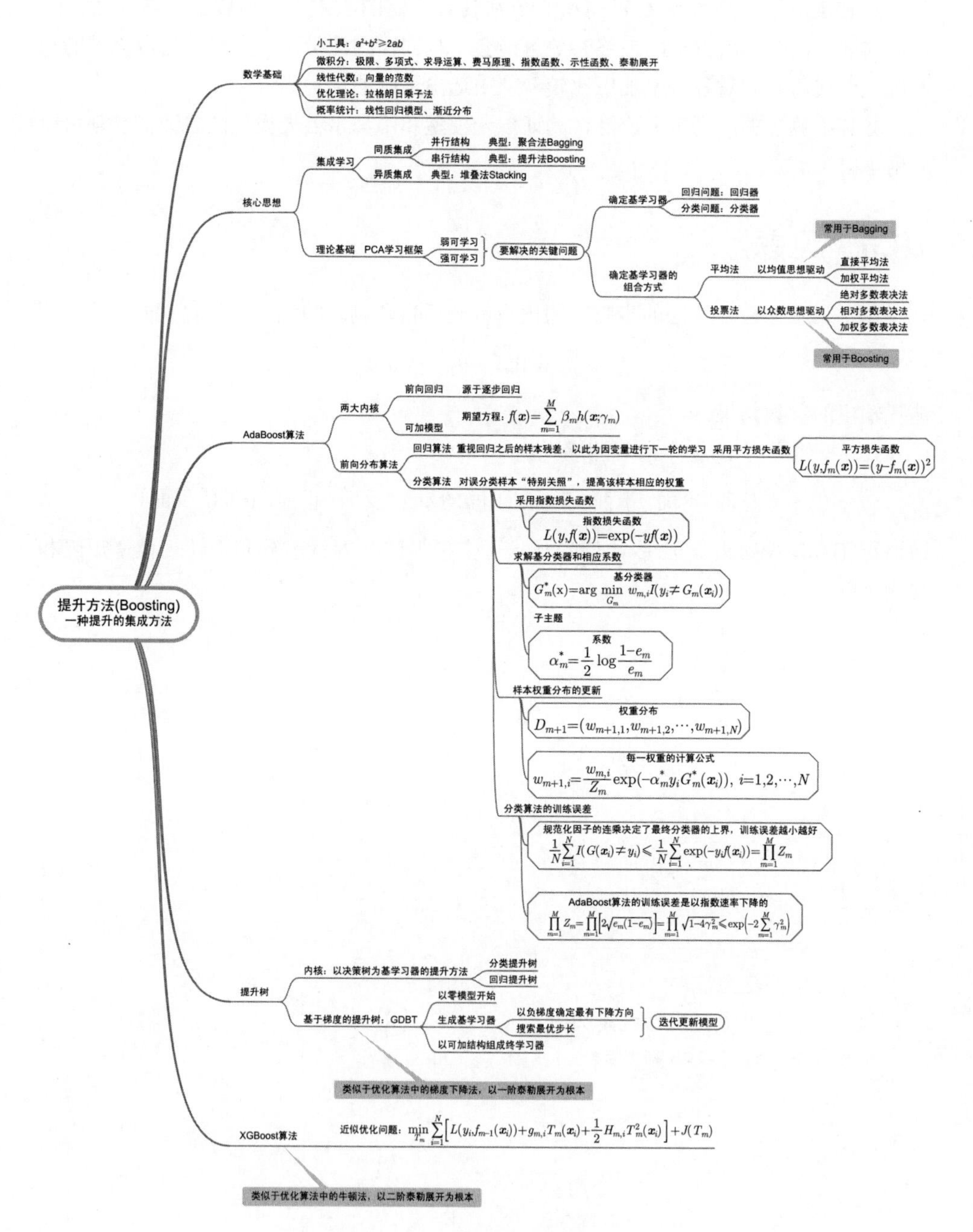

第 11 章　提升方法思维导图

第11章 提升方法

我学习了一生，现在我还在学习，而将来，只要我还有精力，我还要学习下去。

——别林斯基

在 Valian 提出 PAC 学习框架之后，Schapire 于 1990 年率先构造出提升（Boosting）方法的雏形。可以说，Boosting 方法是一种串行结构的集成学习方法。具体来讲，Boosting 方法是一种迭代式的提升方法，其核心思想在于每一轮有针对地学习“做的不够好”的地方，如同一个查漏补缺的过程。本章首先介绍集成思想与 PAC 框架，然后围绕提升的目的，从 AdaBoost 起步，介绍提升树与 GBDT 算法，最后拓展至在各类算法比赛中非常热门的 XGBoost 算法。

11.1 提升方法（Boosting）是一种集成学习方法

11.1.1 什么是集成学习

集大成也者，金声而玉振之也。

——《孟子·万章（下）》

集成这一思想来源于生活。有时候，仅仅为了模型的精度，通常会训练非常复杂的模型，如果是单模型，泛化能力往往较差，怎么办？

> **红歌《团结就是力量》**
>
> 团结就是力量　团结就是力量
>
> 这力量是铁　这力量是钢
>
> 比铁还硬　比钢还强

听完一曲《团结就是力量》，没准儿就找到了灵感。如同谚语所说“三个臭皮匠顶个诸葛亮”，对一个复杂任务而言，多个专家的判断是要强于任何一个单独专家的判断的。换言之，我们不妨考虑多个模型的集成，集思广益，完成任务。此处，多个“专家”代表多个基础学习模型[①]，将多个模型方法结合在一起，就是集成学习。一般

① 本章简称基础学习器为基学习器。

地，集成学习方法分为同质集成和异质集成。到底是同质还是异质集成，取决于基础学习模型是否是同一类型的。

同质集成采用同一种类型的基学习器集成而得，根据其内部结构可以分成两种：并行结构和串行结构。

(1) 并行方法，意味着基学习器同时进行，主要指聚合（Bagging）算法。

以“三个臭皮匠顶个诸葛亮”这句谚语来说明。假设甲方战营有 3 支队伍攻向乙方城池，3 支队伍同时从 3 个方向进攻，队伍获胜的概率分别是 0.60、0.55、0.45，只要甲方有队伍获胜，即可占领城池取得胜利。根据概率，最终获胜的概率是

$$1-(1-0.60)(1-0.55)(1-0.45)=0.90$$

也就是说，虽然每支队伍的获胜概率不高，但总的来说甲方胜利的概率高达 90%，可不就顶了个诸葛亮了么。

回到聚合算法上，以分类问题为例，聚合算法的核心在于每次对数据有放回的抽样，产生具有固定数量的采样集。通常，采用 Boostrap 法抽样，然后针对每一采样集训练基分类器，最终以一定的组合方式生成终分类器。随机森林就是这个原理，每个基学习器就是一棵决策树，集木成林，如图 11.1 所示。

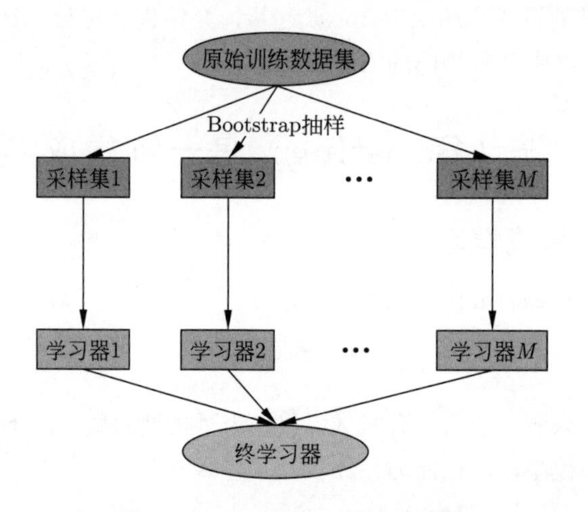

图 11.1　Bagging 算法示意图

(2) 串行方法，意味着通过基学习器一轮一轮地依次提升，主要指提升（Boosting）算法。

仍以“三个臭皮匠顶个诸葛亮”来说明。若乙方守城战士较少，只有一支队伍，甲方有 3 支队伍，采用车轮战的战术。假定甲方每支队伍依次作战，根据上一轮的情况找到乙方队伍的弊端，并且消耗对方战力，每轮作战结束都可以在原有基础上提升战斗方案，如果每轮的胜算分别为 0.7、0.8、0.9，从概率变化趋势来看，甲方则实现步步提升式的攻城策略。

Boosting 算法的示意图如图 11.2 所示。对于一个原始训练数据集而言，可以根据上一轮基学习器的训练结果，更新数据集，然后继续新一轮的学习，如此一轮一轮地训练下来。最终，将这些基学习器集成在一起得到终学习器。

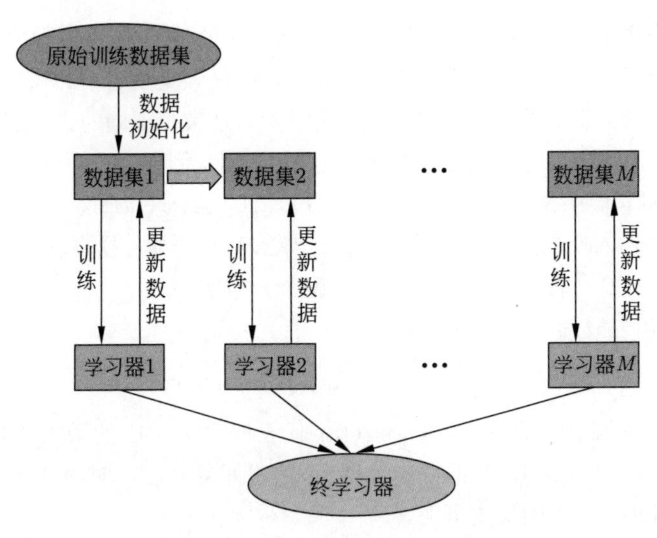

图 11.2 Boosting 算法示意图

异质集成，采用不同种类型的基学习器，类似于同质集成，其内部结构也可以分成两种。最典型的异质学习就是堆叠法（Stacking），顾名思义，就是堆栈，结合这一计算机术语理解，表示将上一轮计算的结果经过处理之后输入下一轮，然后一轮轮地训练下去。堆叠法的特色是取长补短，希望强强联手，从不同的角度出发，考虑不同的模型，进行汇总和学习。

11.1.2 强可学习与弱可学习

为保证一系列基学习器能够合成最终的强学习器，需要一定的理论支持，即 PAC 学习框架。

PCA 是 Probably Approximately Correct 的缩写，意味着概率渐近正确，即通过概率极限来描述正确率。Leslie Valiant 于 1984 年提出 PCA 学习框架，并因此而获得图灵奖。接下来我们引入 PCA 学习框架的定义。

定义 11.1 (PCA 学习框架) 如果存在一个算法 $\mathcal{A}$ 以及一个多项式函数 $\text{Poly}(\cdot,\cdot,\cdot,\cdot)$ 使得对于任意 $\epsilon > 0$ 和 $\delta > 0$，对于输入空间 $\mathcal{X}$ 上定义的所有分布 $\mathcal{D}$，以及概念类 $\mathcal{C}$ 上任意的目标概念 $c \in \mathcal{C}$，对于样本量满足 $N > \text{Poly}(1/\epsilon, 1/\delta, p, \text{size}(c))$ 的任意训练集，都有

$$P_{\mathcal{S}\sim\mathcal{D}^N}[R(h) \leqslant \epsilon] \geqslant 1-\delta \tag{11.1}$$

成立，则表明算法 $\mathcal{A}$ 的复杂度由多项式 $\text{Poly}(1/\epsilon, 1/\delta, p, \text{size}(c))$ 决定，称概念类 $\mathcal{C}$ 是 PCA 可学习的。$\mathcal{A}$ 被称作概念类 $\mathcal{C}$ 的 PCA 可学习算法。

逐一解释定义中出现的数学符号：

- c 表示从输入空间 $\mathcal{X}$ 到输出空间 $\mathcal{Y}$ 的映射。为更加一般化，我们称这样的映射为概念。相应地，概念的集合，我们称为概念类，记作 $\mathcal{C}$，通常表示希望学习的所有概念。

- 若给定算法 $\mathcal{A}$，它所考虑的所有可能概念的集合称为假设空间，记作 $\mathcal{H}$。与 $\mathcal{C}$ 相比，$\mathcal{C}$ 就是上帝视角下的概念类，$\mathcal{H}$ 是人类视角下的概念类，因为无法预知上帝创世时的真实概念类 $\mathcal{C}$，所以两者通常是不同的。h 是 $\mathcal{H}$ 中的元素。
- $\mathcal{S}$ 是观测样本，如果上帝用的概念是 c，观测实例记为 $\{\boldsymbol{x}_1,\boldsymbol{x}_2,\cdots,\boldsymbol{x}_N\}$，则观测到的样本为 $\mathcal{S}=\{(\boldsymbol{x}_1,c(\boldsymbol{x}_1)),(\boldsymbol{x}_2,c(\boldsymbol{x}_2)),\cdots,(\boldsymbol{x}_N,c(\boldsymbol{x}_N))\}$。
- $\mathcal{D}$ 代表输入变量的分布，若训练集中包含 N 个样本，样本联合分布则是 N 维的。$\mathcal{S}\sim\mathcal{D}^N$ 表示观测样本 $\mathcal{S}$ 服从联合分布 $\mathcal{D}^N$。
- $R(h)$ 代表概念 h 的泛化误差，即

$$R(h)=P_{\boldsymbol{x}\sim\mathcal{D}^N}[h(\boldsymbol{x})\neq c(\boldsymbol{x})]$$

- p 代表输入空间 $\mathcal{X}$ 的维度，$\text{size}(c)$ 代表概念 $c\in\mathcal{C}$ 的最大代价，添加上参数 $\epsilon>0$ 和 $\delta>0$，共同决定算法 $\mathcal{A}$ 的时间复杂度，时间复杂度以多项式函数 $\text{Poly}(\cdot,\cdot,\cdot,\cdot)$ 的形式呈现。

定义中的不等式 (11.1)，不等号左边表示错误率非常小的概率，不等号右边表示接近 1 的概率下界。这意味着，如果错误率足够小，在极限的情况下，泛化学习的错误率为零就渐近变成必然事件。对于样本量为 N 的训练集，如果对于复杂度满足 $N>\text{Poly}(1/\epsilon,1/\delta,p,\text{size}(c))$ 的算法 $\mathcal{A}$ 而言，不等式 (11.1) 成立，即表示错误率依概率为零，则 $\mathcal{A}$ 是 PAC 可学习的算法。这也是强可学习的理论。

既然有强可学习，相对而言，也有弱可学习。简单来说，弱可学习就是指用了学习器比一无所知的时候纯粹靠猜效果要好。Ehrenfeucht 等 1989 年提出，可以通过弱可学习组合成为强可学习。这就是集成法的内核，关键要解决的问题有两个：

(1) 确定一系列弱可学习的学习器，即基学习器。

(2) 将弱可学习的学习器组合成强可学习。

基学习器的选取，可以根据问题的不同决定，分类问题采用分类器，回归问题采用回归器。典型的组合策略有平均法和投票法。

(1) 平均法以均值思想为驱动，分为直接平均法和加权平均法，常用于聚合（Bagging）算法。若学习得到 M 个基学习器 $h_1,h_2,\cdots,h_M$，终学习器记作 f_M。

- 直接平均法：

$$f_M(\boldsymbol{x})=\frac{1}{M}\sum_{m=1}^{M}h_m(\boldsymbol{x})$$

- 加权平均法：

$$f_M(\boldsymbol{x})=\sum_{m=1}^{M}w_m h_m(\boldsymbol{x})$$

式中，$w_m\geqslant 0$ 是基学习器 h_m 的权重，且满足 $\sum\limits_{m=1}^{M}w_m=1$，使得误差降至最低。

(2) 投票法以众数思想为驱动，分为绝对多数表决法、相对多数表决法和加权多数表决法，常用于提升（Boosting）算法。下面以分类问题为例介绍 3 种方法。

- 绝对多数表决法：仍然是少数服从多数，但是要求胜出的类别必须超过一半的票数，否则无效。
- 相对多数表决法：无“必须超过一半票数”的限制，比绝对多数表决法更加灵活。
- 加权多数表决法：在相对多数表决法的基础上，添加权重信息，例如本章介绍的 AdaBoost 分类算法就是采用这种策略组合基分类器的。

11.2　起步于 AdaBoost 算法

AdaBoost 算法是一种具有适应性的（Adaptive）提升算法，由 Freund 和 Schapire 于 1999 年提出，根据弱分类器的误差率，有目的地进行适应性提升。AdaBoost 算法的两大内核在于可加模型和前向回归的思想。可加模型思想决定了 AdaBoost 算法的结构，而前向回归思想则提供了 AdaBoost 算法的提升策略。

11.2.1　两大内核：前向回归和可加模型

1. 前向回归

前向回归思想来自于回归分析，在第 2 章中，若模型含有 p 个自变量 $X_1, X_2, \cdots, X_p$，因变量 Y，多元线性回归模型可以写作

$$E(Y) = \beta_0 + X_1\beta_1 + X_2\beta_2 + \cdots + X_p\beta_p$$

如何从 p 个自变量中选出对因变量 Y 线性影响最大的变量呢？单纯比较每个自变量前的回归系数 β_j 是不合理的，因为系数会受到量纲的影响。线性相关系数可以无视量纲，但是只能度量每一个自变量对因变量的单一线性关系。我们需要考虑的是，多个自变量对因变量的综合线性影响，最笨的办法就是以 p 个自变量的所有可能组合构成模型，共有 2^p 种线性回归模型，然后全部尝试一遍，选出效果最好的那个。但问题在于，如果 p 很大，则整个过程的工作量也是巨大的。

20 世纪 60 年代，Efroymson 想出一个巧妙的方法，将迭代思想融入自变量的选择与模型估计，提出逐步回归（Stepwise Regression）方法。逐步回归中包括前向回归和后向回归。顾名思义，前向思想就如同超级玛丽一层层爬楼梯似的，逐步升级越来越高。首先构造一个零模型，不包含任何自变量，然后分别将变量引入，选取效果最好的模型，常用来判断效果的有 AIC 准则、BIC 准测、F 检验等。当确定一轮之中的最优模型之后，再进行下一轮，若效果比上一轮的模型更好则继续，否则停止，直到不能再引入变量为止。后向思想，则从包含所有自变量的全模型开始，一轮轮剔除变量，直到无自变量可被剔除为止。逐步回归结合了前向思想和后向思想，一边添加自变量一边考查是否存在多余的自变量可以被剔除，恰似回顾初心，笃定前行。

> **先贤的智慧**
>
> 子曰：温故而知新，可以为师矣！

> 子曰：学而时习之，不亦说乎！
> 曾子曰：吾日三省吾身！

2. 可加模型

可加模型（Additive Model）是一种非参数模型，可以将其看作多元回归模型的一般化形式。例如在多元线性回归中，自变量和因变量之间局限于线性关系，可加模型不受此限制，不需要假设模型具有某种特定的函数形式，因此十分灵活。

若终模型是 M 个未知基函数 $h(\boldsymbol{x};\gamma_m)$ $(m=1,2,\cdots,M)$ 的线性组合，则模型的期望方程可以表示为

$$f(\boldsymbol{x})=\beta_1 h(\boldsymbol{x};\gamma_1)+\beta_2 h(\boldsymbol{x};\gamma_2)+\cdots+\beta_M h(\boldsymbol{x};\gamma_M)=\sum_{m=1}^{M}\beta_m h(\boldsymbol{x};\gamma_m)$$

式中，γ_m $(m=1,2,\cdots,M)$ 是决定基函数的参数；β_m $(m=1,2,\cdots,M)$ 是基函数前面的线性系数。基函数的形式可根据目的需求确定，如线性基函数、正余弦基函数、多项式基函数、树结构基函数等。

11.2.2 AdaBoost 的前向分步算法

AdaBoost 算法不仅可以处理分类问题，还可以用于回归问题。可以说，AdaBoost 是一种模型迭代的前向分步算法。给定训练数据集 $T=\{(\boldsymbol{x}_1,y_1),(\boldsymbol{x}_2,y_2),\cdots,(\boldsymbol{x}_N,y_N)\}$，其中 $\boldsymbol{x}_i\in\mathcal{X}\subseteq\mathbb{R}^p$，$y_i\in\mathcal{Y}$，$i=1,2,\cdots,N$，记 $h(\boldsymbol{x};\gamma_m)$ 是第 m 轮生成的学习器，模型迭代公式为

$$f_m(\boldsymbol{x})=f_{m-1}(\boldsymbol{x})+\beta_m h(\boldsymbol{x};\gamma_m),\quad m=1,2,\cdots,M$$

式中，$f_0(\boldsymbol{x})$ 是初始模型。若在历经 M 轮学习后得到终学习器，最终模型为

$$f_M(\boldsymbol{x})=\sum_{m=1}^{M}\beta_m h(\boldsymbol{x};\gamma_m)$$

用以选取最佳模型的损失函数记为 $L(y_i,f(\boldsymbol{x}_i))$，在前向算法中，每一轮将引入一个基学习器，第 m 轮需要解决的优化问题是

$$\min_{\beta_m,\gamma_m}\sum_{i=1}^{N}L\left(y_i,f_{m-1}(\boldsymbol{x}_i)+\beta_m h(\boldsymbol{x}_i,\gamma_m)\right)$$

式中，$f_{m-1}(\boldsymbol{x}_i)$ 是第 $m-1$ 轮得到的模型。

前向分步算法流程如下。

> **前向分步算法**
>
> 输入：训练数据集 $T=\{(\boldsymbol{x}_1,y_1),(\boldsymbol{x}_2,y_2),\cdots,(\boldsymbol{x}_N,y_N)\}$，其中 $\boldsymbol{x}_i\in\mathcal{X}\subseteq\mathbb{R}^p$，$y_i\in\mathcal{Y}$，$i=1,2,\cdots,N$；损失函数为 $L(\boldsymbol{x},f(\boldsymbol{x}))$，其中 $f(\boldsymbol{x})$ 是待计算损失的模型；基函数为 $h(\boldsymbol{x},\gamma)$：$\mathcal{X}\rightarrow\mathcal{Y}$，其中 γ 是基函数参数。

输出：终模型。

(1) 初始化模型 $f_0(\boldsymbol{x})=0$。

(2) 生成一系列基学习器，$m=1,2,\cdots,M$。

① 求解优化问题

$$\min_{\beta_m,\gamma_m}\sum_{i=1}^{N}L\left(y_i,f_{m-1}(\boldsymbol{x}_i)+\beta_m h(\boldsymbol{x}_i,\gamma_m)\right)$$

得到第 m 轮基学习器的参数 β_m^* 和系数 γ_m^*。

② 更新模型

$$f_m(\boldsymbol{x})=f_{m-1}(\boldsymbol{x})+\beta_m^* h(\boldsymbol{x},\gamma_m^*)$$

(3) 终模型：

$$f_M^*(\boldsymbol{x})=\sum_{m=1}^{M}\beta_m^* h(\boldsymbol{x};\gamma_m^*)$$

如果是分类问题，对于一个原始训练数据集而言，可以根据上一轮基分类器的训练结果，更新样本权重。具体而言，如果某个样本被误分类，就对这一样本“特别关照”，提高该样本相应的权重。接着，对训练数据集采用更新后的权重分布训练基分类器，如此一轮一轮地训练下来。最终，将这些基分类器集成在一起，通常采用加权多数表决的策略得到终分类器，如图 11.3 所示。如果是回归问题，每一轮需要重视的就是样本残差，因此将数据更新为样本残差进行下一轮的学习，直到满足误差需求，最终将基回归器集成在一起得到终回归器，如图 11.4 所示。

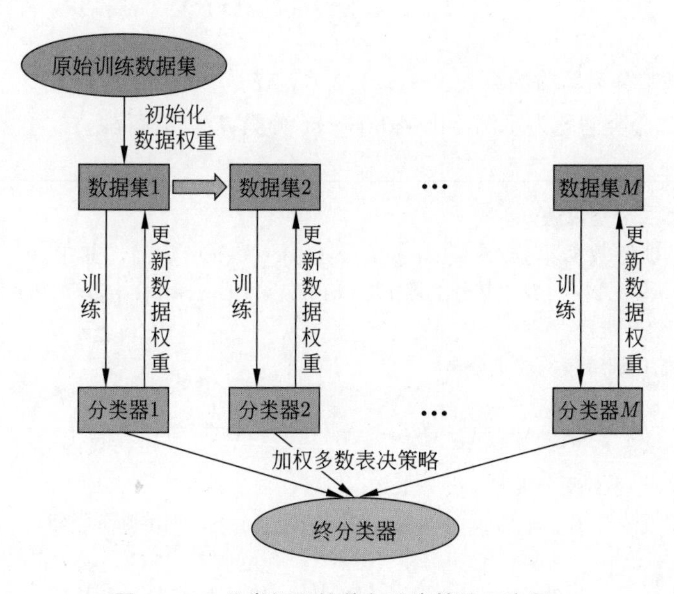

图 11.3 分类问题的前向分步算法示意图

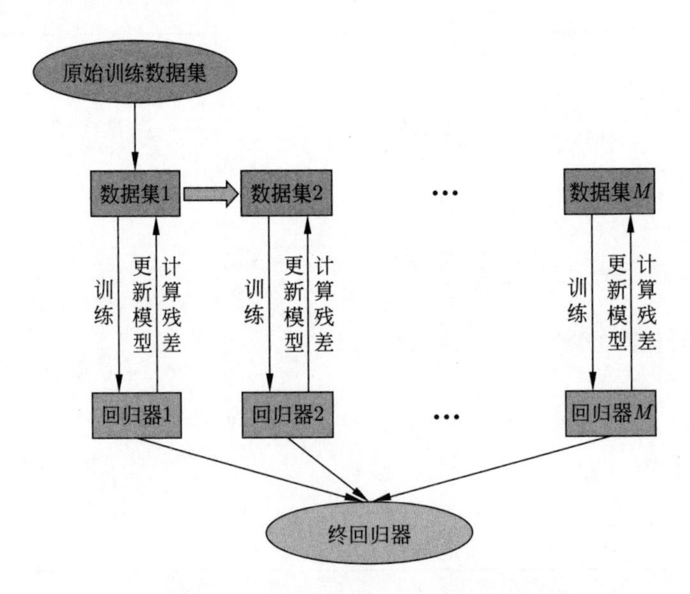

图 11.4 回归问题的前向分步算法示意图

11.2.3 AdaBoost 分类算法

如果待解决的是分类问题，损失函数采用指数损失，基函数采用分类器，就可以得到 AdaBoost 分类算法。

基分类器记为 $G_m(\boldsymbol{x})$，$m=1,2,\cdots,M$，则最终模型

$$f(\boldsymbol{x})=\sum_{m=1}^{M}\alpha_m G_m(\boldsymbol{x})$$

式中，α_m 是基分类器前的系数，$m=1,2,\cdots,M$。

下面以二分类问题为示例给出 AdaBoost 分类算法的流程。

AdaBoost 二分类算法

输入：训练数据集 $T=\{(\boldsymbol{x}_1,y_1),(\boldsymbol{x}_2,y_2),\cdots,(\boldsymbol{x}_N,y_N)\}$，其中 $\boldsymbol{x}_i\in\mathbb{R}^p$，$y_i\in\{+1,-1\}$，$i=1,2,\cdots,N$，基分类器 $G_m(\boldsymbol{x})$：$\mathcal{X}\to\{-1,+1\}$，$m=1,2,\cdots,M$。

输出：终分类器。

(1) 初始化训练集的权重分布

$$D_1=(w_{1,1},\cdots,w_{1,i},\cdots,w_{1,N})=\left(\frac{1}{N},\frac{1}{N},\cdots,\frac{1}{N}\right)$$

(2) 生成一系列基分类器，$m=1,2,\cdots,M$。

① 在权重分布 $D_m=(w_{m,1},\cdots,w_{m,i},\cdots,w_{m,N})$ 下，训练基分类器，

$$\arg\min_{\alpha_m,G_m(\boldsymbol{x})}\sum_{i=1}^{N}(L(y_i,f_{m-1}(\boldsymbol{x}_i)+\alpha_m G_m(\boldsymbol{x}_i))$$

② 计算 $G_m(x)$ 在训练数据集上的分类误差率，

$$e_m = \sum_{i=1}^{N} P(G_m(\boldsymbol{x}_i) \neq y_i) = \sum_{i=1}^{N} w_{m,i} I(G_m(\boldsymbol{x}_i) \neq y_i)$$

③ 计算 $G_m(x)$ 前的系数，

$$\alpha_m = \frac{1}{2} \ln \frac{1-e_m}{e_m}$$

④ 更新训练集的权值分布，

$$D_{m+1} = (w_{m+1,1}, \cdots, w_{m+1,i}, \cdots, w_{m+1,N})$$

式中

$$w_{m+1,i} = \frac{w_{m,i}}{Z_m} \exp(-\alpha_m y_i G_m(\boldsymbol{x}_i)), \quad i = 1, 2, \cdots, N$$

规范化因子

$$Z_m = \sum_{i=1}^{N} w_{m,i} \exp(-\alpha_m y_i G_m(\boldsymbol{x}_i))$$

通过规范化因子，将权重归一化处理，以确保各样本的权重之和为 1，使得 D_{m+1} 以一个概率分布的形式出现。

(3) 以可加模型构建终分类器，

$$f(\boldsymbol{x}) = \sum_{m=1}^{M} \alpha_m G_m(\boldsymbol{x})$$

分类决策函数

$$G(\boldsymbol{x}) = \text{sign}(f(\boldsymbol{x})) = \text{sign}\left(\sum_{m=1}^{M} \alpha_m G_m(\boldsymbol{x})\right)$$

让我们从例子出发，直观感受 AdaBoost 算法一步步的适应性提升过程。

例 11.1　训练数据集如表 11.1 所示，以深度为 1 的二叉树为基分类器，根据 AdaBoost 算法学习终分类器。

表 11.1　AdaBoost 示例数据集

x	0	1	2	3	4	5	6	7	8	9
y	+1	+1	+1	−1	−1	−1	+1	+1	+1	−1

解　观察表 11.1 中的数据，只包含一个属性变量，输出变量有两个取值“+1”和“-1”，这是一个典型的二分类问题。我们不考虑复杂分类器，只采用最简单的弱分类器——深度为 1 的二叉树。也就是，对这个数据集任意切一刀，即可将其划分为左右两类，不妨形象地称之为“一刀切”。数据集中有 10 个样本，对应 9 种切法，现在要解决的问题就是每一轮如何下刀，以及切分之后的树模型。

(1) 第一轮：生成分类器 1 并更新样本权重分布。

① 初始化数据权重：在第 6 章中，我们提到等概率分布是包含信息量最大的分布，所以当一无所知时，不妨假设每个样本的权重相等，即

$$w_{1,1} = w_{1,2} = \cdots = w_{1,10} = \frac{1}{10} = 0.1$$

式中，$w_{m,i}$ 表示第 m 轮中第 i 个样本 (x_i, y_i) 的权重。样本的权重组成概率分布列，第一轮的权重分布记为

$$D_1 = (w_{1,1}, w_{1,2}, \cdots, w_{1,10})$$

② 训练分类器 1：类似于第 7 章中的树模型，这里最小的分类误差率确定切分点，类别根据多数表决策略（或者众数思想）确定。从表 11.1 可以初步看出，$x = 2.5, x = 5.5, x = 8.5$ 这 3 个切分点误判个数较少，比较这 3 个切分点的分类误差率情况，如表 11.2 所示。

3 种切法比量一番下来，可以发现，以 $x = 2.5$ 或 $x = 8.5$ 作为切分点，分类误差率最小。不妨选择 $x = 2.5$ 作为分类器 1 的切分点。分类器 1，

$$G_1(x) = \begin{cases} +1, & x < 2.5 \\ -1, & x > 2.5 \end{cases}$$

G_1 分类器的分类误差率

$$e_1 = P(G_1(x_i) \neq y_i) = 0.3$$

G_1 分类器前的系数

$$\alpha_1 = \frac{1}{2} \log \frac{1 - e_1}{e_1} = 0.4236$$

③ 更新样本权重：有针对性地调整权重，重视训练集中的误判样本，增加误判样本权重，降低正确分类的样本权重。权重根据学习器的分类误差率更新，

$$w_{2,i} = \frac{w_{1,i}}{Z_1} \exp(-\alpha_1 y_i G_1(x_i))$$

式中，

$$Z_1 = \sum_{i=1}^{N} w_{1,i} \exp(-\alpha_1 y_i G_1(x_i))$$

是规范化因子。新的权重分布

$$D_2 = (0.07143, 0.07143, 0.07143, 0.07143, 0.07143, 0.07143, 0.16667, 0.16667, 0.16667, 0.07143)$$

可以发现，更新后，被误分类的样本权重从原来的 0.1 提高到 0.16667，而被正确分类的样本权重从 0.1 降至 0.07143。

④ 第一轮模型：

$$f_1(x) = \alpha_1 G_1(x)$$

第一轮的分类决策函数：

$$\text{sign}\,[f_1(x)]$$

(2) 第二轮：生成分类器 2 并更新样本权重分布。

① 训练分类器 2：通过分类误差率选择切分点 $x = 8.5$，得到分类器 2，

$$G_2(x) = \begin{cases} +1, & x < 8.5 \\ -1, & x > 8.5 \end{cases}$$

误判样本是 $x=4,5,6$ 的实例，权重分别是 0.07143, 0.07143, 0.07143，计算第二轮的分类误差率

$$\begin{aligned}e_2 &= \sum_{i=1}^{10} w_{2,i} I(P(G_2(x_i) \neq y_i)) \\ &= 0.07143 \times 1 + 0.07143 \times 1 + 0.07143 \times 1 \\ &= 0.2143\end{aligned}$$

式中，示性函数

$$I(P(G_2(x_i) \neq y_i)) = \begin{cases} 1, & G_2(x_i) \neq y_i \\ 0, & G_2(x_i) = y_i \end{cases}$$

② 更新样本权重：

$$D_3 = (0.0455, 0.0455, 0.0455, 0.16667, 0.16667, 0.16667, 0.1060, 0.1060, 0.1060, 0.0455)$$

可以看出，对于正确分类的样本，它们的权重继续下降，而误判样本的权重继续提高。G_2 分类器前的系数

$$\alpha_2 = \frac{1}{2}\log\frac{1-e_2}{e_2} = 0.6496$$

③ 第二轮模型：

$$f_2(x) = \alpha_1 G_1(x) + \alpha_2 G_2(x) = 0.4236 G_1(x) + 0.6496 G_2(x)$$

第二轮的分类决策函数：

$$\text{sign}[f_2(x)]$$

④ 第二轮的学习效果：集成分类器 G_1 和 G_2，类别预测结果如表 11.3 所示。

(3) 第三轮：生成分类器 3 并更新样本权重分布。

① 训练学习器 3：通过分类误差率选择切分点 $x=5.5$，得到分类器 3，

$$G_3(x) = \begin{cases} -1, & x < 5.5 \\ +1, & x > 5.5 \end{cases}$$

计算第三轮的分类误差率

$$\begin{aligned}e_3 &= \sum_{i=1}^{10} w_{3,i} I(P(G_3(x_i) \neq y_i)) \\ &= 0.0455 \times 1 + 0.0455 \times 1 + 0.0455 \times 1 + 0.0455 \times 1 \\ &= 0.1820\end{aligned}$$

② G_3 分类器前的系数

$$\alpha_3 = \frac{1}{2}\log\frac{1-e_3}{e_3} = 0.7514$$

③ 第三轮的模型：

$$f_3(x) = \alpha_1 G_1(x) + \alpha_2 G_2(x) + \alpha_3 G_3(x) = 0.4236 G_1(x) + 0.6496 G_2(x) + 0.7514 G_3(x)$$

第三轮的分类决策函数：

$$\text{sign}[f_2(x)]$$

④ 第三轮的学习效果：集成学习器 G_1、G_2 和 G_3，类别预测结果如表 11.4 所示。

表 11.2　第一轮的切分

x	0	1	2	3	4	5	6	7	8	9	分类误差率
y（实际类别）	+1	+1	+1	−1	−1	−1	+1	+1	+1	−1	
w（样本权重）	0.1	0.1	0.1	0.1	0.1	0.1	0.1	0.1	0.1	0.1	
以 $x=2.5$ 切分	+1（正确）	+1（正确）	+1（正确）	−1（正确）	−1（正确）	−1（正确）	−1（错误）	−1（错误）	−1（错误）	−1（正确）	0.30
以 $x=5.5$ 切分	−1（错误）	−1（错误）	−1（错误）	−1（正确）	−1（正确）	−1（正确）	+1（正确）	+1（正确）	+1（正确）	+1（错误）	0.40
以 $x=8.5$ 切分	+1（正确）	+1（正确）	1（正确）	+1（错误）	+1（错误）	+1（错误）	+1（正确）	+1（正确）	+1（正确）	−1（正确）	0.30

表 11.3　第二轮的学习结果

x	0	1	2	3	4	5	6	7	8	9
y（实际类别）	+1	+1	+1	−1	−1	−1	+1	+1	+1	−1
$G_1(x)$	+1	+1	+1	−1	−1	−1	−1	−1	−1	−1
$G_2(x)$	+1	+1	+1	+1	+1	+1	+1	+1	+1	−1
$f_2(x)$	1.0732	1.0732	1.0732	0.226	0.226	0.226	0.226	0.226	0.226	−1.0732
类别预测	+1（正确）	+1（正确）	1（正确）	+1（错误）	+1（错误）	+1（错误）	+1（正确）	+1（正确）	+1（正确）	−1（正确）

表 11.4　第三轮的学习结果

x	0	1	2	3	4	5	6	7	8	9
y（实际类别）	+1	+1	+1	−1	−1	−1	+1	+1	+1	−1
$G_1(x)$	+1	+1	+1	−1	−1	−1	−1	−1	−1	−1
$G_2(x)$	+1	+1	+1	+1	+1	+1	+1	+1	+1	−1
$G_3(x)$	−1	−1	−1	−1	−1	−1	+1	+1	+1	+1
$f_3(x)$	0.3218	0.3218	0.3218	−0.5254	−0.5254	−0.5254	0.9774	0.9774	0.9774	−0.3218
类别预测	+1（正确）	+1（正确）	+1（正确）	−1（正确）	−1（正确）	−1（正确）	+1（正确）	+1（正确）	+1（正确）	−1（正确）

三轮提升之后，预测结果与实际值完全一致，分类误差率降为 0。 ■

在 AdaBoost 算法中，我们分别计算了分类误差率、样本权重分布以及分类器系数，接下来，根据指数损失函数解密这些计算公式。

1. 指数损失下的优化问题

在分类问题中，采用指数损失来描述预测值和真实观测值之间的误差

$$L(y, f(\boldsymbol{x})) = \exp(-yf(\boldsymbol{x}))$$

式中，y 是真实观测值；$f(\boldsymbol{x})$ 是通过分类器得到的预测值。根据前向思想，第 m 轮的模型

$$f_m(\boldsymbol{x}) = f_{m-1}(\boldsymbol{x}) + \alpha_m G_m(\boldsymbol{x})$$

计算训练集中样本关于第 m 轮模型的经验损失：

$$R_{\text{emp}}(f_m) = \sum_{i=1}^{N} \exp(-y_i f_m(\boldsymbol{x}_i))$$

通过损失最小化思想，求解系数 α_m 和基分类器 G_m，优化问题

$$\begin{aligned}\arg\min_{\alpha_m, G_m} \quad R_{\text{emp}}(f_m) &= \sum_{i=1}^{N} \exp\left[-y_i(f_{m-1}(\boldsymbol{x}_i) + \alpha_m G_m(\boldsymbol{x}_i))\right] \\ &= \sum_{i=1}^{N} \exp\left(-y_i f_{m-1}(\boldsymbol{x}_i)\right) \cdot \exp\left(-\alpha_m y_i G_m(\boldsymbol{x}_i)\right)\end{aligned} \tag{11.2}$$

式中，$\exp\left(-y_i f_{m-1}(\boldsymbol{x}_i)\right)$ 只依赖于样本和第 $m-1$ 轮的结果，简记为

$$w_{m,i} = \exp\left(-y_i f_{m-1}(\boldsymbol{x}_i)\right)$$

化简表达式 (11.2) 的目标函数，得到

$$\arg\min_{\alpha_m, G_m} \quad \sum_{i=1}^{N} w_{m,i} \exp\left(-\alpha_m y_i G_m(\boldsymbol{x}_i)\right) \tag{11.3}$$

2. G_m 和 α_m 的求解

采用两步法求解，先求解第 m 轮的基分类器 G_m，对于任意的系数 α_m，

$$G_m^*(x) = \arg\min_{G_m} w_{m,i} I(y_i \neq G_m(\boldsymbol{x}_i))$$

$G_m^*(x)$ 是使得第 m 轮加权分类误差率最小的基本分类器。

然后求解 α_m。当 $y_i = G_m(\boldsymbol{x}_i)$ 时，意味着真实类别和分类器预测值一致，分类正确，y_i 与 $G_m(\boldsymbol{x}_i)$ 的乘积为 $+1$；当 $y_i \neq G_m(\boldsymbol{x}_i)$ 时，意味着真实类别和分类器的预测值不同，分类错误，y_i 与 $G_m(\boldsymbol{x}_i)$ 的乘积为 -1。将式 (11.3) 中的目标函数记作 $Q(\alpha_m)$，

$$Q(\alpha_m) = \sum_{i=1}^{N} w_{m,i} \exp\left(-\alpha_m y_i G_m(\boldsymbol{x}_i)\right)$$

拆分为两部分：

$$
\begin{aligned}
Q(\alpha_m) &= \sum_{y_i=G_m^*(\boldsymbol{x}_i)} w_{m,i}\mathrm{e}^{-\alpha_m} + \sum_{y_i\neq G_m^*(\boldsymbol{x}_i)} w_{m,i}\mathrm{e}^{\alpha_m} \\
&= \mathrm{e}^{-\alpha_m}\left(\sum_{i=1}^{N} w_{m,i} - \sum_{y_i\neq G_m^*(\boldsymbol{x}_i)} w_{m,i}\right) + \sum_{y_i\neq G_m^*(\boldsymbol{x}_i)} w_{m,i}\mathrm{e}^{\alpha_m} \\
&= \mathrm{e}^{-\alpha_m}\sum_{i=1}^{N} w_{m,i} + \left(\mathrm{e}^{\alpha_m} - \mathrm{e}^{-\alpha_m}\right)\sum_{y_i\neq G_m^*(\boldsymbol{x}_i)} w_{m,i}
\end{aligned}
$$

根据费马原理，对 α_m 求偏导，令其为零，

$$
\frac{\partial Q}{\partial \alpha_m} = -\mathrm{e}^{-\alpha_m}\sum_{i=1}^{N} w_{m,i} + \left(\mathrm{e}^{\alpha_m} + \mathrm{e}^{-\alpha_m}\right)\sum_{y_i\neq G_m^*(\boldsymbol{x}_i)} w_{m,i} = 0 \tag{11.4}
$$

在式 (11.4) 左右两边同时乘以非零的 e^{α_m}，得到

$$
\begin{aligned}
& -\sum_{i=1}^{N} w_{m,i} + \left(\mathrm{e}^{2\alpha_m} + 1\right)\sum_{y_i\neq G_m^*(\boldsymbol{x}_i)} w_{m,i} = 0 \\
\Longrightarrow\quad & \mathrm{e}^{2\alpha_m}\sum_{y_i\neq G_m^*(\boldsymbol{x}_i)} w_{m,i} = \sum_{i=1}^{N} w_{m,i} - \sum_{y_i= G_m^*(\boldsymbol{x}_i)} w_{m,i} \\
\Longrightarrow\quad & \mathrm{e}^{2\alpha_m} = \frac{\displaystyle\sum_{y_i= G_m^*(\boldsymbol{x}_i)} w_{m,i}}{\displaystyle\sum_{y_i\neq G_m^*(\boldsymbol{x}_i)} w_{m,i}}
\end{aligned}
$$

将分类误差率拆为两部分：

$$
e_m = \sum_{i=1}^{N} P(G_m^*(\boldsymbol{x}_i)\neq y_i) = \sum_{i=1}^{N} w_{m,i} I(G_m^*(\boldsymbol{x}_i)\neq y_i) = \sum_{y_i\neq G_m^*(\boldsymbol{x}_i)} w_{m,i}
$$

于是，可以用 e_m 表示 α_m，

$$
\mathrm{e}^{2\alpha_m} = \frac{1-e_m}{e_m} \tag{11.5}
$$

对式 (11.5) 左右两边取对数，得到

$$
\alpha_m^* = \frac{1}{2}\log\frac{1-e_m}{e_m}
$$

3. 权重分布更新的内涵

在式 (11.3) 中，

$$
w_{m,i} = \exp\left(-y_i f_{m-1}(\boldsymbol{x}_i)\right)
$$

当得到 G_m^* 和 α_m^* 之后，可以更新 f_{m-1} 为 f_m，权重更新

$$
w_{m+1,i} = \exp\left(-y_i f_m(\boldsymbol{x}_i)\right)
$$

结合模型迭代公式

$$f_m(\boldsymbol{x}) = f_{m-1}(\boldsymbol{x}) + \alpha_m^* G_m^*(\boldsymbol{x})$$

可以得到

$$\begin{aligned} w_{m+1,i} &= \exp\left[-y_i(f_{m-1}(\boldsymbol{x}_i) + \alpha_m^* G_m^*(\boldsymbol{x}_i))\right] \\ &= \exp\left(-y_i f_{m-1}(\boldsymbol{x}_i)\right) \cdot \exp\left(-y_i \alpha_m^* G_m^*(\boldsymbol{x}_i)\right) \\ &= w_{m,i} \exp\left(-\alpha_m^* y_i G_m^*(\boldsymbol{x}_i)\right) \end{aligned}$$

这就是前后两轮权重更新的迭代公式。

当分类正确时，

$$w_{m+1,i} = w_{m,i}\mathrm{e}^{-\alpha_m^*}$$

我们知道，弱分类器至少要比瞎猜来得好，对于二分类问题，瞎猜的误差率是 0.5，那么学习的分类误差率一定满足 $e_m < 0.5$，相应的系数

$$\alpha_m^* = \frac{1}{2}\log\frac{1-e_m}{e_m} > 0$$

因此，$\mathrm{e}^{-\alpha_m} < 1$，意味着

$$w_{m+1,i} < w_{m,i}$$

类似地，当分类错误时，

$$w_{m+1,i} > w_{m,i}$$

也就是说，对于分类正确的样本，在新一轮的学习中权重降低；对于分类错误的样本，权重提高。其目的就是更加重视误分类样本，在学习过程中不断减少训练误差，以提升组合分类器的正确率。

为保证更新得到的权重 $w_{m+1,i}\ (i=1,2,\cdots,N)$ 以概率分布的形式出现，添加规范化因子

$$Z_m = \sum_{i=1}^{N} w_{m,i} \exp\left(-\alpha_m^* y_i G_m^*(\boldsymbol{x}_i)\right)$$

得到权重分布

$$D_{m+1} = (w_{m+1,1}, w_{m+1,2}, \cdots, w_{m+1,N})$$

其中，

$$w_{m+1,i} = \frac{w_{m,i}}{Z_m}\exp(-\alpha_m^* y_i G_m^*(\boldsymbol{x}_i)), \quad i=1,2,\cdots,N$$

11.2.4 AdaBoost 分类算法的训练误差

为解释 AdaBoost 算法的自适应性，我们引入 AdaBoost 分类算法的训练误差，终分类器的训练误差是有上界的，只要在每轮提升中找到适当的基分类器 G_m，就可以使得训练误差以更快地速度下降。

定理 11.1 (AdaBoost 算法训练误差的上界 1) AdaBoost 算法最终分类器的训练误差界为

$$\frac{1}{N}\sum_{i=1}^{N} I(G(\boldsymbol{x}_i) \neq y_i) \leqslant \frac{1}{N}\sum_{i=1}^{N}\exp(-y_i f(\boldsymbol{x}_i)) = \prod_{m=1}^{M} Z_m \tag{11.6}$$

式中，$G(x)$ 是最终分类器；N 是训练数据集样本容量；$f(x)$ 是分类模型；Z_m 是规范化因子。

证明 定理 11.1 中的示性函数

$$I(G(\boldsymbol{x}_i) \neq y_i) = \begin{cases} 1, & G(\boldsymbol{x}_i) \neq y_i \\ 0, & G(\boldsymbol{x}_i) = y_i \end{cases}$$

不等式 (11.6) 左侧的 $\sum\limits_{i=1}^{N} I(G(\boldsymbol{x}_i) \neq y_i)/N$ 表示对训练集中误分类的样本个数求平均值,正是训练误差的含义。不等式的右侧是训练误差的上界,这里 $\sum\limits_{i=1}^{N}\exp(-y_i f(\boldsymbol{x}_i))/N$ 是指数损失的平均值，$\prod\limits_{m=1}^{M} Z_m$ 是每轮规范化因子的连乘。

(1) 定理前半部分的证明。将不等式左侧训练误差拆分为两部分

$$\frac{1}{N}\sum_{i=1}^{N} I(G(\boldsymbol{x}_i) \neq y_i) = \frac{1}{N}\left(\sum_{G(\boldsymbol{x}_i)=y_i} 0 + \sum_{G(\boldsymbol{x}_i)\neq y_i} 1\right)$$

如此一来，问题转化为证明

$$\sum_{G(\boldsymbol{x}_i)=y_i} 0 \leqslant \sum_{G(\boldsymbol{x}_i)=y_i} \exp(-y_i f(\boldsymbol{x}_i))$$

$$\sum_{G(\boldsymbol{x}_i)\neq y_i} 1 \leqslant \sum_{G(\boldsymbol{x}_i)\neq y_i} \exp(-y_i f(\boldsymbol{x}_i))$$

根据终分类器 $G(\boldsymbol{x})$ 与模型 $f(\boldsymbol{x})$ 之间的关系

$$G(\boldsymbol{x}) = \mathrm{sign}(f(\boldsymbol{x})) = \begin{cases} +1, & f(\boldsymbol{x}) \geqslant 0 \\ -1, & f(\boldsymbol{x}) < 0 \end{cases}$$

分两种情况讨论:

① 当 $G(\boldsymbol{x}_i) = y_i$ 时，样本分类正确，

$$\begin{cases} y_i = +1, & f(\boldsymbol{x}_i) \geqslant 0, \text{则 } y_i f(\boldsymbol{x}_i) \geqslant 0 \\ y_i = -1, & f(\boldsymbol{x}_i) < 0, \text{则 } y_i f(\boldsymbol{x}_i) > 0 \end{cases} \Longrightarrow y_i f(\boldsymbol{x}_i) \geqslant 0$$

因此

$$0 < \exp\left(-y_i f(\boldsymbol{x}_i)\right) \leqslant 1$$

② 当 $G(\boldsymbol{x}_i) \neq y_i$ 时，样本分类错误，

$$\begin{cases} y_i = +1, \quad f(\boldsymbol{x}_i) < 0, \text{则 } y_i f(\boldsymbol{x}_i) < 0 \\ y_i = -1, \quad f(\boldsymbol{x}_i) \geqslant 0, \text{则 } y_i f(\boldsymbol{x}_i) \leqslant 0 \end{cases} \Longrightarrow y_i f(\boldsymbol{x}_i) \leqslant 0$$

因此

$$\exp\left(-y_i f(\boldsymbol{x}_i)\right) \geqslant 1$$

当样本全部错误分类时，不等式等号成立。定理前半部分得证。

(2) 定理后半部分的证明。以基分类器表示模型 $f(\boldsymbol{x})$：

$$f(\boldsymbol{x}) = \sum_{m=1}^{M} \alpha_m G_m(\boldsymbol{x})$$

得到

$$\frac{1}{N}\sum_{i=1}^{N} \exp(-y_i f(\boldsymbol{x}_i)) = \frac{1}{N}\sum_{i=1}^{N} \exp\left(-y_i \sum_{m=1}^{M} \alpha_m G_m(\boldsymbol{x}_i)\right)$$

结合权重迭代公式

$$w_{m+1,i} = \frac{w_{m,i}}{Z_m} \exp\left(-\alpha_m y_i G_m(\boldsymbol{x}_i)\right), \quad i = 1, 2, \cdots, N$$

发现

$$Z_1 w_{2,i} = w_{1,i} \exp(-\alpha_1 y_i G_1(\boldsymbol{x}_i))$$

式中，$w_{1,i} = 1/N,\ i = 1, 2, \cdots, N$。于是

$$\begin{aligned}
&\frac{1}{N}\sum_{i=1}^{N} \exp\left(-y_i \sum_{m=1}^{M} \alpha_m G_m(\boldsymbol{x}_i)\right) \\
=&\frac{1}{N}\sum_{i=1}^{N} \exp\left(-y_i \alpha_1 G_1(\boldsymbol{x}_i)\right) \exp\left(-y_i \sum_{m=2}^{M} \alpha_m G_m(\boldsymbol{x}_i)\right) \\
=&Z_1 \sum_{i=1}^{N} w_{2,i} \cdot \exp\left(-y_i \sum_{m=2}^{m} \alpha_m G_m(\boldsymbol{x}_i)\right) \\
=&Z_1 \sum_{i=1}^{N} w_{2,i} \cdot \exp\left(-y_i \alpha_2 G_2(\boldsymbol{x}_i)\right) \exp\left(-y_i \sum_{m=3}^{M} \alpha_m G_m(\boldsymbol{x}_i)\right) \\
=&Z_1 Z_2 \sum_{i=1}^{N} \exp\left(-y_i \sum_{m=3}^{M} \alpha_m G_m(\boldsymbol{x}_i)\right) \\
&\cdots\cdots \\
=&Z_1 Z_2 \cdots Z_{M-1} \sum_{i=1}^{N} w_{m,i} \exp\left(-y_i \alpha_M G_M(\boldsymbol{x}_i)\right) \\
=&\prod_{m=1}^{M} Z_m
\end{aligned}$$

■

规范化因子的连乘决定了最终分类器的上界，希望训练误差越小越好，意味着每个弱分类器 G_m 的误差率越小越好，相应的 Z_m 也就越小。通过降低每轮 G_m 的指数损失，得到最小的 Z_m，而以 Z_m 确定的权重又决定了经过多个弱分类器叠加后所得最终分类器的训练误差率，从而实现一个完美的闭环。这就是定理 11.1 的内涵。

如果继续探索下去，定理 11.1 中训练误差的上界还存在上界，这就引出定理 11.2。

定理 11.2 (AdaBoost 算法训练误差的上界 2)　*AdaBoost 算法终分类器训练误差的上界存在上界:*

$$\prod_{m=1}^{M} Z_m = \prod_{m=1}^{M} [2\sqrt{e_m(1-e_m)}] \tag{11.7}$$

$$= \prod_{m=1}^{M} \sqrt{1-4\gamma_m^2} \tag{11.8}$$

$$\leqslant \exp(-2\sum_{m=1}^{M} \gamma_m^2) \tag{11.9}$$

式中， $\gamma_m = 0.5 - e_m$。

对于定理 11.2，有两个需要解释的问题：一个是规范化因子与分类误差率有什么关系；另一个是为什么要用指数的形式表示上界的上界。对此，我们将在定理证明过程中对第一个问题给出说明，在寻找上界的过程中说明第二个问题。

证明

(1) 证明等式 (11.7)。将规范化因子拆分为两部分，

$$\begin{aligned} Z_m &= \sum_{i=1}^{N} w_{m,i} \exp(-\alpha_m y_i G_m(\boldsymbol{x}_i)) \\ &= \sum_{y_i=G_m(\boldsymbol{x}_i)} w_{m,i}\mathrm{e}^{-\alpha_m} + \sum_{y_i \neq G_m(\boldsymbol{x}_i)} w_{m,i}\mathrm{e}^{\alpha_m} \end{aligned}$$

结合误差率

$$e_m = \sum_{i=1}^{N} w_{m,i} I(y_i \neq G_m(\boldsymbol{x}_i)) = \sum_{y_i \neq G_m(\boldsymbol{x}_i)} w_{m,i}$$

得到

$$\begin{aligned} Z_m &= \sum_{y_i=G_m(\boldsymbol{x}_i)} w_{m,i}\mathrm{e}^{-\alpha_m} + \sum_{y_i \neq G_m(\boldsymbol{x}_i)} w_{m,i}\mathrm{e}^{\alpha_m} \\ &= \left(\sum_{i=1}^{N} w_{m,i} - e_m\right)\mathrm{e}^{-\alpha_m} + e_m\mathrm{e}^{\alpha_m} \\ &= (1-e_m)\mathrm{e}^{-\alpha_m} + e_m\mathrm{e}^{\alpha_m} \end{aligned}$$

根据不等式 $a^2+b^2 \geqslant 2ab$，有

$$Z_m = (1-e_m)\mathrm{e}^{-\alpha_m} + e_m\mathrm{e}^{\alpha_m} \geqslant 2\sqrt{(1-e_m)\mathrm{e}^{-\alpha_m} e_m\mathrm{e}^{\alpha_m}} = 2\sqrt{(1-e_m)e_m}$$

即

$$Z_m \geqslant 2\sqrt{(1-e_m)e_m}$$

当且仅当 $(1-e_m)\mathrm{e}^{-\alpha_m} = e_m \mathrm{e}^{\alpha_m}$ 时，不等式取等号，也就是

$$\alpha_m = \frac{1}{2}\ln\left(\frac{1-e_m}{e_m}\right)$$

时，

$$Z_m = 2\sqrt{(1-e_m)e_m}$$

这里的 α_m 恰好就是通过最小化损失得到的。式 (11.7) 得证，这也给出了规范化因子与分类误差率的关系。

(2) 证明等式 (11.8)。令 $\gamma_m = 0.5 - e_m$，可以得到

$$\begin{aligned}
2\sqrt{e_m(1-e_m)} &= 2\sqrt{e_m - e_m^2} \\
&= \sqrt{4e_m - 4e_m^2} \\
&= \sqrt{1-(4e_m^2 - 4e_m + 1)} \\
&= \sqrt{1-4(0.5-e_m)^2} \\
&= \sqrt{1-4\gamma_m^2}
\end{aligned}$$

式 (11.8) 得证。

(3) 证明不等式 (11.9)。为此，先比较两个函数的大小，e^{-2x} 与 $\sqrt{(1-4x)}$，在 $x=0$ 处对两个函数进行泰勒展开：

$$\begin{aligned}
\sqrt{1-4x} &\approx 1 - \frac{2}{1}x - \frac{4}{2!}x^2 - \frac{24}{3!}x^3 \\
\mathrm{e}^{-2x} &\approx 1 - \frac{2}{1}x + \frac{4}{2!}x^2 - \frac{8}{3!}x^3
\end{aligned}$$

对展开式中的各项逐一比较，除在零阶和一阶处的展开项完全相等，e^{-2x} 函数二阶之后的展开项都大于 $\sqrt{1-4x}$ 的展开项，因此

$$\sqrt{1-4x} \leqslant \mathrm{e}^{-2x} \tag{11.10}$$

当且仅当 $x=0$ 时，取等号。在不等式 (11.10) 的辅助下，式 (11.9) 得证。 ■

不过，为什么式 (11.9) 中的上界要以指数的形式表示呢？为此，我们开启寻找上界的上界之旅。如图 11.5 所示，当 $0 \leqslant x \leqslant 0.25$ 时，可以明显发现 $y=\sqrt{1-4x}$ 曲线在 $y=\mathrm{e}^{-2x}$ 曲线下方，直观展示不等式 (11.10) 的成立。那么，能否找到一条曲线，使得它们也在 $x=0$ 处相切，并且高于 $\sqrt{1-4x}$ 曲线呢？

继续画图，果真找到一条这样的曲线，图 11.5 中 $y=1-\ln(1+2x)$ 就可以满足条件

$$\sqrt{1-4x} \leqslant 1-\ln(1+2x) \leqslant \mathrm{e}^{-2x}$$

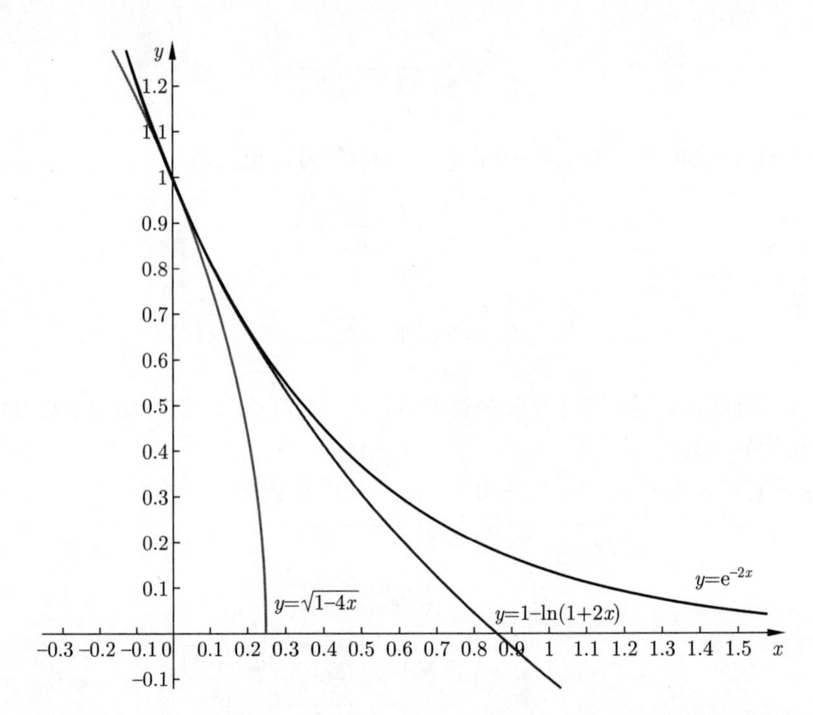

图 11.5　3 条函数曲线：$y = \sqrt{1-4x}$，$y = 1 - \ln(1+2x)$ 和 $y = \mathrm{e}^{-2x}$

这个发现是否意味着一个新的定理即将诞生呢？将不等式应用于上界，

$$\prod_{m=1}^{M} \sqrt{1-4\gamma_m^2} \leqslant \prod_{m=1}^{M} (1 - \ln(1+2\gamma_m^2)) \tag{11.11}$$

可以发现，不等式 (11.11) 右侧表达式十分复杂，无法继续化简，只能放弃提出新定理。本书 6.8节提到对数的妙用，既然对数可以化连乘为求和，不妨大胆猜测上界的上界是指数形式的。接下来，小心求证。取指数函数 $y = \mathrm{e}^{ax}$，为使得函数 $y = \sqrt{1-4x}$ 与 $y = \mathrm{e}^{ax}$ 在 $x = 0$ 处相切，分别对两个函数求导：

$$(\sqrt{1-4x})'|_{x=0} = -2(1-4x)^{-\frac{1}{2}}|_{x=0} = -2, \quad (\mathrm{e}^{ax})'|_{x=0} = a\mathrm{e}^{ax}|_{x=0} = a$$

得到 $a = -2$，从而找到化简后的上界

$$\prod_{m=1}^{M} \sqrt{1-4\gamma_m^2} \leqslant \prod_{m=1}^{M} \mathrm{e}^{-2\gamma_m^2} = \exp\left(-2\sum_{m=1}^{M}\gamma_m^2\right)$$

定理 11.2 表明，AdaBoost 的训练误差是以指数速率下降的。结合定理 11.2，可以得到以下推论。

推论 11.1　如果存在 $\gamma > 0$ 对所有的 m 有 $\gamma_m \geqslant \gamma$，则

$$\frac{1}{N}\sum_{i=1}^{N} I(G(\boldsymbol{x}_i) \neq y_i) \leqslant \exp(-2M\gamma^2)$$

11.3 提升树和 GBDT 算法

提升树（Boosting Tree）是以决策树为基学习器的提升方法，集树模型、可加结构、前向回归于一体。一般而言，提升树以 CART 为基学习器。具体而言，对于分类问题，损失函数常采用指数损失，以 CART 分类树为基分类器；对于回归问题，损失函数常采用平方损失，以 CART 回归树为基分类器。在 AdaBoost 分类算法中，例 11.1 就是以 CART 分类树为基学习器的，故本节对分类提升树不做过多说明，主要介绍回归提升树。

11.3.1 回归提升树

给定训练数据集 $T=\{(\boldsymbol{x}_1,y_1),(\boldsymbol{x}_2,y_2),\cdots,(\boldsymbol{x}_N,y_N)\}$，其中，$\boldsymbol{x}_i\in\mathcal{X}\subseteq\mathbb{R}^p$，$y_i\in\mathcal{Y}\subseteq\mathbb{R}$，$i=1,2,\cdots,N$，第 m 轮的回归树记作 $T(\boldsymbol{x};\theta_m)$，其中 θ_m 是回归树参数。损失函数记作 $L(y,f(\boldsymbol{x}))$，根据前向分步算法，模型的迭代公式为

$$f_m(x)=f_{m-1}(x)+T(\boldsymbol{x};\theta_m)$$

平方损失函数为

$$\begin{aligned}L(y,f_m(\boldsymbol{x}))&=(y-f_m(\boldsymbol{x}))^2\\&=(y-f_{m-1}(\boldsymbol{x})-T(\boldsymbol{x};\theta_m))^2\\&=(r_m-T(\boldsymbol{x};\theta_m))^2\end{aligned}$$

式中，r_m 是样本 $(\boldsymbol{x},y)$ 在第 $m-1$ 轮拟合后的样本残差，作为新一轮中回归树的因变量。第 m 轮迭代的优化问题

$$\min_{\theta_m}\sum_{i=1}^N((r_{m,i}-T(\boldsymbol{x}_i;\theta_m))^2)$$

式中，$r_{m,i}$ 是第 i 个样本 $(\boldsymbol{x}_i,y_i)$ 在第 $m-1$ 轮拟合所得残差。

回规提升树的算法流程如下。

回归提升树算法

输入：训练数据集 $T=\{(\boldsymbol{x}_1,y_1),(\boldsymbol{x}_2,y_2),\cdots,(\boldsymbol{x}_N,y_N)\}$，其中 $\boldsymbol{x}_i\in\mathcal{X}\subseteq\mathbb{R}^p$，$y_i\in\mathcal{Y}\subseteq\mathbb{R}$，$i=1,2,\cdots,N$，基回归树 $T_m(\boldsymbol{x},\theta_m)$：$\mathcal{X}\to\mathcal{Y}$。

输出：终回归器。

(1) 初始化：零模型 $f_0(\boldsymbol{x})=0$。

(2) 生成一系列基回归器。

① 计算第 $m-1$ 轮回归拟合后的样本残差

$$r_{m,i}=y_i-f_{m-1}(\boldsymbol{x}_i),\quad i=1,2,\cdots,N$$

② 以 $r_{m,i}$ 作为第 m 轮的因变量，$\boldsymbol{x}_i$ 为自变量，训练回归树

$$\min_{\theta_m}\sum_{i=1}^N(r_{m,i}-T(\boldsymbol{x}_i;\theta_m))^2$$

得到参数 θ_m^*，回归树模型记为 $T(\boldsymbol{x}_i;\theta_m^*)$

③ 迭代更新回归模型

$$f_m(x) = f_{m-1}(x) + T(\boldsymbol{x};\theta_m^*)$$

(3) 构建终回归器

$$f_M^*(\boldsymbol{x}) = \sum_{m=1}^{M} T_m(\boldsymbol{x},\theta_m^*)$$

例 11.2 训练数据集采用例 7.7 中的桃子甜度数据，如表 11.5 所示，以深度为 1 的 CART 回归树为基学习器，根据提升树算法求学习终回归器，要求终模型平均误差低于 0.1。

表 11.5 提升回归树示例数据集

x	0.05	0.15	0.25	0.35	0.45
y	5.5	8.2	9.5	9.7	7.6

解 对于回归问题，我们以深度为 1 的 CART 回归树为基学习器，仍然是“一刀切”，数据集中有 5 个样本，对应于 4 种切法。

(1) 第一轮：生成回归器 1。通过例 7.7，可知道每一切分点的平方损失，如表 11.6 所示。

表 11.6 第一轮不同切分点下的平方损失

切分点	$x=0.1$	$x=0.2$	$x=0.3$	$x=0.4$
平方损失	3.09	6.33	10.53	11.23

显然，在 $x=0.1$ 时回归树的平方损失最小，构建回归器 1，

$$T_1(x) = \begin{cases} 5.50, & x < 0.1 \\ 8.75, & x \geqslant 0.1 \end{cases}$$

得到

$$f_1(x) = T_1(x)$$

平方损失的平均误差

$$e_1 = \frac{1}{5}\sum_{i=1}^{5}(y_i - f_1(x))^2 = 0.618$$

计算第一轮的残差

$$r_{1i} = y_i - f_1(x_i)$$

样本残差如表 11.7 所示。

表 11.7　第一轮所得残差表

x	0.05	0.15	0.25	0.35	0.45
r_1	0.00	−0.55	0.75	0.95	−1.15

(2) 第二轮：生成回归器 2。计算表 11.8 中每一切分点的平方损失。

表 11.8　第二轮不同切分点下的平方损失

切分点	$x=0.1$	$x=0.2$	$x=0.3$	$x=0.4$
平方损失	3.09	2.84	3.06	1.44

显然，在 $x=0.4$ 时回归树的平方损失最小，构建回归器 2，

$$T_2(x)=\begin{cases}0.29, & x<0.4\\-1.15, & x\geqslant 0.4\end{cases}$$

得到

$$f_2(x)=f_1(x)+T_2(x)=\begin{cases}5.79, & x<0.1\\9.04, & 0.1\leqslant x<0.4\\7.60, & x\geqslant 0.4\end{cases}$$

平方损失的平均误差

$$e_2=\frac{1}{N}L(y,f_2(x))=\frac{1}{5}\sum_{i=1}^{5}(y_i-f_2(x))^2=0.288$$

计算第二轮的残差

$$r_{2i}=y_i-f_2(x_i)$$

样本残差如表 11.9 所示。

表 11.9　第二轮所得残差表

x	0.05	0.15	0.25	0.35	0.45
r_2	−0.29	−0.84	0.46	0.66	0.00

(3) 第三轮：生成分类器 3。计算表 11.10 中每一切分点的平方损失。

显然，在 $x=0.2$ 时对应的平方损失最小，构建回归器 3，

$$T_3(x)=\begin{cases}-0.56, & x<0.2\\0.38, & x\geqslant 0.2\end{cases}$$

表 11.10　第三轮不同切分点下的平方损失

切分点	$x=0.1$	$x=0.2$	$x=0.3$	$x=0.4$
平方损失	1.33	0.38	1.07	1.44

得到

$$f_3(x)=f_2(x)+T_3(x)=\begin{cases}5.23, & x<0.1\\ 8.48, & 0.1\leqslant x<0.2\\ 9.42, & 0.2\leqslant x<0.4\\ 7.98, & x\geqslant 0.4\end{cases}$$

平方损失的平均误差

$$e_3=\frac{1}{N}L(y,f_3(x))=\frac{1}{5}\sum_{i=1}^{5}(y_i-f_3(x))^2=0.076<0.1$$

此时满足平均误差要求，得到回归提升树 $f_3(x)$。三轮的结果如图 11.6 所示。 ■

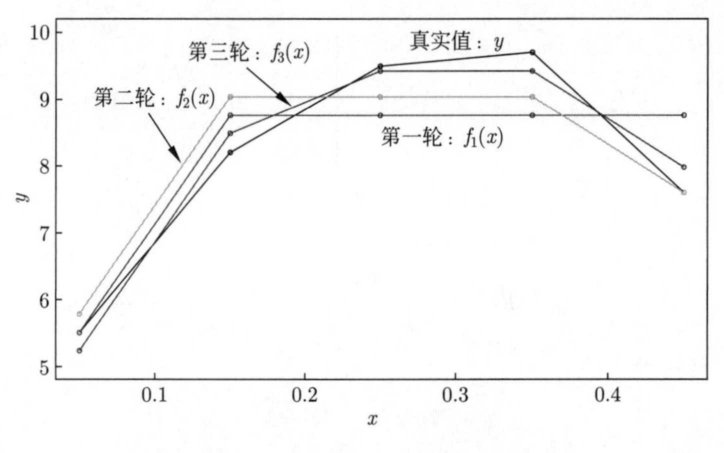

图 11.6　例 11.2 中三轮结果

11.3.2　GDBT 算法

GDBT（Gradient Boosting Decision Tree）算法是一种基于梯度的提升树，由 Freindman 于 2001 年在统计顶刊 *The Annals of Statistics* 上提出。GDBT 算法既可以解决分类问题，也可以解决回归问题。

以 $T(\boldsymbol{x};\theta_m)$ 为第 m 个基学习器树模型，θ_m 是第 m 个基学习器的参数，β_m 第 m 个基学习器的系数，终学习器

$$f_M(\boldsymbol{x})=\sum_{m=1}^{M}\beta_m T(\boldsymbol{x};\theta_m)$$

第 m 轮的优化问题

$$\min_{\beta_m,\theta_m}\sum_{i=1}^{N}L(y_i,f_m(\boldsymbol{x}_i))$$

式中，$L(y_i,f_m(\boldsymbol{x}_i))$ 是样本点 $(\boldsymbol{x}_i,y_i)$ 在模型 f_m 上的损失。为使得损失快速下降，每一轮都在损失最速下降梯度方向上构建新模型。以 $-g_m(\boldsymbol{x}_i)$ 表示第 m 轮迭代在实例 $\boldsymbol{x}_i$ 处的负梯度：

$$-g_m(\boldsymbol{x}_i)=-\left[\frac{\partial L(y_i,f(\boldsymbol{x}_i))}{\partial f(\boldsymbol{x}_i)}\right]_{f(\boldsymbol{x}_i)=f_{m-1}(\boldsymbol{x}_i)},\quad i=1,2,\cdots,N$$

基于最速梯度下降法，θ_m 是使得基学习器逼近负梯度方向的参数，

$$\theta_m^*=\arg\min_{\theta_m,\beta_m}\sum_{i=1}^{N}[-g_m(\boldsymbol{x}_i)-\beta_mT(\boldsymbol{x}_i;\theta_m)]^2$$

式中，β_m 可以理解为该方向上最优的搜索步长，

$$\beta_m^*=\arg\min_{\beta_m}\sum_{i=1}^{N}L(y_i,f_{m-1}(\boldsymbol{x}_i)+\beta_mT(\boldsymbol{x};\theta_m^*))$$

从而更新模型

$$f_m(\boldsymbol{x})=f_{m-1}(\boldsymbol{x})+\beta_m^*T(\boldsymbol{x};\theta_m^*)$$

GBDT 算法的流程如下。

GBDT 算法

输入：训练数据集 $T=\{(\boldsymbol{x}_1,y_1),(\boldsymbol{x}_2,y_2),\cdots,(\boldsymbol{x}_N,y_N)\}$，其中 $\boldsymbol{x}_i\in\mathcal{X}\subseteq\mathbb{R}^p$，$y_i\in\mathcal{Y}$，$i=1,2,\cdots,N$，基学习器树模型 $T_m(\boldsymbol{x},\theta_m)$：$\mathcal{X}\to\mathcal{Y}$。

输出：终学习器。

(1) 初始化：零模型

$$f_0(\boldsymbol{x})=\arg\min_{\theta}\sum_{i=1}^{N}L(y_i,\theta)$$

(2) 生成一系列基学习器，$m=1,2,\cdots,M$。

① 计算第 $m-1$ 轮的负梯度

$$-g_m(\boldsymbol{x}_i)=-\left[\frac{\partial L(y_i,f(\boldsymbol{x}_i))}{\partial f(\boldsymbol{x}_i)}\right]_{f(\boldsymbol{x}_i)=f_{m-1}(\boldsymbol{x}_i)},\quad i=1,2,\cdots,N$$

② 计算决策树 $T(\boldsymbol{x};\theta_m)$ 的参数

$$\theta_m^*=\arg\min_{\theta_m,\beta_m}\sum_{i=1}^{N}[-g_m(\boldsymbol{x}_i)-\beta_mT(\boldsymbol{x}_i;\theta_m)]^2$$

树模型记为 $T(\boldsymbol{x}_i;\theta_m^*)$。其中，负梯度方向上的最优搜索步长

$$\beta_m^* = \arg\min_{\beta_m} \sum_{i=1}^{N} L(y_i, f_{m-1}(\boldsymbol{x}_i) + \beta_m T(\boldsymbol{x}; \theta_m^*))$$

③ 迭代更新模型

$$f_m(x) = f_{m-1}(x) + \beta_m^* T(\boldsymbol{x}; \theta_m^*)$$

(3) 构建终学习器

$$f_M^*(\boldsymbol{x}) = \sum_{m=1}^{M} \beta_m^* T_m(\boldsymbol{x}, \theta_m^*)$$

对于回归问题，以平方损失作为损失函数。样本点 $(\boldsymbol{x}_i, y_i)$ 在模型 f 上的平方损失

$$L(y_i, f(\boldsymbol{x}_i)) = (y_i - f(\boldsymbol{x}_i))^2$$

为便于运算，取负梯度的 1/2 倍：

$$\begin{aligned}
-\frac{1}{2} g_m(\boldsymbol{x}_i) &= -\frac{1}{2}\left[\frac{\partial L(y_i, f(\boldsymbol{x}_i))}{\partial f(\boldsymbol{x}_i)}\right]_{f(\boldsymbol{x}_i)=f_{m-1}(\boldsymbol{x}_i)} \\
&= \frac{1}{2} \times (-2)(y_i - f_{m-1}(\boldsymbol{x}_i)) \\
&= y_i - f_{m-1}(\boldsymbol{x}_i) \\
&= r_{m,i}
\end{aligned}$$

这从 GBDT 算法的角度，解释了回归提升树，每一轮计算都是为了减少上一轮计算的残差。

11.4 拓展部分：XGBoost 算法

在 GBDT 算法中，我们仅考虑梯度方向上的提升，加快迭代速度，这来自于梯度下降法的思路。那么，以二阶泰勒公式为根本的牛顿法，是否也可以启发新的提升算法呢？

2016 年，基于二阶泰勒公式和正则项，陈天奇提出极值梯度提升方法 XGBoost（eXtreme Gradient Boosting）。XGBoost 算法以二阶泰勒公式改进损失函数，提高计算精度；利用正则化，简化模型，从而避免过拟合；采用 Blocks 存储结构并行计算，提高算法运算速度。

给定训练数据集 $T = \{(\boldsymbol{x}_1, y_1), (\boldsymbol{x}_2, y_2), \cdots, (\boldsymbol{x}_N, y_N)\}$，其中 $\boldsymbol{x}_i \in \mathcal{X} \subseteq \mathbb{R}^p$，$y_i \in \mathcal{Y}$，$i = 1, 2, \cdots, N$，第 m 轮的树模型记作 $T(\boldsymbol{x})$。损失函数记作 $L(y, f(\boldsymbol{x}))$，模型迭代公式

$$f_m(\boldsymbol{x}) = f_{m-1}(\boldsymbol{x}) + T_m(\boldsymbol{x})$$

以可加结构构造终模型

$$f_M(\boldsymbol{x}) = \sum_{m=1}^{M} T_m(\boldsymbol{x})$$

第 m 轮迭代的优化问题

$$\min_{T_m} \quad \sum_{i=1}^{N} L(y_i, f_{m-1}(\boldsymbol{x}_i) + T_m(\boldsymbol{x}_i)) + J(T_m)$$

式中，$J(T_m)$ 是第 m 个树模型的复杂度。损失函数在 $f_{m-1}(\boldsymbol{x}_i)$ 处以二阶泰勒展开式近似，得到优化问题

$$\min_{T_m} \quad \sum_{i=1}^{N} \left[L(y_i, f_{m-1}(\boldsymbol{x}_i)) + g_{m,i} T_m(\boldsymbol{x}_i) + \frac{1}{2} H_{m,i} T_m^2(\boldsymbol{x}_i) \right] + J(T_m) \tag{11.12}$$

式中，

$$g_{m,i} = \left[\frac{\partial L(y_i, f(\boldsymbol{x}_i))}{\partial f(\boldsymbol{x}_i)} \right]_{f(\boldsymbol{x}_i) = f_{m-1}(\boldsymbol{x}_i)}, \quad i = 1, 2, \cdots, N$$

$$h_{m,i} = \left[\frac{\partial^2 L(y_i, f(\boldsymbol{x}_i))}{\partial^2 f(\boldsymbol{x}_i)} \right]_{f(\boldsymbol{x}_i) = f_{m-1}(\boldsymbol{x}_i)}, \quad i = 1, 2, \cdots, N$$

在优化问题式 (11.12) 中，第 $m-1$ 轮的模型已知，不需要优化学习，问题简化为

$$\min_{T_m} \quad \mathcal{L}(T_m) = \sum_{i=1}^{N} \left[g_{m,i} T_m(\boldsymbol{x}_i) + \frac{1}{2} H_{m,i} T_m^2(\boldsymbol{x}_i) \right] + J(T_m) \tag{11.13}$$

复杂度定义为

$$J(T_m) = \rho |T_m| + \frac{1}{2} \lambda \|\boldsymbol{s}\|^2$$

式中，$|T_m|$ 是树模型 T_m 中叶子结点的个数；$\boldsymbol{s}$ 是叶子结点的得分向量；ρ 和 λ 是惩罚参数。

记决策树 T_m 的叶子结点个数为 $l = |T_m|$。通过决策树 T_m 将实例 $\boldsymbol{x}_i$ 划分至第 j 个叶子结点，记作

$$q(\boldsymbol{x}_i) = j, \quad i = 1, 2, \cdots, N$$

记第 j 个叶子结点的样本序号集合为

$$I_j = \{ i | q(\boldsymbol{x}_i) = j \}$$

第 j 个叶子结点中样本的得分记作 s_j，则

$$\boldsymbol{s} = (s_1, s_2, \cdots, s_l)^{\mathrm{T}}$$

若 $s_{q(\boldsymbol{x}_i)}$ 表示实例 $\boldsymbol{x}_i$ 经决策树 T_m 所得的预测结果，则

$$\mathcal{L}(T_m) = \sum_{i=1}^{N} \left[g_{m,i} s_{q(\boldsymbol{x}_i)} + \frac{1}{2} H_{m,i} s_{q(\boldsymbol{x}_i)}^2 \right] + \rho l + \frac{1}{2} \lambda \sum_{j=1}^{l} s_j^2$$

将所有训练样本按照叶子结点展开，

$$\mathcal{L}(T_m)=\sum_{j=1}^{l}\left[\sum_{i\in I_j}g_{m,i}s_j+\frac{1}{2}\left(\sum_{i\in I_j}H_{m,i}+\lambda\right)s_j^2\right]+\rho l$$

令 $g_j=\sum_{i\in I_j}g_{m,i}$，表示第 j 个叶子结点包含样本的一阶偏导数之和，令 $H_j=\sum_{i\in I_j}H_{m,i}$，表示第 j 个叶子结点包含样本的二阶偏导数之和，优化问题的目标函数可重新写作

$$\mathcal{L}(T_m)=\sum_{j=1}^{l}\left[g_js_j+\frac{1}{2}\left(H_j+\lambda\right)s_j^2\right]+\rho l$$

对于固定的 $q(\boldsymbol{x})$，应用费马原理可以得到第 j 个叶子结点处的最优得分

$$s_j^*=-\frac{g_j}{H_j+\lambda}$$

最小损失

$$\mathcal{L}=-\frac{1}{2}\sum_{j=1}^{l}\frac{g_j^2}{H_j+\lambda}+\rho l$$

假如决策树模型的某一叶子结点生长分裂为左右两个叶子结点，$g_{j,\mathrm{L}}$ 表示分裂的左侧叶子结点包含样本的一阶偏导数之和，$g_{j,\mathrm{R}}$ 表示分裂的右侧叶子结点包含样本的一阶偏导数之和；$H_{j,\mathrm{L}}$ 表示分裂的左侧叶子结点包含样本的二阶偏导数之和，$H_{j,\mathrm{R}}$ 表示分裂的右侧叶子结点包含样本的二阶偏导数之和。在生长分裂前，损失为

$$\mathcal{L}_{\text{before}}=-\sum_{j=1}^{l}\frac{(g_{j,\mathrm{L}}+g_{j,\mathrm{R}})^2}{H_{j,\mathrm{L}}+H_{j,\mathrm{R}}+\lambda}+\rho l$$

分裂后损失为

$$\mathcal{L}_{\text{after}}=-\frac{1}{2}\sum_{j=1}^{l}\frac{g_{j,\mathrm{L}}^2}{H_{j,\mathrm{L}}+\lambda}-\frac{1}{2}\sum_{j=1}^{l}\frac{g_{j,\mathrm{R}}^2}{H_{j,\mathrm{R}}+\lambda}+2\rho l$$

若分裂后的损失小于分裂前，即 $\mathcal{L}_{\text{after}}<\mathcal{L}_{\text{before}}$，则继续生长分裂；否则，不生长分裂。

在实际训练时，需通过特征选择寻找结点处的最优属性特征，进而确定决策树的生长分裂点，陈天奇在“*XGBoost: A scalable tree boosting system*”一文中介绍了常见的贪心算法（Greedy Algorithm）、渐近算法（Approximate Algorithm）、加权分位数草图（Weighted Quantile Sketch）法和稀疏感知分裂（Sparsity-aware Split Finding）算法，感兴趣的读者可以阅读文献学习。

11.5 案例分析——波士顿房价数据集

房子，对于中年人来说基本都是刚需，通常大家都希望能买到性价比较高的房子。房价的高低受多种因素影响，如交通便利程度、教育资源、周边的设施建设等。本节分析的案例为经典的波士顿房价数据集。数据集共有 506 个观测值，包含 14 个变量。数据集不存在缺失值的情况，采用 GBDT 回归算法的具体 Python 代码如下。

```
# 导入相关模块
import numpy as np
from sklearn import datasets
from sklearn.ensemble import GradientBoostingRegressor
from sklearn.model_selection import train_test_split

# 载入数据
house = datasets.load_boston()
# 提取自变量与因变量
X = house.data
y = house.target

# 划分训练集与测试集，集合容量比例为 8:2
X_train, X_test, y_train, y_test = train_test_split(X, y, train_size = 0.8)

# 创建 GBDT 模型并训练

# 测试集预测
y_test_pred = gbdt_model.predict(X_test)

# 计算拟合优度
y_bar = np.mean(y_test)
sst = np.sum((y_test - y_bar)**2)
ssr = np.sum((y_test - y_test_pred)**2)
r2 = 1 - ssr/sst
print('R Square score: %.2f' % r2)
```

输出拟合优度如下：

```
R Square score: 0.93
```

11.6　本章小结

1. 一般地，集成学习方法分为同质集成和异质集成。同质集成采用同一种类型的基学习器集成而得，根据其内部结构可以分成两种：并行结构和串行结构，经典的并行同质集成方法是堆叠法，经典并行同质集成方法是提升法。异质集成，采用不同类型的基学习器，类似于同质集成，其内部结构也可以分成并行和串行两种，最典型的异质学习是堆叠法。

2. AdaBoost 算法是一种具有适应性的（Adaptive）提升算法，由 Freund 和 Schapire 于 1999 年提出，根据弱分类器的误差率，有目的地进行适应性提升。AdaBoost 的两大内核在于可加模型和前向回归的思想。可加模型思想决定了 AdaBoost 算法的结构，前向回归思想则提供了 AdaBoost 算法的提升策略。

3. 提升树，是以决策树为基学习器的提升方法，集树模型、可加结构、前向回归于一体。一般而言，提升树以 CART 为基学习器。具体而言，对于分类问题，损失函数常采用指数损失，以 CART 分类树为基分类器；对于回归问题，损失函数常采用平方损失，以 CART 回归树为基分类器。

4. GDBT 算法是一种基于梯度的提升树，为使得损失快速下降，每一轮都在损失最速下降梯度方向上构建新模型。特别地，GBDT 回归算法每一轮计算都是为了减少上一轮计算的残差，以此更新模型。

5. XGBoost 算法通过二阶泰勒展开使得提升树模型更加逼近真实损失；在优化问题中添加正则化项，避免过拟合现象；采用 Blocks 存储结构并行计算，提高算法运算速度。

11.7 习题

11.1 试以 KL 散度证明定理 11.1。

11.2 通过 AdaBoost 分类算法分析帕尔默企鹅数据集，并与决策树模型的结果相比较。

参考文献

[1] 曹则贤. 熵非商: the myth of Entropy[J]. 物理, 2009(a).

[2] 陈希孺. 数理统计学简史 [M]. 长沙：湖南教育出版社, 2002.

[3] 陈纪修, 於崇华, 金路. 数学分析 (上册)[M]. 2 版. 北京：高等教育出版社, 2004.

[4] 陈家鼎, 孙山泽, 李东风, 等. 数理统计学讲义 [M]. 2 版. 北京：高等教育出版社, 2006.

[5] 陈家鼎, 郑忠国. 概率与统计 [M]. 北京：北京大学出版社, 2007.

[6] 道恩・里菲思. 深入浅出统计学 [M]. 李芳, 译. 北京：电子工业出版社, 2012.

[7] 戴维・萨尔斯伯格. 女士品茶：大数据时代最该懂的学科就是统计学 [M]. 刘清山, 译. 南昌：江西人民出版社, 2016.

[8] 贾俊平. 统计学 [M]. 7 版. 北京：中国人民大学出版社, 2018.

[9] 李航. 统计学习方法 [M]. 2 版. 北京：清华大学出版社, 2019.

[10] 李贤平. 概率论基础 [M]. 2 版. 北京：高等教育出版社, 1997.

[11] 刘嘉. 概率论通识讲义 [M]. 北京：新星出版社, 2021.

[12] 黄藜原. 贝叶斯的博弈：数学、思维与人工智能 [M]. 方弦, 译. 北京：人民邮电出版社, 2021.

[13] 茆诗松, 程依明, 濮晓龙. 概率论与数理统计教程 [M]. 3 版. 北京：高等教育出版社, 2019.

[14] 莫凡. 机器学习算法的数学解析与 Python 实现 [M]. 北京：机械工业出版社, 2020.

[15] 丘成桐, 史蒂夫・纳迪斯. 大宇之形 [M]. 长沙：湖南科学技术出版社, 2012.

[16] 特雷弗・哈斯蒂, 罗伯特・提布施拉尼, 杰罗姆・弗雷曼. 统计学习要素 [M]. 张军平, 译. 北京：清华大学出版社, 2020.

[17] 王松桂, 陈敏, 陈立萍. 线性统计模型：线性回归与方差分析 [M]. 北京：高等教育出版社, 1999.

[18] 杰森・威尔克斯. 烧掉数学书：重新发明数学 [M]. 唐璐, 译. 长沙：湖南科学技术出版社, 2020.

[19] 史蒂芬・斯蒂格勒. 统计学七支柱 [M]. 高蓉, 李茂, 译. 北京：人民邮电出版社, 2018.

[20] 史蒂夫・斯托加茨. 微积分的力量 [M]. 任烨, 译. 北京：中信出版集团, 2021.

[21] 张雨萌. 机器学习中的概率统计 [M]. 北京：机械工业出版社, 2021.

[22] 张尧庭. 定性资料的统计分析 [M]. 桂林：广西师范大学出版社, 1991.

[23] 周志华. 机器学习 [M]. 北京：清华大学出版社, 2016.

[24] 卓里奇. 数学分析（第一卷）[M]. 7 版. 北京：高等教育出版社, 2019.

[25] Berger A. The improved iterative scaling algorithm: A gentle introduction[D]. Pittsburgh: Carnegie Mellon University, 1997.

[26] Bayes T. LII. An essay towards solving a problem in the doctrine of chances. By the late Rev. Mr. Bayes, FRS communicated by Mr. Price, in a letter to John Canton, AMFR S[J]. Philosophical Transactions of the Royal Society of London, 1763(53): 370-418.

[27] Bentley J L. Multidimensional binary search trees used for associative searching[J]. Communications of the ACM, 1975, 18(9): 509-517.

[28] Bertsekas D P. 凸优化算法 [M]. 北京：清华大学出版社, 2016.

[29] Chen T, Guestrin C. XGBoost: A scalable tree boosting system[C]//Proceedings of the 22nd Acm Sigkdd International Conference on Knowledge Discovery and Data Mining. 2016: 785-794.

[30] Cover T, Hart P. Nearest neighbor pattern classification[J]. IEEE Transactions on Information Theory, 1967, 13(1): 21-27.

[31] Koller D, Friedman N. 概率图模型：原理与技术 [M]. 王飞跃, 韩素青, 译. 北京：清华大学出版社, 2015.

[32] Salsburg D. The Lady tasting tea: How statistics revolutioned science in the twentieth century[M]. New York: W.H. Freeman and Company, 2001.

[33] Dempster A P, Laird N M, Rubin D B. Maximum likelihood from incomplete data via the EM algorithm[J]. Journal of the Royal Statistical Society: Series B (Methodological), 1977, 39(1): 1-22.

[34] Do C B, Batzoglou S. What is the expectation maximization algorithm?[J]. Nature Biotechnology, 2008, 26(8): 897-899.

[35] Efroymson M A. Multiple regression analysis, Mathematical Methods for Digital Computers[M]. New York: Wiley, 1960.

[36] Hadi F T, Joao G. Event labeling combining ensemble detectors and background knowledge, Progress in Artificial Intelligence (2013): 1-15, Springer Berlin Heidelberg.

[37] Ehrenfeucht Andrzej, David Haussler, et al. A general lower bound on the number of examples needed for learning[J]. Information and Computation, 1989, 82(3): 247-261.

[38] Freund Y, Schapire R, Abe N. A short introduction to boosting[J]. Journal-Japanese Society for Artificial Intelligence, 1999, 14(771-780), 1612.

[39] Freund Y, Schapire R E. A decision-theoretic generalization of on-line learning and an application to boosting[J]. Journal of Computer and System Sciences, 1997, 55(1): 119-139.

[40] Friedman J H. Greedy function approximation: A gradient boosting machine[J]. The Annals of Statistics, 2001, 29(5): 1189-1232.

[41] Fisher R A. The use of multiple measurements in taxonomic problems[J]. Annals of Eugenics, 1936, 7(2): 179-188.

[42] Hoerl A E, Kennard R W. Ridge regression: Biased estimation for nonorthogonal problems[J]. Technometrics, 1970.

[43] Johnson R A, Wichern D W. Applied multivariate statistical analysis (Vol. 6)[M]. London: Pearson, 2014.

[44] McCulloch Charles E, Shayle R. Searle. Generalized, linear, and mixed models[M]. John Wiley and Sons, 2004.

[45] Deuflhard P. A short History of Newton's method. Documenta Math, 2012, 25.

[46] Ross Q J. C4.5: Programs for machine learning[M]. Burlington: Morgan Kaufmann Publishers, inc., 1993.

[47] Tibshirani R. Regression shrinkage and selection via the lasso[J]. Journal of the Royal Statistical Society: Series B (Statistical Methodology), 1996.

[48] Tibshirani R. Regression shrinkage and selection via the lasso: A retrospective. Journal of the Royal Statistical Society: Series B (Statistical Methodology), 2011.

[49] Rosenblatt F. The perceptron: A probabilistic model for information storage and organization in the brain[J]. Psychological Review, 1958, 65(6): 386.

[50] Burgess S, Thompson S G. Mendelian randomization methods for causal inference using genetic variants[M]. 2nd Ed. New York: Chapman and Hall/CRC, 2021.

[51] Blundell S J, Bludell K M. 热物理概念 [M]. 鞠国兴, 译. 2 版. 北京：清华大学出版社, 2015.

[52] Cover T M, Thomas J A. 信息论基础 [M]. 阮吉寿, 张华, 译. 机械工业出版社, 2007.

[53] Hastie T, Tibshirani R, Friedman J. The elements of statistical learning[M]. Berlin: Springer, 2009.

[54] Valiant L G. A theory of the learnable[J]. Communications of the ACM, 1984, 27(11), 1134-1142.

[55] Weinberger K Q, Saul L K. Distance metric learning for large margin nearest neighbor classification[J]. Journal of Machine Learning Research, 2009, 10(2).

[56] Wu X, Kumar V, Ross Quinlan J, et al. Top 10 algorithms in data mining[J]. Knowledge and Information Systems, 2008, 14(1): 1-37.

[57] Ypma T J. Historical development of the Newton-Raphson method[J]. SIAM Review, 1995, 37(4): 531-551.

机器学习中的统计思维
（Python实现）

小册子

清華大學出版社
北 京

目　录

第 1 章　微积分小工具

在一切理论成就中，未必有什么像 17 世纪下半叶微积分的发明那样被看成人类精神的最高胜利了。

——弗里德里希·恩格斯

1.1　凸函数与凹函数

设函数 $f(x)$ 是定义在区间 $\mathcal{B}$ 上的函数，若对区间上任意两点 b_1、b_2 和任意的实数 $w_1 \in (0,1)$，总有

$$f(w_1 b_1 + w_2 b_2) \leqslant w_1 f(b_1) + w_2 f(b_2) \tag{1.1}$$

其中，$w_2 = 1 - w_1$，则称 $f(x)$ 是 $\mathcal{B}$ 上的凸函数；反之，如果总有

$$f(w_1 b_1 + w_2 b_2) \geqslant w_1 f(b_1) + w_2 f(b_2) \tag{1.2}$$

则称 $f(x)$ 是 $\mathcal{B}$ 上的凹函数。如果不等式 (1.1) 和 (1.2) 改为严格不等式，则相应的函数称为严格凸函数和严格凹函数，如图 1.1 所示。

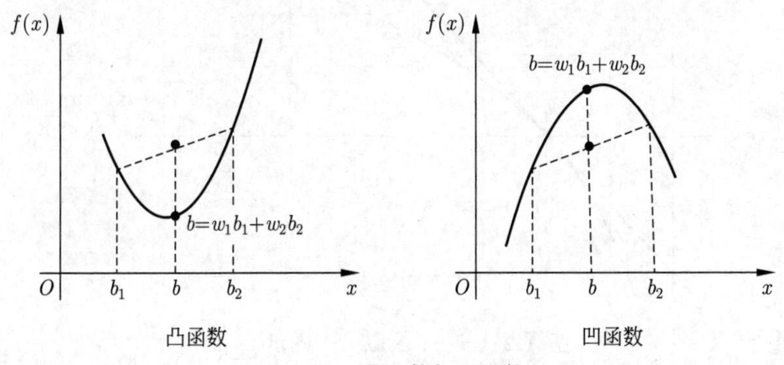

图 1.1　凸函数与凹函数

1.2 几个重要的不等式

1.2.1 基本不等式 $a^2+b^2 \geqslant 2ab$

由完全平方公式可以推出一个常用的不等式

$$(a-b)^2 = a^2+b^2-2ab \geqslant 0 \Longrightarrow a^2+b^2 \geqslant 2ab$$

该不等式常用于一些证明，例如第 11 章提升方法中定理 11.2 的证明。

1.2.2 对数不等式 $x-1 \geqslant \log(x)$

令 $f(x)=x-1-\log(x)$，则

$$f'(x) = 1-\frac{1}{x} = \frac{x-1}{x}\begin{cases} <0, & 0<x<1 \\ >0, & x>1 \end{cases}$$

$f(x)$ 在 $x=1$ 处取得最小值，

$$\min_{x>0} f(x) = f(1) = 0$$

所以 $x-1 \geqslant \log(x)$，如图 1.2 所示。

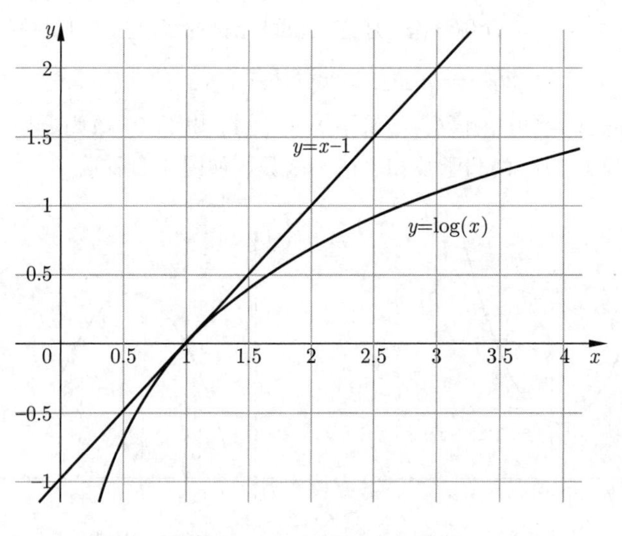

图 1.2 $x-1 \geqslant \log(x)$ 图示

对数不等式的变形还有 $-\log(x) \geqslant 1-x$，如图 1.3 所示。对数不等式常用于一些理论推导，例如第 8 章最大熵模型迭代尺度法下界的推导。

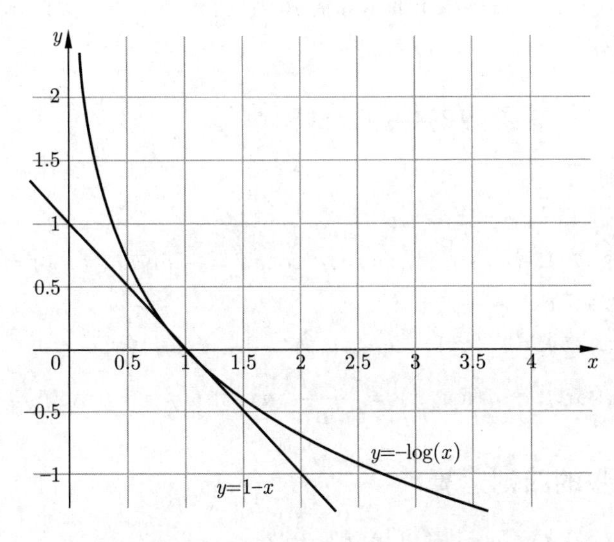

图 1.3 $-\log(x) \geqslant 1-x$ 图示

1.2.3 Jensen 不等式

如果 $f(x)$ 是定义在实数区间 $[a,b]$ 上的凸函数，$x_1, x_2, \cdots, x_n \in [a,b]$ 并且有一组实数 $\lambda_1, \lambda_2, \cdots, \lambda_n \geqslant 0$，满足 $\sum\limits_{i=1}^{n} \lambda_i = 1$，则有

$$f\left(\sum_{i=1}^{n} \lambda_i x_i\right) \leqslant \sum_{i=1}^{n} \lambda_i f(x_i)$$

如果从概率统计的视角看待 Jensen 不等式，则其表示为

$$f(EX) \leqslant E[f(X)]$$

意味着，如果 $f(x)$ 是定义在实数区间 $[a,b]$ 上的凸函数，期望的函数值小于或等于随机变量函数值的期望。

Jensen 不等式也被音译为琴生不等式，常用于理论推导及定理证明等，例如第 8 章最大熵模型中迭代尺度算法的推导，第 10 章 EM 算法中 E 步的期望具体形式的导出等。

1.3 常见的求导公式与求导法则

为方便读者在学习过程中的求导需求，现将主体书中常见的求导公式与求导法则列写如下。

1.3.1 基本初等函数的导数公式

1. 常数求导：$(C)' = 0$

2. 幂函数求导：$\left(x^k\right)' = kx^{k-1}$

3. 三角函数求导：$(\sin x)' = \cos x$，$(\cos x)' = -\sin x$，$(\tan x)' = \sec^2 x$，$(\cot x)' = -\csc^2 x$

4. 指数函数求导：$(a^x)' = a^x \ln a \ (a > 0, a \neq 1)$，$(\mathrm{e}^x)' = \mathrm{e}^x$

5. 对数函数求导：$(\log_a x)' = \dfrac{1}{x \ln a} \ (a > 0, a \neq 1)$，$(\ln x)' = \dfrac{1}{x}$

1.3.2 导数的四则运算

设 $u = u(x), v = v(x)$ 都可导, 则

1. $(u \pm v)' = u' \pm v'$

2. $(Cu)' = Cu'$ (C 是常数)

3. $(uv)' = u'v + uv'$

4. $\left(\dfrac{u}{v}\right)' = \dfrac{u'v - uv'}{v^2} \ (v \neq 0)$

1.3.3 复合函数的求导——链式法则

设 $y = f(u)$, 而 $u = g(x)$ 且 $f(u)$ 及 $g(x)$ 都可导, 则复合函数 $y = f[g(x)]$ 的导数为

$$y'(x) = f'(u) \cdot g'(x)$$

如果以微分的形式表示，则为

$$\frac{\mathrm{d}y}{\mathrm{d}x} = \frac{\mathrm{d}y}{\mathrm{d}u} \cdot \frac{\mathrm{d}u}{\mathrm{d}x}$$

因该公式呈现链状，故也称为求导的链式法则。

1.4　泰勒公式

泰勒公式是近似计算和函数微分学的重要内容，它来自数学家泰勒对三角函数展开形式的研究。1717 年，泰勒将泰勒公式的最终形式记录在书籍《正的和反的增量方法》中，如图 1.4 所示。

METHODUS
Incrementorum
Directa & Inversa.

AUCTORE
BROOK TAYLOR, LL.D. &
Regiæ Societatis Secretario.

LONDINI

图 1.4　泰勒和书籍《正的和反的增量方法》

简单来说，泰勒公式就是来做近似工作的。对于一条曲线而言，如果函数足够光滑并且存在各阶导函数，那么在每一个小局部（即目标点的邻域）都可以找到一个用以近似的多项式。泰勒公式在主体书中有诸多应用，例如梯度下降法和牛顿法迭代公式的导出，7.2.4 节信息熵和基尼不纯度之间大小的比较，第 11 章 AdaBoost 分类算法训练误差上界的推导。

对于一般函数 $f(x)$，假设它在点 x_0 处存在直到 n 阶导数。那么，由这些导数构造一个 n 次多项式，就可以来近似函数 $f(x)$ 在点 x_0 邻域处的函数，即

$$\begin{aligned} f(x) = & f\left(x_0\right)+\frac{f'\left(x_0\right)}{1!}\left(x-x_0\right)+\frac{f''\left(x_0\right)}{2!}\left(x-x_0\right)^2+\cdots+ \\ & \frac{f^{(n)}\left(x_0\right)}{n!}\left(x-x_0\right)^n+o\left(\left(x-x_0\right)^n\right) \end{aligned}$$

其中，$o\left(\left(x-x_0\right)^n\right)$ 表示 $\left(x-x_0\right)^n$ 的高阶无穷小，即 $x \rightarrow x_0$ 时，$o\left(\left(x-x_0\right)^n\right)$ 能够比 $\left(x-x_0\right)^n$ 更快地趋于 0。

1.5 费马原理

无论是高中数学课本还是高等数学、微积分亦或是数学分析教材，介绍完导函数和极值的概念，就会引入一个定理——费马原理。为防止与著名的费马大定理混淆，我们称其为费马原理。不要小瞧书页一角的这个小小的定理，费马原理由法国数学家皮埃尔 · 德 · 费马（图 1.5）于 1662 年提出。可以说，它在不同的领域都有着举足轻重的地位，堪称几何光学、凸优化、微积分以及变分法的第一性原理。

皮埃尔 · 德 · 费马（Pierre de Fermat）是17世纪数学界的明星，因主业为律师，从未受过专门的数学教育，却为数学界做出巨大贡献，被称为“**业余数学家之王**”。

- ◆ 他是**解析几何**的发明者之一，从方程的角度研究几何轨迹；
- ◆ 他对于**微积分**诞生的贡献仅次于牛顿、莱布尼茨；
- ◆ 他还是**概率论**的主要创始人，正是帕斯卡（物理中压强的单位就是以他的名字命名的）与费马在一系列书信往来中发明了概率论；
- ◆ 他在**几何光学**上也有突出贡献，“光沿直线传播”原理、反射定律、折射定律都是以费马原理为基础发展起来的；
- ◆ 他还是独撑17世纪**数论**天地的人，只不过是因为20岁那年，费马买了一本名为《算术》的书，接着就开始了数论这门数学分支。

图 1.5 皮埃尔 · 德 · 费马

主体书第 2 章线性回归模型中最小二乘法的求解、第 4 章贝叶斯推断中极大似然法的求解、第 5 章逻辑回归模型学习中的参数估计、第 6 章最大熵模型中对偶问题具体形式的导出、第 9 章支持向量机中对偶问题具体形式的导出以及 SMO 算法的推导、第 10 章 EM 算法的推导、第 11 章 AdaBoost 算法的推导都借助了费马原理。本节着重介绍费马原理在凸优化中所起到的作用。

凸优化，是数学最优化的一个子领域，主要聚焦于研究凸集中凸函数的最小化问题。为理解凸优化，除了凸函数在 1.1 节介绍的凸函数之外，还需要了解函数中极值的含义。

下面给出函数中极值和极值点的定义。

定义 1.1 (极值与极值点)　函数 $f(x)$ 在点 x_0 的某邻域 $U(x_0)$ 内有定义，对 $U(x_0)$ 内的所有点都有

$$f(x) \leqslant f(x_0)$$

则称函数 $f(x)$ 在点 x_0 处取得极大值，称 x_0 为极大值点。若对 $U(x_0)$ 内的所有点都有

$$f(x) \geqslant f(x_0)$$

则称函数 $f(x)$ 在点 x_0 处取得极小值，称 x_0 为极小值点。极大值与极小值统称为极值，极大值点和极小值点统称为极值点。

定理 1.1 (费马原理)　*若函数 $f(x)$ 在点 x_0 的某邻域 $U(x_0)$ 有定义，且在点 x_0 处可导。若点 x_0 为 $f(x)$ 的极值点，则必有*

$$f'(x_0) = 0$$

费马原理的几何意义十分明确，若 x_0 是函数 $f(x)$ 的极值点，且 $f(x)$ 在点 $x=x_0$ 处可导，那么该点的切线平行于 x 轴，如图 1.6 所示。可以看出，极值点是个局部问题，由邻域的范围决定，不适用于全局问题。

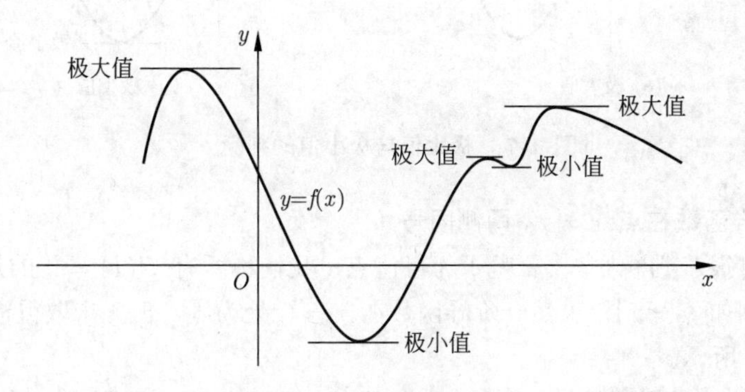

图 1.6　极大值与极小值

费马原理启示我们，如果函数可微，若要寻找局部极值点，可以先找到导函数为零的点，然后判断导函数的零点是否是符合要求的极值点。此时，根据 $f(x)$ 在点 $x=x_0$ 两侧的导函数符号进行讨论。

1) **导函数在点 $x = x_0$ 两侧异号**

(1) **先增后减型**：假如函数 $f(x)$ 在点 $x = x_0$ 左侧 $f'(x) > 0$，右侧 $f'(x) < 0$。

如图 1.7(a) 所示，点 $x = x_0$ 左侧是增函数，右侧是减函数，在 $x = x_0$ 处取得极大值。类似地，如果二阶导函数 $f''(x_0) < 0$，则说明 $x = x_0$ 为极大值点。

(2) **先减后增型**：假如函数 $f(x)$ 在点 $x = x_0$ 左侧 $f'(x) < 0$，右侧 $f'(x) > 0$。

如图 1.7(b) 所示，点 $x = x_0$ 左侧是减函数，右侧是增函数，在 $x = x_0$ 处取得极小值。另外，也可以通过二阶导函数来判断是否为极小值，如果 $f''(x_0) > 0$，则说明 $x = x_0$ 为极小值点。

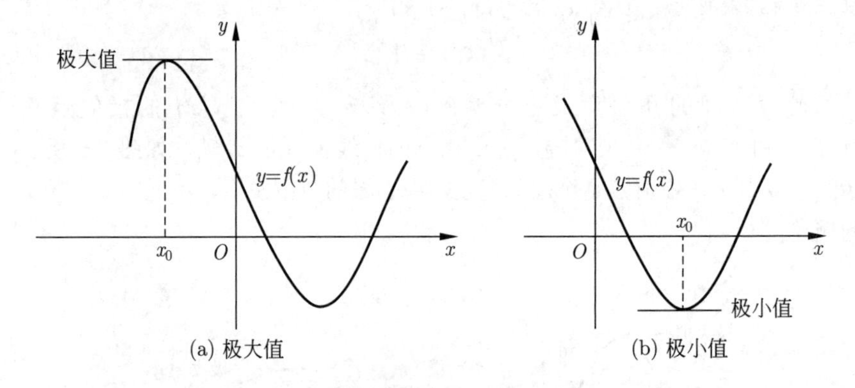

图 1.7　极大值与极小值的判断

2) **导函数在点 $x = x_0$ 两侧同号**

这时很难判断 $x = x_0$ 是否为极值点，我们称所有 $f'(x) = 0$ 的点为驻点。例如 $y = x^3$，虽然一阶导函数在 $x = 0$ 处为零，但并未取得极值，如图 1.8 所示。

对此，可以根据函数 $f(x)$ 在 x_0 处的泰勒展开进行分析，假设 $f'(x_0) = 0$，$f''(x_0) = 0, \cdots$，$f^{(n-1)}(x_0) = 0$，$f^{(n)}(x_0) \neq 0$，则

$$f(x) = f(x_0) + \frac{f^{(n)}(x_0)}{n!}(x - x_0)^n + o((x - x_0)^n)$$

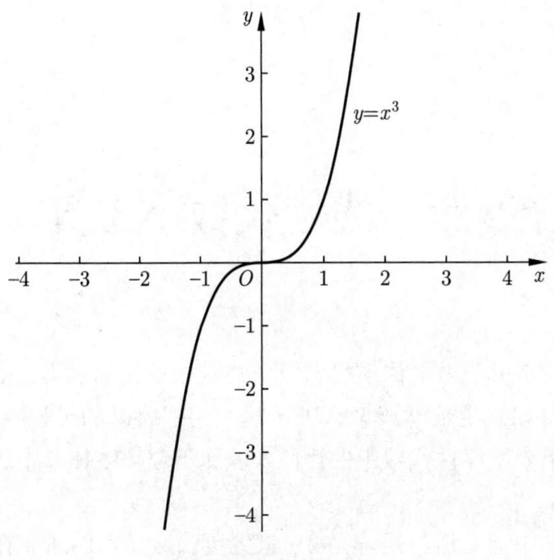

图 1.8　$y = x^3$

其中，第三项 $o((x-x_0)^n)$ 表示 $(x-x_0)^n$ 的高阶无穷小，可以忽略，得到

$$f(x) - f(x_0) = \frac{f^{(n)}(x_0)}{n!}(x - x_0)^n \tag{1.3}$$

要分析能否得出极大值或者极小值，需要分情况讨论。

(1) n 为偶数：根据式 (1.3)，$f(x) - f(x_0)$ 与 $f^{(n)}(x_0)$ 同号，则 $f^{(n)}(x_0) > 0$ 时，$x = x_0$ 处是极小值点；$f^{(n)}(x_0) < 0$ 时，$x = x_0$ 处是极大值点。

(2) n 为奇数：$(x - x_0)^n$ 的正负无法判断，意味着 x_0 不是极值点。

看得出来，费马原理为我们提供了一种寻找极值点的方法，即令一阶导函数为零，求得零点，然后根据二阶导函数判断这些零点是否为极值点。

第2章　线性代数小工具

跃迁，一般指量子力学体系状态发生跳跃式变化的过程，很明显这是物理学的范畴。如果用数学该怎么表示这个突然跳跃的过程呢？用矩阵。本章为大家简单介绍线性代数中的矩阵，以便于理解主体书中所介绍的机器学习模型。

通常教科书中会写道，矩阵是 19 世纪英国数学家的凯利在求解线性方程组时提出的。但实际上，早在我国汉朝的《九章算术·方程》中就有了矩阵的身影。

《九章算术·方程》

今有

上禾三秉，中禾二秉，下禾一秉，实三十九斗;

上禾二秉，中禾三秉，下禾一秉，实三十四斗;

上禾一秉，中禾二秉，下禾三秉，实二十六斗。

问上、中、下禾实一秉各几何?

答曰:

上禾一秉，九斗、四分斗之一，

中禾一秉，四斗、四分斗之一，

下禾一秉，二斗、四分斗之三。

方程术曰：置上禾三秉，中禾二秉，下禾一秉，实三十九斗，于右方。

中、左禾列如右方。

以右行上禾遍乘中行而以直除。

又乘其次，亦以直除。 然以中行中禾不尽者遍乘左行而以直除。 左方下禾不尽者，上为法，下为实。 实即下禾之实。 求中禾，以法乘中行下实，而除下禾之实。 馀如中禾秉数而一，即中禾之实。 求上禾亦以法乘右行下实，而除下禾、中禾之实。 馀如上禾秉数而一，即上禾之实。 实皆如法，各得一斗。

在这里，“禾”代表粮食，“秉”代表一种粮食的计量单位。按照“置上禾三秉，中禾二秉，下禾一秉，实三十九斗，于右方。中、左禾列如右方。”从右往左将数据列出，可以得到

	左	中	右
上	1	2	3
中	2	3	2
下	3	1	1
	26	34	39

这就是矩阵的雏形。“以右行上禾遍乘中行而以直除 …… 各得一斗”这一部分则是通过矩阵运算求得“上、中、下禾实一秉各几何”。

2.1　几类特殊的矩阵

简单而言，矩阵就是按照阵列堆放数字，$m \times n$ 阶矩阵的一般形式为

$$\boldsymbol{A} = [a_{ij}]_{m\times n} = \begin{bmatrix} a_{11} & \cdots & a_{1n} \\ \vdots & & \vdots \\ a_{m1} & \cdots & a_{mn} \end{bmatrix}$$

简单介绍几类特殊矩阵。

(1) 零矩阵：矩阵中所有元素都为零，即 $a_{ij}=0$。

(2) 方阵：矩阵的行列个数相同，即 $m=n$。

(3) 单位矩阵：行位与列位相同时为 1，不同时为 0，即

$$a_{ij}=\begin{cases}1, & i=j\\ 0, & i\neq j\end{cases}$$

显然，单位矩阵一定是方阵。

(4) 对角矩阵：除对角元素非零之外，其他位置都是零，即

$$a_{ij}\begin{cases}\neq 0, & i=j\\ =0, & i\neq j\end{cases}$$

显然，单位矩阵是一种特殊的对角矩阵。

(5) 对称矩阵：以主对角线为对称轴，各元素对应相等，即

$$a_{ij}=a_{ji}$$

显然，对称矩阵是一种特殊的方阵。比如第 8 章感知机模型和第 10 章支持向量机中的 Gram 矩阵就是对称矩阵。

2.2 矩阵的基本运算

(1) 矩阵的转置：矩阵行列互换，代表对矩阵从第一个元素沿着右下角 45° 进行镜面翻转，例如

$$\begin{pmatrix}1 & 2 & 3\\ 4 & 5 & 6\end{pmatrix}^{\mathrm{T}}=\begin{pmatrix}1 & 4\\ 2 & 5\\ 3 & 6\end{pmatrix}$$

(2) 矩阵的加法：进行加法运算的两个矩阵需要满足行列阶数相同，然后将对应位置的元素相加，矩阵 $\boldsymbol{A}$ 与矩阵 $\boldsymbol{B}$ 的加法运算记作 $\boldsymbol{A}+\boldsymbol{B}$。加法符合交换律、结合律、和的转置，即

交换律：$\boldsymbol{A}+\boldsymbol{B}=\boldsymbol{B}+\boldsymbol{A}$

结合律：$(\boldsymbol{A}+\boldsymbol{B})+\boldsymbol{C}=\boldsymbol{A}+(\boldsymbol{B}+\boldsymbol{C})$

和的转置：$(\boldsymbol{A}+\boldsymbol{B})^{\mathrm{T}}=\boldsymbol{A}^{\mathrm{T}}+\boldsymbol{B}^{\mathrm{T}}$

(3) 矩阵的乘法包含矩阵数乘和矩阵相乘。

矩阵数乘：对于矩阵的每个元素都乘以相同的一个数值，实现了矩阵的伸缩，即

$$k\boldsymbol{A}=k\begin{pmatrix} a_{11} & \cdots & a_{1n} \\ \vdots & & \vdots \\ a_{m1} & \cdots & a_{mn} \end{pmatrix}=\begin{pmatrix} ka_{11} & \cdots & ka_{1n} \\ \vdots & & \vdots \\ ka_{m1} & \cdots & ka_{mn} \end{pmatrix}$$

其中 k 为数值。

矩阵相乘：设

$$\boldsymbol{A}=(a_{ik})_{s\times n}, \quad \boldsymbol{B}=(b_{kj})_{n\times m}$$

记矩阵 $\boldsymbol{A}$ 与 $\boldsymbol{B}$ 的乘积 $\boldsymbol{AB}$ 为 $\boldsymbol{C}$，则

$$\boldsymbol{C}=(c_{ij})_{s\times m}$$

其中

$$c_{ij}=a_{i1}b_{1j}+a_{i2}b_{2j}+\cdots+a_{in}b_{nj}=\sum_{k=1}^{n}a_{ik}b_{kj}$$

由矩阵乘法的定义可以看出，矩阵 $\boldsymbol{A}$ 与 $\boldsymbol{B}$ 的乘积 $\boldsymbol{C}$ 的第 i 行第 j 列的元素等于第一个矩阵 $\boldsymbol{A}$ 的第 i 行与第二个矩阵 $\boldsymbol{B}$ 的第 j 列的对应元素乘积的和。需要注意的是，在矩阵乘积中，要求第二个矩阵的行数与第一个矩阵的列数相等。

将第一个矩阵的行向量和第二矩阵的列向量做内积，因为线性变换的相继作用是从右向左的，所以矩阵相乘存在顺序性，即一般来说

$$\boldsymbol{AB}\neq\boldsymbol{BA}$$

例如，

$$\boldsymbol{A}=\begin{pmatrix} 1 & 1 \\ -1 & -1 \end{pmatrix}, \quad \boldsymbol{B}=\begin{pmatrix} 1 & -1 \\ -1 & 0 \end{pmatrix}$$

则

$$\boldsymbol{AB}=\begin{pmatrix} 1 & 1 \\ -1 & -1 \end{pmatrix}\begin{pmatrix} 1 & -1 \\ -1 & 0 \end{pmatrix}$$

$$= \begin{pmatrix} 1\times1+1\times(-1) & 1\times(-1)+1\times0 \\ -1\times1-1\times(-1) & -1\times(-1)-1\times0 \end{pmatrix}$$

$$= \begin{pmatrix} 0 & -1 \\ 0 & 1 \end{pmatrix}$$

但是

$$\boldsymbol{BA} = \begin{pmatrix} 1 & -1 \\ -1 & 0 \end{pmatrix}\begin{pmatrix} 1 & 1 \\ -1 & -1 \end{pmatrix}$$

$$= \begin{pmatrix} 1\times1+(-1)\times(-1) & 1\times1+(-1)\times(-1) \\ -1\times1+0\times(-1) & -1\times1+0\times(-1) \end{pmatrix}$$

$$= \begin{pmatrix} 2 & 2 \\ -1 & -1 \end{pmatrix}$$

显然 $\boldsymbol{AB} \neq \boldsymbol{BA}$。

矩阵乘法的基本规律如下。

数乘分配律：$k(\boldsymbol{A}+\boldsymbol{B}) = k\boldsymbol{A}+k\boldsymbol{B}$。

矩阵相乘的结合律：$(\boldsymbol{AB})\boldsymbol{C} = \boldsymbol{A}(\boldsymbol{BC})$，需要注意此时矩阵不可以互换位置。

矩阵相乘的分配律：$\boldsymbol{A}(\boldsymbol{B}+\boldsymbol{C})=\boldsymbol{AB}+\boldsymbol{AC}, (\boldsymbol{A}+\boldsymbol{B})\boldsymbol{C}=\boldsymbol{AC}+\boldsymbol{BC}$，需要注意此时矩阵不可以互换位置。

矩阵相乘的转置：$(\boldsymbol{AB})^{\mathrm{T}} = \boldsymbol{B}^{\mathrm{T}}\boldsymbol{A}^{\mathrm{T}}$，此处类似于衣服穿脱顺序，故被戏称作矩阵的“穿脱原则”。

2.3 二次型的矩阵表示

二次型，顾名思义，就是二次的形式，是 n 个变量的二次齐次多项式。对于二次型的系统研究始于 18 世纪，与解析几何中的实际问题相关。最直接的就是，如何才能选择适当的角度对二次曲线和二次曲面旋转，得到标准二次曲线或曲面。柯西、西尔维斯特等数学家都对此做过深入研究，直到 1801 年，高斯在《算术研究》中正式引入二次型的正定、负定、半正定和半负定等术语。主体书第 2 章套索回归与岭回归中的目标函数，

第 9 章支持向量机的正定核，以及小册子第 3 章即将介绍的拟牛顿法都用到了二次型的概念。

2.3.1　二次型

我们将包含 n 个变量 $x_1, x_2, \cdots, x_n$ 的二次齐次多项式

$$\begin{aligned}f(x_1, x_2, \cdots, x_n) = a_{11}x_1^2 + 2a_{12}x_1x_2 + 2a_{13}x_1x_3 + \cdots + 2a_{1n}x_1x_n + \\ a_{22}x_2^2 + \quad 2a_{23}x_2x_3 + \cdots + 2a_{2n}x_2x_n \\ \cdots\cdots \\ + a_{nn}x_n^2\end{aligned}$$

称作 n 元二次型。以矩阵的形式表示，则为

$$f(x_1, x_2, \ldots, x_n) = (x_1, x_2, \ldots, x_n)\begin{pmatrix} a_{11} & \cdots & a_{1n} \\ \vdots & & \vdots \\ a_{n1} & \cdots & a_{nn} \end{pmatrix}\begin{pmatrix} x_1 \\ x_2 \\ \vdots \\ x_n \end{pmatrix} = \boldsymbol{X}^{\mathrm{T}}\boldsymbol{A}\boldsymbol{X}$$

其中，

$$\boldsymbol{X} = \begin{pmatrix} x_1 \\ x_2 \\ \vdots \\ x_n \end{pmatrix}$$

为 n 个变量对应的向量；

$$\boldsymbol{A} = \begin{pmatrix} a_{11} & \cdots & a_{1n} \\ \vdots & & \vdots \\ a_{n1} & \cdots & a_{nn} \end{pmatrix}$$

为二次型的矩阵，矩阵 $\boldsymbol{A}$ 是一个对称矩阵，即 $a_{ij} = a_{ji}\ (i, j = 1, \cdots, n)$。

2.3.2　正定和负定矩阵

实数有正负之分，矩阵也有正定和负定之分。如果对于 $\mathbb{R}^n$ 中任意的非零列向量 $\boldsymbol{\alpha}$，都有 $\boldsymbol{\alpha}^{\mathrm{T}}\boldsymbol{A}\boldsymbol{\alpha} > 0$，则称 n 元二次型 $\boldsymbol{X}^{\mathrm{T}}\boldsymbol{A}\boldsymbol{X}$ 是正定的，

其中对称矩阵 $\boldsymbol{A}$ 被称为正定矩阵。类似地，还可以定义负定矩阵、半正定矩阵、半负定矩阵。

负定矩阵：如果对于 $\mathbb{R}^n$ 中任意的非零列向量 $\boldsymbol{\alpha}$，都有 $\boldsymbol{\alpha}^{\mathrm{T}}\boldsymbol{A}\boldsymbol{\alpha}<0$，则称 n 元二次型 $\boldsymbol{X}^{\mathrm{T}}\boldsymbol{A}\boldsymbol{X}$ 是负定的，其中对称矩阵 $\boldsymbol{A}$ 被称为负定矩阵。

半正定矩阵：如果对于 $\mathbb{R}^n$ 中任意的非零列向量 $\boldsymbol{\alpha}$，都有 $\boldsymbol{\alpha}^{\mathrm{T}}\boldsymbol{A}\boldsymbol{\alpha}\geqslant 0$，则称 n 元二次型 $\boldsymbol{X}^{\mathrm{T}}\boldsymbol{A}\boldsymbol{X}$ 是半正定的，其中对称矩阵 $\boldsymbol{A}$ 被称为半正定矩阵。

半负定矩阵：如果对于 $\mathbb{R}^n$ 中任意的非零列向量 $\boldsymbol{\alpha}$，都有 $\boldsymbol{\alpha}^{\mathrm{T}}\boldsymbol{A}\boldsymbol{\alpha}\leqslant 0$，则称 n 元二次型 $\boldsymbol{X}^{\mathrm{T}}\boldsymbol{A}\boldsymbol{X}$ 是半正定的，其中对称矩阵 $\boldsymbol{A}$ 被称为半负定矩阵。

例 2.1 请判断下列矩阵 $\boldsymbol{A}$ 是否为正定矩阵。

$$\boldsymbol{A}=\begin{pmatrix}1&\frac{1}{2}&\frac{1}{2}\\\frac{1}{2}&1&\frac{1}{2}\\\frac{1}{2}&\frac{1}{2}&1\end{pmatrix}$$

解 矩阵 $\boldsymbol{A}$ 相应的二次型为

$$f\left(x_1,x_2,x_3\right)=\sum_{i=1}^{3}x_i^2+\sum_{1\leqslant i<j\leqslant 3}x_ix_j$$

接下来，进行配方处理：

$$\begin{aligned}f\left(x_1,x_2,x_3\right)&=x_1^2+x_1\left(x_2+x_3\right)+\left[\frac{1}{2}\left(x_2+x_3\right)\right]^2-\left[\frac{1}{2}\left(x_2+x_3\right)\right]^2+\\&\quad x_2^2+x_3^2+x_2x_3\\&=\left[x_1+\frac{1}{2}\left(x_2+x_3\right)\right]^2-\frac{1}{4}\left(x_2^2+2x_2x_3+x_3^2\right)+x_2^2+\\&\quad x_3^2+x_2x_3\\&=\left(x_1+\frac{1}{2}x_2+\frac{1}{2}x_3\right)^2+\frac{3}{4}x_2^2+\frac{1}{2}x_2x_3+\frac{3}{4}x_3^2\\&=\left(x_1+\frac{1}{2}x_2+\frac{1}{2}x_3\right)^2+\end{aligned}$$

$$
\begin{aligned}
&\frac{3}{4}\left[x_2^2+\frac{2}{3}x_2x_3+\left(\frac{1}{3}x_3\right)^2-\left(\frac{1}{3}x_3\right)^2\right]+\frac{3}{4}x_3^2\\
&=\left(x_1+\frac{1}{2}x_2+\frac{1}{2}x_3\right)^2+\frac{3}{4}\left(x_2+\frac{1}{3}x_3\right)^2+\frac{2}{3}x_3^2
\end{aligned}
$$

显然，对于任意的向量 $\boldsymbol{X}=(x_1,x_2,x_3)^{\mathrm{T}}$，$f(x_1,x_2,x_3)\geqslant 0$，因此矩阵 $\boldsymbol{A}$ 是一个半正定矩阵。■

第3章　概率统计小工具

因主体书中已介绍了大量的概率统计思想，本章介绍一些常用的概率统计小工具，以便于读者理解主体书中的相关内容。

3.1　随机变量

拆词解意，随机变量即随机变化的量，这个量是定义在样本空间上的函数，其类型可通过样本空间的信息来判断。例如，选曲时的样本空间是《依然范特西》专辑，希望选择的歌曲就是一个随机变量，此时样本空间是离散的，我们称为离散型随机变量；再如，小明和女朋友约会时，样本空间是一个正方形区域，两人的到达时间就是随机变量，此时样本空间是连续的，我们称为连续性随机变量。下面给出两种类型随机变量的定义。

定义 3.1 (随机变量)　随机变量可分为离散型随机变量和连续型随机变量。

(1) 如果一个随机变量仅可以取有限个或可列个值，即样本空间中元素是有限个或无限可列个，则称其为离散型随机变量。

(2) 如果一个随机变量的所有可能取值充满数轴上的某个区间，即样本空间中元素是无限不可列个，则称其为连续型随机变量。

随机变量常用大写字母 X, Y, Z 表示, 其具体取值用小写字母 x, y, z 表示。

3.2　概率分布

概率分布是从宏观视角对随机变量的认识，整体把握随机事件的概率

变化规律，概率分布函数的定义如下。

定义 3.2 (概率分布函数)　设 X 是一个随机变量，对任意的实数 $x \in \mathbb{R}$，

$$F(x) = P(X \leqslant x)$$

是随机变量 X 的概率分布函数，且称 X 服从分布 $F(x)$，记作 $X \sim F(x)$。

离散型随机变量可能的取值能够一一列出，伴随每一取值的概率，可以得到概率分布列。如果 X 的所有可能取值是 $a_1, a_2, \cdots, a_K$，取值概率记为 $p_i = P(X = a_i), i = 1, 2, \cdots, K$，随机变量 X 的概率分布列如表 3.1 所示，其中 K 可以取无穷大的正整数。

表 3.1　概率分布列

X	a_1	a_2	$\cdots$	a_K
P	p_1	p_2	$\cdots$	p_K

分布列具有以下两条基本性质。

(1) 非负性：$p_i \geqslant 0, i = 1, 2, \cdots, K$。

(2) 正则性：$\displaystyle\sum_{i=1}^{K} p_i = 1$。

我们可以通过某个数列是否满足这两条性质来判断它是否能够成为分布列，第 6 章最大熵模型的例题中我们应用了该性质。

连续型随机变量可能的取值有无限不可列个，样本空间以区间的形式呈现。如果存在实数轴上非负可积函数 $p(x)$，使得对任意的 $x \in \mathbb{R}$ 存在

$$F(x) = \int_{-\infty}^{x} p(t)\mathrm{d}t$$

则 $p(x)$ 称为 X 的概率密度函数。连续随机变量的分布由概率密度函数确定。

对于连续型随机变量 X，我们通常用概率密度函数值 $p(x)$ 来描述其概率分布。设有一区间 $(x, x + \Delta x)$ 且 Δx 很微小，那么在不太严谨的情况下，$p(x)\Delta x$ 其实可以理解为 X 在区间 $(x, x + \Delta x)$ 上的累积概率值。

类似于离散随机变量分布的分布列，连续随机变量的概率密度函数也具有两条基本性质。

(1) 非负性：$p(x) \geqslant 0$。

(2) 正则性：$\int_{-\infty}^{\infty} p(x) = 1$。

这两条基本型性质是概率密度函数必须满足的，也是判断某个函数是否能够成为概率密度函数的充要条件，第 6 章最大熵模型中通过最大熵原理推导高斯分布的过程中我们应用了该性质。

3.3 数学期望和方差

统计始于聚合，聚合始于平均值，抽象至概率统计中则化身为数学期望。对于机器学习而言，模型风险损失作为度量模型好坏的指标，贯穿整个主体书，而风险损失就涉及数学期望的概念，更见数学期望的重要性。秉持中庸之道，我们通常以数学方法计算平均情况，以平均情况作为未来的一个预期，这也是“数学期望”一词的含义。以下给出其正式的定义。

定义 3.3 (数学期望) 离散型随机变量和连续型随机变量数学期望的计算公式不同，

(1) 设离散型随机变量 X 的概率分布列为 $p_i = P(X = a_i)$，$i = 1, 2, \cdots, K$，则其数学期望定义为 $\sum_{i=1}^{K} a_i p_i$；特别地，如果 X 的可能取值为无限可列个，分布列为 $p_i = P(X = a_i)$，$i = 1, 2, \cdots$，则其数学期望定义为 $\sum_{i=1}^{+\infty} a_i p_i$。

(2) 设随机变量 X 的概率密度函数为 $p(x)$，则其数学期望定义为 $\int_{-\infty}^{\infty} x p(x) \mathrm{d}x$。

通常，我们用符号 $E(X)$ 表示随机变量 X 的数学期望，简称为期望。

$E(X)$ 表示随机变量 X 所有可能取值的平均情况，也被称作均值。p_i 或 $p(x)$ 可以理解为求均值时 $X = a_i$ 或 $X = x$ 对应的权重，那么期望就是加权和。尽管离散型随机变量的期望采用求和的形式，连续型随机变

量的期望采用积分的形式。但实际上，积分可被看作求和的极限情况，不再是一系列的离散点求和，而是一系列连续点的和。为了表示不同情况下这同一含义，“符号大师”莱布尼茨想到一个绝妙的主意，用手扯着求和符号的两端，往两头一拉，这样一个漂亮的蛇形曲线就出现了：

$$\sum \to \int$$

从书写形式来看，原来的求和符号可能还有些棱棱角角，正好表示间断不连续，磨平之后的光滑曲线，表示连续和再恰当不过。

期望在主体书中应用最为明显的当属第 2 章线性回归模型中的期望回归模型和第 10 章 EM 算法中的“E”步。另外，但凡加权求和的形式，也通常可以理解期望，比如小册子第 1 章介绍的 Jensen 不等式，就可以通过期望来理解，证券的资产配置组合中的预期收益也可以理解为期望收益。

以下给出运算时常用的几个期望性质。

(1) 若 c 是一常数，则 $Ec=c$。

(2) 若 a,b 是常数，X 是一随机变量，则 $E(aX+b)=aEX+b$。

(3) 设 $g_1(x)$、$g_2(x)$ 是两个函数，X 是一随机变量，则 $E(g_1(X)+g_2(X))=E(g_1(X))+E(g_2(X))$。

(4) 设 $f(x)$ 是凸函数，X 是一随机变量，则 $E(f(X))\geqslant f(EX)$。性质 (4) 称为 Jensen 不等式，在小册子第 1 章中有详细介绍。

方差反映随机变量取值的“波动”大小，记随机变量 X 的均值为 $\mu=E(X)$，以 $E(X-\mu)^2$ 刻画 X 的“波动”情况，这个量被称作 X 的方差，其定义如下。

定义 3.4 (方差)　若随机变量 X^2 的数学期望 $E(X^2)$ 存在, 则称偏差平方 $(X-E(X))^2$ 的数学期望 $E(X-E(X))^2$ 为随机变量 X（或相应分布）的方差，记为

$$\mathrm{Var}(X)=E(X-E(X))^2$$

离散型随机变量和连续型随机变量的方差分别按照以下公式计算：

(1) 设离散型随机变量 X 的概率分布列为 $p_i=P(X=a_i)$, $i=1,2,\cdots,K$，则其方差定义为 $\sum\limits_{i=1}^{K}(a_i-E(X))^2p_i$；特别地，如果 X 的可

能取值为无限可列个，分布列为 $p_i = P(X = a_i)$，$i = 1, 2, \cdots$，则其方差定义为 $\sum\limits_{i=1}^{+\infty}(a_i - E(X))^2 p_i$。

(2) 设随机变量 X 的概率密度函数为 $p(x)$，则其方差定义为 $\int_{-\infty}^{\infty}(x - E(X))^2 p(x)\mathrm{d}x$。称方差的正平方根 $\sqrt{\mathrm{Var}(X)}$ 为随机变量 X（或相应分布）的标准差。

以下为常用的几个方差性质。

(1) $\mathrm{Var}(X) = E\left(X^2\right) - [E(X)]^2$。

(2) 若 c 为常数，则 $\mathrm{Var}(c) = 0$，即常数的方差为 0。

(3) 若 a, b 为常数，则 $\mathrm{Var}(aX + b) = a^2\mathrm{Var}(X)$。

有时，我们会将期望、方差、偏度和峰度等置于一处相提并论，而这一系列分布特征都是以期望的定义为基础展开的。将这些分布的特征抽象为概率分布的“矩”，那么期望就是 1 阶原点矩，方差是 2 阶中心矩，偏度是随机变量标准化后的 3 阶原点矩，峰度是随机变量标准化后的 4 阶原点矩。此处概率分布的“矩”都是以期望来定义的。可以说，期望是概率统计的根本。

3.4 常用的几种分布

根据主体书的需求，本节分为三部分介绍常用的几个分布：常用的离散分布、常用的连续分布、常用的三大抽样分布。实际上，常用的三大抽样分布也是连续分布，但它们更多的用于理论推导过程，故单独列出。

3.4.1 常用的离散分布

1. 伯努利分布（或两点分布）

小时候，有一种小游戏很常见：把硬币抛起来，落入手中，紧紧扣死，问对面的小伙伴：“你猜猜现在硬币是正面朝上，还是反面朝上呢？”（如

图 3.1 所示)。这种典型的只有两个结果的小试验，即伯努利试验，该名称为纪念瑞士的科学家 Jacob Bernoulli 而命名。

图 3.1　抛硬币小游戏

此时，随机变量为一次抛硬币的结果，与之相伴的分布就是伯努利分布，不妨将这个结果数字化表示，正面朝上记为 1，反面朝上记为 0，相应的概率分布列可以表达为

$$P(X=x)=\begin{cases}1-p, & x=0\\ p, & x=1\end{cases}$$

其中，$0<p<1$，表示硬币正面朝上的概率。从对应的概率分布图 3.2 可以发现，只有两个点是有值的，所以这个分布也被亲切地称作两点分布。很明显，在两点分布的世界中，非黑即白，是非分明。

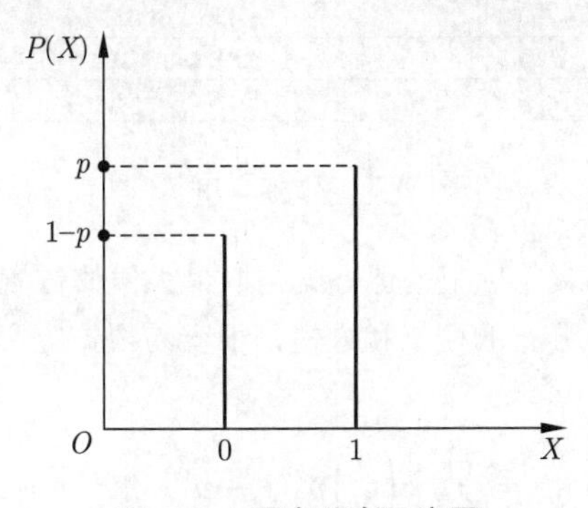

图 3.2　两点分布示意图

伯努利分布的期望和方差分别为 $E(X)=p$ 和 $\mathrm{Var}(X)=p(1-p)$。

2. 二项分布

将伯努利试验独立重复地进行 n 次，记 X 为正面朝上的次数，则称 X 所服从的分布为二项分布：

$$P(X=k)=\binom{n}{k}p^k(1-p)^{n-k},\ k=0,1,\cdots,n$$

可见，二项分布由两个参数决定，一个是重复试验的次数 n，一个是正面朝上的概率 p，因此，二项分布（Binomial Distribution）用符号 $B(n,p)$ 表示。特别地，当 $n=1$ 时，对应的就是伯努利分布 $B(1,p)$。

如果每次试验，两种结果是等概率出现的，也就是 $p=0.5$，那么 $P(X=k)$ 的大小就取决于组合数 $\binom{n}{k}$ 的大小，这个组合数可以由杨辉三角表示，如图 3.3 所示。

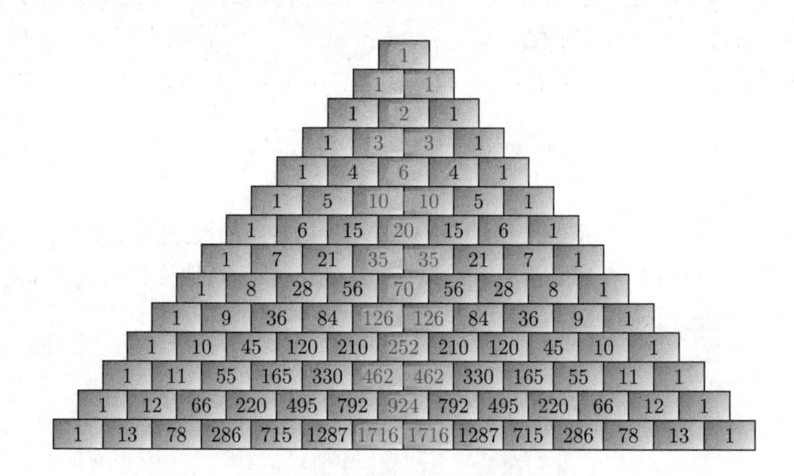

图 3.3 杨辉三角

在杨辉三角中，黄色标记的地方就是取最大值的位置，即概率在中间位置达到最大。二项分布的期望和方差，很容易根据定义求出来。

(1) 期望：

$$E(X)=\sum_{k=0}^{n}k\binom{n}{k}p^k(1-p)^{n-k}=np$$

(2) 方差：

$$\mathrm{Var}(X) = E(X^2) - (E(X))^2 = np(1-p)$$

3.4.2 常用的连续分布

本节只介绍连续分布中的高斯分布。高斯分布是最常用的连续分布，除经常用在描述日常生活中的一些随机变量，例如双十一某产品的销售量、考试成绩、身高、体重、肺活量等之外，它还用在机器学习的许多地方。比如，第 2 章线性回归模型中的噪声项通常假设服从高斯分布，第 4 章高斯朴素贝叶斯分类器中属性变量服从高斯分布，第 9 章高斯混合模型中样本来自一系列的高斯分布。

高斯分布其实最初是由棣莫弗提出的，但当时棣莫弗只是导出式 (3.1) 中的数学公式

$$f(x) = \frac{1}{\sqrt{2\pi}\sigma} \exp\left\{-\frac{(x-\mu)^2}{2\sigma^2}\right\}, \quad -\infty < x < \infty \tag{3.1}$$

式 (3.1) 是二项分布的极限形式，也就是德国 10 马克纸币上的指数函数，如图 3.4 所示。

图 3.4　德国 10 马克纸币

高斯分布记作 $N(\mu, \sigma^2)$，式 (3.1) 中的 $f(x)$ 为高斯分布的概率密度函数，μ 是高斯分布的均值，σ^2 是高斯分布的方差。这个函数在世界中真正发挥作用，还是从高斯《天体运行论》开始，这也是高斯分布这一名称的由来。

德国 10 马克纸币上包含了高斯分布的诸多信息，先来看分布的概率密度曲线，图 3.4 中的曲线形状为中间高两头低，左右对称，也被称为钟形曲线。换言之，这条曲线形似一座山峰，山峰有陡峭的，有平缓的，有高的，有矮的，高斯分布的曲线亦是如此。高斯分布由两个参数来决定：均值和方差（或标准差)。均值表示平均水平，恰好与中位数和众数重合，实现三位一体，它决定高斯分布这座山峰坐落的位置。方差（或标准差）代表分布的离散程度，也就是围绕均值的波动情况，方差（或标准差）越小，代表数据越集中；方差（或标准差）越大，数据就越分散，对应于高斯分布的山峰上，则是方差（或标准差）越大，山峰就越平缓，方差（或标准差）越小，山峰就越陡峭。

纸币上还包含了关于分布的区间信息，即著名的 3σ 准则。该准则由莱因达提出，故也被称作莱因达准则。具体来说，设随机变量 $X \sim N\left(\mu, \sigma^2\right)$，则

$$P(\mu-k\sigma < X < \mu+k\sigma) = P\left(\left|\frac{X-\mu}{\sigma}\right| < k\right) = \Phi(k)-\Phi(-k) = 2\Phi(k)-1$$

当 $k=1,2,3$ 时，有

$$P(\mu-\sigma < X < \mu+\sigma) = 2\Phi(1)-1 = 0.6826$$

$$P(\mu-2\sigma < X < \mu+2\sigma) = 2\Phi(2)-1 = 0.9545$$

$$P(\mu-3\sigma < X < \mu+3\sigma) = 2\Phi(3)-1 = 0.9973$$

如图 3.5 所示。

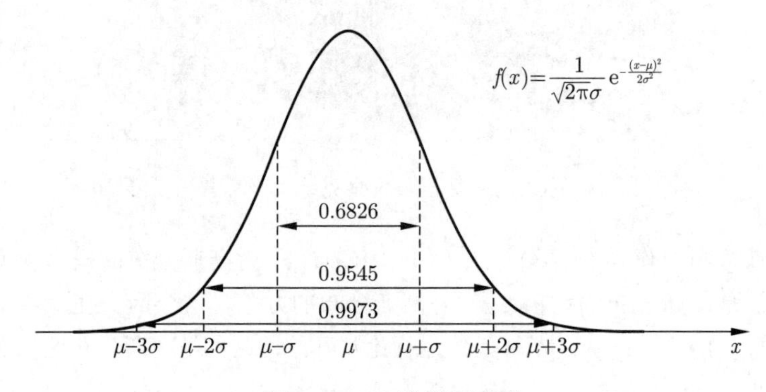

图 3.5　3σ 准则示意图

这个准则常用来监控产品质量，绘制 SPC 控制图。生产中某产品的质量一般要求其上、下控制限，若上、下控制限能覆盖区间 $(\mu-3\sigma,\mu+3\sigma)$，则称该生产过程受控制，并称其比值

$$C_p=\frac{\text{上控制限}-\text{下控制限}}{6\sigma}$$

为过程能力指数。当 $C_p<1$ 时，认为生产过程不足；当 $C_p\geqslant 1.33$ 时，认为生产过程正常；当 C_p 为其他值时，常认为生产过程不稳定，需要改进。

也有研究者认为 3σ 准则不够严苛，所以又提出了 6σ 准则。6σ 准则本质上和 3σ 准则相同，只是区间扩大到 $(\mu-6\sigma,\mu+6\sigma)$。变量落入 6σ 区间的概率是 99.9999998。也就是说，如果产品质量符合高斯分布，落在 6σ 区间外的概率仅为十亿分之二。例如在汽车行业，对于零件质量要求非常高。若误差较大，很容易增大车祸的概率，容易导致生命危险，所以非常有必要对各个零件严格把关控制。

3.4.3　常用的三大抽样分布

很多抽样分布以高斯分布为基石构造而得，本节将介绍最常用的三大抽样分布：卡方分布、t 分布和 F 分布。这三大分布用于主体书第 2 章回归模型参数置信区间的推导。

定义 3.5 (卡方分布)　设 $X_1,\cdots,X_n$ 为相互独立的标准正态随机变量，则 $\chi^2=X_1^2+\cdots+X_n^2$ 的概率分布称为自由度为 n 的卡方分布，记为 $\chi^2\sim\chi^2(n)$。服从卡方分布的随机变量，称为卡方随机变量。

自由度为 n 的卡方分布的概率密度函数为

$$f(x)=\frac{(1/2)^{n/2}}{\Gamma(n/2)}x^{n/2-1}\mathrm{e}^{-x/2},\quad x>0$$

卡方分布的期望和方差分别为 $E(\chi^2)=n$，$\mathrm{Var}(\chi^2)=2n$，其概率密度曲线是一个取非负值的偏态分布，且自由度越大的卡方分布，越接近某一高斯分布的曲线。

下面即将介绍的 t 分布和 F 分布也涉及卡方分布。

t 分布由英国统计学家威廉姆·戈塞特（William S. Gosset）于 1908 年提出。当时的戈塞特在一家啤酒厂工作，只是个小小的酿酒化学技师，他

接触的都是小容量的样本，在日积月累的工作中，戈塞特惊讶地发现一个类似于高斯分布，但又不是高斯分布的分布。因工作的保密性，戈塞特所在的酒厂禁止员工发表一切与酿酒研究有关的成果，但允许在不提到酿酒的前提下，以笔名发表关于 t 分布的发现，所以戈塞特的论文使用了“Student”这一笔名。14 年后，统计学家费歇尔（Ronald A. Fisher）注意到这个问题并给出该问题的完整证明，为此该分布被命名为学生氏 t 分布。

可以说，t 分布的出现打破了高斯分布一统天下的局面，在统计学史上具有划时代的意义，引起广大统计科研工作者的重视并开创了小样本统计推断的新纪元。t 分布的定义如下。

定义 3.6 (t 分布) 设 $X \sim N(0,1)$，$Y \sim \chi^2(n)$，且 X 和 Y 相互独立，则称 $t = \dfrac{X}{\sqrt{Y/n}}$ 的概率分布为自由度为 n 的 t 分布，记为 $t \sim t(n)$。

自由度为 n 的 t 分布的概率密度函数为

$$f(x) = \frac{\Gamma\left(\dfrac{n+1}{2}\right)}{\sqrt{n\pi}\Gamma\left(\dfrac{n}{2}\right)}\left(1+\frac{x^2}{n}\right)^{-\frac{n+1}{2}}, \quad -\infty < x < \infty$$

t 分布的期望和方差分别为 $E(t)=0$，$(n>1)$，$\mathrm{Var}(\chi^2)=n/(n-1)$，$n>2$。

F 分布的理论应用也较广泛，例如在两总体方差参数比的检验、置信区间的构造、方差分析、线性回归模型的显著性检验中都有涉及，具体定义如下。

定义 3.7 (F 分布) 设 $X \sim \chi^2(m)$，$Y \sim \chi^2(n)$，且 X 和 Y 相互独立，则称 $F = \dfrac{X/m}{Y/n}$ 的概率分布为自由度为 m 和 n 的 F 分布，记为 $F \sim F(m,n)$。

分布 $F(m,n)$ 的概率密度函数为

$$f(x) = \frac{\Gamma\left(\dfrac{m+n}{2}\right)\left(\dfrac{m}{n}\right)^{\frac{m}{2}}}{\Gamma\left(\dfrac{m}{2}\right)\Gamma\left(\dfrac{n}{2}\right)} y^{\frac{m}{2}-1}\left(1+\frac{m}{n}x\right)^{-\frac{m+n}{2}}, \quad x > 0$$

F 分布的期望和方差使用较少，此处不赘述。

3.5　小技巧——从二项分布到正态分布的连续修正

二项分布的极限分布是高斯分布，让我们一起思考如何从二项分布过渡到正态分布。保持 p 变，逐渐增大二项分布的试验次数 n，可以发现随着 n 的增大，二项分布的棱棱角角逐渐被磨平，当试验次数无穷大的时候，变成一条光滑的概率密度曲线，如图 3.6 所示。这就是从有限到无限，从离散到连续的变化过程。

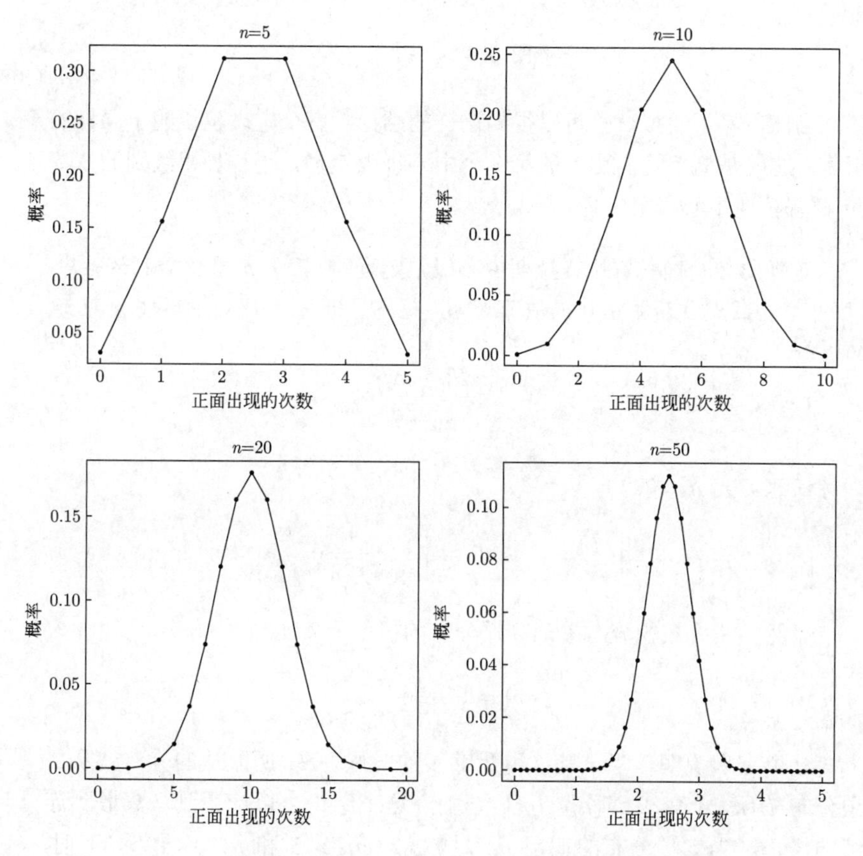

图 3.6　随着 n 的增大，二项分布到高斯分布的变化过程

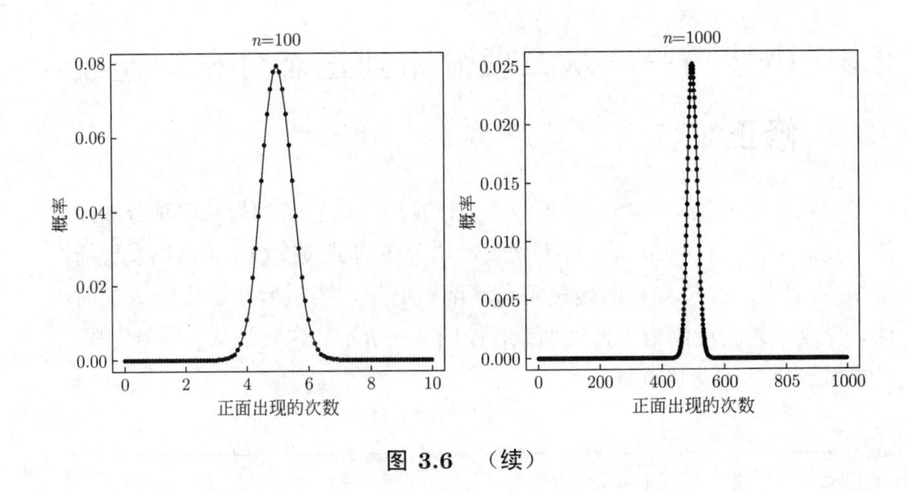

图 3.6 （续）

当然，除了模拟试验可以得到这样的结论，有个定理也说明了同样的事情，这就是概率论历史上的第一个中心极限定理，堪称鼻祖级别的棣莫弗-拉普拉斯中心极限定理。

定理 3.1 (棣莫弗-拉普拉斯中心极限定理)　假设 n 重伯努利试验中，事件 A 在每次试验中出现的概率为 p，记 S_n 为 n 次试验中事件 A 出现的次数

$$Y_n^* = \frac{S_n - np}{\sqrt{npq}}$$

则对任意实数 y，有

$$\lim_{n\to+\infty} P(Y_n^* \leqslant y) = \int_{-\infty}^{y} \frac{1}{\sqrt{2\pi}} \mathrm{e}^{-\frac{t^2}{2}} \mathrm{d}t$$

显然，始终被积分对象即高斯分布的概率密度函数

$$f(x) = \frac{1}{\sqrt{2\pi}} \mathrm{e}^{-\frac{x^2}{2}}$$

这个定理说明，当试验次数足够多的时候，S_n 所服从的分布就从二项分布 $B(n,p)$ 变成 $N(np, np(1-p))$，这个结论可以应用到从离散到连续的修正。当二项分布的期望 np 足够大（$np > 5$ 和 $n(1-p) > 5$）时，可以用高斯分布近似。

以二项分布 $B(30, 0.5)$ 为例进行说明。对于离散的概率分布，是可以用条形图来绘制的，如图 3.7(a) 所示。如果假定取值是连续的，可以得到概率直方图，如图 3.7(b) 所示。

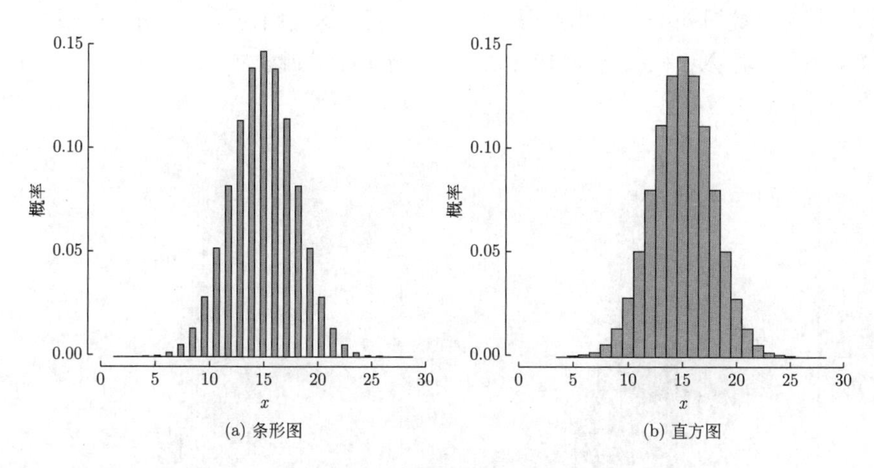

图 3.7 条形图和直方图

条形图与直方图的区别如下。

- 条形图：主要用于展示离散数据，各矩形通常是分开排列的。
- 直方图：主要用于展示连续数据，各矩形通常是连续排列的。

如果要求概率 $P(10 < X < 17)$，需要考虑以下几个取值（见表 3.2）。

表 3.2 二项分布 $B(30,\ 0.5)$ 的部分取值概率

取值	11	12	13	14	15	16
概率	0.0509	0.0806	0.1115	0.1354	0.1445	0.1354

之后，把取值 10~17 的每个小矩形的概率加到一起：

$$\sum_{k=11}^{16} \mathrm{C}_{30}^{k} \frac{1}{2^{30}} = 0.6583$$

如果直接通过高斯分布求概率，需要对高斯分布 $N(15, 7.5)$ 的概率密

度函数求 (10,17) 区间上的积分：

$$\int_{10}^{17} \frac{1}{\sqrt{2\times 7.5\pi}} \mathrm{e}^{-\frac{(x-15)^2}{2\times 7.5}} \mathrm{d}x = 0.7335$$

可见，此时两个结果相差很大。为什么呢？这是因为用高斯分布求概率的时候，添入了取值包含 10 和 17 的一小部分矩形，如图 3.8 所示。

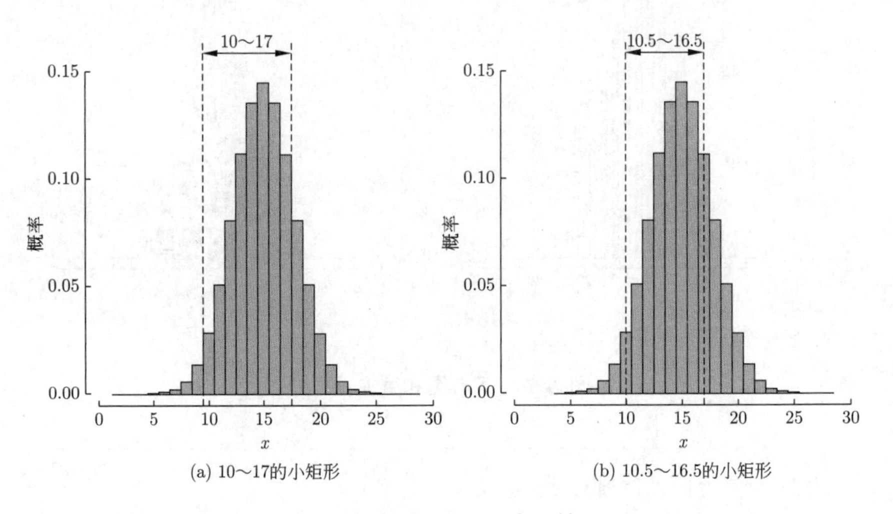

(a) 10～17的小矩形　　(b) 10.5～16.5的小矩形

图 3.8　修正后的近似概率计算图示

此时，需要采用 0.5 进行修正。这里的 0.5，是根据四舍五入的取整计数法得来的。如果取 $(10+0.5, 17-0.5)$ 上的整数，则根据四舍五入的原则，恰好得到的就是 11、12、13、14、15、16 这 6 个值。因此，用正态近似的时候要取区间 $(10+0.5, 17-0.5)$ 上的积分

$$\int_{10.5}^{16.5} \frac{1}{\sqrt{2\times 7.5\pi}} \mathrm{e}^{-\frac{(x-15)^2}{2\times 7.5}} \mathrm{d}x = 0.6579$$

通过高斯分布近似计算二项分布的概率，可以省去计算烦琐的组合数的麻烦。

第 4 章　优化小工具

优化方法可以说在机器学习领域的地位不可小觑。例如本书中逻辑回归模型、最大熵模型、感知机模型、支持向量机等，其学习过程最终都归结于求解最优化问题。本章将介绍几类常见的优化小工具，包括梯度下降法、牛顿法与拟牛顿法、坐标下降法、拉格朗日对偶思想，以供读者参阅。

4.1　梯度下降法

不畏浮云遮望眼，只缘身在此山中！

——宋・王安石

图 4.1 为云雾缭绕的黄山。

图 4.1　云雾缭绕的黄山

让我们先直观感受一下什么是梯度下降法。在连绵起伏的山脉中，云雾缭绕。假如我们正处在山顶的位置，因为浮云的遮挡，不知道地貌如何，也不知道山底在什么方向。那么，该如何下山？怎么下山最快？有人可能会说，跳下去呗！但我们是普通人，没有小龙女和张无忌的奇遇，也没有青丘女君——白浅的神力，那只能逐步下山。

最简单的方法就是走一步看一步！注意，我们每走一步，就要涉及方向和步长两个问题，也就是朝哪个方向迈多大的步子。因此，不妨每到一处，感受当前位置处往下最陡的方向，然后迈一小步；接着在新的位置，感受最陡的方向，再往下迈一步，就这样一小步一小步地走到山脚下。

如果对应于优化问题，这里的山脉地貌就相当于一个光滑函数（光滑指函数处处可导），该函数的极小值，就相当于找这座山的山底位置。下山过程中每次找当前位置最陡峭的方向，沿着这个方向往下走。那么，对于函数来说，就是每次找到该点相应的梯度，然后沿着梯度的反方向往下走，这就是使函数值下降最快的方向。

定义 4.1 (梯度)　若函数 $f(\boldsymbol{x})$，$\boldsymbol{x}\in\mathbb{R}^p$ 在点 $P_0(\boldsymbol{x}_0)$ 处存在对所有自变量的偏导数，则将偏导数向量称为函数 $f(\boldsymbol{x})$ 在点 P_0 处的梯度，记作

$$\nabla f(P_0)=\left(\frac{\partial f}{\partial x_1}(P_0),\frac{\partial f}{\partial x_2}(P_0),\cdots,\frac{\partial f}{\partial x_p}(P_0)\right)^{\mathrm{T}}$$

其中，自变量向量 $\boldsymbol{x}=(x_1,x_2,\cdots,x_p)^{\mathrm{T}}$。

作为向量，梯度是函数 $f(\boldsymbol{x})$ 在点 P_0 处最大的方向导数，自变量在 P_0 处沿着该方向可取得最大的变化率，该变化率即为梯度的模，用 L_2 范数定义 $\|\nabla f(P_0)\|_2$。

定义 4.2 (梯度函数)　若 $f(\boldsymbol{x})$ 在定义域上处处可微，则梯度函数为

$$\nabla f(\boldsymbol{x})=\left(\frac{\partial f(\boldsymbol{x})}{\partial x_1},\frac{\partial f(\boldsymbol{x})}{\partial x_2},\cdots,\frac{\partial f(\boldsymbol{x})}{\partial x_p}\right)^{\mathrm{T}}$$

例 4.1　求下列函数的梯度函数。

(1) $f(x)=(2-x)^3$

(2) $f(\boldsymbol{x})=5x_1^2+2x_2+x_3^4$，其中 $\boldsymbol{x}=(x_1,x_2,x_3)^{\mathrm{T}}$

解　(1) 对于单变量的函数，直接对变量求解导函数即可：

$$\nabla f = -3(2-x)^2$$

(2) 对于多变量的函数，需要分别对每个变量求偏导数，然后用多元向量表示：

$$\nabla f(\boldsymbol{x}) = \left(\frac{\partial f(\boldsymbol{x})}{\partial x_1}, \frac{\partial f(\boldsymbol{x})}{\partial x_2}, \frac{\partial f(\boldsymbol{x})}{\partial x_3}\right)^{\mathrm{T}} = (10x_1, 2, 4x_3^3)^{\mathrm{T}}$$

■

如同之前的下山过程，每一步通过方向和步长更新参数，就得到梯度下降法的迭代公式

$$\boldsymbol{\theta}^{(k+1)} = \boldsymbol{\theta}^{(k)} - \eta\nabla f(\boldsymbol{\theta}^{(k)}) \tag{4.1}$$

其中，$\boldsymbol{\theta}^{(k)}$ 代表第 k 次所处的位置，η 代表步长，参数更新之后，就到了第 $k+1$ 次所处的位置 $\boldsymbol{\theta}^{(k+1)}$。假如终止条件为 $\|f(\boldsymbol{\theta}^{(k+1)}) - f(\boldsymbol{\theta}^{(k)})\| < \epsilon$，接下来即可通过迭代方法估计参数，具体算法如下。

梯度下降法

输入：目标函数 $f(\boldsymbol{\theta})$，步长 η，阈值 ϵ；

输出：$f(\boldsymbol{\theta})$ 的极小值点 $\boldsymbol{\theta}^*$。

(1) 选取初始值 $\boldsymbol{\theta}^{(0)} \in \mathbb{R}^p$，置 $k=0$。

(2) 计算 $f(\boldsymbol{\theta}^{(k)})$ 和梯度 $\nabla f(\boldsymbol{\theta}^{(k)})$。

(3) 利用式 (4.1) 进行参数更新。

(4) 如果 $\|f(\boldsymbol{\theta}^{(k+1)}) - f(\boldsymbol{\theta}^{(k)})\| < \epsilon$，停止迭代，令 $\boldsymbol{\theta}^* = \boldsymbol{\theta}^{(k+1)}$，输出结果；否则，令 $k=k+1$，重复步骤 (2) ~ (4)，直到满足终止条件。

在上述算法中，以两次迭代所得函数值的绝对差小于阈值 ϵ 作为终止条件，表示参数收敛到函数极小值点处。终止条件的目的是实现参数的收敛性。因此，在实际应用时，可以根据需求调整终止条件，比如把终止条件换成 $\|\boldsymbol{\theta}^{(k+1)} - \boldsymbol{\theta}^{(k)}\| < \epsilon$ 也是可以的。为防止陷入无限循环中，也可以在终止条件的基础上设置迭代次数。

在梯度下降法中，虽然梯度随参数的迭代而更新，但是步长如何选取仍是问题。最简单的一种是固定步长的梯度下降法，但固定步长其实会带来许多问题，下面以例 4.2 (如图 4.2 所示) 进行说明。

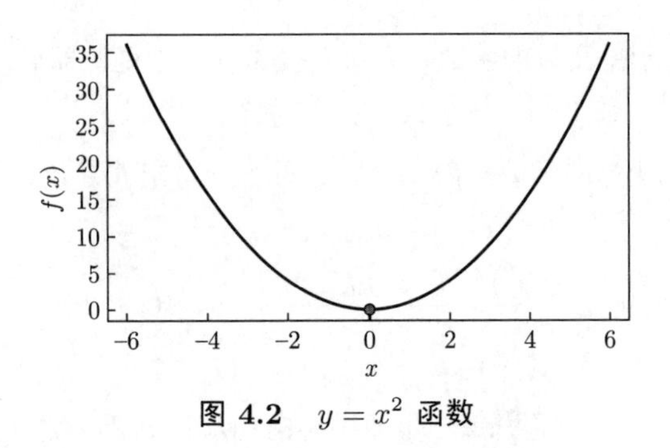

图 4.2　$y = x^2$ 函数

例 4.2　假设阈值 $\epsilon = 10^{-8}$，终止条件为 $\|\boldsymbol{x}^{(k+1)} - \boldsymbol{x}^{(k)}\| < \epsilon$，请应用梯度下降法，求解 $f(\boldsymbol{x}) = \boldsymbol{x}^2$ 的极小值。

解　很明显，图 4.2 中的小黄点为极值点。根据梯度下降法，迭代公式为

$$\boldsymbol{x}^{(k+1)} = \boldsymbol{x}^{(k)} - \eta \cdot 2\boldsymbol{x}^{(k)}$$

接下来我们将尝试不同的步长，观察将会出现的情况。

为方便演示梯度下降法中的下山过程，我们选择一个较大的初始值 $\boldsymbol{x}^{(0)} = -5$。假如现在有 4 个人都在同一位置，准备下山，目标就是底部的小黄点，如图 4.3 所示。

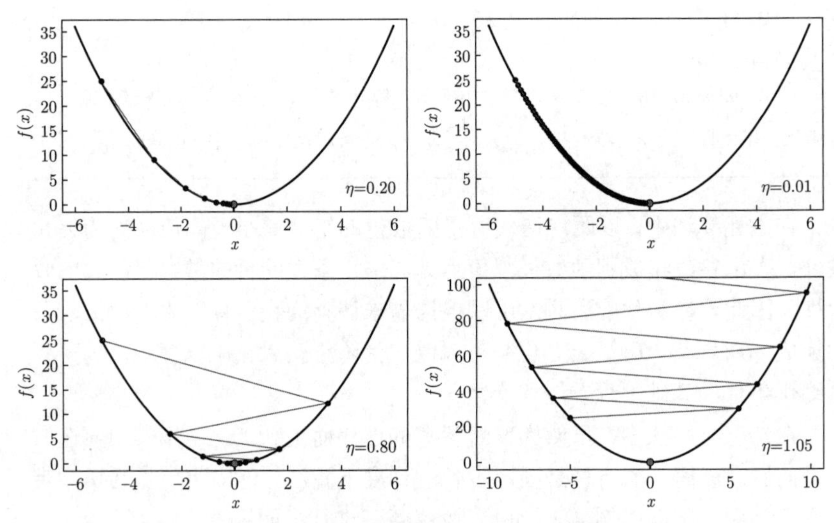

图 4.3　采用不同步长时的下山过程

步长 $\eta = 0.2$ 时，如同一位稳重的中年人，几步就走到山脚下；步长 $\eta = 0.01$ 时，如同一位银发小老太太，迈着小碎步，颤巍巍地下山，虽然走得慢了点，总归还是成功来到山脚下；步长 $\eta = 0.80$ 时，如同一位糙汉子，由于步长较大，一下子跨跃到对面去，所以就出现左右摇摆跳跃下山的情况；步长 $\eta = 1.05$ 时，如同一个性子更莽撞的家伙，他想更快地下山，于是步长更大，没想到，一跃之下不但到了对面，反而更高，像是在登天梯，这完全与目标点背道而驰。 ■

通过例 4.2 中的 4 种下山过程，我们意识到，步长的设置非常关键。最好的办法就是每走一步对步长做个调整，每次不但需要找到下山最快的方向，还要找到最优的步长。此时梯度下降法的迭代公式应为

$$\boldsymbol{\theta}^{(k+1)} = \boldsymbol{\theta}^{(k)} - \eta^{(k)} \nabla f(\boldsymbol{\theta}^{(k)})$$

最优步长可通过下式更新：

$$\eta^{(k)} = \arg\min_{\eta} f\left(\boldsymbol{\theta}^{(k)} - \eta \nabla f(\boldsymbol{\theta}^{(k)})\right)$$

这就是最速下降法。

最速下降法

输入：目标函数 $f(\boldsymbol{\theta})$，阈值 ϵ；

输出：$f(\boldsymbol{\theta})$ 的极小值点 $\boldsymbol{\theta}^*$。

(1) 选取初始值 $\boldsymbol{\theta}^{(0)} \in \mathbb{R}^p$，置 $k = 0$。

(2) 计算 $f(\boldsymbol{\theta}^{(k)})$ 和梯度 $\nabla f(\boldsymbol{\theta}^{(k)})$。

(3) 计算最优步长：

$$\eta^{(k)} = \arg\min_{\eta} f\left(\boldsymbol{\theta}^{(k)} - \eta \nabla f(\boldsymbol{\theta}^{(k)})\right)$$

(4) 利用迭代公式进行参数更新：

$$\boldsymbol{\theta}^{(k+1)} = \boldsymbol{\theta}^{(k)} - \eta^{(k)} \nabla f(\boldsymbol{\theta}^{(k)})$$

(5) 如果 $||f(\boldsymbol{\theta}^{(k+1)}) - f(\boldsymbol{\theta}^{(k)})|| < \epsilon$，停止迭代，令 $\boldsymbol{\theta}^* = \boldsymbol{\theta}^{(k+1)}$，输出结果；否则，令 $k = k + 1$，重复步骤 (2) $\sim$ (5)，直到满足终止条件。

> **梯度下降法给我们的生活启示：**
>
> You don't have to know how to get from here to there.
>
> It's not necessary to have a plan.
>
> What's necessary is only two things.
>
> One is the good sense of the direction, that's your attention,
>
> where you want to go.
>
> And two is a clear sence of what's the next practical step.

梯度下降法包括随机梯度下降法、批量梯度下降法和小批量梯度下降法。随机梯度下降法，每一轮的迭代更新都随机选择一个样本点，迭代的速度会快一些。如果是批量更新梯度下降法，每次迭代更新需要使用所有的样本，这会极大地增加计算成本。小批量梯度下降法既不像批量梯度下降法那样选择了所有的样本点，也不像随机梯度下降法那样随机选取了一个样本点，而是选择部分样本点进行参数更新。但是，小批量梯度下降法也面临许多问题，例如“每次需要选择多少个样本点?”“选择哪些样本才合适?”。当然，这就是模型应用时需要面临和解决的问题了。

4.2 牛顿法

在主体书第 5 章的阅读时间，我们简单介绍了牛顿法，牛顿法的雏形是求平方根。如今，在计算机图形学领域，若要求取照明和投影的波动角度与反射效果，常需要计算平方根的倒数。平方根倒数的速算法是一个非常有名的算法，最早出现在一款 20 世纪 90 年代推出的《雷神之锤》游戏中，C 源代码如图 4.4 所示。

平方根倒数速算法求解的原理是牛顿法，我们先从求解方程说起。

例 4.3 求解五次多项式 $g(x) = 3x^5 - 4x^4 + 6x^3 + 4x - 4$ 的零根。

解 通过图 4.5，我们的直观感受是零点在区间 $[0, 1]$ 上。我们不妨

```
float Q_rsqrt(float number)
{
    long i;
    float x2, y;
    const float threehalfs = 1.5F;

    x2 = number * 0.5F;
    y  = number;
    i  = * (long *) &y;                    // evil floating point bit level hacking
    i  = 0x5f3759df - (i >> 1);            // what the fuck?
    y  = * (float *) &i;
    y  = y * (threehalfs - (x2 * y * y));  // 1st iteration
//  y  = y * (threehalfs - (x2 * y * y));  // 2nd iteration, this can be removed

    return y;
}
```

图 4.4　《雷神之锤 III 竞技场》中平方根倒数速算法的源代码

取个放大镜，凑近观察这个零点。根据迭代的思想，为方便效果展示，先取一个初始值，如 $x^{(0)} = 1.4$。

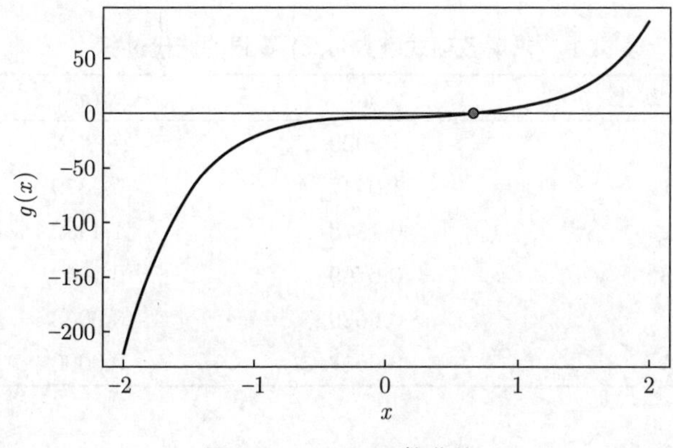

图 4.5　$g(x)$ 函数曲线

$x^{(0)} = 1.4$ 时，函数值 $g(x^{(0)}) = 18.8$。沿着点 $(x^{(0)}, g(x^{(0)}))$ 作函数曲线的切线（图 4.6 中的直线），切线与 x 轴的交点记作下一个迭代值 $x^{(1)} = 1.045$。此时的函数值 $g(x^{(1)}) = 6.0$，比初始值距离零点更进一步。之后，采用同样的方法，陆续得到不同角度的切线等，不停地更新迭代，直到接近零点 $x^* = 0.6618$，如表 4.1 所示。

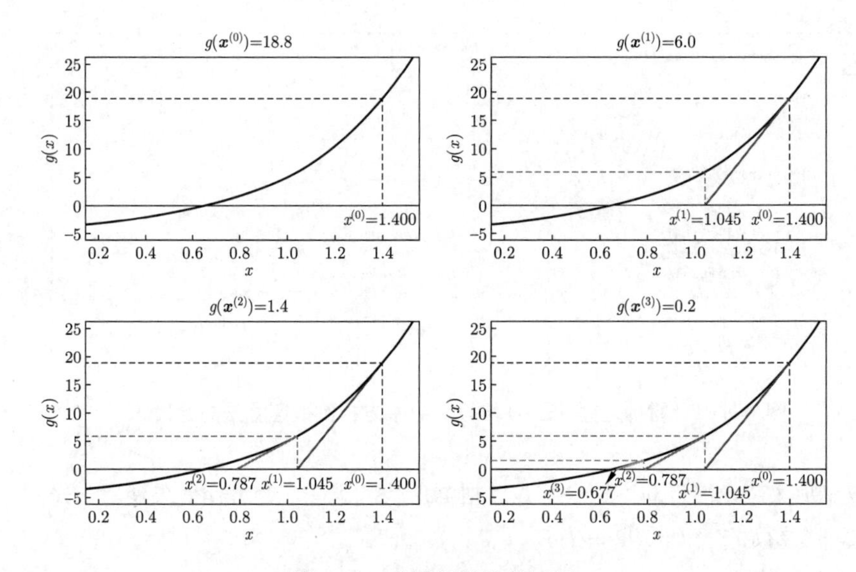

图 4.6 求零根的迭代过程

表 4.1 求解多项式函数 $g(x)$ 零根的迭代过程

迭 代 次 数	$\boldsymbol{x}$	$\lvert g(\boldsymbol{x})\rvert$
0	1.4000	18.8323
1	1.0447	5.9879
2	0.7873	1.4482
3	0.6769	0.1549
4	0.6620	0.0023
5	0.6618	0.0000

■

回顾例 2.7 的求解过程，每次迭代关键的有两步：找切线、找切线与 x 轴的交点。

牛顿法求零根

输入：目标函数 $g(\boldsymbol{x})$，阈值 ϵ；

输出：$g(\boldsymbol{x})$ 的零根 $\boldsymbol{x}^*$。

(1) 选取初始值 $\boldsymbol{x}^{(0)}$，置 $k=0$。

(2) 通过 $\boldsymbol{x}^{(k)}$ 和函数的导函数确定切线：

$$y=g'(\boldsymbol{x}^{(k)})(\boldsymbol{x}-\boldsymbol{x}^{(k)})+g(\boldsymbol{x}^{(k)})$$

(3) 计算切线与 x 轴的交点，以此更新迭代结果：

$$\boldsymbol{x}^{(k+1)}=\boldsymbol{x}^{(k)}-\frac{g(\boldsymbol{x}^{(k)})}{g'(\boldsymbol{x}^{(k)})}$$

(4) 如果 $\|g(\boldsymbol{x}^{(k+1)})\|<\epsilon$，停止迭代，令 $\boldsymbol{x}^*=\boldsymbol{x}^{(k+1)}$，输出结果；否则，令 $k=k+1$，重复步骤 (2) $\sim$ (3)，直到满足终止条件。

类似于梯度下降法，这里停止迭代的条件也可以从两方面设置：迭代次数和阈值精度。再回到图 4.4《雷神之锤 III 竞技场》中平方根倒数速算法的源代码，若求 x 的平方根倒数，可设目标函数为 $f(y)=\dfrac{1}{y^2}-x$，其导函数为

$$f'(y)=-\frac{2}{y^3}$$

则迭代公式为

$$\begin{aligned}
y_{k+1}&=y_k-\frac{f\left(y_k\right)}{f'\left(y_k\right)}\\
&=y_k-\frac{\dfrac{1}{y_k^2}-x}{-\dfrac{2}{y_k^3}}\\
&=y_k+\frac{y_k-xy_k}{2}
\end{aligned}$$

即源代码中所用的迭代公式。

如果待求目标函数可微，为找寻局部极值点，可借助费马原理尝试寻求导函数为零的位置。因此，极值问题就转化为求方程零根的问题了。将未知的问题转化成一个曾经已经解决过的问题，是数学中常用的一种思想。

1. 单变量目标函数的极值点

例 4.4 求解目标函数 $f(\boldsymbol{x})=\dfrac{1}{4}x^4-\dfrac{1}{8}x$ 的极值点。

解 从图 4.7 中可直观感受目标函数 $f(\boldsymbol{x})$（蓝色曲线）的变化，导函数为 $g(\boldsymbol{x})=f^{'}(\boldsymbol{x})=x^3-\dfrac{1}{8}$（绿色曲线）。

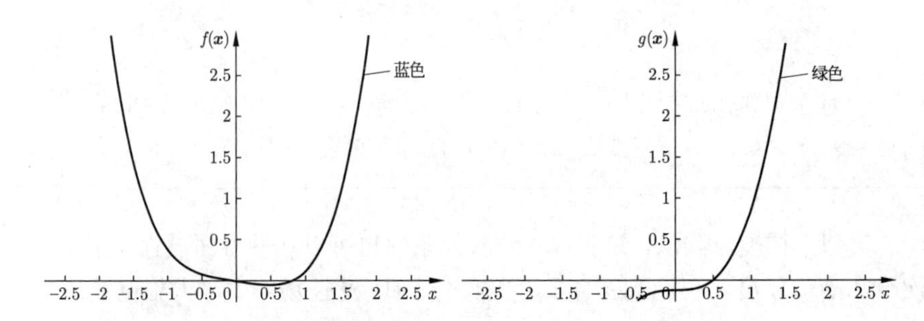

图 4.7 目标函数 $f(x)$ 与其导函数 $g(x)$

于是极值问题转化为求解三次多项式的零根问题。假如阈值 $\epsilon=0.0001$，取初值为 $\boldsymbol{x}^{(0)}=2$ 代入导函数中得到 $g(\boldsymbol{x}^{(0)})=7.8750$，接着画切线得出它和 x 轴的交点 $\boldsymbol{x}^{(1)}=1.3438$，以此类推，继续求解，直到计算出的 $g(\boldsymbol{x}^{(6)})=0$，满足停止条件，求出了对应的极小值点为 $\boldsymbol{x}^*=0.5$ 时对应的函数值，如表 4.2 所示。

表 4.2 求解目标函数 $f(x)$ 的极值

迭 代 次 数	$\boldsymbol{x}$	$\lvert g(\boldsymbol{x})\rvert$	$f(\boldsymbol{x}^{(k+1)})-f(\boldsymbol{x}^{(k)})$
0	2.0000	7.8750	—
1	1.3438	2.3014	3.1029
2	0.9189	0.6509	0.5838
3	0.6620	0.1651	0.9810
4	0.5364	0.0293	0.0116
5	0.5024	0.0018	0.0005
6	0.5000	0.0000	0.0000

■

从例 4.4 的求解过程，可以得到牛顿法求单变量目标函数的极值的算法流程。

牛顿法求单变量目标函数的极值

输入：目标函数 $f(\boldsymbol{x})$，梯度 $\nabla f(\boldsymbol{x}) = g(\boldsymbol{x})$，二阶导函数 $f''(\boldsymbol{x}) = \nabla g(\boldsymbol{x})$，计算精度 ϵ；

输出：$f(\boldsymbol{x})$ 的最小值点 $\boldsymbol{x}^*$。

(1) 选取初始值 $\boldsymbol{x}^{(0)}$，置 $k=0$。

(2) 计算 $f(\boldsymbol{x}^{(k)})$ ，梯度 $g(\boldsymbol{x}^{(k)})$，二阶导函数 $\nabla g(\boldsymbol{x}^{(k)})$。

(3) 利用迭代公式 $\boldsymbol{x}^{(k+1)} = \boldsymbol{x}^{(k)} - g(\boldsymbol{x}^{(k)})\dfrac{1}{\nabla g(\boldsymbol{x}^{(k)})}$ 进行参数更新。

(4) 如果 $\|g(\boldsymbol{x}^{(k+1)})\| < \epsilon$，停止迭代，令 $\boldsymbol{x}^* = \boldsymbol{x}^{(k+1)}$，输出结果；否则，令 $k=k+1$，转到步骤 (2) 继续迭代，更新参数，直到满足终止条件。

2. 多变量目标函数的极值点

接下来，我们将牛顿法推广至多变量情形。对于 p 维目标函数 $f(x_1, x_2, \cdots, x_p)$，梯度向量为

$$\nabla f = \left[\frac{\partial f(\boldsymbol{x})}{\partial x_1}, \frac{\partial f(\boldsymbol{x})}{\partial x_2}, \cdots, \frac{\partial f(\boldsymbol{x})}{\partial x_p}\right], \quad 其中\boldsymbol{x} = (x_1, x_2, \cdots, x_p)^{\mathrm{T}}$$

用以存储函数二阶偏导函数的则是海森矩阵（Hessian Matrix）：

$$\boldsymbol{H}_f = \begin{bmatrix} \dfrac{\partial^2 f}{\partial x_1 \partial x_1} & \cdots & \dfrac{\partial^2 f}{\partial x_1 \partial x_p} \\ \vdots & & \vdots \\ \dfrac{\partial^2 f}{\partial x_p \partial x_1} & \cdots & \dfrac{\partial^2 f}{\partial x_p \partial x_p} \end{bmatrix}$$

类似于单变量目标函数中牛顿法求极值的算法，也可以轻松得到用牛顿法求解多变量目标函数极值的算法。

牛顿法求多变量目标函数的极值

输入：目标函数 $f(\boldsymbol{x})$，梯度 $\nabla f(\boldsymbol{x}) = g(\boldsymbol{x})$，海森矩阵 $\boldsymbol{H}_f = \nabla g(\boldsymbol{x})$，计算精度 ϵ；

输出：$f(\boldsymbol{x})$ 的最小值点 $\boldsymbol{x}^*$。

(1) 选取初始值 $\boldsymbol{x}^{(0)} \in \mathbb{R}^p$，置 $k=0$。

(2) 计算 $f(\boldsymbol{x}^{(k)})$ ，梯度 $\nabla f(\boldsymbol{x}^{(k)})$，海森矩阵 $\boldsymbol{H}_f(\boldsymbol{x}^{(k)})$。

(3) 利用迭代公式 $\boldsymbol{x}^{(k+1)} = \boldsymbol{x}^{(k)} - \nabla f(\boldsymbol{x}^{(k)})\boldsymbol{H}_f(\boldsymbol{x}^{(k)})^{-1}$ 进行参数更新。

(4) 如果 $||g(\boldsymbol{x}^{(k+1)})|| < \epsilon$，停止迭代，令 $\boldsymbol{x}^* = \boldsymbol{x}^{(k+1)}$，输出结果；否则，令 $k=k+1$，转到步骤 (2) 继续迭代，更新参数，直到满足终止条件。

例 4.5 求解目标函数 $f(\boldsymbol{x}) = 5x_1^4 + 4x_1^2x_2 - x_1x_2^3 + 4x_2^4 - x_1$ 的极值点，其中 $\boldsymbol{x} = (x_1, x_2)^{\mathrm{T}}$。

解 从图 4.8 中可直观感受目标函数 $f(\boldsymbol{x})$ 的变化。先求得 $f(\boldsymbol{x})$ 的梯度向量

$$\nabla f(\boldsymbol{x}) = (20x_1^3 + 8x_1x_2 - x_2^3 - 1, 4x_1^2 - 3x_1x_2^2 + 16x_1^3)$$

继续求出海森矩阵

$$\boldsymbol{H}_f(\boldsymbol{x}_1, \boldsymbol{x}_2) = \begin{pmatrix} 60x_1^2 + 8x_2 & 8x_1 - 3x_2^2 \\ 8x_1 - 3x_2^2 & -6x_1x_2 + 48x_2^2 \end{pmatrix}$$

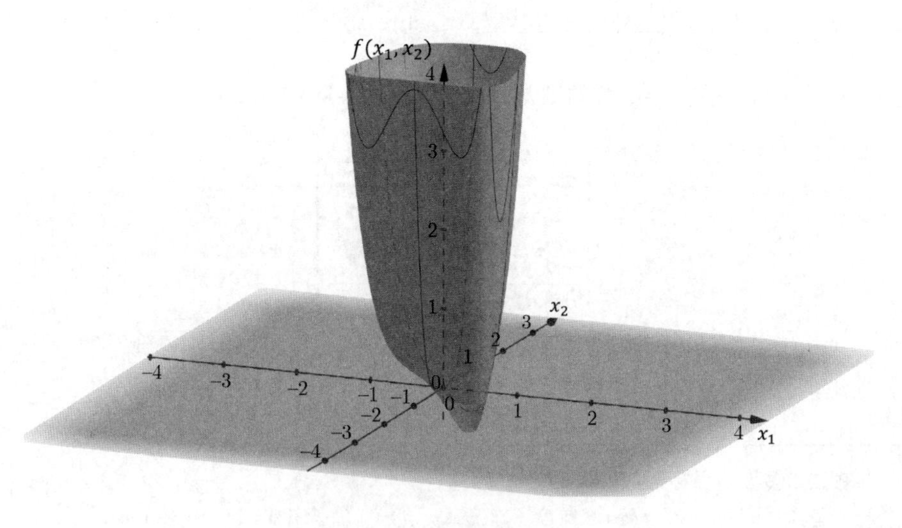

图 4.8 目标函数 $f(\boldsymbol{x})$

迭代公式为

$$\boldsymbol{x}^{(k+1)} = \boldsymbol{x}^{(k)} - \nabla f(\boldsymbol{x}^{(k)})\boldsymbol{H}_f^{-1}(\boldsymbol{x}^{(k)})$$

根据算法流程可以迭代求解，从表 4.3 可以看出，第 7 次迭代时，差值结果小于阈值 $\epsilon = 0.0001$，意味着找到了极小值点，即

$$\min f(\boldsymbol{x}) = f(0.4923, -0.3643) = -0.4575$$

此时对应的位置为 $(0.4923, -0.3643)$。

表 4.3　求解目标函数 $f(\boldsymbol{x})$ 的极值

迭代次数	x_1	x_2	$f(\boldsymbol{x})$	$f(\boldsymbol{x}^{(k+1)}) - f(\boldsymbol{x}^{(k)})$
0	1.0000	1.0000	11.0000	—
1	0.6443	0.6376	1.7700	9.2300
2	0.4306	0.3923	0.1011	1.6689
3	0.3388	−0.1986	−0.1782	0.2793
4	0.5001	−0.4477	−0.4296	0.2514
5	0.4974	−0.3797	−0.4567	0.0271
6	0.4926	−0.3650	−0.4575	0.0008
7	0.4923	−0.3643	−0.4575	0.0000

■

4.3　拟牛顿法

牛顿法中的难点在于求出海森矩阵的逆，例 4.5 中的计算比较简单，尚可以轻松完成，但是如果维度较大，则十分困难，拟牛顿法不失为一种较好的选择。第 6 章最大熵模型的学习即可应用拟牛顿法。

假如现在的优化问题是

$$\min_{\boldsymbol{x}} f(\boldsymbol{x})$$

根据牛顿法，可得迭代公式

$$\boldsymbol{x}^{(k+1)} = \boldsymbol{x}^{(k)} - \nabla f(\boldsymbol{x}^{(k)})\boldsymbol{H}_f(\boldsymbol{x}^{(k)})^{-1} \tag{4.2}$$

式 (4.2) 中的 $\boldsymbol{H}_f(\boldsymbol{x}^{(k)})$ 或 $\boldsymbol{H}_f(\boldsymbol{x}^{(k)})^{-1}$。此处的难点在于求出海森矩阵的逆，但是如果变量维度过高，计算过程中就会更加复杂，另外，如果海森

矩阵是奇异阵或近似奇异的（即矩阵行列式为零或近似为零），则很难计算逆矩阵。因此，20 世纪 50 年代，美国 Argonne 国家实验室的物理学家 W. C. Davidon 提出拟牛顿法，用一种巧妙的方法替代海森矩阵或海森矩阵的逆。拟牛顿法避开直接计算海森矩阵或者海森矩阵的逆，每次迭代时仅需要目标函数的梯度即可。与最速梯度下降法相比，拟牛顿法兼具梯度下降法的便捷性以及牛顿法快速收敛的有效性，尤其适用于大规模的优化问题。

在介绍拟牛顿法的具体算法之前，要明白拟牛顿法的两大核心：拟牛顿条件和最速下降原理。

1. 拟牛顿条件

若要找到海森矩阵或海森矩阵的逆的替代品，首先需要看看它会出现在什么位置。最佳选择就是借助泰勒展开式查看，对目标函数 $f(\boldsymbol{x})$ 在 $\boldsymbol{x}^{(k)}$ 处进行二阶泰勒展开：

$$f(\boldsymbol{x}) \approx f(\boldsymbol{x}^{(k)}) + g(\boldsymbol{x}^{(k)})^{\mathrm{T}}(\boldsymbol{x} - \boldsymbol{x}^{(k)}) + \frac{1}{2}(\boldsymbol{x} - \boldsymbol{x}^{(k)})^{\mathrm{T}}\boldsymbol{H}(\boldsymbol{x}^{(k)})(\boldsymbol{x} - \boldsymbol{x}^{(k)})$$

然后，利用向量求导方法对目标函数求偏导：

$$\frac{\partial f(\boldsymbol{x})}{\partial \boldsymbol{x}} \approx 0 + g(\boldsymbol{x}^{(k)}) + \frac{1}{2} \times 2\boldsymbol{H}(\boldsymbol{x}^{(k)})(\boldsymbol{x} - \boldsymbol{x}^{(k)})$$

简记梯度向量 $g(\boldsymbol{x}^{(k)})$ 为 $\boldsymbol{g}_k$，海森矩阵 $\boldsymbol{H}(\boldsymbol{x}^{(k)})$ 为 $\boldsymbol{H}_k$，令 $\boldsymbol{x} = \boldsymbol{x}^{(k+1)}$，则

$$\boldsymbol{g}_{k+1} = \boldsymbol{g}_k + \boldsymbol{H}_k(\boldsymbol{x} - \boldsymbol{x}^{(k)}) \tag{4.3}$$

对式 (4.3) 稍加变形，即可得到

$$\boldsymbol{g}_{k+1} - \boldsymbol{g}_k = \boldsymbol{H}_k(\boldsymbol{x} - \boldsymbol{x}^{(k)}) \tag{4.4}$$

简记 $\boldsymbol{g}_{k+1} - \boldsymbol{g}_k = \varsigma_k$，$\boldsymbol{x}^{(k+1)} - \boldsymbol{x}^{(k)} = \boldsymbol{\delta}_k$，则得到拟牛顿条件

$$\varsigma_k = \boldsymbol{H}_k\boldsymbol{\delta}_k \quad \text{或} \quad \boldsymbol{H}_k^{-1}\varsigma_k = \boldsymbol{\delta}_k \tag{4.5}$$

如果只需要海森矩阵 $\boldsymbol{H}_k$ 的替代品，应用第一个拟牛顿条件 $\varsigma_k = \boldsymbol{H}_k\boldsymbol{\delta}_k$ 即可；如果需要海森矩阵的逆 $\boldsymbol{G}_k = \boldsymbol{H}_k^{-1}$ 的替代品，则要应用第二个拟牛顿条件 $\boldsymbol{G}_k\varsigma_k = \boldsymbol{\delta}_k$。

2. 拟牛顿法中的最速下降原理

拟牛顿法不只是利用替代品避开了海森矩阵或海森矩阵的逆的求解，还结合了最速下降法原理。根据最速下降法原理，迭代搜索公式为

$$\boldsymbol{x}=\boldsymbol{x}^{(k)}+\eta_k\boldsymbol{p}_k \tag{4.6}$$

其中，η_k 代表步长，$\boldsymbol{p}_k$ 代表方向。不同于梯度下降法，直接以梯度代表方向，这里用的是牛顿方向 $\boldsymbol{p}_k=-\boldsymbol{H}_k^{-1}\boldsymbol{g}_k$。与牛顿法的迭代公式

$$\boldsymbol{x}=\boldsymbol{x}^{(k)}-\boldsymbol{H}_k^{-1}\boldsymbol{g}_k$$

相比，式 (4.6) 中多了个步长 η_k，原因在于修正泰勒二阶展开忽略掉的高阶项。找到最优步长可以通过下式获得：

$$\eta_k=\arg\min_{\eta} f(\boldsymbol{x}^{(k)}+\eta\boldsymbol{p}_k)$$

对目标函数 $f(\boldsymbol{x})$ 一阶泰勒展开：

$$f(\boldsymbol{x})\approx f(\boldsymbol{x}^{(k)})+\boldsymbol{g}_k^{\mathrm{T}}(\boldsymbol{x}-\boldsymbol{x}^{(k)}) \tag{4.7}$$

接着把搜索公式 (4.6) 的变形 $\boldsymbol{x}-\boldsymbol{x}^{(k)}=\eta_k\boldsymbol{p}_k$ 和牛顿方向 $\boldsymbol{p}_k$ 代入式 (4.7) 中，得到

$$f(\boldsymbol{x})\approx f(\boldsymbol{x}^{(k)})-\eta_k\boldsymbol{g}_k^{\mathrm{T}}\boldsymbol{H}_k^{-1}\boldsymbol{g}_k \tag{4.8}$$

在凸优化问题中，海森矩阵 $\boldsymbol{H}_k$ 是正定的，那么它的逆 $\boldsymbol{H}_k^{-1}$ 也是正定的，对应的二次型一定是大于 0 的，这意味着式 (4.8) 中的第二项小于 0，满足梯度下降的合理性。所以，在取海森矩阵或海森矩阵初始值时，需要取对称正定矩阵。

捋清楚拟牛顿法的两大核心，接下来介绍具体的三种拟牛顿算法：DFP 算法、BFGS 算法和 Broyden 算法。

1. DFP 算法

DFP 算法由 W. D. Davidon 于 1959 年提出，1963 年经 R. Fletcher 和 M. J. D. Powell 改进而得，正是这三个人名的首字母组成了这个算法的名称。在 DFP 算法中，海森矩阵的逆的替代品是根据拟牛顿条件

$$\boldsymbol{G}_k\boldsymbol{\varsigma}_k=\boldsymbol{\delta}_k$$

得到的，以 $\boldsymbol{G}_k$ 逼近海森矩阵的逆 $\boldsymbol{H}^{-1}$。

令第 $k+1$ 的迭代矩阵 $\boldsymbol{G}_{k+1}$ 的表达式为

$$\boldsymbol{G}_{k+1}=\boldsymbol{G}_k+\boldsymbol{P}_k+\boldsymbol{Q}_k \tag{4.9}$$

其中，$\boldsymbol{P}_k$ 和 $\boldsymbol{Q}_k$ 是两个附加项，代表 $\boldsymbol{G}_k$ 和 $\boldsymbol{G}_{k+1}$ 之间的差值 $\boldsymbol{\delta}_k$，只不过分解为两个值来表示。

为了确定 $\boldsymbol{P}_k$ 和 $\boldsymbol{Q}_k$，需要将 $\boldsymbol{G}_k$ 的迭代公式 (4.9) 代入拟牛顿条件 (4.3) 中：

$$\boldsymbol{G}_{k+1}\varsigma_k=\boldsymbol{G}_k\varsigma_k+\boldsymbol{P}_k\varsigma_k+\boldsymbol{Q}_k\varsigma_k=\boldsymbol{\delta}_k$$

接着，做个简单的小变换, 令

$$\boldsymbol{P}_k\varsigma_k=\boldsymbol{\delta}_k，\quad \boldsymbol{Q}_k\varsigma_k=-\boldsymbol{G}_k\varsigma_k$$

因为海森矩阵和它的逆矩阵一定是对称且正定的矩阵，意味着此处的 $\boldsymbol{P}_k$ 和 $\boldsymbol{Q}_k$ 也是对称的。为求出让 $\boldsymbol{P}_k\varsigma_k=\boldsymbol{\delta}_k$ 成立的 $\boldsymbol{P}_k$，利用向量的内积构造矩阵 $\boldsymbol{P}_k$：

$$\boldsymbol{P}_k=\frac{\boldsymbol{\delta}_k\boldsymbol{\delta}_k^{\mathrm{T}}}{\boldsymbol{\delta}_k^{\mathrm{T}}\varsigma_k}$$

根据矩阵相乘的结合律，很容易得到

$$\boldsymbol{P}_k\varsigma_k=\frac{\boldsymbol{\delta}_k\boldsymbol{\delta}_k^{\mathrm{T}}}{\boldsymbol{\delta}_k^{\mathrm{T}}\varsigma_k}\varsigma_k=\frac{\boldsymbol{\delta}_k(\boldsymbol{\delta}_k^{\mathrm{T}}\varsigma_k)}{\boldsymbol{\delta}_k^{\mathrm{T}}\varsigma_k}=\boldsymbol{\delta}_k$$

这说明，$\boldsymbol{P}_k$ 是符合条件的矩阵。

同理，也可以构造出满足条件的矩阵 $\boldsymbol{Q}_k$：

$$\boldsymbol{Q}_k=-\frac{\boldsymbol{G}_k\varsigma_k\varsigma_k^{\mathrm{T}}\boldsymbol{G}_k}{\varsigma_k\varsigma_k^{\mathrm{T}}\boldsymbol{G}_k}$$

于是，$\boldsymbol{G}_k$ 的迭代公式为

$$\boldsymbol{G}_{k+1}=\boldsymbol{G}_k+\frac{\boldsymbol{\delta}_k\boldsymbol{\delta}_k^{\mathrm{T}}}{\boldsymbol{\delta}_k^{\mathrm{T}}\varsigma_k}-\frac{\boldsymbol{G}_k\varsigma_k\varsigma_k^{\mathrm{T}}\boldsymbol{G}_k}{\varsigma_k\varsigma_k^{\mathrm{T}}\boldsymbol{G}_k}$$

DFP 算法

输入：目标函数 $f(\boldsymbol{x})$，梯度 $g(\boldsymbol{x})=\nabla f(\boldsymbol{x})$ ，计算精度 ϵ；

输出：$f(\boldsymbol{x})$ 的极小值点 $\boldsymbol{x}^*$。

(1) 选取初始值 $\boldsymbol{x}^{(0)} \in \mathbb{R}^p$ 以及初始正定对称矩阵 $\boldsymbol{G}_0$，令 $k=0$。

(2) 计算 $\boldsymbol{g}_k = g(\boldsymbol{x}^{(k)})$，如果 $\|\boldsymbol{g}_k\| < \epsilon$，停止迭代，令 $\boldsymbol{x}^* = \boldsymbol{x}^{(k)}$，输出结果；否则，转步骤 (3) 继续迭代。

(3) 置 $\boldsymbol{p}_k = -\boldsymbol{G}_k\boldsymbol{g}_k$，利用搜索公式得到最优步长 η_k：

$$\eta_k = \arg\min_{\eta \geqslant 0} f(\boldsymbol{x}^{(k)} + \eta\boldsymbol{p}_k)$$

(4) 通过迭代公式更新

$$\boldsymbol{x}^{(k+1)} = \boldsymbol{x}^{(k)} + \eta_k\boldsymbol{p}_k$$

(5) 计算 $g(\boldsymbol{x}^{(k+1)})$，如果 $\|g(\boldsymbol{x}^{(k+1)})\| < \epsilon$，停止迭代，令 $\boldsymbol{x}^* = \boldsymbol{x}^{(k+1)}$，输出结果，否则，令 $k = k+1$，计算

$$\boldsymbol{G}_{k+1} = \boldsymbol{G}_k + \frac{\boldsymbol{\delta}_k\boldsymbol{\delta}_k^{\mathrm{T}}}{\boldsymbol{\delta}_k^{\mathrm{T}}\boldsymbol{\varsigma}_k} - \frac{\boldsymbol{G}_k\boldsymbol{\varsigma}_k\boldsymbol{\varsigma}_k^{\mathrm{T}}\boldsymbol{G}_k}{\boldsymbol{\varsigma}_k\boldsymbol{\varsigma}_k^{\mathrm{T}}\boldsymbol{G}_k}$$

转步骤 (3) 继续迭代。

将 DFP 算法应用于最大熵模型，具体算法如下。

最大熵模型学习的 DFP 算法

输入：特征函数 f_1，$f_2, \cdots$，f_M；经验分布 $\widetilde{P}(\boldsymbol{x})$ 和 $\widetilde{P}(\boldsymbol{x}, y)$，目标函数 $Q(\boldsymbol{\Lambda})$，梯度 $g(\boldsymbol{\Lambda})$，计算精度 ϵ；

输出：$Q(\boldsymbol{\Lambda})$ 的极小值点 $\boldsymbol{\Lambda}^*$；最优模型 $P_{\boldsymbol{\Lambda}^*}(y|\boldsymbol{x})$。

(1) 选取初始值 $\boldsymbol{\Lambda}^{(0)} \in \mathbb{R}^p$，取正定对称矩阵 $\boldsymbol{G}_0$，置 $k=0$。

(2) 计算 $g(\boldsymbol{\Lambda}^{(k)})$，如果 $\|\boldsymbol{g}_k\| < \epsilon$，停止迭代，令 $\boldsymbol{\Lambda}^* = \boldsymbol{\Lambda}^{(k)}$，输出结果；否则，转步骤 (3) 继续迭代。

(3) 置 $\boldsymbol{p}_k = -\boldsymbol{G}_k\boldsymbol{g}_k$，利用一维搜索公式得到最优步长 η_k：

$$\eta_k = \arg\min_{\eta \geqslant 0} f(\boldsymbol{\Lambda}^{(k)} + \eta\boldsymbol{p}_k)$$

(4) 通过迭代公式更新

$$\boldsymbol{\Lambda}^{(k+1)} = \boldsymbol{\Lambda}^{(k)} + \eta_k\boldsymbol{p}_k$$

(5) 计算 $g(\boldsymbol{\Lambda}^{(k+1)})$，如果 $\|g(\boldsymbol{\Lambda}^{(k+1)})\| < \epsilon$，停止迭代，令 $\boldsymbol{\Lambda}^* = \boldsymbol{\Lambda}^{(k+1)}$，输出结果；否则，令 $k = k+1$，计算

$$\boldsymbol{G}_{k+1} = \boldsymbol{G}_k + \frac{\boldsymbol{\delta}_k \boldsymbol{\delta}_k^{\mathrm{T}}}{\boldsymbol{\delta}_k^{\mathrm{T}} \boldsymbol{\varsigma}_k} - \frac{\boldsymbol{G}_k \boldsymbol{\varsigma}_k \boldsymbol{\varsigma}_k^{\mathrm{T}} \boldsymbol{G}_k}{\boldsymbol{\varsigma}_k^{\mathrm{T}} \boldsymbol{G}_k \boldsymbol{\varsigma}_k}$$

转步骤 (3) 继续迭代，更新参数，直到满足终止条件。

(6) 将所得 $\boldsymbol{\Lambda}^*$ 代入 $P_{\boldsymbol{\Lambda}}(y|\boldsymbol{x})$ 中，即得最优条件概率分布模型

$$P_{\boldsymbol{\Lambda}^*}(y|\boldsymbol{x}) = \frac{\exp\left(\sum_{i=1}^{m} \boldsymbol{\Lambda}_i^* f_i(\boldsymbol{x}, y)\right)}{\sum_y \exp\left(\sum_{i=1}^{m} \boldsymbol{\Lambda}_i^* f_i(\boldsymbol{x}, y)\right)}$$

2. BFGS 算法

BFGS 算法由 Broyden 于 1969 年，Fletcher、Goldforb 和 Shanno 于 1970 年分别得到，因此以这 4 个人名的首字母命名。该算法中海森矩阵的替代品由拟牛顿条件

$$\boldsymbol{\varsigma}_k = \boldsymbol{H}_k \boldsymbol{\delta}_k \tag{4.10}$$

所得，以 $\boldsymbol{B}_k$ 逼近海森矩阵 $\boldsymbol{H}$。

令第 $k+1$ 迭代矩阵 $\boldsymbol{B}_{k+1}$ 的表达式为

$$\boldsymbol{B}_{k+1} = \boldsymbol{B}_k + \boldsymbol{P}_k + \boldsymbol{Q}_k \tag{4.11}$$

类似于 DFP 算法，$\boldsymbol{P}_k$ 和 $\boldsymbol{Q}_k$ 是两个附加项，代表 $\boldsymbol{B}_k$ 和 $\boldsymbol{B}_{k+1}$ 之间的差值。

为找到符合条件的 $\boldsymbol{P}_k$ 和 $\boldsymbol{Q}_k$，将更新公式 (4.11) 代入式 (4.10) 中，可以得到

$$\boldsymbol{B}_{k+1}\boldsymbol{\delta}_k = \boldsymbol{B}_k\boldsymbol{\delta}_k + \boldsymbol{P}_k\boldsymbol{\delta}_k + \boldsymbol{Q}_k\boldsymbol{\delta}_k = \boldsymbol{\varsigma}_k$$

同样利用向量的内积构造 $\boldsymbol{P}_k$ 和 $\boldsymbol{Q}_k$，得到

$$\boldsymbol{P}_k = \frac{\boldsymbol{\varsigma}_k \boldsymbol{\varsigma}_k^{\mathrm{T}}}{\boldsymbol{\varsigma}_k^{\mathrm{T}} \boldsymbol{\delta}_k} \quad 和 \quad \boldsymbol{Q}_k = -\frac{\boldsymbol{B}_k \boldsymbol{\delta}_k \boldsymbol{\delta}_k^{\mathrm{T}} \boldsymbol{B}_k}{\boldsymbol{\delta}_k \boldsymbol{\delta}_k^{\mathrm{T}} \boldsymbol{B}_k}$$

所以 $\boldsymbol{B}_{k+1}$ 的迭代公式为

$$\boldsymbol{B}_{k+1}=\boldsymbol{B}_k+\frac{\boldsymbol{\varsigma}_k\boldsymbol{\varsigma}_k^{\mathrm{T}}}{\boldsymbol{\varsigma}_k^{\mathrm{T}}\boldsymbol{\delta}_k}-\frac{\boldsymbol{B}_k\boldsymbol{\delta}_k\boldsymbol{\delta}_k^{\mathrm{T}}\boldsymbol{B}_k}{\boldsymbol{\delta}_k\boldsymbol{\delta}_k^{\mathrm{T}}\boldsymbol{B}_k}$$

要注意，初始的矩阵 $\boldsymbol{B}_0$ 也需要是对称正定的。

BFGS 算法

输入：目标函数 $f(\boldsymbol{x})$，梯度 $g(\boldsymbol{x})=\nabla f(\boldsymbol{x})$，计算精度 ϵ；

输出：$f(\boldsymbol{x})$ 的极小值点 $\boldsymbol{x}^*$。

(1) 选取初始值 $\boldsymbol{x}^{(0)}\in\mathbb{R}^p$ 以及初始正定对称矩阵 $\boldsymbol{B}_0$，令 $k=0$。

(2) 计算 $\boldsymbol{g}_k=g(\boldsymbol{x}^{(k)})$，如果 $\|\boldsymbol{g}_k\|<\epsilon$，停止迭代，令 $\boldsymbol{x}^*=\boldsymbol{x}^{(k)}$，输出结果；否则，转步骤 (3) 继续迭代。

(3) 置 $\boldsymbol{B}_k\boldsymbol{p}_k=-\boldsymbol{g}_k$，求出 $\boldsymbol{p}_k$，利用搜索公式得到最优步长 η_k：

$$\eta_k=\arg\min_{\eta\geqslant 0} f(\boldsymbol{x}^{(k)}+\eta\boldsymbol{p}_k)$$

(4) 通过迭代公式更新

$$\boldsymbol{x}^{(k+1)}=\boldsymbol{x}^{(k)}+\eta_k\boldsymbol{p}_k$$

(5) 计算 $\boldsymbol{g}_{k+1}=g(\boldsymbol{x}^{(k+1)})$，如果 $||g(\boldsymbol{x}^{(k+1)})||<\epsilon$，停止迭代，令 $\boldsymbol{x}^*=\boldsymbol{x}^{(k+1)}$，输出结果；否则，令 $k=k+1$，计算

$$\boldsymbol{B}_{k+1}=\boldsymbol{B}_k+\frac{\boldsymbol{\varsigma}_k\boldsymbol{\varsigma}_k^{\mathrm{T}}}{\boldsymbol{\varsigma}_k^{\mathrm{T}}\boldsymbol{\delta}_k}-\frac{\boldsymbol{B}_k\boldsymbol{\delta}_k\boldsymbol{\delta}_k^{\mathrm{T}}\boldsymbol{B}_k}{\boldsymbol{\delta}_k\boldsymbol{\delta}_k^{\mathrm{T}}\boldsymbol{B}_k}$$

转步骤 (3) 继续迭代。

3. Broyden 算法

Broyden 算法实际上是结合 DFP 算法和 BFGS 算法所得。类似于伯努利分布中的期望，如果将通过 DFP 算法所得海森矩阵的逆矩阵记作 $\boldsymbol{G}_k^{\mathrm{DFP}}$，将通过 DFP 算法所得海森矩阵的逆矩阵记作 $\boldsymbol{G}_k^{\mathrm{BFGS}}$，则其线性组合

$$\boldsymbol{G}_{k+1}=\alpha\boldsymbol{G}_k^{\mathrm{DFP}}+(1-\alpha)\boldsymbol{G}_k^{\mathrm{BFGS}}$$

肯定也是满足拟牛顿条件的。其中，$0 \leqslant \alpha \leqslant 1$ 表示线性组合的权重。特别地，当 $\alpha = 0$ 时，Broyden 算法退化为 BFGS 算法，当 $\alpha = 0$ 时，Broyden 算法退化为 DFP 算法。

4.4 坐标下降法

坐标下降法的思路其实非常简单，就是每次只完成一个参数的更新，接着再去更新其他参数。

例 4.6 求解目标函数 $f(\boldsymbol{x}) = x_1^2 + 2x_2^2 - x_1x_2 + 1$ 的极值点，其中 $\boldsymbol{x} = (x_1, x_2)^{\mathrm{T}}$。

解 从图 4.9 中可直观感受目标函数 $f(\boldsymbol{x})$ 的变化。假设阈值 $\epsilon = 0.0001$，初始参数为 $(\boldsymbol{x}^{(0)}) = (2, 2)$。固定 $x_2^{(0)}$，应用费马原理，求解 $x_1^{(1)}$，

$$\frac{\partial f(x_1, x_2^{(0)})}{\partial x_1} = 2x_1^{(1)} - 2 = 0$$

得到 $x_1^{(1)} = 1$；然后固定 $x_1^{(1)} = 1$，再次应用费马原理，

$$\frac{\partial f(x_1^{(1)}, x_2)}{\partial x_2} = 4x_2^{(1)} - 1 = 0$$

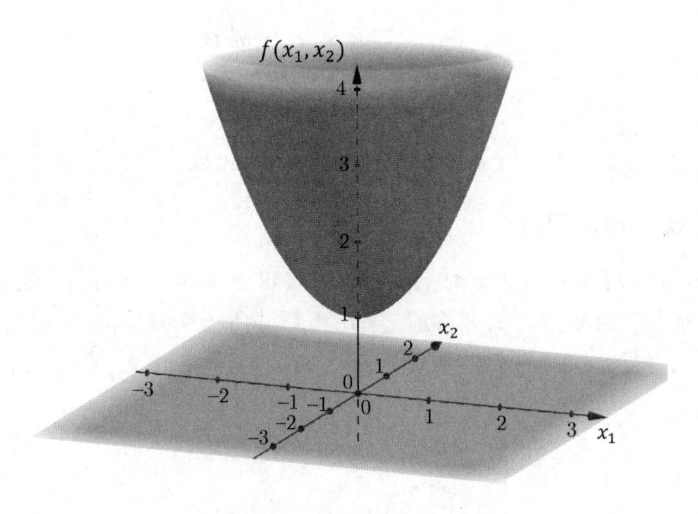

图 4.9　目标函数 $f(\boldsymbol{x})$

求得 $x_2^{(1)}=0.2500$。这时，参数完成第一次迭代，从 $(\boldsymbol{x}^{(0)})=(2,2)$ 更新为 $x_1^{(1)}=1.0000$，$x_2^{(1)}=0.2500$。接着重复以上步骤，迭代结果如表 4.4 所示，最终输出结果 $\boldsymbol{x}^*=(0,0)$。

表 4.4　求解目标函数 $f(\boldsymbol{x})$ 的极值

迭 代 次 数	x_1	x_2	$f(\boldsymbol{x})$	$f(\boldsymbol{x}^{(k+1)})-f(\boldsymbol{x}^{(k)})$
0	2.0000	2.0000	9.0000	—
1	1.0000	0.2500	1.8750	7.1250
2	0.1250	0.0313	1.0137	0.8613
3	0.0156	0.0039	1.0002	0.0135
4	0.0020	0.0005	1.0000	0.0002
5	0.0002	0.0001	1.0000	0.0000
6	0.0000	0.0000	1.0000	0.0000

■

对于 p 维优化问题，坐标下降法的具体算法流程如下。

坐标下降法

输入：目标函数 $f(\boldsymbol{x})$，梯度 $\nabla f(\boldsymbol{x})=g(\boldsymbol{x})$，计算精度 ϵ；

输出：$f(\boldsymbol{x})$ 的最小值点 $\boldsymbol{x}^*$。

(1) 选取初始值 $\boldsymbol{x}^{(0)}\in\mathbb{R}^p$，置 $k=0$。

(2) 循环更新每个变量：

$$
\begin{aligned}
x_1^{(k+1)} &= \arg\min_{x_1} f(x_1, x_2^{(k)}, x_3^{(k)}, \cdots, x_p^{(k)}) \\
x_2^{(k+1)} &= \arg\min_{x_2} f(x_1^{(k)}, x_2, x_3^{(k)}, \cdots, x_p^{(k)}) \\
&\cdots\cdots \\
x_p^{(k+1)} &= \arg\min_{x_p} f(x_1^{(k)}, x_2^{(k)}, x_3^{(k)}, \cdots, x_p)
\end{aligned}
$$

(3) 如果 $||f(\boldsymbol{x}^{(k+1)})-f(\boldsymbol{x}^{(k)})||<\epsilon$，停止迭代，令 $\boldsymbol{x}^*=\boldsymbol{x}^{(k+1)}$，输出结果；否则，令 $k=k+1$，转到步骤 (2) 继续迭代，更新参数，直到满足终止条件。

4.5 拉格朗日对偶思想

在含约束的最优化问题中，常常利用拉格朗日对偶性（Lagrange Duality）将原始问题转化为对偶问题，通过解对偶问题而得到原始问题的解。该思想经常应用在机器学习模型中，例如第 2 章拓展部分介绍的 Lasso 回归，第 6 章介绍的最大熵模型，第 8 章介绍的感知机模型，第 9 章介绍的支持向量机模型都用到了拉格朗日对偶变换。

4.5.1 拉格朗日乘子法

拉格朗日是数学科学高耸的金字塔。

——拿破仑·波拿巴

费马引理告诉我们，想要得到局部极值点，可以通过令偏导数为零寻找，如果加上限制条件，就需要寻找满足条件的一定范围内的最优极值，此时是否还可以通过偏导数来获得？我们一起看一个例子。

例 4.7 请求出双曲线函数 $xy=2$ 上距离原点最近的点。

所有到圆点的距离 $\sqrt{x^2+y^2}$ 的点构成无数个以原点为圆心的同心圆，而我们要找的点是必须落在双曲线上的，用数学语言描述这个例题，就是

$$\min\sqrt{x^2+y^2}\quad \text{s.t.}\quad h(x,y)=0 \tag{4.12}$$

其中，$h(x,y)=xy-2$。

对于根号的求解不宜处理，因 $\sqrt{x^2+y^2}$ 是非负的，取其最小值等价于二次方距离的最小值，所以式 (4.12) 中的问题等价于

$$\min f(x,y)=x^2+y^2\quad \text{s.t.}\quad h(x,y)=0 \tag{4.13}$$

图 4.10 所示为 $f(x,y)$ 与 $h(x,y)$ 的函数曲线。

从图 4.10 可以发现，当函数 $f(x,y)$ 表示的一系列的同心圆与双曲线 $h(x,y)=0$ 相切时，得到极值。这意味着，在切点 A 和 B 处，$f(x,y)$ 与 $h(x,y)$ 的梯度向量平行，即

$$\nabla f=\lambda\nabla h$$

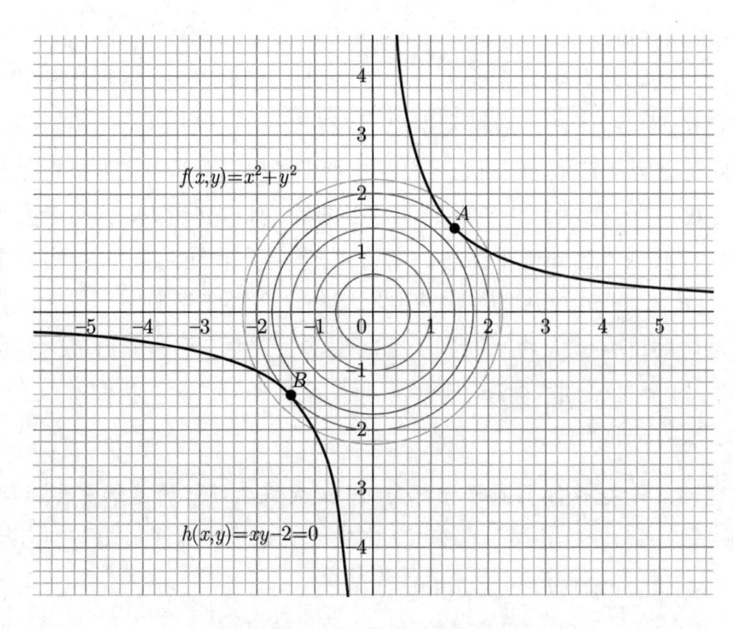

图 4.10　$f(x,y)$ 与 $h(x,y)$

其中，λ 为一个标量，这就是拉格朗日乘子法生效的关键所在。于是，式 (4.12) 中的问题转化为

$$\begin{cases} f_x(x,y)=\lambda h_x(x,y) \\ f_y(x,y)=\lambda h_y(x,y) \\ h(x,y)=0 \end{cases} \Longrightarrow \begin{cases} 2x=\lambda y \\ 2y=\lambda x \\ xy-2=0 \end{cases} \tag{4.14}$$

轻松求解上述方程组可得 $\lambda=\pm 2$。当 $\lambda=-2$ 时，方程组 (4.14) 无实数根；当 $\lambda=2$ 时，方程组 (4.14) 的根为 $(\sqrt{2},\sqrt{2})$ 和 $(-\sqrt{2},-\sqrt{2})$，分别对应图 4.10 中的 A 和 B 两点。

换言之，式 (4.13) 中的问题还可以借助拉格朗日函数表达：

$$L(x,y,\lambda)=f(x,y)-\lambda h(x,y)$$

从而方程组 (4.14) 可表示为

$$\begin{cases} L_x(x,y,\lambda)=0 \\ L_y(x,y,\lambda)=0 \\ L_\lambda(x,y,\lambda)=0 \end{cases} \tag{4.15}$$

两者的根完全相同。

这就是法国著名数学家约瑟夫·拉格朗日在研究天文问题时发现并提出的拉格朗日乘子法，通过升维思想将有约束条件的原始问题转化为无约束问题。例 4.7 类型的问题可以从物理学角度直观理解，假如把函数看作能量场，每个点类似于质点，每一处的梯度如同作用力，只有合力为零的时候，质点才会处于平衡态，当质点充满整个平面的时候，需要根据函数 $f(x,y)$ 和 $h(x,y)$ 的梯度去判断哪一个点处于平衡态。或者，直接根据拉格朗日乘子 λ 将平面置于空间中，通过两个函数新合成的能量场 $L(x,y,\lambda)$ 就能找到平衡态的质点。推广至多变量情况，我们得到拉格朗日乘子法的一般形式。

定理 4.1 (拉格朗日乘子法) $f(\boldsymbol{x})$ 是定义在 $\mathbb{R}^p$ 的连续可微函数，若 $h_i(\boldsymbol{x})=0(i=1,2,\cdots,m)$ 在 $\mathbb{R}^p$ 上有定义且是 p 维光滑曲面，则问题

$$\min_{\boldsymbol{x}\in\mathbb{R}^p} f(\boldsymbol{x}) \text{ s.t. } h_i(\boldsymbol{x})=0, \quad i=1,2,\cdots,m$$

等价于问题

$$\min L(\boldsymbol{x},\boldsymbol{\Lambda})$$

其中，$\boldsymbol{\Lambda}=(\lambda_1,\lambda_2,\cdots,\lambda_m)^{\mathrm{T}}$，拉格朗日函数

$$L(\boldsymbol{x},\boldsymbol{\Lambda})=f(\boldsymbol{x})-\sum_{i=1}^{m}\lambda_i h_i(\boldsymbol{x})$$

可是，真实的世界哪有那么多的等式约束，大多数问题是根据若考虑不等式约束条件求解的。在不等式约束问题中，最优解的位置只有两种情况：一种是最优解落在不等式约束的区域内，例如在例 4.7中，若约束条件为 $xy-2\leqslant 0$，很明显最小值点为坐标原点，即有无约束条件不影响最小值的求解；另一种是最优解落在不等式约束区域的边界上，例如在例 4.7中，若约束条件为 $xy-2\geqslant 0$，很明显最小值点仍为 A 和 B 两点，此时等价于等式约束。推广至多变量情形，可以得到推论 4.1。

推论 4.1 $f(\boldsymbol{x})$ 是定义在 $\mathbb{R}^p$ 上的连续可微函数，若 $h_i(\boldsymbol{x})(i=1,2,\cdots,m_1)$ 和 $g_j(\boldsymbol{x})(j=1,2,\cdots,m_2)$ 在 $\mathbb{R}^p$ 上有定义且是 p 维光滑曲面，则问题

$$
\begin{aligned}
\min_{\boldsymbol{x}\in\mathbb{R}^p} \quad & f(\boldsymbol{x}) \\
\text{s.t.} \quad & h_i(\boldsymbol{x})=0, \quad i=1,2,\cdots,m_1 \\
& g_j(\boldsymbol{x})\leqslant 0, \quad j=1,2,\cdots,m_2
\end{aligned}
\tag{4.16}
$$

等价于问题

$$
\min L(\boldsymbol{x},\boldsymbol{\Lambda},\boldsymbol{\Gamma}) \tag{4.17}
$$

其中，$\boldsymbol{\Lambda}=(\lambda_1,\lambda_2,\cdots,\lambda_{m_1})^{\mathrm{T}}$，$\boldsymbol{\Gamma}=(\gamma_1,\gamma_2,\cdots,\gamma_{m_2})^{\mathrm{T}}$，$\gamma_j\leqslant 0$，$j=1,2,\cdots,m_2$，广义拉格朗日函数

$$
L(\boldsymbol{x},\boldsymbol{\Lambda},\boldsymbol{\Gamma})=f(\boldsymbol{x})-\sum_{i=1}^{m_1}\lambda_i h_i(\boldsymbol{x})-\sum_{j=1}^{m_2}\gamma_j g_j(\boldsymbol{x}) \tag{4.18}
$$

可见，拉格朗日乘子法的精髓就在于将一个求解有约束最优化的原始问题，通过拉格朗日乘子升维，转化为无约束优化问题。无论是日常生活所需的经济学、交通学，还是上天入地的获得火箭设计与无人潜艇路径跟踪，都少不了拉格朗日乘子法的身影。至于如何求解，则需要下文即将介绍的原始问题与对偶问题。

4.5.2　原始问题

为简化包含 m_1+m_2 个约束条件的问题 (4.16)，我们引入广义拉格朗日函数 $L(\boldsymbol{x},\boldsymbol{\Lambda},\boldsymbol{\Gamma})$，得到包含 $p+m_1+m_2$ 个变量的无约束问题 (4.17)。虽然式 (4.17) 看起来简洁，但因维度越高求解越困难，我们希望先将函数降为 p 维，降维之后的函数只包含 p 维变量 $\boldsymbol{x}$，记为 $\varPsi_P(\boldsymbol{x})$，则

$$
\varPsi_P(\boldsymbol{x})=\max_{\boldsymbol{\Lambda},\boldsymbol{\Gamma}:\gamma_j\leqslant 0} L(\boldsymbol{x},\boldsymbol{\Lambda},\boldsymbol{\Gamma})
$$

若 $\boldsymbol{x}^*$ 为问题 (4.16) 的解，我们将广义拉格朗日函数 $L(\boldsymbol{x},\boldsymbol{\Lambda},\boldsymbol{\Gamma})$ 视为关于 $\boldsymbol{\Lambda}$ 和 $\boldsymbol{\Gamma}$ 的函数 $L_{\boldsymbol{x}^*}(\boldsymbol{\Lambda},\boldsymbol{\Gamma})$，在满足约束的情况下，$h_i(x^*)=0$，因此

$$
L_{\boldsymbol{x}^*}(\boldsymbol{\Lambda},\boldsymbol{\Gamma})=f(\boldsymbol{x}^*)-\sum_{j=1}^{m_2}\gamma_j g_j(\boldsymbol{x}^*)
$$

只有在 $\gamma_j=0$ 时，$L_{\boldsymbol{x}^*}(\boldsymbol{\Lambda},\boldsymbol{\Gamma})$ 取得最大值，此时

$$
\max_{\boldsymbol{\Lambda},\boldsymbol{\Gamma}:\,\gamma_j\leqslant 0} L_{\boldsymbol{x}^*}(\boldsymbol{\Lambda},\boldsymbol{\Gamma})=L_{\boldsymbol{x}^*}(\boldsymbol{\Lambda},\boldsymbol{0})=f(\boldsymbol{x}^*)
$$

这意味着函数 $\Psi_P(\boldsymbol{x})$ 是满足约束条件的 $f(\boldsymbol{x})$，接下来要求解极小值问题，只需要

$$\min_{\boldsymbol{x}} \Psi_P(\boldsymbol{x}) = \min_{\boldsymbol{x}} \max_{\boldsymbol{\Lambda},\boldsymbol{\Gamma}:\,\gamma_j \leqslant 0} L(\boldsymbol{x},\boldsymbol{\Lambda},\boldsymbol{\Gamma}) \tag{4.19}$$

因为式 (4.19) 与问题 (4.16) 以及问题 (4.17) 等价，我们称之为原始问题，表示为极小极大问题的形式。

4.5.3 对偶问题

在广义拉格朗日函数中，变量有两类：一类是原始变量 $\boldsymbol{x}$；另一类是由约束条件带来的拉格朗日乘子 $\boldsymbol{\Lambda}$ 和 $\boldsymbol{\Gamma}$。在原始问题中，我们首先着眼于利用最大化 $L(\boldsymbol{x},\boldsymbol{\Lambda},\boldsymbol{\Gamma})$ 得到关于 $\boldsymbol{x}$ 的函数 $\Psi_P(\boldsymbol{x})$，然后最小化 $\Psi_P(\boldsymbol{x})$ 求得最优解。

如果换个视角，首先通过最小化 $L(\boldsymbol{x},\boldsymbol{\Lambda},\boldsymbol{\Gamma})$ 得到关于 $\boldsymbol{\Lambda}$ 和 $\boldsymbol{\Gamma}$ 的函数 $\Psi_D(\boldsymbol{x})$，然后最大化 $\Psi_D(\boldsymbol{\Lambda},\boldsymbol{\Gamma})$ 是否也可以求得最优解？这就需要介绍对偶函数（Dual Lagrange Function）：

$$\Psi_D(\boldsymbol{\Lambda},\boldsymbol{\Gamma}) = \min_{\boldsymbol{x}} L(\boldsymbol{x},\boldsymbol{\Lambda},\boldsymbol{\Gamma})$$

根据对偶函数的定义，可以发现

$$\begin{aligned}
\Psi_D(\boldsymbol{\Lambda},\boldsymbol{\Gamma}) &= \min_{\boldsymbol{x}} L(\boldsymbol{x},\boldsymbol{\Lambda},\boldsymbol{\Gamma}) \\
&= \min_{\boldsymbol{x}} \left(f(\boldsymbol{x}) - \sum_{i=1}^{m_1} \lambda_i h_i(\boldsymbol{x}) - \sum_{j=1}^{m_2} \gamma_j g_j(\boldsymbol{x}) \right) \\
&\leqslant f(\boldsymbol{x}) - \sum_{i=1}^{m_1} \lambda_i h_i(\boldsymbol{x}) - \sum_{j=1}^{m_2} \gamma_j g_j(\boldsymbol{x}) \\
&\leqslant f(\boldsymbol{x})
\end{aligned}$$

即

$$\Psi_D(\boldsymbol{\Lambda},\boldsymbol{\Gamma}) \leqslant L(\boldsymbol{x},\boldsymbol{\Lambda},\boldsymbol{\Gamma}) \leqslant f(\boldsymbol{x})$$

当 $f(\boldsymbol{x}^*) = \Psi_D(\boldsymbol{\Lambda}^*,\boldsymbol{\Gamma}^*)$ 时，$\boldsymbol{\Lambda}^*$ 和 $\boldsymbol{\Gamma}^*$ 称为原始解 $\boldsymbol{x}^*$ 的对偶解。

对偶函数所对应的对偶问题为

$$\max_{\boldsymbol{\Lambda},\boldsymbol{\Gamma}:\gamma_j \leqslant 0} \Psi_D(\boldsymbol{\Lambda},\boldsymbol{\Gamma}) = \max_{\boldsymbol{\Lambda},\boldsymbol{\Gamma}:\gamma_j \leqslant 0} \min_{\boldsymbol{x}} L(\boldsymbol{x},\boldsymbol{\Lambda},\boldsymbol{\Gamma}) \tag{4.20}$$

此时，问题表示为极小极大问题的形式。

4.5.4　原始问题和对偶问题的关系

若原始问题和对偶问题都存在最优解，则根据原始函数和对偶函数的定义，可得

$$\Psi_D(\boldsymbol{\Lambda},\boldsymbol{\Gamma}) \leqslant \max_{\boldsymbol{\Lambda},\boldsymbol{\Gamma}:\gamma_j\leqslant 0} \Psi_D(\boldsymbol{\Lambda},\boldsymbol{\Gamma})$$

$$\Psi_P(\boldsymbol{x}) \geqslant \min_{\boldsymbol{x}} \Psi_D(\boldsymbol{x})$$

$$\Psi_D(\boldsymbol{\Lambda},\boldsymbol{\Gamma}) = \min_{\boldsymbol{x}} L(\boldsymbol{x},\boldsymbol{\Lambda},\boldsymbol{\Gamma}) \leqslant L(\boldsymbol{x},\boldsymbol{\Lambda},\boldsymbol{\Gamma}) \leqslant \max_{\boldsymbol{\Lambda},\boldsymbol{\Gamma}:\gamma_j\leqslant 0} L(\boldsymbol{x},\boldsymbol{\Lambda},\boldsymbol{\Gamma}) = \Psi_P(\boldsymbol{x})$$

因此

$$L_D^* = \max_{\boldsymbol{\Lambda},\boldsymbol{\Gamma}:\gamma_j\leqslant 0} \min_{\boldsymbol{x}} L(\boldsymbol{x},\boldsymbol{\Lambda},\boldsymbol{\Gamma}) \leqslant L(\boldsymbol{x},\boldsymbol{\Lambda},\boldsymbol{\Gamma}) \leqslant \min_{\boldsymbol{x}} \max_{\boldsymbol{\Lambda},\boldsymbol{\Gamma}:\gamma_j\leqslant 0} L(\boldsymbol{x},\boldsymbol{\Lambda},\boldsymbol{\Gamma}) = L_P^* \tag{4.21}$$

其中，L_P^* 和 L_D^* 分别为原始问题和对偶问题对应的最优函数值。定义 $L_P^* - L_D^*$ 为对偶间隙，当对偶间隙为 0 时，不等式 (4.21) 中等号成立，即求解原始问题等价于求解对偶问题。我们将等号成立的最优解记为 $\boldsymbol{x}^*$，$\boldsymbol{\Lambda}^*$，$\boldsymbol{\Gamma}^*$，其中 $\boldsymbol{x}^*$ 是原始问题的解，$\boldsymbol{\Lambda}^*$ 和 $\boldsymbol{\Gamma}^*$ 是对偶问题的解。

定理 4.2　$f(\boldsymbol{x})$ 是定义在 $\mathbb{R}^p$ 上连续可微的凸函数，若 $h_i(\boldsymbol{x}) = 0(i = 1,2,\cdots,m_1)$ 和 $g_j(\boldsymbol{x}) = 0(j = 1,2,\cdots,m_2)$ 在 $\mathbb{R}^p$ 上有定义且是仿射函数，则对带有线性等式与不等式约束的优化问题 (4.16)，构造广义拉格朗日函数 (4.18)；若原始问题与对偶问题的最优函数值相等，即

$$L_P^* = L_D^*$$

则至少存在一组最优对偶解。

Karush、Kuhn 和 Tucker 研究了不等式约束下的最优化问题，提出了求解原始问题与对偶的问题的重要工具——KKT 条件，作为定理 4.2 的补充。

定理 4.3 (KKT 条件)　$f(\boldsymbol{x})$ 是定义在 $\mathbb{R}^p$ 上连续可微的凸函数，若 $h_i(\boldsymbol{x}) = 0(i = 1,2,\cdots,m_1)$ 和 $g_j(\boldsymbol{x}) = 0(j = 1,2,\cdots,m_2)$ 在 $\mathbb{R}^p$ 上有定义且是仿射函数，则对带有线性等式和不等式约束的优化问题 (4.17)，

构造广义拉格朗日函数 (4.18)。为使原始问题等价于对偶问题，需满足以下条件:

$$\nabla_{\boldsymbol{x}} L(\boldsymbol{x}, \boldsymbol{\Lambda}, \boldsymbol{\Gamma}) = 0 \tag{4.22}$$

$$h_i(\boldsymbol{x}) = 0, \quad i = 1, 2, \cdots, m_1 \tag{4.23}$$

$$\lambda_i \neq 0, \quad i = 1, 2, \cdots, m_1 \tag{4.24}$$

$$\gamma_j g_j(\boldsymbol{x}) = 0, \quad j = 1, 2, \cdots, m_2 \tag{4.25}$$

$$g_j(\boldsymbol{x}) \leqslant 0, \quad j = 1, 2, \cdots, m_2 \tag{4.26}$$

$$\gamma_j \leqslant 0, \quad j = 1, 2, \cdots, m_2 \tag{4.27}$$

每个条件各司其职，现简要解释如下。

(1) 条件 (4.22) 表示最优解在广义拉格朗日函数梯度为零处。

(2) 条件 (4.23) 为等式约束条件，表示最优解位于等式函数对应的曲面上。

(3) 条件 (4.24) 为拉格朗日乘子，只有在非零时，等式约束条件才能发挥作用。

(4) 条件 (4.25) 称为对偶互补条件，当某一不等式约束满足 $g_j < 0$ 时，意味着只有 $\gamma_j = 0$ 时才满足条件，此时有无条件 g_j 对最优解的求解无影响，当某一不等式约束满足 $g_j = 0$ 时，意味着 γ_j 取值自由，此时最优解落在曲面 $g_j = 0$ 上。

(5) 条件 (4.26) 为不等式约束条件，表示最优解位于由不等式函数围成的区域内。

(6) 条件 (4.27) 为拉格朗日乘子，确保不等式约束条件发挥作用。